移动开发经典丛书

Android 4 高级编程(第 3 版)

[英] Reto Meier 著

佘建伟　赵凯　译

清华大学出版社

北京

Reto Meier
Professional Android 4 Application Development
EISBN: 978-1-118-10227-5
Copyright © 2012 by John Wiley & Sons, Inc., Indianapolis, Indiana
All Rights Reserved. This translation published under license.

本书中文简体字版由 Wiley Publishing, Inc. 授权清华大学出版社出版。未经出版者书面许可，不得以任何方式复制或抄袭本书内容。

北京市版权局著作权合同登记号 图字：01-2012-4749

本书封面贴有 Wiley 公司防伪标签，无标签者不得销售。

版权所有，侵权必究。侵权举报电话：010-62782989 13701121933

图书在版编目(CIP)数据

Android 4 高级编程/(美)迈耶(Meier, R.) 著；佘建伟，赵凯 译. —3 版. —北京：清华大学出版社，2013.4
（2015.6 重印）
（移动开发经典丛书）
书名原文：Professional Android 4 Application Development
ISBN 978-7-302-31558-2

Ⅰ. ①A… Ⅱ. ①迈… ②佘… ③赵… Ⅲ. ①移动终端—应用程序—程序设计 Ⅳ. ①TN929.53

中国版本图书馆 CIP 数据核字(2013)第 030567 号

责任编辑：王 军 于 平
装帧设计：牛静敏
责任校对：邱晓玉
责任印制：何 芊

出版发行：清华大学出版社
网　　址：http://www.tup.com.cn, http://www.wqbook.com
地　　址：北京清华大学学研大厦 A 座　　邮　编：100084
社 总 机：010-62770175　　邮　购：010-62786544
投稿与读者服务：010-62776969, c-service@tup.tsinghua.edu.cn
质 量 反 馈：010-62772015, zhiliang@tup.tsinghua.edu.cn

印 刷 者：清华大学印刷厂
装 订 者：三河市新茂装订有限公司
经　　销：全国新华书店
开　　本：185mm×260mm　　印 张：45.25　　字 数：1214 千字
版　　次：2013 年 4 月第 1 版　　印 次：2015 年 6 月第 15 次印刷
印　　数：31501～33500
定　　价：98.00 元

产品编号：045788-01

译 者 序

如今的智能手机，功能越来越强大。CUP 主频 1.5G、双核甚至四核已经成为主流，智能手机已然成为一个"小型 PC"。在 PC 上能够完成的应用功能，手机上基本都可以完成，这给从事手机端应用开发的程序员提供了很大的空间和挑战。智能手机最核心的部分当然是操作系统，目前使用最多的操作系统包括 Android、iOS、Symbian、Windows Phone 和 BlackBerry OS。

Android 是一种以 Linux 为基础的开放源代码操作系统。

Google 于 2011 年 10 月 19 日正式发布 Android 4.0(代号：Ice Cream Sandwich)，距离 Android 操作系统中的第一个正式版本(于 2008 年 9 月 23 日发布，代号为铁臂阿童木(Astro))的发布，仅仅过去四年。该版本在前一个版本的基础上修复了 bug 并且添加了一些新功能。较之前的版本，Android 4.0 统一了手机和平板电脑使用的系统，UI 更加人性化，速度也有了很大的提升。

对于 Android 应用开发者而言，他们更关注 Android 4.0 支持的新功能，以开发出更炫、更实用的应用。

本书可谓是学习 Android 4.0 的少见的精品，结构清晰、内容新颖且覆盖面广。不仅涵盖了开发 Android 应用所需的基本知识，如 Android 平台的基本概念、构建用户界面、消息和广播机制、网络资源的使用、文件系统、构建多任务应用、数据库和数据的搜索，而且还介绍了 Android 应用开发的高级深入的技术和经验，如怎样才能开发出拥有良好而高级的用户体验和个性 UI 的应用、地图、人脸识别、传感器、摄像头、蓝牙 WIFI NFC 等硬件的使用，以及多媒体、云客户端开发、应用程序内收费等。书中的代码示例，通用性很强，甚至可以直接应用到项目当中。该书非常适合要进一步提高自己 Android 开发水平的从业人员和对 Android 开发有兴趣的读者，也适合作为高校的教材。

在翻译本书的过程中，我们尽量遵照作者的原意。一些新的 Android 词汇我们甚至保留为英文单词，这样更利于开发人员理解！为了保证翻译技术的准确性，大部分的技术点我们都亲自编码上机调试，确保给广大的读者提供最准确的翻译内容和技术指导。确保翻译技术的准确性之外，我们也在内容的通俗易懂上下了功夫，常把译稿交给第一线的开发人员阅读，不断听取他们的意见，期望能给读者带来一本 Android 编程方面的精品书籍。

在这期间，我投入了几乎所有的业余时间，感谢我的爱人对我工作的支持和理解，更要感谢我的翻译合作伙伴的鼎力相助。特别要感谢的是清华大学出版社编辑，他们给了我很多的指导。没有大家的帮助本书就不可能得以成功出版。

我们希望广大的读者能够从该书中受益。虽然，我们竭尽所能让译文准确通俗，但由于水平有限，时间有限，书中难免有疏漏的地方，敬请广大读者给予批评和指正。

译 者

作者简介

Reto Meier 目前是 Google Android 团队的一名 Android 开发人员倡导者,帮助 Android 开发人员创建最优秀的应用程序。Reto 是一位经验丰富的软件开发人员,拥有逾 10 年的 GUI 应用程序开发经验。进入 Google 之前,他曾在多种行业中工作过,包括海洋石油、天然气以及金融业。

Reto 始终不渝地追求掌握新技术,从 2007 年 Android 发布之初 Reto 就迷恋上了此项技术。

在 Reto 的个人网站 Radioactive Yak(http://blog.radioactiveyak.com)上可以了解 Reto 的兴趣和爱好。他还在 Google+(http://profiles.google.com/reto.meier)和 Twitter(www.twitter.com/retomeier)上分享各种信息。

技术编辑简介

Dan Ulery 是一名软件工程师,具有.NET、Java 和 PHP 的开发经验,并且十分熟悉软件部署。他毕业于爱达荷大学,获得了计算机科学学士学位,并且辅修了数学专业。

前 言

对移动开发人员来说,现在是一个令人心潮澎湃的时代。手机从来没有像今天这样流行,强大的智能手机产品已经为消费者所普遍接受,而且 Android 生态系统已经扩展到了平板电脑和电视设备,进一步增加了您的 Android 应用程序的受众。

现在,外观时尚且用途广泛的手机带有 GPS、加速计、NFC 和触摸屏等硬件功能,并且具有固定费率且定价合理的数据计划,因此,它们成为了吸引越来越多的开发者创建各种新颖有趣的 Android 应用程序的平台。

Android 为移动应用程序开发提供了一个开放的平台。因为没有了人为制造的障碍,所以 Android 开发人员可以自由地编写能够充分利用日益强大的手机硬件的应用程序,并在一个开放的市场上销售它们。因此,随着移动设备的销售量不断增长,开发者对 Android 设备的兴趣也出现了爆炸性的增长。截止到 2012 年,市场上有数百个手机和平板电脑 OEM,包括 HTC、Motorola、LG、Samsung、ASUS 和 Sony Ericsson。有超过 3 亿的 Android 设备已被激活,并且这个数字仍在以每天新激活 850 000 个设备的速度增长。

通过使用 Google Play,开发人员可以利用开放的市场向所有兼容的 Android 设备发布免费或者收费的应用程序,而不需要经历审查过程。Android 构建在一个开源框架之上,并且有强大的 SDK 库,已经使开发人员在 Google Play 上发布了超过 450 000 个应用程序。

本书将指导你使用 Android SDK 的版本 4 来构建移动应用程序。每章的讲解将通过一系列示例项目帮助你逐步掌握 Android 中的各种新功能和技术,以便你能够最大限度地利用 Android。本书介绍了 Android 编程入门所需的所有基础知识,同时为有经验的移动开发人员讲解了如何利用 Android 的独特功能来增强现有应用程序或者创建新的、创造性的应用程序。

Google 的理念是尽快发布,然后不断更新。自从 2008 年 10 月 Android 第一次完整发布以来,共推出了 19 个平台和 SDK 版本。由于发布周期如此之快,软件和开发库很可能会有定期的修改和丰富。虽然 Android 的开发团队会尽可能地保持向后兼容性,但在未来的版本中,本书提供的某些信息仍可能会过时。类似地,并不是每个用户的 Android 设备都在运行最新的平台版本。

只要有可能,本书就会指出哪些平台版本支持书中所介绍的功能,以及可以使用哪些方法为早期设备的用户提供支持。本书的内容和示例提供了如何使用当前 SDK 来编写优秀的移动应用程序所需要的基础知识,同时也保持了快速适应未来版本更强大功能的灵活性。

0.1 读者对象

本书适合所有对在 Android 移动手机平台上创建应用程序感兴趣的人。不管是经验丰富的移动开发人员,还是想通过 Android 开发移动应用程序的新手,都能够从本书中获得十分有价值的信息。

如果读者使用过手机(特别是运行 Android 的手机)，那么这些使用经验会对阅读本书有所帮助，但这不是必需的。同样，如果以前有过手机开发经验，那么也有一定的帮助，但这也不是必需的。

不过希望读者具有一定的软件开发经验，并且熟悉基本的面向对象开发实践。对 Java 语法的了解是必需的。深入理解 Java 并具有 Java 开发经验会带来明显的优势，不过没有这些知识和经验也没太大影响。

第 1 章和第 2 章简要介绍移动应用程序的开发过程，并包含如何在 Android 上开始开发的说明。除了这两章之外，对其他章节的阅读顺序不做要求。如果对第 3～9 章中描述的基本组件有所理解，将有利于你对其他章节的学习。第 10 章和第 11 章详细介绍了如何创建应用程序来提供丰富而一致的用户体验。第 12～19 章讨论了各种可选功能和高级功能，可以按照顺序阅读，也可以按需阅读。

0.2 本书内容

第 1 章简要介绍 Android，包括它是什么，以及它如何适应当前的移动开发。然后详细讲述了 Android 作为一个开发平台能够提供什么功能，并解释了它为什么是一个创建移动应用程序的良机。

第 2 章讲述了移动开发的一些最佳实践，并解释了如何下载 Android SDK 和开始开发应用程序。该章同时也介绍了 Android 开发工具，并说明了如何从头创建新的应用程序。

第 3～9 章深入探讨了基本的 Android 应用程序组件。首先讲述了组成 Android 应用程序和它的生命周期的每个部分，然后介绍了应用程序清单和外部资源，以及活动及其生存期与生命周期。

之后将学习如何使用布局、视图和 Fragment 创建用户界面，并且还将了解在应用程序组件之间执行动作和发送消息的 Intent 和 Broadcast Receiver 机制。接着将介绍 Internet 资源，之后详细讲述了数据存储、检索和共享。读者在此将了解首选项保存机制、文件处理、数据库和游标。还将学习如何使用内容提供器来共享应用程序数据，以及如何访问原生内容提供器的数据。这一部分最后介绍了如何使用 Service 和后台线程在后台工作。

第 10 章和第 11 章以第 4 章介绍的 UI 知识为基础，介绍了如何使用操作栏、菜单系统和通知来增强用户体验。在这里将学习如何让应用程序适合各种显示屏(针对多种屏幕尺寸和分辨率进行优化)，如何使应用程序更易于访问，以及如何在应用程序内使用语音识别。

第 12～18 章涉及较高级的主题。在这里将学习如何使用罗盘、加速计和其他硬件传感器来让应用程序能够对环境做出响应，然后介绍了地图以及基于位置的服务。接着介绍了如何使用动态 Widget、Live Wallpaper 和快速搜索框，使你的应用程序通过主屏幕与用户直接交互。

在介绍了播放和录制多媒体以及使用摄像头以后，你将了解到 Android 的通信功能。在介绍了蓝牙、NFC、Wi-Fi Direct 和网络管理(包括 Wi-Fi 和移动数据连接)之后，讨论了电话服务和用来发送及接收 SMS 消息的 API。

第 18 章介绍几个高级开发主题，其中包括安全、IPC、Cloud to Device Messaging、License Verification Library 和 Strict Mode。

最后，第 19 章介绍了在发布和分发应用程序以及利用应用程序盈利时面临的机会和可以采用的选择，重点讨论了 Google Play。

0.3 本书结构

本书按照一种合理的顺序进行组织，从而帮助具有不同开发背景的读者更好地学习编写高级Android 应用程序的方法。尽管对阅读每个章节的顺序不做要求，但是请注意，某些示例项目是跨越多个章节开发的，在其中每个阶段都会添加一些新功能并做一些改进。

富有移动开发经验且拥有能正常工作的 Android 开发环境的开发人员可以跳过前两章的内容——这两章简要介绍了移动开发的基本知识以及如何创建开发环境——直接学习第 3～9 章。因为这几章涵盖了 Android 开发的基础知识，所以深入理解这几章所讲述的概念非常重要。

在学习这几章之后，读者就可以继续学习其余章节了，它们主要介绍了地图、基于位置的服务、后台应用程序以及诸如硬件交互和联网这样的更高级主题。

0.4 使用本书的要求

要使用本书中的示例代码，你需要通过下载 Android SDK 库和开发工具以及 Java 开发包，来创建一个 Android 开发环境。你可能还希望通过下载和安装 Eclipse 和 Android 开发工具插件来简化开发工作，但是这些都不是必需的。

Windows、Mac OS 和 Linux 系统环境都支持 Android 开发，可以从 Android 站点下载相应的 SDK。

学习本书内容或者开发 Android 应用程序并不需要 Android 设备，但是有一台 Android 设备的帮助很大，尤其是在测试应用程序时。

> **提示：**
> 第 2 章更详细地列出了这些要求，并讲述了每个组件的下载地址和安装方法。

0.5 源代码

读者在学习本书中的示例时，既可以手工输入所有代码，也可以使用本书附带的源代码文件。本书使用的所有源代码都可以从本书合作站点 http://www.wrox.com/ 或 http://www.tupwk.com.cn/downpage 上下载。只要登录到站点 http://www.wrox.com/，使用 Search 工具或使用书名列表就可以找到本书。接着单击本书细目页面上的 Download Code 链接，就可以获得所有源代码。

> **提示：**
> 由于许多图书的书名都很类似，所以按 ISBN 进行搜索是最简单的，本书英文版的 ISBN 是 978-1-118-10227-5。

下载了代码后，只需用自己喜欢的解压缩软件对它进行解压缩即可。另外，也可以进入 http://www.wrox.com/dynamic/books/download.aspx 上的 Wrox 代码下载主页，查看本书和其他 Wrox

图书的所有代码。

0.6 勘误表

尽管我们已经尽了最大的努力来保证文章或代码中不出现错误，但是错误总是难免的，如果你在本书中找到了错误，例如拼写错误或代码错误，请告诉我们，我们将非常感激。通过勘误表，可以让其他读者避免走入误区，当然，这还有助于提供更高质量的信息。

要在网站上找到本书英文版的勘误表，可以登录 http://www.wrox.com，通过 Search 工具或书名列表查找本书，然后在本书的细目页面上，单击 Book Errata 链接。在这个页面上可以查看到 Wrox 编辑已提交和粘贴的所有勘误项。完整的图书列表还包括每本书的勘误表，网址是 www.wrox.com/misc-pages/booklist.shtml。

如果你在勘误表上没有找到错误，那么可以到 www.wrox.com/contact/techsupport.shtml 上，完成上面的表格，并把找到的错误发送给我们。我们将会核查这些信息，如果无误的话，会把它放置到本书的勘误表中，并在本书的后续版本中更正这些问题。

0.7 p2p.wrox.com

要与作者和同行讨论，请加入 p2p.wrox.com 上的 P2P 论坛。这个论坛是一个基于 Web 的系统，便于你发布与 Wrox 图书相关的消息和相关技术，与其他读者和技术用户交流心得。该论坛提供了订阅功能，当论坛上有新的消息时，它可以给你传送感兴趣的论题。Wrox 作者、编辑和其他业界专家和读者都会到这个论坛上来探讨问题。

在 http://p2p.wrox.com 上，有许多不同的论坛，它们不仅有助于阅读本书，还有助于开发自己的应用程序。要加入论坛，可以遵循下面的步骤：

(1) 进入 p2p.wrox.com，单击 Register 链接。
(2) 阅读使用协议，并单击 Agree 按钮。
(3) 填写加入该论坛所需要的信息和自己希望提供的其他信息，并单击 Submit 按钮。
(4) 你会收到一封电子邮件，其中的信息描述了如何验证账户和完成加入过程。

提示：
不加入 P2P 也可以阅读论坛上的消息，但要发布自己的消息，就必须加入该论坛。

加入论坛后，就可以发布新消息，回复其他用户发布的消息。可以随时在 Web 上阅读消息。如果要让该网站给自己发送特定论坛中的消息，可以单击论坛列表中该论坛名旁边的 Subscribe to this Forum 图标。

关于使用 Wrox P2P 的更多信息，可阅读 P2P FAQ，了解论坛软件的工作情况以及 P2P 和 Wrox 图书的许多常见问题。要阅读 FAQ，可以在任意 P2P 页面上单击 FAQ 链接。

P2P.WROX.COM

要与作者和同行讨论，请加入 p2p.wrox.com 上的 P2P 论坛。这个论坛是一个基于 Web 的系统，便于您张贴与 Wrox 图书相关的消息和相关技术，与其他读者和技术用户交流心得。该论坛提供了订阅功能，当论坛上有新的消息时，它可以给您传送感兴趣的论题。Wrox 作者、编辑和其他业界专家和读者都会到这个论坛上来探讨问题。

在 http://p2p.wrox.com 上，有许多不同的论坛，它们不仅有助于阅读本书，还有助于开发自己的应用程序。要加入论坛，可以遵循下面的步骤：

(1) 进入 p2p.wrox.com，单击 Register 链接。
(2) 阅读使用协议，并单击 Agree 按钮。
(3) 填写加入该论坛所需要的信息和自己希望提供的其他信息，单击 Submit 按钮。
(4) 您会收到一封电子邮件，其中的信息描述了如何验证账户，完成加入过程。

注释：不加入 P2P 也可以阅读论坛上的消息，但要张贴自己的消息，就必须加入该论坛。

加入论坛后，就可以张贴新消息，响应其他用户张贴的消息。可以随时在 Web 上阅读消息。如果要让该网站给自己发送特定论坛中的消息，可以单击论坛列表中该论坛名旁边的 Subscribe to this Forum 图标。

关于使用 Wrox P2P 的更多信息，可阅读 P2P FAQ，了解论坛软件的工作情况以及 P2P 和 Wrox 图书的许多常见问题。要阅读 FAQ，可以在任意 P2P 页面上单击 FAQ 链接。

目　录

第 1 章　Android 简介 ·············· 1
1.1　一些背景信息 ················· 2
　　1.1.1　不远的过去 ·············· 2
　　1.1.2　未来的前景 ·············· 2
1.2　对 Android 的误解 ············· 3
1.3　Android：开放的移动开发平台 ····· 3
1.4　原生 Android 应用程序 ·········· 4
1.5　Android SDK 的特征 ············ 5
　　1.5.1　访问硬件(包括摄像头、GPS 和传感器) ················ 5
　　1.5.2　使用 Wi-Fi、蓝牙技术和 NFC 进行数据传输 ············· 6
　　1.5.3　地图、地理编码和基于位置的服务 ···················· 6
　　1.5.4　后台服务 ················ 6
　　1.5.5　使用 SQLite 数据库进行数据存储和检索 ··············· 7
　　1.5.6　共享数据和应用程序间通信 ···· 7
　　1.5.7　使用 Widget 和 Live Wallpaper 增强主屏幕 ············· 7
　　1.5.8　广泛的媒体支持和 2D/3D 图形 ·· 7
　　1.5.9　Cloud to Device Messaging ···· 8
　　1.5.10　优化的内存和进程管理 ······ 8
1.6　开放手机联盟简介 ·············· 8
1.7　运行 Android 的环境 ············ 9
1.8　从事移动开发的原因 ············ 9
1.9　从事 Android 开发的原因 ········ 9
　　1.9.1　推动 Android 普及的因素 ···· 10
　　1.9.2　Android 的独到之处 ········ 10
　　1.9.3　改变移动开发格局 ········· 11
1.10　开发框架简介 ··············· 11
　　1.10.1　开发包中的资源 ·········· 12
　　1.10.2　理解 Android 软件栈 ······· 12
　　1.10.3　Dalvik 虚拟机 ············ 14
　　1.10.4　Android 应用程序架构 ······ 14
　　1.10.5　Android 库 ·············· 15

第 2 章　开始入手 ················· 17
2.1　Android 开发 ················ 18
　　2.1.1　开始前的准备工作 ········· 18
　　2.1.2　创建第一个 Android 应用程序 ·· 24
　　2.1.3　Android 应用程序的类型 ····· 31
2.2　面向移动设备和嵌入式设备的开发 ······················ 32
　　2.2.1　硬件限制带来的设计考虑事项 ·· 32
　　2.2.2　考虑用户环境 ············· 35
　　2.2.3　Android 开发 ·············· 36
2.3　Android 开发工具 ············· 40
　　2.3.1　Android 虚拟设备管理器 ····· 41
　　2.3.2　Android SDK 管理器 ········ 42
　　2.3.3　Android 模拟器 ············ 42
　　2.3.4　Dalvik 调试监控服务(DDMS) ·· 42
　　2.3.5　Android 调试桥(ADB) ······· 43
　　2.3.6　Hierarchy Viewer 和 Lint 工具 ·· 43
　　2.3.7　Monkey 和 Monkey Runner ··· 43

第 3 章　创建应用程序和 Activity ······ 45
3.1　Android 应用程序的组成部分 ····· 46
3.2　应用程序 Manifest 文件简介 ····· 47
3.3　使用 Manifest 编辑器 ·········· 54
3.4　分离资源 ··················· 55
　　3.4.1　创建资源 ················ 55
　　3.4.2　使用资源 ················ 63

	3.4.3	为不同的语言和硬件创建
		资源 …………………… 66
	3.4.4	运行时配置更改 ………… 68
3.5	Android 应用程序生命周期 ……… 70
3.6	理解应用程序的优先级和进程
	状态 …………………………………… 70
3.7	Android Application 类简介 …… 72
	3.7.1	扩展和使用 Application 类 …… 72
	3.7.2	重写应用程序的生命周期
		事件 …………………… 73
3.8	深入探讨 Android Activity ……… 74
	3.8.1	创建 Activity ……………… 74
	3.8.2	Activity 的生存期 ………… 76
	3.8.3	Android Activity 类 ……… 81

第 4 章 创建用户界面 ……………… 83
4.1	Android UI 基本设计 …………… 84
4.2	Android UI 的基础知识 ………… 84
4.3	布局简介 ……………………………… 85
	4.3.1	定义布局 ………………… 86
	4.3.2	使用布局创建设备无关的 UI … 87
	4.3.3	优化布局 ………………… 90
4.4	To-Do List 示例 ………………… 93
4.5	Fragment 介绍 ………………… 100
	4.5.1	创建新的 Fragment ……… 101
	4.5.2	Fragment 的生命周期 …… 101
	4.5.3	Fragment Manager 介绍 … 105
	4.5.4	向 Activity 中添加 Fragment … 105
	4.5.5	Fragment 和 Activity 之间的
		接口 ……………………… 110
	4.5.6	没有用户界面的 Fragment … 111
	4.5.7	Android Fragment 类 …… 112
	4.5.8	对 To-Do List 示例使用
		Fragment ………………… 112
4.6	Android widget 工具箱 ………… 116
4.7	创建新视图 …………………………… 117
	4.7.1	修改现有的视图 ………… 118
	4.7.2	创建复合控件 …………… 122

	4.7.3	使用布局创建简单的复合
		控件 ……………………… 124
	4.7.4	创建定制的视图 ………… 124
	4.7.5	使用定制的控件 ………… 137
4.8	Adapter 简介 …………………… 137
	4.8.1	部分原生 Adapter 简介 … 138
	4.8.2	定制 ArrayAdapter ……… 138
	4.8.3	使用 Adapter 绑定数据到
		视图 ……………………… 139

第 5 章 Intent 和 Broadcast Receiver … 145
5.1	Intent 简介 ……………………… 145
	5.1.1	使用 Intent 来启动 Activity … 146
	5.1.2	Linkify 简介 …………… 153
	5.1.3	使用 Intent 广播事件 …… 155
	5.1.4	Local Broadcast Manager … 159
	5.1.5	Pending Intent 简介 …… 160
5.2	创建 Intent Filter 和 Broadcast
	Receiver ……………………………… 161
	5.2.1	使用 Intent Filter 为隐式 Intent
		提供服务 ………………… 161
	5.2.2	使用 Intent Filter 作为插件和
		扩展 ……………………… 170
	5.2.3	监听本地 Broadcast Intent … 173
	5.2.4	使用 Broadcast Intent 监控设备的
		状态变化 ………………… 174
	5.2.5	在运行时管理 Manifest
		Receiver ………………… 176

第 6 章 使用 Internet 资源 …………… 177
6.1	下载和分析 Internet 资源 ……… 177
	6.1.1	连接 Internet 资源 ……… 178
	6.1.2	使用 XML Pull Parser 分析
		XML …………………… 179
	6.1.3	创建一个地震查看器 …… 180
6.2	使用 Download Manager ………… 186
	6.2.1	下载文件 ………………… 186
	6.2.2	自定义 Download Manager
		Notification …………… 187

		6.2.3 指定下载位置 …………… 188
		6.2.4 取消和删除下载 ………… 189
		6.2.5 查询 Download Manager …… 189
	6.3	使用 Internet 服务 ………………… 192
	6.4	连接到 Google App Engine ……… 192
	6.5	下载数据而不会耗尽电量的最佳实践 ………………………… 194
第7章	文件、保存状态和首选项 …… 195	
	7.1	保存简单的应用程序数据 ……… 195
	7.2	创建并保存 Shared Preference …… 196
	7.3	检索 Shared Preference …………… 197
	7.4	为地震查看器创建一个设置 Activity ………………………… 197
	7.5	首选项框架和 Preference Activity 概述 …………………………… 205
		7.5.1 在 XML 中定义一个 Preference Screen 布局 ……… 206
		7.5.2 Preference Fragment 简介 …… 208
		7.5.3 使用 Preference Header 定义 Preference Fragment 的层次结构 ……………………… 208
		7.5.4 Preference Activity 简介 …… 209
		7.5.5 向后兼容性与 Preference Screen ……………………… 210
		7.5.6 找到并使用 Preference Screen 设置的 Shared Preference …… 210
		7.5.7 Shared Preference Change Listener 简介 ……………… 211
	7.6	为地震查看器创建一个标准的 Preference Activity …………… 211
	7.7	持久化应用程序实例的状态 …… 215
		7.7.1 使用 Shared Preference 保存 Activity 状态 ……………… 215
		7.7.2 使用生命周期处理程序保存和还原 Activity 实例 ………… 215
		7.7.3 使用生命周期处理程序保存和还原 Fragment 实例状态 …… 216
	7.8	将静态文件作为资源添加 ……… 218

		7.9 在文件系统下工作 ……………… 218
		7.9.1 文件管理工具 …………… 218
		7.9.2 使用特定于应用程序的文件夹存储文件 ………………… 219
		7.9.3 创建私有的应用程序文件 …… 219
		7.9.4 使用应用程序文件缓存 …… 220
		7.9.5 存储公共可读的文件 …… 220
第8章	数据库和 Content Provider …… 223	
	8.1	Android 数据库简介 …………… 223
		8.1.1 SQLite 数据库简介 ……… 224
		8.1.2 Content Provider 简介 …… 224
	8.2	SQLite 简介 ……………………… 224
	8.3	Content Value 和 Cursor ………… 225
	8.4	使用 SQLite 数据库 …………… 225
		8.4.1 SQLiteOpenHelper 简介 …… 226
		8.4.2 在不使用 SQLiteOpenHelper 的情况下打开和创建数据库 …… 228
		8.4.3 Android 数据库设计注意事项 …………………… 228
		8.4.4 查询数据库 ………………… 228
		8.4.5 从 Cursor 中提取值 ……… 229
		8.4.6 添加、更新和删除行 …… 230
	8.5	创建 Content Provider …………… 232
		8.5.1 注册 Content Provider …… 233
		8.5.2 发布 Content Provider 的 URI 地址 ………………………… 233
		8.5.3 创建 Content Provide 的数据库 ……………………… 234
		8.5.4 实现 Content Provider 查询 …… 235
		8.5.5 Content Provider 事务 …… 236
		8.5.6 在 Content Provider 中存储文件 ……………………… 239
		8.5.7 一个 Content Provider 的实现框架 ……………………… 240
	8.6	使用 Content Provider …………… 244
		8.6.1 Content Resolver 简介 …… 244
		8.6.2 查询 Content Provider …… 244

8.6.3 使用 Cursor Loader 异步查询
内容···247
8.6.4 添加、删除和更新内容·········249
8.6.5 访问 Content Provider 中存储的
文件···251
8.6.6 创建一个 To-Do List 数据库和
Content Provider·····················253
8.7 将搜索功能添加到应用程序中·····260
8.7.1 使 Content Provider 可搜索······261
8.7.2 为应用程序创建一个搜索
Activity··261
8.7.3 将搜索 Activity 设置为应用
程序的默认搜索 Provider·······263
8.7.4 使用搜索视图微件···················266
8.7.5 由 Content Provider 支持搜索
建议···267
8.7.6 在快速搜索框中显示搜索
结果···270
8.8 创建可搜索的地震 Content
Provider···270
8.8.1 创建 Content Provider················270
8.8.2 使用地震 Content Provider······276
8.8.3 搜索地震 Content Provider······279
8.9 本地 Android Content Provider···285
8.9.1 使用 Media StoreContent
Provider·····································285
8.9.2 使用 Contacts Contract Content
Provider·····································286
8.9.3 使用 Calendar Content
Provider·····································293

第 9 章 在后台操作·····································297
9.1 Service 简介··298
9.1.1 创建和控制 Service···················298
9.1.2 将 Service 绑定到 Activity·······302
9.1.3 地震监控 Service 示例············304
9.1.4 创建前台 Service·······················308

9.2 使用后台线程·······································309
9.2.1 使用 AsyncTask 运行异步任务·····310
9.2.2 Intent Service 简介·····················312
9.2.3 Loader 简介································313
9.2.4 手动创建线程和 GUI 线程
同步···313
9.3 使用 Alarm···315
9.3.1 创建、设置和取消 Alarm·······316
9.3.2 设置重复 Alarm·························317
9.3.3 使用重复 Alarm 调度网络
刷新···318
9.4 使用 Intent Service 简化 Earthquake
更新 Service···320

第 10 章 扩展用户体验·····························323
10.1 操作栏简介···324
10.1.1 自定义操作栏·························325
10.1.2 自定义操作栏来控制应用
程序的导航行为·····················328
10.1.3 操作栏操作简介·····················333
10.2 向地震监控程序添加一个
操作栏···333
10.3 创建并使用菜单和操作栏
操作项···339
10.3.1 Android 菜单系统简介··········340
10.3.2 创建菜单·································341
10.3.3 指定操作栏的操作···············342
10.3.4 菜单项选项·····························343
10.3.5 添加操作 View 和操作提供
程序···344
10.3.6 在 Fragment 中添加菜单项···345
10.3.7 使用 XML 定义菜单层次
结构···345
10.3.8 动态更新菜单项·····················347
10.3.9 处理菜单选择·························347
10.3.10 子菜单和上下文菜单简介···348
10.4 更新地震监控程序·····························351
10.5 全屏显示···353
10.6 对话框简介···355
10.6.1 创建一个对话框·····················356

	10.6.2	使用 AlertDialog 类 ········356	11.4.2	使用语音识别进行搜索 ·······396
	10.6.3	使用专门的输入对话框 ·······357	11.5	控制设备振动 ················396
	10.6.4	通过 Dialog Fragment 管理和显示对话框 ··············358	11.6	使用动画 ····················397
			11.6.1	补间 View 动画 ···············397
	10.6.5	通过 Activity 事件处理程序管理和显示对话框 ·······360	11.6.2	创建和使用逐帧动画 ·········400
			11.6.3	插值属性动画 ················400
	10.6.6	将 Activity 用作对话框 ·······361	11.7	强化 View ···················404
10.7	创建 Toast ····················361		11.7.1	高级 Canvas 绘图 ············404
	10.7.1	自定义 Toast ·················362	11.7.2	硬件加速 ·····················419
	10.7.2	在工作线程中使用 Toast ·····364	11.7.3	Surface View 简介 ···········420
10.8	Notification 简介 ···············365		11.7.4	创建交互式控件 ··············423
	10.8.1	Notification Manager 简介 ····366	11.8	高级 Drawable 资源 ············428
	10.8.2	创建 Notification ············366	11.9	复制、粘贴和剪贴板 ············431
	10.8.3	设置和自定义通知托盘 UI ···369	11.9.1	向剪贴板中复制数据 ·········431
	10.8.4	配置持续和连续的 Notification ················373	11.9.2	粘贴剪贴板数据 ··············431
			第 12 章	硬件传感器 ················433
	10.8.5	触发、更新和取消 Notification ················374	12.1	使用传感器和传感器管理器 ····················433
10.9	向地震监控程序中添加 Notification 和对话框 ·······376		12.1.1	受支持的 Android 传感器 ····434
			12.1.2	虚拟传感器简介 ··············435
第 11 章	高级用户体验 ················381		12.1.3	查找传感器 ···················435
11.1	为每个屏幕尺寸和分辨率做设计 ························382		12.1.4	监视传感器 ···················436
			12.1.5	解释传感器值 ················438
	11.1.1	分辨率无关 ···················382	12.2	监视设备的移动和方向 ········439
	11.1.2	为不同的屏幕大小提供支持和优化 ······················383	12.2.1	确定设备的自然方向 ·········440
			12.2.2	加速计简介 ···················441
	11.1.3	创建可缩放的图形资源 ······386	12.2.3	检测加速度变化 ··············442
	11.1.4	创建优化的、自适应的、动态的设计 ··············390	12.2.4	创建一个重力计 ··············443
			12.2.5	确定设备方向 ················446
	11.1.5	反复测试 ·····················390	12.2.6	创建一个指南针和人工地平仪 ···············450
11.2	确保可访问性 ··················391		
	11.2.1	为非触屏设备提供导航 ······391	12.2.7	陀螺仪传感器简介 ············453
	11.2.2	为每个 View 提供文本描述 ······················391	12.3	环境传感器简介 ···············454
			12.3.1	使用气压计传感器 ···········454
11.3	Android Text-to-Speech 简介 ·····392		12.3.2	创建气象站 ···················455
11.4	使用语音识别 ··················394	第 13 章	地图、地理编码和基于位置的服务 ················461
	11.4.1	使用语音识别进行语音输入 ·······················395		
			13.1	使用基于位置的服务 ··········461

XV

13.2 在模拟器中使用基于位置的服务 ································ 462
   13.2.1 更新模拟器位置提供器中的位置 ··············· 463
   13.2.2 配置模拟器来测试基于位置的服务 ············· 463
13.3 选择一个位置提供器 ············· 464
   13.3.1 查找位置提供器 ············· 464
   13.3.2 通过指定条件查找位置提供器 ··············· 464
   13.3.3 确定位置提供器的能力 ······ 465
13.4 确定当前位置 ······················· 466
   13.4.1 位置的隐私性 ················· 466
   13.4.2 找出上一次确定的位置 ······ 466
   13.4.3 Where Am I 示例 ············ 466
   13.4.4 刷新当前位置 ················· 469
   13.4.5 在 Where Am I 中跟踪位置 ································ 472
   13.4.6 请求单独一次位置更新 ······ 473
13.5 位置更新的最佳实践 ············· 474
13.6 使用近距离提醒 ···················· 477
13.7 使用地理编码器 ···················· 478
   13.7.1 反向地理编码 ················· 479
   13.7.2 前向地理编码 ················· 480
   13.7.3 对"Where Am I"示例进行地理编码 ·············· 481
13.8 创建基于地图的 Activity ······ 482
   13.8.1 MapView 和 MapActivity 简介 ······························· 482
   13.8.2 获得地图的 API key ········ 483
   13.8.3 创建一个基于地图的 Activity ···························· 483
   13.8.4 地图和 Fragment ············ 485
   13.8.5 配置和使用 MapView ······ 486
   13.8.6 使用 MapController ········ 486
   13.8.7 对"Where Am I"示例使用地图 ···························· 487
   13.8.8 创建和使用覆盖(Overlay) ··· 490
   13.8.9 MyLocationOverlay 简介 ··· 497
   13.8.10 ItemizedOverlay 和 OverlayItem 简介 ············ 498
   13.8.11 将视图固定到地图和地图的某个位置上 ············ 500
13.9 对 Earthquake 示例添加地图功能 ······························ 501

第 14 章 个性化主屏幕 ···················· 507
14.1 主屏幕 Widget 简介 ············· 507
14.2 创建 App Widgets ················ 509
   14.2.1 创建 Widget 的 XML 布局资源 ······················ 509
   14.2.2 定义 Widget 设置 ·········· 511
   14.2.3 创建 Widget Broadcast Receiver 并将其添加到应用程序的 manifest 文件中 ············· 512
   14.2.4 AppWidgetManager 和 RemoteView 简介 ··········· 513
   14.2.5 刷新 Widget ··················· 518
   14.2.6 创建并使用 Widget 配置 Activity ························· 521
14.3 创建地震 Widget ·················· 522
14.4 Collection View Widget 简介 ···· 528
   14.4.1 创建 Collection View Widget 的布局 ···················· 529
   14.4.2 创建 RemoteViewsService ····· 530
   14.4.3 创建一个 RemoteViews-Factory ·························· 531
   14.4.4 使用 RemoteViewsService 填充 CollectionViewWidget ···· 533
   14.4.5 向 Collection View Widget 中的项添加交互性 ········· 534
   14.4.6 将 Collection View Widget 绑定到 Content Provider ······ 535
   14.4.7 刷新 Collection View Widget ··························· 537
   14.4.8 创建 Earthquake Collection View Widget ················· 537
14.5 Live Folder 简介 ··················· 543
   14.5.1 创建 Live Folder ············ 544

目　录

14.5.2　创建 Earthquake Live Folder······ 548
14.6　使用快速搜索框显示应用程序
　　　搜索结果································· 551
　　14.6.1　在快速搜索框中显示搜索
　　　　　　结果······································ 551
　　14.6.2　将 Earthquake 示例的搜索
　　　　　　结果添加到快速搜索框中···· 552
14.7　创建 Live Wallpaper····················· 553
　　14.7.1　创建 Live Wallpaper 定义
　　　　　　资源······································ 553
　　14.7.2　创建 Wallpaper Service······ 554
　　14.7.3　创建 Wallpaper Service
　　　　　　引擎······································ 555

第 15 章　音频、视频以及摄像头的
　　　　　使用···································· 557
15.1　播放音频和视频··························· 558
　　15.1.1　Media Player 简介··············· 559
　　15.1.2　准备音频播放······················ 559
　　15.1.3　准备视频播放······················ 560
　　15.1.4　控制 Media Player 的
　　　　　　播放······································ 564
　　15.1.5　管理媒体播放输出··············· 566
　　15.1.6　响应音量控制······················ 566
　　15.1.7　响应 Media 播放控件·········· 567
　　15.1.8　请求和管理音频焦点··········· 569
　　15.1.9　当音频输出改变时暂停
　　　　　　播放······································ 571
　　15.1.10　Remote Control Client 简介··· 572
15.2　操作原始音频······························· 574
　　15.2.1　使用 AudioRecord 录制
　　　　　　声音······································ 574
　　15.2.2　使用 AudioTrack 播放音频··· 575
15.3　创建一个 Sound Pool···················· 577
15.4　使用音效······································ 578
15.5　使用摄像头拍摄照片····················· 579
　　15.5.1　使用 Intent 拍摄照片············ 579
　　15.5.2　直接控制摄像头··················· 581
　　15.5.3　读取并写入 JPEG EXIF 图像
　　　　　　详细信息································ 588
15.6　录制视频······································ 589

15.6.1　使用 Intent 录制视频············ 589
15.6.2　使用 MediaRecorder 录制
　　　　视频······································ 590
15.7　使用媒体效果······························· 593
15.8　向媒体库中添加新媒体·················· 594
　　15.8.1　使用媒体扫描仪插入媒体···· 594
　　15.8.2　手动插入媒体······················ 595

第 16 章　蓝牙、NFC、网络和 Wi-Fi····· 597
16.1　使用蓝牙······································ 597
　　16.1.1　管理本地蓝牙设备适配器···· 598
　　16.1.2　可发现性和远程设备发现···· 600
　　16.1.3　蓝牙通信······························ 604
16.2　管理网络和 Internet 连接············· 609
　　16.2.1　Connectivity Manager 简介··· 609
　　16.2.2　支持用户首选项以进行后台
　　　　　　数据传输································ 609
　　16.2.3　查找和监视网络连接············ 611
16.3　管理 Wi-Fi····································· 612
　　16.3.1　监视 Wi-Fi 连接···················· 613
　　16.3.2　监视活动的 Wi-Fi 连接的
　　　　　　详细信息································ 613
　　16.3.3　扫描热点······························ 613
　　16.3.4　管理 Wi-Fi 配置···················· 614
　　16.3.5　创建 Wi-Fi 网络配置············· 615
16.4　使用 Wi-Fi Direct 传输数据·········· 615
　　16.4.1　初始化 Wi-Fi Direct 框架····· 615
　　16.4.2　启用 Wi-Fi Direct 并监视其
　　　　　　状态······································ 617
　　16.4.3　发现对等设备······················ 618
　　16.4.4　连接对等设备······················ 618
　　16.4.5　在对等设备之间传输数据··· 620
16.5　近场通信······································ 621
　　16.5.1　读取 NFC 标签······················ 622
　　16.5.2　使用前台分派系统················ 623
　　16.5.3　Android Beam 简介··············· 625

第 17 章　电话服务和 SMS···················· 629
17.1　电话服务的硬件支持····················· 629
　　17.1.1　将电话功能指定为必需的
　　　　　　硬件功能································ 629

XVII

17.1.2 检查电话硬件 ………… 630
17.2 使用电话服务 ………… 630
  17.2.1 启动电话呼叫 ………… 630
  17.2.2 替换本机拨号程序 ………… 631
  17.2.3 访问电话服务的属性及状态 ……… 632
  17.2.4 使用 PhoneStateListener 监视电话状态的变化 ……… 635
  17.2.5 使用 Intent Receiver 监视传入的电话呼叫 ………… 639
17.3 SMS 和 MMS 简介 ………… 640
  17.3.1 在应用程序中使用 SMS 和 MMS ………… 640
  17.3.2 使用 Intent 从应用程序中发送 SMS 和 MMS ……… 640
  17.3.3 使用 SMS Manager 发送 SMS 消息 ………… 641
  17.3.4 监听传入的 SMS 消息 ……… 644
  17.3.5 紧急响应程序 SMS 示例 …… 646
  17.3.6 自动紧急响应程序 ………… 654
17.4 SIP 和 VOIP 简介 ………… 662

第 18 章 Android 高级开发 ………… 663
18.1 Android 的安全性 ………… 664
  18.1.1 Linux 内核安全 ………… 664
  18.1.2 权限简介 ………… 664
18.2 Cloud to Device Messaging 简介 … 666
  18.2.1 C2DM 的局限性 ………… 667
  18.2.2 注册使用 C2DM ………… 667
  18.2.3 在 C2DM 服务器上注册设备 ………… 667
  18.2.4 向设备发送 C2DM 消息 …… 670
  18.2.5 接收 C2DM 消息 ………… 672
18.3 使用 License Verification Library 实现版权保护 ………… 673
  18.3.1 安装 License Verification Library ………… 673
  18.3.2 获得 License Verification 公钥 ………… 673
  18.3.3 配置 License Validation Policy ………… 674

18.3.4 执行许可验证检查 ………… 674
18.4 应用程序内收费 ………… 675
  18.4.1 应用程序内收费的局限性 … 676
  18.4.2 安装 IAB 库 ………… 676
  18.4.3 获得公钥和定义可购买的物品 ………… 676
  18.4.4 开始 IAB 交易 ………… 677
  18.4.5 处理 IAB 购买请求的响应 … 678
18.5 使用 Wake Lock ………… 679
18.6 使用 AIDL 支持 Service 的 IPC ………… 680
18.7 处理不同硬件和软件的可用性 …… 686
  18.7.1 指定硬件的要求 ………… 686
  18.7.2 确认硬件可用性 ………… 687
  18.7.3 构建向后兼容的应用程序 … 687
18.8 利用 STRICT 模式优化 UI 性能 ………… 689

第 19 章 推广和发布应用程序并从中获利 ………… 691
19.1 签名和发布应用程序 ………… 691
19.2 发布应用程序 ………… 693
  19.2.1 Google Play 简介 ………… 693
  19.2.2 开始使用 Google Play ……… 694
  19.2.3 发布应用程序 ………… 695
  19.2.4 开发者控制台上的应用程序报告 ………… 697
  19.2.5 查看应用程序错误报告 …… 697
19.3 如何通过应用程序赚钱 ………… 698
19.4 应用程序销售、推广和分发的策略 ………… 699
  19.4.1 应用程序的起步策略 ……… 699
  19.4.2 在 Google Play 上推广 ……… 700
  19.4.3 国际化 ………… 700
19.5 分析数据和跟踪推荐人 ………… 701
  19.5.1 使用移动应用程序的 Google Analytics ………… 702
  19.5.2 使用 Google Analytics 追踪推荐 ………… 703

第 1 章

Android 简介

本章内容

- 移动应用程序开发简介
- Android 简介
- Android SDK 特征简介
- 适用 Android 的设备
- 从事移动开发和 Android 开发的原因
- Android SDK 和开发架构简介

无论你是一名经验丰富的移动开发工程师、一个桌面开发人员或者 Web 开发人员还是一个初出茅庐的编程新手，Android 都为编写具有创新性的移动应用程序带来了令人兴奋的新机遇。

虽然它被命名为 Android(机器人)，但是它并不会帮助你打造一支势不可挡的铁血机器人部队来修复人类在地球上造成的破坏。事实上，Android 是一个开源的软件栈，它包含了操作系统、中间件和关键的移动应用程序，以及一组用于编写移动应用程序的 API 库。所编写的移动应用程序将决定移动设备的样式、观感和功能。

小巧玲珑、外观时尚且功能丰富的现代移动设备已经成为了集触摸屏、摄像头、媒体播放器、GPS 系统和近场通信(Near Field Communications，NFC)硬件为一体的强大工具。随着技术的发展，手机的功能已不再仅仅是打电话那么简单。在添加了对平板电脑和 Google TV 的支持后，Android 已经不再只是一个手机操作系统，它为在越来越多的硬件上进行应用开发提供了一个一致的平台。

在 Android 中，本地应用程序和第三方应用程序使用相同的 API 编写，并且在相同的运行时(runtime)上执行。这些 API 的功能包括硬件访问、视频录制、基于位置的服务(location-based service)、后台服务支持、基于地图的 Activity、关系数据库、应用程序间的通信、蓝牙、NFC 以及 2D 和 3D 图形。

通过本书，你可以学习到如何使用这些 API 来开发自己的 Android 应用程序。在本章中，你将会学习到一些移动和嵌入式硬件开发的准则以及 Android 开发平台提供的一些功能。

Android 拥有功能强大的 API、出色的文档以及茁壮成长的开发人员社区，而且不需要为开发或发布支付费用。随着移动设备的日益普及，以及越来越多的设备采用 Android 作为系统，不管具有什么样的开发背景，使用 Android 来开发新颖的手机应用程序都是一个令人为之振奋的良机。

1.1 一些背景信息

在 Twitter 和 Facebook 出现之前，当 Google 还只是一个想法的时候，手机只是足够小的便携电话，能够放在一个公文包中，电池足够用上几个小时。虽然没有多余的功能，但是手机确实使人们可以不通过物理通信线路就能自由通信。

现在，小巧、时尚而且功能强大的手机已经相当普及并且不可或缺。硬件的发展使手机在拥有更大更亮的屏幕和越来越多的外围设备的同时也变得更加小巧和高效。

继集成了摄像头和媒体播放器以后，现在的手机更是包含了 GPS 系统、加速计、NFC 硬件和高分辨率触摸屏。虽然这些硬件上的创新为软件开发提供了广泛的应用基础，但实际情况却不容乐观，手机应用程序的开发已经落后于相应的硬件水平了。

1.1.1 不远的过去

过去，那些通常使用 C 或者 C++ 进行编程的开发人员必须理解在其上编写代码的特定硬件。这些硬件通常是一个设备，但也可能是来自于同一家生产商的一系列设备。随着硬件技术和移动互联网接入技术的发展，这种封闭的方法很难追赶硬件发展的步伐。

后来，人们开发出了像 Symbian 这样的平台，从而给开发人员提供了更广泛的目标用户群(target audience)。在鼓励移动开发人员开发更加丰富的应用程序以便更高效地利用硬件方面，这些系统比上述那种封闭的方法更加成功。

这些平台提供了一些访问设备硬件的接口，但是要求编写复杂的 C/C++ 代码，而且严重依赖那些因难以使用而著称的专有 API。当开发那些必须运行在不同的硬件实现上的应用程序以及使用特定的硬件功能(如 GPS)的应用程序时，这些困难就呈现在了开发人员面前。

近几年，移动开发的最大亮点在于引入了由 Java 承载(java-hosted)的 MIDlet。MIDlet 是在一个 Java 虚拟机上执行的，它把底层的硬件抽象出来，从而使开发人员可以开发出能运行在多种硬件上的应用程序，只要这些硬件支持 Java 运行时(Java run time)就可以。遗憾的是，这种便利是以对设备硬件的访问限制为代价的。

在移动开发中，通常第三方应用程序的硬件访问和执行权限与手机制造商编写的本机应用程序的权限是不同的，而 MIDlet 则通常不具有这两种权限。

Java MIDlet 的引入扩大了开发人员的目标用户群，但是由于缺乏对低级硬件的访问权限以及沙盒式的执行等原因，大部分移动应用程序都是运行在较小屏幕上的桌面程序或 Web 站点，而没有充分利用移动平台的固有移动性。

1.1.2 未来的前景

最近出现的一些手机操作系统设计理念的创新与突破，都是为了适应手机硬件日益强大的计算能力，Android 也是在这样一种背景下应运而生的。Microsoft 的 Windows Mobile 和 Apple 的 iPhone 也都为移动应用程序开发提供了一个功能更丰富、使用更简捷的开发环境。然而，与 Android 不同，它们是构建在专有操作系统的基础上的，而专有操作系统通常使本地应用程序具有比第三方创建的应用程序更高的优先级,并且限制了应用程序和本地手机数据之间的通信,以及可以在其平台上发布的第三方应用程序。

Android 通过提供一个以开源的 Linux 内核为基础而构建的开放的开发环境,为移动应用程序的开发提供了新机遇。通过一系列 API 库,所有应用程序都可以访问硬件,并且在严格受控的条件下完全支持应用程序之间的交互。

在 Android 中,所有应用程序有相同的优先级。第三方和本地应用程序都使用相同的 API 进行编写,而且都在相同的运行时上执行。用户可以删除任何本地应用程序,并使用相应的第三方应用程序对其进行代替,甚至连拨号程序和主屏幕都可以进行替换。

1.2 对 Android 的误解

作为对一个成熟领域破坏性的补充,不难理解为什么一些人会对 Android 具体是什么这个问题存在很多疑惑。Android 不是:

- **一个 Java ME 实现** Android 应用程序是使用 Java 语言编写的,但是它们并不是运行在一个 Java ME 虚拟机上的,而且已编译的 Java 类和可执行程序不能在不经过修改的情况下就运行在 Android 上。
- **Linux 手机标准论坛(Linux Phone Standards Forum,LiPS)或者开放移动联盟(Open Mobile Alliance,OMA)的一部分** Android 运行在一个开源的 Linux 内核的基础上。尽管它们的目标很相似,但是 Android 的完全软件栈方法和这些标准定义组织的关注点是不同的。
- **一个简单的应用层(如 UIQ 或者 S60)** 尽管 Android 确实包含一个应用层,但是它也描述了整个软件栈,这个软件栈包含了底层操作系统、API 库和应用程序本身。
- **一个手机设备** Android 包含了一个移动设备制造商的参考设计,但是并不存在一个"Android 手机"。相反,Android 是为了支持多种硬件设备而设计的。
- **Google 对 iPhone 的回应** iPhone 是由 Apple 公司发布的完全专有的硬件和软件平台,而 Android 是由开放手机联盟(Open Handset Alliance,OHA)生产和支持的一个开源的软件栈,是为了能在任何满足要求的手机上运行而设计的。

1.3 Android:开放的移动开发平台

Google 的 Andy Rubin 把 Android 描述为:

为移动设备设计的第一个真正开放的综合平台,包含操作系统、用户界面和应用程序——所有软件都能运行在手机上,从而消除了阻碍移动创新的障碍。(摘自 Where's My GPhone(http://googleblog.blogspot.com/2007/11/wheres-my-gphone.html))。

最近,Android 的功能得以扩展,不再是一个纯粹的手机平台,而是能够为越来越多的硬件类型提供一个开发平台,例如平板电脑和电视。

概括地讲,Android 由 3 个组件构成:

- 一个针对嵌入式设备的免费开源操作系统。

- 一个用于创建应用程序的开源开发平台。
- 运行 Android 操作系统以及为这种操作系统编写的应用程序的设备，特别是手机。

确切地讲，Android 由以下几个不可或缺且相互依赖的部分组成：

- 一个兼容性定义文档(Compatibility Definition Document，CDD)和兼容性测试包(Compatibility Test Suite，CTS)，它们描述了移动设备为了支持软件栈而需要具备的性能。
- 一个 Linux 操作系统内核，它提供了与硬件之间的低级接口、内存管理和进程控制，且全都为移动设备进行了优化。
- 应用程序开发的开源库，包括 SQLite、WebKit、OpenGL 以及一个媒体管理器。
- 用来运行和承载 Android 应用程序的运行时，包括 Dalvik 虚拟机和提供 Android 特定功能的核心库。为了在移动设备上使用，将其设计成为了小巧而高效的运行时。
- 一个把系统服务隐式地显示给应用层的应用程序框架，包括窗口管理器、位置管理器、数据库、电话和传感器。
- 一个用来承载和启动应用程序的用户界面框架。
- 一套核心的预装应用程序。
- 用来开发应用程序的软件开发包，包括工具、插件和文档。

真正使 Android 引人注目的是它的开放理念，这就保证了用户界面或者本地应用程序的所有不足之处都可以通过编写一个扩展或者替代品来弥补。Android 为开发人员提供了一个完全按照对样式、观感和功能的设想来设计手机界面和应用程序的机会。

1.4 原生 Android 应用程序

Android 手机通常都带有一套预装的通用应用程序，它们是 Android 开源项目(Android Open Source Project，AOSP)的一部分，包括但不限于以下几种：

- 一个电子邮件客户端。
- 一个 SMS 管理应用程序。
- 一个完整的个人信息管理(personal information management，PIM)套件，包括日历和联系人列表。
- 一个基于 WebKit 的 Web 浏览器。
- 一个音乐播放器和图片查看器。
- 一个照相机和视频录制应用程序。
- 一个计算器。
- 一个主屏幕。
- 一个闹钟。

许多 Android 设备还提供了以下的 Google 移动应用程序：

- 用来下载第三方 Android 应用程序的 Google Play Store。
- 一个功能丰富的移动 Google 地图应用程序，包括街道浏览(StreetView)、驾驶导航(driving direction)、turn-by-turn 导航、卫星观察(satellite view)和交通路况(traffic conditions)。
- Gmail 邮件客户端。

- Google Talk 即时消息客户端。
- YouTube 视频播放器。

原生应用程序存储和使用的数据(如联系人详细信息)也可以被第三方应用程序使用。与之相似，你所编写的应用程序也可以处理像来电这样的事件。

新的 Android 手机上的可用应用程序可能会根据硬件制造商和(或)手机运营商或发行商的不同而有所不同。

Android 的开源本质意味着运营商和 OEM 可以定制用户界面和与每个 Android 设备捆绑在一起的应用程序。一些 OEM 已经这么做了，比如 HTC 的 Sense、Motorola 的 MotoBlur 和 Samsung 的 TouchWiz。

需要注意，兼容设备的底层平台和 SDK 在各个 OEM 和运营商之间是一致的。用户界面的样式和观感可能有所变化，但是应用程序在所有彼此兼容的 Android 设备中的功能是一样的。

1.5 Android SDK 的特征

作为一个开发环境，Android 最吸引人之处在于它提供的 API。

作为一个与应用程序无关的平台，Android 允许你创建一些类似于本地应用程序的应用程序。下面的列表选取了一些最值得注意的 Android 特征：

- 用于电话或者数据传输的 GSM、EDGE、3G、4G 和 LTE 网络，允许接打电话或者收发 SMS 信息，还允许在移动网络中发送或者检索数据。
- 为像 GPS 和基于网络的位置检测这样的基于位置的服务设计了详尽的 API。
- 完全支持能够把地图控件集成到用户界面中的应用程序。
- 可以访问 Wi-Fi 硬件和进行点对点连接。
- 完全的多媒体硬件控制，包括使用摄像头和麦克风进行回放和录制。
- 用于使用加速计、罗盘和气压表等传感器硬件的 API。
- 用于使用蓝牙技术和 NFC 硬件进行点对点(P2P)数据传输的库。
- IPC 消息传递。
- 用于联系人、社交网络、日历和多媒体的共享数据存储和 API。
- 后台服务、应用程序和进程。
- 主屏幕 Widget 和 Live Wallpaper
- 把应用程序搜索结果集成到系统搜索中的功能。
- 一个集成的基于 WebKit 的开源 HTML5 浏览器。
- 专为移动设备进行优化的硬件加速图形，包括一个基于路径的 2D 图形库以及对使用 OpenGL ES 2.0 的 3D 图形的支持。
- 通过动态资源框架实现本地化。
- 支持重用应用程序组件和取代本地应用程序的应用程序框架。

1.5.1 访问硬件(包括摄像头、GPS 和传感器)

Android 包含了用来简化那些涉及设备硬件开发的 API 库。这些 API 库可以保证不必为不同的设备创建软件的特殊实现，因此，创建的 Android 应用程序就可以像预料中的那样运行在所有支持 Android 软件栈的设备上。

Android SDK 包含了针对基于位置的服务硬件(如 GPS)、摄像头、音频、网络连接、Wi-Fi、蓝牙、传感器(包括加速计)、NFC、触摸屏和电源管理的 API。第 12 章以及第 15 章～第 17 章将详细讨论 Android 的一些硬件 API 的潜在用途。

1.5.2 使用 Wi-Fi、蓝牙技术和 NFC 进行数据传输

Android 为设备之间的数据传输提供了丰富的支持，其中包括蓝牙技术、Wi-Fi Direct 和 Android Beam。根据需要进行数据传输的设备，可以灵活选用这些技术，从而能够开发出具有创新性的协作应用程序。

不止如此，Android 还为管理网络连接、蓝牙连接和 NFC 的标签读取提供了 API。

第 16 章将详细介绍如何使用 Android 提供的通信 API。

1.5.3 地图、地理编码和基于位置的服务

嵌入的地图支持使你可以开发出很多利用了 Android 设备的移动性的基于地图的应用程序。Android 允许在设计的用户界面中包含交互式的 Google 地图，因此可以通过程序对地图进行控制，还可以使用 Android 丰富的图形库对地图进行注释。

Android 的基于位置的服务通过管理如 GPS 和 Google 的基于网络的定位技术来确定设备当前的位置。这些服务对特定的位置检测技术进行了抽象，从而使你可以指定最低要求(例如，精度或者花费)，而不是选择特定技术。它也意味着，不管手机设备支持什么样的技术，基于位置的应用程序都会正常运行。

为了把地图和位置联系起来，Android 包含了一个用于地理编码(geocoding)和逆地理编码(reverse geocoding)的 API，从而可以使你找到一个地址所对应的地图坐标和一个地图位置所对应的地址。

第 13 章将详细讨论如何使用地图、地理编码器(geocoder)和基于位置的服务。

1.5.4 后台服务

Android 支持当应用程序不活动时，在后台运行应用程序和服务。

现代的手机和平板电脑本质上是多功能的设备，然而，它们有限的屏幕尺寸以及采用的交互模式使得一般情况下只能有一个交互式应用程序是可见的。不支持后台执行的平台会限制那些不需要你持续关注的应用程序的生存能力。

后台服务允许你构建一些不可见的应用程序组件，它们不需要与用户进行直接交互就能自动执行处理操作。后台执行允许应用程序被事件驱动，并且能够支持定期更新，这就非常适用于监控游戏的得分或者市场价格，生成基于位置的警告，或者划分来电和 SMS 消息的优先级并进行预先筛选。

通知是以前移动设备提醒用户在后台应用程序中发生的事件的标准方式。使用通知管理器，可以触发音频报警，引起震动，使设备的 LED 闪烁以及控制状态栏的通知图标。

在第 9 章和第 10 章中将学习如何使用通知以及如何高效地利用后台服务。

1.5.5 使用 SQLite 数据库进行数据存储和检索

对于一个存储空间有限的小型设备而言，快速且高效的数据存储和检索功能是很重要的。

Android 通过 SQLite 为每一个应用程序提供了一个轻量级的关系数据库。应用程序可以利用这个托管的关系数据库引擎来安全高效地存储数据。

默认情况下，每一个应用程序的数据库都放在一个沙盒(sandbox)中，即它的内容只对创建它的应用程序可见。但是，Content Provider 提供了一种托管这些应用程序的数据库共享的机制，并为应用程序抽象了底层数据源。

第 8 章将详细地讨论数据库和 Content Provider。

1.5.6 共享数据和应用程序间通信

Android 使用多种技术来实现应用程序间的数据共享，主要是 Intent 和 Content Provider。

Intent 提供了一种在应用程序内部和应用程序之间传递消息的机制。使用 Intent，可以在系统范围内向其他应用程序广播一种期望的动作(例如，拨号或者编辑联系人)，来让它们进行处理。使用 Intent 还可以将自己的应用程序注册为接收这些消息或者执行用户请求的动作。

Content Provider 是一种将安全的托管访问权限授予应用程序的私有数据库的方式。原生应用程序(如联系人管理器)的数据存储都作为 Content Provider 提供，这样就可以在自己的应用程序中读取或者修改这些存储的数据。

Intent 是 Android 中的一个基本组件，第 5 章将进行详细阐述。

第 8 章详细地讲解了 Content Provider，包括原生提供器，并说明了如何创建和使用自己的提供器。

1.5.7 使用 Widget 和 Live Wallpaper 增强主屏幕

通过使用 Widget 和 Live Wallpaper，可以创建一些动态的应用程序组件，然后可以利用它们在应用程序内提供一个窗口，或者在主屏幕上直接提供及时而有用的信息。

通过为用户提供一种在主屏幕上直接与应用程序交互的方法可以提高用户的参与度，使他们可以立即访问感兴趣的信息，而不需要打开应用程序，而且上述功能在主屏幕上提供了一种访问应用程序的快捷方式。

第 14 章将讨论如何为主屏幕创建应用程序组件。

1.5.8 广泛的媒体支持和 2D/3D 图形

越来越大的屏幕，越来越清晰的显示和越来越高的分辨率，让手机变成了理所当然的多媒体设备。为了能够充分利用硬件功能，Android 为使用 2D 画布绘图和使用 OpenGL 的 3D 图形渲染提供了相应的图形库。

Android 也提供了处理静态图像、视频和音频文件的综合库，该库可处理 MPEG4、H.264、HTTP Live Streaming、VP8、WEBP、MP3、AAC、AMR、HLS、JPG、PNG 和 GIF 格式的图像、视频和音频文件。

第 11 章将详细讲述 2D 和 3D 图形库，而第 15 章则涵盖了 Android 的媒体管理库的相关内容。

1.5.9 Cloud to Device Messaging

Android Cloud to Device Messaging(C2DM)服务为开发人员提供了一种根据服务器端推送创建事件驱动应用程序的有效机制。

通过使用 C2DM，可以在移动应用程序和服务器之间创建一个轻量级的、总是在线的连接，从而能够实时地将少量的数据直接发送到设备上。

C2DM 服务通常用于向应用程序提醒服务器上可用的新数据，从而减少对轮询的需要，降低应用程序更新对电池的影响，并改善这些更新的时间线。

1.5.10 优化的内存和进程管理

与 Java 和.NET 一样，Android 使用自己的运行时和虚拟机来管理应用程序内存。但与 Java 和.NET 不同的是，Android 运行时还管理着进程的生存期。Android 根据需要对进程进行暂停和结束操作来为更高优先级的应用程序释放资源，从而保证高优先级应用程序的及时响应。

在此上下文环境中，正在与用户进行交互的应用程序将具有最高的优先级。既要保证能对你的应用程序随时进行暂停或结束操作，又要保证应用程序能够保持实时响应与更新，以及必要时在后台进行更新或重新启动——这在诸如手机平台等不允许应用程序控制其生存期的应用环境中是非常重要的。

第 3 章将介绍更多关于 Android 应用程序生命周期的相关内容。

1.6 开放手机联盟简介

开放手机联盟(Open Handset Alliance，OHA)是由 80 多家技术公司组成的一个组织，这些公司包括手机制造商、移动运营商、软件开发商、半导体公司和商业公司。值得注意的是，诸如 Samsung、Motorola、HTC、T-Mobile、Vodafone、ARM 和 Qualcomm 等众多著名的移动技术公司也都纷纷加入了开放手机联盟。用他们自己的话说，OHA 代表的是：

对开放原则的承诺、对未来的共同憧憬，以及把这种憧憬变为现实的具体实施计划。它可以有力推动移动设备的创新，并且向消费者提供内容更丰富、资费更低廉且更美妙的移动体验。

www.openhandsetalliance.com

OHA 希望提供一个有利于移动开发创新的平台，该平台具有更快的速度和更高的品质，而且不需要软件开发人员或者设备制造商支付费用，并希望以此向消费者提供更好的移动软件体验。

1.7 运行 Android 的环境

第一款 Android 手机——T-Mobile G1——于 2008 年 10 月在美国上市。到 2012 年年初，在超过 123 个国家的 231 个不同的运营商网络中已经有 3 亿多个 Android 兼容手机被售出，它们是由超过 39 个手机制造商生产的。

Android 手机操作系统并不是为某种特定的硬件实现而创建的，它的设计是面向各种各样的硬件平台的，这些平台包括智能手机、平板电脑和电视等。

此外，由于得益于 Android 不收取许可费和其代码的完全开放性，手机制造商生产与 Android 兼容的手机产品或其他 Android 设备的成本得以大大降低。Android 平台在创建强大的应用程序方面有很大的优势，因此，许多人期望这种优势可以鼓励手机制造商生产定制程度越来越高的硬件。

1.8 从事移动开发的原因

现代智能手机(包含手机通话功能的多功能设备，提供了功能丰富的 Web 浏览器、摄像头、多媒体播放器、Wi-Fi 和基于位置的服务)的出现从根本上改变了人们使用移动设备以及访问 Internet 的方式。

在许多国家，拥有手机的人数远远超出了拥有计算机的人数。全球的手机用户数已经超过了 30 亿。在 2009 年，使用手机上网的人数第一次超过了使用 PC 上网的人数。很多人确信，在 5 年内使用手机上网的人数将稳定地超过使用 PC 上网的人数。

现代智能手机日益流行，再加上高速手机数据和 Wi-Fi 热点也越来越多，这都使得市场对高级移动应用程序的需求越来越大。

手机的普及以及我们使用手机的方式决定了它们是与 PC 完全不同的开发平台。在包含了麦克风、摄像头、触摸屏、位置检测和环境传感器以后，手机实际上已经成为了人的感知能力的扩展。

智能手机应用程序改变了人们使用手机的方式。这就为应用程序开发人员提供了一个独特的机会，使他们能够创建出动态而具有吸引力的新应用程序，并使这些应用程序变成人们的生活中不可或缺的一部分。

1.9 从事 Android 开发的原因

Android 是移动开发技术发展历程上的一个里程碑，是现代移动设备开发技术的基础上的一个移动应用程序框架。

使用简单、强大而且开放的 SDK，无须缴纳使用许可费，具有规范的文档和日益庞大的开发社区，Android 的上述特点为移动开发人员提供了一个可以深刻改变人们移动应用生活的绝佳机会。

开发人员进入 Android 的门槛很低：
- 不要求获得 Android 开发人员认证。

- Google Play 提供了多种选项来帮助你发布应用程序并利用应用程序获利,你的应用程序可以不收取费用、提前收取费用或者在应用程序内收取费用。
- 没有针对应用程序发布的批准过程。
- 允许你完全控制自己的品牌。

从商业角度看,每天都有 850 000 个新的 Android 设备被激活,而且众多研究显示,在售出的智能手机中,Android 手机占的份额最大。截止到 2012 年 3 月,Google Play(即原来的 Android Market)将支持销售应用程序的服务增加到了 131 个国家,用户从 Google Play 下载应用程序的次数超过 100 亿次,而且还在以每月 10 亿次的数量增长。

1.9.1 推动 Android 普及的因素

Android 主要是面向开发人员的,因为 Google 和 OHA 坚信,只有先让开发人员能更方便地开发出移动应用软件,才能使这些软件在消费者中广泛推广。

作为一个开发平台,Android 功能非常强大,而且易于使用,它使那些没有任何移动开发经验的人员也可以方便快速地创建有用的应用程序。显而易见,富有吸引力的 Android 应用程序将能够带动对可以运行这些应用程序的设备的需求,特别是当开发人员无法为 Android 以外的平台编写某些应用程序时更是如此。

随着支持 Android 的设备越来越多,硬件能力越来越强,并且还有高级的传感器和新的开发 API 可用,可供创新的空间只会越来越大。

对系统底层细节的开放访问通常有助于平台及基于该平台所开发的应用程序的流行。Internet 本身固有的开放性和平台无关性让它在短短十年之内变成了拥有数十亿美元产业的平台。在此之前,像 Linux 这样的开源操作系统和 Windows 操作系统所提供的强大的 API 接口使个人计算机迅速普及至寻常百姓家,同时也使神秘的计算机编程技术得以流行。

开放并且功能强大,这保证了任何有创意的想法都可以用最小的代价来实现。

1.9.2 Android 的独到之处

前面列出很多功能,如 3D 图形和本地数据库支持,在其他移动 SDK 上也有,并且移动浏览器也开始支持它们。

移动平台(不只是 Android,也包括它的竞争对手)的创新步伐非常迅速,所以很难精确地比较不同平台特有的功能。下面这个不算完善的列表列出了 Android 支持、而其他所有现代的移动开发平台可能不支持的功能:

- **Google Maps 应用程序** 手机上的 Google 地图已经非常流行了,Android 把 Google Map 作为一个原子的、可重用的控件提供给开发人员。MapView 小程序允许在用户 Activity 中显示、操作和注释 Google Map,以使用熟悉的 Google 地图接口来构建基于地图的应用程序。
- **后台服务和应用程序** 对后台应用程序和服务的完善支持允许创建使用事件驱动模型的应用程序,当其他应用程序正在被使用时,或者手机处于待机状态时,这些应用程序将在后台自动运行。它可能是一个流式引用播放器,也可能是一个关注股市动态的应用程序,当投资出现重大波动的时候进行通知。它还可能是一种服务,比如可以根据当前的位置、时间和来电人的身份来改变铃声或者音量。Android 为所有的应用程序和开发人员提供了平等的机会。

- **共享数据和进程间通信**　通过使用 Intent 和 Content Provider，Android 使应用程序可以交换信息、执行处理和共享数据。也可以使用这些机制来利用本地 Android 应用程序提供的数据和功能。为了降低这种开放策略带来的风险，每个应用程序的进程、数据存储和文件都是私有的，除非使用一种完全基于权限的安全机制显式地和其他应用程序进行共享。第 18 章将详细介绍这种机制。
- **平等地创建所有应用程序**　Android 并不会区别对待本地应用程序和第三方开发的应用程序。这就给了消费者改变他们设备的样式和感观的前所未有的权力，允许他们使用第三方应用程序完全取代每个本地应用程序，并且这些第三方应用程序也能访问相同的底层数据和硬件。
- **Wi-Fi Direct 和 Android Beam**　通过使用这些创新性的设备间通信 API，可以在应用程序中提供即时的媒体共享和流式传输等功能。Android Beam 是一个基于 NFC 的 API，允许支持近距离交互，而 Wi-Fi Direct 则为设备间的高速可靠通信提供了更大范围的点对点连接。
- **主屏幕 Widget、Live Wallpaper 和快速搜索框**　使用 Widget 和 Live Wallpaper 可以从手机的主屏幕上创建应用程序内的窗口。快速搜索框可以将应用程序的搜索结果直接整合到手机的搜索功能中。

1.9.3　改变移动开发格局

目前存在的移动开发平台在移动开发过程中产生了一种排外的氛围。相比之下，Android 允许、甚至鼓励革命性的颠覆。

作为一种消费设备，Android 手机在销售的时候都会应客户的要求而预装一套新手机所必须具备的标准的核心应用程序，但是它真正的强大之处在于可以让用户完全拥有改变手机外观、感觉和功能的能力，这给开发者提供了一个很好的机会。

所有的 Android 应用程序都是手机产品自身的一部分，而不仅仅是运行在手机之上的沙盒中的软件。你不必开发那些运行在低功率设备上的小屏幕版本的软件，而是可以编写那些能够改变人们使用手机的方式的移动应用程序。

作为一个开源的开发框架，虽然 Android 仍然必须和已有的以及将来可能会出现的各种移动开发平台竞争，但是它仍然具有自己的优势。在移动开发过程中采用免费和开放的方法，并且可以不受限制地访问手机的资源，这对于想要在移动开发中一展拳脚的任何开发人员来说都是一个机会。

1.10　开发框架简介

了解了为什么要在 Android 平台上进行开发之后，现在开始讨论如何开发 Android 应用程序。

Android 应用程序使用 Java 作为编程语言进行编写，但不是用传统的 Java 虚拟机执行，而是用一个定制的称为 Dalvik 的虚拟机执行。

　　本章的后面部分将介绍 Android 的框架，先从对 Android 软件栈技术的解释开始，然后对 SDK 中包含的内容和 Android 库进行简单介绍，最后简单地了解一下 Dalvik 虚拟机。

每个 Android 应用程序都运行在它自己的 Dalvik 实例的一个进程中,它把内存管理和进程管理的所有工作都交给 Android 运行时进行处理,Android 运行时在必要的时候会暂停和结束进程,从而更有效地管理资源。

Dalvik 和 Android 运行时位于一个 Linux 内核之上,由该 Linux 内核来处理低级的硬件交互,包括驱动程序和内存管理,同时有一套 API 来提供所有对底层服务、功能和硬件的访问。

1.10.1 开发包中的资源

Android 软件开发包(software development kit,SDK)包含了开发、测试和调试 Android 应用程序所需的所有东西:

- **Android API** SDK 的核心是 Android API 库,它向开发人员提供了对 Android 栈进行访问的方法。Google 也使用相同的库来开发原生 Android 应用程序。
- **开发工具** 为了让 Android 源代码变成可执行的 Android 应用程序,SDK 提供了多个开发工具供编译和调试应用程序时使用。第 2 章将更加详细地讲述开发工具的相关内容。
- **Android 虚拟设备管理器和模拟器** Android 模拟器是一个完全交互式的移动设备模拟器,并有多个皮肤可供选择。模拟器运行在模拟设备硬件配置的 Android 虚拟设备中。通过使用模拟器,可以了解应用程序在实际的 Android 设备上的外观和运行情况。所有 Android 应用程序都运行在 Dalvik VM 中,所以软件模拟器是一个非常好的开发环境。事实上,由于它的硬件无关性,它提供了比任何单一的硬件实现都更好的独立测试环境。
- **完整的文档** SDK 中包含了大量代码级的参考信息,详细地说明了每个包和类中都包含什么内容以及如何使用它们。除了代码文档之外,Android 的参考文档和开发指南还解释了如何开始进行开发,并详细地解释了 Android 开发背后的基本原理,此外还强调了最佳开发实践,并深入阐述了关于框架的主题。
- **示例代码** Android SDK 包含了一些示例代码集,它们解释了使用 Android 的某些可能性,以及一些用来强调如何使用每一个 API 功能的简单程序。
- **在线支持** Android 迅速拥有了一个生机勃勃的开发社区。Google Groups(http://developer.android.com/resources/community-groups.html#ApplicationDeveloperLists)是一个活跃的 Android 开发论坛,也是 Google 的 Android 开发人员经常去的论坛。Stack OverFlow (www.stackoverflow.com/questions/tagged/android)也是交流 Android 问题的一个热点区域,并且从那里可以找到很多入门级问题的详细解答。

Android 针对那些习惯于使用流行的 Eclipse IDE 的移动开发人员发布了 Android Development Tools(ADT)插件来简化工程创建,并把 Android 模拟器以及构建和调试工具紧密地集成到了 Eclipse 中。第 2 章将详细介绍 ADT 插件的功能。

1.10.2 理解 Android 软件栈

简单地说,Android 软件栈就是通过一个应用程序框架提供一个 Linux 内核和一个 C/C++库集合,而该应用程序框架为运行时和应用程序提供服务,并对它们进行管理。Android 软件栈由图 1-1 中的元素组成。

- **Linux 内核** 核心服务(包括硬件驱动程序、进程和内存管理、安全、网络和电源管理)都由一个 Linux 2.6 内核处理。内核还在硬件和软件栈的其他部分之间提供了一个抽象层。

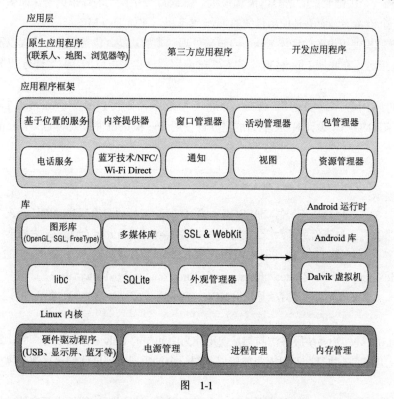

图 1-1

- **库** 在内核之上，Android 包含了各种 C/C++核心库(例如 libc 和 SSL)，以及：
  - 用来回放音频和视频媒体的媒体库；
  - 用来管理显示的外观管理器；
  - 包含用于 2D 和 3D 图形的 SGL 和 OpenGL 的图形库；
  - 用于本地数据库支持的 SQLite；
  - 用于集成 Web 浏览器和 Internet 安全的 SSL 和 WebKit。
- **Android 运行时** Android 运行时可以让一个 Android 手机从本质上与一个移动 Linux 实现区分开来。由于 Android 运行时包含了核心库和 Dalvik 虚拟机，因此，它是向应用程序提供动力的引擎，它和库一起形成了应用程序框架的基础。
  - **核心库** 虽然 Android 应用程序开发使用的是 Java 语言，但 Dalvik 并不是一个 Java 虚拟机。Android 核心库提供了 Java 核心库以及 Android 特定库可用的大部分功能。
  - **Dalvik 虚拟机** Dalvik 是一个基于寄存器的虚拟机，它已经被优化从而确保一个设备可以高效地运行多个实例。它依赖 Linux 内核进行线程和底层内存管理。
- **应用程序框架** 应用程序框架提供了用来创建 Android 应用程序的类。它还对硬件访问提供了一般抽象，并管理用户界面和应用程序资源。
- **应用层** 所有的应用程序，包括原生的和第三方的，都在应用层上使用相同的库进行构建。应用层运行在 Android 运行时内，并且使用了应用程序框架中可用的类和服务。

1.10.3 Dalvik 虚拟机

Android 的一个关键元素就是 Dalvik 虚拟机。Android 使用定制的虚拟机来保证多个实例可以高效地运行在一个设备上，而不是使用传统的 Java 虚拟机，比如 Java ME。

Dalvik 虚拟机使用设备的底层 Linux 内核来处理基本的功能，包括安全、线程以及进程和内存管理。编写直接运行在底层 Linux OS 上的 C/C++应用程序也是可以的，但大部分情况下没有这个必要。

如果你的应用程序需要利用 C/C++的速度和效率，则可以使用 Android 提供的 Native Development Kit(NDK)。设计 NDK 的目的是允许使用 libc 和 libm 库以及对 OpenGL 的本地访问创建 C++库。

提示：
本书主要介绍的是如何使用 SDK 编写 Dalvik 支持的应用程序，NDK 开发不在本书讨论范围内。如果你更倾向于 NDK 开发，想要探索 Android 的 Linux 内核和 C/C++底层细节以及修改 Dalvik 或者底层的其他东西，那么建议你看一下 Android Internals Google Group，网址是 http://groups.google.com/group/android-internals。
虽然本书推荐在需要时尽量使用 NDK，但是并没有详细讨论如何使用 NDK。

所有 Android 硬件和系统服务访问都是使用作为中间层的 Dalvik 来加以管理的。通过使用一个 VM 来承载应用程序的执行，开发人员就可以获得一个抽象层来保证他们永远都不需要考虑特定的硬件实现。

Dalvik VM 执行 Dalvik 可执行文件，这种优化后的格式可以保证能最小限度地占用内存。使用 SDK 提供的工具，可以把 Java 语言编译的类转换为.dex 可执行文件。

第 2 章将介绍如何创建 Dalvik 可执行文件的更多相关内容。

1.10.4 Android 应用程序架构

Android 架构鼓励组件重用，允许在规定的安全限制的访问管理之下向其他的应用程序发布和共享 Activity、Service 及数据。

使用可以替换联系人管理器或者电话拨号器的机制，同样可以公开自己的应用程序组件，让其他开发人员在它们的基础上构建应用程序，例如创建新的 UI 前端和功能扩展。

下面的应用程序服务是所有 Android 应用程序的架构基础，它们提供了常用软件都会使用到的框架：

- **Activity Manager 和 Fragment Manager** 分别控制 Activity 和 Fragment 的生命周期，包括对第 3 章中描述的 Activity 栈进行管理。
- **视图(View)** 用来为 Activity 和 Fragment 构建用户界面，第 4 章将讲述相关内容。
- **Notification Manager(通知管理器)** 如第 10 章所述，提供了一种一致的和非打断性的机制来通知用户。
- **Content Provider(内容提供器)** 如第 8 章所述，让应用程序可以共享数据。

- **Resource Manager(资源管理器)** 如第 3 章所述，支持像字符串和图形这样的非代码资源的具体化。
- **Intent** 如第 5 章所述，提供了一种在应用程序及其组件之间传输数据的机制。

1.10.5　Android 库

Android 提供了大量的 API 供开发使用。要想了解 Android SDK 中包含的包的完整列表，可以参考 http://developer.android.com/reference/packages.html 上提供的文档。

Android 是针对大量的移动硬件设计的，所以要注意，一些高级或可选 API 的适用性及实现可能因 Android 设备而异。

第 2 章

开始入手

> **本章内容**
> - 如何安装 Android SDK、创建开发环境和调试项目
> - 理解移动设计中的一些注意事项
> - 针对速度和效率进行优化的重要性
> - 针对小屏幕设备及移动数据连接进行优化的重要性
> - 使用 Android 虚拟设备、模拟器和其他开发人员工具

只要拥有一份 Android SDK 的副本和一个 Java 开发包,你就可以开始开发自己的 Android 应用程序了。除非你是一个甘愿多受苦累的受虐狂,否则就需要一个 Java IDE 来让开发过程变得容易一些——Eclipse 尤其是个不错的选择。

Windows、Mac OS 和 Linux 等操作系统下都有各自可用的 SDK、JDK 和 Eclipse 版本,所以你可以在任何喜欢的操作系统下对 Android 进行探索。SDK 工具和模拟器在三种 OS 环境下都可以正常使用,因为 Android 应用程序是运行在一个 Dalvik 虚拟机上的,所以在任何特定的操作系统下开发 Android 应用程序都没有明显优势。

Android 代码使用 Java 语法编写,其核心 Android 库包含了核心 Java API 所拥有的大部分功能。然而,在运行它们之前,项目会被翻译为 Dalvik 字节码。因此,你就会因为使用 Java 而受益,而应用程序则拥有在为 Android 设备而优化的虚拟机上运行的优势。

Android SDK starter package 包含了 SDK 平台工具,其中包括 SDK Manager,下载和安装 SDK 包的其余部分必须用到这个 SDK Manager。

Android SDK Manager 用来下载 Android 框架 SDK 库、可选的增件(包括 Google API 和支持包)、完整的文档以及优秀的示例应用程序。它还包含了可以帮助你编写和调试应用程序的工具,如运行项目的 Android 模拟器和帮助调试的 Dalvik 调试监控服务(Dalvik Debug Monitoring Service,DDMS)。

学完本章后,你应该已经下载了 Android SDK starter package,并用其安装了 SDK 和 SDK 的增件、平台工具、文档和示例代码。你将在本章中建立开发环境、完成第一个 Hello World 应用程序,并且使用运行在 Android 虚拟设备上的模拟器和 DDMS 运行及调试该程序。

如果你拥有移动开发的经验,那么肯定已经知道它们较小的外形因素、有限的电量以及有限的处理能力和内存会给设计带来一些独特的挑战。即使是这方面的新手,也不难看出桌面计算机或者 Web 的一些特征是手机所不具备的。

除了硬件上的限制之外,用户环境也给设计带来了挑战。移动设备常常会在移动中使用,而且不总是被我们注意,所以应用程序应该执行迅速、反应灵敏并且易于使用。即使应用程序是针对让人长时间集中注意力的设备(如平板电脑或者电视)设计的,刚才列举的设计原则对于提供高质量的用户体验也是十分关键的。

本章将探讨一些 Android 应用程序开发的最佳实践,来帮助你应对在移动开发中固有的硬件和环境方面的挑战。我们将讨论如何按照与良好的移动设计原则一致的方式使用 Android SDK,而不是尝试涉及所有内容。

2.1 Android 开发

Android SDK 包含了编写新颖有趣而且功能强大的移动应用程序所需的所有工具和 API。与学习其他任何新的开发包一样,学习 Android 的最大挑战在于学习它的 API 的功能和局限。

如果你有过 Java 开发经验,那么你会发现,虽然某些特定的优化技术看起来有点不太直观,但是实际上你一直使用的技术、语义和语法可以直接在 Android 中应用。

如果你没有 Java 开发经验,但是使用过其他面向对象语言(如 C#),那么应该发现这种转变也很容易。Android 的强大功能来自于它的 API,而不是来自于 Java,所以即使你不熟悉所有的 Java 特定类,这也不会成为你的劣势。

2.1.1 开始前的准备工作

因为 Android 应用程序是运行在 Dalvik 虚拟机上的,所以可以在任何支持所需的开发人员工具的平台上编写这些程序。当前的平台包括:

- Microsoft Windows(XP 或更新的版本)
- Mac OS X 10.5.8 或更新的版本(仅限 Intel 芯片)
- Linux(包括 GNU C Library 2.7 或更高版本)

在开始编写程序之前,还需要下载和安装:

- Android SDK starter package
- Java Development Kit(JDK)5 或 6

可以从 Sun 网站上下载最新的 JDK:http://java.sun.com/javase/downloads/index.jsp。

> **提示:**
> 如果已经安装了一个 JDK,那么一定要保证它满足上面的版本要求。注意,只安装 Java 运行时环境(Java Runtime Environment,JRE)是不够的。

多数时候,还需要安装一个 IDE。接下来的小节将介绍如何安装 Android SDK,并使用 Eclipse 作为 Android IDE。

1. 下载和安装 Android SDK

可以免费下载和使用 API，而且 Google 也不会因为你在 Google Play Store 发布完成的应用程序而向你收费或要求你提供应用程序的评估结果。如果要在 Google Play Store 上发布应用程序，需要一次性地支付很少的费用。如果不打算通过 Google Play Store 发布应用程序，那么连这笔很小的费用也不必支付了。

可以从 Android 开发主页上下载适合你的开发平台的 SDK starter package 的最新版本：http://developer.android.com/sdk/index.html。

> **提示：**
> 可以从 http://source.android.com 下载 Android SDK 的源代码。除非另外特别说明，否则本书使用的 SDK 的版本都是 4.0.3(API level 15)。

starter package 被封装在一个 ZIP 文件中，其中只包含下载 Android SDK 包其余部分所需的 Android 开发工具的最新版本。通过把 SDK 解压到一个新文件夹中就可以把它安装到计算机中了(注意它的安装位置，后面还会用到它)。

在开始开发以前，必须至少下载一个 SDK 平台。为此，在 Windows 中可以运行 SDK Manager.exe 可执行文件，而在 Mac OS 或 Linux 中则可以运行 starter package 下载文件的 tools 子文件夹中的 android 可执行文件。

所出现的屏幕(如图 2-1 所示)显示了此次可以下载的每个包，其中包括对应于平台工具、每个平台版本和一组 extra(例如 Android Support Package 和收费/许可包)的节点。

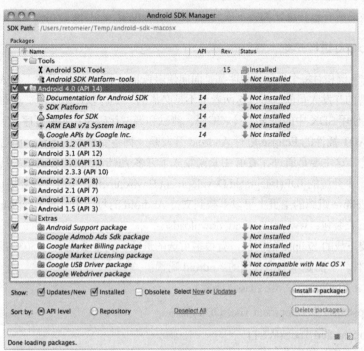

图 2-1

展开每个平台版本节点后，可以看到一个列表，其中列出了该版本中所包含的包，包括开发工具、文档和示例代码包。

下载时，首先要选中对应于最新的框架 SDK 和最新版本的工具、兼容/支持包、文档和示例代码的复选框。

> 为了测试应用程序的向后兼容性，为想要支持的每个版本下载相应的框架 SDK 通常很有帮助。

为使用 Google API(其中包括地图 API)，还需要在想要支持的平台版本下选中 Google APIs by Google 包。

单击 Install Package 按钮时，所选的包将下载到 SDK 安装文件夹。所得结果就是一些框架 API 库、文档和几个示例应用程序。

> **提示：**
> SDK 中包含的例子都有详细的文档，可以用于专为 Android 编写的完整的、可以运行的应用程序。一旦建立了自己的开发环境，那么它们就值得一看了。

2. 下载和安装 SDK 更新

当有新的 Android 框架 SDK、开发工具、示例代码、文档、兼容库和第三方增件可用时，可以使用 Android SDK Manager 下载和安装这些更新。

在以后下载的所有包和更新都将下载到相同的 SDK 位置。

3. 使用 Eclipse 进行开发

本书提供的示例和对每个步骤的说明都是面向使用 Eclipse 和 Android 开发工具(Android Developer Tool，ADT)插件的开发人员的。不过这两者都不是必需的——可以使用任何喜欢的文本编辑器或者 Java IDE，并且使用 SDK 中的开发工具来编译、测试和调试代码段和示例程序。

使用具有 ADT 插件的 Eclipse 进行 Android 开发是一种备受推荐的方法，而这种方法确实具有一些重要的优势，这主要是通过在 IDE 中紧密集成了许多 Android 构建和调试工具实现的。

Eclipse 是一个开源的 IDE(Integrated Development Environment，集成开发环境)，在 Java 开发中非常流行。从 Eclipse 组织的主页上可以下载到支持 Android 的每一个开发平台(Windows、Mac OS、Linux)的 Eclipse 安装包：www.eclipse.org/downloads/。

在选择需要下载的 Eclipse 的时候，有很多可选的选项，其中 Eclipse 3.5(Galileo)及更高版本要求使用 ADT 插件。下面是本书中使用的 Android 配置：

- Eclipse 3.7(Indigo)(Eclipse Classic 下载)
  - Eclipse Java Development Tools(JDT)插件
  - Web Standard Tools(WST)

大部分 Eclipse IDE 包中都包含 WST 和 JDT 插件。

安装 Eclipse 时，需要把下载好的压缩包解压缩到一个新文件夹中。当这一步完成之后，运行 eclipse 可执行文件。当它第一次启动时，为 Android 开发项目创建一个新的工作空间。

4. 使用 Eclipse 的 ADT 插件

Eclipse 的 ADT 插件通过把包括模拟器、.class-to-.dex 转换器等开发工具直接集成到 IDE 中来简化 Android 开发。虽然并非必须使用 ADT 插件，但是它确实可以让应用程序的开发、测试和调试过程变得更加快速和简单。

ADT 插件把以下功能集成到了 Eclipse 中：

- Android 项目向导，它简化了创建新项目的过程，而且包含了一个基本的应用程序模板。
- 基于窗体的 manifest 文件、布局和资源编辑器可以帮助创建、编辑和验证 XML 资源。
- 自动地构建 Android 项目，转换为 Android 可执行文件(.dex)，打包为包文件(.apk)，并把包安装到 Dalvik 虚拟机(可运行在模拟器上或者实际设备中)上。
- Android 虚拟设备管理器允许为运行特定版本的 Android OS、并且具有设定的硬件和内存限制的模拟器创建和管理驻留它们的虚拟设备。
- Android 模拟器，包括控制模拟器外观、网络连接设置以及模拟来电和 SMS 消息的能力。
- Dalvik 调试监控服务(Dalvik Debug Monitoring Service，DDMS)，包括：端口转发(port forwarding)，栈、堆和线程查看，进程细节和屏幕捕捉功能。
- 访问设备或者模拟器的文件系统，允许浏览目录树和转移文件。
- 运行时调试，这样就可以设置断点和查看调用栈。
- 所有的 Android/Dalvik 日志和控制台输出。

图 2-2 显示的是安装了 ADT 插件的 Eclipse 中的 DDMS 视图。

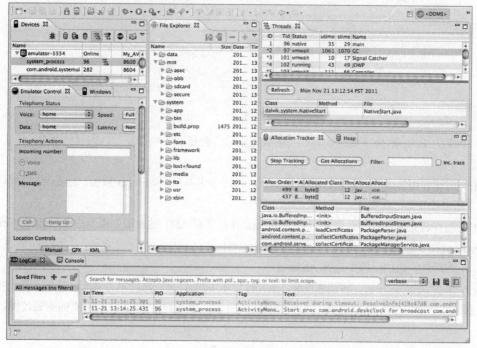

图 2-2

安装 ADT 插件

按照以下步骤安装 ADT 插件：

(1) 从 Eclipse 中选择 Help | Install New Software 选项。

(2) 在弹出的 Available Software 对话框中，单击 Add 按钮。

(3) 在下一个对话框的 Name 字段中，输入便于记忆的名称(例如 Android Developer Tools)，并在 Location 文本框中输入下面的地址：https://dl-ssl.google.com/android/eclipse/。

(4) 单击 OK 按钮后，Eclipse 将会搜索 ADT 插件。搜索完成以后，它将显示可用的插件，如图 2-3 所示。单击 Developer Tools 根节点旁边的复选框进行选择，然后单击 Next 按钮。

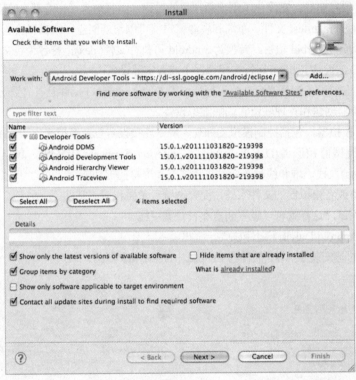

图 2-3

(5) 现在 Eclipse 会下载该插件。当下载完成后，会显示一个开发工具列表供查看。单击 Next 按钮。

(6) 阅读许可协议的条款之后选择 Accept，然后单击 Next 和 Finish 按钮。由于 ADT 插件没有签名，所以在安装过程继续之前会有提示。

(7) 当安装完成之后，必须重新启动 Eclipse 并且更新 ADT 的参数。重新启动后选择 Window | Preferences(在 Mac OS 下是选择 Eclipse | Preferences)。

(8) 然后从左边的面板中选择 Android。

(9) 单击 Browse 按钮，找到你安装 Android SDK 的文件夹，然后单击 Apply 按钮。列表将会得到更新，并显示每个可用的 SDK 目标，如图 2-4 所示。单击 OK 按钮完成 SDK 的安装过程。

第 2 章 开始入手

图 2-4

提示:
如果把 SDK 安装放在了与原来不同的位置,那么需要按照步骤(7)~步骤(9)更新 ADT 参数,以反映作为 ADT 构建基础的 SDK 的新路径。

更新 ADT 插件

大部分情况下,要更新 ADT 插件,只需要:

(1) 选择 Help | Check for Updates 选项。
(2) 如果存在任何可用的 ADT 更新,则它们就会被显示出来。选定它们,然后选择 Install 即可。

提示:
有时对一个插件进行升级是非常重要的,以至于不能使用动态更新机制来对其进行更新。在此类情况下,可能必须先完全删除以前的插件,然后再按照前面所描述的步骤安装新版本的插件。

5. 使用支持包

支持库包(原来叫做兼容库)是一个静态库的集合,把它们包含到项目中以后,就可以使用框架不包含的便捷 API(例如 View Pager),或者并不是每个平台都可用、但是非常方便的 API(例如 Fragment)。

支持包允许在运行 Android 1.6(API level 4)或更高版本的任何设备上使用 Android 近期版本中引入的 API 功能。这样,开发人员就可以提供一致的用户体验,并且由于不必支持多个平台版本,他们的开发过程也可以简化。

当想要支持运行早期版本 Android 平台的设备,并且支持库提供了所需的全部功能时,最佳做法是使用支持库而不是框架 API 库。
为简单起见,本书中的示例的编译目标是 Android API level 15,并且选择使用框架 API 而不是支持库,重点突出了不使用支持库的一些地方。

23

为在项目中包含支持库，需要执行以下步骤：
(1) 在项目的根目录下添加一个新的/libs 文件夹。
(2) 从 Android SDK 安装目录的/extras/android/support/文件夹中复制支持库 JAR 文件。

注意 support 文件夹中包含多个子文件夹，每个子文件夹代表该库支持的最低平台版本。只需要找到所代表的版本小于或等于你想要支持的最低平台版本的子文件夹，并使用其中包含的对应 JAR 文件即可。

例如，如果你想支持从 Android 1.6(API level 4)往上的所有平台版本，就应该复制 v4/android-support-v4.jar。
(3) 把该文件复制到项目的/libs 文件夹后，在 Package Explorer 中右击，并选择 Build Path | Add to Build Path，把该文件添加到项目的构建路径中。

> **提示：**
> 按照设计，支持库的类名与对应的框架部分的名称是相同的。其中一些类(例如 SimpleCursorAdapter)在早期发布的平台版本中就已经存在了。这就导致了一个严重的风险：Eclipse(和其他 IDE)中的代码完成和自动导入管理工具可能会选择错误的库——尤其是在基于新版本的 SDK 构建应用程序时。
>
> 将项目的构建目标设置为计划要支持的最低平台版本，并确保 import 语句使用目标框架中也存在的类的兼容库是一种最佳实践。

2.1.2 创建第一个 Android 应用程序

在下载了 SDK 并安装了 Eclipse 和插件之后，现在可以开始为 Android 编写程序了。首先，创建一个新的项目，并设置 Eclipse 的运行和调试配置。具体步骤如以下小节所示。

1. 创建一个新的 Android 项目

可以使用 Android New Project Wizard 创建一个新的 Android 项目，操作步骤如下：
(1) 选择 File | New | Project 选项。
(2) 从 Android 文件夹中选择 Android Project 应用程序类型，然后单击 Next 按钮。
(3) 在出现的向导中输入新项目的详细情况。在向导的第一页(如图 2-5 所示)中，Project Name 是项目文件的名称。在这里还可以选择项目的保存位置。
(4) 向导的下一个页面(如图 2-6 所示)允许选择应用程序的构建目标。构建目标指的是开发应用程序时计划使用的 Android 框架 SDK 的版本。除了包含在每个平台版本中的开源的 Android SDK 库，Google 还提供了一套专有的 API，以允许开发人员使用额外的库(例如 Google 地图)。如果想使用这些 Google 专有的 API，必须选择对应于目标平台的 Google APIs 包。

第 2 章 开 始 入 手

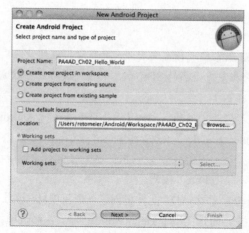

图 2-5

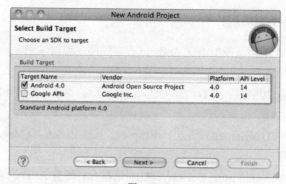

图 2-6

> 项目的构建目标不一定要与其最低 SDK 或目标 SDK 相同。对于新项目来说，最好针对 SDK 的最新版本进行构建，以利用新版本在效率和 UI 方面的改进。

(5) 向导的最后一个页面(如图 2-7 所示)可以指定应用程序的属性。Application Name 是应用程序的名称；Package Name 指定了它的 Java 包；Create Activity 用于指定初始 Activity 类的名称。Minimum SDK 用于指定运行应用程序所需的最低 SDK 版本。

图 2-7

> **提示：**
> 选择最低 SDK 版本要求指定向后兼容的程度，以便使应用程序能够面向更多的 Android 设备。运行指定或更高的 SDK 版本的任何设备都可以通过 Google Play Store 使用你的应用程序。
>
> 在编写本书时，超过 98%的 Android 设备至少在运行 Android 2.1(API level 7)。最新的 Ice Cream Sandwich SDK 是 4.0.3(API level 15)。

(6) 输入这些内容之后，单击 Finish 按钮。

如果选中了 Create Activity，那么 ADT 插件将创建一个新项目，该项目包含一个扩展了 Activity 的类。默认模板并不完全为空，而是实现了 Hello World 程序。在修改项目以前，可以利用这个机会为运行和调试应用程序配置启动选项。

2. 创建一个 Android 虚拟设备

Android 虚拟设备(AVD)用于模拟不同 Android 设备的硬件和软件配置，使开发人员能够在各种硬件平台上测试应用程序。

Android SDK 中不包含预建的 AVD，所以如果没有实际的设备，你必须创建至少一个 AVD，然后才能运行和调试应用程序。

(1) 选择 Window|AVD Manager(或者选择 Eclipse 工具栏上的 AVD Manager 图标)。

(2) 选择 New…按钮。

显示的 Create new Android Virtual Device(AVD)对话框允许配置 AVD 的名称、Android 构建目标、SD 卡的容量和设备的皮肤。

(3) 创建一个针对 Android 4.0.3 的新 AVD，命名为 My_AVD。将该 AVD 设为包含一个 16MB 的 SD 卡，并使用 Galaxy Nexus 皮肤，如图 2-8 所示。

(4) 单击 Create AVD，新的 AVD 就会创建完成并等待使用。

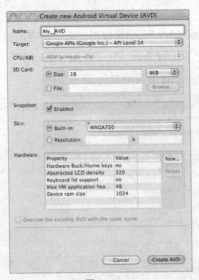

图 2-8

3. 创建一个启动配置

启动配置允许指定运行和调试应用程序的运行时选项。通过使用启动配置，可以指定：
- 要启动的项目和 Activity
- 部署目标(虚拟设备或实际设备)
- 模拟器的启动参数
- 输入/输出设置(包括默认的控制台)

可以为运行和调试应用程序指定不同的启动配置。下面的步骤详细说明了如何为 Android 应用程序创建一个启动配置：

(1) 选择 Run Configurations …(或者选择 Debug Configurations …)选项。

(2) 在项目类型列表的 Android Application 节点下选择应用程序，或者右击 Android Application 并选择 New 命令。

(3) 输入配置的名称。可为每一个项目创建多个配置，因此需要创建一个具有描述性的名称，从而可以帮助识别这个特定的设置。

(4) 选择启动选项。在第一个(Android)选项卡中可以选择当运行(或者调试)应用程序的时候希望启动的项目和 Activity。图 2-9 显示了之前创建的项目的设置。

(5) 可以使用图 2-10 中所示的 Target 选项卡来选择默认启动的虚拟设备，也可以选择 Manual，在每次运行应用程序时选中一个实际设备或一个虚拟设备。此外，还可以配置模拟器的网络连接设置，以及选择是否删除用户数据和是否禁用开机动画。

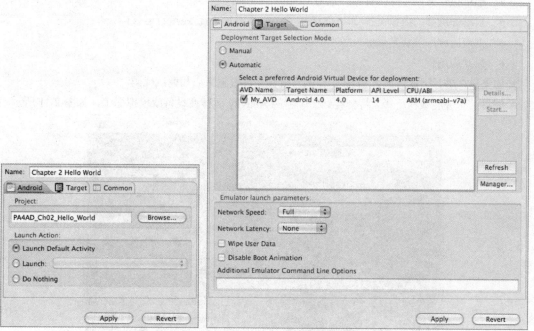

图 2-9　　　　　　　　　　　　　　图 2-10

> **提示：**
> Android SDK 没有包含默认的 AVD。必须在使用模拟器运行或调试应用程序之前创建一个虚拟机。如果图 2-10 中的虚拟设备选择列表为空，那么就需要单击 Manager...按钮打开 Android Virtual Device Manager，并创建一个 AVD。前面已经描述了 AVD 的创建步骤。
>
> 本章后面将更详细地讨论 Android Virtual Device Manager。

(6) 最后在 Common 选项卡中设置其他所有属性。

(7) 单击 Apply 按钮，以便保存启动配置。

4．运行和调试 Android 应用程序

在前面的内容中，已经创建了第一个项目，并且为它创建了运行和调试配置。在对 Hello World 项目进行修改之前，可以通过运行和调试该项目来测试安装和项目配置情况。

从 Run 菜单中选择 Run 或者 Debug 选项来启动最近选择的配置，或者通过选择 Run Configurations...或者 Debug Configurations...选项来选择一个特定配置。

如果正在使用 ADT 插件，那么运行和调试应用程序将完成以下工作：

- 编译当前项目，并将其转换为 Android 可执行文件(.dex)。
- 把可执行文件和外部资源打包为 Android 包(.apk)。
- 启动你选择的虚拟设备(如果你选择了一个 AVD，而它还没有运行)。
- 把应用程序安装到目标设备上。
- 启动应用程序。

如果正在进行调试，那么 Eclipse 调试器就会允许设置断点和调试代码。

如果一切进展顺利，那么将会看到一个新的 Activity 运行在设备或模拟器上，如图 2-11 所示。

图 2-11

5. 理解 Hello World

我们回头仔细分析第一个 Android 应用程序。

Activity 是应用程序中可见的交互组件的基类，它大致上等同于传统桌面应用程序开发中的窗体。第 3 章将详细介绍 Activity。程序清单 2-1 显示了一个基于 Activity 的类的框架代码。注意，它扩展了 Activity，重写了 onCreate 方法。

可从 wrox.com 下载源代码

程序清单 2-1　Hello World

```
package com.paad.helloworld;

import android.app.Activity;
import android.os.Bundle;

public class MyActivity extends Activity {

  /**第一次创建Activity 时被调用*/
  @Override
  public void onCreate(Bundle savedInstanceState) {
    super.onCreate(savedInstanceState);

    setContentView(R.layout.main);
  }
}
```

代码片段 PA4AD_Ch02_HelloWorld/src/MyActivity.java

在 Android 中，可视化组件称为视图(View)，它们类似于传统桌面应用程序开发中的控件。通过向导创建的 Hello World 模板中，因为 setContentView 可以通过扩展一个布局资源来对用户界面进行布局，所以我们重写了 onCreate 方法，用它来调用 setContentView，参见下面高亮显示的代码：

```
@Override
public void onCreate(Bundle savedInstanceState) {
  super.onCreate(savedInstanceState);
  setContentView(R.layout.main);
}
```

Android 项目的资源存储在项目层次结构的 res 文件夹中，它包含了 layout、values 和一系列 drawable 子文件夹。ADT 插件会对这些资源进行解释，并通过 R 变量来提供对它们的设计时访问。有关 R 变量的相关内容会在第 3 章讲述。

程序清单 2-2 显示了定义在由 Android 项目模板创建、并存储在项目的 res/layout 文件夹中的 main.xml 文件中的 UI 布局。

程序清单 2-2　Hello World 的布局资源

```
<?xml version="1.0" encoding="utf-8"?>
<LinearLayout xmlns:android="http://schemas.android.com/apk/res/android"
  android:orientation="vertical"
  android:layout_width="fill_parent"
  android:layout_height="fill_parent">
<TextView
```

```xml
      android:layout_width="fill_parent"
      android:layout_height="wrap_content"
      android:text="@string/hello"
    />
</LinearLayout>
```

代码片段 PA4AD_Ch02_HelloWorld/res/layout/main.xml

使用 XML 定义 UI 并对其进行扩展是实现用户界面(UI)的首选方法，因为这样做可以把应用程序逻辑和 UI 设计分离开来。

为了在代码中访问 UI 元素，可以在 XML 定义中向它们添加标识符属性。之后就可以使用 findViewById 方法来返回对每个已命名的项的引用了。下面的 XML 代码显示了向 Hello World 模板中的 TextView widget 中加入的一个 ID 属性：

```xml
<TextView
  android:id="@+id/myTextView"
  android:layout_width="fill_parent"
  android:layout_height="wrap_content"
  android:text="@string/hello"
/>
```

下面的代码段则展示了如何在代码中访问 UI 元素：

```java
TextView myTextView = (TextView)findViewById(R.id.myTextView);
```

还有一种方法(虽然被认为是不好的做法)，如果需要的话，可以直接在代码中创建自己的布局，如程序清单 2-3 所示。

程序清单 2-3 在代码中创建布局

可从
wrox.com
下载源代码

```java
public void onCreate(Bundle savedInstanceState) {
  super.onCreate(savedInstanceState);

  LinearLayout.LayoutParams lp;
  lp = new LinearLayout.LayoutParams(LinearLayout.LayoutParams.FILL_PARENT,
                                    LinearLayout.LayoutParams.FILL_PARENT);

  LinearLayout.LayoutParams textViewLP;
  textViewLP = new LinearLayout.LayoutParams(
    LinearLayout.LayoutParams.FILL_PARENT,
    LinearLayout.LayoutParams.WRAP_CONTENT);

  LinearLayout ll = new LinearLayout(this);
  ll.setOrientation(LinearLayout.VERTICAL);

  TextView myTextView = new TextView(this);
  myTextView.setText(getString(R.string.hello));

  ll.addView(myTextView, textViewLP);
  this.addContentView(ll, lp);
}
```

代码片段 PA4AD_Ch02_Manual_Layout/src/MyActivity.java

代码中可用的所有属性都可以使用 XML 布局中的属性来设置。

一般来说，保持可视化设计和应用程序代码的分离也能使代码更加简明。考虑到 Android 在数百种具有各种屏幕尺寸的不同设备上可用，将布局定义为 XML 资源更便于包含多个针对不同屏幕进行优化的布局。

 第 4 章将讨论如何通过创建布局和构建自定义的视图来生成自己的用户界面。

2.1.3 Android 应用程序的类型

在 Android 中创建的大部分应用程序都分别属于下面 4 类中的一种：

- **前台应用程序** 只能运行在前台的应用程序，当它不可见时就会被挂起。游戏是这种类型常见的例子。
- **后台应用程序** 交互非常有限的应用程序，除了配置期间，在其生存期的其他时间都是隐藏的。这种类型的应用程序相对少见一些，其例子包括电话过滤程序、SMS 自动回复程序和闹钟程序。
- **间歇式应用程序** 大多数设计良好的应用程序都归入此类别。一个极端是期待有某些交互，但是大部分工作还是在后台完成的应用程序。一个常见例子是媒体播放器。另一个极端是通常作为前台应用程序使用、但是在后台完成一些重要的工作的应用程序。电子邮件程序和新闻阅读程序都是很好的例子。
- **Widget 和 Live Wallpaper** 一些应用程序只作为主屏幕 Widget 或 Live Wallpaper 出现。

复杂的应用程序可能会涵盖上述所有类型的元素，很难将其归类到某个单一的分类中。当创建自己的应用程序时，首先需要考虑用户可能使用应用程序的方式，然后再相应地进行设计。下面将更深入地了解在创建上述每种应用程序时需要考虑哪些设计事项。

1. 前台应用程序

当创建前台应用程序时，需要仔细考虑 Activity 的生命周期(在第 3 章中讲述)，这样 Activity 才能在前台和后台之间连贯流畅地切换。

Android 应用程序不能控制它们的生命周期，而没有正在运行服务的后台程序将是 Android Resource Manager 首先要清除的对象。这就意味着，当应用程序进入后台时需要保存其状态，这样当它返回到前台时，就可以正确地恢复到相同的状态。

对前台应用程序来说，呈现出直观的绚丽用户体验也是非常重要的。第 3 章、第 4 章、第 10 章和第 11 章将介绍有关创建行为得当且具有吸引力的前台 Activity 的更多相关内容。

2. 后台应用程序

这些应用程序自动在后台运行，几乎没有用户输入。它们经常侦听由硬件、系统或者其他应用程序产生的消息或者动作，而不是依赖用户交互。

创建完全不可见的服务也是可以的，但是实践中，提供某些类型的用户控制是更好的做法。至少应该让用户确信那些服务正在运行，并且可以让他们在需要的时候配置、暂停或者终止它们。

第 5 章和第 9 章将深入探讨 Service 和 Broadcast Receiver——后台应用程序的驱动力。

3. 间歇式应用程序

通常情况下，可能需要创建能够对用户输入做出反应且当它不是前台 Activity 的时候仍然能发挥作用的应用程序，例如，聊天应用程序和电子邮件应用程序。这些应用程序通常是可见的 Activity 和不可见的后台服务以及 Broadcast Receiver 的联合体。

这些应用程序需要考虑它们和用户交互时的状态。这可能意味着：当它可见时，更新 Activity UI；而当它不可见时，则发送通知来让用户了解其最新状态。详细内容见第 10 章的"使用 Notification"部分。

在开发这种类型的应用程序时必须极为小心，确保应用程序的后台进程表现良好，对设备的电量造成最小的影响。

4. Widget 和 Live Wallpaper

在某些情况中，应用程序可能完全由 Widget 或 Live Wallpaper 组成。通过创建 Widget 和 Live Wallpaper，可以创建一些交互式可视组件，使用户的主屏幕上增加一些功能。

只包含 Widget 的应用程序通常用于显示动态信息，例如电池电量、天气预报，或者日期和时间。

第 14 章将介绍如何创建 Widget 和 Live Wallpaper。

2.2 面向移动设备和嵌入式设备的开发

Android 为简化基于移动设备和嵌入式设备的软件开发做了很多工作，但是理解这种做法背后的原因仍然是很重要的。当为移动设备和嵌入式设备编写软件的时候，需要考虑多种因素，在为 Android 进行开发时尤其如此。

提示：
在本章中，将学到编写高效的 Android 代码的一些技术和最佳实践。在后面的例子中，当介绍新的 Android 概念或者功能的时候，效率有时会为清晰和简洁让路。在"按照我说的做，而不是按照我做的去做"的优良传统下，这些例子的设计目的是为了展示实现某项功能的最简单(或者最容易理解)的方式，而不是实现这项功能的最好方式。

2.2.1 硬件限制带来的设计考虑事项

由于具有小巧而轻便的特点，移动设备给软件开发领域提供了令人兴奋的机会。但有限的屏幕尺寸、较小的内存和存储空间以及较低的处理能力就没那么令人兴奋了，相反，上述因素反而带来了某些独特的挑战。

与桌面计算机或者笔记本电脑相比，移动设备具有以下特点：

- 低处理能力
- 有限的 RAM
- 有限的永久存储能力
- 低分辨率的小屏幕
- 与数据传输相关的更高成本
- 连接不稳定,低速的数据传输速率,高延迟
- 更不可靠的数据连接
- 有限的电池使用时间

手机的每次换代都会减轻其中的某项限制。特别是,较新的手机屏幕显著地改进了屏幕分辨率和数据传输成本。

平板电脑和支持 Android 的电视使得你的应用程序可以在更多的设备上运行,而且克服了上面列出的一些限制。但是,考虑到可用设备的范围,在设计时考虑最坏情况总是一种最佳实践,这可以确保无论应用程序安装到何种硬件平台,始终可以给用户提供满意的体验。

1. 高效

嵌入式设备,特别是移动设备的制造商,更注重的是较小的尺寸和较长的电池使用寿命,而不是处理器速度的提高。对开发人员来说,这就意味着失去了传统的摩尔定律(集成电路中的晶体管数量每两年增加一倍)所带来的优势。在桌面计算机和服务器中这会直接带来处理器性能的改进;但对于移动设备来说,这却意味着更小、更节能,屏幕则更亮、分辨率更高,但是设备在处理能力方面却没有太多提高。

实践中,这就意味着总是需要对代码进行优化,使其能够快速地运行和响应,同时还要假设在软件的生存期中,硬件的改进不会给软件带来任何好处。

由于代码的效率问题是软件工程中的一个比较庞大的话题,所以这里我不再多说。本章后面涉及了一些专门用于提高 Android 的效率的实用提示,但是现在,只要知道效率对于像手机这样资源有限的平台特别重要就可以了。

2. 考虑有限的能力

闪存和固态磁盘的发展使移动设备的存储能力有了显著的提高(虽然人们的 MP3 还是有耗尽所有可用空间的趋势)。虽然在移动设备中 8GB 的闪存或 SD 卡已经十分普遍,但是光盘的容量已经超过了 32GB,而 PC 则已经广泛地使用以 TB 计算的硬盘。考虑到移动设备的大部分存储空间都用于存储音乐和电影,在这种情况下,多数设备能够为应用程序提供的存储空间仍然相对有限。

Android 允许将应用程序安装到 SD 卡上,而不是使用内置的内存(第 3 章将详细介绍),但是这种方法有很大的局限性,不适用于所有的应用程序。所以编译后的应用程序大小是需要考虑的重要因素。当然,更重要的是要保证应用程序合理地使用系统资源。

应该仔细考虑如何存储应用程序中的数据。为简单起见,可以使用 Android 数据库和 Content Provider 来保存、重用和共享大量的数据,如第 8 章所述。而对于更小的数据存储(如参数或者状态设置)来说,Android 提供了一种优化的框架,详见第 7 章。

当然,这些机制并不能阻止你在想要或者需要的时候直接写入文件系统,但是在这些情况下,一定要考虑如何组织这些文件的结构,并确保自己提供了一个高效的解决方案。

合理利用资源也意味着在使用之后进行清理。像缓存、预取和延迟装载这样的技术对限制重复的网络查找和提高应用程序的响应速度来说非常有用，但是当不再需要它们的时候，不要把文件留在文件系统中或者把记录留在数据库中。

3. 为不同的屏幕进行设计

手机的小屏幕和便携性为创建优秀界面带来了挑战，特别是当用户要求越来越吸引人且具有丰富信息的图形用户体验的时候更是如此。再加上 Android 设备的屏幕尺寸大小不一，创建一致、直观而又美观的用户界面会是一个不小的挑战。

编写应用程序的时候应该知道，用户经常只是瞥一眼屏幕。所以，要让应用程序直观并且易于使用，可以通过减少控件的数量，并把最重要的信息放在前面或中心位置的方法来解决上述问题。

图形控件，例如将在第 4 章中创建的那些，是一种非常优秀的使用容易理解的方式来传达大量信息的做法。它们不是用文本、按钮和文本输入框来充满屏幕，而是使用色彩、形状和图形来显示信息。

还需要考虑触摸输入是如何影响用户界面设计的。手写笔的时代已经过去了，取而代之的是手指输入，所以一定要保证视图(View)足够大，从而能够满足在屏幕上进行手指输入的要求。为了支持可访问性和没有触摸屏的设备(例如 Google TV)，需要确保应用程序在不使用触摸方式的情况下也可以导航。

现在的 Android 设备具有多种屏幕尺寸，既有小屏幕的 QVGA 手机，又有 10.1"的平板电脑和 46"的 Google TV。随着显示技术的发展和新的 Android 设备的不断发布，屏幕尺寸和分辨率的变化将日益增大。为了确保应用程序的界面美观，并且在所有支持它的设备上具有相同的行为，应在各种屏幕上设计和测试应用程序，在针对小屏幕和平板电脑进行优化的同时，保证 UI 可以很好地扩展到任何显示屏上。

 第 3 章和第 4 章将学习针对不同的屏幕尺寸优化 UI 的一些技术。

4. 考虑低速率、高延迟

在应用程序中集成在线信息的能力非常强大。但遗憾的是，移动网络通常并没有我们理想中的那样快速、可靠和便捷，所以当开发基于 Internet 的应用程序时，最好事先假设网络连接会很慢、断断续续而且很昂贵。

如果使用的是无限制的 4G 数据计划和城市范围的 Wi-Fi，则不必考虑上述问题，但是针对最坏情况而设计的产品可以保证总是能够提供高标准的用户体验。这也意味着，还需要保证应用程序可以处理丢失(或者没有找到)数据连接的情况。

Android 模拟器可以用来控制网络连接的速度和延迟。图 2-12 显示了模拟器的网络速度和延迟，这里

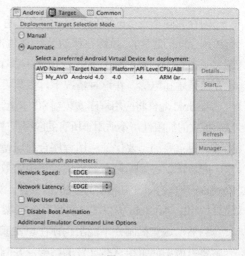

图 2-12

模拟的是一个 EDGE 连接，显然这种连接状况是不能让人满意的。

不管网络访问的速度、延迟和可用性如何，都要通过实验来保证快速流畅地响应。当可用的网络连接只支持有限的数据传输能力时，可以采用的一些技术包括限制应用程序的功能或者减少网络查找带来的缓存爆炸。

> 第 6 章将介绍如何在应用程序中使用 Internet 资源。
> 关于如何在运行时检测网络连接的类型的相关内容，请阅读第 16 章。

5. 需要多少花费

如果你有手机，就肯定会知道手机上某些强大的功能是需要付费的。如果要使用像 SMS 和数据传输这样的服务，则通常要向服务提供商支付更多的费用。

很明显，与应用程序中的功能相关的花费一定要是最小的，而且一定要让用户明白在什么情况下他们需要付费。

所以，假设所有跟外部世界进行交互所涉及的动作都会产生一定的花费是一个比较好的做法。在一些情况(比如使用 GPS 和数据传输)中，用户可以调整 Android 设置来禁用可能需要付费的动作。对于开发人员来说，使用这些设置十分重要。

不管是哪种情况，都可以按照下面的原则来最小化交互的花费：

- 尽可能少地传送数据。
- 通过缓存数据和地理编码结果来消除冗余或者重复查找。
- 如果 Activity 在前台不可见(假设它们只是用于更新 UI)，那么就要停止所有数据传输和 GPS 更新。
- 让数据传输(和位置查找)的刷新/更新速率在可行的情况下保持尽可能低的水平。
- 使用第 9 章中讲述的报警和 Broadcast Receiver 机制，把较大的更新或者传输安排在非高峰时间或者通过 Wi-Fi 连接时进行。
- 尊重用户对后台数据传输的参数设置。

通常最好的方法是使用那些花费较少的低质量选项。

当使用第 13 章中讲述的基于位置的服务时，可以根据这些服务是否有相关的花费来选择位置提供者。在基于位置的应用程序中，要考虑可以让用户自己在较低花费和较高精度之间作出选择。

在某些环境下，花费并不是固定的，也就是说，对不同的用户来说有不同的花费。服务的收费会因为服务提供商和合同计划的不同而改变。可能有些用户拥有免费无限的数据传输，而其他用户则有免费的 SMS。

与其根据价格低廉的程度来选择使用哪些特定技术，还不如考虑让用户自己去决定。例如，当从 Internet 上下载数据的时候，你可以询问用户是希望选择使用那些可用的网络，还是将它们限制为只有通过 Wi-Fi 连接的时候才进行传输。

2.2.2 考虑用户环境

必须清楚，用户并不一定会把你的应用程序作为手机上最重要的功能来使用。

虽然 Android 的用途已经有所扩展，不再只是一个手机平台，但是大多数 Android 设备仍然是手机或者平板电脑。对于大多数人来说，这种设备首先是一部电话，其次是 SMS 和 E-mail 通信器，第三是摄像头，第四是 MP3 播放器。而你编写的应用程序最可能属于第五个类别，即"实用手机工具"。

这并不是一件坏事，因为它们可以和其他优势功能进行合作，例如，Google 地图和 Web 浏览器。也就是说，每个用户的使用模型都会不同；某些人可能从不会使用他们的设备来听歌，有的设备不支持电话功能，还有些设备没有摄像头。但是在进行可用性设计时，设备使用的多任务原则以及它们的不可或缺性和无处不在的特点都是要重点考虑的因素。

考虑用户何时使用以及如何使用应用程序也是非常重要的。人们每时每刻都在使用手机——在火车上，在街头散步时，甚至是开车的时候。虽然不能让人们合理地使用手机，但是可以保证应用程序不会过多地分散他们的注意力。

在进行软件设计的时候需要考虑什么？一般要保证应用程序：

- **可以预测，并且行为得当**　首先要保证当 Activity 不在前台运行的时候，它应该被挂起。当 Activity 暂停或者恢复的时候，Android 会触发事件处理程序，所以当应用程序不可见的时候，就可以暂停 UI 更新和网络查找——没有理由在 UI 不可见的时候仍然执行更新它的操作。如果需要在后台继续更新或者进行处理，则可以使用 Android 提供的 Service 类，它专门用来在后台运行，而没有额外的 UI 开销。
- **流畅地从后台切换到前台**　由于移动设备的多任务性，应用程序很可能会频繁地在后台和前台之间切换。保证应用程序流畅而迅速地从后台切换到前台是很重要的。Android 非确定性的进程管理意味着，如果应用程序在后台，那么它就有被结束而释放资源的可能。这一点对用户来说应该是不可见的。可以通过保存程序的状态并把更新放入队列来保证这一点，这样用户就不会注意到重新启动程序和恢复程序之间的差别。在切换回到应用程序的时候，用户应该连贯流畅地看到他们最后一次看到的 UI 和程序状态。
- **合理**　应用程序绝对不能抢占注意力，或者打断用户当前的 Activity。当应用程序不在前台运行时，要使用通知(详见第 10 章)来请求用户关注一下应用程序。手机有多种方式可以通知用户，例如，当接到一个电话时，手机会响铃和/或震动；当有未读消息时，手机的 LED 会闪烁；当有新的语音邮件的时候，一个较小的邮件图标会出现在状态栏中。通过通知机制，可以使用所有这些技术以及更多的可用技术。
- **呈现出直观而有吸引力的用户界面**　在任何时间，应用程序都可能是多个正在使用的程序中的一个，所以提供的 UI 易于使用很重要。投入必要的时间和资源来创建有吸引力并且功能实用的 UI，不要强制用户在每次装载应用程序的时候，都要去理解或者重新学习它。它应该易于使用，特别是在屏幕空间有限和用户环境容易令人分心时更应如此。
- **快速响应**　在手机上，快速响应是最重要的设计考虑要素之一。在使用一个没有响应的软件的时候，肯定会感觉到很沮丧；而手机固有的多功能性会让这一点更令人烦恼。在低速和不可靠的数据连接可能带来延迟的情况下，通过使用工作线程和后台的服务来保持 Activity 能够快速响应是很重要的，更重要的是，要避免它们阻碍其他应用程序的快速响应。

2.2.3　Android 开发

到目前为止还没有涉及专门针对 Android 的内容；上面提到的设计原则是任何手机应用程序的开发人员在开发手机应用程序的时候都应该注意。除了这些一般性指导方针之外，Android 还有其他一些需要特别关注的地方。

开始进行开发之前，花几分钟时间看一下 Google 的 Android 开发指导，了解 Google 的 Android 设计最佳实践是值得的：http://developer.android.com/guide/index.html。

Android 设计理念要求应用程序应该：
- 运行速度快
- 响应快速
- 数据保持新鲜
- 安全
- 程序状态转换连贯流畅
- 可访问

1. 快速和高效

在资源受限的环境中，快速就意味着高效。很多已知的关于编写高效代码的知识在 Android 中仍然有用，但是嵌入式系统产生的限制和对 Dalvik 虚拟机的使用却意味着不能自认为任何事情都是理所当然的。

提供建议最好的方法是找到源头。Android 团队已经为编写高效的 Android 代码发布了一些特定的指导方针，所以与其在这里重复他们的建议，还不如你自己直接去访问 http://developer.android.com/guide/practices/design/performance.html 并留意他们的建议。

> **提示：**
> 你可能会发现某些关于性能的建议与设计实践中的习惯做法是相矛盾的——例如，要避免使用内部 setter 和 getter，或者更倾向于使用虚类而不是使用接口。当为像嵌入式设备这样的资源受限的系统编写软件的时候，通常要在常规的设计原则和更高的效率需求之间寻找折中。

编写高效 Android 代码的一个关键之处在于不要把桌面计算机和服务器环境中的某些假设带到嵌入式设备中来。

现在大部分桌面计算机和服务器的内存标配都是 2GB 到 4GB 的内存，而典型的智能手机则具有 200MB 的 SDRAM。由于内存如此稀少，因此必须格外高效地使用它。这就意味着需要考虑如何使用栈和堆，如何限制对象的创建，并且要清晰地了解变量的作用域是如何影响内存的使用的。

2. 快速响应

Android 非常认真地对待响应问题。Android 通过使用 Activity Manager 和 Window Manager 来实现快速响应。当这两个服务中的任何一个检测到没有响应的应用程序时，都会显示一个 "[Application] is not responding" 对话框，即以前的 "Force Close(强制关闭)" 错误，如图 2-13 所示。

这个警告消息会一直占据着屏幕的焦点，直到用户按下了

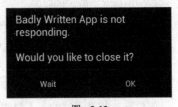

图 2-13

某个按钮。绝不应该让用户遇到这种情况。

Android 通过监控下面两个条件来确定响应性：

- 应用程序必须在 5 秒内对任何用户动作(如按下按键或者触摸屏幕)做出响应。
- 一个 Broadcast Receiver 必须在 10 秒之内从它的 onReceive 处理程序中返回。

最有可能导致没有响应的错误的原因是主应用程序线程上执行的耗时较长的任务。网络或数据库查找、复杂处理(例如，计算游戏的动作)和文件 I/O 都不应该发生在主线程上，以确保应用程序能够快速响应。有很多方法可以保证这些动作不会超过响应条件，当使用第 9 章所描述的服务和工作线程(worker thread)的时候尤其如此。

Android 2.3(API level 9)引入了严格模式(Strict Mode)，此 API 有助于找出在主应用程序线程上执行的文件 I/O 和网络传输操作。第 18 章将详细讨论严格模式。

提示：
"[Application] is not responding"对话框是可用性的最后一种解决方法；5 秒是响应时间的上限，而不是应用程序的目标基准。如果从按下按键到响应的间隔超过半秒，用户就能注意到有规律的停顿。幸运的是，可以通过编写高效的代码来实现响应更迅速的应用程序。

3. 保证数据的新鲜度

多任务处理是 Android 的关键特征之一。后台服务的一个最重要的用途就是当应用程序未被使用时仍然保持更新。

响应快速的应用程序能够对用户交互迅速作出反应，而新鲜的应用程序则能快速显示用户想要看到并且进行交互的数据。从可用性的角度看，更新应用程序的最佳时间是在用户刚好要使用应用程序之前。在实际开发中，需要衡量更新频率与更新操作对电池电量和数据使用造成的影响。

在设计应用程序时，需要考虑更新数据的频率，使用户等待数据刷新或更新的时间降到最低，同时限制后台更新对电量的影响。

4. 开发安全的应用程序

Android 应用程序能访问网络和硬件、能独立地发布，并且构建在一个具有开放通信功能的开源平台的基础上，所以安全问题自然也是需要考虑的重大问题。

对于大部分情况来说，用户需要对他们所安装的应用程序以及赋予这些应用程序的权限负责。Android 安全模型将每个应用程序放到沙盒中，通过强制应用程序在访问某些服务和功能之前从用户那里得到权限，从而限制了对这些服务和功能的访问。在安装的时候，用户就可以决定是否要赋予这些应用程序所要求的权限。

可以在第 18 章和 http://developer.android.com/resources/faq/security.html 中学到关于 Android 安全模型的更多内容。

但仅有这些是不够的。不仅需要保证应用程序本身是安全的，还要保证它不会"泄露"权限和硬件访问能力，对设备造成损害。可以使用多种技术来维护设备的安全，在学习那些技术的过程中，它们会被更详细地介绍。特别需要：

- 考虑为你发布的所有服务和广播的所有 Intent 设定权限。要特别小心在广播 Intent 时不会泄露安全信息，例如位置数据。
- 当应用程序接受外部数据(例如，来自 Internet、蓝牙、NFC、Wi-Fi Direct、SMS 消息或者即时消息的数据)的时候一定要特别小心。在第 16 章和第 17 章中，将会学到更多关于使用蓝牙、NFC、Wi-Fi Direct 和 SMS 进行应用程序间的消息传递的内容。
- 当应用程序可能向第三方应用程序提供对低级硬件的访问时一定要小心。
- 将应用程序使用的数据和需要的权限降至最低。

> **提示：**
> 为简洁起见，本书中的很多例子都使用了一些很宽松的安全措施。但是当创建自己的应用程序，特别是那些计划要发布的应用程序时，安全这一领域的问题一定不能忽视。

5. 保证流畅的用户体验

连贯流畅的(seamless)用户体验理念是很重要的，即使对它的理解有点朦胧。在这里，"连贯流畅"意味着什么？它的目标是力求达到在应用程序启动、停止和迁移的时候一致的用户体验，而没有明显的延迟或者急促的转换。

移动设备的速度和响应能力不应该因其长期使用而降低。Android 的进程管理会在必要时终止后台的某些应用程序来释放占用的资源。知道这一点之后，不管是重新启动还是恢复运行，应用程序应该总是能够呈现出稳定一致的用户界面。

由于 Android 设备通常运行由不同的开发人员编写的多个第三方应用程序，所以让这些应用程序能够连贯流畅地进行交互特别重要。通过使用 Intent，应用程序可以彼此提供某些功能。知道应用程序可能提供或使用第三方应用程序后，你就应该更有动力来维护一致的外观。

即使对可用性使用一致和直观的方法，也依然能够创建出充满革命性的和新奇的应用程序，但即使是这些应用程序也应该和更宽阔的 Android 环境连贯流畅地集成在一起。

当应用程序不可见的时候，需要保存会话之间的数据，并挂起那些使用处理器周期、网络带宽或者电池的任务。如果当 Activity 不可见的时候应用程序仍然有某些任务需要继续处理，那么可以使用 Service 来解决上述问题，但是要向用户隐藏这些实现决策。

当应用程序返回到前台或者重新启动之后，它应该流畅地返回到之前最后一次运行时的状态。就用户而言，每个应用程序都需要安静地在后台等待，以便用户随时对其进行使用。

还应该遵循使用通知的最佳实践，并使用通用的 UI 元素和主题来维持应用程序之间的一致性。也可以使用很多其他技术来保证连贯流畅的用户体验，后面的章节将介绍更多在 Android 中可用的能实现良好用户体验的技术，本书会对它们中的一部分进行介绍。

6. 提供可访问性

在设计和开发应用程序时，千万不能以自身的条件衡量每个用户。这不只是说要考虑到应用程序的国际化和可用性，更关键的是为那些身体不便，所以只能以非常规方式使用 Android 设备的用户提供访问支持。

Android 提供了一些功能来辅助这类用户更方便地导航自己的设备，例如文本到语音转换、触摸反馈、跟踪球和 D-pad 导航。

通过利用 Android 的可访问层，可以让每个用户都享受良好的使用体验，包括那些由于视力、肢体或年龄问题导致无法充分使用或看清触摸屏的用户。

 第 11 章将详细讨论关于如何使应用程序可被每个用户访问的最佳实践。

使触摸屏应用程序对于身体不便的用户使用的做法还有一个额外的好处，就是使应用程序也更容易在非触摸屏设备上使用，例如 Google TV。

2.3 Android 开发工具

Android SDK 包含了多种开发工具和实用程序，它们可以帮助你创建、测试和调试项目。对每种开发工具的详细说明不在本书的讨论范围之内，但是在这里有必要简单地介绍一下可用的一些开发工具。要了解更多细节，请参考 Android 文档：http://developer.android.com/guide/developing/tools/index.html。

正如前面所述，ADT 插件可以很方便地把大部分工具集成到 Eclipse IDE 中，在那里，可以通过 DDMS 视图访问它们。这些开发工具包括：

- **Android 虚拟设备和 SDK 管理器** 用于创建和管理 AVD 以及下载 SDK 包。AVD 中驻留着一个运行特定版本的 Android 的模拟器，并且允许指定支持的 SDK 版本、屏幕分辨率、可用的 SD 卡存储空间以及可用的硬件功能(比如触摸屏和 GPS)。
- **Android 模拟器** Android 虚拟机的一种实现，其目的是在开发计算机上的 AVD 内运行。可以使用模拟器来测试和调试 Android 应用程序。
- **Dalvik 调试监控服务(DDMS)** 使用 DDMS 视图来监视和控制能调试应用程序的 Dalvik 模拟器。
- **Android 调试桥(Android Debug Bridge，ADB)** ADB 是一个客户端-服务器应用程序，它提供了对虚拟设备和实际设备的链接。它允许复制文件、安装已编译的应用程序包(.apk)以及运行 shell 命令。
- **Logcat** 一个实用工具，用于查看和过滤 Android 日志系统的输出。
- **Android 资源打包工具(Android Asset Packaging Tool，AAPT)** 构建可发布的 Android 包文件(.apk)。

也可以使用下面的附加工具：

- **SQLite3** 一个数据库工具，可以使用它来访问在 Android 中创建和使用的 SQLite 数据库文件。
- **Traceview 和 dmtracedump** 查看 Android 应用程序跟踪日志的图形分析工具。
- **Hprof-conv** 此工具可将 HPROF 分析的输出文件转换为标准的格式，从而能够在你选择的分析工具中查看。

- **MkSDCard** 创建一个 SD 卡磁盘图像,模拟器可以使用它来模拟一个外部存储卡。
- **Dx** 把 Java 中的 .class 字节码转换为 Android 中的.dex 字节码。
- **Hierarchy Viewer** 提供了布局的视图层次结构的视觉表示,用于调试和优化 UI,还提供了放大的显示效果,用于帮助在布局时精确到像素。
- **Lint** 此工具可分析应用程序及其资源,并提出关于如何改进和优化的建议。
- **Draw9Patch** 一个很方便的实用工具,可以简化使用 WYSIWYG 编辑器创建 NinePatch 图形的过程。
- **Monkey 和 Monkey Runner**: Monkey 在 VM 内运行,生成伪随机的用户和系统事件。Monkey Runner 提供了一个 API,可以用来编写程序,从应用程序外部控制 VM。
- **ProGuard** 一个用来缩减和模糊化代码的工具,将类名、变量名和方法名替换为无意义的词。这样做可以使代码更难被人采用逆向工程方法破解。

下面详细讨论一些比较重要的工具。

2.3.1 Android 虚拟设备管理器

Android 虚拟设备管理器(AVD)是用于创建和管理将会驻留模拟器实例的虚拟设备的工具。

AVD 用来模拟不同设备上可用的软件版本和硬件配置。这样就可以针对各种硬件平台测试应用程序,而不需要购买多种手机。

> **提示:**
> Android SDK 并不包含任何预构建的虚拟设备,所以在模拟器内运行应用程序时需要至少创建一个设备。

需要为每个虚拟设备配置一个名称、一个 Android 目标(基于它支持的 SDK 版本)、SD 卡容量和屏幕分辨率,如图 2-14 中的 Create new Android Virtual Device(AVD)对话框所示。

可以选择启用快照功能,在模拟器关闭时保存其状态。从快照启动新模拟器要快得多。

每个虚拟设备也支持大量特定的硬件设置和限制,可以使用名称-值对(NVP)的形式把它们添加到硬件表中。选择一个内置的皮肤将自动按照该皮肤代表的设备配置这些额外的设置。

这些额外的设置包括:

- 虚拟机的最大堆大小
- 屏幕的像素密度
- SD 卡支持
- 是否具有 DPad、触摸屏、键盘和跟踪球等硬件
- 加速计、GPS 和距离传感器支持

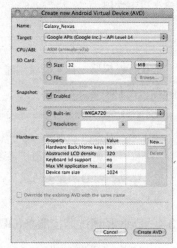

图 2-14

- 可用的设备内存
- 摄像头硬件(及分辨率)
- 录音支持
- 是否具有硬件 back 和 home 键

不同的硬件设置和屏幕分辨率将提供不同的用户界面皮肤，用以代表不同的硬件配置。这就可以模拟各种移动设备类型。一些制造商还为他们的设备提供了硬件预设和虚拟设备皮肤，其中一些(例如 Samsung)是作为 SDK 包的形式提供的。

2.3.2 Android SDK 管理器

Android SDK 管理器可以用来查看已安装的 SDK 版本，以及在新版本的 SDK 发布时安装新版本。

Android SDK 管理器中会显示每个平台版本，以及平台工具和许多额外的支持包。每个平台版本包括与该版本对应的 SDK 平台、文档、工具和示例。

2.3.3 Android 模拟器

模拟器是用来测试和调试应用程序的工具。

模拟器是 Dalvik 虚拟机的一个实现，这就使它成为一个与任何 Android 手机一样的、而且能运行 Android 应用程序的有效平台。因为它和特定的硬件分离开来，所以它是测试应用程序的绝佳工具。

模拟器提供了完全的网络连接，而且在调试应用程序的时候，还可以调整 Internet 的连接速度和延迟。也可以对拨打和接收语音电话以及收发 SMS 消息进行模拟。

ADT 插件把模拟器集成到了 Eclipse 中，这样，当运行或者调试项目时，它就会在选定的 AVD 中自动启动。如果没有使用该插件，或者希望在 Eclipse 之外的平台上使用模拟器，那么可以远程登录(telnet)模拟器，并从控制台对它进行控制。对于有关控制模拟器的相关内容的更加详细的介绍，请参考以下文档：

http://developer.android.com/guide/developing/tools/emulator.html

要执行模拟器，首先需要创建一个虚拟设备，如前一节所述。模拟器将启动虚拟设备，并在其中运行一个 Dalvik 实例。

> **提示：**
> 在现阶段，模拟器并没有实现 Android 支持的所有移动硬件功能，包括摄像头、振动、LED、真实的通话、加速计、USB 连接、音频捕获、充电指示。

2.3.4 Dalvik 调试监控服务(DDMS)

模拟器可以让你看到应用程序的外观、运行时的反应以及与用户的交互，但是要想真正地看到底层发生的内容，就需要使用 DDMS。Dalvik 调试监控服务(DDMS)是一个强大的调试工具，它允许查询 Activity 的进程、查看栈、查看和暂停 Activity 的线程以及浏览任何已连接 Android 设备的文件系统。

Eclipse 中的 DDMS 视图还提供了对模拟器的屏幕捕获以及对由 LogCat 生成的日志的简化访问。

如果正在使用 ADT 插件，那么 DDMS 就已经完全被集成到了 Eclipse 中，而且可以通过 DDMS 视图来使用它。如果没有使用插件或者 Eclipse，那么可以从命令行运行 DDMS(从 Android SDK 的 tools 文件夹中可以使用它)，它将自动地连接到任何正在运行的设备或模拟器。

2.3.5 Android 调试桥(ADB)

Android 调试桥(ADB)是一个客户端-服务器应用程序，它允许连接到任何 Android 设备(虚拟的或真实的)。它由三个组件组成：
- 一个在设备或模拟器上运行的守护进程
- 一个在开发计算机上运行的服务
- 通过服务来和守护进程进行通信的客户端应用程序(如 DDMS)

作为开发硬件和 Android 设备/模拟器之间的通信管道，ADB 允许在目标设备上安装应用程序、推拉文件和运行 shell 命令。通过使用设备 shell，可以改变日志设置、查询或者修改设备上可用的 SQLite 数据库。

ADT 工具使很多与 ADB 的常用交互实现了自动化，从而简化了这些交互，其中包括程序的安装和更新、文件记录以及文件传输(通过 DDMS 视图)。

要学习有关 ADB 的更多内容，请参考以下文档：http://developer.android.com/guide/developing/tools/adb.html。

2.3.6 Hierarchy Viewer 和 Lint 工具

为了构建快速和响应性好的应用程序，需要优化 UI。Hierarchy Viewer 和 Lint 工具可以帮助分析、调试和优化应用程序内使用的 XML 布局定义。

Hierarchy Viewer 显示 UI 布局的结构的视觉表示。从根节点开始，每个嵌套视图的子节点(包括布局)都在一个层次结构中显示。每个视图节点包括其名称、外观和标识符。

为了优化性能，在运行时为创建每个视图的 UI 所执行的布局、计算和绘制步骤的性能将会显示出来。借助于这些值，可以了解创建层次结构内每个视图所需的时间，而且还有彩色的"交通灯"指示器显示了每个步骤的相对性能表现。然后可以在布局中找出绘制时间不可接受的视图。

通过检查布局中对应用程序的性能有负面影响的低效部分，Lint 工具可以帮助优化布局。常见的问题包括过多的嵌套布局，一个布局内存在过多的视图，以及不必要的父视图。

对优化和调试 UI 的详细讨论不在本书讨论范围内，但是你可以在以下网址了解更多细节：http://developer.android.com/guide/developing/debugging/debugging-ui.html。

2.3.7 Monkey 和 Monkey Runner

Monkey 和 Monkey Runner 可以用来在一个 UI 视图中测试应用程序的稳定性。

Monkey 要在 ADB shell 中使用，它把一个伪随机系统和 UI 事件流发送给应用程序。在对应用程序进行压力测试，以了解在一些你可能没有想到的边缘情况下对 UI 的非常规使用是否会导致问题时，Monkey 十分有用。

Monkey Runner 则是一个 Python 脚本 API，允许发送特殊的 UI 命令，以从应用程序外部控制模拟器或设备。以一种可预测、可重复的方式执行 UI 测试、功能测试和单元测试十分重要。

第 3 章

创建应用程序和 Activity

本章内容

- 介绍 Android 应用程序组件,以及可用这些组件构建的各种 Android 应用程序
- Android 应用程序的生命周期
- 如何创建应用程序 Manifest
- 如何使用外部资源提供对位置、语言和硬件配置的动态支持
- 如何实现和使用自己的 Application 类
- 如何创建新 Activity
- 理解 Activity 的状态转换和生命周期

在开始编写高质量的 Android 应用程序之前,需要理解 Android 应用程序的构成以及各个组件是如何使用 AndroidManifest 组合到一起的。本章将介绍 Android 应用程序的各个组件,并特别关注 Activity。

然后,本章将讨论为什么以及怎样使用外部资源和资源层次结构来创建可以定制,并针对多种设备、多个国家和多种语言进行优化的应用程序。

近年来,开发框架有趋向于托管代码的趋势,例如,Java 虚拟机和.NET 的公共语言运行时。

在第 2 章中,已经知道了每一个 Android 应用程序都运行在自己的 Dalvik 虚拟机实例的独立进程中。在本章中,你将会学习更多关于应用程序生命周期的内容,以及 Android 运行时是如何管理它们的。接着,本章介绍了应用程序和 Activity 的状态、状态转换和事件处理程序。应用程序的状态决定了它的优先级。在系统需要更多资源的时候,应用程序的优先级的高低将决定它被终止的可能性的大小。

无论用户在哪个国家,无论他们的 Android 设备的类型、外形因素和屏幕尺寸是什么样子,都应该为他们提供尽可能好的体验。在本章中,将学习如何使用资源框架提供优化的资源,确保应用程序支持多种语言,并能在不同的硬件(特别是不同的屏幕分辨率和像素密度)、不同的国家之中无差别地运行。

Activity 类是所有用户界面的基础。你将学到如何创建新 Activity,并理解它们的生命周期以及

它们对应用程序的生存期和优先级的影响。

最后，我们将介绍一些能够简化常见用户界面模式(如基于地图和列表的 Activity)的资源管理的 Activity 子类。

3.1 Android 应用程序的组成部分

Android 应用程序由松散耦合的组件组成，并使用应用程序 Manifest 绑定到一起；应用程序 Manifest 描述了每一个组件和它们之间的交互方式，还用于指定应用程序元数据、其硬件和平台要求、外部库以及必需的权限。

以下几个组件提供了应用程序的基本结构模块：

- **Activity** 应用程序的表示层。应用程序中的每一个 UI 都是通过 Activity 类的一个或多个扩展实现的。Activity 使用 Fragment 和视图来布局和显示信息，以及响应用户动作。在桌面开发环境中，Activity 就相当于 Form。本章后面的部分将学习更多关于 Activity 的内容。
- **Service** 应用程序中不可见的工作者。Service 组件在运行时没有 UI，它们可以更新数据源和 Activity、触发通知和广播 Intent。它们被用来执行一些运行时间长的任务，或者不需要用户交互的任务(例如，即使当应用程序的 Activity 不是活动的或者可见的时候也需要继续进行的网络查找或其他网络任务)。第 9 章将介绍如何创建和使用 Service。
- **Content Provider** 一个可共享的持久数据存储器。Content Provider 用来管理和持久化应用程序数据，通常会与 SQL 数据库交互。Content Provider 是在应用程序之间共享数据的首选方法。可以通过配置自己的 Content Provider 来允许其他应用程序访问，也可以访问其他应用程序提供的 Content Provider。Android 设备包含了多个本地 Content Provider 来提供有用的数据库，如媒体库和联系人信息等。在第 8 章中将学习如何创建和使用 Content Provider。
- **Intent** 一个强大的应用程序间的消息传递框架。Android 中大量使用了 Intent。Intent 可以用来启动和停止 Activity 和 Service，在系统范围内或向目标 Activity、Service 或 Broadcast Receiver 广播消息，以及请求对特定的一条数据执行操作。第 5 章将介绍显式 Intent、隐式 Intent 和广播 Intent。
- **Broadcast Receiver** Intent 侦听器。Broadcast Receiver 使应用程序可以监听到那些匹配指定的过滤标准的 Intent 广播。Broadcast Receiver 会自动地启动应用程序来响应某个收到的 Intent，这个特点使它们成为了事件驱动的应用程序的最佳选择。第 5 章在介绍 Intent 时会讨论 Broadcast Receiver。
- **Widget** 通常添加到设备主屏幕的可视化应用程序组件。Widget 是 Broadcast Receiver 的特殊变体，可用于创建动态的交互式应用程序组件，用户可以把这些组件添加到他们的主屏幕上。第 14 章将讨论如何创建自己的 Widget。
- **Notification** Notification 允许向用户发送信号，但却不会过分吸引他们的注意力或者打断他们当前的 Activity。它们是应用程序不可见或者不活动时(特别是 Service 或者 Broadcast Receiver)吸引用户注意的首选方法。例如，当设备接收到一个文本消息或者电子邮件的时候，消息传递应用程序或者 Gmail 应用程序可以通过闪灯、发出声音、显示图标或者滚动显示消息摘要的方式来提醒你,这就是利用了 Notification 功能。也可以在自己的应用程序中使用 Notification,如第 10 章所示。

通过分离这些应用程序组件之间的依赖性,可以和其他应用程序(不论是你自己的应用程序,还是其他第三方的应用程序)共享和使用单独的 Content Provider、Service 甚至 Activity。

3.2 应用程序 Manifest 文件简介

每个 Android 项目都包含一个 Manifest 文件——Android Manifest.xml,它存储在项目层次中的最底层。Manifest 可以定义应用程序及其组件和需求的结构和元数据。

它包含了组成应用程序的每一个 Activity、Service、Content Provider 和 Broadcast Receiver 的节点,并使用 Intent Filter 和权限来确定这些组件之间以及这些组件和其他应用程序是如何交互的。

Manifest 文件还可以指定应用程序的元数据(如它的图标、版本号或者主题)以及额外的顶层节点,这些节点可用来指定必需的安全权限和单元测试,以及定义硬件、屏幕和平台支持要求,如下所述。

Manifest 文件由一个根 manifest 标签构成,该标签带有一个被设为项目包的 package 属性。它通常包含一个 xmlns:android 属性来提供文件内使用的某些系统属性。

使用 versionCode 属性可将当前的应用程序版本定义为一个整数,每次版本迭代时,这个数字都会增加。使用 versionName 可定义一个显示给用户的公共版本号。

通过使用 installLocation 属性,还可以指定是否允许(或者首选)将应用程序安装到外部存储器(通常是 SD 卡)而不是内部存储器上。为此,可以将其值指定为 preferExternal 或 auto,使用前者时,只要有可能就会把应用程序安装到外部存储器上,后者则要求系统决定。

当把应用程序安装到外部存储器上时,如果用户使用 USB 大容量存储器向计算机复制文件,或者从计算机复制文件,或者如果用户拒绝或者取出 SD 卡,应用程序将立即终止。

如果不指定 installLocation 属性,应用程序将安装到内部存储器,而用户将无法把应用程序移动到外部存储器。内部存储器的容量一般是有限的,所以最好是只要有可能,就把应用程序安装到外部存储器。

由于取出或者拒绝外部存储器存在的问题,安装到外部存储器对一些应用程序来说并不适合,这些应用程序包括:

- **具有 Widget、Live Wallpaper 和 Live Folder 的应用程序** Widget、Live Wallpaper 和 Live Folder 将从主屏幕上移除,而且在重启系统前可能不再可用。
- **提供不中断服务的应用程序** 应用程序和它运行的服务将被停止,并且不会自动重新启动。
- **输入法引擎(Input Method Engine,IME)** 安装到外部存储器的任何 IME 都会被禁用。在外部存储器再次可用后,用户必须重新选择 IME。
- **设备管理器** DeviceAdminReceiver 及其管理能力将被禁用。

3.2.1 应用程序 Manifest 文件详解

下面的 XML 代码段展示了一个典型的 Manifest 节点:

```
<manifest xmlns:android="http://schemas.android.com/apk/res/android"
          package="com.paad.myapp"
          android:versionCode="1"
          android:versionName="0.9 Beta"
          android:installLocation="preferExternal">
    [ ... manifest nodes ... ]
</manifest>
```

manifest 标签包含了一些节点(node),它们定义了组成应用程序的应用程序组件、安全设置、测试类和需求。下面列出了一些 manifest 子节点标签,并用一些 XML 代码段说明了它们是如何使用的。

- **uses-sdk** 这个节点用于定义要想正确地运行应用程序,设备上必须具有的最低和最高 SDK 版本,以及为应用程序设计的目标 SDK,这分别通过使用 minSDKVersion、maxSDKVersion 和 targetSDKVersion 属性设置。

  最低 SDK 版本指定了包含应用程序中使用的 API 的最低 SDK 版本。如果没有指定最低 SDK 版本,其默认值为 1,在这种情况下,如果应用程序试图调用不可用的 API,那么就会失败。最高 SDK 版本用于定义想要支持的最高 SDK 版本。在 Android Market 上列出的对运行更高平台版本的设备可用的应用程序中,你的应用程序不会显示。最好不要设置最高 SDK 版本,除非你知道应用程序在更新的平台版本上肯定不能正确工作。

  目标 SDK 版本属性用于指定你在开发和测试应用程序时使用的平台。设置目标 SDK 版本会告诉系统不需要为支持该版本而进行任何前向和后向兼容性更改。为了利用最新的平台 UI 改进,当确认应用程序在最新的平台版本上的表现符合预期后,即使应用程序中没有使用任何新的 API,也应该将其目标 SDK 设为最新的平台版本,这被认为是一种最佳实践。

  通常,没有必要指定最高 SDK 版本,也很少有人支持那么做。最高 SDK 版本用于定义想要支持的最高 SDK 版本。在运行更高平台版本的设备的 Android Play Store 上,你的应用程序不会显示。运行的平台版本高于 Android 2.0.1(API level 6)的设备在安装时将忽略任何最高 SDK 值。

  ```
  <uses-sdk android:minSdkVersion="6"
            android:targetSdkVersion="15"/>
  ```

  支持的 SDK 版本不等同于平台版本,也不能从平台版本导出。例如,Android 平台的版本 4.0 支持 SDK 版本 14。要想找出与每个平台对应的SDK 版本,可以使用这个表: http://developer.android.com/guide/appendix/ api-levels. html。

- **uses-configuration** 使用 uses-configuration 节点可以指定应用程序支持的每个输入机制的组合。一般不需要包含这个节点,不过对于需要特殊输入控制的游戏来说,它是很有用的。可以指定以下输入设备的任意组合:

- **reqFiveWayNav** 如果要求输入设备能够向上、向下、向左和向右导航,并且能够单击当前的选项,那么需要将这个属性指定为 true。这包括跟踪球和 D-pad。
- **reqHardKeyboard** 如果应用程序需要硬件键盘,则将此属性指定为 true。
- **reqKeyboardType** 用于将键盘类型指定为 nokeys、qwerty、twelvekey 或 undefined 中的一种。
- **reqNavigation** 将属性值指定为 nonav、dpad、trackball、wheel 或 undefined 其中之一,作为必需的导航设备。
- **reqTouchScreen** 选择 notouch、stylus、finger 或 undefined 其中之一,以指定必需的触摸屏输入。

可以指定多个支持的配置,例如,指定设备具有触摸屏、跟踪球以及一个 QUERTY 或 12 键硬件键盘,如下所示:

```
<uses-configuration android:reqTouchScreen="finger"
            android:reqNavigation="trackball"
            android:reqHardKeyboard="true"
            android:reqKeyboardType="qwerty"/>
<uses-configuration android:reqTouchScreen="finger"
            android:reqNavigation="trackball"
            android:reqHardKeyboard="true"
            android:reqKeyboardType="twelvekey"/>
```

在指定必需的配置时,需要注意,如果设备不具有任意一种指定配置,则应用程序将不会安装在该设备上。在上例中,将不支持具有 QWERTY 键盘和 D-pad(但是没有触摸屏或跟踪球)的设备。理想情况下,应该使应用程序能够适用于任何输入配置,此时就不再需要使用 uses-configuration 节点。

- **uses-feature** Android 可以在各种各样的硬件平台上运行。可以使用多个 uses-feature 节点来指定应用程序需要的每个硬件功能。这可以避免将应用程序安装到不包含必要的硬件功能(例如 NFC 硬件)的设备上。如下所示:

```
<uses-feature android:name="android.hardware.nfc" />
```

可以要求支持兼容设备上可选的任意硬件。目前,可选的硬件功能包括:

- **音频** 用于要求低延迟音频管道的应用程序。在撰写本书时,还没有 Android 设备能满足这个需求。
- **蓝牙** 用于需要蓝牙传输的应用程序。
- **摄像头** 用于要求有摄像头的应用程序。还可以要求具有自动聚焦功能、闪光灯或前向摄像头(或把它们设为可选项)。
- **位置** 用于需要基于位置的服务的应用程序。还可以显式指定要求网络或 GPS 支持。
- **麦克风** 用于需要音频输入的应用程序。
- **NFC** 要求 NFC(近场通信)支持。
- **传感器** 指定对任何潜在可用的硬件传感器的要求。

- **电话服务** 指定需要一般性的电话服务，或者特定的无线发送方式(GSM 或 CDMA)。
- **触摸屏** 指定应用程序需要的触摸屏类型。
- **USB** 用于需要支持 USB host 或 accessory 模式的应用程序。
- **Wi-Fi** 用于需要支持 Wi-Fi 网络的应用程序。

随着支持 Android 的平台种类不断增加，可选硬件的种类也将增加。以下网址给出了 uses-feature 硬件的完整列表：http://developer.android.com/guide/topics/manifest/uses-feature-element.html#features-reference。

为了确保兼容性，对权限的需求暗含着对相应功能的需求。具体来说，对蓝牙、摄像头、位置服务、音频录制和 Wi-Fi 要求的访问权限以及与电话服务相关的权限都暗含着要有相应的硬件。通过添加一个 required 属性并把它设为 false，可以覆盖这些暗含的需求。例如，一个备忘应用程序可以支持语音备忘：

```
<uses-feature android:name="android.hardware.microphone"
              android:required="false" />
```

摄像头硬件还代表着一种特殊的情况。当出于兼容性原因要求有摄像头的使用权限时，或者添加了一个需要摄像头的使用权限的 uses-feature 节点时，暗含的要求就是摄像头要支持自动聚焦功能。在合适的地方可以把它指定为可选项：

```
<uses-feature android:name="android.hardware.camera" />
<uses-feature android:name="android.hardware.camera.autofocus"
              android:required="false" />
<uses-feature android:name="android.hardware.camera.flash"
              android:required="false" />
```

也可以使用 uses-feature 节点指定应用程序所需的 OpenGL 的最低版本。只需要使用 glEsVersion 属性，将 OpenGL ES 版本指定为一个整数即可。高 16 位代表主版本号，低 16 位代表次版本号，所以版本 1.1 可以表示为：

```
<uses-feature android:glEsVersion="0x00010001" />
```

- **supports-screens** Android 设备一开始使用的是 3.2"的 HVGA 硬件。从那时起，已经有数百种新的 Android 设备问世，其中包括 2.55"的 QVGA 手机、10.1"的平板电脑和 42"的 HD 电视。supports-screen 节点用于指定应用程序针对哪些屏幕尺寸进行了设计和测试。当应用程序支持某个设备的屏幕时，一般就会使用开发人员提供的布局文件中的缩放属性来布局。在不支持的设备上运行时，系统可能会应用"兼容模式"来显示应用程序，例如像素缩放。创建可扩展的布局来适应所有的屏幕尺寸是一种最佳实践。

在描述应用程序支持的屏幕时，可以使用两套属性。第一套属性主要用于运行的 Android 版本早于 Honeycomb MR2(API level 13)的设备。每个属性都接受一个布尔值来指定是否支持某种屏幕。从 SDK 1.6(API level 4)开始，每个属性的默认值都是 true，所以只需要用这个节点来指定不支持的屏幕尺寸。

- **smallScreens** 分辨率比传统的 HVGA 小的屏幕，通常为 QVGA 屏幕。
- **normalScreens** 用于指定典型的手机屏幕，至少是 HVGA，包括 WVGA 和 WQVGA。

- **largeScreens**　比普通屏幕大的屏幕。在这里，认为大屏幕比手机的显示屏大很多。
- **xlargeScreens**　比普通的大屏幕更大的屏幕，通常是平板电脑设备的屏幕。

Honeycomb MR2(API level 13)引入了额外的属性，用于更加细致地控制应用程序布局可以支持的屏幕尺寸。如果应用程序要支持运行着 API level 13 以前的平台版本的设备，那么一般来说最好是把这些额外的属性与早期的属性结合使用。

- **requiresSmallestWidthDp**　允许用设备无关的像素指定支持的最小屏幕宽度。设备的最小屏幕宽度是其屏幕高度和宽度中较小的一个。这个属性可以用来在 Google Play Store 中为设备过滤掉不支持它们的屏幕的应用程序，所以在使用时应该指定为提供可以接受的用户体验，布局所需的最小绝对像素数。
- **compatibleWidthLimitDp**　指定一个上限，超出此值后应用程序可能无法扩展。使用该属性可以使系统在屏幕分辨率大于你指定的值的设备上启动兼容模式。
- **largestWidthLimitDp**　指定一个绝对上限，你知道在超出这个上限后应用程序将无法恰当地扩展。通常，在屏幕分辨率大于你指定的值的设备上，这会导致系统强制应用程序在兼容模式下运行(而用户无法禁用此模式)。

强制应用程序进入兼容模式被认为是一种糟糕的用户体验。只要有可能，就应该让布局能够恰当地扩展，从而在更大的设备上也可以使用。

```
<supports-screens android:smallScreens="false"
                  android:normalScreens="true"
                  android:largeScreens="true"
                  android:xlargeScreens="true"
                  android:requiresSmallestWidthDp="480"
                  android:compatibleWidthLimitDp="600"
                  android:largestWidthLimitDp="720"/>
```

　　只要有可能，就应该针对不同的屏幕分辨率和密度，使用资源文件夹(本章稍后将进行讨论)优化应用程序，而不是强制使应用程序只支持一部分屏幕。

- **supports-gl-texture**　用于声明应用程序能够提供以一种特定的 GL 纹理压缩格式压缩的纹理资源。如果应用程序能够支持多种纹理压缩格式，就必须使用多个 supports-gl-texture 元素。在以下网址可以找到支持的 GL 纹理压缩格式值的最新列表：http://developer.android.com/guide/topics/manifest/supports-gl-texture-element.html。

```
<supports-gl-texture android:name="GL_OES_compressed_ETC1_RGB8_texture" />
```

- **uses-permission**　作为安全模型的一部分，uses-permission 标签声明了应用程序需要。在安装程序的时候，你设定的所有权限将会告诉给用户，由他们来决定同意与否。对很多 API 和方法调用来说，权限都是必需的，特别是那些需要付费或者有安全问题的服务(例如，拨号、接收 SMS 或者使用基于位置的服务)。

```
<uses-permission android:name="android.permission.ACCESS_FINE_LOCATION"/>
```

- **permission** 应用程序组件也可以创建权限来限制对共享应用程序组件的访问。为此目的，可以使用现有的平台权限，也可以在 Manifest 中定义自己的权限。可以使用 permission 标签来创建权限定义。

  然后，应用程序组件就可以通过添加 android:permission 属性来创建权限。再后，在包含受保护组件的应用程序和想要使用它的任何应用程序中，就可以在 Manifest 中包含一个 uses-permission 标签来使用这些受保护的组件。

  在 permission 标签内，可以详细指定允许的访问权限的级别(normal、dangerous、signature、signatureOrSystem)、一个 label 属性和一个外部资源，这个外部资源应该包含了对授予这种权限的风险的描述。第 18 章将详细介绍关于创建和使用自己的权限的信息。

  ```
  <permission android:name="com.paad.DETONATE_DEVICE"
              android:protectionLevel="dangerous"
              android:label="Self Destruct"
              android:description="@string/detonate_description">
  </permission>
  ```

- **instrumentation** instrumentation 类提供一个测试框架，用来在应用程序运行时测试应用程序组件。它们提供了一些挂钩来监控应用程序及其与系统资源的交互。对于为自己的应用程序所创建的每一个测试类，都需要创建一个新的节点。

  ```
  <instrumentation android:label="My Test"
                   android:name=".MyTestClass"
                   android:targetPackage="com.paad.apackage">
  </instrumentation>
  ```

  注意，可以使用句点号作为简写方式，表示将 Manifest 包作为前缀加到包中的类上。

- **application** 一个 Manifest 只能包含一个 application 节点。它使用各种属性来指定应用程序的各种元数据(包括标题、图标和主题)。在开发时，应该包含一个设置为 true 的 debuggable 属性以启用调试，但是在发布时可以禁用该属性。

  application 节点还可以作为一个包含了 Activity、Service、Content Provider 和 Broadcast Receiver 节点的容器，它包含的这些节点指定了应用程序组件。本章稍后将会介绍如何通过创建和使用自己的 Application 类扩展来管理应用程序的状态。使用 android:name 属性可以指定自定义 Application 类的名称。

  ```
  <application android:icon="@drawable/icon"
               android:logo="@drawable/logo"
               android:theme="@android:style/Theme.Light"
               android:name=".MyApplicationClass"
               android:debuggable="true">
       [ ... application nodes ... ]
  </application>
  ```

  - **activity** 应用程序内的每一个 Activity 都要求有一个 activity 标签，并使用 android:name 属性来指定 Activity 类的名称。必须包含核心的启动 Activity 和其他所有可以显示的 Activity。启动任何一个没有在 Manifest 中定义的 Activity 时都会抛出一个运行时异常。每一个 Activity 节点都允许使用 intent-filter 子标签来定义用于启动该 Activity 的 Intent。

同样要注意，在指定 Activity 的类名时，可以使用句点号作为简写方式代替应用程序的包名。

```
<activity android:name=".MyActivity" android:label="@string/app_name">
  <intent-filter>
    <action android:name="android.intent.action.MAIN" />
    <category android:name=»android.intent.category.LAUNCHER» />
  </intent-filter>
</activity>
```

- **service**　和 activity 标签一样，需要为应用程序中使用的每一个 Service 类添加一个 service 标签。service 标签也支持使用 intent-filter 子标签来允许运行时迟绑定。

```
<service android:name=".MyService">
</service>
```

- **provider**　provider 标签用来指定应用程序中的每一个 Content Provider。Content Provider 用来管理数据库访问和共享。

```
<provider android:name=".MyContentProvider"
          android:authorities="com.paad.myapp.MyContentProvider"/>
```

- **receiver**　通过添加 receiver 标签，可以注册一个 Broadcast Receiver，而不用事先启动应用程序。正如将会在第 5 章看到的那样，Broadcast Receiver 就像全局事件监听器一样，一旦注册了之后，无论何时，只要与它相匹配的 Intent 被系统或应用程序广播出来，它就会立即执行。通过在 Manifest 中注册一个 Broadcast Receiver，可以使这个进程实现完全自治。如果一个匹配的 Intent 被广播了，则应用程序就会自动启动，并且你注册的 Broadcast Receiver 也会开始运行。每个 receiver 节点都允许使用 intent-filter 子标签来定义可以用来触发接收器的 Intent：

```
<receiver android:name=".MyIntentReceiver">
  <intent-filter>
    <action android:name="com.paad.mybroadcastaction" />
  </intent-filter>
</receiver>
```

- **uses-library**　用于指定该应用程序需要的共享库。例如，第 13 章将介绍的地图 API 被打包为一个单独的库，它不会被自动链接。可以指定特定的一个包是必需的还是可选的。指定为必需的时，在缺少指定库的设备上将无法安装应用程序；指定为可选的时，应用程序在试图使用库之前，必须使用反射机制来检查该库是否存在。

```
<uses-library android:name="com.google.android.maps"
              android:required="false"/>
```

　　有关 Manifest 以及上述节点的更详细的描述，请参考：http://developer.android.com/guide/topics/manifest/manifest-intro.html。

ADT 新建项目向导(ADT New Project Wizard)会在创建新项目时自动创建新的 Manifest 文件。在每介绍完一个应用程序组件时，我们都会再回来看一下它的 Manifest。

3.3　使用 Manifest 编辑器

ADT 插件包含了一个 Manifest Editor 来管理 Manifest，这样，就不用直接对底层的 XML 进行操作了。

为在 Eclipse 中使用 Manifest Editor，右击项目文件夹中的 AndroidManifest.xml 文件，并选择 Open With |Android Manifest Editor 命令。然后会出现 Android Manifest Overview 屏幕，如图 3-1 所示。这就可以从更高的级别来查看应用程序的结构，并且可以设置应用程序的版本信息和根级 Manifest 节点，包括前面介绍的<uses-sdk>和<uses-features>。该屏幕还提供了指向 Application、Permissions、Instrumentation 和原始 XML 屏幕的链接。

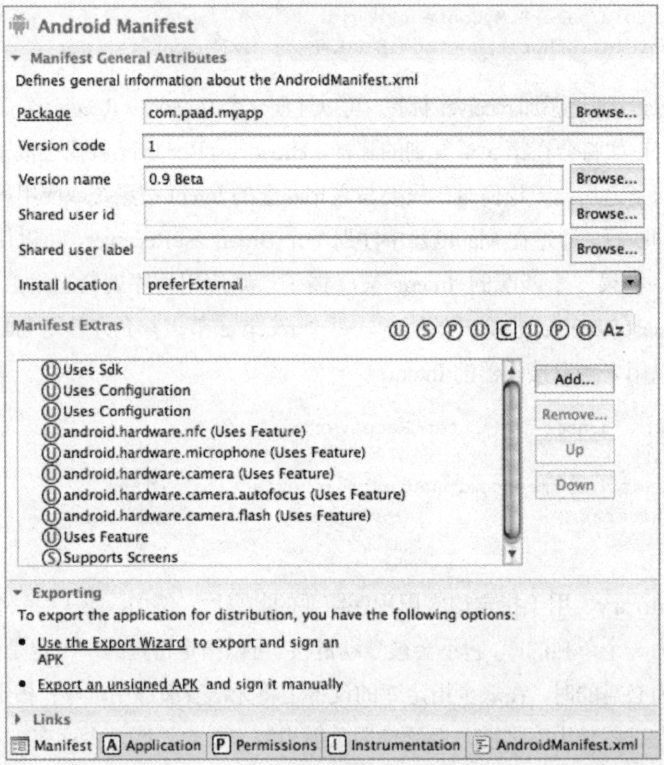

图 3-1

接下来的三个选项卡都包含了一个可视化的界面，用来管理应用程序、安全和工具(测试)设置，而最后一个选项卡(使用了 Manifest 的文件名)则可以直接访问底层的 XML。

我们特别感兴趣的是 Application 选项卡，如图 3-2 所示。可以使用它来管理应用程序节点和应用程序组件的层次结构，在这里可以指定应用程序组件。

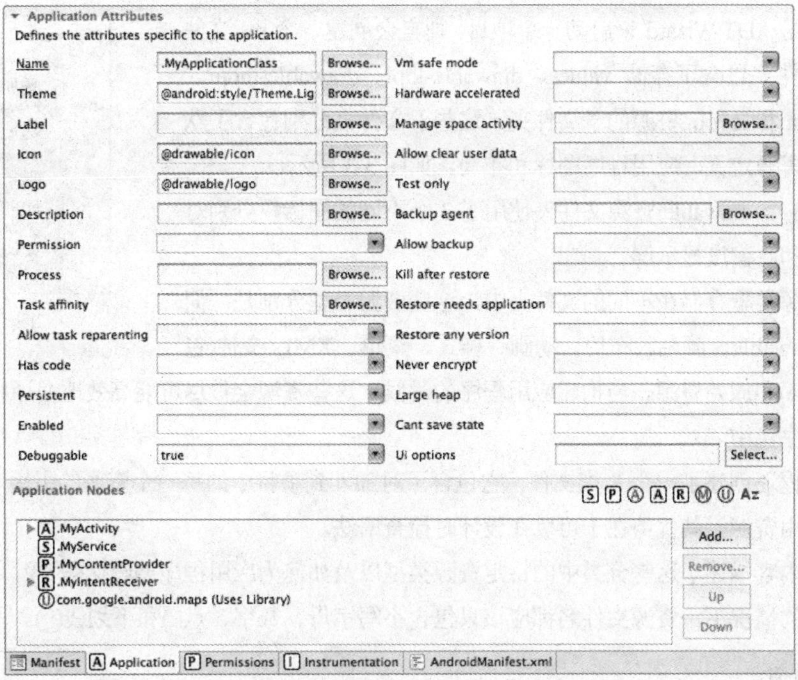

图 3-2

可以在 Application Attributes 面板中指定一个应用程序的各种属性——包括它的图标、标签和主题。它下面的 Application Nodes 树可以管理应用程序组件，包括它们的属性以及所有相关的 Intent Filter。

3.4 分离资源

把非代码资源(如图片和字符串常量)和代码分离开来始终是一种很好的做法。Android 支持各种资源与代码的分离，从简单的像字符串和颜色这样的值到更复杂的资源，例如，图片(drawable)、动画、主题和菜单。也许可以分离的最复杂的资源就是布局。

通过将资源分离开来，可以使它们变得更加容易维护、更新和管理。这也可以让你通过轻松地定义多种可选的资源值来支持国际化需求，以及包含不同的资源来支持硬件的变化，特别是屏幕尺寸和分辨率的变化。

在这一节的后面，将会看到 Android 如何动态地从资源树中选择资源。资源树中包含对应于各种可选的硬件配置、语言和位置的值。当一个应用程序启动的时候，不需要编写一行代码，Android 就会自动地选择正确的资源值。

此外，还可以根据屏幕的尺寸和方向来改变布局，根据屏幕密度改变图片，根据用户的语言和国家定制文本提示。

3.4.1 创建资源

应用程序资源存储在项目层次中的 res 文件夹下。在这个文件夹中，每一种可用的资源类型都存储在各自的子文件夹中。

如果使用 ADT Wizard 来启动一个项目，则它会创建一个 res 文件夹，这个文件夹包含了存储 values、drawable-ldpi、drawable-mdpi、drawable-hdpi 和 layout 资源的子文件夹。这些子文件夹分别包含了默认的字符串资源定义、应用程序图标和布局，如图 3-3 所示。

注意，3 个 drawable 资源文件夹使用了 3 个不同的图标，分别对应于低、中和高密度显示屏。

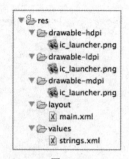

图 3-3

每种资源类型存储在不同的文件夹中，这些资源类型分别是：简单的值、Drawable、颜色、布局、动画、样式、菜单、XML 文件(包括 searchable)和原始资源。当构建应用程序的时候，这些资源会被尽可能高效地编译和压缩，并包含到应用程序包中。

这个过程还创建了一个 R 类文件，它包含了对加入到项目中的每一个资源的引用。因此，可以在代码中引用资源，其优势在于可以在设计时检查语法。

下面的内容描述了这些分类中的特定资源类型以及如何为应用程序创建这些资源。

在所有的情况下，资源文件名都应该只包含小写字母、数字、点(.)和下划线(_)。

1. 简单值

支持的简单值包括字符串、颜色、尺寸、样式和字符串数组或者整型数组。所有的简单值都存储在 res/values 文件夹下的 XML 文件中。

在每一个 XML 文件中，可以使用标签来说明存储的每一个值的类型，如程序清单 3-1 中的示例 XML 文件所示。

程序清单 3-1　简单值的 XML

```xml
<?xml version="1.0" encoding="utf-8"?>
<resources>
    <string name="app_name">To Do List</string>
    <plurals name="androidPlural">
      <item quantity="one">One android</item>
      <item quantity="other">%d androids</item>
    </plurals>
    <color name="app_background">#FF0000FF</color>
    <dimen name="default_border">5px</dimen>
    <string-array name="string_array">
      <item>Item 1</item>
      <item>Item 2</item>
      <item>Item 3</item>
    </string-array>
    <array name="integer_array">
      <item>3</item>
      <item>2</item>
      <item>1</item>
```

```xml
    </array>
</resources>
```

代码片段 PA4AD_Ch03_Manifest and Resources/res/values/simple_values.xml

这个例子包含了所有的简单值类型。习惯上会将资源的每一种类型存储到单独的文件中，例如，res/values/strings.xml 就只包含字符串资源。

下面详细解释了定义简单资源的选项。

字符串

分离字符串有助于维护应用程序内部的一致性，而且可以更容易地国际化它们。

如下面的 XML 代码片段所示，使用 string 标签指定字符串资源：

```xml
<string name="stop_message">Stop.</string>
```

Android 支持简单的文本样式，所以可以使用 HTML 标签<b>、<i>和<u>来让部分文本字符串变为粗体、斜体或带有下划线，如下面的代码所示：

```xml
<string name="stop_message"><b>Stop.</b></string>
```

当为 String.format 方法输入参数时可以使用资源字符串。然而，String.format 不支持上面描述的文本样式。为了对一个格式化字符串使用样式，需要在创建资源的时候转义 HTML 标签，如下所示：

```xml
<string name="stop_message">&lt;b>Stop&lt;/b>. %1$s</string>
```

在代码内，可以使用 Html.fromHtml 方法把这些字符串转换回样式字符序列：

```java
String rString = getString(R.string.stop_message);
String fString = String.format(rString, "Collaborate and listen.");
CharSequence styledString = Html.fromHtml(fString);
```

还可以为字符串定义复数形式。这样一来，就可以根据项目的数量定义不同的字符串。例如，下面是用英语表达的两个不同的数量："one Android"和"seven Androids"。

通过创建复数资源，就可以为 0 个、1 个、多个、少量、许多和其他数量指定不同的字符串。在英语中，只有单数是一种特殊情况，但是在某些语言中，情况要复杂一些：

```xml
<plurals name="unicornCount">
  <item quantity="one">One unicorn</item>
  <item quantity="other">%d unicorns</item>
</plurals>
```

为在代码中访问正确的复数资源，需要使用应用程序的 Resources 对象的 getQuantityString 方法，作为该方法的参数，需要传入复数资源的资源 ID，并指定想要描述的对象的数量：

```java
Resources resources = getResources();
String unicornStr = resources.getQuantityString(
  R.plurals.unicornCount, unicornCount, unicornCount);
```

对象计数被传入了两次，一次用于返回正确的复数字符串，一次是作为输出参数让句子变得完整。

颜色

使用 color 标签来定义一种新的颜色资源。使用#符号来指定颜色值，其后跟一个可选的 Alpha 通道，再之后使用一个或者两个十六进制值来表示红、绿、蓝值，即下面的标记方法：

- #RGB
- #RRGGBB
- #ARGB
- #AARRGGBB

下面的代码显示了如何指定一种完全不透明的蓝色和一种半透明的绿色：

```
<color name="opaque_blue">#00F</color>
<color name="transparent_green">#7700FF00</color>
```

尺寸

尺寸是样式和布局资源中最常引用的资源。它们对创建像边界和字体高度这样的布局常量来说非常有用。

要指定一个尺寸资源，可以使用 dimen 标签来指定尺寸的值，并在其后跟一个标识符来描述尺寸的单位：

- px(屏幕像素)
- in(物理英寸)
- pt(物理点)
- mm(物理毫米)
- dp(非密度制约的像素)
- sp(缩放比例无关(scale-independent)的像素)

虽然可以使用以上任何单位来定义尺寸，但是最好的做法是使用非密度制约的或者与缩放比例无关的像素。它们允许使用相对比例来定义尺寸，以适应不同的屏幕分辨率和密度，从而简化在不同硬件上的缩放。

缩放比例无关的像素特别适合定义像素大小，因为当用户改变系统字体的大小时，它们会自动缩放。

下面的 XML 代码片段显示了如何为大字体和标准边界设定尺寸值：

```
<dimen name="standard_border">5dp</dimen>
<dimen name="large_font_size">16sp</dimen>
```

2. 样式和主题

样式资源可以指定视图所使用的属性值，从而使应用程序保持一个一致的用户界面体验。主题和样式资源最常见的用途是用来存储应用程序的颜色和字体。

要创建一个样式，可以使用 style 标签，它包含了一个 name 属性以及一个或者多个 item 标签。每一个 item 标签都应该包含一个 name 属性来指定要定义的属性(例如，字体大小或者颜色)。然后，标签本身应该包含值，如下面的代码所示：

```
<?xml version="1.0" encoding="utf-8"?>
<resources>
  <style name="base_text">
```

```
        <item name="android:textSize">14sp</item>
        <item name="android:textColor">#111</item>
    </style>
</resources>
```

样式支持通过在 style 标签上使用 parent 属性来进行继承,从而使创建简单的变体形式变得十分简单。

```
<?xml version="1.0" encoding="utf-8"?>
<resources>
    <style name="small_text" parent="base_text">
        <item name="android:textSize">8sp</item>
    </style>
</resources>
```

3. Drawable

Drawable 资源包括位图和 NinePatch(可拉伸的 PNG)图像。也包含复杂的复合 Drawable,比如可以在 XML 中定义的 LevelListDrawable 和 StateListDrawable。

第 4 章将详细地讨论 NinePatch Drawable 和复杂的复合资源。

所有的 Drawable 都作为单独的文件存储在 res/drawable 文件夹下。注意,如本章前面所述,将位图图片资源存储到合适的-ldpi、-mdpi、-hdpi 和-xhdpi drawable 文件夹中是一种最佳实践。Drawable 资源的资源标识符是一个没有扩展名的小写字母文件名。

虽然此处也支持 JPG 和 GIF 文件,但是 PNG 是更好的位图格式。

4. 布局

布局资源可以让你在 XML 文件中设计用户界面的布局,而不是在代码中构建它们,从而可以把表示层从业务逻辑中分离出来。

布局可以用来定义任何可视组件(包括 Activity、Fragment 和 Widget)的用户界面。一旦在 XML 中进行了定义,就必须把布局填充(inflate)到用户界面中。在 Activity 中,这是使用 setContentView 完成的(通常在 onCreate 方法中进行),而 Fragment 视图则是使用传入 Fragment 的 onCreateView 处理程序的 Inflator 对象的 inflate 方法完成填充的。

第 4 章将更详细地讨论如何在 Activity 和 Fragment 中创建和使用布局。

在 Android 中,使用布局在 XML 文件中创建自己的屏幕是一种最佳实践。布局和代码的分离可以让你为不同的硬件配置创建优化的布局,例如,不同的屏幕大小、方向或者是否使用键盘或者触摸屏。

每一个布局定义都存储在 res/layout 文件夹下的一个单独的文件中,每一个文件都包含一个单一的布局,文件名就是它的资源标识符。

在第 4 章中包含了对布局容器和视图元素的详尽解释,但是作为一个例子,程序清单 3-2 显示了由新建项目向导所创建的布局。它使用线性布局(第 4 章将详细讨论)作为一个显示 Hello World 问候语的 TextView 的布局容器。

可从
wrox.com
下载源代码

程序清单 3-2　Hello World 布局

```xml
<?xml version="1.0" encoding="utf-8"?>
<LinearLayout xmlns:android="http://schemas.android.com/apk/res/android"
  android:orientation="vertical"
  android:layout_width="fill_parent"
  android:layout_height="fill_parent">
<TextView
  android:layout_width="fill_parent"
  android:layout_height="wrap_content"
  android:text="@string/hello"
/>
</LinearLayout>
```

代码片段 PA4AD_Ch03_Manifest_and_Resources/res/layout/main.xml

5. 动画

Android 支持三种类型的动画：

- **属性动画**　一种补间动画(tweened animation)，通过在目标对象的任何属性的两个值之间应用增量变化，可以生成一种动画效果。这种动画可以用来生成各种效果，从改变一个视图的颜色或透明度来使其淡入/淡出，到改变字体大小，或者增加字符的生命力。
- **视图动画**　一种补间动画，可以用来旋转、移动和拉伸一个视图。
- **帧动画**　逐帧的格子动画，用来显示一系列的 Drawable 图片。

 在第 11 章中可以找到关于创建、使用和应用动画的全面介绍。

将动画作为外部资源定义之后，就可以在多个地方重复地使用同一个序列，也可以根据不同的设备硬件或者方向显示不同的动画。

属性动画

属性动画器是在 Android 3.0(API level 11)中引入的，它是一个功能强大的框架，几乎可以用来为任何东西生成动画。

每个属性动画都存储在项目的 res/animator 文件夹下的一个单独的 XML 文件中。和布局以及 Drawable 资源一样，动画的文件名也被用作它的资源标识符。

可以使用属性动画器为目标对象的几乎任何属性生成动画。你可以定义一个与特定属性关联的动画器，也可以定义一个通用值动画器，使其可以分配给任何属性和对象。

属性动画器极其有用，在 Android 中为 Fragment 创建动画时会大量使用属性动画器。第 11 章将更详细地介绍它们。

下面的简单 XML 代码段显示了一个属性动画器，它在 1 秒的时间内以增量方式在 0 和 1 之间调用目标对象的 setAlpha 方法，从而改变目标对象的透明度：

```
<?xml version="1.0" encoding="utf-8"?>
<objectAnimator xmlns:android="http://schemas.android.com/apk/res/android"
   android:propertyName="alpha"
   android:duration="1000"
   android:valueFrom="0.0"
   android:valueTo="1.0"
/>
```

视图动画

每一个视图动画都存储在项目的 res/anim 文件夹下的一个单独的 XML 文件中。和布局以及 Drawable 资源一样，动画的文件名也被用作它的资源标识符。

一个动画可以定义为按以下方式改变：alpha(淡入/淡出)、scale(缩放)、translate(移动)或者 rotate(旋转)。

表 3-1 显示了每种动画类型所支持的有效的属性和属性值。

表 3-1 动画类型属性

动画类型	属性	有效值
Alpha	fromAlpha/toAlpha	从 0 到 1 的浮点数
Scale	fromXScale/toXScale	从 0 到 1 的浮点数
	fromYScale/toYScale	从 0 到 1 的浮点数
	pivotX/pivotY	表示图像的宽/高比的字符串，从 0%到 100%
Translate	fromX/toX	从 0 到 1 的浮点数
	fromY/toY	从 0 到 1 的浮点数
Rotate	fromDegrees/toDegrees	从 0 到 360 的浮点数
	pivotX/pivotY	表示图像的宽/高比的字符串，从 0%到 100%

可以使用 set 标签创建一个动画的组合。一个动画集包含一个或多个动画变换，并且支持使用多个额外标签和属性来定制动画集合中的每个动画何时以及如何播放。

下面的列表列出了一些可用的 set 标签：

- **duration**　动画的持续时间，以毫秒为单位。
- **startOffset**　动画开始之前的延迟，以毫秒为单位。
- **fillBeforetrue**　在动画开始之前应用动画变形。
- **fillAftertrue**　在动画开始之后应用动画变形。
- **interpolator**　用来设置这种效果随时间改变的速度。第 11 章探索了可用的插值器(interpolator)。要指定一个插值器，需要引用 android:anim/interpolatorName 处的系统动画资源。

 如果你没有使用 startOffset 标签，那么动画集合中的所有动画效果都将会同时执行。

下面的例子展示了这样的一个动画效果:目标在旋转360°的同时,逐渐收缩并淡出。

```xml
<?xml version="1.0" encoding="utf-8"?>
<set xmlns:android="http://schemas.android.com/apk/res/android"
     android:interpolator="@android:anim/accelerate_interpolator">
  <rotate
    android:fromDegrees="0"
    android:toDegrees="360"
    android:pivotX="50%"
    android:pivotY="50%"
    android:startOffset="500"
    android:duration="1000" />
  <scale
    android:fromXScale="1.0"
    android:toXScale="0.0"
    android:fromYScale="1.0"
    android:toYScale="0.0"
    android:pivotX="50%"
    android:pivotY="50%"
    android:startOffset="500"
    android:duration="500" />
  <alpha
    android:fromAlpha="1.0"
    android:toAlpha="0.0"
    android:startOffset="500"
    android:duration="500" />
</set>
```

逐帧动画

逐帧动画可以用来创建 Drawable 的序列,每个 Drawable 都会在视图的背景中持续一定的时间。因为逐帧动画代表的是可以动的 Drawable,所以它们存储在 res/drawable 文件夹中,并且它们是使用文件名(没有.xml 扩展名)来作为其资源 ID 的。

下面的 XML 代码片段显示了一个简单的动画,它可以循环显示一系列位图资源,每个资源会持续半秒钟的时间。为了使用这段代码,你需要创建新的图片资源 android1 到 android3。

```xml
<animation-list
  xmlns:android="http://schemas.android.com/apk/res/android"
  android:oneshot="false">
  <item android:drawable="@drawable/android1" android:duration="500" />
  <item android:drawable="@drawable/android2" android:duration="500" />
  <item android:drawable="@drawable/android3" android:duration="500" />
</animation-list>
```

注意,在很多时候,应该在-ldpi、-mdpi、-hdpi 和-xdpi drawable 文件夹中根据情况为动画列表中使用的每个 Drawable 包含多个分辨率的版本。

要播放动画,首先将资源分配给要播放动画的视图,然后获得对 Animation Drawable 对象的引用并开始播放:

```java
ImageView androidIV = (ImageView)findViewById(R.id.iv_android);
androidIV.setBackgroundResource(R.drawable.android_anim);

AnimationDrawable androidAnimation =
```

```
(AnimationDrawable) androidIV.getBackground();

androidAnimation.start();
```

通常，这是分为两个步骤完成的，将资源分配给背景的操作应该在 onCreate 处理程序中完成。在此处理程序中，动画没有与窗口完全关联，所以动画无法开始。通常，动画是作为用户动作(例如按下按钮)的结果播放的，或者在 onWindowFocusChanged 处理程序中播放。

6. 菜单

创建菜单资源并使用 XML 设计菜单布局，而不是在代码中构建菜单。

菜单资源可以用来定义应用程序内的 Activity 和上下文菜单，它们可以提供与使用代码构建菜单时具有的相同的选项。在 XML 中定义菜单以后，将可以通过使用 MenuInflator Service 的 inflate 方法(通常位于 onCreateOptionsMenu 方法中)把菜单"填充"到应用程序中。第 10 章将详细讨论菜单。

每个菜单定义都存储在 res/menu 文件夹下的一个单独的文件中，每个文件都只包含一个菜单。文件名就是菜单的资源标识符。在 Android 中，使用 XML 定义菜单是一种最佳设计实践。

第 10 章将全面讨论菜单选项，这里的程序清单 3-3 显示了一个简单的菜单示例。

可从
wrox.com
下载源代码

程序清单 3-3　简单的菜单布局资源

```xml
<?xml version="1.0" encoding="utf-8"?>
<menu xmlns:android="http://schemas.android.com/apk/res/android">
  <item android:id="@+id/menu_refresh"
        android:title="@string/refresh_mi" />
  <item android:id="@+id/menu_settings"
        android:title="@string/settings_mi" />
</menu>
```

代码片段 PA4AD_Snippets_Chapter3/res/menu/menu.xml

3.4.2 使用资源

除了你提供的资源以外，Android 平台提供了多个系统资源供在应用程序中使用。既可以在应用程序代码中直接使用这些资源，也可以在其他资源中引用这些资源(例如，在一个布局定义中就可以引用一个尺寸资源)。

在本章后面的部分中，将会学习如何为不同的语言、位置和硬件定义可选的资源值。有一点需要注意，当使用资源的时候，不能选择特定的专用版本。Android 会基于当前的硬件、设备和语言配置来为某个资源标识符选择最合适的值。

1. 在代码中使用资源

可以在代码中使用静态 R 类来访问资源。R 类是基于外部资源而生成的类，并且是在编译项目时创建的。对于已为其定义了至少一个资源的资源类型，R 类将对应地包含一个静态子类。例如，默认的新项目中就包含 R.string 和 R.drawable 子类。

如果在 Eclipse 中使用了 ADT 插件，那么当对任何外部资源文件或者文件夹进行修改的时候，R 类都会自动地创建。如果没有使用 ADT 插件，那么可以使用 AAPT 工具来编译项目并生成 R 类。R 是编译器自动生成的类，所以不要手动对它进行任何修改，因为当文件重新生成的时候，它们就会丢失。

R 中的每一个子类都把它的相关资源表示为变量的形式，变量的名字与资源标识符相匹配——例如，R.string.app_name 或者 R.drawable.icon。

这些变量的值是一个整数，代表每个资源在资源表中的位置，而不是资源本身的一个实例。

当一个构造函数或者方法(如 setContentView)接受一个资源标识符时，就可以传递资源变量，如下面的代码段所示：

```
//填充布局资源
setContentView(R.layout.main);
//显示一个短暂的对话框，用来显示出错消息字符串资源
// error message string resource.
Toast.makeText(this, R.string.app_error, Toast.LENGTH_LONG).show();
```

当需要一个资源本身的实例时，就需要使用辅助方法来把它们从资源表中提取出来。在应用程序中，资源表被表示为 Resources 类的一个实例。

因为这些辅助方法将在应用程序的当前资源表中执行查找，所以它们不能是静态的。可以在应用程序的上下文中使用 getResources 方法来访问应用程序的 Resources 实例，如下面的代码所示：

```
Resources myResources = getResources();
```

Resources 类为每一个可用的资源类型包含了 getter，并且通常是通过传递你需要的资源实例的资源 ID 来发挥作用的。下面的代码展示了使用辅助方法来返回对资源值的选择的例子：

```
Resources myResources = getResources();

CharSequence styledText = myResources.getText(R.string.stop_message);
Drawable icon = myResources.getDrawable(R.drawable.app_icon);

int opaqueBlue = myResources.getColor(R.color.opaque_blue);

float borderWidth = myResources.getDimension(R.dimen.standard_border);

Animation tranOut;
tranOut = AnimationUtils.loadAnimation(this, R.anim.spin_shrink_fade);

ObjectAnimator animator =
  (ObjectAnimator)AnimatorInflater.loadAnimator(this,
  R.anim.my_animator);

String[] stringArray;
stringArray = myResources.getStringArray(R.array.string_array);

int[] intArray = myResources.getIntArray(R.array.integer_array);
```

逐帧动画资源被填充进了 AnimationResources。可以使用 getDrawable 来返回它的值，并对返回

值进行类型转换，如下面的代码所示：

```
AnimationDrawable androidAnimation;
androidAnimation =
  (AnimationDrawable)myResources.getDrawable(R.drawable.frame_by_frame);
```

2. 在资源内引用资源

也可以引用一个资源并把它作为其他 XML 资源中的属性值。

这对布局和样式特别有用，它允许创建主题的某种特定变化形式以及本地字符串和图片资源。它也是一种使布局支持不同的图像和空间的非常有用的方式，这样可以保证布局能针对不同的屏幕大小和分辨率进行优化。

使用@符号，就可以在一个资源中引用另一个资源，如下面的代码所示：

```
attribute="@[packagename:]resourcetype/resourceidentifier"
```

默认情况下，Android 会认为正在使用的是同一个包中的资源，所以如果使用的是其他包中的资源，那么就需要完全限定包的名称。

程序清单 3-4 显示了一个使用了颜色、尺寸和字符串资源的布局。

程序清单 3-4　在布局中使用资源

可从
wrox.com
下载源代码
```xml
<?xml version="1.0" encoding="utf-8"?>
<LinearLayout
    xmlns:android="http://schemas.android.com/apk/res/android"
    android:orientation="vertical"
    android:layout_width="match_parent"
    android:layout_height="match_parent"
    android:padding="@dimen/standard_border">
  <EditText
    android:id="@+id/myEditText"
    android:layout_width="match_parent"
    android:layout_height="wrap_content"
    android:text="@string/stop_message"
    android:textColor="@color/opaque_blue"
  />
</LinearLayout>
```

代码片段 PA4AD_Ch03_Manifest_and Resources/res/layout/reslayout.xml

3. 使用系统资源

Android 框架提供了许多本地资源，包括各种各样的字符串、图片、动画、样式和布局供你在应用程序中使用。

在代码中使用系统资源的方法和使用自己的资源的方法相似。不同的是，你要使用 android.R 类中可用的本地 Android 资源类，而不是使用应用程序特定的 R 类。下面的代码段通过在应用程序的上下文中使用 getString 方法来检索一个系统资源中可用的错误信息：

```
CharSequence httpError = getString(android.R.string.httpErrorBadUrl);
```

要在 XML 中访问系统资源，需要指定 android 作为包的名称，如下面的 XML 代码所示：

```xml
<EditText
  android:id="@+id/myEditText"
  android:layout_width="match_parent"
  android:layout_height="wrap_content"
  android:text="@android:string/httpErrorBadUrl"
  android:textColor="@android:color/darker_gray"
/>
```

4. 在当前的主题中引用样式

主题是保证应用程序的 UI 一致性的非常好的方法。Android 提供了一种捷径，可以使用当前应用的主题中的样式，而不是完全定义一个新的样式。

要实现上述目标，需要使用?android:而不是@来作为想要使用的资源的前缀。下面的例子显示了上面代码的一部分，但是它使用的是当前主题的文本颜色，而不是系统资源：

```xml
<EditText
  android:id="@+id/myEditText"
  android:layout_width="match_parent"
  android:layout_height="wrap_content"
  android:text="@android:string/httpErrorBadUrl"
  android:textColor="?android:textColor"
/>
```

这种技术可以创建出随当前主题改变而改变的样式,而不必对每一个单独的样式资源进行修改。

3.4.3 为不同的语言和硬件创建资源

使用下面所讲述的目录结构，可以为特定的语言、位置和硬件配置创建不同的资源值，Android 将会在运行时使用其动态资源选择机制自动地从这些值中做出选择。

指定可选的资源值是通过在 res 文件夹下使用并行的目录结构来实现的，并且使用连字符(-)来分隔指定你所支持的情况的限定符。

下面的示例展示了一个文件夹结构，它包含了默认的字符串值、法语选项以及一个加拿大地区的法语选项等功能：

```
Project/
  res/
    values/
      strings.xml
    values-fr/
      strings.xml
    values-fr-rCA/
      strings.xml
```

下面列出了在定制资源值时可用的限定符：

- **Mobile Country Code(MCC)和 Mobile Network Code(MNC)** 与设备中当前使用的 SIM 关联的国家和(可选的)网络。MCC 是通过在 mcc 后面附加 3 个数字的国家代码而指定的。也可以选择使用 mnc 和两个数字或者 3 个数字的网络代码的形式添加 MNC(例如，mcc234-mnc20 或 mcc310)。可以从 Wikipedia 上找到 MCC/MNC 代码的列表，网址为：http://en.wikipedia.org/wiki/MobileNetworkCode。
- **语言和地区** 使用小写的两字母 ISO 639-1 语言编码指定语言，后面可以选择附加一个地区，方式为在小写字母 r 之后跟上大写的两字母 ISO 3166-1-alpha-2 语言编码(例如，en、en-rUS 或 en-rGB)。
- **最小屏幕宽度** 最小屏幕尺寸(高度和宽度)，以 sw<Dimension value>dp 形式指定(例如，sw600dp、sw320dp 或 sw720dp)。通常用于提供多个布局的时候，指定的值应该是布局可以正确渲染的最小屏幕宽度。当提供多个目录，并且这些目录指定了不同的最小屏幕宽度时，Android 会从中选择不超过设备可用的最小尺寸的最大值。
- **可用屏幕宽度** 使用所包含资源所需的最小屏幕宽度，以 w<Dimension value>dp 的形式指定(例如，w600dp、w320dp 或 w720dp)。也用于提供多个布局选项，但是与最小屏幕宽度不同，当设备方向发生变化时，可用屏幕宽度会发生改变以反映当前的屏幕宽度。Android 会选择不超过当前可用屏幕宽度的最大值。
- **可用屏幕高度** 使用所包含资源所需的最小屏幕高度，以 h<Dimension value>dp 的形式指定(例如，h720dp、h480dp 或 h1280dp)。与可用屏幕宽度类似，当设备方向发生变化时，可用屏幕高度会发生改变以反映当前的屏幕高度。Android 会选择不超过当前可用屏幕高度的最大值。
- **屏幕大小** small(小于 HVGA)、medium(至少为 HVGA，通常小于 VGA)、large(VGA 或更大)或 xlarge(比 HVGA 大得多)。因为这些屏幕分类可以包含差别极大的屏幕尺寸(特别是平板电脑的屏幕)，所以在可能的情况下，最好使用更明确的最小屏幕尺寸、可用屏幕宽度和可用屏幕高度。因为它们的优先级比屏幕大小更高，所以在支持这些屏幕的说明符的情况下，如果同时指定了它们与屏幕大小，那么将优先应用它们。
- **屏幕纵横比** 为专为宽屏幕设计的资源指定 long 或者 notlong(例如，WVGA 为 long，QVGA 为 notlong)。
- **屏幕方向** port(portrait，纵向)、land(landscape，横向)或者 square(正方形)。
- **扩展坞模式** car 或者 desk。在 API level 8 中引入。
- **夜间模式** night(夜间模式)或 notnight(白天)。在 API level 8 中引入。与扩展坞模式限定符结合使用时，可以很方便地改变应用程序的主题和/或颜色主题，使其更适合在夜间的汽车扩展坞上使用。
- **屏幕像素密度** 像素密度以点每英寸(dpi)来表示。分别使用 ldpi、mdpi、hdpi 和 xhdpi 来指定低(120dpi)、中(160dpi)或高(240dpi)或极高(320dpi)像素密度的资源是最好的做法。可以为不想缩放的位图资源指定 nodpi，以便支持精确的屏幕密度。为了更好地支持运行在 Android 电视上的应用程序，可以为大约 213dpi 的资源使用 tvdpi 限定符。对于大多数应用程序来说，一般没必要这么做，因为包含中分辨率和高分辨率的资源已经足以提供很好的用户体验了。与其他资源类型不同，Android 在选择资源时不要求精确匹配。当选择合适的文件夹时，它会选择与设备的像素密度最接近的匹配，并相应地缩放产生的 Drawable。

- **触摸屏类型**　notouch、stylus 或者 finger。允许为设备可用的触摸屏输入的类型提供优化的布局或尺寸。
- **可用键盘**　keysexposed、keyshidden 或 keyssoft。
- **键盘输入类型**　nokeys、qwerty 或者 12key。
- **可用导航键**　navexposed 或 navhidden。
- **UI 导航类型**　nonav、dpad、trackball 或者 wheel。
- **平台版本**　目标 API level，以 v<API Level>的形式指定(例如，v7)。用于只能在运行指定 API level 或更高 API level 的设备上使用的资源。

对于任何资源类型，都可以指定多个限定符，并把它们用连字符隔开。任何组合都是允许的，但是，它们必须按照上面列表的顺序进行排列，而且每一个限定符都不能超过一个值。

下面的例子分别给出了一个可选的 Drawable 资源的有效目录名和无效目录名。

- **有效**

  ```
  layout-large-land
  layout-xlarge-port-keyshidden
  layout-long-land-notouch-nokeys
  ```

- **无效**

  ```
  values-rUS-en (out of order)
  values-rUS-rUK (multiple values for a single qualifier)
  ```

当 Android 在运行的过程中检索一个资源的时候，它会从可用的可选资源中选出最佳的匹配。它首先找出包含被检索值的所有文件夹的列表，然后选择具有最多匹配的限定符匹配的一个。如果两个文件夹匹配的数目相等，那么将会以上面的列表为基础，按照匹配的限定符的顺序选出最合适的资源。

　　如果在给定设备上没有找到资源匹配，那么应用程序将会在尝试访问该资源时抛出一个异常。要想避免出现这种情况，应该总是在不包含限定符的文件夹中为每个资源类型包含一个默认值。

3.4.4　运行时配置更改

Android 支持运行时更改语言、位置和硬件，它是通过终止和重启 Activity 来实现上述功能的。这会强制重新评估 Activity 中使用的资源的分辨率，并为新的配置选择最合适的资源值。

有时候默认的行为并不总是很方便，特别是不想根据屏幕方向的变化显示不同的 UI 的应用程序。可以通过对这些改变进行检测来定制应用程序对它们所做出的响应。

要让 Activity 可以监听运行时配置更改，需要向它的 manifest 节点中添加一个 android:configChanges 属性，来说明希望对哪些配置更改进行处理。

下面的列表描述了可以指定的运行时更改：

- **mcc 和 mnc**　检测到 SIM，并且与之关联的国家或网络的代码(分别)发生了变化。
- **locale**　用户改变了设备的语言设置。

- **keyboardHidden** 显示或者隐藏了键盘、d-pad 或其他输入机制。
- **keyboard** 对键盘的类型进行了更改,例如,手机可能会由一个 12 键键盘转变为一个完整键盘,或者连接了一个外部键盘。
- **fontScale** 用户修改了首选的字体大小。
- **uiMode** 整体 UI 模式发生了变化。如果在汽车模式、白天或夜间模式等之间切换时,就会出现这种情况。
- **orientation** 屏幕在纵向和横向之间进行了旋转。
- **screenLayout** 屏幕布局发生了变化,如果激活了另外一个屏幕,就会出现这种情况。
- **screenSize** 在 Honeycomb MR2(API level 12)中引入,当可用屏幕尺寸改变(例如在横向和纵向模式之间变化)时发生。
- **smallestScreenSize** 在 Honeycomb MR2(API level 12)中引入,当物理屏幕尺寸改变(例如将设备连接到外接显示器)时发生。

在特定的情况下,多个事件可能会同时触发。例如,当用户滑动键盘的时候,大多数设备会触发 keyboardHidden 和 orientation 事件。将外部显示器连接到 Honeycomb MR2 之后的设备时很可能会触发 orientation、screenLayout、screenSize 和 smallestScreenSize 事件。

你可以选择处理多个想要处理的事件,只要用管道符(|)把它们分隔开即可。程序清单 3-5 显示了一个能够处理屏幕尺寸、方向和键盘可见性改变的 Activity 节点声明。

可从
wrox.com
下载源代码

程序清单 3-5　处理动态资源改变的 Activity 的声明

```
<activity
  android:name=".MyActivity"
  android:label="@string/app_name"
  android:configChanges="screenSize|orientation|keyboardHidden">
  <intent-filter >
    <action android:name="android.intent.action.MAIN" />
    <category android:name="android.intent.category.LAUNCHER" />
  </intent-filter>
</activity>
```

代码片段 PA4AD_Ch03_Config_Changes/AndroidManifest.xml

添加 android:configChanges 属性可以阻止由于特定配置改变而造成的重启,并会触发 Activity 中的 onConfigurationChanged 处理程序。可以通过重写这个方法来处理配置的改变,并使用传入的 Configuration 对象来确定新的配置值,如程序清单 3-6 所示。一定要保证对超类进行回调,并重新加载 Activity 使用的所有资源值,以防止由于它们已经被改变所导致的前后不一致。

可从
wrox.com
下载源代码

程序清单 3-6　在代码中处理配置更改

```
@Override
public void onConfigurationChanged(Configuration newConfig) {
  super.onConfigurationChanged(newConfig);

  // [ ... Update any UI based on resource values ... ]

  if (newConfig.orientation == Configuration.ORIENTATION_LANDSCAPE) {
```

```
    // [ ... React to different orientation ... ]
  }

  if (newConfig.keyboardHidden == Configuration.KEYBOARDHIDDEN_NO) {
    // [ ... React to changed keyboard visibility ... ]
  }
}
```

代码片段 PA4AD_Ch03_Config_Changes/src/MyActivity.java

当 onConfigurationChanged 被调用的时候,Activity 的资源变量的值就已经被更新了,所以使用它们是很安全的。

在没有调用 onConfigurationChanged 方法的情况下,那些没有显式标记为被应用程序处理了的任何配置更改都仍然会导致应用程序重启。

3.5 Android 应用程序生命周期

与大部分传统的应用程序平台不同,Android 应用程序不能控制它们自己的生命周期。相反,应用程序组件必须监听应用程序状态的变化并做出适当的反应,而且特别要注意为随时被终止做好准备。

默认情况下,每个 Android 应用程序都是通过它们自己的进程运行的,每一个进程都运行在独立的 Dalvik 实例中。每一个应用程序的内存和进程管理都是由运行时专门进行处理的。

> 通过在 Manifest 内对每一个受到影响的应用程序组件节点使用 android:process 属性,可以使同一个应用程序的组件运行在不同的进程中,或者让多个应用程序共享同一个进程。

Android 主动管理它的资源,它会采取任何措施来保证稳定流畅的用户体验。这就意味着在必要的时候,进程(以及它们的应用程序)有时候会在没有警告的情况下被终止,这样就可以为高优先级的应用程序释放资源。

3.6 理解应用程序的优先级和进程状态

回收资源的时候,进程被终止的顺序是由它们的应用程序的优先级所决定的。一个应用程序的优先级等同于它的优先级最高的组件的优先级。

当两个应用程序有相同的优先级时,在较低优先级状态运行时间最长的进程将会首先被终止。进程的优先级也受到进程间依赖性的影响。如果一个应用程序依赖于第二个应用程序所提供的 Service 或者 Content Provider,那么第二个应用程序至少会拥有与它所支持的这个应用程序相同的优先级。

所有 Android 应用程序都会保持在内存中运行,直到系统需要释放它的资源供其他应用程序使用时为止。

图 3-4 显示了用来确定应用程序终止顺序的优先级树。

通过合理地组织应用程序来保证它具有能够正常工作的适当的优先级是非常重要的。如果没有做到这一点,则应用程序就可能在执行某些比较重要的操作时被终止,或者在不再需要的时候保持运行。

下面列出了图 3-4 中显示的每一种应用程序状态,并解释了组成应用程序的组件是如何确定这个状态的:

- **Active 进程** Active(前台)的进程是指那些有组件正在和用户进行交互的应用程序的进程。这些都是 Android 尝试通过回收其他应用程序的资源来使其保持响应的进程。这些进程的数量非常少,只有到最后的关头才会终止这些进程。

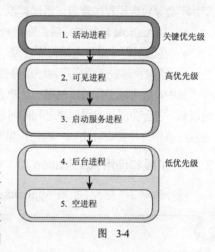

图 3-4

Active 的进程包括:

- 处于活动状态的 Activity,也就是说,它们位于前台并对用户事件进行响应。本章将会在后面部分中更加详细地探索 Activity 状态。
- 正在执行 onReceive 事件处理程序的 Broadcast Receiver,如第 5 章所述。
- 正在执行 onStart、onCreate 或者 onDestroy 事件处理程序的 Service,如第 9 章所述。
- 正在运行、且已被标记为在前台运行的 Service,如第 9 章所述。

- **可见进程** 可见但是非活动的进程是指那些驻留"可见"Activity 的进程。顾名思义,可见的 Activity 能被用户看到,但是它们并不在前台运行或者能对用户事件做出反应。例如,当一个 Activity 被部分遮挡时(被一个非全屏或者透明的 Activity 遮挡)就会出现这种情况。这些进程的数量也很少,只有在资源极度匮乏的环境下,为保证 Activity 进程继续执行时才会终止这些进程。

- **启动 Service 进程** 已经启动的 Service 的进程。因为后台 Service 没有直接和用户交互,所以它们的优先级要比可见 Activity 或前台 Service 低一些。但是它们仍然被认为是前台(foreground)进程,除非活动或者可见的进程需要资源,否则不会终止它们。当系统终止一个运行的 Service 后,会在资源可用时尝试重新启动 Service(除非告诉系统不要这么做)。在第 9 章中将会学到更多关于 Service 的内容。

- **后台进程** 不可见、并且没有任何正在运行的 Service 的 Activity 的进程。通常会有大量的后台进程,Android 将使用"最后一个被看到,第一个被终止"(last-seen-first-killed)的方式来终止它们,从而为前台进程提供资源。

- **空进程** 为了提高系统整体性能,Android 经常在应用程序的生存期结束之后仍然把它们保存在内存中。Android 通过维护这个缓存来减少应用程序被再次启动时的启动时间。通常这些进程会根据需要被定期终止。

3.7 Android Application 类简介

每次应用程序运行时，应用程序的 Application 类都保持实例化状态。与 Activity 不同，配置改变并不会导致应用程序重启。通过扩展 Application 类，可以完成以下 3 项工作：
- 对 Android 运行时广播的应用程序级事件(如低内存)做出响应。
- 在应用程序组件之间传递对象
- 管理和维护多个应用程序组件使用的资源

其中，后两项工作通过使用一个单态类能够更好地完成。当在 Manifest 中注册了 Application 实现以后，它会在创建应用程序进程的时候得到实例化。因此，Application 的实现在本质上是单态的，并且应该作为单态进行实现，以便提供对其方法和成员变量的访问。

3.7.1 扩展和使用 Application 类

程序清单 3-7 显示了扩展 Application 类的框架代码，并把它实现为一个单态。

程序清单 3-7　Application 类的框架

```
import android.app.Application;
import android.content.res.Configuration;

public class MyApplication extends Application {

  private static MyApplication singleton;

  //返回应用程序实例
  public static MyApplication getInstance() {
    return singleton;
  }

  @Override
  public final void onCreate() {
    super.onCreate();
    singleton = this;
  }
}
```

代码片段 PA4AD_Ch03_Config_Changes/src/MyApplication.java

在创建新的 Application 类后，必须使用一个 name 属性在 Manifest 的 application 节点中注册它，如下面的代码段所示：

```
<application android:icon="@drawable/icon"
             android:name=".MyApplication">
  [... Manifest nodes ...]
</application>
```

当应用程序开始运行的时候，Application 实现将会得到实例化。创建新的状态变量和全局资源，以便从应用程序组件中进行访问：

```
MyObject value = MyApplication.getInstance().getGlobalStateValue();
MyApplication.getInstance().setGlobalStateValue(myObjectValue);
```

虽然对于在松散耦合的应用程序组件之间传递对象,以及维护应用程序状态或共享资源,这种方法特别有效,但是一般来说创建自己的静态单态类而不是为特殊用途扩展 Application 类是更好的做法,除非你还要处理下一节描述的生命周期事件。

3.7.2 重写应用程序的生命周期事件

Application 类为应用程序的创建和终止、低可用内存和配置改变提供了事件处理程序(如前面部分所述)。

通过重写以下这些方法,可以为上述几种情况实现自己的应用程序行为:

- **onCreate** 在创建应用程序时调用。可以重写这个方法来实例化应用程序单态,以及创建和实例化任何应用程序状态变量或共享资源。
- **onLowMemory** 当系统处于资源匮乏的状态时,具有良好行为的应用程序可以释放额外的内存。这个方法一般只会在后台进程已经终止,但是前台应用程序仍然缺少内存时调用。可以重写这个处理程序来清空缓存或者释放不必要的资源。
- **onTrimMemory** 作为 onLowMemory 的一个特定于应用程序的替代选择,在 Android 4.0(API level 13)中引入。当运行时决定当前应用程序应该尝试减少其内存开销时(通常在它进入后台时)调用。它包含一个 level 参数,用于提供请求的上下文。
- **onConfigurationChanged** 与 Activity 不同,在配置改变时,应用程序对象不会被终止和重启。如果应用程序使用的值依赖于特定的配置,则重写这个方法来重新加载这些值,或者在应用程序级别处理配置改变。

如程序清单 3-8 所示,必须在重写这些方法时调用超类的事件处理程序。

程序清单 3-8 重写应用程序生命周期处理程序

```java
public class MyApplication extends Application {

    private static MyApplication singleton;

    //返回应用程序实例
    public static MyApplication getInstance() {
      return singleton;
    }

    @Override
    public final void onCreate() {
      super.onCreate();
      singleton = this;
    }

    @Override
    public final void onLowMemory() {
      super.onLowMemory();
    }

    @Override
```

```
    public final void onTrimMemory(int level) {
      super.onTrimMemory(level);
    }

    @Override
    public final void onConfigurationChanged(Configuration newConfig) {
      super.onConfigurationChanged(newConfig);
    }
  }
```

代码片段 PA4AD_Snippets_Chapter3/MyApplication.java

3.8 深入探讨 Android Activity

每一个 Activity 都表示一个屏幕，应用程序会把它呈现给用户。应用程序越复杂，需要的屏幕可能就越多。

典型情况下，这至少包括一个用来处理应用程序的主 UI 功能的主界面屏幕。这个主界面一般由许多 Fragment 组成，并且通常是由一组次要 Activity 支持的。要在屏幕之间进行切换，就必须要启动一个新的 Activity(或者从一个 Activity 返回)。

大部分 Activity 都被设计为占据整个显示屏，但是也可以创建半透明的或者浮动的 Activity。

3.8.1 创建 Activity

要创建一个新的 Activity，需要对 Activity 类进行扩展，在新类定义用户界面并实现新的功能。一个新 Activity 的基本框架代码如程序清单 3-9 所示。

程序清单 3-9　Activity 的框架代码

```
package com.paad.activities;

import android.app.Activity;
import android.os.Bundle;

public class MyActivity extends Activity {

  /** 第一次创建 Activity 时将被调用 */
  @Override
  public void onCreate(Bundle savedInstanceState) {
    super.onCreate(savedInstanceState);
  }
}
```

代码片段 PA4AD_Ch03_Activities/src/MyActivity.java

基本 Activity 类呈现了一个封装了窗口显示处理功能的空白屏幕。一个空 Activity 并不是特别有用，所以希望做的第一件事应该是使用 Fragment、布局和视图来创建 UI。

视图是用来显示数据和提供用户交互的 UI 控件。Android 提供了多个布局类，称为 ViewGroup，它可以包含多个视图来帮助布局 UI。Fragment 用来封装 UI 的各个部分，从而能够方便地创建动态界面，这些界面能够针对不同的屏幕尺寸和方向重新排列，起到优化 UI 布局的效果。

第 3 章 创建应用程序和 Activity

 第 4 章对视图、ViewGroup、布局和 Fragment 进行了详细的讲述,并说明了其中有哪些可用的内容、如何使用它们以及如何创建自己的视图、布局和 Fragment。

要把一个 UI 分配给一个 Activity,需要在 Activity 的 onCreate 方法中调用 setContentView。在下面这个代码段中,TextView 的一个实例被用成 Activity 的 UI:

```
@Override
public void onCreate(Bundle savedInstanceState) {
  super.onCreate(savedInstanceState);
  TextView textView = new TextView(this);
  setContentView(textView);
}
```

更多情况下,将会使用到一个更加复杂的 UI 设计。可以在代码中使用布局 ViewGroup 来创建布局,或者可以使用标准的 Android 约定,传递外部资源中定义的布局的资源 ID,如下面的代码所示:

```
@Override
public void onCreate(Bundle savedInstanceState) {
  super.onCreate(savedInstanceState);
  setContentView(R.layout.main);
}
```

为了在应用程序中使用一个 Activity,需要在 Manifest 中对其进行注册。在 Manifest 的 application 节点内添加新的 activity 标签;activity 标签包含像标签、图标、必需的权限以及 Activity 所使用的主题这样的元数据的属性。没有对应的 activity 标签的 Activity 是不能被显示的,试图显示它们会导致抛出一个运行时异常:

```
<activity android:label="@string/app_name"
          android:name=".MyActivity">
</activity>
```

在 activity 标签中,可以添加 intent-filter 节点来指定能够用来启动该 Activity 的 Intent。每一个 Intent Filter 都定义了一个或者多个 Activity 所支持的动作或者分类。第 5 章将详细介绍 Intent 和 Intent Filter,但是现在就应该知道,但是要想让一个 Activity 可以被应用程序启动器使用,它必须包含一个监听 MAIN 动作和 LAUNCHER 分类的 Intent Filter,如程序清单 3-10 中突出显示的代码部分所示。

程序清单 3-10 应用程序主 Activity 的定义

```
<activity android:label="@string/app_name"
          android:name=".MyActivity">
  <intent-filter>
    <action android:name="android.intent.action.MAIN" />
    <category android:name="android.intent.category.LAUNCHER" />
  </intent-filter>
</activity>
```

代码片段 PA4AD_Ch03_Activities/AndroidManifest.xml

3.8.2 Activity 的生存期

正确地理解 Activity 的生存期，对于保证应用程序提供一个连贯流畅的用户体验以及合理地管理资源是至关重要的。

正如前面所解释的，Android 应用程序不能控制它们自己的进程的生存期；而 Android 运行时可以管理每一个应用程序的进程，也就是说，它也可以管理进程内的每个 Activity。

除了运行时可以终止一个 Activity 进程并对其进行管理之外，Activity 的状态也可以帮助你确定其父应用程序的优先级。而应用程序的优先级又影响着运行时终止进程及其中运行的 Activity 的可能性。

1. Activity 栈

每一个 Activity 的状态是由它在 Activity 栈中所处的位置所决定的，Activity 栈是当前所有正在运行的 Activity 的后进先出的集合。当一个新的 Activity 启动时，它就变为 Activity 状态，并被移动到栈顶。如果用户使用 Back(返回)按钮返回到了刚才的 Activity，或者前台 Activity 被关闭了，那么栈中的下一个 Activity 就会移动到栈顶，变为活动状态。图 3-5 说明了这个进程。

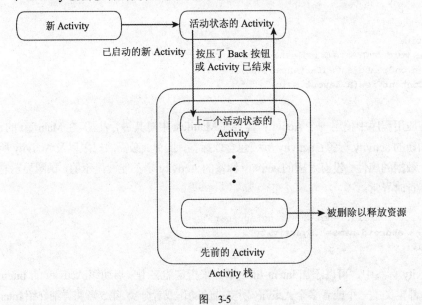

图 3-5

如本章前面所述，应用程序的优先级受其最高优先级的 Activity 的影响。当 Android 的内存管理器决定终止哪个应用程序来释放资源时，它会使用这个栈来决定应用程序的优先级。

2. Activity 的状态

随着 Activity 的创建和销毁，它们会按照图 3-5 所示的那样，从栈中移进移出。在这个过程中，它们也经历了下面 4 种可能的状态：

- **活动状态**　当一个 Activity 位于栈顶的时候，它是可见的、具有焦点的前台 Activity，这时它可以接收用户输入。Android 将会不惜一切代价来保持它处于活动状态，并根据需要来销毁栈下面部分的 Activity，以保证这个 Activity 拥有它所需要的资源。当另一个 Activity 变为活动状态时，这个 Activity 就将被暂停。

- **暂停状态**　在某些情况下，Activity 是可见的，但是没有获得焦点，此时它就处于暂停状态。当一个透明的或者非全屏的 Activity 位于该 Activity 之前时，就会达到这个状态。当 Activity 被暂停的时候，它仍然会被当作近似于活动状态的状态，但是它不能接收用户的输入事件。在极端情况下，Android 会终止暂停的 Activity，以便为活动状态的 Activity 释放资源。当一个 Activity 变得完全不可见的时候，它就会变为停止状态。

- **停止状态**　当一个 Activity 不可见的时候，它就处于停止状态。此时，Activity 仍然会停留在内存中，保存所有的状态信息，然而当系统的其他地方要求使用内存的时候，它们就会成为被终止的首要候选对象。在一个 Activity 停止的时候，保存数据和当前的 UI 状态以及停止任何非关键操作是很重要的。一旦一个 Activity 被退出或者关闭，它就会变为非活动状态。

- **非活动状态**　当一个 Activity 被终止之后，在启动之前它就处于非活动状态。处于非活动状态的 Activity 已经从 Activity 栈中移除了，因此，在它们可以被显示和使用之前，需要被重新启动。

状态转化是非确定性的，完全由 Android 内存管理器处理。Android 首先会关闭包含非活动状态 Activity 的应用程序，接着会关闭那些停止的应用程序。只有在极端的情况下，它才会移除那些被暂停的应用程序。

> 　　为了保证连贯流畅的用户体验，这些状态之间的转化应该对用户不可见。Activity 从暂停、停止或者非活动状态转化为活动状态时，用户应该感觉不到任何区别。所以当一个 Activity 被暂停或者停止时，保存所有的 UI 状态并保存所有的数据是很重要的。一旦一个 Activity 变为活动状态，它就应该恢复那些被保存的值。
>
> 　　类似地，除了会改变 Activity 的优先级以外，活动状态、暂停状态和停止状态之间的转换对于 Activity 本身没有什么直接的影响。所以，是使用这些信号来暂停还是停止 Activity，完全由你自己决定。

3. 监控状态改变

为了保证 Activity 可以对状态改变做出反应，Android 提供了一系列事件处理程序，当 Activity 在完整的、可见的和活动的生存期之间转化时，它们就会被触发。图 3-6 以前面描述的状态为标准，对这些生存期进行了总结。

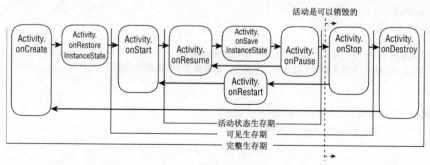

图　3-6

程序清单 3-11 的框架代码显示了在一个 Activity 中可用的状态变更方法处理程序的 stub。每一个 stub 内的注释都描述了对每一种状态改变事件应该考虑的动作。

可从
wrox.com
下载源代码

程序清单 3-11　Activity 状态事件处理程序

```
package com.paad.activities;
import android.app.Activity;
import android.os.Bundle;

public class MyStateChangeActivity extends Activity {

  //在完整生存期开始时调用
  @Override
  public void onCreate(Bundle savedInstanceState) {
    super.onCreate(savedInstanceState);
    //初始化一个 Activity 并填充 UI
  }

  //在 onCreate 方法完成后调用, 用于恢复 UI 状态
  @Override
  public void onRestoreInstanceState(Bundle savedInstanceState) {
    super.onRestoreInstanceState(savedInstanceState);
    //从 savedInstanceState 恢复 UI 状态
    //这个 Bundle 也被传递给了 onCreate
    //自 Activity 上次可见之后, 只有当系统终止了该 Activity 时, 才会被调用
    }
    //在随后的 Activity 进程的可见生存期之前调用
  }
  @Override
  public void onRestart(){
    super.onRestart();
  //加装载改变, 知道 Activity 在此进程中已经可见
  }

  //在可见生存期的开始时调用.
  @Override
  public void onStart(){
    super.onStart();
    //既然 Activity 可见, 就应用任何要求的 UI Change
  }

  //在 Activity 状态生存期开始时调用
  @Override
  public void onResume(){
    super.onResume();
    //恢复 Activity 需要, 但是当它处于不活动状态时被挂起的暂停的 UI 更新、线程或进程
    //在 Activity 状态生命周期结束的时候调用, 用来保存 UI 状态的改变
  }

  //把 UI 状态改变保存到 savedInstanceState
  // end of the active lifecycle.
  @Override
```

```
public void onSaveInstanceState(Bundle savedInstanceState) {
    // Save UI state changes to the savedInstanceState.
    //如果进程被运行时终止并被重启,那么这个 Bundle 将被传递给 onCreate 和
    //onRestoreInstanceState
    // killed and restarted by the run time.
    super.onSaveInstanceState(savedInstanceState);
}

//在 Activity 状态生存期结束时调用
@Override
public void onPause(){
    //挂起不需要更新的 UI 更新、线程或者 CPU 密集的进程
    //当 Activity 不是前台的活动状态的 Activity 时,
    // the active foreground Activity.
    super.onPause();
}

//在可见生存期结束时调用
@Override
public void onStop(){
    //挂起不需要的 UI 更新、线程或处理,
    //当 Activity 不可见时,
    //保存所有的编辑或者状态改变,
    //因为在调用这个方法后,进程可能会被终止
    super.onStop();
}

//在完整生存期结束时调用
@Override
public void onDestroy(){
    //清理所有的资源,包括结束线程、
    //关闭数据库连接等
    super.onDestroy();
}
}
```

代码片段 PA4AD_Ch03_Activities/src/MyStateChangeActivity.java

如上面的代码所示,当重写这些事件处理程序的时候,应该总是回调超类。

4. 理解 Activity 的生存期

在一个 Activity 从创建到销毁的完整的生存期内,它会经历活动生存期和可见生存期的一次或者多次重复。每一次转化都会触发前面所描述的方法处理程序。下面的部分将深入探讨这些生存期以及包含这些生存期的事件。

完整生存期

Activity 的完整生存期是指对 onCreate 方法的第一次调用和对 onDestroy 方法的最后一次调用之间的时间范围。有时候还会发生一个 Activity 的进程被终止,却没有调用 onDestroy 方法的情况。

使用 onCreate 方法来初始化 Activity:填充(inflate)用户界面,得到对 Fragment 的引用,分配对类变量的引用,将数据绑定到控件,并启动 Service 和定时器。如果 Activity 被运行时意外终止,

onCreate 方法接受一个包含 UI 状态的 Bundle 对象，该对象是在最后一次调用 onSaveInstanceState 时保存的。应该使用这个 Bundle 将 UI 恢复为上一次的状态，这里既可以通过 onCreate 方法，也可以通过重写 onRestoreInstanceState 来实现。

通过重写 onDestroy 来清理 onCreate 创建的所有资源，并保证所有的外部连接(例如，网络或者数据库连接)都被关闭了。

作为使用 Android 编写高效代码的指导原则的一部分，我们建议最好避免创建短期的对象。对象的快速创建和销毁会导致额外的垃圾收集过程，而这个过程会对用户体验产生直接的影响。如果 Activity 是有规律地创建相同的对象集，那么可以考虑在 onCreate 方法中创建它们，因为它只在 Activity 的生存期中被调用一次。

可见生存期

一个 Activity 的可见生存期是指调用 onStart 和 onStop 之间的那段时间。在这个时间段里，Activity 对用户是可见的，但是它有可能不具有焦点，或者它可能被部分遮挡了。Activity 在它们的完整生存期内可能会经历多个可见生存期，因为它们可能会在前台和后台之间进行切换。在个别的极端情况下，Android 运行时可能会在一个 Activity 位于可见生存期时把它终止，而并不调用 onStop 方法。

onStop 方法应该用来暂停或者停止动画、线程、传感器监听器、GPS 查找、定时器、Service 或者其他专门用于更新用户界面的进程。当 UI 不可见的时候更新它是没有意义的，因为这样消耗了资源(如 CPU 周期或者网络带宽)却没起到实际的作用。当 UI 再次可见的时候，可以使用 onStart(或者 onRestart)方法来恢复或者重启这些进程。

onRestart 在除了对 onStart 方法的第一次调用之外的所有方法之前被立即调用。可以使用它实现那些只有当 Activity 在它的完整生存期之内重启时才能完成的特殊处理。

onStart/onStop 方法也可以用来注册和注销那些专门用来更新用户界面的 Broadcast Receiver。

 第 5 章将学习到更多关于使用 Broadcast Receiver 的内容。

活动生存期

活动生存期是指调用 onResume 及其对应的 onPause 之间的那段时间。

一个处于活动状态的 Activity 是在前台的，并且正在接收用户的输入事件。Activity 在被销毁之前很可能会经历多个活动生存期，因为当显示一个新 Activity、设备休眠或者这个 Activity 丢失焦点的时候，一个 Activity 的活动生存期就结束了。一定要尽量让 onPause 和 onResume 中的代码执行迅速，并且其中的代码尽可能少，以保证在前台和后台之间进行切换的时候应用程序能够保持响应。

在 onPause 之前，是对 onSaveInstanceState 的调用。这个方法提供了把 Activity 的 UI 状态保存在一个 Bundle 中的机会，这个 Bundle 对象将会被传递给 OnCreate 和 OnRestoreInstanceState 方法。可以使用 onSaveInstanceState 来保存 UI 状态(例如，复选框状态、用户焦点(user focus)和已经输入但是还没有提交的用户输入)，从而保证当 Activity 下次变为活动状态时，它能够呈现出与之前相同的 UI。在活动生存期内，可以安全地假设 onSaveInstanceState 和 onPause 方法会在进程终止之前被调用。

大部分 Activity 实现都至少会重写 onSaveInstanceState 方法来提交未保存的改动，因为它标记了一个点，在这个点之外的 Activity 可能在没有警告的情况下被终止。当 Activity 不在前台的时候，也可以根据应用程序的架构，选择挂起线程、进程或者 Broadcast Receiver。

onResume 方法可以是轻量级的。这里，将不需要重新加载 UI 状态，因为当要求加载 UI 状态的时候，它会由 onCreate 和 onRestoreInstanceState 方法处理。使用 onResume 可以重新注册任何可能已经使用 onPause 停止的 Broadcast Receiver 或者其他进程。

3.8.3 Android Activity 类

Android SDK 包含了一些 Activity 子类来封装对常用的用户界面 Widget 的使用。下面列出了一些比较有用的 Activity 子类：

- **MapActivity** 在一个 Activity 中封装了支持 MapViewWidget 所要求的资源处理。在第 13 章中将会学习更多有关 MapActivity 和 MapView 的内容。
- **ListActivity** Activity 包装类，它将一个 ListView 绑定到了一个数据源，从而作为主 UI 元素，并提供了列表项选择的事件处理程序。
- **ExpandableListActivity** 与 ListActivity 类似，但是它支持 ExpandableListView。

第 4 章

创建用户界面

本章内容

- 使用视图和布局
- 理解 Fragment
- 优化布局
- 创建分辨率无关的用户界面
- 扩展、分组、创建和使用视图
- 使用适配器将数据绑定到视图

Stephen Fry 认为，时尚的外观是数字设备设计的基本要素中很重要的一部分。虽然 Fry 谈论的是设备本身的样式，但是对于运行在设备上的应用程序，这些话也是适用的。更大、更亮、更高分辨率的显示屏，再加上对多点触摸的支持，使得移动应用程序可视化的效果越来越好。随着 Android 中引入对平板电脑和电视这类让人更容易沉浸其中的设备的支持，应用程序视觉设计只会越来越重要。

在本章中，将学习用于创建 UI 的 Android 元素，并会了解到如何使用布局、Fragment 和视图来为 Activity 创建实用而直观的用户界面。

Android UI 的每一个独立元素都是使用源于 ViewGroup 的各种布局管理器布置到屏幕上的。本章将介绍多种本地布局类，并说明如何使用它们，如何创建自己的布局类，以及如何确保自己尽可能高效地使用布局。

随着 Android 设备的种类不断增长，可以运行你的应用程序的设备的屏幕尺寸和分辨率的种类也在增长。Android 3.0 中引入了 Fragment API 来更好地支持动态布局的创建，这些动态布局可以针对平板电脑和多种不同的智能手机显示屏进行优化。

本章将介绍如何使用 Fragment 来创建可以缩放和调整的视图，以适应各种各样的屏幕尺寸和分辨率。还将介绍开发和测试 UI 的最佳实践，以使 UI 在所有的设备上看起来都很漂亮。

在介绍 Android SDK 中可用的一些可见控件后，还将讨论如何扩展和定制它们。通过使用视图组，你将把视图组合起来，创建出由可交互子控件组成的原子的、可重用的 UI 元素。在本章中，你还将创建自己的视图来以创造性的新方式显示数据并与用户交互。

最后,本章将介绍适配器,以及如何使用它们把表示层绑定到底层的数据源。

4.1 Android UI 基本设计

用户界面(User Interface,UI)设计、用户体验(User Experience,UX)、人机交互(Human Computer Interaction,HCI)和可用性是很宽泛的话题,本书不可能完全深入地探讨它们。尽管如此,创建用户可以理解并乐于使用的 UI 还是很重要的。

Android 引入了一些新的术语来表示一些熟悉的编程元素,下面部分将会对它们进行详细的探讨:

- **视图** 视图是所有可视界面元素(通常称为控件或者小组件)的基类。所有的 UI 控件(包括布局类)都是由 View 派生而来的。
- **视图组** 视图组是视图类的扩展,它可以包含多个子视图。通过扩展 ViewGroup 类,可以创建由多个相互连接的子视图组成的复合控件。还可以通过扩展 ViewGroup 类来提供布局管理器,以帮助你在 Activity 内布局控件。
- **Fragment** Fragment 在 Android 3.0(API level 11)中引入,用于 UI 的各个部分。这种封装使得 Fragment 特别适合针对不同的屏幕尺寸优化 UI 布局以及创建可重用的 UI 元素。每个 Fragment 都包含自己的 UI 布局,并接受相关的输入事件,但是与包含它们的 Activity 紧密绑定在一起(Fragment 必须嵌入到 Activity 中)。Fragment 类似于 iPhone 开发中的 UI 视图控制器。
- **Activity** 第 3 章详细讨论了 Activity,它们代表的是显示给用户的窗口或者屏幕。Activity 是 Android 中相当于传统 Windows 桌面开发中的 Form 的东西。要显示一个 UI,就需要给一个 Activity 分配一个视图(通常是一个布局或 Fragment)。

Android 提供了多个常见的 UI 控件、小组件和布局管理器。

对于大部分拥有图形用户界面的应用程序来说,很可能需要对这些标准视图进行扩展或者修改——或者创建混合的或全新的视图——来提供自己的用户体验。

4.2 Android UI 的基础知识

Android 中所有的可视化组件都是从 View 类派生而来的,通常把它们称为视图。视图也经常被称为控件或者小组件——如果你做过 GUI 开发,则这些名词对你来说可能不会陌生。

ViewGroup 类是对 View 类的扩展,它是用来包含多个视图的。一般来说,视图组主要用于管理子视图的布局,但是也可以用来构建原子的可重用组件。那些用来实现前一种功能的视图组通常被称为布局。

在下面的内容中,将学习如何把它们组合在一起来创建复杂的 UI。然后将介绍 Fragment,SDK 中可用的视图,以及如何对这些视图进行扩展,构建自己的组合控件以及从头开始创建有自己风格的视图。

将用户界面分配给 Activity

一个新 Activity 在刚被创建的时候是一个空白屏幕，可以把自己的 UI 放在上面。为此，可以调用 setContentView，并传入要显示的视图实例或布局资源。因为空屏幕并不能令人满意，所以当重写一个 Activity 的 onCreate 处理程序的时候，几乎总是需要使用 setContentView 来给它分配一个 UI。

setContentView 方法既可以接受一个布局资源 ID，也可以接受一个单独的视图实例。这样就既可以使用代码，又可以使用其他喜欢的外部布局资源的技术来定义 UI。

```
@Override
public void onCreate(Bundle savedInstanceState) {
  super.onCreate(savedInstanceState);

  setContentView(R.layout.main);
}
```

使用布局资源可以使表示层和应用程序逻辑分开，这样就提供了无须修改代码就可以修改表示层的灵活方法。这也使为不同的硬件配置指定不同的优化布局成为可能，甚至可根据硬件状态的变化在运行时修改这些布局(例如，屏幕方向的变化)。

使用 findViewById 方法可以得到布局内每个视图的引用：

```
TextView myTextView = (TextView)findViewById(R.id.myTextView);
```

如果喜欢更传统的方法，则可以使用代码来构建 UI。

```
@Override
public void onCreate(Bundle savedInstanceState) {
  super.onCreate(savedInstanceState);

  TextView myTextView = new TextView(this);
  setContentView(myTextView);

  myTextView.setText("Hello, Android");
}
```

setContentView 方法接受一个单独的视图实例，因此，必须使用布局把多个控件添加到 Activity 中。

如果使用 Fragment 来封装 Activity 的 UI 的一些部分，那么填充到 Activity 的 onCreate 处理程序的视图将是一个布局，描述了每个 Fragment(或它们的容器)的相对位置。每个 Fragment 使用的 UI 定义在它自己的布局中，并被填充到 Fragment 自身中，如本章后面所述。

注意，一旦一个 Fragment 被填充到一个 Activity 中，它包含的视图就成为了 Activity 的视图层次的一部分。因此，使用前面介绍的 findViewById 方法，可以从父 Activity 中找到 Fragment 的任何子视图。

4.3 布局简介

布局管理器(更常用的叫法是布局)是对 ViewGroup 类的扩展，它是用来控制子控件在 UI 中的位置的。布局是可以嵌套的，因此，可以使用多个布局的组合来创建任意复杂的界面。

Android SDK 包含了许多布局类。在为视图、Fragment 和 Activity 创建 UI 时，可以使用和修改这些类，还可以创建自己的布局类。可以自己决定选择哪些合适的布局组合来让界面更加美观、易用和高效。

下面的列表包含了 Android SDK 中的一些最常用的布局类：

- **FrameLayout**　最简单的布局管理器。FrameLayout 只是简单地把每一个子视图放置在边框内。默认的位置是左上角，不过可以使用 gravity 属性来改变其位置。在添加多个子视图时，它会把每一个新的子视图堆积在前一个子视图的上面，而且每一个新的子视图可能会遮挡住上一个。
- **LinearLayout**　LinearLayout 按照垂直方向或者按照水平方向来对齐每一个子视图。一个垂直方向的布局具有一个视图列，而一个水平方向的布局则有一个视图行。线性布局管理器允许为每一个子视图指定一个 weight 属性，以控制每一个子视图在可用空间内的相对大小。
- **RelativeLayout**　使用 RelativeLayout，可以定义每一个子视图与其他子视图之间以及与屏幕边界之间的相对位置。
- **GridLayout**　GridLayout 在 Android 4.0(API level 14)中引入，它使用一个由极细的线构成的矩形网格，在一系列行和列中布局视图。GridLayout 极其灵活，可以显著简化布局，而且可以减轻或者消除在使用前述布局构建 UI 时经常需要的复杂的嵌套。使用布局编辑器构造网格布局是一种很好的做法，不要自己手动调整 XML。

这些布局都被设计为可以扩展，以适应各种设备的屏幕尺寸，所以它们不使用绝对位置或预先确定的像素值。在设计可以很好地运行在多种 Android 硬件上的应用程序时，这一点使得它们特别有用。

Android 文档中详细地描述了每一个布局类的功能和属性，所以这里不再进行重复。可以直接到 http://developer.android.com/guide/topics/ui/layout-objects.html 上查阅。

本章将通过示例介绍这些布局的用法，帮助你理解如何使用它们。在本章后面的部分中，你还将学到如何通过使用和/或扩展这些布局类来创建复合控件。

4.3.1　定义布局

使用 XML 外部资源是定义布局的首选方式。

每个布局 XML 必须包含单一的根元素。这个根节点可以根据要求包含足够多的嵌套布局和视图，以构建任意复杂的屏幕。

下面的代码段展示了一种简单的布局，它通过使用一个垂直 LinearLayout 把一个 TextView 放在了一个 EditText 控件上面。

```
<?xml version="1.0" encoding="utf-8"?>
<LinearLayout xmlns:android="http://schemas.android.com/apk/res/android"
  android:orientation="vertical"
  android:layout_width="match_parent"
  android:layout_height="match_parent">
  <TextView
    android:layout_width="match_parent"
    android:layout_height="wrap_content"
    android:text="Enter Text Below"
  />
  <EditText
```

```
        android:layout_width="match_parent"
        android:layout_height="wrap_content"
        android:text="Text Goes Here!"
    />
</LinearLayout>
```

对于每个布局元素,这里使用了 wrap_content 和 match_parent 常量,而不是使用精确的高度或宽度像素值。这些常量加上可以扩展的布局(例如线性布局、相对布局和网格布局)为保证布局适合整个屏幕、并且与分辨率无关提供了最简单、最强大的方法。

wrap_content 常量将把视图的大小设为包含它显示的内容所需的最小尺寸(比如显示换行文本字符串所需的高度)。match_parent 常量可以扩展视图,使其填满父视图、Fragment 或 Activity 内的可用空间。

本章稍后将会学习如何为自己的控件设置最小高度和宽度,以及实现分辨率无关性的最佳实践。

在 XML 中实现布局可以把表示层从视图、Fragment 和 Activity 代码中分离出来。它也可以创建支持特定硬件的、无须修改代码就可以动态地加载的变体。

如果更喜欢或者情况需要,当然也可以使用代码实现布局。当使用代码把视图分配给布局时,使用 setLayoutParams 方法来应用 LayoutParameters,或者把 LayoutParameters 传递给 addView 调用是很重要的:

```
LinearLayout ll = new LinearLayout(this);
ll.setOrientation(LinearLayout.VERTICAL);

TextView myTextView = new TextView(this);
EditText myEditText = new EditText(this);

myTextView.setText("Enter Text Below");
myEditText.setText("Text Goes Here!");

int lHeight = LinearLayout.LayoutParams.MATCH_PARENT;
int lWidth = LinearLayout.LayoutParams.WRAP_CONTENT;

ll.addView(myTextView, new LinearLayout.LayoutParams(lHeight, lWidth));
ll.addView(myEditText, new LinearLayout.LayoutParams(lHeight, lWidth));
setContentView(ll);
```

4.3.2 使用布局创建设备无关的 UI

布局类最关键的特征就是能够扩展并适应各种各样的屏幕尺寸、分辨率和屏幕方向。本章前面描述了在应用程序中使用它们的方法。

Android 设备的多样性是其成功的关键所在。对于开发人员,这种多样性带来了一种挑战,因为在设计 UI 时,他们要保证无论用户使用什么 Android 设备,都能够获得最佳体验。

1. 使用线性布局

线性布局是最简单的布局类之一。它允许创建简单的 UI(或 UI 元素),将一系列元素垂直或水平对齐。

线性布局的简单性使它用起来很简单,但是却限制了它的灵活性。大多数时候,你会用线性布局来构建一些 UI 元素,然后把这些 UI 元素嵌套到其他布局中,例如相对布局。

程序清单 4-1 显示了两个嵌套的线性布局：一个包含在垂直布局中的水平布局。水平布局中包含两个大小相同的按钮，垂直布局则将这两个按钮放到一个列表视图的上方。

程序清单 4-1　线性布局

```xml
<?xml version="1.0" encoding="utf-8"?>
<LinearLayout
    xmlns:android="http://schemas.android.com/apk/res/android"
    android:layout_width="match_parent"
    android:layout_height="match_parent"
    android:orientation="vertical">
  <LinearLayout
    android:layout_width="fill_parent"
    android:layout_height="wrap_content"
    android:orientation="horizontal"
    android:padding="5dp">
    <Button
      android:text="@string/cancel_button_text"
      android:layout_width="fill_parent"
      android:layout_height="wrap_content"
      android:layout_weight="1"/>
    <Button
      android:text="@string/ok_button_text"
      android:layout_width="fill_parent"
      android:layout_height="wrap_content"
      android:layout_weight="1"/>
  </LinearLayout>
  <ListView
    android:layout_width="match_parent"
    android:layout_height="match_parent"/>
</LinearLayout>
```

代码片段 PA4AD_Ch4_Layouts/res/layout/linear_layout.xml

如果发现自己使用线性布局创建了越来越复杂的嵌套布局，那么使用一个更加灵活的布局管理器很可能会收到更好的效果。

2. 使用相对布局

相对布局提供了非常灵活的布局方式，允许根据父元素或其他视图的位置定义每个元素在布局中的位置。

程序清单 4-2 修改了程序清单 4-1 的布局，将按钮移动到了列表视图的下方。

程序清单 4-2　相对布局

```xml
<?xml version="1.0" encoding="utf-8"?>
<RelativeLayout
    xmlns:android="http://schemas.android.com/apk/res/android"
    android:layout_width="match_parent"
    android:layout_height="match_parent">
```

```
      <LinearLayout
        android:id="@+id/button_bar"
        android:layout_alignParentBottom="true"
        android:layout_width="fill_parent"
        android:layout_height="wrap_content"
        android:orientation="horizontal"
        android:padding="5dp">
        <Button
          android:text="@string/cancel_button_text"
          android:layout_width="fill_parent"
          android:layout_height="wrap_content"
          android:layout_weight="1"/>
        <Button
          android:text="@string/ok_button_text"
          android:layout_width="fill_parent"
          android:layout_height="wrap_content"
          android:layout_weight="1"/>
      </LinearLayout>
      <ListView
        android:layout_above="@id/button_bar"
        android:layout_alignParentLeft="true"
        android:layout_width="match_parent"
        android:layout_height="match_parent">
      </ListView>
    </RelativeLayout>
```

代码片段 PA4AD_Ch4_Layouts/res/layout/relative_layout.xml

3. 使用网格布局

网格布局在 Android 3.0(API level 11)中引入，是所有布局管理器中最为灵活的一种。

网格布局使用一个随意选择的网格来放置视图。通过使用行和列延伸、Space View 和 Gravity 属性，可以创建出复杂的 UI，而不用像相对布局那样为构建 UI 而经常需要使用复杂的嵌套。

对于构建需要在两个方向上进行对齐的布局，网格布局特别有用，例如一个行和列必须对齐，但是同时还要包含不太适合标准网格模式的元素的窗体。

通过结合使用网格布局和线性布局，可以提供相对布局的所有功能。出于性能考虑，在创建相同的 UI 时，应该优先考虑使用网格布局，而不是嵌套布局。

程序清单 4-3 显示的布局与程序清单 4-2 相同，但是使用网格布局代替了相对布局。

程序清单 4-3　网格布局

```
    <?xml version="1.0" encoding="utf-8"?>
    <GridLayout
      xmlns:android="http://schemas.android.com/apk/res/android"
      android:layout_width="match_parent"
      android:layout_height="match_parent"
      android:orientation="vertical">
      <ListView
        android:background="#FF444444"
        android:layout_gravity="fill">
      </ListView>
      <LinearLayout
```

```xml
      android:layout_gravity="fill_horizontal"
      android:orientation="horizontal"
      android:padding="5dp">
      <Button
        android:text="Cancel"
        android:layout_width="fill_parent"
        android:layout_height="wrap_content"
        android:layout_weight="1"/>
      <Button
        android:text="OK"
        android:layout_width="fill_parent"
        android:layout_height="wrap_content"
        android:layout_weight="1"/>
  </LinearLayout>
</GridLayout>
```

代码片段 PA4AD_Ch4_Layouts/res/layout/grid_layout.xml

注意，使用网格布局时不需要设置宽度和高度属性。这是因为每个元素默认都会包围其元素，而且 layout_gravity 属性会被用来确定每个元素应该在哪个方向上延伸。

4.3.3 优化布局

填充布局是一个开销巨大的过程；每个额外的嵌套布局和它包含的 View，都直接影响应用程序的性能和响应能力。

为了使应用程序流畅地运行和快速地响应，重要的是尽可能地保持布局的简单和避免出现因为相对较小 UI 的变动而完全填充新的布局的情况。

1. 冗余的布局容器是冗余的

一个 Frame 布局内的 Linear Layout，两者都被设置为 MATCH_PARENT，这样做没什么实际的意义，只是增加了填充它们的时间。特别是在对一个已有的布局做了重大调整或者要在已有布局上添加子布局的时候，需要查找冗余布局。

布局可以被任意地嵌套，所以很容易创建复杂而深嵌套的层次结构。虽然没有严格的限制，但最好把嵌套数量限制在少于 10 层。

一个常见的不需要嵌套的例子就是：使用 Frame Layout 来创建布局所需的单一的根节点。如下代码片段所示：

```xml
<?xml version="1.0" encoding="utf-8"?>
<FrameLayout
  xmlns:android="http://schemas.android.com/apk/res/android"
  android:layout_width="match_parent"
  android:layout_height="match_parent">
  <ImageView
    android:id="@+id/myImageView"
    android:layout_width="match_parent"
    android:layout_height="match_parent"
    android:src="@drawable/myimage"
  />
  <TextView
```

```xml
    android:id="@+id/myTextView"
    android:layout_width="match_parent"
    android:layout_height="wrap_content"
    android:text="@string/hello"
    android:gravity="center_horizontal"
    android:layout_gravity="bottom"
    />
/FrameLayout>
```

在这个例子中,当 Frame Layout 被添加到一个父容器时,它就会成为冗余。更好的选择是使用 merge 标签。

```xml
<?xml version="1.0" encoding="utf-8"?>
<merge
  xmlns:android="http://schemas.android.com/apk/res/android">
  <ImageView
    android:id="@+id/myImageView"
    android:layout_width="match_parent"
    android:layout_height="match_parent"
    android:src="@drawable/myimage"
  />
  <TextView
    android:id="@+id/myTextView"
    android:layout_width="match_parent"
    android:layout_height="wrap_content"
    android:text="@string/hello"
    android:gravity="center_horizontal"
    android:layout_gravity="bottom"
  />
</merge>
```

当包含有 merge 标签的布局被添加到另一个布局时,该布局的 merge 节点会被删除,而该布局的子 View 会被直接添加到新的父布局中。

merge 标签结合 include 标签一起使用时尤其有用,include 标签是用来把一个布局的内容插入到另一个布局中。

```xml
<?xml version="1.0" encoding="utf-8"?>
<LinearLayout
  xmlns:android="http://schemas.android.com/apk/res/android"
  android:orientation="vertical"
  android:layout_width="match_parent"
  android:layout_height="match_parent">
  <include android:id="@+id/my_action_bar"
           layout="@layout/actionbar"/>
  <include android:id="@+id/my_image_text_layout"
           layout="@layout/image_text_layout"/>
</LinearLayout>
```

结合使用 merge 和 include 标签能够创建灵活的、可复用的布局定义,而不会创建深度嵌套的布局层次结构。在本章的后面,你将会了解更多关于创建和使用简单并且可复用的布局。

2. 避免使用过多的 View

填充每个额外的 View 都需要花费时间和资源。为了最大限度地提高应用程序的速度和响应能力，布局包含的 View 个数不应该超过 80。如果超过这个限制，填充布局花费的时间将成为一个显著的问题。

想要在复杂的布局内填充的 View 的数量最少，可以使用 ViewStub。

View Stub 的工作原理就像是一个延迟填充的 include 标签——一个 stub 代表了在父布局中指定的(多个)子 View——但只有显式地调用 inflate()方法或被置为可见的时候，这个 stub 才会被填充。

```
//查找 stub
View stub = findViewById(R.id. download_progress_panel_stub);
//将其设置为可见，以填充子布局
stub.setVisibility(View.VISIBLE);

//查找已填充的 stub 布局的根节点
View downloadProgressPanel = findViewById(R.id.download_progress_panel);
```

因此，包含在子布局内的 View 直到需要时才会被创建——这就减少了填充复杂 UI 的时间和资源花费。

当向布局中添加 View Stub 时，可以重写它所代表的布局的根 View 的 id 和 layout 参数。

```
<?xml version="1.0" encoding="utf-8"?>
<FrameLayout xmlns:android="http://schemas.android.com/apk/res/android"
  android:layout_width="match_parent"
  android:layout_height="match_parent">
  <ListView
    android:id="@+id/myListView"
    android:layout_width="match_parent"
    android:layout_height="match_parent"
  />
  <ViewStub
    android:id="@+id/download_progress_panel_stub"

    android:layout="@layout/progress_overlay_panel"
    android:inflatedId="@+id/download_progress_panel"

    android:layout_width="match_parent"
    android:layout_height="wrap_content"
    android:layout_gravity="bottom"
  />
</FrameLayout>
```

这段代码修改了被导入的布局的 width、height 和 gravity 来适应父布局的要求。这种灵活性，使得可以在各种各样父布局中创建和重用相同的通用的子布局。

当分别使用 id 和 inflatedId 属性填充 View 时，一个 ID 已经被分配给 StubView 和它将成为的 ViewGroup 了。

第 4 章 创建用户界面

> 当 View Stub 被填充，它就会被从视图层次中删除掉且被它导入的 View 根节点所替换。如果要修改导入 View 的可见性，必须使用它们根节点的引用（通过 inflate 调用返回）或者通过 findViewById 方法找到那个 View，该方法使用在相应的 View Stub 节点中分配给该 View 的布局 ID。

3. 使用 Lint 工具来分析布局

为了帮助优化布局层次，Android SDK 包含了 Lint——它是一个强大的工具用来检测应用程序中的问题，包括布局的性能问题。

Lint 工具可作为一个命令行工具或者作为 ADT 插件由 Eclipse 内提供的窗口来使用。如图 4-1 所示。

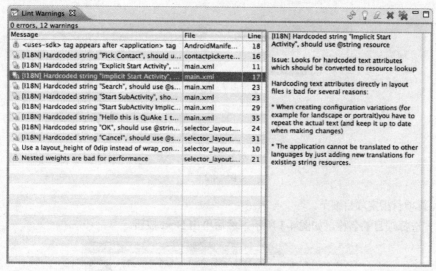

图 4-1

除了使用 Lint 检测本章前面提到的优化问题之外，还可以用 Lint 来检测缺少的翻译、未使用的资源、不一致的数组大小、可访问性和国际化问题、丢失或重复的图像资源、可用性问题和 manifest 错误。

Lint 是个不断发展的工具，定期会有新的规则加入。由 Lint 工具执行的测试的完整列表可以在 http://tools.android.com/tips/lint-checks 找到。

4.4 To-Do List 示例

在本例中，你将从头开始创建一个新的 Android 应用程序。这个简单的例子使用本地 Android 视图和布局创建了一个新的待办事项列表(to-do list)应用程序。

> 即使现在不能完整理解这个示例，也不用担心。这个应用程序中用到的一些功能(如 ArrayAdapters、ListViews 和 KeyListeners)要到后续的章节中才能详细解释。以后在学习了更多关于 Android 的知识后，还会给这个示例添加新功能。

(1) 首先创建一个新的 Android 项目。在 Eclipse 中，选择 File | New | Project 选项，然后选择 Android 节点下的 Android Project(如图 4-2 所示)， 然后单击 Next 按钮。

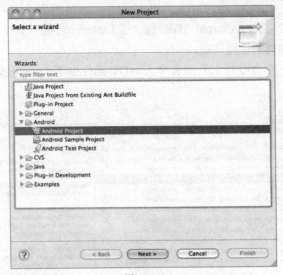

图 4-2

(2) 为新项目指定项目细节。

a. 首先选择项目的名称，如图 4-3 所示，然后单击 Next 按钮。

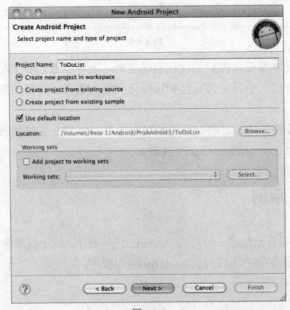

图 4-3

b. 选择构建目标。选择最新的平台版本，如图 4-4 所示，然后单击 Next 按钮。

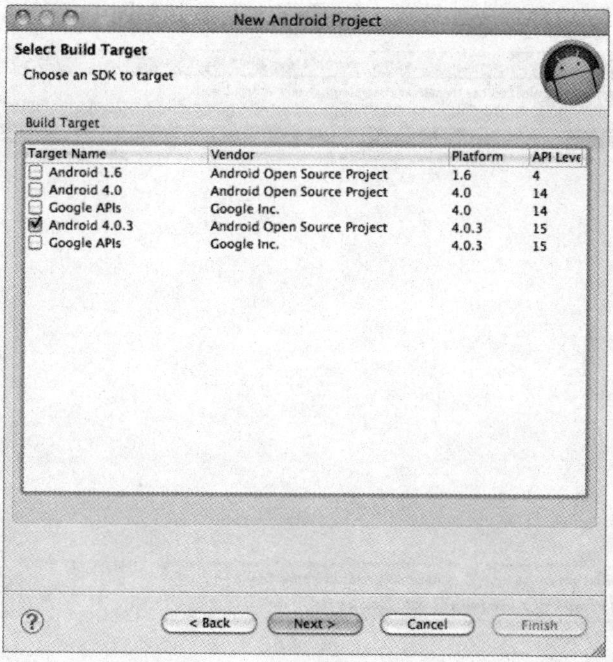

图 4-4

c. 输入新项目的详细信息，如图 4-5 所示。Application Name 是应用程序的友好名称，而 Create Activity 字段可以用来指定 Activity 的名称(ToDoListActivity)。输入完毕后，单击 Finish 按钮来创建新项目。

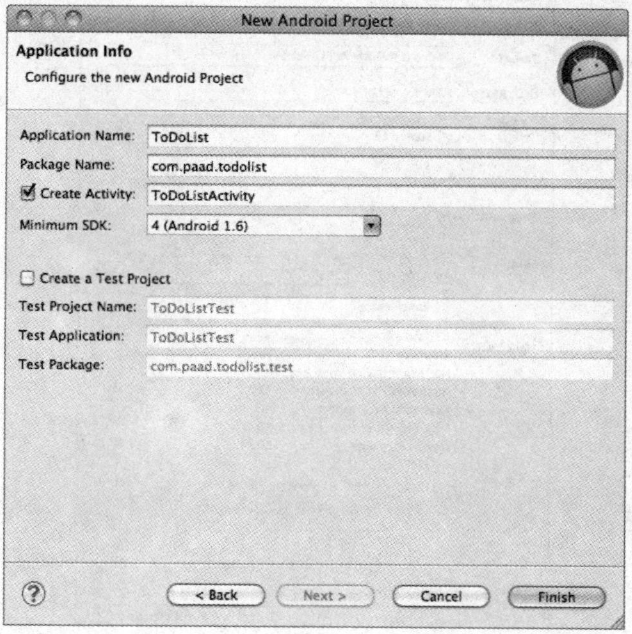

图 4-5

(3) 在创建调试和运行配置之前，首先创建一个用来测试应用程序的虚拟设备。

a. 选择 Window | AVD Manager 选项。在出现的对话框中(如图 4-6 所示)，单击 New 按钮。

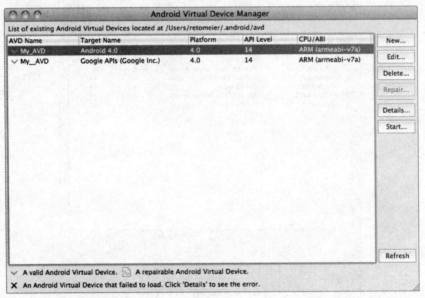

图 4-6

b. 在如图 4-7 所示的对话框中，输入设备的名称，然后选择 SDK 目标(使用在第(2)步中为项目选择的平台目标)和屏幕分辨率。将 SD 卡的大小设为 8MB 以上，启用快照，然后单击 Create AVD 按钮。

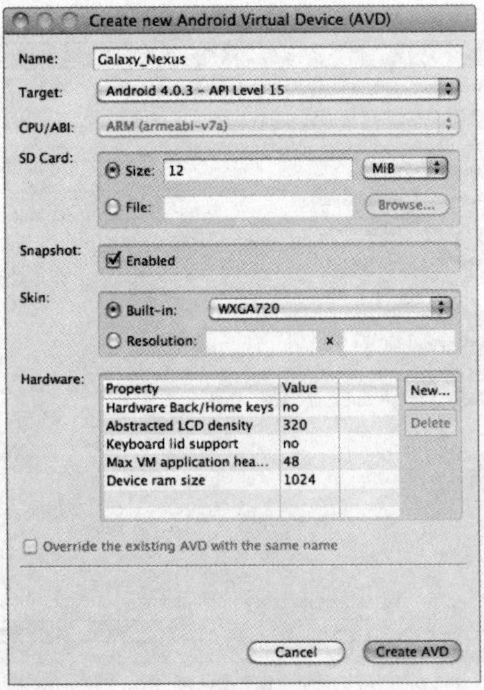

图 4-7

(4) 现在创建调试和运行配置。选择 Run | Debug Configurations 选项,然后选择 Run | Run Configurations,为调试和运行分别创建一个新配置,在配置中指定 Todo List 项目。如果想使用虚拟设备进行调试,可以在这里选择第(3)步创建的虚拟设备。如果想要在设备上进行调试,并且该设备已经连接并启用了调试,那么可以在这里选择该设备。可以把启动动作保留为 Launch Default Activity,或者显式将其设为启动新的 ToDoListActivity。

(5) 在这个例子中,我们希望呈现给用户一个待办事项列表和一个添加新的待办事项的文本框。Android 库中包含了列表和文本输入框控件。在本章中,将学习到更多在 Android 中可用的视图以及如何创建新的视图的相关内容。

布局 UI 的首选方法是创建一个布局资源。打开 res/layout 项目文件夹下的 main.xml 布局文件,并修改它,以便在一个 LinearLayout 中包含一个 ListView 和一个 EditText。赋予 EditText 和 ListView 控件 ID 是很重要的,这样就可以在代码中引用它们了。

```xml
<?xml version="1.0" encoding="utf-8"?>
<LinearLayout xmlns:android="http://schemas.android.com/apk/res/android"
  android:orientation="vertical"
  android:layout_width="match_parent"
  android:layout_height="match_parent">
  <EditText
    android:id="@+id/myEditText"
    android:layout_width="match_parent"
    android:layout_height="wrap_content"
    android:hint="@string/addItemHint"
    android:contentDescription="@string/addItemContentDescription"
  />
  <ListView
    android:id="@+id/myListView"
    android:layout_width="match_parent"
    android:layout_height="wrap_content"
  />
</LinearLayout>
```

(6) 还需要在项目的 res/values 文件夹下的 strings.xml 中添加一些字符串资源,作为第(5)步中使用的提示文本和内容描述。可以借此机会删除默认的"hello"字符串值。

```xml
<?xml version="1.0" encoding="utf-8"?>
<resources>
  <string name="app_name">ToDoList</string>
  <string name="addItemHint">New To Do Item</string>
  <string name="addItemContentDescription">New To Do Item</string>
</resources>
```

(7) 在定义了 UI 之后,打开项目的 src 文件夹中的 ToDoListActivity Activity。首先,使用 setContentView 方法来填充 UI,然后通过 findViewById 来获得对 ListView 和 EditText 的引用。

```java
public void onCreate(Bundle savedInstanceState) {
  super.onCreate(savedInstanceState);

  //填充视图
  setContentView(R.layout.main);
```

```
//获取对 UI 小组件的引用
ListView myListView = (ListView)findViewById(R.id.myListView);
final EditText myEditText = (EditText)findViewById(R.id.myEditText);
}
```

> 在将第(7)步中的代码添加到 ToDoListActivity，或者在尝试编译项目时，IDE 或编译器将会报错，指出 ListView 和 EditText 类不能被解析为一个类型。
>
> 为了解决这种问题，需要在类中添加 import 语句，以包含提供了这些视图的库(在这里是 android.widget.EditText 和 android.widget.ListView)。为了保持本书中的代码段和示例应用程序简洁易读，本书的正文没有在每段程序中包含必要的 import 语句(不过本书的可下载源代码中包含了它们)。
>
> 如果你使用了 Eclipse，那么缺少对应的 import 语句的类会用红色的下划线标出来。单击这些类时，将显示一个"快速修复"列表，它可以替你添加必要的 import 语句。
>
> Eclipse 还提供了一个方便的快捷键组合(Ctrl+Shift+o)，按下这些键时，Eclipse 会尝试自动为代码中用到的类添加所有必需的 import 语句。

(8) 还是在 onCreate 方法中，定义一个 String 类型的 ArrayList 来存储每一个待办事项。可以使用一个 ArrayAdapter 来把一个 ListView 绑定到 ArrayList 上(本章后面会详细介绍这个过程)。创建一个新的 ArrayAdapter 实例来绑定待办事项数组和 ListView。

```
public void onCreate(Bundle savedInstanceState) {
    super.onCreate(savedInstanceState);

    //填充视图
    setContentView(R.layout.main);

    //获得对 UI 小组件的引用
    ListView myListView = (ListView)findViewById(R.id.myListView);
    final EditText myEditText = (EditText)findViewById(R.id.myEditText);

    //获得对 UI 小组件的引用
    final ArrayList<String> todoItems = new ArrayList<String>();

    //创建 ArrayAdapter 以便将数组绑定到 ListView
    final ArrayAdapter<String> aa;

    aa = new ArrayAdapter<String>(this,
                                  android.R.layout.simple_list_item_1,
                                  todoItems);

    //将 ArrayAdapter 绑定到 Listview
    myListView.setAdapter(aa);
}
```

(9) 为用户提供添加新的待办事项的功能。通过向 EditText 中添加一个 onKeyListener 来监听"D-pad 中间按钮"单击，或者 Enter 键被按下的事件(本章后面将详细解释如何监听按键事件)。这两个动作都应该把 EditText 的内容添加到第(8)步创建的 to-do list 数组中,并通知 ArrayAdapter 发生了改变。然后,清空 EditText,准备输入另一条待办事项。

```
public void onCreate(Bundle savedInstanceState) {
  super.onCreate(savedInstanceState);

  // Inflate your View
  setContentView(R.layout.main);

  // Get references to UI widgets
  ListView myListView = (ListView)findViewById(R.id.myListView);
  final EditText myEditText = (EditText)findViewById(R.id.myEditText);

  // Create the Array List of to do items
  final ArrayList<String> todoItems = new ArrayList<String>();

  // Create the Array Adapter to bind the array to the List View
  final ArrayAdapter<String> aa;

  aa = new ArrayAdapter<String>(this,
                     android.R.layout.simple_list_item_1,
                     todoItems);

  // Bind the Array Adapter to the List View
  myListView.setAdapter(aa);

  myEditText.setOnKeyListener(new View.OnKeyListener() {
    public boolean onKey(View v, int keyCode, KeyEvent event) {
      if (event.getAction() == KeyEvent.ACTION_DOWN)
        if ((keyCode == KeyEvent.KEYCODE_DPAD_CENTER) ||
            (keyCode == KeyEvent.KEYCODE_ENTER)) {
          todoItems.add(0, myEditText.getText().toString());
          aa.notifyDataSetChanged();
          myEditText.setText("");
          return true;
        }
      return false;
    }
  });
}
```

(10) 运行或者调试应用程序,将看到一个文本输入框,它下面是一个列表,如图 4-8 所示。

(11) 现在你就已经完成了第一个 Android 应用程序。可以尝试在代码中添加断点来测试调试器,并试用 DDMS 视图。

图 4-8

注意:本例中的所有代码都取自第 4 章的 To-Do List Part 1 项目。从 www.wrox.com 可以下载该项目。

现在这个 To-Do List 应用程序并不是特别有用。它没有保存会话之间的待办事项,不能编辑或者删除列表中的条目,而且像到期日期和任务优先级这样的典型任务列表项也没有被记录和显示。总的来说,到目前为止,它还没达到设计优秀的移动应用程序所需的大部分标准。不过当再回到这个例子时,就能够改进它的某些不足之处。

4.5 Fragment 介绍

Fragment(碎片)允许将 Activity 拆分成多个完全独立封装的可重用的组件,每个组件有它自己的生命周期和 UI 布局。

Fragment 最大的优点就是你可以为不同屏幕大小的设备(小屏幕的智能手机到大屏幕的平板电脑)创建动态灵活的 UI。

每个 Fragment 都是独立的模块,并与它所绑定的 Activity 紧密联系在一起的。多个 Activity 可以共用同一个 Fragment,对于像平板电脑这种一个界面有很多 UI 模块的设备,Fragment 展现了极好的适应性和动态构建 UI 的能力,可以在一个正在显示的 Activity 中添加、删除、更换 Fragment。

Fragment 为大量的不同型号、尺寸、分辨率的设备提供了一种统一的 UI 优化方案。

尽管没必要将 Activity(及相关的布局)分解成多个 Fragment,但这样做将极大提高 UI 的灵活性,并更容易为一些新的设备配置带来更好的用户体验。

Fragment 是作为 Android 3.0 Honeycomb(API level 11)发布版本的一部分而引入的,不过为了能够在 1.6 及以上版本使用 Fragment,现在可以通过 Android 支持包的方式来使用。

要通过 Android 支持包来使用 Fragment,必须要保证 Activity 是继承自 FragmentActivity 类:

```
Public class MyActivity extends FragmentActivity
```

如果在 API level 11 及以上构建的项目中使用了支持 Fragment 的 Android 支持包,请确保关于 Fragment 的相关引入和类引用都是来自于 Android 支持包,虽然 Android 支持包和本地 Android 本地开发包都含有 Fragment 的相关类,但这些分布在两个包中的类是不可以互用的。

4.5.1 创建新的 Fragment

可以通过继承 Fragment 类来创建一个新的 Fragment，(可选的)重新定义该 Fragment 的 UI 或者实现 Fragment 类封装的方法。

大多数情况下，需要为 Fragment 分配一个 UI。也可以为一个 Activity 创建一个没有任何 UI 但提供后台行为的 Fragment，这会在本章后面做详细的说明。

如果 Fragment 需要 UI，可以重写 onCreateView 方法来填充并返回所需要的 View 层次，如程序清单 4-4 的 Fragment 框架代码所示：

程序清单 4-4 Fragment 框架代码

可从
wrox.com
下载源代码

```
Package com.paad.fragments

Import android.app.Fragment;
Import android.os.Bundle
Import android.view.LayoutInflater;
Import android.view.View;
Import android.view.ViewGroup;

public class MySkeletonFragment extends Fragment{
  @Override
  public View onCreateView(LayoutInflater inflater,
                           ViewGroup container,
                           Bundle savedInstanceState)
    //创建或者填充 Fragment 的 UI，并且返回它
    //如果这个 Fragment 没有 UI，返回 null
    return inflater.inflate(R.layout.my_fragment,container,false);
}
```

另外，可以在代码中通过 ViewGroup 来创建布局；为了和 Activity 保持一致，更好的方式还是采用填充 XML 文件的方式来设计 Fragment UI 布局。

和 Activity 不同，Fragment 不需要在 manifest.xml 进行注册。这是因为 Fragment 只有嵌入到一个 Activity 时，它才能够存在，它的生命周期也依赖于它所嵌入的 Activity。

4.5.2 Fragment 的生命周期

Fragment 的生命周期事件镜像它的父 Activity 的生命周期事件。但是，包含它的 Activity 进入 active-resumed 状态的时候，添加或者删除一个 Fragment 就会影响它自己的生命周期。

Fragment 包含了一系列和 Activity 类相像的事件处理程序。当 Fragment 被创建、启动、恢复、暂停、停止和销毁时，这些事件处理程序就会被触发。Fragment 还包含了一些额外的 callback，用来标识，Fragment 和它的父 Activity 之间的绑定和解绑定关系、Fragment 的 View 层次的创建(和销毁)情况，以及它的父 Activity 的创建过程的完成情况。如图 4-9 所示。

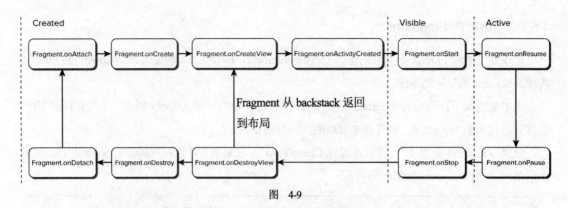

图 4-9

程序清单 4-5 的框架代码展示一个 Fragment 生命周期中可用的基本方法，在每个基本方法的注释中描述了对于每个状态变化事件，你应该考虑要做的动作。

当重写大多数事件处理程序时必须回调父类。

程序清单 4-5　Fragment 生命周期事件处理程序

```java
package com.paad.fragments;

import android.app.Activity;
import android.app.Fragment;
import android.os.Bundle;
import android.view.LayoutInflater;
import android.view.View;
import android.view.ViewGroup;

public class MySkeletonFragment extends Fragment {

//调用该方法时 Fragment 会被连接到它的父 Activity 上
  @Override
  public void onAttach(Activity activity) {
    super.onAttach(activity);
//获取对父 Activity 的引用
  }

//调用该方法来进行 Fragment 的初始创建

  @Override
  public void onCreate(Bundle savedInstanceState) {
    super.onCreate(savedInstanceState);
//初始化 Fragment
  }

// 一旦 Fragment 已被创建，要创建它自己的用户界面时调用该方法
  @Override
  public View onCreateView(LayoutInflater inflater,
                  ViewGroup container,
                  Bundle savedInstanceState) {
```

```java
//创建、或者填充 Fragment 的 UI，并返回它
//如果这个 Fragment 没有 UI，那么返回 null
    return inflater.inflate(R.layout.my_fragment, container, false);
  }




//一旦父 Activity 和 Fragment 的 UI 已被创建，则调用该方法
  @Override
  public void onActivityCreated(Bundle savedInstanceState) {
    super.onActivityCreated(savedInstanceState);
//完成 Fragment 的初始化——尤其是那些父 Activity 被初始化完成后或者 Fragment 的 View 被完全填充后才能做的事情
  }


//在可见生命周期的开始时被调用
  @Override
  public void onStart(){
    super.onStart();
//应用所有需要的 UI 变化，现在 Fragment 是可见的
  }


//在活动生命周期的开始时被调用
  @Override
  public void onResume(){
    super.onResume();
//恢复所有暂停的 Fragment 需要的 UI 更新，线程或进程，但在非活动状态它是暂停的
  }


//在活动生命周期结束时被调用。
  @Override
  public void onPause(){
//当 Activity 不是活动的前台 Activity 时，需要暂停 UI 的更新、挂起线程或者暂停那些不需要更新的 CPU 的集中处理。由于调用这个方法后，进程可能被终止，所以要保存所有的编辑和状态改变信息
    super.onPause();
  }


//在活动生命周期结束时，调用该方法保存 UI 的状态变化
  @Override
  public void onSaveInstanceState(Bundle savedInstanceState) {
//将 UI 的状态改变信息保存到 savedInstanceState 中
//这个 bundle 会被传递到 onCreate、onCreateView 和 OnActivityCreate (如果它的父 Activity 被终止并且重新启动) 方法中
    super.onSaveInstanceState(savedInstanceState);
  }


//在可见生命周期结束时调用该方法
  @Override
  public void onStop(){
//当 Frament 不可见时，暂停其余的 UI 更新、挂起线程或者暂停不再需要的处理
    super.onStop();
  }


//当 Fragment 的 View 被分离时，调用该方法
  @Override
```

```java
  public void onDestroyView() {
//清除资源相关的View
    super.onDestroyView();
  }

//在整个生命周期结束时调用该方法
  @Override
  public void onDestroy(){
//清除所有的资源,包括结束线程和关闭数据库连接等
    super.onDestroy();
  }

//当Fragment从它的父Activity上分离时,调用该方法
  @Override
  public void onDetach() {
    super.onDetach();
  }
}
```

代码片段 PA4AD_Ch04_Fragments/src/MySkeletonFragment.java

1. Fragment 特有的生命周期事件

大多数 Fragment 生命周期事件与第3章详细介绍过的 Activity 类中的对应事件相似。其余的事件,则是特定于 Fragment 和 Fragment 添加到它的父 Activity 的方式的事件。

从父 Activity 中绑定和分离 Fragment

Fragment 完整的生命周期开始于绑定到它的父 Activity,结束于从父 Activity 上分离。通过分别调用 onAttach 和 onDetach 来表示这些事件。

在 Fragment/Activity 被暂停之后,由于任何其他处理程序都可以被调用,可能就会出现它的父 Activity 进程没有完成它的全部生命周期被终止从而导致 onDetach 不会被 调用的情况。

onAttach 事件在 Fragment 的 UI 被创建之前,以及 Fragment 自身或它的父 Activity 完成它们的初始化之前会被触发。通常情况下,onAttach 事件用来获取一个 Fragment 的父 Activity 的引用,为进一步的初始化工作做准备。

创建和销毁 Fragment

已创建 Fragment 的生命周期存在于首次对 onCreate 的调用和最终对 onDestroy 的调用的期间。因为对于 Activity 的进程来说,在没有相应的 onDestroy 方法被调用而被终止的情况很常见,所以 Fragment 不能依赖触发 onDestroy 方法来销毁它。

与 Activity 一样,应该使用 onCreate 方法来初始化 Fragment。在 Fragmentde 生命周期内创建的任何类作用域对象,最好确保它们只被创建一次。

 与 Activity 不同,Fragment 的 UI 不在 onCreat 方法中初始化。

创建和销毁用户界面

Fragment 的 UI 是在一套新的事件处理程序中初始化(和销毁): 分别是 onCreateView 和 onDestroyView。

使用 onCreateView 方法来初始化 Fragment：填充 UI、获取它所包含的 View 的引用(绑定到该 View 的数据)，然后创建所需的任何的 Service 和 Timer。

一旦已经填充好了 View 层次，该 View 应该从这个处理程序返回：

```
return inflater.inflate(R.layout.my_fragment, container, false);
```

如果 Fragment 需要和它的父 Activity 的 UI 交互，需要一直等到 onActivityCreated 事件被触发。该事件被触发意味着 Fragment 所在的 Activity 已经完成了初始化并且它的 UI 也已经完全构建好了。

2. Fragment 状态

Fragment 的命运与它所属的 Activity 息息相关。因此，Fragment 状态转换与它相应的 Activity 状态转换是密切相关的。

和 Activity 一样，当 Fragment 所属的 Activity 处在前台并拥有焦点时，这些 Fragment 也是活动的。当 Activity 被暂停或停止，它所包含的 Fragment 也会被暂停和停止，一个非活动的 Activity 包含的 Fragment 也是非活动的。当 Activity 最终被销毁时，它所包含的每一个 Fragment 同样也会被销毁。

当 Android 内存管理器通过随机关闭一些应用程序来释放资源时，那些 Activity 所包含的 Fragment 也同样会被销毁。

当 Activity 和 Fragment 紧密绑定在一起时，使用 Fragment 来构建 Activity UI 的优势之一就是可以灵活地动态从一个活动的 Activity 上添加或删除 Fragment.。因此，每个 Fragment 可以在它的父 Activity 的活动的生命周期内，多次贯穿自己完整的、可见的和活动的生命周期。

在 Fragment 的生命周期内，不管什么触发了 Fragment 的状态转换，管理其状态转换都是确保无缝的用户体验的关键。Fragment 从暂停、停止或者非活动状态回到活动状态，不应该有什么不同，所以，当 Fragment 暂停或停止时，保存所有的 UI 状态和持久化所有的数据是非常重要的。和 Activity 一样，当一个 Fragment 再次变为活动状态时，它应该恢复之前保存的状态。

4.5.3 Fragment Manager 介绍

每个 Activity 都包含一个 Fragment Manager 来管理它所包含的 Fragment。可以通过使用 getFragment-Manager 方法来访问 Fragment Manager：

```
FragmentManager fragmentManager = getFragmentManager();
```

Fragment Manager 提供了很多方法用来访问当前添加到 Activity 上的 Fragment、通过执行 Fragment Transaction 来添加、删除和替换 Fragment。

4.5.4 向 Activity 中添加 Fragment

想要把一个 Fragment 添加到一个 Activity 中，最简单的方法是在 Activity 布局中使用 fragment 标签来包含它，如程序清单 4-6 所示。

程序清单 4-6　通过 XML 布局的方式把 Fragment 添加到 Activity 中

```
<?xml version="1.0" encoding="utf-8"?>
<LinearLayout xmlns:android="http://schemas.android.com/apk/res/android"
```

```xml
    android:orientation="horizontal"
    android:layout_width="match_parent"
    android:layout_height="match_parent">
    <fragment android:name="com.paad.weatherstation.MyListFragment"
      android:id="@+id/my_list_fragment"
      android:layout_width="match_parent"
      android:layout_height="match_parent"
      android:layout_weight="1"
    />
    <fragment android:name="com.paad.weatherstation.DetailsFragment"
      android:id="@+id/details_fragment"
      android:layout_width="match_parent"
      android:layout_height="match_parent"
      android:layout_weight="3"
    />
</LinearLayout>
```

代码片段 PA4AD_Ch04_Fragments/res/layout/fragment_layout.xml

一旦一个 Fragment 被填充后，它就成为了一个 View Group，会在 Activity 内显示和管理它所包含的 UI。

当使用 Fragment 基于不同屏幕尺寸来定义一系列静态布局时，该技术是行之有效的。如果打算在运行时通过添加、删除或者替换 Fragment 的方式来动态地修改布局，更好的方法是基于当前的应用程序状态使用容器 View 来创建布局，Fragment 可以在运行时放入到一个容器 View 内。

程序清单 4-7　使用容器 View 指定 Fragment 布局

```xml
<?xml version="1.0" encoding="utf-8"?>
<LinearLayout xmlns:android="http://schemas.android.com/apk/res/android"
    android:orientation="horizontal"
    android:layout_width="match_parent"
    android:layout_height="match_parent">
    <FrameLayout
      android:id="@+id/ui_container"
      android:layout_width="match_parent"
      android:layout_height="match_parent"
      android:layout_weight="1"
    />
    <FrameLayout
      android:id="@+id/details_container"
      android:layout_width="match_parent"
      android:layout_height="match_parent"
      android:layout_weight="3"
    />
</LinearLayout>
```

代码片段 PA4AD_Ch04_Fragments/res/layout/fragment_container_layout.xml

然后，需要在 Activity 的 onCreate 处理程序中使用 Fragment Transaction 来创建相应的 Fragment 并把它添加到对应的父容器中。关于 Fragment Transaction 会在下面的章节中讲到。

3. 使用 Fragment Transaction

在运行时，Fragment Transaction 可以用来在一个 Activity 内添加、删除和替换 Fragment。使用 Fragment Transaction，可以让布局成为动态的——也就是说，它们会根据与用户的交互和应用程序的状态进行自适应和改变。

每个 Fragment Transaction 都可以支持包括添加、删除或替换 Fragment 等操作的任意组合。它们同样也支持显示过渡动画的规范以及是否在 back 栈中包含 Transaction。

一个新的 Fragment Transaction 是通过使用 Activity 的 Fragment Manager 中的 beginTransaction 方法创建的。在设置显示动画之前，可以根据要求使用 add、remove 和 replace 方法来修改布局，并设置恰当的 back 栈行为。当准备执行改变时，调用 commit 方法将事务添加到 UI 队列。

```
FragmentTransaction fragmentTransaction = fragmentManager.beginTransaction();

//添加、删除和/或替换 Fragment
//指定动画
//如果需要的话，添加到 back 栈中

fragmentTransaction.commit();
```

每个事务类型和选项会在下面的章节中进行探讨。

4. 添加、删除和替换 Fragment

添加一个新的 UIFragment 时，需要指定要添加的 Fragment 实例和将要放置它的容器 View。另外，还可以为这个 Fragment 指定一个 tag 标识，后面通过这个标识，可以使用 findFragmentByTag 方法找到相应的 Fragment。

```
FragmentTransaction fragmentTransaction = fragmentMananger.beginTransaction();
fragmentTransaction.add(R.id.ui_container,new MyListFragment());
fragmentTransaction.commit();
```

想要删除一个 Fragment，首先需要找到对这个 Fragment 的引用，通常可以通过 Fragment Manager 的 findFragmentById 或者 findFragmentByTag 方法来实现。然后，把找到的 Fragment 实例作为参数传给 Fragment Transaction 的 remove 方法。

```
FragmentTransaction fragmentTransaction = fragmentManager.beginTransaction();
Fragment fragment = fragmentManager.findFragmentById(R.id.details_fragment);
fragmentTransaction.remove(fragment);
fragmentTransaction.commit();
```

还可以把一个 Fragment 替换为另一个。可以使用 replace 方法，指定要替换的 Fragment 的父容器的 ID、一个替换它的新 Fragment 和新 Fragment 的 tag 标识(可选的)。

```
FragmentTransaction fragmentTransaction = fragmentManager.beginTransaction();
fragmentTransaction.replace(R.id.details_fragment,
                     new DetailFragment(selected_index));

fragmentTransaction.commit();
```

5. 使用 Fragment Manager 查找 Fragment

想要在 Activity 中查找 Fragment，可以使用 Fragment Manager 的 findFragmentById 方法来实现。如果是通过 XML 布局的方式把 Fragment 加到 Activity 中的，可以使用这个 Fragment 的资源标识符。

```
myFragment = (MyFragment)fragmentManager.findFragmentById(R.id.MyFragment);
```

如果已经通过一个 Fragment Transaction 添加了一个 Fragment，应该把容器 View 的资源标识符指定给添加了的想要查找的 Fragment。另外，还可以通过使用 findFragmentByTag 来查找在 Fragment Transaction 中指定了 tag 标识的 Fragment。

```
MyFragment myFragment =
  (MyFragment)fragmentManager.findFragmentByTag(MY_FRAGMENT_TAG);
```

本章的后面会介绍没有 UI 的 Fragment。要和这样的 Fragment 进行交互，使用 findFragmentByTag 方法是非常必要的。因为这样的 Fragment 并不是 Activity View 层次的一部分，它没有一个资源标识符或者一个容器资源标识符，所以也就无法使用 findFragmentById 方法来找到它。

6. 使用 Fragment 填充动态的 Activity 布局

如果在运行时动态地改变 Fragment 的结构和布局，最好在 XML 文件的布局中只定义父容器，并在运行时使用 Fragment Transaction 来单独填充它，从而当因配置改变(如屏幕旋转)而引起的 UI 重新创建时，能够确保一致性。程序清单 4-8 展示了为在运行时使用 Fragment 填充 Activity 布局的框架代码。

程序清单 4-8　使用容器 View 填充 Fragment 布局

```
public void onCreate(Bundle savedInstanceState) {
  super.onCreate(savedInstanceState);

//填充包含 Fragment 容器的布局
  setContentView(R.layout.fragment_container_layout);

  FragmentManager fm = getFragmentManager();

// 请检查该 Fragment back 栈是否被填充，如果没有，创建并填充这个布局。
  DetailsFragment detailsFragment =
    (DetailsFragment)fm.findFragmentById(R.id.details_container);

  if (detailsFragment == null) {
    FragmentTransaction ft = fm.beginTransaction();
    ft.add(R.id.details_container, new DetailsFragment());
    ft.add(R.id.ui_container, new MyListFragment());
    ft.commit();
  }
}
```

代码片段 PA4AD_Ch04_Fragments/src/MyFragmentActivity.java

首先检查这个 UI 是否根据之前的状态已经被填充过了。为确保用户体验的一致性，当 Activity

因配置改变而重新启动时，Android 会保存 Fragment 布局和关联的 back 栈。

因为同样的原因，当因运行时配置改变而创建可替代的布局时，最好考虑在所有的布局变化中，包含所有事务所包含的所有的 View 容器。这样做的坏处是会导致 Fragment Manager 试图把 Fragment 还原到已不在新布局中的容器。

在一个给定方向的布局中删除一个 Fragment 容器，只需要简单地将布局定义中的该 Fragment 容器的 visibility 属性置为"gone"即可，如程序清单 4-9 所示。

程序清单 4-9　在可替代的布局中隐藏碎片

可从
wrox.com
下载源代码

```
<?xml version="1.0" encoding="utf-8"?>
<LinearLayout xmlns:android="http://schemas.android.com/apk/res/android"
  android:orientation="horizontal"
  android:layout_width="match_parent"
  android:layout_height="match_parent">
  <FrameLayout
    android:id="@+id/ui_container"
    android:layout_width="match_parent"
    android:layout_height="match_parent"
    android:layout_weight="1"
  />
  <FrameLayout
    android:id="@+id/details_container"
    android:layout_width="match_parent"
    android:layout_height="match_parent"
    android:layout_weight="3"
    android:visibility="gone"
  />
</LinearLayout>
```

代码片段 PA4AD_Ch04_Fragments/res/layout-port/fragment_container_layout.xml

7. Fragment 和 Back 栈

第 3 章介绍了 Activity 栈的概念——不可见 Activity 的逻辑堆栈——允许用户通过 Back 按键回到上一屏。

Fragment 能够创建动态的 Activity 布局，这些布局可以被修改来使 UI 发生重大的改变。在某些情况下，这些改变可以被视为一个新的屏幕——在这种情况下，用户可能会理所当然地期望 Back 按键会返回到前一个布局。同样包括回滚前一个已执行的 Fragment Transaction。

Android 为该功能提供了方便的技术。想要将 Fragment Transaction 添加到 back 栈中，可以在调用 commit 方法之前，在 Fragment Transaction 中调用 addToBackStack 方法。

```
FragmentTransaction fragmentTransaction = fragmentManager.beginTransaction();

fragmentTransaction.add(R.id.ui_container, new MyListFragment());

Fragment fragment = fragmentManager.findFragmentById(R.id.details_fragment);
fragmentTransaction.remove(fragment);

String tag = null;
fragmentTransaction.addToBackStack(tag);
```

```
fragmentTransaction.commit();
```

当按下 Back 按键时，之前的 Fragment Transaction 将会回滚并且 UI 将返回到之前的布局。

当上文所述的 Fragment Transaction 已被提交，Details Fragment 就会被停止并被移到 back 栈中，而不是简单地被销毁。如果 Transaction 回滚，List Fragment 被销毁，Details Fragment 就会被重新启动。

8. 使 Fragment Transaction 动起来

想要应用众多默认过渡动画中的一个，可以对任何 Fragment Transaction 使用 setTransition 方法，并传入一个 FragmentTransaction.TRANSIT_FRAGMENT_*常量：

```
transaction.setTransition(FragmentTransaction.TRANSIT_FRAGMENT_OPEN);
```

也可以通过使用 setCustomAnimations 方法对 Fragment Transaction 应用自定义动画。这个方法接受两个动画 XML 资源：一个是通过该事务添加到布局的 Fragment，而另一个是被删除的 Fragment：

```
fragmentTransaction.setCustomAnimations(R.animator.slide_in_left,
                                         R.animator.slide_out_right);
```

当在布局内替换 Fragment 时，这种方式对于添加无缝动态过渡尤其有用。

随着 Android 3.0(API level 11)中 Animator 类的引入，Android 动画库有了显著的改进。为运行在 API level 11 及以上版本的设备构建的应用程序应该使用 Animator 资源，而那些为了支持更早版本而使用支持库的应用程序，应该使用老的 View Animation 资源。

在第 11 章中，会获得关于自定义 Animator 和 Animation 资源的更多详细信息。

4.5.5　Fragment 和 Activity 之间的接口

在任何 Fragment 中使用 getActivity 方法来返回它所嵌入的 Activity 的引用。这对于查找当前上下文、使用 Fragment Manager 访问其他 Fragment 和在 Activity 的 View 层次中查找 View 尤其有用。

```
TextView textView = (TextView)getActivity().findViewById(R.id.textview);
```

尽管 Fragment 可以直接使用主 Activity 的 Fragment Manager 进行通信，但通常最好考虑使用 Activity 来做媒介。这样会让 Fragment 尽可能独立和松耦合，而 Fragment 的职责在于决定 Fragment 中的一个事件应该如何影响主 Activity 的整体 UI 性能下降。

在 Fragment 需要和它的主 Activity 共享事件的地方(如提示 UI 选中)，最好在 Fragment 中创建一个 callback 接口，而主 Activity 必须实现它。

程序清单 4-10 展示了 Fragment 类内的一段代码，该类定义了一个公共的事件监听接口。

重写了 onAttach 处理程序用来获得主 Activity 的引用，并确保主 Activity 实现了必要的接口。

第 4 章 创建用户界面

程序清单 4-10　定义了 Fragment 事件 callback 接口

可从
wrox.com
下载源代码

```
public interface OnSeasonSelectedListener {
  public void onSeasonSelected(Season season);
}

private OnSeasonSelectedListener onSeasonSelectedListener;
private Season currentSeason;

@Override
public void onAttach(Activity activity) {
  super.onAttach(activity);

  try {
    onSeasonSelectedListener = (OnSeasonSelectedListener)activity;
  } catch (ClassCastException e) {
    throw new ClassCastException(activity.toString() +
        " must implement OnSeasonSelectedListener");
  }
}

private void setSeason(Season season) {
  currentSeason = season;
  onSeasonSelectedListener.onSeasonSelected(season);
}
```

代码片段 PA4AD_Ch04_Fragments/src/SeasonFragment.java

4.5.6　没有用户界面的 Fragment

在大部分的情况下，Fragment 用来封装 UI 的模块化的组件；然而，也可以创建没有 UI 的 Fragment 来提供后台行为，该行为会一直持续到 Activity 重新启动。这特别适合于定期和 UI 交互的后台任务或者当因配置改变而导致的 Activity 重新启动时，保存状态变得特别重要的场合。

当 Fragment 的父 Activity 重新创建时，可以选择使用 Fragment 的 setRetainInstance 方法让一个活动的 Fragment 保留它的实例。在调用该方法之后，Fragment 的生命周期会改变。

当 Activity 重新启动时，同一个 Fragment 的实例会被保留下来，而不是和它的父 Activity 一起被销毁和重新创建。但 Fragment 所在的 Activity 被销毁时，将会收到 onDetach 事件，之后当新的父 Activity 实例化后，还会接收到 onAttach、onCreateView 和 onActivityCreated 事件。

虽然可以对存在 UI 的 Fragment 使用这项技术，但一般不建议这样做。更好的选择是把关联的后台任务和必要的状态移入新的没有 UI 的 Fragment 中，根据需要让两个 Fragment 进行交互。

下面的代码片段展示了没有 UI 的 Fragment 的框架代码：

```
public class NewItemFragment extends Fragment {
  @Override
  public void onAttach(Activity activity) {
    super.onAttach(activity);
```

111

```
    //获得父 Activity 的类型安全的引用
  }

  @Override
  public void onCreate(Bundle savedInstanceState) {
    super.onCreate(savedInstanceState);

    //创建后台工作线程和任务
  }

  @Override
  public void onActivityCreated(Bundle savedInstanceState) {
    super.onActivityCreated(savedInstanceState);

    //初始化工作线程和任务
  }
}
```

要把 Fragment 加入到 Activity 中，必须创建一个新的 Fragment Transaction，并指定一个 tag 来标识该 Fragment。因为该 Fragment 没有 UI，所以它不应该和一个容器 View 关联而且通常不应该被添加到 back 栈中。

```
FragmentTransaction fragmentTransaction = fragmentManager.beginTransaction();

fragmentTransaction.add(workerFragment, MY_FRAGMENT_TAG);

fragmentTransaction.commit();
```

之后，通过 Fragment Mangaer 的 findFragmentByTag 获取它的一个引用。

```
MyFragment myFragment =
  (MyFragment)fragmentManager.findFragmentByTag(MY_FRAGMENT_TAG);
```

4.5.7 Android Fragment 类

Android SDK 包含许多 Fragment 子类，这些子类封装了最常见的 Fragment 实现。其中一些比较有用的在这里列出：

- DialogFragment——一个 Fragment 可以在 Fragment 的父 Activity 上显示一个浮动的对话框。而且可以自定义对话框的 UI 和直接通过 Fragment API 控制它的可见性。在第 10 章中会包含关于 Dialog Fragment 的更详细的内容。
- ListFragment——Fragment 的封装类，可以通过绑定数据源呈现一个 ListView 作为它主要的 UI 展现方式。它提供了设置 Adapter 的方法，从而来使用和呈现列表条目选择的事件处理程序。在下一节中，List Fragment 会作为 To-Do List 例子的一部分来使用。
- WebViewFragment——一个封装类，它在 Fragment 内封装了一个 WebView。当 Fragment 被暂停和恢复时，子 WebView 同样会被暂停和恢复。

4.5.8 对 To-Do List 示例使用 Fragment

在之前的 To-Do List 示例中，在 Activity 中使用了 Linear Layout 定义它的 UI。

在这个例子中，将把 UI 分割为一系列的 Fragment 来表示其各个组件——文本输入框和 to-do 事项的列表。这样可以很容易地为不同大小的屏幕创建最佳的布局。

(1) 首先，在 res/layout 文件夹中创建一个新的布局文件 new_item_fragment.xml，该文件中包含来自于 main.xml 的 Edit Text 节点：

```xml
<?xml version="1.0" encoding="utf-8"?>
<EditText xmlns:android="http://schemas.android.com/apk/res/android"
  android:id="@+id/myEditText"
  android:layout_width="match_parent"
  android:layout_height="wrap_content"
  android:hint="@string/addItemHint"
  android:contentDescription="@string/addItemContentDescription"
/>
```

(2) 为每个 UI 组件创建一个新的 Fragment。首先创建一个继承自 Fragment 的 NewItemFragment。重写 OnCreateView 处理程序来填充第 1 步创建的布局。

```java
package com.paad.todolist;

import android.app.Activity;
import android.app.Fragment;
import android.view.KeyEvent;
import android.os.Bundle;
import android.view.LayoutInflater;
import android.view.View;
import android.view.ViewGroup;
import android.widget.EditText;

public class NewItemFragment extends Fragment {

  @Override
  public View onCreateView(LayoutInflater inflater, ViewGroup container,
    Bundle savedInstanceState) {
    return inflater.inflate(R.layout.new_item_fragment, container, false);
  }

}
```

(3) 每个 Fragment 应该封装它所提供的功能。对于 NewItemFragment 来说，就是接受新的 to-do 事项并添加到列表中。首先定义一个接口，ToDoListActivity 通过实现该接口来监听新事项的添加。

```java
public interface OnNewItemAddedListener {
  public void onNewItemAdded(String newItem);
}
```

(4) 创建一个变量来保存实现了这个接口的 ToDoListActivity 类的引用。一旦 Fragment 绑定到了它的父 Activity，就可以在 OnAttach 处理程序中获得该 Activity 的引用。

```java
private OnNewItemAddedListener onNewItemAddedListener;

@Override
public void onAttach(Activity activity) {
  super.onAttach(activity);
```

```
    try {
      onNewItemAddedListener = (OnNewItemAddedListener)activity;
    } catch (ClassCastException e) {
      throw new ClassCastException(activity.toString() +
          " must implement OnNewItemAddedListener");
    }
  }
```

(5) 将 editText.onClickListener 实现从 ToDoListActivity 移入到 Fragment 中。当用户添加一个新的项，不是直接向数组中添加文本，而是把它传递到父 Activity 的 OnNewItemAddedListener.onNewItemAdded 实现中。

```
@Override
public View onCreateView(LayoutInflater inflater, ViewGroup container,
  Bundle savedInstanceState) {
  View view = inflater.inflate(R.layout.new_item_fragment, container, false);

  final EditText myEditText =
    (EditText)view.findViewById(R.id.myEditText);

  myEditText.setOnKeyListener(new View.OnKeyListener() {
    public boolean onKey(View v, int keyCode, KeyEvent event) {
      if (event.getAction() == KeyEvent.ACTION_DOWN)
        if ((keyCode == KeyEvent.KEYCODE_DPAD_CENTER) ||
            (keyCode == KeyEvent.KEYCODE_ENTER)) {
          String newItem = myEditText.getText().toString();
          onNewItemAddedListener.onNewItemAdded(newItem);
          myEditText.setText("");
          return true;
        }
      return false;
    }
  });

  return view;
}
```

(6) 接下来，创建包含 to-do 事项列表的 Fragment。Android 提供 ListFragment 类，它可以很容易地创建基于 Fragment 的简单的 ListView。创建一个新的继承自 ListFragment 的类。

```
package com.paad.todolist;

import android.app.ListFragment;

public class ToDoListFragment extends ListFragment {
}
```

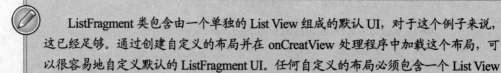

ListFragment 类包含由一个单独的 List View 组成的默认 UI，对于这个例子来说，这已经足够。通过创建自定义的布局并在 onCreatView 处理程序中加载这个布局，可以很容易地自定义默认的 ListFragment UI。任何自定义的布局必须包含一个 List View 节点，该节点的 ID 格式为@android:id/list。

(7) 完成了Fragment，该返回Activity了。首先更新main.xml布局，将List View 和 Edit Text 分别替换为 ToDoListFragment 和 NewItemFragment。

```xml
<?xml version="1.0" encoding="utf-8"?>
<LinearLayout xmlns:android="http://schemas.android.com/apk/res/android"
  android:orientation="vertical"
  android:layout_width="match_parent"
  android:layout_height="match_parent">
  <fragment android:name="com.paad.todolist.NewItemFragment"
    android:id="@+id/NewItemFragment"
    android:layout_width="match_parent"
    android:layout_height="wrap_content"
  />
  <fragment android:name="com.paad.todolist.ToDoListFragment"
    android:id="@+id/TodoListFragment"
    android:layout_width="match_parent"
    android:layout_height="wrap_content"
  />
</LinearLayout>
```

(8) 回到 ToDoListActivity。在 OnCreat 方法中，在给 ToDo List Fragment 创建和分配适配器之前，先通过 Fragment Manager 获取 ToDo List Fragment 的一个引用。因为 List View 和 Edit Text Views 此时封装在 Fragment 中，所以不需要在 Activity 中获取它们的引用。需要把 Array Adapter 和 Array List 的作用域扩展为类变量。

```java
private ArrayAdapter<String> aa;
private ArrayList<String> todoItems;

public void onCreat(Bundle savedInstanceState) {
  super.onCreate(savedInstanceState);


  //填充你的View
  setContentView(R.layout.main);

  //获取该Fragment的引用。
  FragmentManager fm = getFragmentManager();
  ToDoListFragment todoListFragment = 
    (ToDoListFragment)fm.findFragmentById(R.id.TodoListFragment);

  //创建 to do 项的ArrayList。
  todoItems = new ArrayList<String>();

//创建ArrayAdapter用来将数组绑定到listview上。
  aa = new ArrayAdapter<String>(this,
                      android.R.layout.simple_list_item_1,
                      todoItems);

  //将ArrayAdapter绑定到listview上。
  todoListFragment.setListAdapter(aa);
}
```

(9) 现在已经通过适配器将 List View 和 Array List 连接到一起，所以剩下的就是把在 NewItemFragment

115

中创建的任何一个新项添加进来。首先声明你的类将实现第 3 步中在 NewItemFragment 中定义的
OnNewItemAddedListener 接口。

```
public class ToDoList extends Activity
  implements NewItemFragment.OnNewItemAddedListener {
```

(10) 最后，通过实现 onNewItemAdded 处理程序来实现监听。在通知 Array Adapter 数据集已
改变之前，把接收到的字符串变量添加到 ArrayList 中。

```
public void onNewItemAdded(String newItem) {
  todoItems.add(newItem);
  aa.notifyDataSetChanged();
}
```

   这个例子中的全部代码取自第 4 章的 To-Do List Part 2 项目，从 www.wrox.com
上可以下载该代码。

4.6 Android widget 工具箱

Android 提供了一个标准的视图工具箱来帮助创建简单的 UI 界面。通过使用这些控件(必要的时
候需要对它们进行修改或者扩展)，可以简化开发，并提供应用程序之间的一致性。

下面重点列出了一些比较常用的工具箱控件：

- **TextView** 一个标准的只读文本标签。它支持多行显示，字符串格式化，以及自动换行。
- **EditText** 一个可编辑的文本输入框。它可接受多行输入，并自动换行。
- **Chronometer** 一个 Text View 的扩展，它实现了一个简单的计时器。
- **ListView** 一个用来创建并管理一组垂直方向上的 View 的 View Group，它可以用来显示
  一个列表的条目。标准的 ListView 显示一个对象数组的 toString 值，其中的每一个条目都使
  用一个 TextView。
- **Spinner** 一个组合控件，用来显示一个 TextView 和一个关联的 ListView，并允许从此列表
  中选择一个条目并将其显示在文本框中。它由一个显示当前选择内容的 TextView 和一个按
  钮组成，并按下这个按钮时，就会显示选择的对话框。
- **Button** 标准按钮。
- **ToggleButton** 两种状态的按钮，可以作为复选框的替代品。该按钮特别适合那种当按下这
  个按钮时就会初始化一个动作并同时改变一个状态的场合(如打开和关闭某个事物)。
- **ImageButton** 一个按钮，可以为它指定一个自定义的背景图像(Drawable)。
- **CheckBox** 两种状态的按钮，可以表示选中或未选中的状态。
- **RadioButton** 分组的两种状态按钮，呈现给用户很多二选一的选择，且每个二选一的选项
  一次只能选中其中一个。
- **ViewFlipper** 允许将一组 View 定义为一个水平行的 View Group，其中任意时刻只有一个
  View 可见，并且可见 View 之间切换会通过动画形式表现出来。

- **VideoView**　使得在 Activity 中可以更加简单地为视频播放处理所有的状态管理和显示 Surface 配置。
- **QuickContactBadge**　显示一个徽标，该徽标显示了一个图片，该图片关联了通过电话号码、姓名、电子邮件地址或 URI 所指定的联系人信息。单击图片会显示一个快速联系人栏，它提供了联系选中的联系人的多种快捷方式——包括打电话和发送短消息、电子邮件及 IM 等。
- **ViewPager**　作为 Compatibility Package 的一部分发布，View Pager 实现了一套水平可滚动的 View，这些 View 类似于 Google Play 和 Calendar 中使用的 UI。View Pager 允许用户通过点击或向左向右拖曳的方式在不同 View 之间切换。

上面所述的，仅是可用 widget 的一部分。Android 还支持很多的更高级的 View 的实现，包括时间日期选择器(date-time picker)、自动完成输入框(auto-complete input box)、地图、gallery 和页式表格(tab sheet)。想要了解更多更完整的可用的 widget 列表，请参考一下网址：http://developer.android.com/guide/tutorials/views/index.html。

4.7　创建新视图

作为一名有创新意识的开发人员，你迟早会发现有时候内置的控件无法满足你的需求。

利用扩展已存在的视图、组建复合的控件以及创建独特的新视图的能力，可以创建出最适合自己的应用程序工作流的优美的用户界面。Android 允许从已有的视图工具箱派生子类或实现自己的视图控件，从而可以使你完全自由地调整用户界面，让用户得到最优的体验。

　　　在设计一个用户界面的时候，兼顾美观和实用性是很重要的。有了创建定制控件的能力后，就会面临重新构建所有这些控件的诱惑。一定要阻止这种冲动。其他 Android 应用程序的用户熟悉标准的 Android 视图，并且这些标准视图会随新平台的发布而得到更新。在用户经常不怎么注意的小屏幕上，"熟悉"往往能够比一个较为绚丽的控件提供更好的可用性。

创建新视图的最佳方法与希望达到的目标有关：
- 如果现有控件已经可以满足希望实现的基本功能，那么就只需要对现有控件的外观和(或)行为进行修改或扩展即可。通过重写事件处理程序和(或)onDraw 方法，但是仍然回调超类的方法，可以对视图进行定制，而不必重新实现它的功能。例如，可以定制一个 TextView 来显示指定位数的小数。
- 可以通过组合多个视图来创建不可分割的、可重用的控件，从而使它可以综合使用多个相互关联的视图的功能。例如，可以通过组合一个 TextView 和一个 Button 来创建一个秒表定时器，当单击它的时候，就重置计数器。
- 当需要一个全新的界面，而通过修改或者组合现有控件不能实现这个目标的时候，就可以创建一个全新的控件。

4.7.1 修改现有的视图

Android 小组件工具箱包含的视图提供了很多创建 UI 必需的控件,但是这些控件通常都是很通用的。通过定制这些基本的视图,可以避免重新实现已有的行为,同时又能根据应用程序的需要调整用户界面和功能。

要在一个已有控件的基础上创建一个新的视图,就需要创建一个扩展了原控件的新类,如程序清单 4-11 中的派生类 TextView 所示。本例中将扩展 TextView 来定制其外观和行为。

程序清单 4-11　扩展 TextView

```java
import android.content.Context;
import android.graphics.Canvas;
import android.util.AttributeSet;
import android.view.KeyEvent;
import android.widget.TextView;

public class MyTextView extends TextView {

  public MyTextView (Context context, AttributeSet attrs, int defStyle)
  {
    super(context, attrs, defStyle);
  }

  public MyTextView (Context context) {
    super(context);
  }

  public MyTextView (Context context, AttributeSet attrs) {
    super(context, attrs);
  }
}
```

代码片段 PA4AD_Ch04_Views/src/MyTextView.java

要修改新视图的外观或者行为,只要重写和扩展与希望修改的行为相关的事件处理程序即可。

下面的代码是对程序清单 4-11 的扩展,这里重写了 onDraw 方法来修改视图的外观,重写了 onKeyDown 处理程序来允许对定制的按下按键的动作进行处理:

```java
public class MyTextView extends TextView {

  public MyTextView (Context context, AttributeSet ats, int defStyle) {
    super(context, ats, defStyle);
  }

  public MyTextView (Context context) {
    super(context);
  }

  public MyTextView (Context context, AttributeSet attrs) {
    super(context, attrs);
  }
```

第 4 章 创建用户界面

```
@Override
public void onDraw(Canvas canvas) {
  [ ... Draw things on the canvas under the text ... ]

  //使用 TextView 基类渲染文本
  super.onDraw(canvas);

  [ ... Draw things on the canvas over the text ... ]
}

@Override
public boolean onKeyDown(int keyCode, KeyEvent keyEvent) {
  [ ... Perform some special processing ... ]
  [ ... based on a particular key press ... ]

  // 使用基类所实现的已有功能来响应按下按键的事件
  // the base class to respond to a key press event.
  return super.onKeyDown(keyCode, keyEvent);
}
}
```

本章后面的部分将会更加详细地讨论在视图中可用的事件处理程序。

1. 定制 To-Do List

To-Do List 示例使用了 TextView 控件来表示列表视图中的每一行。可以通过扩展 TextView 及重写 onDraw 方法来定制列表的外观。

在以下这个例子中,将创建一个新的 ToDoListItemView,它可以使每一个条目的外观成为像在记事本中的那样。当这个例子完成的时候,新定制的 To-Do List 看起来应该如图 4-10 所示。

(1) 创建一个新的扩展了 TextView 的 ToDoListItemView 类。它包含一个重写 onDraw 方法的 stub,以及调用了新的 init 方法 stub 的构造函数实现。

图 4-10

```
package com.paad.todolist;

import android.content.Context;
import android.content.res.Resources;
import android.graphics.Canvas;
import android.graphics.Paint;
import android.util.AttributeSet;
import android.widget.TextView;

public class ToDoListItemView extends TextView {

  public ToDoListItemView (Context context, AttributeSet ats, int ds) {
    super(context, ats, ds);
    init();
  }

  public ToDoListItemView (Context context) {
    super(context);
```

119

```
    init();
  }

  public ToDoListItemView (Context context, AttributeSet attrs) {
    super(context, attrs);
    init();
  }

  private void init() {
  }

  @Override
  public void onDraw(Canvas canvas) {
    //使用Textview基类渲染文本
    super.onDraw(canvas);
  }
}
```

(2) 在 res/values 文件夹中创建一个新的 colors.xml 资源。并为页面、边缘、行和文本设置新的颜色值。

```
<?xml version="1.0" encoding="utf-8"?>
<resources>
  <color name="notepad_paper">#EEF8E0A0</color>
  <color name="notepad_lines">#FF0000FF</color>
  <color name="notepad_margin">#90FF0000</color>
  <color name="notepad_text">#AA0000FF</color>
</resources>
```

(3) 创建一个新的 dimens.xml 资源文件，并为页面边缘的宽度添加新值。

```
<?xml version="1.0" encoding="utf-8"?>
<resources>
  <dimen name="notepad_margin">30dp</dimen>
</resources>
```

(4) 通过使用已定义的资源，现在就可以定制 ToDoListItemView 的外观了。创建新的私有实例变量来存储用来绘制页面的背景和边缘的 Paint 对象。此外还要分别创建用来存储页面的颜色值和边缘宽度值的变量。

通过完善 init 方法来引用在前两步中创建的实例资源，并创建 Paint 对象。

```
private Paint marginPaint;
private Paint linePaint;
private int paperColor;
private float margin;

private void init() {
  //获得对资源表的引用
  Resources myResources = getResources();

  //创建将在onDraw方法中使用的画刷
  marginPaint = new Paint(Paint.ANTI_ALIAS_FLAG);
  marginPaint.setColor(myResources.getColor(R.color.notepad_margin));
```

```
linePaint = new Paint(Paint.ANTI_ALIAS_FLAG);
linePaint.setColor(myResources.getColor(R.color.notepad_lines));

//获得页面背景色和边缘宽度
paperColor = myResources.getColor(R.color.notepad_paper);
margin = myResources.getDimension(R.dimen.notepad_margin);
}
```

(5) 要开始绘制页面，就需要重写 onDraw 方法，并使用在步骤(4)中创建的 Paint 对象来绘制图像。一旦绘制了页面图像之后，就可以调用超类的 onDraw 方法，让它像往常一样绘制文本。

```
@Override
public void onDraw(Canvas canvas) {
    //绘制页面的颜色
    canvas.drawColor(paperColor);

    //绘制边缘
    canvas.drawLine(0, 0, 0, getMeasuredHeight(), linePaint);
    canvas.drawLine(0, getMeasuredHeight(),
                    getMeasuredWidth(), getMeasuredHeight(),
                    linePaint);

    // Draw margin
    canvas.drawLine(margin, 0, margin, getMeasuredHeight(), marginPaint);

    //移动文本，让它跨过边缘
    canvas.save();
    canvas.translate(margin, 0);

    //使用 TextView 渲染文本
    super.onDraw(canvas);
    canvas.restore();
}
```

(6) ToDoListItemView 的实现至此完成。要在 To-Do List Activity 中使用它，需要把它添加到一个新布局中，并将该布局传递给 Array Adapter 构造函数。首先在 res/layout 文件夹中创建一个新的 todolist_item.xml 资源来指定每一个 To-Do List 条目是如何在列表视图中显示的。对这个例子来说，布局只需要由新的 ToDoListItemView 组成即可，所以可将其设置为填充整个可用的空间。

```
<?xml version="1.0" encoding="utf-8"?>
<com.paad.todolist.ToDoListItemView
    xmlns:android="http://schemas.android.com/apk/res/android"
    android:layout_width="match_parent"
    android:layout_height="match_parent"
    android:padding="10dp"
    android:scrollbars="vertical"
    android:textColor="@color/notepad_text"
    android:fadingEdge="vertical"
/>
```

(7) 最后一步是在 ToDoListActivity 类的 OnCreate 方法中改变传入 ArrayAdapter 的参数。使用对第(6)步中创建的新的 R.layout.todolist_item 布局的引用来代替对默认 android.R.layout.simple_list_item_1 布局的引用。

```
int resID = R.layout.todolist_item;
aa = new ArrayAdapter<String>(this, resID, todoItems);
```

注意：本例中的所有代码都是第 4 章的 To-Do List Part 3 项目的一部分，可以从 www.wrox.com 上下载该项目的代码。

4.7.2 创建复合控件

复合控件即是指不可分割的、自包含的视图组，其中包含了多个排列和连接在一起的子视图。

当创建复合控件时，必须对它包含的视图的布局、外观和交互进行定义。复合控件是通过扩展一个 ViewGroup(通常是一个布局)来创建的。因此，要创建一个新的复合控件，首先需要选择一个最适合放置子控件的布局类，然后扩展该类。

```
public class MyCompoundView extends LinearLayout {
  public MyCompoundView(Context context) {
    super(context);
  }

  public MyCompoundView(Context context, AttributeSet attrs) {
    super(context, attrs);
  }
}
```

与 Activity 一样，设计复合视图的 UI 布局的首选方法是使用外部资源。

程序清单 4-12 展示了一个简单复合控件的 XML 布局定义，该复合控件包含一个用于文本输入的 EditText 视图，EditText 的下方是一个 ClearText 按钮。

程序清单 4-12　复合视图布局资源

```xml
<?xml version="1.0" encoding="utf-8"?>
<LinearLayout xmlns:android="http://schemas.android.com/apk/res/android"
    android:orientation="vertical"
    android:layout_width="match_parent"
    android:layout_height="wrap_content">
  <EditText
    android:id="@+id/editText"
    android:layout_width="match_parent"
    android:layout_height="wrap_content"
  />
  <Button
    android:id="@+id/clearButton"
    android:layout_width="match_parent"
    android:layout_height="wrap_content"
    android:text="Clear"
  />
</LinearLayout>
```

代码片段 PA4AD_Ch04_Views/res/layout/clearable_edit_text.xml

要想在新的复合视图中使用此布局，需要对它的构造函数进行重写，并使用 LayoutInflate 系统

第 4 章 创建用户界面

服务中的 inflate 方法来填充布局资源。inflate 方法可以接受一个布局资源，然后返回一个已经被填充的视图。

对于一些特殊情况，例如，返回的视图应该是正在创建的类，可以传入一个父视图，然后自动地把结果附加给它。

程序清单 4-13 显示了 ClearableEditText 类。在构造函数中，它填充了程序清单 4-12 创建的布局资源，并得到了对它包含的 EditText 和 Button 视图的引用。它还调用了 hookupButton 方法，以后会把它挂钩到实现了清除文本功能的按钮。

程序清单 4-13　构建复合视图

```
public class ClearableEditText extends LinearLayout {
  EditText editText;
  Button clearButton;

  public ClearableEditText(Context context) {
    super(context);

    //使用布局资源填充视图
    String infService = Context.LAYOUT_INFLATER_SERVICE;
    LayoutInflater li;
    li = (LayoutInflater)getContext().getSystemService(infService);
    li.inflate(R.layout.clearable_edit_text, this, true);

    //获得对子控件的引用
    editText = (EditText)findViewById(R.id.editText);
    clearButton = (Button)findViewById(R.id.clearButton);

    //挂钩这个功能
    hookupButton();
  }
}
```

代码片段 PA4AD_Ch04_Views/res/layout/clearable_edit_text.xml

如果你更喜欢使用代码来构建自己的布局，那么可以按照与为 Activity 构建布局相同的方法来构建布局。

```
public ClearableEditText(Context context) {
  super(context);

  //将布局方向设置为纵向
  setOrientation(LinearLayout.VERTICAL);

  //创建子控件.
  editText = new EditText(getContext());
  clearButton = new Button(getContext());
  clearButton.setText("Clear");

  //在复合控件中布局它们
  int lHeight = LinearLayout.LayoutParams.WRAP_CONTENT;
```

```
        int lWidth = LinearLayout.LayoutParams.MATCH_PARENT;

        addView(editText, new LinearLayout.LayoutParams(lWidth, lHeight));
        addView(clearButton, new LinearLayout.LayoutParams(lWidth, lHeight));

        //挂钩这个功能
        hookupButton();
    }
```

一旦构建好了视图布局,就可以通过挂钩每一个子控件的事件处理程序来提供你所需要的功能。在程序清单 4-14 中,当按钮被单击时,就会填充 hookupButton 方法从而清空 EditText 视图。

程序清单 4-14　实现 Clear Text 按钮

```
private void hookupButton() {
    clearButton.setOnClickListener(new Button.OnClickListener() {
        public void onClick(View v) {
            editText.setText("");
        }
    });
}
```

代码片段 PA4AD_Ch04_Views/src/ClearableEditText.java

4.7.3　使用布局创建简单的复合控件

通常,将一组视图的布局和外观的定义与视图本身分离就能够满足需求,而且这种方法一般更为灵活。

通过创建一个 XML 资源来封装想要重用的 UI 模式,可以创建一个可重用的布局。以后在创建 Activity 或 Fragment 的 UI 时,可以在它们的布局资源定义中使用 include 标签来导入这些布局模式。

```
<include layout="@layout/clearable_edit_text"/>
```

使用 include 标签还能够重写所包含布局的根节点的 id 和 layout 参数:

```
<include layout="@layout/clearable_edit_text"
         android:id="@+id/add_new_entry_input"
         android:layout_width="match_parent"
         android:layout_height="wrap_content"
         android:layout_gravity="top"/>
```

4.7.4　创建定制的视图

创建全新的视图将赋予你从根本上决定应用程序的样式以及观感的能力。通过创建自己的控件,可以创建出满足你的需求的独特的 UI。

要在一个空画布上创建新的控件,就需要对 View 类或者 SurfaceView 类进行扩展。View 类提供了一个 Canvas 对象和一系列绘制方法以及 Paint 类,因此,使用它可以运用位图和光栅图像创建一个可视化的界面。之后,可以重写像屏幕触摸或者按键按下这样的用户事件以提供交互。

在那些不要求 3D 图像和极快地重新绘制界面的情况下,View 基类提供了一个强大的轻量级解决方案。

第 4 章 创建用户界面

SurfaceView 提供了一个支持从后台线程绘制并且可以使用 OpenGL 来绘制图形的 Surface 对象。对于那些对图形要求很高的控件，特别是游戏和 3D 可视化来说，这是一个非常好的选择，因为这些控件可以频繁地更新(例如实时视频)或者显示那些复杂的图像信息。

本节重点介绍基于 View 类构建控件。要学习更多关于 SurfaceView 类以及 Android 中可用的一些更高级的画布绘制功能，请参考第 10 章。

1. 创建新的可视界面

View 基类呈现出一个清晰的 100×100 像素的空白正方形。要改变控件的大小并呈现出一个更吸引人的可视界面，就需要分别对 onMeasure 和 onDraw 方法进行重写。

在 onMeasure 方法中，新的视图将会计算出它在一系列给定的边界条件下占据的高度和宽度。onDraw 方法用于在画布上进行绘图。

程序清单 4-15 展示了一个新的 View 类的框架代码，后面的部分将更详细地解释这些代码。

程序清单 4-15　创建新的 View 类

```java
public class MyView extends View {

    //使用代码进行创建时必需的构造函数
    public MyView(Context context) {
        super(context);
    }

    //使用资源文件进行填充时必需的构造函数
    public MyView (Context context, AttributeSet ats, int defaultStyle) {
        super(context, ats, defaultStyle );
    }

    //使用资源文件进行填充时必需的构造函数
    public MyView (Context context, AttributeSet attrs) {
        super(context, attrs);
    }

    @Override
    protected void onMeasure(int wMeasureSpec, int hMeasureSpec) {
        int measuredHeight = measureHeight(hMeasureSpec);
        int measuredWidth = measureWidth(wMeasureSpec);

        //必须调用 setMeasuredDimension,
        //否则在布局控件的时候
        //会造成运行时异常
        setMeasuredDimension(measuredHeight, measuredWidth);
    }

    private int measureHeight(int measureSpec) {
        int specMode = MeasureSpec.getMode(measureSpec);
        int specSize = MeasureSpec.getSize(measureSpec);

        [ ... Calculate the view height ... ]

        return specSize;
```

```
          }

          private int measureWidth(int measureSpec) {
            int specMode = MeasureSpec.getMode(measureSpec);
            int specSize = MeasureSpec.getSize(measureSpec);

            [ ... Calculate the view width ... ]

            return specSize;
          }

          @Override
          protected void onDraw(Canvas canvas) {
            [ ... Draw your visual interface ... ]
          }
        }
```

代码片段 PA4AD_Ch04_Views/src/MyView.java

> **注意**：在 onMeasure 方法中调用 setMeasuredDimension 方法时，必须是在你自己已重写的 onMeasure 方法中调用这个方法，否则控件在其父容器尝试把它布局出来的时候就会抛出一个异常。

绘制控件

onDraw 方法是进行绘制的地方。如果你想要创建一个全新的可视界面，那么可以尝试从头创建一个新的小组件。onDraw 方法中的 Canvas 参数就是用来进行绘制的表面。

Android 的 Canvas 类使用了"画家算法"(painter's algorithm)，这意味着每次在画布上绘制时，新绘制的东西会覆盖原来在相同区域中绘制的东西。

绘制 API 提供了各种各样的工具来帮助你使用各种 Paint 对象在画布上绘制你的设计成果。Canvas 类包含了辅助方法，用来绘制包括圆、直线、矩形、文本和 Drawable(图像)在内的基本 2D 对象。它还支持变换功能，让你可以在画布上绘图的时候旋转、移动画布以及缩放画布的大小。

当把这些工具与 Drawables 类以及 Paint 类(提供了各种各样定制的填充工具和画笔)结合起来使用时，控件可被渲染的复杂度和细节就只会受到屏幕大小以及渲染它的处理器的能力的限制。

> **注意**：在 Android 中编写高效代码的最重要的技术之一是避免重复地创建和销毁对象。在 onDraw 方法中创建的任何对象都会在屏幕刷新的时候被创建和销毁。可以通过将尽可能多的这样的对象(特别是 Paint 和 Drawable 的实例)的作用域限定为类作用域，并将它们的创建过程交给构造函数来完成，以此来提高效率。

程序清单 4-16 展示了如何通过重写 onDraw 方法来在控件的中心位置显示一个简单的文本字符串。

第 4 章 创建用户界面

可从
wrox.com
下载源代码

程序清单 4-16 绘制定制视图

```java
@Override
protected void onDraw(Canvas canvas) {
    //在上次对 onMeasure 方法调用的基础上获得控件的大小
    int height = getMeasuredHeight();
    int width = getMeasuredWidth();

    //找出控件的中心.
    int px = width/2;
    int py = height/2;

    // 创建新的画刷
    //注意：由于效率的原因,
    //这项工作应该在视图的构造函数中完成
    Paint mTextPaint = new Paint(Paint.ANTI_ALIAS_FLAG);
    mTextPaint.setColor(Color.WHITE);

    // 定义字符串
    String displayText = "Hello World!";

    //计算文本字符串的宽度
    float textWidth = mTextPaint.measureText(displayText);

    //在控件的中心绘制文本字符串
    canvas.drawText(displayText, px-textWidth/2, py, mTextPaint);
}
```

代码片段 PA4AD_Ch04_Views/src/MyView.java

为了不偏离现在的主题，关于 Canvas 类和 Paint 类的详细介绍，以及更加复杂的可视界面的绘制方法，请参考第 10 章。

提示：Android 目前不支持矢量图形，因此画布中任何元素的改动都要求对整个画布进行重新绘制；修改画刷的颜色并不会改变视图的显示效果，除非这个视图已经失效并需要重新绘制。作为可选项，也可以使用 OpenGL 来渲染图形；与此有关的更多细节内容，请参考第 15 章中关于 SurfaceView 的讨论。

调整控件大小

除非所要求的控件总是恰好占据 100×100 像素，否则将需要重写 onMeasure。

当控件的父容器布局它的子控件的时候，就会调用 onMeasure 方法。它提出"你需要使用多大的空间？"这样的问题，同时传入两个参数：widthMeasureSpec 和 heightMeasureSpec。它们指定了控件可用的空间以及一些描述这些空间的元数据。

可以把视图的高度和宽度传递给 setMeasuredDimension 方法，而不是返回结果。

下面的代码段展示了如何重写 onMeasure 方法。注意对本地方法 stub measureHeight 和 measureWidth 的调用。它们可以用来对 widthHeightSpec 和 heightMeasureSpec 的值进行解码，并计算出适合的高度值和宽度值：

127

```
@Override
protected void onMeasure(int widthMeasureSpec, int heightMeasureSpec) {

  int measuredHeight = measureHeight(heightMeasureSpec);
  int measuredWidth = measureWidth(widthMeasureSpec);

  setMeasuredDimension(measuredHeight, measuredWidth);
}

private int measureHeight(int measureSpec) {
  //返回计算的小组件高度
}

private int measureWidth(int measureSpec) {
  //返回计算的小组件宽度
}
```

由于效率的原因，边界参数 widthMeasureSpec 和 heightMeasureSpec 是作为整数传入的。在可以使用它们之前，首先需要使用 MeasureSpec 类中的静态 getMode 和 getSize 方法解码它们，如下面的代码所示：

```
int specMode = MeasureSpec.getMode(measureSpec);
int specSize = MeasureSpec.getSize(measureSpec);
```

根据 mode 的值，size 既可以代表控件可用的最大空间(AT_MOST)，也可以代表控件占据的确切大小(EXACTLY)。将其设为 UNSPECIFIED 时，控件没有得到任何关于 size 所代表的值的引用。

通过把度量尺寸设置为 EXACT，父控件就会认为视图被放置到了指定确切大小的空间中。AT_MOST 模式说明父控件正在询问视图在给定上界的情况下希望占据的空间的大小。在很多情况下，返回的值都是相同的，或者是刚好包含要显示的 UI 所需的尺寸。

无论在哪种情况下，都应该把这些限制作为绝对的限制。在某些环境下，返回一个在这个限制之外的度量值也是可以的，这时可以让父控件去决定如何处理超出尺寸的视图，如使用像剪切或者滚动这样的技术。

程序清单 4-17 展示了处理视图度量的典型方法。

程序清单 4-17 典型的视图度量实现

```
@Override
protected void onMeasure(int widthMeasureSpec, int heightMeasureSpec) {
   int measuredHeight = measureHeight(heightMeasureSpec);
   int measuredWidth = measureWidth(widthMeasureSpec);

   setMeasuredDimension(measuredHeight, measuredWidth);
}

private int measureHeight(int measureSpec) {
   int specMode = MeasureSpec.getMode(measureSpec);
   int specSize = MeasureSpec.getSize(measureSpec);

   // 如果不指定限制，就是默认大小
   int result = 500;
```

```
    if (specMode == MeasureSpec.AT_MOST) {
      // Calculate the ideal size of your
      //计算控件在这个最大尺寸范围内的理想大小
      //如果控件填充了可用空间，
      //则返回外边界
      result = specSize;
    } else if (specMode == MeasureSpec.EXACTLY) {
      //如果控件可以放置在这个边界内，则返回该值
      result = specSize;
    }
    return result;
  }

  private int measureWidth(int measureSpec) {
    int specMode = MeasureSpec.getMode(measureSpec);
    int specSize = MeasureSpec.getSize(measureSpec);

    //  如果不指定限制，就是默认的大小
    int result = 500;

    if (specMode == MeasureSpec.AT_MOST) {
      //计算控件在这个最大的尺寸范围内的理想大小
      // within this maximum size.
      //如果控件填充了可用的空间，
      //那么返回外边界
      result = specSize;
    } else if (specMode == MeasureSpec.EXACTLY) {
      //如果控件可以放置在这个边界内，则返回该值
      result = specSize;
    }
    return result;
  }
```

代码片段 PA4AD_Ch04_Views/src/MyView.java

2. 处理用户交互事件

要使新视图是可交互的，就需要使它能够对用户事件作出反应，例如，按下按键、触摸屏幕或者单击按钮等。Android 提供了多个虚拟事件处理程序，可以对用户输入作出反应，如下所示：

- **onKeyDown** 当任何设备按键被按下时，就会调用它；包括 D-pad、键盘、挂断、通话、返回和摄像头按键。
- **onKeyUp** 当用户释放一个按键时调用。
- **onTrackballEvent** 当设备的轨迹球被移动的时候调用。
- **onTouchEvent** 当触摸屏被按下或者释放时调用，或者当检测到运动时调用。

程序清单 4-18 展示了在一个视图中重写了上面的每一个用户交互处理程序的框架类。

程序清单 4-18 视图的输入事件处理

```
@Override
public boolean onKeyDown(int keyCode, KeyEvent keyEvent) {
  //如果事件得到处理，返回 true
```

```
    return true;
  }

  @Override
  public boolean onKeyUp(int keyCode, KeyEvent keyEvent) {
    //如果事件得到处理，返回true
    return true;
  }

  @Override
  public boolean onTrackballEvent(MotionEvent event ) {
    //获得这个事件代表的动作类型
    int actionPerformed = event.getAction();
    //如果事件得到处理，返回true
    return true;
  }

  @Override
  public boolean onTouchEvent(MotionEvent event) {
    //获得这个事件代表的动作类型
    int actionPerformed = event.getAction();
    //如果事件得到处理，返回true
    return true;
  }
```

代码片段 PA4AD_Ch04_Views/src/MyView.java

有关使用每一种事件处理程序的更多内容，包括每一个方法接受的参数以及对多点触摸事件的支持的细节，请参考第 11 章。

3. 在定制视图中支持可访问性

创建了界面美观的定制视图并不意味着已经万事大吉了。创建可被特殊用户使用的易访问控件同样很重要，因为那些用户由于身体原因，不能以普通的方式与设备交互。

可访问性 API 是在 Android 1.6(API level 4)中引入的，它们为那些由于视力、肢体或年龄原因而无法充分利用触摸屏的用户提供了另外的交互方法。

首先，你应该确保定制视图能够使用跟踪球和 D-pad 事件进行访问和导航，这在前一节已经讨论过。在布局定义中使用内容描述属性来描述输入小组件也同样很重要(第 11 章将详细讨论相关内容)。

要使定制视图可被访问，必须实现 AccessibilityEventSource 接口，并使用 sendAccessibilityEvent 方法广播 AccessibilityEvents。

View 类已经实现了 Accessibility Event Source 接口，所以你只需要定制其行为，使其适合定制视图提供的功能。为此，需要向 sendAccessibilityEvent 方法传入已发生的事件类型(通常是单击、长按、选项改变、焦点改变和文本/内容改变)。对于实现了全新 UI 的定制视图，每当显示的内容改变时，通常都要进行广播，如程序清单 4-19 所示。

第 4 章 创建用户界面

程序清单 4-19 广播可访问性事件

```java
public void setSeason(Season _season) {
  season = _season;
  sendAccessibilityEvent(AccessibilityEvent.TYPE_VIEW_TEXT_CHANGED);
}
```

代码片段 PA4AD_Ch04_Views/src/MyView.java

单击、长按以及焦点和选项的变化通常由底层的视图实现广播，不过你应该仔细检查，确保广播了 View 基类没有捕获的任何额外事件。

广播的可访问性事件包括了很多属性，可访问性服务使用它们来增强用户的体验。其中的一些属性，包括视图的类名和事件的时间戳，是不需要修改的；但是通过重写 dispatchPopulateAccessibilityEvent 处理程序，可以定制一些细节，例如视图内容的文本表示，以及视图的选中状态和选择状态，如程序清单 4-20 所示。

程序清单 4-20 定制可访问性事件属性

```java
@Override
public boolean dispatchPopulateAccessibilityEvent(final
    AccessibilityEvent event) {

  super.dispatchPopulateAccessibilityEvent(event);
  if (isShown()) {
    String seasonStr = Season.valueOf(season);
    if (seasonStr.length() > AccessibilityEvent.MAX_TEXT_LENGTH)
      seasonStr = seasonStr.substring(0, AccessibilityEvent.MAX_TEXT_LENGTH-1);

    event.getText().add(seasonStr);
    return true;
  }
  else
    return false;
}
```

代码片段 PA4AD_Ch04_Views/src/MyView.java

4. 创建一个罗盘视图的例子

在下面的例子中，将会通过扩展 View 类来创建一个新的罗盘视图。它通过显示传统的罗盘来指示当前朝向的方向。当这个例子完成后，它的效果应该如图 4-11 所示。

罗盘的用户界面控件要求使用与 SDK 工具箱中可用的文本视图和按钮完全不同的可视化显示，因此它是从头开始构建用户界面的极佳选择。

图 4-11

提示: 在第11章中将会学习到一些关于画布绘制的高级技术,从而可以显著地改进它的外观。然后在第12章中,将会使用这个罗盘视图和设备内置的加速计来显示用户当前的方向。

(1) 创建一个新的 Compass 项目,它将包含新的 CompassView,然后创建一个将显示该视图的 CompassActivity。在该类中创建一个新的 CompassView 类,它扩展自 View 类。然后添加允许在代码中对视图进行实例化或者从资源布局填充它的构造函数。之后,添加一个新的 initCompassView 方法,用它来初始化控件,并在每个构造函数中调用它。

```
package com.paad.compass;

import android.content.Context;
import android.content.res.Resources;
import android.graphics.Canvas;
import android.graphics.Paint;
import android.util.AttributeSet;
import android.view.View;
import android.view.accessibility.AccessibilityEvent;

public class CompassView extends View {
  public CompassView(Context context) {
    super(context);
    initCompassView();
  }

  public CompassView(Context context, AttributeSet attrs) {
    super(context, attrs);
    initCompassView();
  }

  public CompassView(Context context,
                     AttributeSet ats,
                     int defaultStyle) {
    super(context, ats, defaultStyle);
    initCompassView();
  }

  protected void initCompassView() {
    setFocusable(true);
  }
}
```

(2) 罗盘视图应该是一个正圆,而且应该占据画布允许的尽可能大的空间。因此,可以通过重写 onMeasure 方法来计算最短边的长度,然后使用这个值并通过 setMeasuredDimension 来设置高度和宽度。

```
@Override
protected void onMeasure(int widthMeasureSpec, int heightMeasureSpec) {
  //罗盘是一个填充尽可能多的空间的圆,通过设置最短的边界、高度或者宽度来设置测量的尺寸
  // Set the measured dimensions by figuring out the shortest boundary,
```

```
    // height or width.
    int measuredWidth = measure(widthMeasureSpec);
    int measuredHeight = measure(heightMeasureSpec);

    int d = Math.min(measuredWidth, measuredHeight);

    setMeasuredDimension(d, d);
}

private int measure(int measureSpec) {
    int result = 0;

    //对测量说明进行解码
    int specMode = MeasureSpec.getMode(measureSpec);
    int specSize = MeasureSpec.getSize(measureSpec);

    if (specMode == MeasureSpec.UNSPECIFIED) {
        //如果没有指定界限,则返回默认大小 200
        result = 200;
    } else {
        //由于你希望填充可用的空间,
        //所以总是返回整个可用的边界
        result = specSize;
    }
    return result;
}
```

(3) 修改 main.xml 布局资源,用新的 CompassView 替代 TextView 引用:

```xml
<?xml version="1.0" encoding="utf-8"?>
<FrameLayout xmlns:android="http://schemas.android.com/apk/res/android"
  android:orientation="vertical"
  android:layout_width="match_parent"
  android:layout_height="match_parent">
  <com.paad.compass.CompassView
    android:id="@+id/compassView"
    android:layout_width="match_parent"
    android:layout_height="match_parent"
  />
</FrameLayout>
```

(4) 创建两个新的资源文件来存储绘制这个罗盘所需要的颜色和文本字符串。

a. 通过修改 res/values/strings.xml 文件来创建文本字符串资源。

```xml
<?xml version="1.0" encoding="utf-8"?>
<resources>
  <string name="app_name">Compass</string>
  <string name="cardinal_north">N</string>
  <string name="cardinal_east">E</string>
  <string name="cardinal_south">S</string>
  <string name="cardinal_west">W</string>
</resources>
```

b. 创建颜色资源 res/values/colors.xml。

```xml
<?xml version="1.0" encoding="utf-8"?>

<resources>
  <color name="background_color">#F555</color>
  <color name="marker_color">#AFFF</color>
  <color name="text_color">#AFFF</color>
</resources>
```

(5) 返回到 CompassView 类中，为显示的方向添加一个新的属性，并创建它的 get 和 set 方法。

```java
private float bearing;

public void setBearing(float _bearing) {
  bearing = _bearing;
}

public float getBearing() {
  return bearing;
}
```

(6) 返回到 initCompassView 方法中，引用第(4)步中创建的每一个资源。把字符串值存储为实例变量，并使用颜色值来创建新的类作用域的 Paint 对象。在下一步中将使用这些对象来绘制罗盘字盘。

```java
private Paint markerPaint;
private Paint textPaint;
private Paint circlePaint;
private String northString;
private String eastString;
private String southString;
private String westString;
private int textHeight;

protected void initCompassView() {
  setFocusable(true);

  Resources r = this.getResources();

  circlePaint = new Paint(Paint.ANTI_ALIAS_FLAG);
  circlePaint.setColor(r.getColor(R.color.background_color));
  circlePaint.setStrokeWidth(1);
  circlePaint.setStyle(Paint.Style.FILL_AND_STROKE);

  northString = r.getString(R.string.cardinal_north);
  eastString = r.getString(R.string.cardinal_east);
  southString = r.getString(R.string.cardinal_south);
  westString = r.getString(R.string.cardinal_west);

  textPaint = new Paint(Paint.ANTI_ALIAS_FLAG);
  textPaint.setColor(r.getColor(R.color.text_color));

  textHeight = (int)textPaint.measureText("yY");
```

```
markerPaint = new Paint(Paint.ANTI_ALIAS_FLAG);
markerPaint.setColor(r.getColor(R.color.marker_color));
}
```

(7) 下一步是使用在第(6)步中创建的 String 和 Paint 对象来绘制罗盘的字盘。下面的代码段只给出了有限的注释。关于如何在画布上画图以及如何使用高级的 Paint 效果，可以查阅第 11 章。

a. 首先重写 CompassView 类中的 onDraw 方法。

```
@Override
protected void onDraw(Canvas canvas) {
```

b. 找到控件中心，并将最小边的长度作为罗盘的半径存储起来。

```
 int mMeasuredWidth = getMeasuredWidth();
int mMeasuredHeight = getMeasuredHeight();

int px = mMeasuredWidth / 2;
int py = mMeasuredHeight / 2 ;

int radius = Math.min(px, py);
```

c. 使用 drawCircle 方法画出罗盘字盘的边界，并为其背景着色。使用在第(6)步中创建的 circlePaint 对象。

```
//绘置背景
canvas.drawCircle(px, py, radius, circlePaint);
```

d. 这个罗盘是通过旋转它的字盘来显示当前的方向的，所以当前的方向总是指向设备的顶部。要实现这一功能，需要把画布向与当前方向相反的方向旋转。

```
//旋转视图，这样上方就面对当前的方向
// facing the current bearing.
canvas.save();
canvas.rotate(-bearing, px, py);
```

e. 剩下所要做的就只有绘制标记了。把画布旋转一圈，并且每 15º 画一个标记，每 45º 画一个方向的缩写。

```
 int textWidth = (int)textPaint.measureText("W");
int cardinalX = px-textWidth/2;
int cardinalY = py-radius+textHeight;

//每15º 绘制一个标记，每 45º 绘制一个文本
for (int i = 0; i < 24; i++) {
  //绘制一个标记
  canvas.drawLine(px, py-radius, px, py-radius+10, markerPaint);

  canvas.save();
  canvas.translate(0, textHeight);

  //绘制基本方位
  if (i % 6 == 0) {
    String dirString = "";
    switch (i) {
```

```
            case(0)  : {
                  dirString = northString;
                  int arrowY = 2*textHeight;
                  canvas.drawLine(px, arrowY, px-5, 3*textHeight,
                            markerPaint);
                  canvas.drawLine(px, arrowY, px+5, 3*textHeight,
                            markerPaint);
                  break;
              }
       case(6)  : dirString = eastString; break;
       case(12) : dirString = southString; break;
       case(18) : dirString = westString; break;
     }
     canvas.drawText(dirString, cardinalX, cardinalY, textPaint);
   }

   else if (i % 3 == 0) {
     //每45° 绘制文本
     String angle = String.valueOf(i*15);
     float angleTextWidth = textPaint.measureText(angle);

     int angleTextX = (int)(px-angleTextWidth/2);
     int angleTextY = py-radius+textHeight;
     canvas.drawText(angle, angleTextX, angleTextY, textPaint);
   }
   canvas.restore();

   canvas.rotate(15, px, py);
 }
 canvas.restore();
}
```

(8) 下一步是添加可访问性支持。罗盘视图以可视方式显示方向，所以为了提高可访问性，当方向变化时，需要广播一个可访问性事件，说明"文本"(在本例中是内容)发生了变化。为此，需要修改 setBearing 方法。

```
public void setBearing(float _bearing) {
  bearing = _bearing;
  sendAccessibilityEvent(AccessibilityEvent.TYPE_VIEW_TEXT_CHANGED);
}
```

(9) 重写 dispatchPopulateAccessibilityEvent，将当前方向用作可访问性事件使用的内容值。

```
@Override
public boolean dispatchPopulateAccessibilityEvent(final AccessibilityEvent event) {
  super.dispatchPopulateAccessibilityEvent(event);
  if (isShown()) {
    String bearingStr = String.valueOf(bearing);
    if (bearingStr.length() > AccessibilityEvent.MAX_TEXT_LENGTH)
      bearingStr = bearingStr.substring(0, AccessibilityEvent.MAX_TEXT_LENGTH);

    event.getText().add(bearingStr);
    return true;
  }
```

```
    else
      return false;
}
```

 提示：本例中的所有代码都是第 4 章的罗盘项目的一部分。可以从 www.wrox.com 上下载该项目。

运行该 Activity，将会看到显示出来的 CompassView。第 12 章将讲述如何把 Compass View 绑定到设备的罗盘传感器。

4.7.5 使用定制的控件

在创建了自己定制的视图之后，就可以像使用其他任意视图那样在代码和布局中使用它们。注意，在布局定义中创建新节点时，必须指定完全限定的类名。

```
<com.paad.compass.CompassView
  android:id="@+id/compassView"
  android:layout_width="match_parent"
  android:layout_height="match_parent"
/>
```

可以像以前一样，使用下面的代码填充布局并获得对 CompassView 的引用：

```
@Override
public void onCreate(Bundle savedInstanceState) {
  super.onCreate(savedInstanceState);
  setContentView(R.layout.main);
  CompassView cv = (CompassView)this.findViewById(R.id.compassView);
  cv.setBearing(45);
}
```

也可以在代码中向布局添加新视图：

```
@Override
public void onCreate(Bundle savedInstanceState) {
  super.onCreate(savedInstanceState);
  CompassView cv = new CompassView(this);
  setContentView(cv);
  cv.setBearing(45);
}
```

4.8 Adapter 简介

Adapter 用来把数据绑定到扩展了 AdapterView 类的视图组(例如 List View 或 Gallery)。Adapter 负责创建代表所绑定父视图中的底层数据的子视图。

可以创建自己的 Adapter 类，构建自己的由 AdapterView 派生的控件。

4.8.1 部分原生 Adapter 简介

在很多情况下，都不需要从头创建自己的 Adapter。Android 提供了一个 Adapter 集，用于从公共数据源(包括数组和游标)来向扩展了 Adapter View 的原生控件提供数据。

因为 Adapter 既负责提供数据，又负责创建代表每一个条目的视图，所以 Adapter 可以从根本上修改它们所绑定的控件的外观和功能。

下面重点讲述了两个最有用、也是最通用的原生 Adapter：

- **ArrayAdapter**　ArrayAdapter 使用泛型来把 Adapter 视图绑定到一个指定类的对象的数组。默认情况下，ArrayAdapter 使用数组中每个对象的 toString 值来创建和填充文本视图。其他的构造函数允许你使用更复杂的布局，或者可以通过扩展该类来把数据绑定到更复杂的布局，如下一部分所述。

- **SimpleCursorAdapter**　SimpleCursorAdapter 可以把一个布局中的视图和(通常从 Content Provider 查询返回的)游标的特定列绑定到一起。可以指定一个将被填充以显示每个子视图的 XML 布局，然后把游标中的每一列和那个布局中的特定视图进行绑定。Adapter 将为每个游标项创建一个新的视图，并将布局填充到视图中，使用游标中对应列的值填充布局中的每个视图。

下面将更详细地探讨这些 Adapter 类。所列举的例子提供了把数据和列表视图绑定到一起的功能，同样的逻辑也适用于其他的 AdapterView 类，例如，Spinners 和 Galleries。

4.8.2 定制 ArrayAdapter

默认情况下，ArrayAdapter 将使用一个对象数组的每个元素的 toString 值来填充指定布局中的 TextView。

在大多数情况中，需要定制 ArrayAdapter 来填充每个视图使用的布局，以表示底层的数组数据。为此，需要使用特定类型的变体来扩展 ArrayAdapter，并重写 getView 方法来向布局视图分配对象属性，如程序清单 4-21 所示。

程序清单 4-21　定制 ArrayAdapter

```
public class MyArrayAdapter extends ArrayAdapter<MyClass> {

    int resource;

    public MyArrayAdapter(Context context,
                          int _resource,
                          List<MyClass> items) {
      super(context, _resource, items);
      resource = _resource;
    }

    @Override
    public View getView(int position, View convertView, ViewGroup parent) {
      //创建并填充要显示的视图
      LinearLayout newView;

      if (convertView == null) {
        //如果不是一次更新，则填充一个新视图
```

```
        newView = new LinearLayout(getContext());
        String inflater = Context.LAYOUT_INFLATER_SERVICE;
        LayoutInflater li;
        li = (LayoutInflater)getContext().getSystemService(inflater);
        li.inflate(resource, newView, true);
    } else {
        //否则更新现有的视图
        newView = (LinearLayout)convertView;
    }

    MyClass classInstance = getItem(position);

    // TODO: 从 classInstance 变量检索要显示的值
    // classInstance variable.

    // TODO: 获得对视图的引用来填充布局
    // TODO: 使用对象的属性值填充视图

    return newView;
    }
}
```

代码片段 PA4AD_Ch04_Adapters/src/MyArrayAdapter.java

getView 方法用于构造、填充将添加到父 AdapterView 类(如 ListView)中的视图,该父 AdapterView 类使用这个 Adapter 绑定到底层的数组。

getView 方法的参数描述了要显示的条目的位置,要更新的视图(可以为 null),以及将包含这个新视图的视图组。调用 getItem 将返回存储在底层数组的指定索引位置的值。

这个方法将返回新创建并填充的视图实例,或者更新的视图实例。

4.8.3 使用 Adapter 绑定数据到视图

要把一个 Adapter 应用到一个由 AdapterView 派生的类中,可以调用视图的 setAdapter 方法,并传递给它一个 Adapter 实例,如程序清单 4-22 所示。

程序清单 4-22 创建和应用一个 Adapter

```
ArrayList<String> myStringArray = new ArrayList<String>();

int layoutID = android.R.layout.simple_list_item_1;

ArrayAdapter<String> myAdapterInstance;
myAdapterInstance =
  new ArrayAdapter<String>(this, layoutID, myStringArray);

myListView.setAdapter(myAdapterInstance);
```

代码片段 PA4AD_Ch04_Adapters/src/MyActivity.java

上述这些代码展示了最简单的例子,其中被绑定的数组包含的是字符串,而每个 ListView 条目是使用一个单独的 TextView 控件进行显示的。

下面的例子说明了如何使用定制的布局,把一个复杂的对象数组和一个 ListView 进行绑定。

1. 定制 To-Do List ArrayAdapter

这个例子扩展了 To-Do List 项目,把每一个条目作为一个 ToDoItem 对象进行存储,该对象包含每一个条目的创建日期。

你将通过扩展 ArrayAdapter 来把一个 ToDoItem 对象的集合绑定到 ListView,并定制用来在 ListView 中显示每一个 ToDoItem 的布局。

(1) 回到 To-Do List 项目。创建一个新的 ToDoItem 类,它存储了任务及其创建日期。重写 toString 方法来返回条目数据的摘要。

```java
package com.paad.todolist;

import java.text.SimpleDateFormat;
import java.util.Date;

public class ToDoItem {

  String task;
  Date created;

  public String getTask() {
    return task;
  }

  public Date getCreated() {
    return created;
  }

  public ToDoItem(String _task) {
    this(_task, new Date(java.lang.System.currentTimeMillis()));
  }

  public ToDoItem(String _task, Date _created) {
    task = _task;
    created = _created;
  }

  @Override
  public String toString() {
    SimpleDateFormat sdf = new SimpleDateFormat("dd/MM/yy");
    String dateString = sdf.format(created);
    return "(" + dateString + ") " + task;
  }
}
```

(2) 打开 ToDoListActivity,修改 ArrayList 和 ArrayAdapter 变量类型来存储 ToDoItem 对象,而不是字符串。然后需要修改 onCreate 方法来更新相应的变量初始化(initialization)。

```java
private ArrayList<ToDoItem> todoItems;
private ArrayAdapter<ToDoItem> aa;
```

```
public void onCreate(Bundle savedInstanceState) {
  super.onCreate(savedInstanceState);

  //填充你的视图
  setContentView(R.layout.main);

  //获得对 Fragment 的引用
  FragmentManager fm = getFragmentManager();
  ToDoListFragment todoListFragment =
    (ToDoListFragment)fm.findFragmentById(R.id.TodoListFragment);

  //创建待办项目的 ArrayList
  todoItems = new ArrayList<ToDoItem>();

  //创建 ArrayAdapter 以将数组绑定到 ListView
  int resID = R.layout.todolist_item;
  aa = new ArrayAdapter<ToDoItem>(this, resID, todoItems);

  //将 ArrayAdapter 绑定到 ListView
  todoListFragment.setListAdapter(aa);
}
```

(3) 更新 onNewItemAdded 处理程序来支持 ToDoItem 对象。

```
public void onNewItemAdded(String newItem) {
  ToDoItem newTodoItem = new ToDoItem(newItem);
  todoItems.add(0, newTodoItem);
  aa.notifyDataSetChanged();
}
```

(4) 现在可以修改 todolist_item.xml 布局来显示为每个待办事项存储的额外信息。首先修改本章前面创建的定制布局来包含第二个 TextView。它将用来显示每一个待办事项的创建日期。

```
<?xml version="1.0" encoding="utf-8"?>
<RelativeLayout xmlns:android="http://schemas.android.com/apk/res/android"
  android:layout_width="match_parent"
  android:layout_height="match_parent">
  <TextView
    android:id="@+id/rowDate"
    android:background="@color/notepad_paper"
    android:layout_width="wrap_content"
    android:layout_height="match_parent"
    android:padding="10dp"
    android:scrollbars="vertical"
    android:fadingEdge="vertical"
    android:textColor="#F000"
    android:layout_alignParentRight="true"
  />
  <com.paad.todolist.ToDoListItemView
    android:id="@+id/row"
    android:layout_width="match_parent"
    android:layout_height="match_parent"
    android:padding="10dp"
    android:scrollbars="vertical"
    android:fadingEdge="vertical"
```

```xml
      android:textColor="@color/notepad_text"
      android:layout_toLeftOf="@+id/rowDate"
  />
</RelativeLayout>
```

(5) 为把 ToDoItem 的值赋给每个 ListView 项，创建一个扩展了 ArrayAdapter 的新类 (ToDoItemAdapter)，专门用于 ToDoItem。然后，通过重写 getView 向在第(4)步中创建的布局的视图分配 ToDoItem 对象的任务和日期属性。

```java
package com.paad.todolist;

import java.text.SimpleDateFormat;
import java.util.Date;
import java.util.List;
import android.content.Context;
import android.view.LayoutInflater;
import android.view.View;
import android.view.ViewGroup;
import android.widget.ArrayAdapter;
import android.widget.LinearLayout;
import android.widget.TextView;

public class ToDoItemAdapter extends ArrayAdapter<ToDoItem> {

  int resource;

  public ToDoItemAdapter(Context context,
                         int resource,
                         List<ToDoItem> items) {
    super(context, resource, items);
    this.resource = resource;
  }

  @Override
  public View getView(int position, View convertView, ViewGroup parent) {
    LinearLayout todoView;

    ToDoItem item = getItem(position);

    String taskString = item.getTask();
    Date createdDate = item.getCreated();
    SimpleDateFormat sdf = new SimpleDateFormat("dd/MM/yy");
    String dateString = sdf.format(createdDate);

    if (convertView == null) {
      todoView = new LinearLayout(getContext());
      String inflater = Context.LAYOUT_INFLATER_SERVICE;
      LayoutInflater li;
      li = (LayoutInflater)getContext().getSystemService(inflater);
      li.inflate(resource, todoView, true);
    } else {
      todoView = (LinearLayout) convertView;
    }
```

```
        TextView dateView = (TextView)todoView.findViewById(R.id.rowDate);
        TextView taskView = (TextView)todoView.findViewById(R.id.row);

        dateView.setText(dateString);
        taskView.setText(taskString);

        return todoView;
    }
}
```

(6) 回到 ToDoListActivity,使用 ToDoItemAdapter 来代替 ArrayAdapter 声明。

```
private ToDoItemAdapter aa;
```

(7) 在 onCreate 内,使用新的 ToDoItemAdapter 来代替 ArrayAdapter<ToDoItem>实例化。

```
aa = new ToDoItemAdapter(this, resID, todoItems);
```

如果运行 Activity 并添加一些待办事项,它的外观应该如图 4-12 所示。

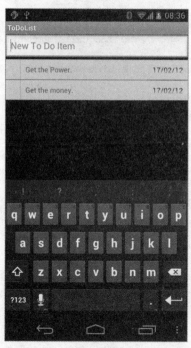

图 4-12

 提示:本例中的所有代码都取自第 4 章的 To-do List Part 4 项目。从 www.wrox.com 上可以下载该项目。

2. 使用 SimpleCursorAdapter

SimpleCursorAdapter 用于将一个 Cursor 绑定到一个 AdapterView,并使用一个布局来定义每个行/条目的 UI。每个行的视图的内容是用底层 Cursor 中对应行的列值进行填充的。

SimpleCursorAdapter 是通过传入当前的上下文、用于每个条目的一个布局资源、一个代表要显示的数据的 Cursor 和两个整数数组进行构建的,这两个数组的其中一个包含了要使用的列(包含源数据)的索引,另一个(同样大小的)数组存储资源 ID,用于指定布局内的哪些视图应该用来显示相应列的内容。

程序清单 4-22 展示了如何通过构建一个 SimpleCursorAdapter 来显示最近通话信息。

可从
wrox.com
下载源代码

程序清单 4-22　创建一个 SimpleCursorAdapter

```
LoaderManager.LoaderCallbacks<Cursor> loaded =
  new LoaderManager.LoaderCallbacks<Cursor>() {

  public Loader<Cursor> onCreateLoader(int id, Bundle args) {
    CursorLoader loader = new CursorLoader(MyActivity.this,
      CallLog.CONTENT_URI, null, null, null, null);
    return loader;
  }

  public void onLoadFinished(Loader<Cursor> loader, Cursor cursor) {

    String[] fromColumns = new String[] {CallLog.Calls.CACHED_NAME,
                                         CallLog.Calls.NUMBER};

    int[] toLayoutIDs = new int[] { R.id.nameTextView, R.id.numberTextView};

    SimpleCursorAdapter myAdapter;
    myAdapter = new SimpleCursorAdapter(MyActivity.this,
                            R.layout.mysimplecursorlayout,
                            cursor,
                            fromColumns,
                            toLayoutIDs);

    myListView.setAdapter(myAdapter);
  }

  public void onLoaderReset(Loader<Cursor> loader) {}
};

getLoaderManager().initLoader(0, null, loaded);
```

代码片段 PA4AD_Ch4_Adapters/src/MyActivity.java

在第 8 章中将会学习有关 Content Provider、游标和游标加载器的内容,还会见到更多关于 SimpleCursorAdapter 的例子。

第 5 章

Intent 和 Broadcast Receiver

本章内容

- Intent 简介
- 使用隐式和显式 Intent 启动 Activity、子 Activity 和 Service
- 使用 Linkify
- 使用 Broadcast Intent 广播事件
- 使用 Pending Intent
- Intent Filter 和 Broadcast Receiver 简介
- 使用 Intent Filter 扩展应用程序的功能
- 监听 Broadcast Intent
- 监视设备状态改变
- 在运行时管理 manifest Receiver

在本章，将会了解 Intent。Intent 可能是 Android 开发中最独特、最重要的概念。你将学习如何使用它们在应用程序内和应用程序之间广播数据，以及如何通过监听它们来检测到系统状态的变化。

你还将学习如何定义隐式和显式的 Intent，以便使用运行时迟绑定来启动 Activity 或 Service。通过使用隐式的 Intent，将学会如何请求在一条数据上执行某个动作，让 Android 决定哪个应用程序组件可以最好地服务该请求。

Broadcast Intent 用来在系统范围内公布应用程序事件。你将学到如何传递这些广播以及如何使用 Broadcast Receiver 来接收它们。

5.1 Intent 简介

Intent 是一种消息传递机制，可以在应用程序内使用，也可以在应用程序间使用。Intent 可以用于：

- 使用类名显式启动一个特定的 Service 或 Activity。

- 启动 Activity 或 Service 来执行一个动作的 Intent，通常需要使用特定的数据，或者对特定的数据执行动作。
- 广播某个事件已经发生。

Intent 支持 Android 设备上安装的任意应用程序组件之间的交互，不管它们是哪个应用程序的一部分都是如此。这就把设备从一个包含相互独立的组件集合的平台变成了一个互联的系统。

Intent 最常见的一个用法是显式地(通过指定要装载的类)或者隐式地(通过请求对一条数据执行某个动作)启动新的 Activity。在后一种情况中，动作不一定由调用应用程序中的 Activity 执行。

Intent 也可以用来在系统范围内广播消息。应用程序可以注册一个 Broadcast Receiver 来监听和响应这些广播的 Intent。这样就可以基于内部的、系统的或者第三方应用程序的事件创建事件驱动的应用程序。

Android 通过广播 Intent 来公布系统事件，比如网络连接状态或者电池电量的改变。本地 Android 应用程序(如拨号程序和 SMS 管理器)简单地注册监听特定的广播 Intent(例如"来电"或者"收到 SMS 消息")并作出相应的响应的组件。因此，可以通过注册监听相同 Intent 的 Broadcast Receiver 来替换许多本地应用程序。

使用 Intent 来传播动作(甚至在同一个应用程序内传播动作)，而不是显式地加载类，这是一条基本的 Android 设计原则。它鼓励组件之间的分离，允许无缝地替换应用程序元素。它还提供了一个简单的用于扩展应用程序功能的模型的基础。

5.1.1 使用 Intent 来启动 Activity

Intent 最常见的用途是绑定应用程序组件，并在应用程序之间进行通信。Intent 用来启动 Activity，允许创建不同屏幕的一个工作流。

提示：这一部分给出的说明是关于启动新的 Activity 的，但是这些相同的规则通常也适用于 Service。第 9 章将会讲述关于启动(和创建)Service 的详细信息。

要创建并显示一个 Activity，可以调用 startActivity，并传递给它一个 Intent，如下面的代码所示：

```
startActivity(myIntent);
```

startActivity 方法会查找并启动一个与 Intent 最匹配的 Activity。

可以构造 Intent 来显式地指定要打开的 Activity 类，或者包含一个目标 Activity 必须执行的动作。在后面一种情况中，运行时将会使用一个称为"Intent 解析(intent resolution)"的过程来动态选择 Activity。

如果使用 startActivity，则在新启动的 Activity 完成之后，应用程序不会接收到任何通知。要想跟踪来自子 Activity 的反馈，可以使用本章后面详述的 startActivityForResult 方法。

1. 显式启动新 Activity

在第 3 章中已经知道了应用程序是由多个相互关联的屏幕——Activity——组成的，它们必须包含在应用程序的 manifest 文件中。为在它们之间进行过渡，经常需要显式地指定要打开哪个 Activity。

要显式地选择要启动的 Activity 类，可以创建一个新的 Intent 来指定当前 Activity 的上下文以及要启动的 Activity 的类。然后把这个 Intent 传递给 startActivity，如程序清单 5-1 所示。

可从
wrox.com
下载源代码

程序清单 5-1　显式启动一个 Activity

```
Intent intent = new Intent(MyActivity.this, MyOtherActivity.class);
startActivity(intent);
```

代码片段 PA4AD_Ch05_Intents/src/MyActivity.java

在调用 startActivity 之后，新的 Activity(本例中是 MyOtherActivity)将会被创建、启动和恢复运行，它会移动到 Activity 栈的顶部。

调用新 Activity 的 finish 或按下设备的返回按钮将关闭该 Activity，并把它从栈中移除。或者，开发人员可以通过调用 startActivity 导航到其他 Activity。注意，每次调用 startActivity 时，会有一个新的 Activity 添加到栈中，而按下后退按钮(或调用 finish)则依次删除每个 Activity。

2. 隐式的 Intent 和运行时迟绑定

隐式的 Intent 提供了一种机制，可以让匿名的应用程序组件响应动作请求。这意味着可以要求系统启动一个可执行给定动作的 Activity，而不必知道需要启动哪个应用程序或 Activity。

例如，如果希望让用户从应用程序中打电话，那么可以实现一个新的拨号程序，也可以使用一个隐式的 Intent 来请求一个在电话号码(表示为一个 URI)上执行动作(拨号)。

```
if (somethingWeird && itDontLookGood) {
  Intent intent =
    new Intent(Intent.ACTION_DIAL, Uri.parse("tel:555-2368"));

  startActivity(intent);
}
```

Android 会解析这个 Intent，并启动一个新的 Activity，该 Activity 会提供对这个电话号码进行拨号的动作——在这种情况中，通常是 Phone Dialer。

当构建一个新的隐式的 Intent 时，需要指定一个要执行的动作，另外，也可以提供执行那个动作需要的数据的 URI。还可以通过向 Intent 添加 extra 来向目标 Activity 发送额外的数据。

Extra 是一种向 Intent 附加基本类型值的机制。可以在任何 Intent 上使用重载后的 putExtra 方法来附加一个新的名称/值对(NVP)，以后在启动的 Activity 中使用对应的 get [type] Extra 方法来检索它。

Extra 作为一个 Bundle 对象存储在 Intent 中，可以使用 getExtras 方法检索。

当使用这个 Intent 来启动一个 Activity 时，Android 将在运行时把它解析为最适合在指定的数据类型上执行所需动作的类。这就意味着可以创建使用其他应用程序功能的项目，而不必提前确切知道是哪个应用程序提供了这种功能。

如果多个 Activity 都能够执行指定的动作，则会向用户呈现各种选项。本章后面将详细介绍，Intent 解析过程是通过分析注册的 Broadcast Receiver 完成的。

许多本地应用程序都提供了能够对特定的数据执行动作的 Activity。第三方应用程序(包括你自己的应用程序)也可以通过注册来支持新的动作，或者提供本地动作的替换提供器。本章后面的部分将会介绍一些本地 Activity，以及如何注册自己的 Activity 来支持它们。

147

3. 确定 Intent 能否解析

在自己的应用程序中利用第三方应用程序的 Activity 和 Service 是十分方便的，但是，你无法保证用户设备上安装了特定的某个应用程序，或者设备上有能够处理你的请求的应用程序。

因此，在调用 startActivity 之前，确定调用是否可以解析为一个 Activity 是一种很好的做法。

通过调用 Intent 的 resolveActivity 方法，并向该方法传入包管理器，可以对包管理器进行查询，确定是否有 Activity 能够启动以响应该 Intent，如程序清单 5-2 中所示。

可从 wrox.com 下载源代码

程序清单 5-2　隐式启动一个 Activity

```java
if (somethingWeird && itDontLookGood) {
  // Create the impliciy Intent to use to start a new Activity.
  Intent intent =
    new Intent(Intent.ACTION_DIAL, Uri.parse("tel:555-2368"));

  // Check if an Activity exists to perform this action.
  PackageManager pm = getPackageManager();
  ComponentName cn = intent.resolveActivity(pm);
  if (cn == null) {
    // If there is no Activity available to perform the action
    // Check to see if the Google Play Store is available.
    Uri marketUri =
      Uri.parse("market://search?q=pname:com.myapp.packagename");
    Intent marketIntent = new
      Intent(Intent.ACTION_VIEW).setData(marketUri);

    // If the Google Play Store is available, use it to download an application
    // capable of performing the required action. Otherwise log an
    // error.
    if (marketIntent.resolveActivity(pm) != null)
      startActivity(marketIntent);
    else
      Log.d(TAG, "Market client not available.");
  }
  else
    startActivity(intent);
}
```

代码片段 PA4AD_Ch05_Intents/src/MyActivity.java

如果没有找到 Activity，可以选择禁用相关的功能(和相关的用户界面控件)，也可以引导用户找到 Google Play Store 中合适的应用程序。要注意的是，Google Play 并不是在所有的设备和模拟器上都可用的，所以最好也对此进行检查。

4. 从 Activity 返回结果

通过 startActivity 启动的 Activity 独立于其父 Activity，并且在关闭时不会提供任何反馈。

当需要反馈时，可以启动一个 Activity 作为另一个 Activity 的子 Activity，用它向父 Activity 传递结果。子 Activity 只是以一种不同的方式启动的 Activity。因此，必须在应用程序的 manifest 文件中注册它们，就像其他任何 Activity 一样。在 manifest 文件中注册的任何 Activity 都可以作为子 Activity

打开，包括系统 Activity 或第三方应用程序的 Activity。

当子 Activity 结束时，它会触发调用 Activity 内的事件处理程序 onActivityResult。对于一个 Activity 为另一个 Activity 提供数据输入(比如用户从一个列表中选择某一项)的情况，子 Activity 特别适用。

启动子 Activity

startActivityForResult 的工作方式和 startActivity 相似，但是有一个重要的区别。除了传入显式或隐式 Intent 来决定启动哪个 Activity 以外，还需要传入一个请求码。这个值将在后面用于唯一标识返回了结果的子 Activity。

程序清单 5-3 显示了用于显式启动一个子 Activity 的代码。

可从 wrox.com 下载源代码

程序清单 5-3　显式启动一个子 Activity 以返回结果

```java
private static final int SHOW_SUBACTIVITY = 1;

private void startSubActivity() {
  Intent intent = new Intent(this, MyOtherActivity.class);
  startActivityForResult(intent, SHOW_SUBACTIVITY);
}
```

代码片段 PA4AD_Ch05_Intents/src/MyActivity.java

类似于常规 Activity，可以隐式或显式地启动子 Activity。程序清单 5-4 通过使用隐式 Intent 启动一个新的子 Activity 来选取联系人。

可从 wrox.com 下载源代码

程序清单 5-4　隐式启动一个子 Activity 以返回结果

```java
private static final int PICK_CONTACT_SUBACTIVITY = 2;

private void startSubActivityImplicitly() {
  Uri uri = Uri.parse("content://contacts/people");
  Intent intent = new Intent(Intent.ACTION_PICK, uri);
  startActivityForResult(intent, PICK_CONTACT_SUBACTIVITY);
}
```

代码片段 PA4AD_Ch05_Intents/src/MyActivity.java

返回结果

当准备好返回子 Activity 时，可以在调用 finish 以前调用 setResult，以便向调用 Activity 返回一个结果。

setResult 方法有两个参数：结果码和表示为 Intent 的结果数据本身。

结果码是运行子 Activity 的结果——通常是 Activity.RESULT_OK 或者 Activity.RESULT_CANCELED。在某些环境下，当 OK 和 CANCELED 不足以精确描述可用的返回结果时，可能希望使用自己的响应码(response code)来处理应用程序特定的选择；setResult 支持任意的整数值。

作为结果返回的 Intent 通常包含某段内容(比如选择的联系人、电话号码或媒体文件)的 URI 和用于返回附加信息的一组 extra。

程序清单 5-5 来自于一个子 Activity 的 onCreate 方法，展示了一个 OK 按钮和一个 Cancel 按钮如何向调用它的 Activity 返回不同的结果。

程序清单 5-5　从子 Activity 返回结果

```java
Button okButton = (Button) findViewById(R.id.ok_button);
okButton.setOnClickListener(new View.OnClickListener() {
  public void onClick(View view) {
    long selected_horse_id = listView.getSelectedItemId();

    Uri selectedHorse = Uri.parse("content://horses/" +
                                  selected_horse_id);
    Intent result = new Intent(Intent.ACTION_PICK, selectedHorse);

    setResult(RESULT_OK, result);
    finish();
  }
});

Button cancelButton = (Button) findViewById(R.id.cancel_button);
cancelButton.setOnClickListener(new View.OnClickListener() {
  public void onClick(View view) {
    setResult(RESULT_CANCELED);
    finish();
  }
});
```

代码片段 PA4AD_Ch05_Intents/src/SelectHorseActivity.java

如果用户通过按下硬件返回键关闭 Activity，或者在调用 finish 以前没有调用 setResult，那么结果码将被设为 RESULT_CANCELED，结果 Intent 将被设为 null。

处理子 Activity 结果

当一个子 Activity 关闭的时候，它会触发其调用 Activity 的 onActivityResult 事件处理程序。可以通过重写这个方法来处理从子 Activity 返回的结果。

onActivityResult 接收多个参数：

- **请求码**　在启动正在返回的子 Activity 时使用的请求码。
- **结果码**　子 Activity 设置的结果码，用来说明其结果。它可以是任何整数值，但是一般情况下都是 Activity.RESULT_OK 或者 Activity.RESULT_CANCELED。

提示：如果子 Activity 非正常地关闭或者在关闭之前没有指定结果码，那么结果码就是 Activity.RESULT_CANCELED。

- **数据**　Intent 用来包装所有返回的数据。根据子 Activity 目标的不同，它可能会包含代表选定内容的 URI。另外，子 Activity 可以在返回的数据 Intent 内以 extra 的形式返回信息。

程序清单 5-6 实现了一个 Activity 的 onActivityResult 事件处理程序。

第 5 章 Intent 和 Broadcast Receiver

程序清单 5-6　实现一个 onActivityResult 事件处理程序

```java
private static final int SELECT_HORSE = 1;
private static final int SELECT_GUN = 2;

Uri selectedHorse = null;
Uri selectedGun = null;

@Override
public void onActivityResult(int requestCode,
                             int resultCode,
                             Intent data) {

  super.onActivityResult(requestCode, resultCode, data);

  switch(requestCode) {
    case (SELECT_HORSE):
      if (resultCode == Activity.RESULT_OK)
        selectedHorse = data.getData();
      break;

    case (SELECT_GUN):
      if (resultCode == Activity.RESULT_OK)
        selectedGun = data.getData();
      break;

    default: break;
  }
}
```

代码片段 PA4AD_Ch05_Intents/src/MyActivity.java

5. 原生 Android 动作

原生 Android 应用程序也可以使用 Intent 来启动 Activity 和子 Activity。

下面的不完整列表列出了某些原生动作，它们都是 Intent 类中的静态字符串常量。在创建隐式的 Intent 来启动应用程序内的 Activity 或者子 Activity 的时候，可以使用这些动作(称为 ActivityIntent)。

> **提示**：稍后将会介绍 Intent Filter，以及如何把自己的 Activity 注册为这些动作的处理程序。

- **ACTION_ALL_APPS**　打开一个列出所有已安装应用程序的 Activity。通常，此操作由启动器处理。
- **ACTION_ANSWER**　打开一个处理来电的 Activity，通常这个动作是由本地电话拨号程序进行处理的。
- **ACTION_BUG_REPORT**　显示一个可以报告 bug 的 Activity，通常由本地 bug 报告机制处理。

- **ACTION_CALL** 打开一个电话拨号程序，并立即使用 Intent 的数据 URI 所提供的号码拨打一个电话。此动作只应用于代替本地拨号程序的 Activity。大多数情况下，使用 ACTION_DIAL 是一种更好的方式。
- **ACTION_CALL_BUTTON** 当用户按下硬件的"拨打按钮"时触发，通常会调用拨号 Activity。
- **ACTION_DELETE** 启动一个 Activity，允许删除 Intent 的数据 URI 中指定的数据。
- **ACTION_DIAL** 打开一个拨号程序，要拨打的号码由 Intent 的数据 URI 预先提供。默认情况下，这是由本地 Android 电话拨号程序进行处理的。拨号程序可以规范化大部分号码样式，例如，tel:555-1234 和 tel：(212)555 1212 都是有效的号码。
- **ACTION_EDIT** 请求一个 Activity，要求该 Activity 可以编辑 Intent 的数据 URI 中的数据。
- **ACTION_INSERT** 打开一个能够在 Intent 的数据 URI 指定的游标处插入新项的 Activity。当作为子 Activity 调用的时候，它应该返回一个指向新插入项的 URI。
- **ACTION_PICK** 启动一个子 Activity，它可以让你从 Intent 的数据 URI 指定的 Content Provider 中选择一个项。当关闭的时候，它应该返回所选择的项的 URI。启动的 Activity 与选择的数据有关，例如，传递 content://contacts/people 将会调用本地联系人列表。
- **ACTION_SEARCH** 通常用于启动特定的搜索 Activity。如果没有在特定的 Activity 上触发它，就会提示用户从所有支持搜索的应用程序中做出选择。可以使用 SearchManager.QUERY 键把搜索词作为一个 Intent 的 extra 中的字符串来提供。
- **ACTION_SEARCH_LONG_PRESS** 允许截获对硬件搜索键的长按操作。通常由系统处理，以提供语音搜索的快捷方式。
- **ACTION_SENDTO** 启动一个 Activity 来向 Intent 的数据 URI 所指定的联系人发送一条消息。
- **ACTION_SEND** 启动一个 Activity，该 Activity 会发送 Intent 中指定的数据。接收人需要由解析的 Activity 来选择。使用 setType 可以设置要传输的数据的 MIME 类型。数据本身应该根据它的类型，使用 EXTRA_TEXT 或者 EXTRA_STREAM 存储为 extra。对于 E-mail，本地 Android 应用程序也可以使用 EXTRA_EMAIL、EXTRA_CC、EXTRA_BCC 和 EXTRA_SUBJECT 键来接收 extra。应该只使用 ACTION_SEND 动作向远程接收人(而不是设备上的另外一个应用程序)发送数据。
- **ACTION_VIEW** 这是最常见的通用动作。视图要求以最合理的方式查看 Intent 的数据 URI 中提供的数据。不同的应用程序将会根据所提供的数据的 URI 模式来处理视图请求。一般情况下，http:地址将会打开浏览器，tel:地址将会打开拨号程序以拨打该号码，geo:地址会在 Google 地图应用程序中显示出来，而联系人信息将会在联系人管理器中显示出来。
- **ACTION_WEB_SEARCH** 打开一个浏览器，根据 SearchManager.QUERY 键提供的查询执行 Web 搜索。

> 提示：除了这些 Activity 动作之外，Android 还包含了很多广播动作，它们用来创建广播 Intent 以公布系统事件。本章后面将对这些广播动作进行详细讲述。

5.1.2 Linkify 简介

Linkify 是一个辅助类，它会自动地在 TextView 类(或者 TextView 的派生类)中通过 RegEx 模式匹配来创建超链接。

那些匹配一个指定的 RegEx 模式的文本都将会被转换为一个可以单击的超链接，这些超链接可以隐式使用匹配的文本作为目标 URI 来触发 startActivity(new Intent(Intent.ACTION_VIEW, uri))。

可以指定任何字符串模式来作为可单击链接处理；为了方便使用，Linkify 类提供了常见的内容类型的预设值。

1. 原生 Linkify 链接类型

Linkify 类有一些预设值可以检测到 Web URL、电子邮件地址和电话号码，并把它们转换为链接。要应用一个预设值，需要使用静态的 Linkify.addLinks 方法，并传入要建立链接的视图，以及以下的一个或更多个自描述的 Linkify 类常量的位掩码(bitmask)：WEB_URLS、EMAIL_ADDRESSES、PHONE_NUMBERS 和 ALL。

```
TextView textView = (TextView)findViewById(R.id.myTextView);
Linkify.addLinks(textView, Linkify.WEB_URLS|Linkify.EMAIL_ADDRESSES);
```

> 提示：大多数 Android 设备有至少两个电子邮件应用程序：Gmail 和 Email。当多个 Activity 被解析为可能的动作使用者时，将会要求用户做出选择。在模拟器中，必须先配置电子邮件客户端，然后它才能够响应建立了链接的电子邮件地址。

也可以使用 android:autoLink 属性来在一个布局内部链接视图。它支持下列一个或者多个值：none、web、email、phone 或者 all。

```
<TextView
  android:layout_width="match_parent"
  android:layout_height="match_parent"
  android:text="@string/linkify_me"
  android:autoLink="phone|email"
/>
```

2. 创建定制的链接字符串

要为自己的数据建立链接，需要定义自己的 linkify 字符串，可以通过创建一个新的 RegEx 模式来匹配希望显示为超链接的文本。

和本地类型一样，可以通过调用 Linkify.addLinks 来为目标 Text View 建立链接，只不过这次传入的是 RegEx 模式，而不是预设的常量。也可以给它传递一个前缀，当单击链接时，该前缀将会被添加到目标 URI 前面。

程序清单 5-7 为一个视图建立了链接，以此来支持由一个 Android Content Provider(将会在第 8 章中创建它)所提供的地震数据。注意，指定的 RegEx 模式并不是包含整个模式，而是匹配所有以 quake 开头，后接一个数字的文本，文本中可以包含空格。之后，在触发 Intent 之前把完整的模式添加到 URI 的前面。

程序清单 5-7　使用 Linkify 创建定制链接字符串

```
// Define the base URI.
String baseUri = "content://com.paad.earthquake/earthquakes/";

// Contruct an Intent to test if there is an Activity capable of
// viewing the content you are Linkifying. Use the Package Manager
// to perform the test.
PackageManager pm = getPackageManager();
Intent testIntent = new Intent(Intent.ACTION_VIEW, Uri.parse(baseUri));
boolean activityExists = testIntent.resolveActivity(pm) != null;

// If there is an Activity capable of viewing the content
// Linkify the text.
if (activityExists) {
  int flags = Pattern.CASE_INSENSITIVE;
  Pattern p = Pattern.compile("\\bquake[\\s]?[0-9]+\\b", flags);
  Linkify.addLinks(myTextView, p, baseUri);
}
```

代码片段 PA4AD_Ch05_Linkify/src/MyActivity.java

注意，在这个示例中，在"quake"和一个数字之间包含空格可以返回匹配的结果，但是得到的 URI 不是有效的。通过实现和指定 Transform Filter 和 Match Filter 接口中的一个或两个，可以解决这个问题。这两个接口将在接下来的小节中详细介绍，它们提供了对目标 URI 的结构以及匹配字符串的定义的额外控制，具体用法如下面的框架代码所示：

```
Linkify.addLinks(myTextView, p, baseUri,
                 new MyMatchFilter(), new MyTransformFilter());
```

3. 使用 Match Filter

通过实现 Match Filter 中的 acceptMatch 方法来向 RegEx 模式匹配添加额外的条件。当发现一个可能的匹配时，acceptMatch 就会被触发，匹配的起始索引和结束索引(以及要搜索的全部文本)就会作为参数传入。

程序清单 5-8 展示了一个 Match Filter 实现，它会取消那些前面紧接着一个感叹号(！)的所有匹配。

程序清单 5-8　使用 Linkify Match Filter

```
class MyMatchFilter implements MatchFilter {
  public boolean acceptMatch(CharSequence s, int start, int end) {
    return (start == 0 || s.charAt(start-1) != '!');
  }
}
```

代码片段 PA4AD_Ch05_Linkify/src/MyActivity.java

4. 使用 Transform Filter

Transform Filter 允许修改匹配的链接文本生成的隐式 URI。把链接文本和目标 URI 分离开，你能够更自由地决定如何把数据字符串显示给用户。

要使用 Transform Filter，需要在 Transform Filter 中实现 transformUrl 方法。当 Linkify 找到一个成功的匹配之后，它会调用 transformUrl，并传入需要使用的 RegEx 模式以及匹配文本字符串(还没有添加基础 URI 前缀)。可以修改匹配的字符串，使它可以作为一个 View Intent 的数据追加到基础字符串的后面，然后返回结果。

程序清单 5-9 中的 TransformFilter 实现用来把匹配的文本转换为小写的 URI，并删除了所有的空格字符。

可从
wrox.com
下载源代码

程序清单 5-9　使用 Linkify Transform Filter

```
class MyTransformFilter implements TransformFilter {
  public String transformUrl(Matcher match, String url) {
    return url.toLowerCase().replace(" ", "");
  }
}
```

代码片段 PA4AD_Ch05_Linkify/src/MyActivity.java

5.1.3　使用 Intent 广播事件

到目前为止，已经看到了如何使用 Intent 来启动新的应用程序组件，但是实际上它们也可以使用 sendBroadcast 方法来在组件之间匿名地广播消息。

作为一个系统级的消息传递机制，Intent 可以在进程之间发送结构化的消息。因此，可以通过实现 Broadcast Receiver 来监听和响应应用程序内的这些 Broadcast Intent。

Broadcast Intent 用于向监听器通知系统的应用程序或应用程序事件，从而可以扩展应用程序间的事件驱动的编程模型。

Broadcast Intent 可以使应用程序更加开放；通过使用 Intent 来广播一个事件，可以在不用修改原始的应用程序的情况下，让你和第三方开发人员对事件作出反应。在应用程序中，可以通过监听 Broadcast Intent 来对设备状态变化和第三方应用程序事件作出反应。

Android 大量使用了 Broadcast Intent 来广播系统事件，如网络连接、扩展 dock 状态和来电的变化。

1. 使用 Intent 来广播事件

在应用程序组件中，可以构建希望广播的 Intent，然后使用 sendBroadcast 方法来发送它。

可以对 Intent 的动作、数据和分类进行设置，从而使 Broadcast Receiver 能够精确地确定它们的需求。在这种方案中，Intent 动作字符串可以用来标识要广播的事件，所以它应该是能够标识事件的唯一的字符串。习惯上，动作字符串使用与 Java 包名相同的构建方式，如下面的代码段所示：

```
public static final String NEW_LIFEFORM_DETECTED =
  "com.paad.action.NEW_LIFEFORM";
```

如果希望在 Intent 中包含数据，那么可以使用 Intent 的 data 属性指定一个 URI。也可以包含 extras 来添加额外的基本值。按照事件驱动的范型来考虑，extras 相当于传递给事件处理程序的可选参数。

程序清单 5-10 展示了使用前面定义的动作所创建的基本的 Broadcast Intent，附加的事件信息存储在 extras 中。

程序清单 5-10　广播 Intent

```
Intent intent = new Intent(LifeformDetectedReceiver.NEW_LIFEFORM);
intent.putExtra(LifeformDetectedReceiver.EXTRA_LIFEFORM_NAME,
                detectedLifeform);
intent.putExtra(LifeformDetectedReceiver.EXTRA_LONGITUDE,
                currentLongitude);
intent.putExtra(LifeformDetectedReceiver.EXTRA_LATITUDE,
                currentLatitude);

sendBroadcast(intent);
```

代码片段 PA4AD_Ch05_BroadcastIntents/src/MyActivity.java

2. 使用 Broadcast Receiver 来监听广播

Broadcast Receiver(通常简单地称为接收器)可以用来监听 Broadcast Intent。要使 Broadcast Receiver 能够接收广播，就需要对其进行注册，既可以使用代码，也可以在应用程序的 manifest 文件中注册(此时称为 manifest 接收器)。无论怎么注册，都需要使用一个 Intent Filter 来指定它要监听哪些 Intent 和数据。

对于包含 manifest 接收器的应用程序，在 Intent 被广播出去的时候，应用程序不一定非要处于运行状态才能执行接收。当匹配的 Intent 被广播出去的时候，它们会被自动地启动。对于资源管理来说，这一点是非常优秀的，因为它可以让你创建出事件驱动的应用程序，即使它们被关闭或者销毁了，也仍然能够对广播事件作出响应。

要创建一个新的 Broadcast Receiver，需要扩展 BroadcastReceiver 类并重写 onReceive 事件处理程序。

```
import android.content.BroadcastReceiver;
import android.content.Context;
import android.content.Intent;

public class MyBroadcastReceiver extends BroadcastReceiver {
  @Override
  public void onReceive(Context context, Intent intent) {
    //TODO：响应接收到的 Intent。
  }
}
```

当接收到一个与在注册接收器时使用的 Intent Filter 相匹配的 Broadcast Intent 的时候，就会执行 onReceive 方法。onReceive 处理程序必须在 5 秒钟之内完成，否则就会显示 Force Close 对话框。

一般情况下，Broadcast Receiver 将会更新内容、启动 Service、更新 Activity UI，或者使用 Notification Manager 来通知用户。5 秒钟的执行限制保证了主要的处理工作不能够、也不应该由 Broadcast Receiver 直接完成。

程序清单 5-11 展示了如何实现一个 Broadcast Receiver，它从 Broadcast Intent 中提取数据和几个 extra，并使用它们来启动一个新 Activity。在下面的部分中，将会学习如何在代码和在应用程序的 manifest 中注册它。

第 5 章 Intent 和 Broadcast Receiver

程序清单 5-11 实现一个 Broadcast Receiver

```java
public class LifeformDetectedReceiver
  extends BroadcastReceiver {

  public final static String EXTRA_LIFEFORM_NAME
    = "EXTRA_LIFEFORM_NAME";
  public final static String EXTRA_LATITUDE = "EXTRA_LATITUDE";
  public final static String EXTRA_LONGITUDE = "EXTRA_LONGITUDE";

  public static final String
    ACTION_BURN = "com.paad.alien.action.BURN_IT_WITH_FIRE";

  public static final String
    NEW_LIFEFORM = "com.paad.alien.action.NEW_LIFEFORM";

  @Override
  public void onReceive(Context context, Intent intent) {
    //从 Intent 获得 lifeform 的细节
    Uri data = intent.getData();
    String type = intent.getStringExtra(EXTRA_LIFEFORM_NAME);
    double lat = intent.getDoubleExtra(EXTRA_LATITUDE, 0);
    double lng = intent.getDoubleExtra(EXTRA_LONGITUDE, 0);
    Location loc = new Location("gps");
    loc.setLatitude(lat);
    loc.setLongitude(lng);
    if (type.equals("facehugger")) {
      Intent startIntent = new Intent(ACTION_BURN, data);
      startIntent.putExtra(EXTRA_LATITUDE, lat);
      startIntent.putExtra(EXTRA_LONGITUDE, lng);

      context.startService(startIntent);
    }
  }
}
```

代码片段 PA4AD_Ch05_BroadcastIntents/src/LifeformDetectedReceiver.java

在代码中注册 Broadcast Receiver

影响特定 Activity 的 UI 的 Broadcast Receiver 通常在代码中注册。在代码中注册的接收器只会在包含它的应用程序组件运行时响应 Broadcast Intent。

在接收器用来更新一个 Activity 中的 UI 元素时,这样做很有帮助。在这种情况下,在 onResume 处理程序中注册接收器,并在 onPause() 中注销它是一种很好的做法。

程序清单 5-12 显示了如何使用一个 IntentFilter 类来注册和注销一个 Broadcast Receiver。

程序清单 5-12 在代码中注册和注销一个 Broadcast Receiver

```java
private IntentFilter filter =
  new IntentFilter(LifeformDetectedReceiver.NEW_LIFEFORM);

private LifeformDetectedReceiver receiver =
  new LifeformDetectedReceiver();
```

157

```java
@Override
public void onResume() {
  super.onResume();

  //注册 Broadcast Receiver.
  registerReceiver(receiver, filter);
}

@Override
public void onPause() {
  //注销 Broadcast Receiver
  unregisterReceiver(receiver);

  super.onPause();
}
```

代码片段 PA4AD_Ch05_BroadcastIntents/src/MyActivity.java

在应用程序的 manifest 中注册 Broadcast Receiver

要在应用程序的 manifest 中包含一个 Broadcast Receiver,可以在 application 节点中添加一个 receiver 标签,以指定要注册的 Broadcast Receiver 的类名。接收器节点需要包含一个 intent-filter 标签来指定要监听的动作字符串。

```xml
<receiver android:name=".LifeformDetectedReceiver">
  <intent-filter>
    <action android:name="com.paad.alien.action.NEW_LIFEFORM"/>
  </intent-filter>
</receiver>
```

通过这种方式注册的 Broadcast Receiver 总是活动的,并且即使当应用程序被终止或者未启动时,也可以接收 Broadcast Intent。

3. 广播有序的 Intent

当 Broadcast Receiver 接收 Intent 的顺序十分重要时,特别是当需要接收器能够影响将来的接收器收到的 Broadcast Intent 时,可以使用 sendOrderedBroadcast 方法,如下所示。

```java
String requiredPermission = "com.paad.MY_BROADCAST_PERMISSION";
sendOrderedBroadcast(intent, requiredPermission);
```

使用这个方法时,Intent 将会按照优先级顺序被传递给所有具有合适权限(当指定了权限时)的已注册的接收器。可以在 Broadcast Receiver 的 Intent Filter manifest 节点中使用 android:priority 属性指定其权限,值越大,代表优先级越高。

```xml
<receiver
  android:name=".MyOrderedReceiver"
  android:permission="com.paad.MY_BROADCAST_PERMISSION">
  <intent-filter
    android:priority="100">
    <action android:name="com.paad.action.ORDERED_BROADCAST" />
  </intent-filter>
```

```
</receiver>
```

只对应用程序需要强制特定接收顺序的接收器发送有序的广播并指定接收器的优先级,这是一种很好的做法。

发送有序广播的一种常见的例子是广播想要收到其结果数据的 Intent。使用 sendOrderedBroadcast 方法时,可以指定一个将放到接收器队列末尾的接收器,从而确保当 Broadcast Intent 已被已注册的有序 Broadcast Receiver 处理(和修改)后,它能够收到该 Broadcast Intent。

在这种情况中,对于那些在返回给最后一个接收器之前可能被任何收到广播的接收器修改的 Intent 结果、数据和 extra,为它们指定默认值通常很有帮助。

```
// Specify the default result, data, and extras.
// The may be modified by any of the Receivers who handle the broadcast
// before being received by the final Receiver.
int initialResult = Activity.RESULT_OK;
String initialData = null;
String initialExtras = null;

// A special Handler instance on which to receive the final result.
// Specify null to use the Context on which the Intent was broadcast.
Handler scheduler = null;

sendOrderedBroadcast(intent, requiredPermission, finalResultReceiver,
                scheduler, initialResult, initialData, initialExtras);
```

4. 广播 Sticky Intent

Sticky Intent 是 Broadcast Intent 的有用变体,可以保存它们最后一次广播的值,并且当有一个新的接收器被注册为接收该广播时,它们会把这些值作为 Intent 返回。

当调用 registerReceiver 来指定一个匹配 Sticky Broadcast Intent 的 Intent Filter 时,返回值将是最后一次 Intent 广播,例如电池电量变化的广播:

```
IntentFilter battery = new IntentFilter(Intent.ACTION_BATTERY_CHANGED);
Intent currentBatteryCharge = registerReceiver(null, battery);
```

从这段代码可以看出,不是必须指定一个接收器来获得 Sticky Intent 的当前值。因此,许多系统设备状态广播(例如电池和 dock 状态)使用 Intent 来提高效率。本章中将会详细讨论这方面的内容。

要广播自己的 Sticky Intent,应用程序必须具有 BROADCAST_STICKY 用户权限,然后需要调用 sendStickyBroadcast 并传入相关的 Intent:

```
sendStickyBroadcast(intent);
```

要删除一个 Sticky Intent,可以调用 removeStickyBroadcast,并传入要删除的 Sticky Intent。

```
removeStickyBroadcast(intent);
```

5.1.4 Local Broadcast Manager

Local Broadcast Manager(局部广播管理器)包含在 Android Support Library 中,用于简化注册 Broadcast Intent,以及在应用程序内的组件之间发送 Broadcast Intent 的工作。

因为局部广播的作用域要小一些，所以使用 Local Broadcast Manager 比发送全局广播更加高效。而且使用 Local Broadcast Manager 也确保了应用程序外部的任何组件都收不到你广播的 Intent，所以不会有私人数据或敏感数据(如位置信息)泄露出去的风险。

类似地，其他应用程序也不能向你的接收器发送广播，避免了这些接收器成为安全漏洞。

要使用 Local Broadcast Manager，首先必须在应用程序内包含 Android Support Library，如第 2 章所述。

使用 LocalBroadcastManager.getInstance 方法来返回 Local Broadcast Manager 的一个实例：

```
LocalBroadcastManager lbm = LocalBroadcastManager.getInstance(this);
```

要注册一个局部 Broadcast Receiver，与注册全局接收器时类似，需要使用 Local Broadcast Manager 的 registerReceiver 方法，并传入一个 Broadcast Receiver 和一个 Intent Filter：

```
lbm.registerReceiver(new BroadcastReceiver() {
  @Override
  public void onReceive(Context context, Intent intent) {
    // TODO Handle the received local broadcast
  }
}, new IntentFilter(LOCAL_ACTION));
```

注意，指定的 Broadcast Receiver 也可以用来处理全局 Intent 广播。

要发送一个局部 Broadcast Intent，可以使用 Local Broadcast Manager 的 sendBroadcast 方法，并传入要广播的 Intent：

```
lbm.sendBroadcast(new Intent(LOCAL_ACTION));
```

Local Broadcast Manager 还包含一个用于同步的 sendBroadcastSync 方法，直到每个已注册的接收器都收到广播后才接触阻塞。

5.1.5　Pending Intent 简介

PendingIntent 类提供了一种创建可由其他应用程序在稍晚的时间触发的 Intent 的机制。

Pending Intent 通常用于包装在响应将来的事件时触发的 Intent，例如单击 Widget 或 Notification。

提示：在使用时，Pending Intent 会执行那些包装好的 Intent，同时拥有与你在自己的应用程序中执行它们时相同的权限和身份。

PendingIntent 类提供了构建 Pending Intent 的静态方法，以便启动 Activity、启动 Service 或者广播 Intent。

```
int requestCode = 0;
int flags = 0;

//启动一个Activity
Intent startActivityIntent = new Intent(this, MyOtherActivity.class);
PendingIntent.getActivity(this, requestCode,
                   startActivityIntent, flags);
```

```
//启动一个Service
Intent startServiceIntent = new Intent(this, MyService.class);
PendingIntent.getService(this, requestCode,
                  startServiceIntent , flags);

//广播一个Intent
Intent broadcastIntent = new Intent(NEW_LIFEFORM_DETECTED);
PendingIntent.getBroadcast(this, requestCode,
                  broadcastIntent, flags);
```

PendingIntent 类包含了一些静态的常量，它们可以用于指定标志，以更新或者取消与指定动作匹配的现有 Pending Intent，也可以用于指定该 Intent 是否只触发一次。在第 10 章和第 14 章介绍 Notification 和 Widget 时，将深入讨论各个选项。

5.2 创建 Intent Filter 和 Broadcast Receiver

学习了使用 Intent 来启动 Activity/Service 和广播事件后，了解如何创建 Broadcast Receiver 和 Intent Filter 也是很重要的，它们能够监听 Broadcast Intent 从而让应用程序响应这些 Intent。

在 Activity 和 Service 中，Intent 代表了对在某个数据集上执行的动作的请求，Intent Filter 则声明了一个特定的应用程序组件能够对一个类型的数据执行操作。

Intent Filter 还用来指定一个 Broadcast Receiver 感兴趣接收的动作。

5.2.1 使用 Intent Filter 为隐式 Intent 提供服务

如果 Intent 是对在某个数据集上执行的动作的请求，那么 Android 是如何知道使用哪个应用程序(和组件)来响应这个请求的呢？使用 Intent Filter，应用程序组件可以声明它们支持的动作和数据。

要把一个 Activity 或者 Service 注册为一个可能的 Intent 处理程序，可以在它的 manifest 节点中添加一个 intent-filter 标签并使用下面的标签(以及相关的属性)：

- **action**　使用 android:name 属性指定要为之服务的动作的名称。每个 Intent Filter 必须要有至少一个 action(动作)标签。Action 应该是一个描述性的唯一的字符串。所以最好的做法使用基于 Java 的包命名约定的命名系统。
- **category**　使用 android:name 属性来指定应该在哪种情况下为 action 提供服务。每个 Intent Filter 标签都可以包含多个 category 标签。既可以指定自己的 category 也可以使用以下 Android 提供的标准值：
  - **ALTERNATIVE**　可以把这个动作指定为在特定数据类型上执行的默认动作的可选项。例如，一个联系人的默认动作是查看其信息，而可选的动作则是对其进行编辑。
  - **SELECTED_ALTERNATIVE**　与 ALTERNATIVE 相似，但是 ALTERNATIVE 总是使用后面将描述的 intent resolution 解析为一个动作，而当要求有很多种可能性的时候，则可以使用 SELECTED_ALTERNATIVE。在本章后面可以看到 Intent Filter 的一种用法就是使用 action 帮助动态构建上下文菜单。

- **BROWSABLE** 指定一个在浏览器内部可用的动作。当一个 Intent 在浏览器内部触发时,它总是会包含 BROWSABLE 类别。如果想让应用程序响应浏览器内触发的动作(例如,截获指向特定网站的链接),那么必须包含 BROWSABLE 类别。
- **DEFAULT** 通过设置这个类型可以使一个组件成为 Intent Filter 内指定的数据类型的默认动作。对于那些使用一个显式的 Intent 启动的 Activity,这个类型是很有必要的。
- **HOME** 通过将一个 Intent Filter 的类别设置为 HOME,而不指定一个 action,就可以把它作为本地屏幕的可选项。
- **LAUNCHER** 使用这个类别会让一个 Activity 出现在应用程序的启动器中。
- **data** data 标签允许指定组件可以执行的数据类型;根据情况,也可以包含多个数据标签。可以使用以下属性的任意组合来指定你的组件所支持的数据:
- **android:host** 指定一个有效的主机名(如 google.com)。
- **android:mimetype** 指定组件可以执行的数据类型。例如,<type android:value="vnd.android.cursor.dir/*"/>将匹配所有的 Android cursor。
- **android:path** 指定 URI 的有效路径值(如/transport/boats/)。
- **android:port** 指定主机的有效端口。
- **android:scheme** 要求一种特定的模式(如 content or http)。

下面的代码展示了一个 Activity 的 Intent Filter,它将基于它的 mime 类型执行 SHOW_DAMAGE 动作,这个动作既可以是主要的,也可以是可选的。

```
<intent-filter>
  <action
    android:name="com.paad.earthquake.intent.action.SHOW_DAMAGE"
  />
  <category android:name="android.intent.category.DEFAULT"/>
  <category
    android:name="android.intent.category.SELECTED_ALTERNATIVE"/>
  <data android:mimeType="vnd.earthquake.cursor.item/*"/>
</intent-filter>
```

你也许注意到了当在 Android 设备上点击 YouTube 视频或者 Google Map 位置的链接时,会分别提示你使用 YouTube 或者 Google Map。这是通过在 Intent Filter 的 data 标签下指定 scheme、host 和 path 属性来实现的,如程序清单 5-13 所示。在这个例子中,以 http://blog.radioactiveyak.com 形式开头的链接都将由这个 Activity 来处理。

程序清单 5-13 将一个 Activity 注册为一个 Intent Receiver,并使用一个 Intent Filter 来浏览一个特定网站的内容

```
<activity android:name=".MyBlogViewerActivity">
  <intent-filter>
    <action android:name="android.intent.action.VIEW" />
    <category android:name="android.intent.category.DEFAULT" />
    <category android:name="android.intent.category.BROWSABLE" />
    <data android:scheme="http"
        android:host="blog.radioactiveyak.com"/>
  </intent-filter>
```

```
</activity>
```

代码片段 PA4AD_Ch05_Intents/AndroidManifest.xml

注意，必须包含有 browsable 类别，以便在浏览器中点击链接能够触发这种行为。

1. Android 如何解析 Intent Filter

当在 startActivity 中传入一个隐式 Intent 时，决定启动哪一个 Activity 的过程叫做 intent 解析。intent 解析的目的是使用以下步骤来找出最匹配的 Intent Filter：

(1) Android 将已安装包的可用的 Intent Filter 放到一个列表中。

(2) 那些与解析 Intent 时相关联的动作或者类别不匹配的 Intent Filter 将会从列表中移除。

- 如果 Intent Filter 包含了指定的动作，那么就认为动作匹配了。如果检查到没有任何一个动作和 Intent 指定的动作相匹配时，就认为动作匹配失败了。
- 对于 category 匹配来说，Intent Filter 必须包含待解析的 Intent 中的所有 category，但可以包含 Intent 中所不包含的其他的 category。一个没有指定 category 的 Intent Filter 只能和没有任何 category 的 Intent 相匹配。

(3) 最后，Intent 的数据 URI 的每一个部分都和 Intent Filter 的 data 标签进行比较。如果 Intent Filter 指定了 scheme、host/authority、path 或者 MIME 类型，那么这些值都要和 Intent 的 URI 比较。任意一个不匹配都会把 Intent Filter 从列表中移除。没有指定数据值的 Intent Filter 将会和所有的 Intent 数据值匹配。

- MIME 类型是指要匹配的数据的数据类型。当匹配数据类型时，可以使用通配符来匹配子类型(例如，earthquakes/*)。如果 Intent Filter 指定了一种数据类型，那么它必须匹配该 Intent；如果不指定数据类型，则它会和所有的 Intent 匹配。
- scheme 是 URI 的"协议"部分(例如，http:,mailto:或者 tel:)。
- hostname 或者 data authority 是 URI 位于 scheme 和 path 之间的部分(例如，developer.android.com)。hostname 要想匹配，Intent Filter 的 scheme 必须也要匹配。
- 数据 path 是 authority 之后的内容(例如，/training)。只有数据的 scheme 和 hostname 都匹配的时候，path 才能匹配。

(4) 当隐式启动一个 Activity 时，如果这个进程解析出多个组件，那么所有可能匹配的组件都会呈现给用户。对于 Broadcast Receiver，每个匹配的接收器将接收 Broadcast Intent。

原生 Android 应用程序组件被解析的方式与第三方应用程序被解析的方式是完全相同的。它们并没有更高的优先级，并且可以完全被新的 Activity 取代，而这些新的 Activity 声明了可以为相同的动作请求提供服务的 Intent Filter。

2. 在 Activity 中找到和使用接收到的 Intent

当通过隐式 Intent 启动应用程序组件时，它需要找出要执行的动作和对哪些数据执行动作。可以调用 getIntent 得到启动一个 Activity 的 Intent，如程序清单 5-14 所示。

程序清单 5-14 在一个 Activity 中找到启动它的 Intent

```
@Override
public void onCreate(Bundle savedInstanceState) {
    super.onCreate(savedInstanceState);
    setContentView(R.layout.main);

    Intent intent = getIntent();
    String action = intent.getAction();
    Uri data = intent.getData();
}
```

代码片段 PA4AD_Ch05_Intents/src/MyOtherActivity.java

使用 getData 和 getAction 方法来找到与 Intent 相关联的数据和动作。可以使用类型安全的 get<type>Extra 方法来得到存储在其 extras bundle 中的额外信息。

getIntent 方法总是返回最初用来创建 Activity 的 Intent。在一些情况下，Activity 在启动后可能继续接收 Intent。可以使用 widget 和 Notification 提供一些快捷方式使之能在一个可能依然在运行的 Activity 中显示数据，虽然该 Activity 是不可见的。

可以在 Activity 中重写 onNewIntent 处理程序来接收和处理在 Activity 创建后得到的新的 Intent。

```
@Override
public void onNewIntent(Intent newIntent) {
  // TODO：响应新的 Intent
  super.onNewIntent(newIntent);
}
```

3. 传递责任

可以使用 startNextMatchingActivity 方法将处理动作的责任传递给下一个最佳匹配的 Activity。

```
Intent intent = getIntent();
if (isDuringBreak)
  startNextMatchingActivity(intent);
```

这允许为组件添加额外的条件，用来限制它们在基于 Intent Filter 的 intent 解析进程之外的使用。

4. 选择联系人示例

在这个例子中，将创建一个新的 Activity 来为联系人数据的 ACTION_PICK 动作提供服务。它显示了联系人数据库中的每一个联系人，而且在关闭并且将其 URI 返回给调用它的 Activity 之前，用户可以选择其中的一个联系人。

第 5 章 Intent 和 Broadcast Receiver

 提示：这个例子的实用价值有待考虑。因为 Android 已经提供了一个用来从一个列表中选择一个联系人的 Intent Filter，它可以在一个隐式的 Intent 中使用 content://contacts/people/的 URI 来进行调用。因此，这个练习的目的只是为了说明这种形式，即使这个特定的实现没有任何用处。

(1) 创建一个新的 ContactPicker 项目，其中包含一个 ContactPicker Activity。

```
package com.paad.contactpicker;

import android.app.Activity;
import android.content.Intent;
import android.database.Cursor;
import android.net.Uri;
import android.os.Bundle;
import android.provider.ContactsContract.Contacts;
import android.view.View;
import android.widget.AdapterView;
import android.widget.ListView;
import android.widget.SimpleCursorAdapter;

public class ContactPicker extends Activity {
  @Override
  public void onCreate(Bundle savedInstanceState) {
    super.onCreate(savedInstanceState);
    setContentView(R.layout.main);
  }
}
```

(2) 通过修改 main.xml 布局资源来包含一个 ListView 控件。后面将使用这个控件显示联系人。

```
<?xml version="1.0" encoding="utf-8"?>
<LinearLayout xmlns:android="http://schemas.android.com/apk/res/android"
  android:orientation="vertical"
  android:layout_width="match_parent"
  android:layout_height="match_parent">
  <ListView android:id="@+id/contactListView"
    android:layout_width="match_parent"
    android:layout_height="wrap_content"
  />
</LinearLayout>
```

(3) 创建一个新的包含一个单独的 TextView 控件的 listitemlayout.xml 布局资源。它将用来在 List View 中显示每个联系人。

```
<?xml version="1.0" encoding="utf-8"?>
<LinearLayout xmlns:android="http://schemas.android.com/apk/res/android"
  android:orientation="vertical"
  android:layout_width="match_parent"
```

```xml
    android:layout_height="match_parent"
    >
    <TextView
      android:id="@+id/itemTextView"
      android:layout_width="match_parent"
      android:layout_height="wrap_content"
      android:padding="10dp"
      android:textSize="16dp"
      android:textColor="#FFF"
    />
</LinearLayout>
```

(4) 返回到 ContactPicker Activity。重写 onCreate 方法。

```java
@Override
public void onCreate(Bundle savedInstanceState) {
  super.onCreate(savedInstanceState);
  setContentView(R.layout.main);
```

a. 创建一个新的 Cursor 来遍历存储在联系人列表中的联系人,并使用 SimpleCursorArrayAdapter 把它绑定到 List View 上。注意,在本例中,查询是在主 UI 线程上执行的。更好的方法是使用第 8 章介绍的 Cursor Loader。

```java
    final Cursor c = getContentResolver().query(
      ContactsContract.Contacts.CONTENT_URI, null, null, null, null);

    String[] from = new String[] { Contacts.DISPLAY_NAME_PRIMARY };
    int[] to = new int[] { R.id.itemTextView };

    SimpleCursorAdapter adapter = new SimpleCursorAdapter(this,

                                   R.layout.listitemlayout,
                                   c,
                                   from,
                                   to);
    ListView lv = (ListView)findViewById(R.id.contactListView);
    lv.setAdapter(adapter);
```

b. 为 List View 添加一个 onItemClickListener。当从列表中选择一个联系人时应该将该项的路径返回给调用 Activity。

```java
    lv.setOnItemClickListener(new ListView.OnItemClickListener() {
      public void onItemClick(AdapterView<?> parent, View view, int pos,
                              long id) {
        //将 cursor 移至选中项
        c.moveToPosition(pos);
        //获得行 id
        int rowId = c.getInt(c.getColumnIndexOrThrow("_id"));
        //构建 result URI
        Uri outURI =
     ContentUris.withAppendedId(ContactsContract.Contacts.CONTENT_URI, rowId);
        Intent outData = new Intent();
        outData.setData(outURI);
        setResult(Activity.RESULT_OK, outData);
```

```
            finish();
        }
    });
```

c. 关闭 onCreate 方法。

```
}
```

(5) 修改应用程序的 manifest 文件,并更新 Activity 的 intent-filter 标签以添加在联系人数据上对 ACTION_PICK 动作的支持。

```xml
<?xml version="1.0" encoding="utf-8"?>
<manifest xmlns:android="http://schemas.android.com/apk/res/android"
    package="com.paad.contactpicker">
    <application android:icon="@drawable/ic_launcher">
        <activity android:name=".ContactPicker" android:label="@string/app_name">
            <intent-filter>
                <action android:name="android.intent.action.PICK"></action>
                <category android:name="android.intent.category.DEFAULT"></category>
                <data android:path="contacts" android:scheme="content"></data>
            </intent-filter>
        </activity>
    </application>
</manifest>
```

(6) 至此就完成了子 Activity。要对其测试,可以创建一个新的测试工具 ContactPickerTester Activity。创建一个新的布局资源——contactpickertester.xml,它包含了一个用来显示选中的联系人的 TextView 和一个用来启动子 Activity 的 Button。

```xml
<?xml version="1.0" encoding="utf-8"?>
<LinearLayout xmlns:android="http://schemas.android.com/apk/res/android"
  android:orientation="vertical"
  android:layout_width="match_parent"
  android:layout_height="match_parent"
  >
  <TextView
    android:id="@+id/selected_contact_textview"
    android:layout_width="match_parent"
    android:layout_height="wrap_content"
  />
  <Button
    android:id="@+id/pick_contact_button"
    android:layout_width="match_parent"
    android:layout_height="wrap_content"
    android:text="Pick Contact"
  />
</LinearLayout>
```

(7) 通过重写 ContactPickerTester 的 onCreate 方法来添加一个 Button 的 click listener,这样它就可以通过指定 ACTION_PICK 和联系人数据库 URI(content://contacts/)来隐式启动一个新的子 Activity。

```
package com.paad.contactpicker;
```

```java
import android.app.Activity;
import android.content.Intent;
import android.database.Cursor;
import android.net.Uri;
import android.os.Bundle;
import android.provider.ContactsContract;
import android.view.View;
import android.view.View.OnClickListener;
import android.widget.Button;
import android.widget.TextView;

public class ContactPickerTester extends Activity {

  public static final int PICK_CONTACT = 1;

  @Override
  public void onCreate(Bundle savedInstanceState) {
    super.onCreate(savedInstanceState);
    setContentView(R.layout.contactpickertester);

    Button button = (Button)findViewById(R.id.pick_contact_button);

    button.setOnClickListener(new OnClickListener() {
     @Override
     public void onClick(View _view) {
       Intent intent = new Intent(Intent.ACTION_PICK,
         Uri.parse("content://contacts/"));
       startActivityForResult(intent, PICK_CONTACT);
     }
    });
  }
}
```

(8) 当子 Activity 返回时，使用结果来填充带有已选中的联系人姓名的 Text View：

```java
@Override
public void onActivityResult(int reqCode, int resCode, Intent data) {
  super.onActivityResult(reqCode, resCode, data);

  switch(reqCode) {
    case (PICK_CONTACT) : {
      if (resCode == Activity.RESULT_OK) {
        Uri contactData = data.getData();
        Cursor c = getContentResolver().query(contactData, null, null, null, null);
        c.moveToFirst();
        String name = c.getString(c.getColumnIndexOrThrow(
                   ContactsContract.Contacts.DISPLAY_NAME_PRIMARY));
        c.close();
        TextView tv = (TextView)findViewById(R.id.selected_contact_textview);
        tv.setText(name);
      }
      break;
    }
```

```
        default: break;
    }
}
```

(9) 当测试工具完成后，只需要把它添加到应用程序的 manifest 文件中即可。还需要在 uses-permission 标签中添加一个 READ_CONTACTS 权限，以允许应用程序能够访问联系人数据库。

```xml
<?xml version="1.0" encoding="utf-8"?>
<manifest xmlns:android="http://schemas.android.com/apk/res/android"
    package="com.paad.contactpicker">
    <uses-permission android:name="android.permission.READ_CONTACTS"/>
    <application android:icon="@drawable/ic_launcher">
      <activity android:name=".ContactPicker" android:label="@string/app_name">
        <intent-filter>
          <action android:name="android.intent.action.PICK"></action>
          <category android:name="android.intent.category.DEFAULT"></category>
          <data android:path="contacts" android:scheme="content"></data>
        </intent-filter>
      </activity>
      <activity android:name=".ContactPickerTester"
            android:label="Contact Picker Test">
        <intent-filter>
          <action android:name="android.intent.action.MAIN" />
          <category android:name="android.intent.category.LAUNCHER" />
        </intent-filter>
      </activity>
    </application>
</manifest>
```

> 提示：本示例中的所有代码段都来自第 5 章的 Contact Picker 项目，从 www.wrox.com 上可以下载该项目。

当 Activity 运行时，单击 pick contact 按钮后，ContactPicker Activity 应该出现，如图 5-1 所示。

图 5-1

一旦选择了一个联系人，父 Activity 应该返回到前台，并显示已选中联系人的姓名，如图 5-2 所示。

图 5-2

5.2.2 使用 Intent Filter 作为插件和扩展

已经使用 Intent Filter 声明 Activity 在不同类型的数据上能够执行的动作，最好应用程序同样可以查找到在一个特定的数据上哪个动作是可以执行的。

Android 提供一个插件模型，可以让你的应用程序利用由你自己或者第三方应用程序组件所匿名提供的功能，这些应用程序组件是你现在还没有设想的，不用修改或者重新编译你的项目。

1. 向应用程序提供匿名的动作

要想使用这种机制使现有的应用程序可以匿名使用 Activity 的动作，需要在它们的 manifest 文件中使用 intent-filter 标签来发布它们。

Intent Filter 描述了它所执行的动作以及执行该动作所使用的数据。在 Intent 解析过程中，这些数据会被用来决定这个动作何时是可用的。Category 必须是 ALTERNATIVE 或 SELECTED_ALTERNATIVE 中的一个或者两个。描述动作的 android:label 属性应该是可读的。

程序清单 5-15 展示了 Intent Filter 的一个例子，它用来公布一个 Activity 从轨道上对月球基地进行核攻击的能力。

可从
wrox.com
下载源代码

程序清单 5-15　公布支持的 Activity 动作

```xml
<activity android:name=".NostromoController">
  <intent-filter
    android:label="@string/Nuke_From_Orbit">
    <action android:name="com.pad.nostromo.NUKE_FROM_ORBIT"/>
    <data android:mimeType="vnd.moonbase.cursor.item/*"/>
    <category android:name="android.intent.category.ALTERNATIVE"/>
    <category
      android:name="android.intent.category.SELECTED_ALTERNATIVE"
    />
  </intent-filter>
</activity>
```

代码片段 PA4AD_Ch05_Intents/AndroidManifest.xml

2. 从第三方 Intent Receiver 中发现新的动作

通过使用 Package Manager，可以创建一个指定了数据类型和 action 类别的 Intent，让系统返回一个能够在该数据上执行该动作的 Activity 的列表。

一个例子很好地解释了这个概念的优越性。如果 Activity 显示的数据是一个地址列表，你也许需要添加在一个地图上显示它们或者为每个地址指定方向的功能。回到多年前，你创建了一个能够和你的汽车进行交互的应用程序，该应用程序用手机处理汽车的操作。感谢运行时生成菜单机制的出现，当一个新的 Activity 节点中包含了一个新的 Intent Filter，并且该 Intent Filter 包含了 DRIVE_CAR 动作，Android 就会解析这个新的动作，使之对之前的应用程序是可用的。

当创建了一个新的能够在某一个特定类型数据上执行动作的组件时，这种功能为你的应用程序提供了改进功能的能力。很多 Android 原生应用程序都使用这项功能，让你能够为原生的 Activity 提供其他的动作。

创建的 Intent 将会用来解析拥有 Intent Filter 的组件，这些组件提供了对指定的数据进行操作的动作。Intent 主要被用来查找动作，所以不要给它们分配动作；它只应当指定要对其执行动作的数据。还应该把动作的 category 指定为 CATEGORY_ALTERNATIVE 或者 CATEGORY_SELECTED_ALTERNATIVE。

为菜单动作解析过程创建一个 Intent 的框架代码，如下所示：

```
Intent intent = new Intent();
intent.setData(MyProvider.CONTENT_URI);
intent.addCategory(Intent.CATEGORY_ALTERNATIVE);
```

把这个 Intent 传入到 Package Manager 的 queryIntentActivityOptions 方法中，指定任意选项标识。

程序清单 5-16 展示了如何生成一个在应用程序中可用的动作列表。

可从 wrox.com 下载源代码

程序清单 5-16　生成一个在指定数据上执行的可能的动作列表

```
PackageManager packageManager = getPackageManager();

//创建一个 Intent 用来解析哪个动作应该出现在菜单中
Intent intent = new Intent();
intent.setData(MoonBaseProvider.CONTENT_URI);
intent.addCategory(Intent.CATEGORY_SELECTED_ALTERNATIVE);

//指定标识。本例中，只返回默认 category 的 filter
int flags = PackageManager.MATCH_DEFAULT_ONLY;

//生成列表
List<ResolveInfo> actions;
actions = packageManager.queryIntentActivities(intent, flags);

//获取动作名称的列表
ArrayList<String> labels = new ArrayList<String>();
Resources r = getResources();
for (ResolveInfo action : actions )
  labels.add(r.getString(action.labelRes));
```

代码片段 PA4AD_Ch05_Intents/src/MyActivity.java

3. 把匿名的动作作为菜单项集成

集成来自第三方应用程序的动作的最常见的方式就是在菜单项或 Action Bar Action 中包含它们。

Menu 类中可用的 addIntentOptions 方法可以指定一个描述了在 Activity 中所操作的数据的 Intent，如前面所述；然而，和只简单地返回一个可用的 Receiver 的列表不同，会为每个动作创建一个新的菜单项，并使用匹配的 Intent Filter 的标签填充其文本。

要在运行时向菜单动态添加菜单项，可以对需要处理的 Menu 对象使用 addIntentOptions 方法传入一个 Intent 来指定希望对它们提供动作的数据。通常情况下，这会被 Activity 的 onCreateOptionsMenu 和 onCreateContextMenu 处理程序所处理。

如前面章节所述，创建的 Intent 将会用来解析拥有 Intent Filter 的组件，这些组件提供了对指定的数据进行操作的动作。Intent 主要被用来查找动作，所以不要给它们分配动作；它只应当指定要对其执行动作的数据。还应该把动作的 category 指定为 CATEGORY_ALTERNATIVE 或者 CATEGORY_SELECTED_ALTERNATIVE。

为菜单动作解析过程创建一个 Intent 的框架代码，如下所示：

```
Intent intent = new Intent();
intent.setData(MyProvider.CONTENT_URI);
intent.addCategory(Intent.CATEGORY_ALTERNATIVE);
```

把这个 Intent 以及其他所有的选项标识、调用类的名称、使用的菜单组和菜单 ID 的值传递给希望填充的菜单的 addIntentOptions 方法。也可以指定一个想要使用的 `Intent` 数组来创建额外的菜单项。

程序清单 5-17 给出了一个如何动态填充 Activity 菜单的方法。

程序清单 5-17　通过发布的 action 动态填充菜单

```
@Override
public boolean onCreateOptionsMenu(Menu menu) {
    super.onCreateOptionsMenu(menu);


    //创建一个 Intent 用来解析哪个动作应该出现在菜单中
    Intent intent = new Intent();
    intent.setData(MoonBaseProvider.CONTENT_URI);
    intent.addCategory(Intent.CATEGORY_SELECTED_ALTERNATIVE);


    //正常的菜单选项用来为要添加的菜单项设置 group 和 ID 值
    int menuGroup = 0;
    int menuItemId = 0;
    int menuItemOrder = Menu.NONE;


    //提供调用动作的组件的名称——通常为当前的 Activity
    ComponentName caller = getComponentName();

        //首先定义应该添加的一些 Intent
```

```
        Intent[] specificIntents = null;

        //通过前面 Intent 创建的菜单项将填充这个数组
        MenuItem[] outSpecificItems = null;

//设置任意的选项标识
    int flags = Menu.FLAG_APPEND_TO_GROUP;

        //填充菜单
        menu.addIntentOptions(menuGroup,
                              menuItemId,
                              menuItemOrder,
                              caller,
                              specificIntents,
                              intent,
                              flags,
                              outSpecificItems);

        return true;
    }
```

代码片段 PA4AD_Ch05_Intents/src/MyActivity.java

5.2.3 监听本地 Broadcast Intent

很多的系统 Service 都会广播 Intent 来指示一种变化。可以使用这些信息来向自己的项目中添加基于系统事件的功能，如时区的改变、数据连接状态、新的 SMS 信息或者电话呼叫。

下面的列表介绍了 Intent 类中提供的某些以常量表示的本地动作；这些动作主要用来跟踪设备状态的改变：

- **ACTION_BOOT_COMPLETED** 一旦系统完成了它的启动序列之后，就会触发这个动作。要想接收这个广播，应用程序需要具有 RECEIVE_BOOT_COMPLETED 权限。
- **ACTION_CAMERA_BUTTON** 当单击拍照按键(camera)的时候触发。
- **ACTION_DATE_CHANGED** 和 **ACTION_TIME_CHANGED** 如果设备的日期和时间被手动修改了(而不是随着时间的流逝，日期和时间所产生的改变)，这些动作就会被广播。
- **ACTION_MEDIA_EJECT** 如果用户选择弹出外部存储媒介，则首先就会触发这个事件。如果应用程序正在读取或者写入外部存储媒介，那么就应该监听这个事件来保存和关闭所有打开的文件句柄。
- **ACTION_MEDIA_MOUNTED** 和 **ACTION_MEDIA_UNMOUNTED** 任何时候，当新的外部存储介质被成功地添加或者从设备移除的时候，都会触发这两个事件。
- **ACTION_NEW_OUTGOING_CALL** 当将要向外拨打电话的时候就会进行广播。监听这个广播可以截获播出的电话呼叫。拨打的电话号码存储在 EXTRA_PHONE_NUMBER extra 中，而返回的 Intent 中的 resultData 则是实际拨打的号码。要为这个动作注册一个 Broadcast Receiver，应用程序必须声明 PROCESS_OUTGOING_CALLS 使用权限。
- **ACTION_SCREEN_OFF** 和 **ACTION_SCREEN_ON** 当屏幕关闭或者打开时就分别对其广播。

- **ACTION_TIMEZONE_CHANGED** 当手机当前的时区发生改变的时候就会广播这个动作。这个 Intent 包含一个 time-zone extra，它可以返回新的 java.util.TimeZone 的 ID。

> 提示：Android 通过使用和传递本地广播动作，来通知应用程序系统状态的改变，关于其完成列表，请参考 http://developer.android.com/reference/android/content/Intent.html。

Android 还使用 Broadcast Intent 来公布应用程序特定的事件，如新的 SMS 消息、dock 状态和电量的改变。在后面的章节中，当学习了更多有关 Service 的内容后，我们将会讨论与这些事件相关联的动作以及 Intent 的更多内容。

5.2.4 使用 Broadcast Intent 监控设备的状态变化

监控设备状态是创建高效和动态的应用程序的重要的一部分，该应用程序的行为根据连接性、电量状态和 dock 状态发生改变。

当这些设备状态中的一个发生变化时，Android 会广播 Intent。下面的章节将介绍如何创建 Intent Filter 来注册能够对这些变化作出响应的 Broadcast Receiver，以及如何获取相应的设备状态信息。

1．监听电量变化

想要在一个 Activity 中监听电池电量或者充电状态的变化，可以使用 Intent Filter 注册一个 Receiver 来实现，该 Intent Filter 通过 Battery Manager 来监听 Intent.ACTION_BATTERY_CHANGED 广播。

包含有当前电池电量信息和充电状态的 Broadcast Intent 是一个 sticky Intent，因此不需要实现一个 Broadcast Receiver 就可以在任何时间获取到当前的电池状态，如程序清单 5-18 中所示。

程序清单 5-18　确定电量和充电状态信息

```
IntentFilter batIntentFilter = new IntentFilter(Intent.ACTION_BATTERY_CHANGED);
Intent battery = context.registerReceiver(null, batIntentFilter);
int status = battery.getIntExtra(BatteryManager.EXTRA_STATUS, -1);
boolean isCharging =
  status == BatteryManager.BATTERY_STATUS_CHARGING ||
  status == BatteryManager.BATTERY_STATUS_FULL;
```

代码片段 PA4AD_Ch05_Intents/src/DeviceStateActivity.java

注意，不能在 manifest 文件的 Receiver 中注册电量变化的动作；然而，可以使用下面的动作字符串监控和电源的连接情况以及低电量情况，每个字符串以 android.intent.action 作为前缀：

- ACTION_BATTERY_LOW
- ACTION_BATTERY_OKAY
- ACTION_POWER_CONNECTED
- ACTION_POWER_DISCONNECTED

2. 监听连接变化

连接的变化,包括带宽、延迟和 Intent 连接是否可用等信息,对于应用程序来说都是重要的信号。特别地,你可能在失去连接时停止循环更新或者延迟下载一个重要的文件,直到有 Wi-Fi 连接时再去下载。

想要监听连接的变化,注册一个 Broadcast Receiver(在应用程序中或者在 manifest 中)用来监听 android.net.conn.CONNECTIVITY_CHANGE(ConnectivityManager.CONNECTIVITY_ACTION) 动作。

连接变化的广播不是 sticky 的而且也不包含任何和变化相关的额外信息。想要获得当前连接状态的详细信息,需要使用 Connectivity Manager,如程序清单 5-19 所示。

程序清单 5-19 确定连接状态信息

```
String svcName = Context.CONNECTIVITY_SERVICE;
ConnectivityManager cm = (ConnectivityManager)context.getSystemService(svcName);

NetworkInfo activeNetwork = cm.getActiveNetworkInfo();
boolean isConnected = activeNetwork.isConnectedOrConnecting();
boolean isMobile = activeNetwork.getType() ==
                   ConnectivityManager.TYPE_MOBILE;
```

代码片段 PA4AD_Ch05_Intents/src/DeviceStateActivity.java

提示:Connectivity Manager 在第 16 章中做了更加详细的介绍。

3. 监听 Dock 变化

Android 设备可以放在一个汽车上的 dock 上或者桌子上的 dock 上。这些 dock 从术语上讲可以是模拟或者数字的 dock。通过注册一个 Receiver 来监听 Intent.ACTION_DOCK_EVENT (android.intent.action.ACTION_DOCK_EVENT),可以确定 docking 的状态和类型。

和电池状态一样,dock 事件的 Broadcast Intent 也是 sticky 的。程序清单 5-20 显示了当注册了一个监听 dock 事件的 Receiver 后,如何从返回的 Intent 中获得当前的 docking 状态。

程序清单 5-20 确定 docking 状态信息

```
IntentFilter dockIntentFilter =
  new IntentFilter(Intent.ACTION_DOCK_EVENT);
Intent dock = registerReceiver(null, dockIntentFilter);

int dockState = dock.getIntExtra(Intent.EXTRA_DOCK_STATE,
                Intent.EXTRA_DOCK_STATE_UNDOCKED);
boolean isDocked = dockState != Intent.EXTRA_DOCK_STATE_UNDOCKED;
```

代码片段 PA4AD_Ch05_Intents/src/DeviceStateActivity.java

5.2.5 在运行时管理 Manifest Receiver

使用 Package Manager 的 setComponentEnabledSetting 方法，可以在运行时启用和禁用应用程序的 manifest Receiver。可以使用这种技术来启用和禁用任何应用程序组件(包括 Activity 和 Service)，但对于 manifest Receiver 尤其有用。

想要减少应用程序的开销，当应用程序不需要响应一些系统事件时，最好禁用监听这些常见系统事件(如连接改变)的 manifest Receiver。这项技术也能够让你定时执行一个基于系统事件的动作——如当设备连接到 Wi-Fi 时去下载一个大文件——而不用考虑每次应用程序启动后连接改变时广播的开销。

程序清单 5-21 显示了如何在运行时启用和禁用一个 manifest Receiver。

程序清单 5-21　动态开关 manifest Receiver

```
ComponentName myReceiverName = new ComponentName(this, MyReceiver.class);
PackageManager pm = getPackageManager();

//启用一个manifest receiver
pm.setComponentEnabledSetting(myReceiverName,
  PackageManager.COMPONENT_ENABLED_STATE_ENABLED,
  PackageManager.DONT_KILL_APP);

//禁用一个manifest receiver
pm.setComponentEnabledSetting(myReceiverName,
  PackageManager.COMPONENT_ENABLED_STATE_DISABLED,
  PackageManager.DONT_KILL_APP);
```

代码片段 PA4AD_Ch05_Intents/src/DeviceStateActivity.java

第 6 章

使用 Internet 资源

本章内容
- 连接 Internet 资源
- 分析 XML 资源
- 使用 Download Manager 下载文件
- 查询 Download Manager
- 使用 Account Manager 对 Google App Engine 进行身份验证

本章将介绍 Android 的 Internet 连接模型和一些用于分析 Internet 数据源的 Java 技术。你将学到如何连接 Internet 资源，以及如何使用 SAX Parser 和 XML Pull Parser 来分析 XML 资源。

本章将用一个地震监控示例演示如何把所有这些功能结合到一起。这个示例将在后面的章节中不断得到改进和扩展。

本章将介绍 Download Manager，以及如何使用它来调度和管理耗时较长的下载。你还将学到如何定制其通知，以及如何查询 Downloads Content Provider 来确定下载状态。

最后，本章将介绍如何使用 Account Manager 从 Google App Engine 后端发出经过身份验证的请求。

6.1 下载和分析 Internet 资源

Android 提供了多种方式来利用 Internet 资源。在一个极端，可以使用 WebView 在 Activity 内包含一个基于 WebKit 的浏览器。在另一个极端，可以使用客户端 API(例如 Google API)直接与服务器进程交互。在这两者之间，可以使用一个基于 Java 的 XML 分析器(例如 SAX 或 XML Pull Parser)处理远程 XML 源，以提取和处理数据。

在 Internet 连接和 WebKit 浏览器可以使用的情况下，你可能会询问，既然可以创建基于 Web 的应用程序，那么是否还有理由创建本地的基于 Internet 的应用程序版本呢？

与完全依靠基于 Web 的解决方案相比，创建胖客户端和瘦客户端的本地应用程序有以下优点：

- **带宽** 对于那些带宽有限的设备而言，像图像、布局和声音这样的静态资源可能是非常昂贵的带宽消费者。通过创建一个本地应用程序，可以把带宽需求仅限于进行数据更改。
- **缓存** 使用基于浏览器的解决方案时，一个不稳定的 Internet 连接可能会导致不持续的应用程序可用性。本地应用程序可以在没有实时连接的情况下通过缓存数据和用户操作来提供尽可能多的功能，并且当连接重新建立时，能够与云进行同步。
- **降低电源消耗** 应用程序每次打开一个指向服务器的连接时，无线设备就会打开(或保持打开)。本地应用程序可以捆绑它的连接，从而将启动的连接数降到最低。网络请求间隔的时间越久，无线设备可以保持关闭的时间就越久。
- **本地功能** Android 设备不仅仅是能运行浏览器的简单平台；它们包括基于位置的服务、Notification、微件、摄像头硬件、后台服务和硬件传感器。通过创建一个本地应用程序，可以把那些联机可用的数据和设备上可用的硬件功能结合起来，从而提供更加丰富的用户体验。

现代移动设备提供了访问 Internet 的各种可选的方式。广义上来说，Android 为 Internet 连接提供了两种连接技术。其中的每一种技术都透明地提供给应用层。

- **移动 Internet** 通过提供移动数据的运营商，可以获得 GPRS、EDGE、3G、4G 和 LTE Internet 访问。
- **Wi-Fi** Wi-Fi 接收器和移动热点变得越来越常见。

如果在应用程序中使用了 Internet 资源，要记住用户的数据连接依赖于他们可以使用的通信技术。EDGE 和 GSM 连接的带宽非常低，而 Wi-Fi 连接在移动设置中可能不够可靠。

通过限制传输的数据量来优化用户体验，并确保应用程序足够健壮，以处理网络中断和带宽限制。

6.1.1 连接 Internet 资源

在可以访问 Internet 资源之前，需要在应用程序清单中添加一个 INTERNET uses-permission 节点，如下面的 XML 代码片段所示：

```xml
<uses-permission android:name="android.permission.INTERNET"/>
```

程序清单 6-1 展示了打开一个 Internet 数据流的基本模式。

程序清单 6-1 打开一个 Internet 数据流

可从
wrox.com
下载源代码

```java
String myFeed = getString(R.string.my_feed);
try {
    URL url = new URL(myFeed);

    // 创建新的 HTTP URL 连接
    URLConnection connection = url.openConnection();
    HttpURLConnection httpConnection = (HttpURLConnection)connection;

    int responseCode = httpConnection.getResponseCode();
    if (responseCode == HttpURLConnection.HTTP_OK) {
        InputStream in = httpConnection.getInputStream();
        processStream(in);
    }
```

```
    }
    catch (MalformedURLException e) {
      Log.d(TAG, "Malformed URL Exception.");
    }
    catch (IOException e) {
      Log.d(TAG, "IO Exception.");
    }
```

代码片段 PA4AD_Ch06_Internet/src/MyActivity.java

 在最新的 Android 平台版本中,尝试在主 UI 线程上执行网络操作会引发 Network-OnMainThreadException 异常。所以,一定要在后台线程中执行代码(例如程序清单 6-1 中的代码)。

Android 包含了多个类来帮助处理网络通信,可以在 java.net.*和 android.net.*包中找到它们。

 在本章后面的部分中,有一个完整的示例用来展示如何通过获取和处理一个 Internet 源来获得过去 24 小时内地震信息的列表。第 16 章包含了更多关于管理特定 Internet 连接的信息,包括监控连接状态和配置 Wi-Fi 访问点连接。

6.1.2 使用 XML Pull Parser 分析 XML

有关分析 XML 以及与特定的 Web 服务进行交互的细节内容不在本书讨论的范围之内,但是理解可以使用的技术是非常重要的。

本节简单地概述 XML Pull Parser,下一节则演示如何使用 DOM 分析器从 United States Geological Survey(USGS)检索地震信息。

XML Pull Parser API 可从下面的库中获得:

```
import org.xmlpull.v1.XmlPullParser;
import org.xmlpull.v1.XmlPullParserException;
import org.xmlpull.v1.XmlPullParserFactory;
```

它允许在一个类中分析 XML 文档。与 DOM 分析器不同,Pull Parser 用一个顺序的事件和标记序列来呈现文档的元素。

你在文档中的位置是由当前的事件表示的。通过调用 getEventType,可以确定当前的事件。每个文档都从 START_DOCUMENT 事件开始,到 END_DOCUMENT 事件结束。

要遍历标记,只需要调用 next,这会遍历一系列匹配的(并且通常是嵌套的)START_TAG 和 END_TAG 事件。通过调用 getName 可以提取每个标记的名称,通过调用 getNextText 可以提取每组标记间的文本。

程序清单 6-2 演示了如何使用 XML Pull Parser 从 Google Places API 返回的兴趣点列表中提取详细信息。

程序清单 6-2 使用 XML Pull Parser 分析 XML

```java
private void processStream(InputStream inputStream) {
  // 创建新的 XML Pull 分析器
  XmlPullParserFactory factory;
  try {
    factory = XmlPullParserFactory.newInstance();
    factory.setNamespaceAware(true);
    XmlPullParser xpp = factory.newPullParser();

    // 分配新的输入流。
    xpp.setInput(inputStream, null);
    int eventType = xpp.getEventType();

    // 继续直至到达文档的末尾。
    while (eventType != XmlPullParser.END_DOCUMENT) {
      // 检查结果标记的开始标记。
      if (eventType == XmlPullParser.START_TAG &&
        xpp.getName().equals("result")) {
        eventType = xpp.next();
        String name = "";
        // 处理结果标记中的每个结果。
        while (!(eventType == XmlPullParser.END_TAG &&
            xpp.getName().equals("result"))) {
          // 检查结果标记中的名称标记。
          if (eventType == XmlPullParser.START_TAG &&
            xpp.getName().equals("name"))
            // 提取 POI 名称。
            name = xpp.nextText();
          // 移动到下一个标记。
          eventType = xpp.next();
        }
        // 对每个 POI 名称执行某些操作。
      }
      // 移动到下一个结果标记。
      eventType = xpp.next();
    }
  } catch (XmlPullParserException e) {
    Log.d("PULLPARSER", "XML Pull Parser Exception", e);
  } catch (IOException e) {
    Log.d("PULLPARSER", "IO Exception", e);
  }
}
```

代码片段 PA4AD_Ch06_Internet/src/MyActivity.java

6.1.3 创建一个地震查看器

在下面的示例中，将会创建一个工具，它使用一个 USGS 地震源来显示最近发生的地震的列表。在后面的章节中，还将会多次回到这个地震应用程序，逐渐为它添加更多的功能。

这里的地震源 XML 是用 DOM 分析器分析的。不过也可以选择其他分析器；包括前一节介绍的 XML Pull Parser。前面已经提过，对其他 XML 分析技术的详细讨论不在本书的范围内。

在这个示例中，将会创建一个基于列表的 Activity，它可以连接到一个地震源，并显示它所包含的地震的位置、震级和发生的时间。

  为方便阅读,每个示例都没有包含 import 语句。如果你正在使用 Eclipse,可以按 Ctrl+Shift+o 键(在 Mac 上按 Cmd+Shift+o 键)来自动填充支持代码中使用的类所需的 import 语句。

(1) 首先,创建一个 Earthquake 项目,该项目使用了 Earthquake Activity。

(2) 创建一个新的 EarthquakeListFragment,让它扩展 ListFragment。该 Fragment 将用于显示地震列表。

```
public class EarthquakeListFragment extends ListFragment {
}
```

(3) 修改 main.xml 布局资源来包含第(2)步中创建的 Fragment。一定要保证对它进行命名,这样就可以在 Activity 代码中对它进行引用。

```xml
<?xml version="1.0" encoding="utf-8"?>
<LinearLayout xmlns:android="http://schemas.android.com/apk/res/android"
  android:orientation="vertical"
  android:layout_width="match_parent"
  android:layout_height="match_parent">
  <fragment android:name="com.paad.earthquake.EarthquakeListFragment"
    android:id="@+id/EarthquakeListFragment"
    android:layout_width="match_parent"
    android:layout_height="match_parent"
  />
</LinearLayout>
```

(4) 创建一个新的公有 Quake 类。这个类用来存储每一次地震的详细信息(日期、细节、位置、震级和链接)。重写 toString 方法以提供用来以列表视图表示每一个地震的字符串。

```java
package com.paad.earthquake;

import java.util.Date;
import java.text.SimpleDateFormat;
import android.location.Location;

public class Quake {
  private Date date;
  private String details;
  private Location location;
  private double magnitude;
  private String link;

  public Date getDate() { return date; }
  public String getDetails() { return details; }
  public Location getLocation() { return location; }
  public double getMagnitude() { return magnitude; }
  public String getLink() { return link; }
```

```java
public Quake(Date _d, String _det, Location _loc, double _mag, String _link) {
  date = _d;
  details = _det;
  location = _loc;
  magnitude = _mag;
  link = _link;
}

@Override
public String toString() {
  SimpleDateFormat sdf = new SimpleDateFormat("HH.mm");
  String dateString = sdf.format(date);
  return dateString + ": " + magnitude + " " + details;
}

}
```

(5) 在 EarthquakeListFragment 中,重写 onActivityCreated 方法以存储一个 Quake 对象的 ArrayList, 并使用一个 ArrayAdapter 将这个数组绑定到底层的 ListView。

```java
public class EarthquakeListFragment extends ListFragment {

  ArrayAdapter<Quake> aa;
  ArrayList<Quake> earthquakes = new ArrayList<Quake>();

  @Override
  public void onActivityCreated(Bundle savedInstanceState) {
    super.onActivityCreated(savedInstanceState);

    int layoutID = android.R.layout.simple_list_item_1;
    aa = new ArrayAdapter<Quake>(getActivity(), layoutID , earthquakes);
    setListAdapter(aa);
  }
}
```

(6) 接下来开始处理地震源。在这个示例中所使用的数据源是 1 天时间之内 USGS 提供的震级大于 2.5 的地震数据。这里可以将源的位置作为外部字符串资源添加进来。这样做可以让你根据用户的位置来指定一个不同的源。

```xml
<?xml version="1.0" encoding="utf-8"?>
<resources>
  <string name="app_name">Earthquake</string>
  <string name="quake_feed">
    http://earthquake.usgs.gov/eqcenter/catalogs/1day-M2.5.xml
  </string>
</resources>
```

(7) 在应用程序访问 Internet 之前,它需要被赋予 Internet 访问权限。因此,向清单中添加 Internet 的 uses-permission 权限。

```xml
<uses-permission android:name="android.permission.INTERNET"/>
```

(8) 返回到 EarthquakeListFragment,创建一个新的 refreshEarthquakes 方法,该方法连接到地震

源并对其进行分析。提取每一个地震,并通过分析其详细信息来获得地震发生的日期、震级、相应的链接和发生的位置。当分析完每一个地震之后,把它传递给一个新的 addNewQuake 方法。注意,addNewQuake 方法是在通过一个 Handler 对象发布的 Runnable 内执行的。这样就可以在一个后台线程上执行 refreshEarthquakes 方法,然后在 addNewQuake 内更新 UI。第 9 章将更详细地讨论这方面的内容。

```java
    private static final String TAG = "EARTHQUAKE";
    private Handler handler = new Handler();

    public void refreshEarthquakes() {
      //获得 XML
      URL url;
      try {
        String quakeFeed = getString(R.string.quake_feed);
        url = new URL(quakeFeed);

        URLConnection connection;
        connection = url.openConnection();

        HttpURLConnection httpConnection = (HttpURLConnection)connection;
        int responseCode = httpConnection.getResponseCode();

        if (responseCode == HttpURLConnection.HTTP_OK) {
          InputStream in = httpConnection.getInputStream();

          DocumentBuilderFactory dbf = DocumentBuilderFactory.newInstance();
          DocumentBuilder db = dbf.newDocumentBuilder();

          //分析地震源
          Document dom = db.parse(in);
          Element docEle = dom.getDocumentElement();

          //清除旧的地震数据
          earthquakes.clear();

          //获得每个地震项的列表
          NodeList nl = docEle.getElementsByTagName("entry");
          if (nl != null && nl.getLength() > 0) {
            for (int i = 0 ; i < nl.getLength(); i++) {
              Element entry = (Element)nl.item(i);
              Element title = (Element)entry.getElementsByTagName("title").item(0);
              Element g = (Element)entry.getElementsByTagName("georss:point").item(0);
              Element when = (Element)entry.getElementsByTagName("updated").item(0);
              Element link = (Element)entry.getElementsByTagName("link").item(0);

              String details = title.getFirstChild().getNodeValue();
              String hostname = "http://earthquake.usgs.gov";
              String linkString = hostname + link.getAttribute("href");

              String point = g.getFirstChild().getNodeValue();
              String dt = when.getFirstChild().getNodeValue();
              SimpleDateFormat sdf = new SimpleDateFormat("yyyy-MM-dd'T'hh:mm:ss'Z'");
              Date qdate = new GregorianCalendar(0,0,0).getTime();
```

```
              try {
                qdate = sdf.parse(dt);
              } catch (ParseException e) {
                Log.d(TAG, "Date parsing exception.", e);
              }

              String[] location = point.split(" ");
              Location l = new Location("dummyGPS");
              l.setLatitude(Double.parseDouble(location[0]));
              l.setLongitude(Double.parseDouble(location[1]));

              String magnitudeString = details.split(" ")[1];
              int end = magnitudeString.length()-1;
              double magnitude = Double.parseDouble(magnitudeString.substring(0, end));

              details = details.split(",")[1].trim();

              final Quake quake = new Quake(qdate, details, l, magnitude, linkString);

              //处理一个新发现的地震
              handler.post(new Runnable() {
                public void run() {
                  addNewQuake(quake);
                }
              });
            }
          }
        }
    } catch (MalformedURLException e) {
      Log.d(TAG, "MalformedURLException");
    } catch (IOException e) {
      Log.d(TAG, "IOException");
    } catch (ParserConfigurationException e) {
      Log.d(TAG, "Parser Configuration Exception");
    } catch (SAXException e) {
      Log.d(TAG, "SAX Exception");
    }
    finally {
    }
}

private void addNewQuake(Quake _quake) {
    // TODO:将地震添加到数组列表中。
}
```

(9) 更新 addNewQuake 方法，这样它就能获得每一个新的已经过处理的地震，并把它添加到地震 Array List 中。它还应该通知 Array Adapter，底层的数据已经发生改变。

```
private void addNewQuake(Quake _quake) {
    //将新地震添加到地震列表中。
    earthquakes.add(_quake);

    //向 Array Adapter 通知改变
    aa.notifyDataSetChanged();
}
```

(10) 修改 onActivityCreated 方法，在启动时调用 refreshEarthquakes。网络操作总是应该在后台线程中执行，这是 API level 11 及更高版本的强制要求。

```
@Override
public void onActivityCreated(Bundle savedInstanceState) {
  super.onActivityCreated(savedInstanceState);

  int layoutID = android.R.layout.simple_list_item_1;
  aa = new ArrayAdapter<Quake>(getActivity(), layoutID , earthquakes);
  setListAdapter(aa);

  Thread t = new Thread(new Runnable() {
    public void run() {
      refreshEarthquakes();
    }
  });
  t.start();
}
```

> 如果应用程序的目标是 API level 11 或更高版本，那么尝试在主 UI 线程上执行网络操作会引发 NetworkOnMainThreadException。在本例中，使用了一个简单的 Thread，在一个后台线程上发布 refreshEarchquakes 方法。
>
> 第 9 章将详细介绍这方面的内容。你将学到关于如何将开销高且耗时长的操作(如这里的操作)移入一个 Service 并放到后台线程中的更多技术。

(11) 如果运行该项目，应该能看到一个列表视图，它显示了最近 24 小时之内震级大于 2.5 的地震，如图 6-1 所示。

图 6-1

> 提示：本例中的所有代码片段都取自第 6 章的 Earthquake 项目。从 www.wrox.com 上可以下载该项目。

6.2 使用 Download Manager

Android 2.3(API level 9)中引入了 Download Manager,作为一个 Service 来优化长时间下载操作的处理。Download Manager 通过处理 HTTP 连接、监控连接的变化和系统重新启动来确保每一次下载都能成功完成。

最好在大多数场景下都使用 Download Manager,特别是在一个下载可能会在多个用户会话之间在后台继续进行的地方或者在某个下载的完成非常重要的时候。

要想访问 Download Manager,可以使用 getSystemService 方法请求 DOWNLOAD_SERVICE,如下所示:

```
String serviceString = Context.DOWNLOAD_SERVICE;
DownloadManager downloadManager;
downloadManager = (DownloadManager)getSystemService(serviceString);
```

6.2.1 下载文件

要想请求一个下载,需要创建一个新的 DownloadManager.Request,指定要下载的文件的 URI 并把它传给 Download Manager 的 enqueue 方法,如程序清单 6-3 所示。

可从
wrox.com
下载源代码

程序清单 6-3　使用 Download Manager 下载文件

```
String serviceString = Context.DOWNLOAD_SERVICE;
DownloadManager downloadManager;
downloadManager = (DownloadManager)getSystemService(serviceString);

Uri uri =
Uri.parse("http://developer.android.com/shareables/icon_templates-v4.0.zip");
DownloadManager.Request request = new Request(uri);
long reference = downloadManager.enqueue(request);
```

代码片段 PA4AD_Ch6_DownloadManager/src/MyActivity.java

根据返回的引用值,可以对某个下载进行进一步的操作或者查询,包括查看状态或者取消下载。

在 Request 对象中,可以通过分别调用方法 addRequestHeader()和 setMimeType()给请求添加 HTTP 报头或者重写服务器返回的 MIME 类型。

也可以给某个下载指定连接条件。setAllowedNetworkTypes 方法可以限制下载类型为 Wi-Fi 或者移动网络,而在手机漫游时,setAllowedOverRoaming 方法可以有预见性地阻止下载。

下面的代码片段展示了如何确保只有连接到 Wi-Fi 时才进行大文件的下载:

```
request.setAllowedNetworkTypes(Request.NETWORK_WIFI);
```

在 Android API level 11 中引入了一个便利的方法 getRecommendedMaxBytesOverMobile,它会通过返回一个在移动数据连接上传输时推荐的最大字节数来确定是否应该限制下载类型为 Wi-Fi。

调用 enqueue 方法后,一旦连接可用且 Download Manager 空闲,就会开始下载。

要想在下载完成后收到一个通知,需要注册一个 Receiver 来接收 ACTION_DOWNLOAD_COMPLETE 广播。它将包含一个 EXTRA_DOWNLOAD_ID extra,其中包含了已经完成下载的引用

ID，如程序清单 6-4 所示。

程序清单 6-4　监控下载的完成

```
IntentFilter filter = new IntentFilter(DownloadManager.ACTION_DOWNLOAD_COMPLETE);

BroadcastReceiver receiver = new BroadcastReceiver() {
  @Override
  public void onReceive(Context context, Intent intent) {
    long reference = intent.getLongExtra(DownloadManager.EXTRA_DOWNLOAD_ID, -1);
    if (myDownloadReference == reference) {
      // 对下载的文件进行一些操作。
    }
  }
};

registerReceiver(receiver, filter);
```

代码片段 PA4AD_Ch6_DownloadManager/src/MyActivity.java

通过调用 Download Manager 的 openDownloadedFile 方法，可以获得文件的 Parcel File Descriptor，查询 Download Manager 来得到文件的位置，或者如果已经指定了文件名和位置，那么直接操作这个文件。

最好为 ACTION_NOTIFICATION_CLICKED 操作注册一个 Receiver，如程序清单 6-5 所示。每当用户从 Notification 任务栏或者 Downloads 应用中选择一个下载，那么这个 Intent 就会被广播。

程序清单 6-5　单击下载通知的响应

```
IntentFilter filter = new IntentFilter(DownloadManager.ACTION_NOTIFICATION_CLICKED);

BroadcastReceiver receiver = new BroadcastReceiver() {
  @Override
  public void onReceive(Context context, Intent intent) {
    String extraID = DownloadManager.EXTRA_NOTIFICATION_CLICK_DOWNLOAD_IDS;
    long[] references = intent.getLongArrayExtra(extraID);
    for (long reference : references)
      if (reference == myDownloadReference) {
        //对下载的文件进行一些操作
      }
  }
};

registerReceiver(receiver, filter);
```

代码片段 PA4AD_Ch6_DownloadManager/src/MyActivity.java

6.2.2　自定义 Download Manager Notification

默认情况下，会为 Download Manager 管理的每一个下载显示一个持续的 Notification。每一个 Notification 都会显示当前的下载进度和文件名(如图 6-2 所示)。

图 6-2

Download Manager 可以为每个下载请求自定义 Notification，包括把它完全隐藏。下面的代码片段展示了如何使用 setTitle 和 setDescription 方法来自定义文件下载 Notification 中显示的文本信息。图 6-3 显示了结果。

```
request.setTitle("Earthquakes");
request.setDescription("Earthquake XML");
```

图 6-3

通过 setNotificationVisibility 方法并使用下面的标识之一来控制何时以及是否应该为请求显示一个 Notification：

- **Request.VISIBILITY_VISIBLE**　当一个下载正在进行时，将显示一个持续的 Notification 表示持续时间。下载完成后，Notification 将被移除。这是默认选项。
- **Request.VISIBILITY_VISIBLE_NOTIFY_COMPLETED**　在下载期间会显示一个持续的 Notification，即使下载完成也会继续显示(直到被选择或取消)。
- **Request.VISIBILITY_VISIBLE_NOTIFY_ONLY_COMPLETION**　只有下载完成，Notification 才会显示。
- **Request.VISIBILITY_HIDDEN**　不为此下载显示 Notification。为了设置这个标识，必须在其清单中指定 DOWNLOAD_WITHOUT_NOTIFICATION uses-permission。

 在第 9 章中你会学到更多关于创建自定义 Notification 的知识。

6.2.3 指定下载位置

默认情况下，Download Manager 会把下载的文件保存到共享下载缓存中，而且使用系统生成的文件名。每一个请求对象都可以指定一个下载位置，但是所有的下载都必须存储到外部存储器中的某一个地方，并且主调应用程序必须在其清单中有 WRITE_EXTERNAL_STORAGE uses-permission：

```
<uses-permission android:name="android.permission.WRITE_EXTERNAL_STORAGE"/>
```

如下的代码片段展示了如何在外部存储上指定一个任意路径：

```
request.setDestinationUri(Uri.fromFile(f));
```

如果下载的文件用于你的应用程序，你可能希望把它放在应用程序的外部存储文件夹下。注意，没有对这个文件夹应用访问控制，所以其他应用程序也可以访问它。如果你的应用程序被卸载，存储在这些目录下的文件也会被删除。

下面的代码片段展示了在应用程序的外部存储文件夹中存储一个文件：

```
request.setDestinationInExternalFilesDir(this,
  Environment.DIRECTORY_DOWNLOADS, "Bugdroid.png");
```

对于那些能够或者应该与其他应用程序共享的文件——特别是希望使用媒体扫描器扫描的文件,可以在外部存储器的公共目录下指定一个文件夹来存储该文件。下面的代码片段请求将一个文件存储到公共的音乐文件夹中:

```
request.setDestinationInExternalPublicDir(Environment.DIRECTORY_MUSIC,
  "Android_Rock.mp3");
```

 查看第 7 章以获得更多关于外部存储器以及可以用来指定文件夹的 Environment 静态变量的详细信息。

必须指出的是,默认情况下,Download Manager 下载的文件不会被媒体扫描器扫描,因此它们可能不会显示在 Gallery 和 Music Player 等应用中。

为了使下载的文件可以被扫描,可以在 Request 对象中调用 allowScaningByMediaScanner。

如果使你的文件对系统的 Downloads 应用是可见和可管理的,那么需要调用 setVisibleInDownloadsUi,并传入 true。

6.2.4 取消和删除下载

可以使用 Download Manager 的 remove 方法取消一个正在等待的下载,中止一个正在进行的下载,或者删除一个完成的下载。

如下面的代码片段所示,remove 方法可以接受下载 ID 作为可选参数,并且允许指定一个或者多个要取消的下载:

```
downloadManager.remove(REFERENCE_1, REFERENCE_2, REFERENCE_3);
```

它会返回成功取消的下载数。如果一个下载被取消,它所有的关联文件——未完全下载的和完全下载的——都会被删除。

6.2.5 查询 Download Manager

可以通过 query 方法查询 Download Manager 来得到下载请求的状态、进度和详细信息,该方法会返回下载的 Cursor 对象。

 Cursor 是一种数据结构,Android 使用它来返回存储在 Content Provider 或 SQLite 的数据。你将在第 8 章中学到更多关于 Content Provider、Cursor 以及如何获取存储在其中的数据的知识。

query 方法接受 DownloadManager.Query 对象作为参数。使用 setFilterById 方法给 Query 对象指定一个下载引用 ID 的序列,或者使用 setFilterByStatus 方法来过滤下载的状态,该方法使用某个DownloadManager.STATUS_*常量来指定下载的运行、暂停、失败或者成功。

Download Manager 包含了很多 COLUMN_*静态字符串常量,可以用它们来查询结果 Cursor。可以得到每个下载的详细信息,包括状态、文件大小、目前下载的字节数、标题、描述、URI、本地文件名和 URI、媒体类型以及 Media Provider 下载 URI。

程序清单 6-6 扩展了程序清单 6-4,演示了在一个 Broadcast Receiver 中如何获得一个已完成下载文件的本地文件名和 URI,该 Broadcast Receiver 注册用来监听下载完成。

程序清单 6-6　获取已完成下载的详细信息

可从
wrox.com
下载源代码

```
@Override
public void onReceive(Context context, Intent intent) {
    long reference = intent.getLongExtra(DownloadManager.EXTRA_DOWNLOAD_ID, -1);

    if (reference == myDownloadReference) {
      Query myDownloadQuery = new Query();
      myDownloadQuery.setFilterById(reference);

      Cursor myDownload = downloadManager.query(myDownloadQuery);
      if (myDownload.moveToFirst()) {
        int fileNameIdx =
          myDownload.getColumnIndex(DownloadManager.COLUMN_LOCAL_FILENAME);
        int fileUriIdx =
          myDownload.getColumnIndex(DownloadManager.COLUMN_LOCAL_URI);

        String fileName = myDownload.getString(fileNameIdx);
        String fileUri = myDownload.getString(fileUriIdx);

        //对下载文件进行一些操作。
      }
      myDownload.close();
    }
}
```

代码片段 PA4AD_Ch6_DownloadManager/src/MyActivity.java

针对下载暂停或者失败的情形,可以通过查询 COLUMN_REASON 列来得到其原因,该原因是由一个整数值来表示的。

如果一个下载的状态是 STATUS_PAUSED,那么可以通过使用 DownloadManager.PAUSED_*静态变量之一来解释原因代码,从而确定下载被暂停是不是由于等待网络连接、Wi-Fi、或等待重试引起的。

如果一个下载的状态是 STATUS_FAILED,那么可以通过 DownloadManager.ERROR_*代码来确定失败的原因。可能的错误代码包括缺少存储设备、空闲空间不足、重复的文件名、HTTP 错误。

程序清单 6-7 展示了如何获取当前已暂停下载的列表,提取下载暂停的原因、文件名、标题和当前进度。

程序清单 6-7　获取已暂停下载的详细信息

可从
wrox.com
下载源代码

```
//获得 Download Manager Service。
String serviceString = Context.DOWNLOAD_SERVICE;
```

```java
DownloadManager downloadManager;
downloadManager = (DownloadManager)getSystemService(serviceString);

//为暂停的下载创建一个查询。
Query pausedDownloadQuery = new Query();
pausedDownloadQuery.setFilterByStatus(DownloadManager.STATUS_PAUSED);

//查询 Download Manager 中暂停的下载。
Cursor pausedDownloads = downloadManager.query(pausedDownloadQuery);

//获得我们需要的数据的列索引。
int reasonIdx = pausedDownloads.getColumnIndex(DownloadManager.COLUMN_REASON);
int titleIdx = pausedDownloads.getColumnIndex(DownloadManager.COLUMN_TITLE);
int fileSizeIdx =
  pausedDownloads.getColumnIndex(DownloadManager.COLUMN_TOTAL_SIZE_BYTES);
int bytesDLIdx =
  pausedDownloads.getColumnIndex(DownloadManager.COLUMN_BYTES_DOWNLOADED_SO_FAR);

//遍历结果 Cursor。
while (pausedDownloads.moveToNext()) {
  //从 Cursor 中提取需要的数据。
  String title = pausedDownloads.getString(titleIdx);
  int fileSize = pausedDownloads.getInt(fileSizeIdx);
  int bytesDL = pausedDownloads.getInt(bytesDLIdx);

  //将暂停原因转换为友好的文本。
  int reason = pausedDownloads.getInt(reasonIdx);
  String reasonString = "Unknown";
  switch (reason) {
    case DownloadManager.PAUSED_QUEUED_FOR_WIFI :
      reasonString = "Waiting for WiFi"; break;
    case DownloadManager.PAUSED_WAITING_FOR_NETWORK :
      reasonString = "Waiting for connectivity"; break;
    case DownloadManager.PAUSED_WAITING_TO_RETRY :
      reasonString = "Waiting to retry"; break;
    default : break;
  }

  //构造一个状态概要。
  StringBuilder sb = new StringBuilder();
  sb.append(title).append("\n");
  sb.append(reasonString).append("\n");
  sb.append("Downloaded ").append(bytesDL).append(" / " ).append(fileSize);

  //显示状态
  Log.d("DOWNLOAD", sb.toString());
}

//关闭结果 Cursor。
pausedDownloads.close();
```

代码片段 PA4AD_Ch6_DownloadManager/src/MyActivity.java

6.3 使用 Internet 服务

随着越来越多的公司竭力减少与已部署软件的安装、升级和维护相关的额外开销，软件即服务(SaaS)和云计算的理念正日益深入人心。随之就出现了大量丰富的 Internet 服务，使用它们可以构建瘦移动应用程序，这种应用程序可以使用手机或者平板电脑中的个性化设置来充实在线服务。

使用一个中间层来减轻客户端负担的思想并不是刚刚出现，我们很高兴地发现有很多基于 Internet 的选项可以向你的应用程序提供所需要的服务级别。

我们不可能在这里列出所有可用的 Internet 服务(更不用说详细地讲解它们)，但是下面仍然列出了当前可用的一些比较成熟和有趣的 Internet 服务：

- **Google Services API** 除了本地 Google 应用程序以外，Google 提供了 Web API 来访问它们的日历、文档、博客和 Picasa Web Albums 平台。这些 API 共用某种形式的 XML 来进行数据通信。
- **Yahoo! Pipes** Yahoo! Pipes 为 XML 源操作提供了一种基于 Web 的图形化方法。使用 Yahoo! Pipes，可以对 XML 源进行过滤、聚集、分析以及其他操作，还可以按照多种格式输出 XML 源，以供应用程序使用。
- **Google App Engine** 使用 Google App Engine，可以创建基于云的 Web 服务，它可以把复杂的处理从移动客户端转移出来。这样做减少了系统资源的负担，但却增加了对 Internet 连接的依赖。Google 还提供了云存储和 Prediction API 服务。
- **Amazon Web Services** Amazon 提供了一系列基于云的服务，包括一个丰富的 API，用来访问书籍、CD 和 DVD 的媒体数据库。Amazon 还提供了一个分布式的存储解决方案(S3)和一个弹性计算云(Elastic Compute Cloud，EC2)。

6.4 连接到 Google App Engine

要使用 Google Play Store，用户必须在他们的手机上登录一个 Google 账户。因此，如果你的应用程序连接到 Google App Engine 的后端来存储和检索一个特定用户的相关数据，那么可以使用 Account Manager 来处理身份验证。

Account Manager 可以让你要求用户的权限来检索一个身份验证令牌，它可以用来从你的服务器获得一个 cookie，该 cookie 之后可以用来进行将来的已确认请求。

要想从 Account Manager 中检索账户和身份验证令牌，应用程序需要有 GET_ACCOUNTS uses-permission：

```
<uses-permission android:name="android.permission.GET_ACCOUNTS"/>
```

进行已确认的 Google App Engine 请求需要 3 个步骤：
(1) 请求一个身份验证令牌。
(2) 使用身份验证令牌来请求一个身份验证 cookie。
(3) 使用身份验证 cookie 来进行已确认的请求。

程序清单 6-8 演示了如何使用 Account Manager 来请求一个 Google 账户的身份验证令牌。

程序清单 6-8 请求一个身份验证令牌

```
String acctSvc = Context.ACCOUNT_SERVICE;
AccountManager accountManager = (AccountManager)getSystemService(acctSvc);

Account[] accounts = accountManager.getAccountsByType("com.google");

if (accounts.length > 0)
  accountManager.getAuthToken(accounts[0], "ah", false,
                       myAccountManagerCallback, null);
```

代码片段 PA4AD_Ch6_AppEngine/src/MyActivity.java

然后，AccountManager 检查用户是否已经批准了你的身份验证令牌请求。结果将通过发出请求时指定的 AccountManager Callback 返回给你的应用程序。

下面是程序清单 6-8 的扩展，会检查返回的包中根据 AccountManager.KEY_INTENT 键存储的 Intent。如果这个键的值为 null，则表示用户已经批准了应用程序的请求，你可以从该包中检索身份验证令牌。

```
private static int ASK_PERMISSION = 1;

private class GetAuthTokenCB implements AccountManagerCallback<Bundle> {
  public void run(AccountManagerFuture<Bundle> result) {
    try {
      Bundle bundle = result.getResult();
      Intent launch = (Intent)bundle.get(AccountManager.KEY_INTENT);
      if (launch != null)
        startActivityForResult(launch, ASK_PERMISSION);
      else {
        // 提取身份验证令牌并请求一个身份验证 cookie
      }
    }
    catch (Exception ex) {}
  }
};
```

如果这个键的值不为 null，则必须使用捆绑的 Intent 启动一个新的 Activity 来请求用户权限。用户将会被提示批准或者拒绝你的请求。当控制权传回给你的应用程序之后，你应该再次请求身份验证令牌。

身份验证令牌根据 AccountManager.KEY_AUTHTOKEN 存储在 Bundle 参数中，如下所示：

```
String auth_token = bundle.getString(AccountManager.KEY_AUTHTOKEN);
```

使用这个令牌，通过配置一个 httpClient 并使用它来传递 HttpGet 请求，可以从 Google App Engine 请求一个身份验证 cookie，如下：

```
DefaultHttpClient http_client = new DefaultHttpClient();
http_client.getParams().setBooleanParameter(ClientPNames.HANDLE_REDIRECTS, false);
```

```
String getString = "https://[yourappsubdomain].appspot.com/_ah/login?" +
                "continue=http://localhost/&auth=" +
                auth_token;
HttpGet get = new HttpGet(getString);

HttpResponse response = http_client.execute(get);
```

如果请求成功,简单地遍历存储在 HTTP Client 的 Cookie Store 中的 Cookies 来确认已经设置身份验证 cookie。用来发出请求的 HTTP Client 拥有已确认的 cookie,并且将来对 Google App Engine 的所有请求将会被正确地身份验证。

```
if (response.getStatusLine().getStatusCode() != 302)
  return false;
else {
  for (Cookie cookie : http_client.getCookieStore().getCookies())
    if (cookie.getName().equals("ACSID")) {

    //向 Google App Engine 服务器发出已确认请求
    }
}
```

6.5 下载数据而不会耗尽电量的最佳实践

下载数据时,使用的时机和技术会对电池寿命有显著的影响。移动设备的无线电处于激活状态时会消耗大量的电量,因此,考虑应用程序的连接模式如何影响它所应用的无线电硬件的操作是很重要的工作。

每当创建一个新的连接来下载其他的数据时,可能会将无线电设备从待机状态唤醒到激活状态。在一般情况下,最好将连接和相关的下载绑定以同时且不频繁地执行它们。

相反的示例则是创建频繁、短暂的连接来下载少量的数据,这会对电池有最显著的影响。

可以使用下面的技术来尽量减少应用程序的电量消耗。

- **主动预取**   在单个连接中下载的数据越多,无线电设备需要启动来下载更多数据的次数就越少。这需要权衡下载大量不会使用的数据。
- **将连接和下载绑定**   对于时间不敏感的数据(如分析数据)来说,最好把它们绑定起来并随同其他连接一起定时传输(如在刷新内容或者预取数据时),而不是接收到它们后就直接发送出去。记住,每个新连接都有可能启动无线电设备。
- **重用现有连接而不是创建新连接**   重用现有连接而不是启动新连接可以显著地改善网络性能、减少延迟以及让网络智能响应阻塞和相关问题。
- **尽可能少调度重复下载**   在可用性允许的情况下,最好尽可能低地(而不是尽可能高地)设置默认刷新频率。对于那些要求频繁更新的用户,可以提供首选项,让他们能够通过牺牲电池寿命来换取高刷新频率。

第 7 章

文件、保存状态和首选项

本章内容
- 使用 Shared Preference 保留简单的应用程序数据
- 保存会话间的 Activity 实例数据
- 管理应用程序首选项和创建 Preference Screen
- 保存并加载文件以及管理本地文件系统
- 将静态文件作为外部资源添加

在本章中我们将介绍 Android 中的几种最简单但是却最通用的数据持久化技术——Shared Preference、实例状态 Bundle 和本地文件。

保存并加载数据对大多数应用程序来说是必要的。一个 Activity 至少应当在进入不活动状态前保存它的用户界面(UI)状态。这样可以确保当它重新启动时能够保持与之前相同的 UI。同时，我们也将需要保存用户的首选项和 UI 选择。

Android 的非确定性 Activity 和应用程序生存期使在会话间保留 UI 状态和应用程序数据变得尤其重要，因为在回到前台前，应用程序进程可能会被终止并重新启动。Android 提供了一些可选方法用于保存应用程序数据，每一种都为满足一个特定需要而进行了优化。

Shared Preference 是一种简单的、轻量级的名称/值对(NVP)机制，用于保存原始应用程序数据，最常见的是用户的应用程序首选项。Android 还提供了一种机制，用于在 Activity 生命周期处理程序内记录应用程序状态。另外，还提供了对本地文件系统的访问，既可以使用专用的方法，也可以使用标准的 java.io 类。

Android 还为用户首选项提供了一个丰富框架，允许创建与系统设置一致的设置屏幕。

7.1 保存简单的应用程序数据

Android 中的数据持久化技术为平衡速度、效率和健壮性提供了选项。

- **Shared Preference** 当存储 UI 状态、用户首选项或者应用程序设置时，我们想要一种轻量级机制以存储一个已知的值集。Shared Preference 使我们能够将一组原始数据的名称/值对保存为命名的首选项(named preference)。
- **已保存的应用程序 UI 状态** 当应用程序移动到后台时，Activity 和 Fragment 会包含专用的事件处理程序以记录当前的 UI 状态。
- **文件** 虽然这种方法并不完美，但有时从文件中写入和读取数据是解决问题的唯一途径。Android 使我们能够在设备的内部或者外部媒体上创建并加载文件。它为临时缓存提供支持，并将文件存储到公共可访问的文件夹中。

有两种轻量级技术用于为 Android 应用程序保存简单的应用程序数据——Shared Preference 和用于保存 Activity 实例状态的一组事件处理程序。这两种机制都使用名称/值对(NVP)机制来存储简单的基本值。它们都支持基本类型，如布尔型、字符串、浮点型、长整型和整型，这使得它们成为快速存储默认数值、类实例变量、当前的 UI 状态和用户首选项的理想方法。

7.2 创建并保存 Shared Preference

使用 SharedPreferences 类可以创建名称/值对的命名映射，它们可以在会话之间持久化，并在同一个应用程序沙箱中运行的应用程序组件之间共享。

为了创建或者修改一个 Shared Preference，可以调用应用程序上下文的 getSharedPreferences，并传入要修改的 Shared Preference 的名称。

```
SharedPreferences mySharedPreferences = getSharedPreferences(MY_PREFS,
                                  Activity.MODE_PRIVATE);
```

Shared Preference 存储在应用程序的沙箱中，所以可以在应用程序组件间共享，但是它对其他应用程序来说不可用。

为了修改一个 Shared Preference，可以使用 SharedPreferences.Editor 类。通过在希望修改的 Shared Preference 对象上调用 edit 来获取 Editor 对象。

```
SharedPreferences.Editor editor = mySharedPreferences.edit();
```

使用 put<type>方法来插入或更新与指定名称关联的值：

```
// Store new primitive types in the shared preferences object.
editor.putBoolean("isTrue", true);
editor.putFloat("lastFloat", 1f);
editor.putInt("wholeNumber", 2);
editor.putLong("aNumber", 31);
editor.putString("textEntryValue", "Not Empty");
```

要保存编辑动作，只需要调用 Editor 对象的 apply 或 commit 来分别异步或同步地保存更改。

```
// Commit the changes.
editor.apply();
```

第7章 文件、保存状态和首选项

　　Apply方法是在Android API level 9(Android 2.3)中引入的。调用它会安全地异步写入Shared Preference Editor。因为它是异步的，所以是保存Shared Preference的首选方法。
　　如果你想确认操作成功，或者想支持早期的Android版本，则可以调用commit方法，它会阻止调用线程，并在写入成功后返回true，在写入失败时返回false。

7.3 检索Shared Preference

为访问Shared Preference，例如，对其进行编辑和保存，可以使用getSharedPreferences方法来完成。

使用类型安全的get<type>方法来提取已保存的值。每个getter都接受一个键和一个默认值(当还没有为该键保存值时使用)。

```
//检索保存的值
boolean isTrue = mySharedPreferences.getBoolean("isTrue", false);
float lastFloat = mySharedPreferences.getFloat("lastFloat", 0f);
int wholeNumber = mySharedPreferences.getInt("wholeNumber", 1);
long aNumber = mySharedPreferences.getLong("aNumber", 0);
String stringPreference =
  mySharedPreferences.getString("textEntryValue", "");
```

通过调用getAll，可以返回所有可用的Shared Preference键值的一个映射。通过调用contains方法，可以检查特定的某个键是否存在。

```
Map<String, ?> allPreferences = mySharedPreferences.getAll();
boolean containsLastFloat = mySharedPreferences.contains("lastFloat");
```

7.4 为地震查看器创建一个设置Activity

在下面的示例中，我们将创建一个Activity，为第5章的地震查看器设置应用程序首选项。该Activity允许用户配置设置，以得到一种更加个性化的体验。还将提供开启自动更新、控制更新频率以及筛选已显示的最低地震震级等选项。

　　提示：创建自己的Activity来控制用户首选项被认为是一种不好的做法。本章稍后将使用Preference Screen类，用标准的设置屏幕替换该Activity。

(1) 打开在第6章中创建的Earthquake项目。在res/values/string.xml文件中，为在Preference Screen中显示的标签添加新的字符串资源。同时为新的菜单项添加一个字符串，该菜单项将使用户能够打开Preference Screen：

197

```xml
<?xml version="1.0" encoding="utf-8"?>
<resources>
  <string name="app_name">Earthquake</string>
  <string name="quake_feed">
    http://earthquake.usgs.gov/eqcenter/catalogs/1day-M2.5.xml
  </string>
  <string name="menu_update">Refresh Earthquakes</string>
  <string name="auto_update_prompt">Auto Update?</string>
  <string name="update_freq_prompt">Update Frequency</string>
  <string name="min_quake_mag_prompt">Minimum Quake Magnitude</string>
  <string name="menu_preferences">Preferences</string>
</resources>
```

(2) 在 res/layout 文件夹中，为 Preferences Activity 创建一个新的 preferences.xml 布局资源。包含一个复选框用于指示"自动更新"是否打开，还包含一个微调框用于选择更新速率和震级过滤器：

```xml
<?xml version="1.0" encoding="utf-8"?>
<LinearLayout xmlns:android="http://schemas.android.com/apk/res/android"
  android:orientation="vertical"
  android:layout_width="fill_parent"
  android:layout_height="fill_parent">
  <TextView
    android:layout_width="fill_parent"
    android:layout_height="wrap_content"
    android:text="@string/auto_update_prompt"
  />
  <CheckBox android:id="@+id/checkbox_auto_update"
    android:layout_width="fill_parent"
    android:layout_height="wrap_content"
  />
  <TextView
    android:layout_width="fill_parent"
    android:layout_height="wrap_content"
    android:text="@string/update_freq_prompt"
  />
  <Spinner android:id="@+id/spinner_update_freq"
    android:layout_width="fill_parent"
    android:layout_height="wrap_content"
    android:drawSelectorOnTop="true"
  />
  <TextView
    android:layout_width="fill_parent"
    android:layout_height="wrap_content"
    android:text="@string/min_quake_mag_prompt"
  />
  <Spinner android:id="@+id/spinner_quake_mag"
    android:layout_width="fill_parent"
    android:layout_height="wrap_content"
    android:drawSelectorOnTop="true"
  />
  <LinearLayout
    android:orientation="horizontal"
    android:layout_width="fill_parent"
    android:layout_height="wrap_content">
    <Button android:id="@+id/okButton"
```

```xml
      android:layout_width="wrap_content"
      android:layout_height="wrap_content"
      android:text="@android:string/ok"
    />
    <Button android:id="@+id/cancelButton"
      android:layout_width="wrap_content"
      android:layout_height="wrap_content"
      android:text="@android:string/cancel"
    />
  </LinearLayout>
</LinearLayout>
```

(3) 在一个新的 res/values/arrays.xml 文件中创建 4 个数组资源。它们将为更新频率和最小震级微调框提供所用的值：

```xml
<?xml version="1.0" encoding="utf-8"?>
<resources>
  <string-array name="update_freq_options">
    <item>Every Minute</item>
    <item>5 minutes</item>
    <item>10 minutes</item>
    <item>15 minutes</item>
    <item>Every Hour</item>
  </string-array>
  <string-array name="magnitude">
    <item>3</item>
    <item>5</item>
    <item>6</item>
    <item>7</item>
    <item>8</item>
  </string-array>
  <string-array name="magnitude_options">
    <item>3</item>
    <item>5</item>
    <item>6</item>
    <item>7</item>
    <item>8</item>
  </string-array>
  <string-array name="update_freq_values">
    <item>1</item>
    <item>5</item>
    <item>10</item>
    <item>15</item>
    <item>60</item>
  </string-array>
</resources>
```

(4) 创建 PreferencesActivity Activity。重写 onCreate 以填充我们在第(2)步中创建的布局，并获得复选框和两个微调框控件的引用。然后调用 populateSpinners stub：

```
package com.paad.earthquake;

import android.app.Activity;
```

```java
import android.content.Context;
import android.content.SharedPreferences;
import android.content.SharedPreferences.Editor;
import android.os.Bundle;
import android.preference.PreferenceManager;
import android.view.View;
import android.widget.ArrayAdapter;
import android.widget.Button;
import android.widget.CheckBox;
import android.widget.Spinner;

public class PreferencesActivity extends Activity {

  CheckBox autoUpdate;
  Spinner updateFreqSpinner;
  Spinner magnitudeSpinner;

  @Override
  public void onCreate(Bundle savedInstanceState) {
    super.onCreate(savedInstanceState);
    setContentView(R.layout.preferences);

    updateFreqSpinner = (Spinner)findViewById(R.id.spinner_update_freq);
    magnitudeSpinner = (Spinner)findViewById(R.id.spinner_quake_mag);
    autoUpdate = (CheckBox)findViewById(R.id.checkbox_auto_update);

    populateSpinners();
  }

  private void populateSpinners() {
  }
}
```

(5) 填充 populateSpinners 方法，使用 Array Adapter(数组适配器)将每个微调框都绑定到与其相对应的数组：

```java
private void populateSpinners() {
    //填充更新频率微调框
    ArrayAdapter<CharSequence> fAdapter;
    fAdapter = ArrayAdapter.createFromResource(this, R.array.update_freq_options,
      android.R.layout.simple_spinner_item);
    int spinner_dd_item = android.R.layout.simple_spinner_dropdown_item;
    fAdapter.setDropDownViewResource(spinner_dd_item);
    updateFreqSpinner.setAdapter(fAdapter);
    //填充最小震级微调框
    ArrayAdapter<CharSequence> mAdapter;
    mAdapter = ArrayAdapter.createFromResource(this,
      R.array.magnitude_options,
      android.R.layout.simple_spinner_item);
    mAdapter.setDropDownViewResource(spinner_dd_item);
    magnitudeSpinner.setAdapter(mAdapter);
}
```

(6) 添加公共静态字符串值，用于标识用来存储每个首选项值的 Shared Preference 键。更新

onCreate 方法以检索已命名的首选项,并调用 updateUIFromPreferences。updateUIFromPreferences 方法使用 Shared Preference 对象的 get<type>方法来检索每个首选项值并将其应用到当前的 UI。

使用默认的应用程序 Shared Preference 对象来保存自己的设置值:

```java
public static final String USER_PREFERENCE = "USER_PREFERENCE";
public static final String PREF_AUTO_UPDATE = "PREF_AUTO_UPDATE";
public static final String PREF_MIN_MAG_INDEX = "PREF_MIN_MAG_INDEX";
public static final String PREF_UPDATE_FREQ_INDEX = "PREF_UPDATE_FREQ_INDEX";

SharedPreferences prefs;

@Override
public void onCreate(Bundle savedInstanceState) {
    super.onCreate(savedInstanceState);
    setContentView(R.layout.preferences);

    updateFreqSpinner = (Spinner)findViewById(R.id.spinner_update_freq);
    magnitudeSpinner = (Spinner)findViewById(R.id.spinner_quake_mag);
    autoUpdate = (CheckBox)findViewById(R.id.checkbox_auto_update);
    populateSpinners();
    Context context = getApplicationContext();
    prefs = PreferenceManager.getDefaultSharedPreferences(context);
    updateUIFromPreferences();
}

private void updateUIFromPreferences() {
    boolean autoUpChecked = prefs.getBoolean(PREF_AUTO_UPDATE, false);
    int updateFreqIndex = prefs.getInt(PREF_UPDATE_FREQ_INDEX, 2);
    int minMagIndex = prefs.getInt(PREF_MIN_MAG_INDEX, 0);
    updateFreqSpinner.setSelection(updateFreqIndex);
    magnitudeSpinner.setSelection(minMagIndex);
    autoUpdate.setChecked(autoUpChecked);
}
```

(7) 仍然是在 onCreate 方法中,为 OK 和 Cancel 按钮添加事件处理程序。Cancel 按钮应当关闭该 Activity,而 OK 按钮应当首先调用 savePreferences:

```java
@Override
public void onCreate(Bundle savedInstanceState) {
    super.onCreate(savedInstanceState);
    setContentView(R.layout.preferences);
    updateFreqSpinner = (Spinner)findViewById(R.id.spinner_update_freq);
    magnitudeSpinner = (Spinner)findViewById(R.id.spinner_quake_mag);
    autoUpdate = (CheckBox)findViewById(R.id.checkbox_auto_update);

    populateSpinners();

    Context context = getApplicationContext();
    prefs = PreferenceManager.getDefaultSharedPreferences(context);
    updateUIFromPreferences();

    Button okButton = (Button) findViewById(R.id.okButton);
    okButton.setOnClickListener(new View.OnClickListener() {
```

```java
    public void onClick(View view) {
      savePreferences();
      PreferencesActivity.this.setResult(RESULT_OK);
      finish();
    }
  });

  Button cancelButton = (Button) findViewById(R.id.cancelButton);
  cancelButton.setOnClickListener(new View.OnClickListener() {

    public void onClick(View view) {
      PreferencesActivity.this.setResult(RESULT_CANCELED);
      finish();
    }
  });
}

private void savePreferences() {
}
```

(8) 根据 UI 选择完成 savePreferences 方法,记录当前的首选项,并将其存储到 Shared Preference 对象中:

```java
private void savePreferences() {
  int updateIndex = updateFreqSpinner.getSelectedItemPosition();
  int minMagIndex = magnitudeSpinner.getSelectedItemPosition();
  boolean autoUpdateChecked = autoUpdate.isChecked();

  Editor editor = prefs.edit();
  editor.putBoolean(PREF_AUTO_UPDATE, autoUpdateChecked);
  editor.putInt(PREF_UPDATE_FREQ_INDEX, updateIndex);
  editor.putInt(PREF_MIN_MAG_INDEX, minMagIndex);
  editor.commit();
}
```

(9) 至此完成了 Preferences Activity。通过将其添加到 manifest 文件中从而确保其在应用程序中是可访问的:

```xml
<activity android:name=".PreferencesActivity"
          android:label="Earthquake Preferences">
</activity>
```

(10) 现在返回到 Earthquake Activity 中,并为新的 Shared Preference 文件和菜单项添加支持以显示该 Preferences Activity。首先添加新的菜单项。重写 onCreateOptionsMenu 方法以包含一个新的菜单项,用于打开 Preferences Activity,再包含另外一个菜单项来刷新地震列表:

```java
static final private int MENU_PREFERENCES = Menu.FIRST+1;
static final private int MENU_UPDATE = Menu.FIRST+2;

@Override
public boolean onCreateOptionsMenu(Menu menu) {
  super.onCreateOptionsMenu(menu);

  menu.add(0, MENU_PREFERENCES, Menu.NONE, R.string.menu_preferences);
```

```
    return true;
}
```

(11) 重写 onOptionsItemSelected 方法，以便在选择新的菜单项时，显示 PreferencesActivity。为启动 Preferences Activity，创建一个显式的 Intent 并将其传入 startActivityForResult 方法中。当该首选项通过 onActivityResult 处理程序保存时将会启动该 Activity 并通知 Earthquake 类：

```
private static final int SHOW_PREFERENCES = 1;

public boolean onOptionsItemSelected(MenuItem item){
  super.onOptionsItemSelected(item);
  switch (item.getItemId()) {
    case (MENU_PREFERENCES): {
      Intent i = new Intent(this,
PreferencesActivity.class);
      startActivityForResult(i, SHOW_PREFERENCES);
      return true;
    }
  }
  return false;
}
```

(12) 启动应用程序并从 Activity 的菜单中选择 Preferences。Preferences Activity 应当如图 7-1 所示。

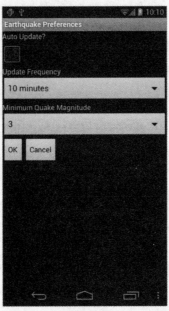

图 7-1

(13) 现在剩余的工作就是将首选项应用到地震功能中。如何实现自动更新功能将会留到第 9 章中介绍，那时我们将学习使用 Service 和后台线程。现在我们能够将框架准备就绪并应用震级过滤器。首先在 Earthquake Activity 中创建一个新的 updateFromPreferences 方法，用于读取 Shared Preference 值并为每个值创建实例变量：

```
  public int minimumMagnitude = 0;
  public boolean autoUpdateChecked = false;
  public int updateFreq = 0;

  private void updateFromPreferences() {
    Context context = getApplicationContext();
    SharedPreferences prefs =
      PreferenceManager.getDefaultSharedPreferences(context);

    int minMagIndex = prefs.getInt(PreferencesActivity.PREF_MIN_MAG_INDEX, 0);
    if (minMagIndex < 0)
      minMagIndex = 0;

    int freqIndex = prefs.getInt(PreferencesActivity.PREF_UPDATE_FREQ_INDEX, 0);
    if (freqIndex < 0)
      freqIndex = 0;

    autoUpdateChecked = prefs.getBoolean(PreferencesActivity.PREF_AUTO_UPDATE, false);

    Resources r = getResources();
    //从数组中获取选项值。
    String[] minMagValues = r.getStringArray(R.array.magnitude);
    String[] freqValues = r.getStringArray(R.array.update_freq_values);

    //将值转换成整型。
    minimumMagnitude = Integer.valueOf(minMagValues[minMagIndex]);
    updateFreq = Integer.valueOf(freqValues[freqIndex]);
  }
```

(14) 通过更新 EarthquakeListFragment 的 addNewQuake 方法应用震级过滤器，以检查一个新地震的震级，然后将这个新地震添加到列表中：

```
  private void addNewQuake(Quake _quake) {
    Earthquake earthquakeActivity = (Earthquake)getActivity();
    if (_quake.getMagnitude() > earthquakeActivity.minimumMagnitude) {
      //将新地震添加到地震列表中。
      earthquakes.add(_quake);

    }

    //将变化通知给数组适配器
    aa.notifyDataSetChanged();
  }
```

(15) 返回到 Earthquake Activity，重写 onActivityResult 处理程序以调用 update FromPreferences，并且每当 Preferences Activity 保存修改之后就刷新地震信息。需要注意，这里同样创建了一个新线程来执行地震刷新代码：

```
  @Override
  public void onActivityResult(int requestCode, int resultCode, Intent data) {
    super.onActivityResult(requestCode, resultCode, data);

    if (requestCode == SHOW_PREFERENCES)
      if (resultCode == Activity.RESULT_OK) {
```

```
    updateFromPreferences();
    FragmentManager fm = getFragmentManager();
    final EarthquakeListFragment earthquakeList =
(EarthquakeListFragment)fm.findFragmentById(R.id.EarthquakeListFragment);

    Thread t = new Thread(new Runnable() {
      public void run() {
        earthquakeList.refreshEarthquakes();
      }
    });
    t.start();
  }
}
```

(16) 最后，在 Earthquake Activity 的 onCreate 方法中调用 updateFromPreferences，以确保当 Activity 启动时该首选项被应用：

```
@Override
public void onCreate(Bundle savedInstanceState) {
  super.onCreate(savedInstanceState);
  setContentView(R.layout.main);

  updateFromPreferences();
}
```

提示：本示例中的所有代码段都是第 7 章 Earthquake Part 1 项目的一部分，可以从 www.wrox.com 上下载。

7.5 首选项框架和 Preference Activity 概述

Android 提供了一个 XML 驱动的框架，用于为应用程序创建系统样式的 Preference Screen。通过使用该框架，能够确保应用程序中的 Preference Activity 与本地和其他第三方应用程序中所使用的一致。

这有两个明显的好处：
- 用户将熟悉布局和应用程序设置屏幕的用法。
- 能够将来自其他应用程序的设置屏幕(包括系统设置，例如，位置设置)集成到自己应用程序的首选项中。

Preference Activity 框架由以下 4 个部分组成：
- **Preference Screen 布局**　一个 XML 文件，定义了在 Preference Screen 中显示的层次结构。它指定了要显示的文本及相关控件、所允许的值和为每个控件使用的 Shared Preference 键。
- **Preference Activity 和 Preference Fragment**　分别是 PreferenceActivity 和 PreferenceFragment 的扩展，用于包含 Preference Screen。在 Android 3.0 之前，Preference Activity 直接包含

Preference Screen，但是在那之后，Preference Screen 包含在 Preference Fragment 中，而 Preference Activity 则包含 Preference Fragment。
- **Preference Header** 定义　一个 XML 文件，定义了应用程序的 Preference Fragment，以及用于显示 Preference Fragment 的层次结构。
- **Shared Preference** 变化监听程序　一个 onSharedPreferenceChangeListener 类的实现，用于监听 Shared Preference 的变化。

> 提示：该 Android API level 11(Android 3.0)对首选项框架做了重大修改，引入了 Preference Fragment 和 Preference Header 的概念。现在，这是创建 ActivityPreference Screen 的首选技术。
>
> 在创作本书时，支持包中还没有包含 Preference Fragment，这就限制了它们只能在 Android 3.0 及更高版本中使用。
>
> 下面的部分将介绍为 Android 3.0+设备创建 Activity 屏幕的最佳实践技术，并说明如何为较老的设备实现相同的功能。

7.5.1　在 XML 中定义一个 Preference Screen 布局

与标准 UI 布局不同，首选项定义存储在 res/xml 资源文件夹中。

虽然从概念上来说，Preference Screen 布局类似于第 4 章中描述的 UI 布局资源，但它们使用了专门为首选项设计的控件集。这些本地首选项控件会在下一节中进行描述。

每个首选项布局被定义为一个层次结构，以一个单独的 PreferenceScreen 元素开始：

```xml
<?xml version="1.0" encoding="utf-8"?>
<PreferenceScreen
  xmlns:android="http://schemas.android.com/apk/res/android">
</PreferenceScreen>
```

可以包含额外的 Preference Screen 元素，每一个将被表示为一个可选择的元素，单击它们将会显示出一个新的屏幕。

在每个 Preference Screen 内部可以包含 PreferenceCategory 和 Preference<control>元素的任意组合。如下面的代码段所示，Preference Category 元素使用一个标题栏分隔符将每个 Preference Screen 分成子类别：

```xml
<PreferenceCategory
  android:title="My Preference Category"/>
```

图 7-2 显示了 Security Preference Screen 中用到的 SIM 卡锁、设备管理和凭据存储器 Preference Category。

现在剩下的就是添加首选项控件，以设置应用程序首选项。尽管每个首选项控件可用的特定属性会有所不同，但是每个控件应当包含至少下列 4 种属性：

- **android:key**　Shared Preference 键，所选择的值会根据相应的键

图 7-2

进行记录。
- **android:title** 用于表示首选项的显示文本。
- **android:summary** 在标题文本下方以更小字体显示的更长的文本描述。
- **android:defaultValue** 当没有为该首选项键分配首选项值时将会显示(并且选择)的默认值。

程序清单 7-1 显示了一个示例 Preference Screen，其中包含了一个 Preference Category 和一个 CheckBox Preference。

程序清单 7-1　一个简单的共享 Preference Screen

```xml
<?xml version="1.0" encoding="utf-8"?>
<PreferenceScreen
  xmlns:android="http://schemas.android.com/apk/res/android">
  <PreferenceCategory
    android:title="My Preference Category">
    <CheckBoxPreference
      android:key="PREF_CHECK_BOX"
      android:title="Check Box Preference"
      android:summary="Check Box Preference Description"
      android:defaultValue="true"
    />
  </PreferenceCategory>
</PreferenceScreen>
```

代码片段 PA4AD_Ch07_Preferences/res/xml/userpreferences.xml

该 Preference Screen 的显示结果如图 7-3 所示。本章后面将介绍如何显示一个 Preference Screen。

图 7-3

1. 原生首选项控件

Android 包含了一些首选项控件，用于建立自己的 Preference Screen：
- **CheckBoxPreference** 一个标准的首选项复选框控件，用于将首选项设置为真或者假。
- **EditTextPreference** 允许用户输入一个字符串值作为一个首选项。在运行时选择首选项文本将会显示一个文本输入对话框。
- **ListPreference** 类似于微调框的首选项。选择该首选项将会显示一个对话框，其中包含了可供选择的值的列表。可以指定不同的数组以包含显示文本和选项值。
- **MultiSelectListPreference** 在 Android 3.0(API level 11)中引入的首选项，类似于复选框列表。
- **RingtonePreference** 一个专用的列表首选项，显示可供用户选择的可用铃声列表。当创建一个屏幕以配置通知设置时，这一控件尤其有用。

可以使用每一种首选项控件来构建自己的 Preference Screen 层次结构。此外，可以通过扩展 Preference 类(或者上面列出的 Preferences 的任何一个子类)创建自己专用的首选项控件。

在以下网址可以找到关于首选项控件的更多信息：http://developer.android.com/reference/android/preference/Preference.html。

2. 使用 Intent 在 Preference Screen 中导入系统首选项

除了包含自己的 Preference Screen，首选项层次结构还能包含来自其他应用程序的 Preference Screen——包括系统首选项。

可以使用一个 Intent 调用自己的 Preference Screen 中的任何 Activity。如果在一个 Preference Screen 元素中添加一个 Intent 节点，那么系统会将该操作理解为使用指定动作请求调用 startActivity。下面的 XML 代码段添加了一个到系统显示设置的链接：

```xml
<?xml version="1.0" encoding="utf-8"?>
<PreferenceScreen xmlns:android="http://schemas.android.com/apk/res/android"
  android:title="Intent preference"
  android:summary="System preference imported using an intent">
  <intent android:action="android.settings.DISPLAY_SETTINGS" />
</PreferenceScreen>
```

android.provider.Settings 类包含了大量的 android.settings.*常量，它们能够用于调用系统设置屏幕。为了使你自己的 Preference Screen 能够使用这种技术进行调用，需要为 Preference Activity 将一个 Intent Filter 添加到 manifest 文件的项目中(在下一节将更详细地描述)：

```xml
<activity android:name=".UserPreferences" android:label="My User Preferences">
  <intent-filter>
    <action android:name="com.paad.myapp.ACTION_USER_PREFERENCE" />
  </intent-filter>
</activity>
```

7.5.2 Preference Fragment 简介

自从 Android 3.0 以来，PreferenceFragment 类就被用来包含 Preference Screen 资源定义的 Preference Screen。要创建一个新的 Preference Fragment，需要扩展 PreferenceFragment 类，如下所示：

```java
public class MyPreferenceFragment extends PreferenceFragment
```

为填充首选项，需要重写 onCreate 处理程序，并调用 addPreferencesFromResource，如下所示：

```java
@Override
public void onCreate(Bundle savedInstanceState) {
  super.onCreate(savedInstanceState);
  addPreferencesFromResource(R.xml.userpreferences);
}
```

应用程序可以包含几个不同的 Preference Fragment，它们将根据 Preference Header 的层次分组到一起，并显示在一个 Preference Activity 中，如下面的小节所述。

7.5.3 使用 Preference Header 定义 Preference Fragment 的层次结构

Preference Header 是一些 XML 资源，描述了 Preference Fragment 在 Preference Activity 中如何分组和显示。每个头都标识并允许选择一个特定的 Preference Fragment。

对于不同的屏幕尺寸和 OS 版本，用于显示头及其相关 Fragment 的布局也可能不同。在图 7-4 中，手机和平板电脑上显示了相同的 Preference Header 定义。

第 7 章 文件、保存状态和首选项

图 7-4

Preference Header 是 XML 资源，存储在项目的 res/xml 文件夹中。每个头的资源 ID 就是它的文件名(不包括扩展名)。

每个 Preference Header 都必须与一个特定的 Preference Fragment 关联，当选中该头时，Fragment 就会显示出来。必须指定 Preference Header 的标题，还可以选择包含一个摘要和一个图标资源，用于表示每个 Fragment 及它包含的 Preference Screen，如程序清单 7-2 所示。

可从
wrox.com
下载源代码

程序清单 7-2　定义 Preference Header 资源

```xml
<preference-headers xmlns:android="http://schemas.android.com/apk/res/android">
    <header android:fragment="com.paad.preferences.MyPreferenceFragment"
        android:icon="@drawable/preference_icon"
        android:title="My Preferences"
        android:summary="Description of these preferences" />
</preference-headers>
```

代码片段 PA4AD_Ch07_Preferences/res/xml/preferenceheaders.xml

与 Preference Screen 一样，可以使用一个 Intent 调用 Preference Header 中的任何 Activity。如果在头元素中添加一个 Intent 节点，如下面的代码段所示，那么系统将把此操作解释为请求使用指定的动作调用 startActivity：

```xml
<header android:icon="@drawable/ic_settings_display"
        android:title="Intent"
        android:summary="Launches an Intent.">
    <intent android:action="android.settings.DISPLAY_SETTINGS " />
</header>
```

7.5.4　Preference Activity 简介

PreferenceActivity 类用于包含由 Preference Header 资源定义的 Preference Fragment 层次结构。在 Android 3.0 之前，Preference Activity 用于直接包含 Preference Screen。如果设备想在 Android 3.0 以前的设备上运行，可能仍然要以这种方式使用 Preference Activity。

为了创建一个新的 Preference Activity，扩展 PreferenceActivity 类如下：

```
public class MyFragmentPreferenceActivity extends PreferenceActivity
```

当使用 Preference Fragment 和 Preference Header 时，需要重写 onBuildHeaders 处理程序，在其中调用 loadHeadersFromResource 并指定一个 Preference Header 资源文件：

```
public void onBuildHeaders(List<Header> target) {
  loadHeadersFromResource(R.xml.userpreferenceheaders, target);
}
```

对于遗留应用程序，可以直接填充 Preference Screen，就像在 Preference Fragment 中所做的那样：重写 onCreate 处理程序并调用 addPreferencesFromResource，指定要在该 Activity 中显示的 Preference Screen 布局 XML 资源：

```
@Override
public void onCreate(Bundle savedInstanceState) {
  super.onCreate(savedInstanceState);
  addPreferencesFromResource(R.xml.userpreferences);
}
```

像所有 Activity 一样，Preference Activity 必须包含在应用程序的 manifest 文件中：

```
<activity android:name=".MyPreferenceActivity"
          android:label="My Preferences">
</activity>
```

为了显示在该 Activity 中包含的应用程序设置，需要调用 startActivity 或者 startActivityForResult 打开它：

```
Intent i = new Intent(this, MyPreferenceActivity.class);
startActivityForResult(i, SHOW_PREFERENCES);
```

7.5.5 向后兼容性与 Preference Screen

如前所述，Android 3.0(API level 11)之间的 Android 平台是不支持 Preference Fragment 及 Preference Header 的。因此，如果想让应用程序同时运行在早于和晚于 Honeycomb 版本的设备，就需要分别实现 Preference Activity 来支持这两种设备，并在运行时启动合适的 Activity，如程序清单 7-3 所示。

程序清单 7-3　在运行时选择早于或晚于 Honeycomb 的 Preference Activity

可从
wrox.com
下载源代码

```
Class c = Build.VERSION.SDK_INT < Build.VERSION_CODES.HONEYCOMB ?
  MyPreferenceActivity.class : MyFragmentPreferenceActivity.class;

Intent i = new Intent(this, c);
startActivityForResult(i, SHOW_PREFERENCES);
```

代码片段 PA4AD_Ch07_Preferences/src/MyActivity.java

7.5.6 找到并使用 Preference Screen 设置的 Shared Preference

为 Preference Activity 中的选项记录的 Shared Preference 值被存储在应用程序沙箱中。这使得任何应用程序组件，包括 Activity、Service 和 Broadcast Receiver 都能够访问该值，如下面的代码段所示：

```
Context context = getApplicationContext();

SharedPreferences prefs = PreferenceManager.getDefaultSharedPreferences(context);
// TODO:使用get<type>方法检索值
```

7.5.7　Shared Preference Change Listener 简介

可以实现 onSharedPreferenceChangeListener，每当添加、移除或者修改一个特定的 Shared Preference 时来调用一个回调函数。

这一点对于使用了共享框架以设置应用程序首选项的 Activity 和 Service 来说尤其有用。通过使用这一处理程序，应用程序组件能够监听用户首选项的变化，并根据需要更新其 UI 或者行为。

使用想要监控的 Shared Preference 来注册 onSharedPreferenceChangeListener：

```
public class MyActivity extends Activity implements
  OnSharedPreferenceChangeListener {

  @Override
  public void onCreate(Bundle savedInstanceState) {
    super.onCreate(savedInstanceState);

    //注册这个 OnSharedPreferenceChangeListener
    SharedPreferences prefs =
      PreferenceManager.getDefaultSharedPreferences(this);
    prefs.registerOnSharedPreferenceChangeListener(this);
  }

  public void onSharedPreferenceChanged(SharedPreferences prefs,
                                        String key) {
    // TODO:检查 Shared Preference 和关键参数，并根据情况修改 UI 或行为。
    // and change UI or behavior as appropriate.
  }
}
```

7.6　为地震查看器创建一个标准的 Preference Activity

在本章的前面已经创建了一个定制的 Activity，使用户能够为地震查看器修改应用程序设置。在本示例中将用前一节描述的标准应用程序设置框架替换该定制的 Activity。

本示例展示了两种创建 Preference Activity 的方法，第一种方法使用了遗留的 PreferencesActivity，第二种方法使用了更新的 PreferenceFragment 技术创建了一个向后兼容的方案。

(1) 首先在 res/xml 下创建一个新的 XML 资源文件夹。在其中创建一个新的 userpreferences.xml 文件。该文件将为用户的地震应用程序设置定义设置 UI。这里使用前面 Activity 中所用到的相同控件和数据源，但这次使用标准的应用程序设置框架来创建它们。注意，在这个示例中选择了不同的键名。这是因为前面记录的是整数，现在记录的是字符串。为了避免应用程序在尝试读取已保存的首选项时发生类型不匹配，需要使用不同的键名：

```
<?xml version="1.0" encoding="utf-8"?>
<PreferenceScreen
  xmlns:android="http://schemas.android.com/apk/res/android">
```

```xml
<CheckBoxPreference
  android:key="PREF_AUTO_UPDATE"
  android:title="Auto refresh"
  android:summary="Select to turn on automatic updating"
  android:defaultValue="true"
/>
<ListPreference
  android:key="PREF_UPDATE_FREQ"
  android:title="Refresh frequency"
  android:summary="Frequency at which to refresh earthquake list"
  android:entries="@array/update_freq_options"
  android:entryValues="@array/update_freq_values"
  android:dialogTitle="Refresh frequency"
  android:defaultValue="60"
/>
<ListPreference
  android:key="PREF_MIN_MAG"
  android:title="Minimum magnitude"
  android:summary="Select the minimum magnitude earthquake to report"
  android:entries="@array/magnitude_options"
  android:entryValues="@array/magnitude"
  android:dialogTitle="Magnitude"
  android:defaultValue="3"
/>
</PreferenceScreen>
```

(2) 打开 PreferencesActivity Activity，并修改其继承性以扩展 PreferenceActivity：

```java
public class UserPreferences extends PreferenceActivity
```

(3) Preference Activity 将处理 UI 中用到的控件，因此可以移除用于存储复选框和微调框对象的变量。也可以移除 populateSpinners、updateUIFromPreferences 和 save Preferences 方法。需要更新首选项名称字符串，以便与第(1)步的用户首选项定义中使用的字符串相匹配。

```java
public static final String PREF_MIN_MAG = "PREF_MIN_MAG";
public static final String PREF_UPDATE_FREQ = "PREF_UPDATE_FREQ";
```

(4) 现在更新 onCreate。移除所有对 UI 控件和 OK 以及 Cancel 按钮的引用。这里没有使用这些控件，而是填充在第(1)步中创建的 userpreferences.xml 文件：

```java
@Override
public void onCreate(Bundle savedInstanceState) {
  super.onCreate(savedInstanceState);
  addPreferencesFromResource(R.xml.userpreferences);
}
```

(5) 打开 Earthquake Activity 并更新 updateFromPreferencesMethod。使用这种方法时，选中的值本身会存储在首选项中，所以没有必要执行数组查找。

```java
private void updateFromPreferences() {
  Context context = getApplicationContext();
  SharedPreferences prefs =
    PreferenceManager.getDefaultSharedPreferences(context);
```

```
    minimumMagnitude =
      Integer.parseInt(prefs.getString(PreferencesActivity.PREF_MIN_MAG, "3"));
    updateFreq =
      Integer.parseInt(prefs.getString(PreferencesActivity.PREF_UPDATE_FREQ, "60"));

    autoUpdateChecked = prefs.getBoolean(PreferencesActivity.PREF_AUTO_UPDATE, false);
}
```

(6) 更新 onActivityResult 处理程序,删除对返回值的检查。使用这种方法时,所有对用户首选项的更改将立即生效。

```
public void onActivityResult(int requestCode, int resultCode, Intent data) {
  super.onActivityResult(requestCode, resultCode,
  data);

  if (requestCode == SHOW_PREFERENCES)
    updateFromPreferences();

  FragmentManager fm = getFragmentManager();
  EarthquakeListFragment earthquakeList =
  (EarthquakeListFragment)
  fm.findFragmentById(R.id.EarthquakeListFragment);

  Thread t = new Thread(new Runnable() {
    public void run() {
      earthquakeList.refreshEarthquakes();
    }
  });
  t.start();
}
```

(7) 如果此刻运行自己的应用程序,并选择 Preferences 菜单项,那么新的"本机"设置屏幕就会显示出来,如图 7-5 所示。

图 7-5

现在，使用更新的 Preference Fragment 和 Preference Header 来创建向后兼容的实现。

(1) 首先创建一个扩展了 PreferenceFragment 的新类 UserPreferenceFragment：

```
public class UserPreferenceFragment extends PreferenceFragment
```

(2) 重写其 onCreate 处理程序，使用 Preference Screen 填充 Fragment，就像上面的第(4)步填充遗留的 Preference Activity 那样。

```
@Override
public void onCreate(Bundle savedInstanceState) {
  super.onCreate(savedInstanceState);
  addPreferencesFromResource(R.xml.userpreferences);
}
```

(3) 将 Preference Fragment 添加到 res/xml 文件夹下的一个新的 preference_headers.xml 文件。

```
<preference-headers xmlns:android="http://schemas.android.com/apk/res/android">
  <header android:fragment="com.paad.earthquake.UserPreferenceFragment"
        android:title="Settings"
        android:summary="Earthquake Refresh Settings" />
</preference-headers>
```

(4) 创建 PreferencesActivity 类的一个副本，命名为 FragmentPreferences：

```
public class FragmentPreferences extends PreferenceActivity
```

(5) 将新的 User Fragment Preferences Activity 添加到应用程序的 manifest 文件中：

```
<activity android:name=".FragmentPreferences"/>
```

(6) 打开 User Fragment Preferences Activity，完全删除 onCreate 处理程序。重写 onBuildHeaders 方法，填充在第(3)步中定义的头：

```
@Override
public void onBuildHeaders(List<Header> target) {
  loadHeadersFromResource(R.xml.preference_headers, target);
}
```

(7) 最后，打开 Earthquake Activity，修改 onOptionsItemSelected 方法来选择合适的 Preference Activity。根据平台版本创建一个显式的 Intent，并将其传递给 startActivityForResult 方法：

```
private static final int SHOW_PREFERENCES = 1;
public boolean onOptionsItemSelected(MenuItem item){
  super.onOptionsItemSelected(item);
  switch (item.getItemId()) {

  case (MENU_PREFERENCES): {
    Class c = Build.VERSION.SDK_INT < Build.VERSION_CODES.HONEYCOMB ?
      PreferencesActivity.class : FragmentPreferences.class;
    Intent i = new Intent(this, c);

    startActivityForResult(i, SHOW_PREFERENCES);
    return true;
  }
```

```
    }
    return false;
}
```

 本示例中的所有代码段都是第 7 章的 Earthquake Part 2 项目的一部分，可以从 www.wrox.com 上下载得到。

7.7 持久化应用程序实例的状态

为保存 Activity 实例变量，Android 提供了 Shared Preference 的两种专用形式。第一种使用专门针对你的 Activity 命名的 Shared Preference，第二种则依赖于一系列的生命周期事件处理程序。

7.7.1 使用 Shared Preference 保存 Activity 状态

如果想要保存并不需要与其他组件共享的 Activity 信息(例如，类实例变量)，那么可以调用 Activity.getPreferences( )，而不需要指定一个 Shared Preference 名称。这会返回一个 Shared Preference，其名称就是调用 Activity 的类名。

```
//创建或检索 Activity 首选项对象。
SharedPreferences activityPreferences =
  getPreferences(Activity.MODE_PRIVATE);

//检索编辑器以修改 Shared Preference。
SharedPreferences.Editor editor = activityPreferences.edit();

//检索视图
TextView myTextView = (TextView)findViewById(R.id.myTextView);

//在 Shared Preference 对象中存储新的基本类型
editor.putString("currentTextValue",
         myTextView.getText().toString());

//提交更改。
editor.apply();
```

7.7.2 使用生命周期处理程序保存和还原 Activity 实例

Activity 提供了 onSaveInstanceState 处理程序来持久化与会话之间的 UI 状态关联的数据。这是一个专门设计的处理程序，用于当运行时终止 Activity 时保存 UI 状态。运行时可能会终止 Activity，以便为前台应用程序释放资源，或者为硬件配置改变引起的 Activity 重新启动作准备。

如果 Activity 是由用户关闭的(按下了 Back 按钮)，或者是通过在代码中调用 finish 关闭的，那么下一次创建 Activity 时，实例状态 Bundle 不会被传递给 onCreate 或 onRestoreInstanceState。如前一节所述，应该使用 Shared Preference 存储应在用户会话之间持久化的数据。

通过重写一个 Activity 的 onSaveInstanceState 事件处理程序，可以使用它的 Bundle 参数来保存 UI 实例的值。在将修改的 Bundle 参数传入超类的处理程序之前，使用与 Shared Preference 相同的 put 方法来存储值。

```
private static final String TEXTVIEW_STATE_KEY = "TEXTVIEW_STATE_KEY";

@Override
public void onSaveInstanceState(Bundle saveInstanceState) {
  //检索视图
  TextView myTextView = (TextView)findViewById(R.id.myTextView);

  //保存状态
  saveInstanceState.putString(TEXTVIEW_STATE_KEY,
    myTextView.getText().toString());

  super.onSaveInstanceState(saveInstanceState);
}
```

每当一个 Activity 完成了其 Activity 的生命周期,但是还没有被显式地结束(调用 finish 结束)时,该处理程序将会被触发。因此,它可以用于在单个用户会话的 Activity 生命周期之间确保 Activity 状态的一致性。

如果应用程序在会话期间被强制重新启动,那么已保存的 Bundle 参数就会被传入 onRestoreInstanceState 和 onCreate 方法中。

```
@Override
public void onCreate(Bundle savedInstanceState) {
  super.onCreate(savedInstanceState);
  setContentView(R.layout.main);

  TextView myTextView = (TextView)findViewById(R.id.myTextView);

  String text = "";
  if (savedInstanceState != null &&
    savedInstanceState.containsKey(TEXTVIEW_STATE_KEY))
   text = savedInstanceState.getString(TEXTVIEW_STATE_KEY);

  myTextView.setText(text);
}
```

7.7.3 使用生命周期处理程序保存和还原 Fragment 实例状态

大多数应用程序的 UI 都封装在 Fragment 内。相应地,Fragment 也包含一个 onSaveInstanceState 处理程序,其工作方式与 Activity 中的对应处理程序十分相似。

持久化到 Bundle 中的实例状态作为参数传递给 Fragment 的 onCreate、onCreateView 和 onActivityCreated 处理程序。

如果 Activity 被销毁,然后被重新启动,以处理硬件配置改变(例如屏幕方向改变)的情况,那么可以请求保留 Fragment 状态。通过在 Fragment 的 onCreate 处理程序内调用 setRetainInstance,就指定了当与 Fragment 关联的 Activity 被重新创建时,Fragment 的实例不应该被终止和重新启动。

因此,当设备的配置改变,并且与被保留 Fragment 关联的 Activity 被销毁和重新创建时,被保留 Fragment 的 OnDestroy 和 onCreate 处理程序不会被调用。如果将大部分对象创建代码移入 onCreate,同时使用 onCreateView 和已保存实例值中存储的值来更新 UI,可以显著地提高效率。

需要注意,其余的 Fragment 生命周期处理程序(包括 onAttach、onCreateView、onActivityCreated、 onStart 和 onResume)及相应的销毁处理程序仍然会被调用。

程序清单 7-4 显示了如何使用生命周期处理程序来记录当前的 UI 状态,同时通过保留 Fragment 实例来提高效率。

可从
wrox.com
下载源代码

程序清单 7-4　通过使用生命周期处理程序和保留 Fragment 实例来持久化 UI

```java
public class MyFragment extends Fragment {

    private static String USER_SELECTION = "USER_SELECTION";
    private int userSelection = 0;
    private TextView tv;

    @Override
    public void onCreate(Bundle savedInstanceState) {
      super.onCreate(savedInstanceState);
      setRetainInstance(true);
      if (savedInstanceState != null)
        userSelection = savedInstanceState.getInt(USER_SELECTION);
    }

    @Override
    public View onCreateView(LayoutInflater inflater,
                    ViewGroup container,
                    Bundle savedInstanceState) {
      View v = inflater.inflate(R.layout.mainfragment, container, false);

      tv = (TextView)v.findViewById(R.id.text);
      setSelection(userSelection);

      Button b1 = (Button)v.findViewById(R.id.button1);
      Button b2 = (Button)v.findViewById(R.id.button2);
      Button b3 = (Button)v.findViewById(R.id.button3);

      b1.setOnClickListener(new OnClickListener() {
        public void onClick(View arg0) {
          setSelection(1);
        }
      });

      b2.setOnClickListener(new OnClickListener() {
        public void onClick(View arg0) {
          setSelection(2);
        }
      });

      b3.setOnClickListener(new OnClickListener() {
        public void onClick(View arg0) {
          setSelection(3);
        }
      });

      return v;
    }
```

```
    private void setSelection(int selection) {
      userSelection = selection;
      tv.setText("Selected: " + selection);
    }

    @Override
    public void onSaveInstanceState(Bundle outState) {
      outState.putInt(USER_SELECTION, userSelection);
      super.onSaveInstanceState(outState);
    }
  }
```

代码片段 PA4AD_Ch07_Preferences/src/MyFragment.java

7.8 将静态文件作为资源添加

如果应用程序需要外部文件资源,那么可以通过将其放置在项目层次结构的 res/raw 文件夹中,从而在自己的分发包中包含它们。

为了访问这些只读文件资源,需要调用应用程序的 Resource 对象的 openRawResource 方法,以便基于所指定的文件接收一个 InputStream。传入文件名(不带扩展名)作为 R.raw 类的变量名,如下面的代码所示:

```
Resources myResources = getResources();
InputStream myFile = myResources.openRawResource(R.raw.myfilename);
```

大型的、先前已存在的数据源(如字典)不适合(甚至不可能)转换到 Android 数据库中,此时,向资源层次结构中添加原始文件是一种非常好的解决方法。

Android 的资源机制允许为不同的语言、位置和硬件配置指定不同的资源文件。例如,我们也能够创建一个应用程序,基于用户的语言设置加载一个不同的字典资源。

7.9 在文件系统下工作

利用 Shared Preference 或者数据库来存储应用程序数据是一种好的做法,但有时可能仍然希望直接使用文件,而不是依赖于 Android 的管理机制——尤其是使用多媒体文件的时候。

7.9.1 文件管理工具

Android 提供了一些基本的文件管理工具用来帮助用户处理文件系统。这些实用工具都位于 java.io.File 包中。

有关 Java 文件管理实用工具的完整讨论超出了本书的范围,但是 Android 确实提供了一些专门的实用工具用于文件管理,它们在应用程序的上下文中是可用的。

- **deleteFile** 使用户能够删除由当前应用程序所创建的文件
- **fileList** 返回一个字符串数组,其中包含了由当前应用程序所创建的所有应用程序

如果应用程序崩溃或者被意外终止,那么这些方法对于清理遗留的临时文件尤为有用。

7.9.2 使用特定于应用程序的文件夹存储文件

许多应用程序要创建或者下载特定于该应用程序的文件。有两种方式存储这些特定于应用程序的文件：内部存储和外部存储。

当谈到外部存储时，我们指的是可以被所有的应用程序所访问的共享/媒介存储，它们通常是在通过 USB 连接到设备后，可以被挂载到计算机的文件系统。虽然它通常都位于 SD 卡上，但是有些设备是在内部存储中将其作为一个独立的分区来实现的。

最重要的是要记住，当在外部存储介质上存储文件时，对于存储在这里的文件是没有强制的安全保障的。任何应用程序都可以访问、重写或者删除这些存储在外部存储中的文件。

同样重要的还要记住，存储在外部存储中的文件可能不总是可用的。如果 SD 卡弹出，或者这个设备通过被计算机挂载来访问，应用程序就不能在外部存储上读取(或者创建)文件了。

Android 通过应用程序的上下文提供了两种相应的方法：getDir 和 getExternalFilesDir，两个方法都返回一个 File 对象，每个对象会包含有指向内部或者外部的应用程序文件存储目录的路径。

当应用程序被卸载后，存储在这些目录或者子文件夹下的所有文件都将会被删除。

getExternalFilesDir 方法是在 Android API level 8(Android 2.2)中引入的。想要支持较早的平台版本，可以调用 Enviroment.getExternalStorageDirectory 方法来返回一个外部存储的根路径。

最好在应用程序的自己的子目录下存储特定于该应用程序的数据，可以使用和 getExternalFilesDir 一样的风格，即/Android/data/[Your Package Name]/files。

注意，如果使用这种方式，当在应用程序被卸载后，将不会自动删除该应用程序的文件。

这两种方法都接受一个字符串参数，该字符串参数用于指定希望要存放文件的子目录。在 Android 2.2(API level 8)中，Environment 类中引入了许多的 DIRECTORY_[Category]字符串常量，这些常量用来表示标准的目录名称，包括下载目录、图片目录、影视目录、音乐目录和拍照文件的目录。

存储在应用程序文件夹中的文件应该是特定于父应用程序的而且通常不会被媒体扫描仪所侦测到，因此这些文件不会被自动添加到媒体库中。如果应用程序下载或者创建了应该添加到媒体库中的文件或者想要这些文件对其他应用程序也是可用的，可以和本章后面所描述的一样，考虑将它们放到公共的外部存储目录中。

7.9.3 创建私有的应用程序文件

Android 提供了 openFileInput 和 openFileOutput 方法来简化从应用程序沙箱中的文件读取数据流和向应用程序沙箱中的文件写入数据流的过程。

```
String FILE_NAME = "tempfile.tmp";

//创建一个新的输出文件流,它对于应用程序是私有的
FileOutputStream fos = openFileOutput(FILE_NAME, Context.MODE_PRIVATE);

//创建一个新的文件输入流
FileInputStream fis = openFileInput(FILE_NAME);
```

这些方法只支持那些当前应用程序文件夹中的文件,指定路径分隔符将会导致抛出一个异常。

在创建 FileOutputStream 时,如果你指定的文件名不存在,Android 会为你创建。对于已经存在的文件的默认行为就是覆盖它;想要在已经存在的文件末尾添加内容,可以指定其模式为 Context.MODE_APPEND。

默认情况下,使用 openFileOutput 方法创建的文件对于调用应用程序是私有的——其他应用程序会被拒绝访问。在不同应用程序间共享文件的标准方式是使用一个 Content Provider。另外,当创建输出文件时,可以通过指定 Context.MODE_WORLD_READABLE 或者 Context.MODE_WORLD_WRITEABLE 让它在其他应用程序中也是可用的,如下面的代码所示:

```
String OUTPUT_FILE = "publicCopy.txt";
FileOutputStream fos = openFileOutput(OUTPUT_FILE,
Context.MODE_WORLD_WRITEABLE);
```

通过调用 getFilesDir 可以找到存储在你的沙箱中的文件的位置。这个方法将会返回使用 openFileOutput 所创建的文件的绝对路径。

```
File file = getFilesDir();
Log.d("OUTPUT_PATH_", file.getAbsolutePath());
```

7.9.4 使用应用程序文件缓存

如果应用程序需要缓存临时文件,Android 提供了一个可管理的内部缓存和(从 Android API level 8 开始)一个不能管理的外部缓存。分别调用 getCacheDir 和 getExternalCacheDir 方法可以从当前的上下文中访问它们。

存储在任何一个该缓存位置中的文件在应用程序被卸载后都会被删除掉。当系统运行在低可用存储空间的时候,存储在内部缓存中的文件可能会被系统所删除;存储在外部缓存中的文件则不会被删除掉,因为系统不会跟踪外部媒介的可用存储空间。

在这两种情况下,这是用来监控和管理缓存的大小和寿命很好的方式,当超出合理的最大缓存大小的时候去删除文件。

7.9.5 存储公共可读的文件

Android 2.2 (API level 8)还包含了一个便捷的方法 Environment.getExternalStoragePublicDirectory,可以用来找到存储应用程序文件的路径。返回的位置为用户通常存放和管理他们自己的各种类型的文件的位置。

这对于那些提供功能来代替和扩充系统应用程序的应用程序尤其有用,如 camera,它在标准的位置存储文件。

getExternalStoragePublicDirectory 方法接收一个字符串参数，该字符串参数通过使用一系列的 Environment 静态常量，确定想要访问的子目录：

- **DIRECTORY_ALARMS**　作为用户可选择的警示音的可用的声音文件
- **DIRECTORY_DCIM**　设备拍到的图片和视频
- **DIRECTORY_DOWNLOADS**　用户下载的文件
- **DIRECTORY_MOVIES**　电影
- **DIRECTORY_MOVIES**　代表音乐的音频文件
- **DIRECTORY_NOTIFICATIONS**　作为用户可选择的通知音的可用的音频文件
- **DIRECTORY_PICTURES**　图片
- **DIRECTORY_PODCASTS**　代表播客的音频文件
- **DIRECTORY_RINGTONES**　作为用户可选择的铃声的可用的音频文件

注意，如果返回的目录不存在，必须在向该目录写入文件前先创建它，如下面的代码所示：

```
String FILE_NAME = "MyMusic.mp3";

File path = Environment.getExternalStoragePublicDirectory(
        Environment.DIRECTORY_MUSIC);

File file = new File(path, FILE_NAME);

try {
  path.mkdirs();
  [... Write Files ...]
} catch (IOException e) {
  Log.d(TAG, "Error writing " + FILE_NAME, e);
}
```

第 8 章

数据库和 Content Provider

本章内容
- 创建数据库和使用 SQLite
- 使用 Content Provider、Cursor 和 Content Value 来存储、共享和使用应用程序数据
- 使用 Cursor Loader 异步查询 Content Provider
- 在应用程序中添加搜索功能
- 使用原生的 Media Store、Contact 和 Calendar Content Provider

本章将介绍 Android 中的持久化数据存储,从 SQLite 数据库的库文件开始讲起。SQLite 提供了强大的 SQL 数据库的库文件,从而使你拥有一个具备完全控制权的健壮的持久化层。

你还将学习如何构建和使用 Content Provider,以在应用程序内和应用程序之间存储、共享和使用结构化数据。通过将数据存储层和应用层分离,Content Provider 为各种数据源提供了一个通用的接口。在本章中,你将学到如何异步查询 Content Provider,以确保应用程序能够时刻保持响应。

虽然对数据库的访问仅限于创建它的应用程序,但是 Content Provider 提供了一个标准的接口,可供应用程序用来与其他应用程序(包括许多本地数据存储)共享数据和使用这些应用程序的数据。

在创建了一个存储数据的应用程序后,你将学习如何在应用程序中添加搜索功能,以及如何构建可以提供实时搜索建议的 Content Provider。

因为 Content Provider 可以在应用程序之间使用,你可以将自己的应用程序与几个本地 Content Provider 集成到一起,包括联系人、日历和媒体库。你将学习如何将数据存储到这些核心的 Android 应用程序,以及如何从这些应用程序中检索数据,以便为用户提供一个更丰富、更一致、完全集成的用户体验。

8.1 Android 数据库简介

Android 通过结合使用 SQLite 数据库和 Content Provider,提供了结构化数据的持久化功能。
SQLite 数据库可以通过一种结构化的、易于管理的方法来存储应用程序数据。Android 提供了

一个完整的 SQLite 关系数据库的库文件。每个应用程序都可以创建自己的数据库，并对这个数据库拥有完全的控制权。

创建了底层数据存储之后，就可以使用 Content Provider，它通过底层数据源执行了一致的抽象，为使用和共享数据提供了一种通用的、定义良好的接口。

8.1.1 SQLite 数据库简介

使用 SQLite 可以为应用程序创建完全封装的关系数据库。使用这些数据库可以存储和管理复杂的、结构化的应用程序数据。

Android 数据库存储在设备(或模拟器)上的/data/data/<package_name>/databases 文件夹中。所有的数据库都是私有的，只能被创建它们的应用程序访问。

数据库设计是一个宽泛的主题，所以本书不可能对其进行详尽的讨论。需要注意，标准的数据库最佳实践在 Android 中仍然适用。特别是在为资源受限的设备(如手机)创建数据库时，规范化数据以尽量减少冗余就十分重要。

8.1.2 Content Provider 简介

Content Provider 提供了一种基于使用 content://模式的简单 URI 寻址模型来发布和使用数据的接口。它们允许将应用层从底层数据层中分离，通过抽象底层数据源使应用程序不必依赖于某个数据源。

可以在应用程序之间共享 Content Provider，通过查询 Content Provider 来获取结果，更新或者删除 Content Provider 中已有的记录，以及在其中添加新记录。任何具有合适权限的应用程序都可以添加、删除或更新其他任意应用程序中的数据，包括本地 Android Content Provider 中的数据。

一些本地 Content Provider 可以通过第三方应用程序访问，包括本章后面将介绍的联系人管理器、媒体库和日历。

通过发布自己的 Content Provider，你和其他开发人员就能够在新的应用程序中合并和扩展你的数据。

8.2 SQLite 简介

SQLite 是一种流行的关系数据库管理系统(Relational Database Management System，RDBMS)。SQLite 具有以下特征：

- 开源
- 符合标准
- 轻量级
- 单一层(single-tier)

它已经被实现为一个简洁的 C 语言库，并且是 Android 软件栈的一部分。

通过作为一个库实现，而不是作为一个独立的进程不断执行，每个 SQLite 数据库成为创建它的应用程序的完整部分。这样做能减少应用程序的外部依赖性、最小化延迟并简化事务锁定和同步。

SQLite 非常可靠，是许多消费类电子产品(如很多 MP3 播放器和智能手机)首选的数据库系统。轻量且强大是 SQLite 与其他很多传统的数据库引擎的不同之处，它在列定义中使用了一种松散类型的方法,即并不要求一列中的所有值都是同一种类型;相反,在每一行中分别设置每个值的类型。这样,当从每一行的每一列中分配或者提取值时就不需要进行严格的类型检查了。

 有关 SQLite 的更全面的说明,包括它的优势和局限,请参考其官方站点: http://www.sqlite.org/。

8.3 Content Value 和 Cursor

Content Value 用来向数据库的表中插入新的行。每一个 ContentValues 对象都将一个表行表示为列名到值的映射。

数据库查询作为 Cursor 对象返回。Cursor 是底层数据中的结果集的指针,它没有提取和返回结果值的副本。Cursor 为控制在数据库查询的结果集中的位置(行)提供了一种易于管理的方式。

Cursor 类包含了多个导航函数,其中包含但不限于以下几种:
- **moveToFirst** 把游标移动到查询结果中的第一行。
- **moveToNext** 把游标移动到下一行。
- **moveToPrevious** 把游标移动到前一行。
- **getCount** 返回结果集中的行数。
- **getColumnIndexOrThrow** 返回具有指定名称的列的索引(如果不存在拥有该名称的列,就会抛出异常),索引从 0 开始计数。
- **getColumnName** 返回指定列索引的名称。
- **getColumnNames** 返回当前 Cursor 中的所有列名的字符串数组。
- **moveToPositon** 将游标移动到指定行。
- **getPosition** 返回当前的游标位置。

Android 提供了一种方便的机制,可以确保异步执行查询。Android 3.0(API level 11)引入了 CursorLoader 类和相关的 Loader Manager(本章稍后介绍),现在它们已经成为了支持库的一部分,从而允许你在支持早期的 Android 版本的同时使用这些功能。

本章后面的部分将会介绍如何查询一个数据库以及如何从得到的 Cursor 对象中提取特定的行/列值。

8.4 使用 SQLite 数据库

本节将介绍如何在应用程序中创建 SQLite 数据库和与 SQLite 数据库进行交互。

在使用数据库时,最好的做法是将底层数据库封装起来,只公开与该数据库进行交互时必须使用的公有方法和常量,这一般会用到通常所谓的合同或辅助类。这个类应该公开数据库常量,特别是列名,填充和查询数据库时必须使用列名。本章后面将介绍 Content Provider,它们也可以用于公开这些交互常量。

程序清单 8-1 展示了应该在辅助类中公开的数据库常量的示例。

程序清单 8-1　合同类常量的框架代码

```java
// where 子句中使用的索引(键)列的名称。
public static final String KEY_ID = "_id";

//数据库中每个列的列名和索引.
//它们应该具有描述性.
public static final String KEY_GOLD_HOARD_NAME_COLUMN =
  "GOLD_HOARD_NAME_COLUMN";
public static final String KEY_GOLD_HOARD_ACCESSIBLE_COLUMN =
  "OLD_HOARD_ACCESSIBLE_COLUMN";
public static final String KEY_GOLD_HOARDED_COLUMN =
  "GOLD_HOARDED_COLUMN";
// TODO：为表中的每个列创建一个公有字段
```

代码片段 PA4AD_Ch08_DatabaseSkeleton/src/MyHoardDatabase.java

8.4.1 SQLiteOpenHelper 简介

SQLiteOpenHelper 是一个抽象类，用来实现创建、打开和升级数据库的最佳实践模式。

通过实现 SQLiteOpenHelper，可以隐藏那些用于决定一个数据库在打开之前是否需要创建或者升级的逻辑。

等到需要数据库时再创建和打开这些数据库是一种很好的做法。SQLiteOpenHelper 会在成功打开数据库实例后缓存它们，所以你可以在刚好要执行查询或事务前请求打开数据库。出于相同的原因，除非你不再需要使用数据库，否则无须手动关闭它们。

提示：数据库操作(特别是打开或创建数据库的操作)需要很长的时间才能完成。因此，为了确保这些操作不会影响用户体验，应使所有数据库事务异步执行。

程序清单 8-2 展示了如何扩展 SQLite OpenHelper 类，通过重写其构造函数、onCreate 和 onUpgrade 方法来分别处理创建新数据库和升级到新版本数据库的过程。

程序清单 8-2　实现 SQLiteOpenHelper

```java
private static class HoardDBOpenHelper extends SQLiteOpenHelper {

    private static final String DATABASE_NAME = "myDatabase.db";
    private static final String DATABASE_TABLE = "GoldHoards";
    private static final int DATABASE_VERSION = 1;

    //创建新数据库的 SQL 语句.
    private static final String DATABASE_CREATE = "create table " +
      DATABASE_TABLE + " (" + KEY_ID +
      " integer primary key autoincrement, " +
      KEY_GOLD_HOARD_NAME_COLUMN + " text not null, " +
      KEY_GOLD_HOARDED_COLUMN + " float, " +
      KEY_GOLD_HOARD_ACCESSIBLE_COLUMN + " integer);";

    public HoardDBOpenHelper(Context context, String name,
```

```
                 CursorFactory factory, int version) {
  super(context, name, factory, version);
}

//当磁盘上不存在数据库,辅助类需要创建一个新数据库时调用。
@Override
public void onCreate(SQLiteDatabase db) {
  db.execSQL(DATABASE_CREATE);
}

//当存在数据库版本不一致,磁盘上的数据库版本需要升级到当前版本时调用。
@Override
public void onUpgrade(SQLiteDatabase db, int oldVersion,
                     int newVersion) {
  //记录版本升级。
  Log.w("TaskDBAdapter", "Upgrading from version " +
    oldVersion + " to " +
    newVersion + ", which will destroy all old data");

  //将数据库升级到现有版本。通过比较 oldVersion 和 newVersion 的值,
  //可以处理多个旧版本的情况。

  // 最简单的情况是删除旧表,创建新表。
  db.execSQL("DROP TABLE IF EXISTS " + DATABASE_TABLE);
  //创建新表。
  onCreate(db);
  }
}
```

代码片段 PA4AD_Ch08_DatabaseSkeleton/src/MyHoardDatabase.java

在本例中,onUpgrade 简单地删除了现有的表,并使用新的表定义替换了该表。这通常是最简单、最实际的解决方法,但是对于没有与在线服务同步或者很难再次捕获的一些重要数据,更好的方法可能是将现有的数据迁移到一个新表中。

要使用 SQLiteOpenHelper 访问数据库,需要调用 getWritableDatabase 或者 getReadableDatabase 来分别打开和获得底层数据库的一个可写的或只读的实例。

在后台,如果数据库不存在,辅助类就会执行它的 onCreate 处理程序。如果数据库版本发生了改变,则 onUpgrade 处理程序就会被触发。在这两种情况下,get<Read/Writ>ableDatabase 调用将会正确地返回已缓存的、新创建的或者升级过的数据库。

当数据库成功打开后,SQLiteOpenHelper 将缓存它,以便你每次查询数据库或者执行数据库事务时能够(并且应该)使用这些方法,而不是在你的应用程序中缓存打开的数据库。

如果磁盘空间不够或者没有足够的权限,对 getWritableDatabase 的调用可能失败,因此如有必要,在需要查询数据库时应该使用 getReadableDatabase 方法作为后备。在大多数情况下,它将提供与 getWritableDatabase 相同的、已缓存的可写数据库实例,除非该数据库实例还不存在,或者存在相同的权限或磁盘空间问题,那时它将返回一个只读的数据库实例副本。

在创建或升级数据库之前,必须以可写形式打开该数据库。因此,一般来说,最好的做法是首先尝试打开可写数据库,如果不能成功打开,就再去尝试只读数据库。

8.4.2 在不使用 SQLiteOpenHelper 的情况下打开和创建数据库

如果你希望直接管理数据库的创建、打开和版本控制操作,而不是使用 SQLiteOpenHelper,那么可以可以使用应用程序 Context 对象的 openOrCreateDatabase 方法来创建数据库本身:

```
SQLiteDatabase db = context.openOrCreateDatabase(DATABASE_NAME,
                                                 Context.MODE_PRIVATE,
                                                 null);
```

创建数据库后,必须处理原来在 SQLiteOpenHelper 的 onCreate 和 onUpgrade 处理程序中处理的创建和升级逻辑——通常,这要使用数据库的 execSQL 方法来根据需要创建和删除表。

将数据库的创建和打开推迟到需要的时候再执行,并在成功地打开数据库实例后缓存它们以限制关联的效率成本,这是一种最佳实践。

最低限度是,这些操作必须异步处理,以免影响主应用程序线程。

8.4.3 Android 数据库设计注意事项

当专门为 Android 设计数据库时,需要考虑以下两点:
- 文件(如位图或者音频文件)通常是不存储在数据库的表中的。应该使用一个字符串来存储文件的路径,当然,使用一个完全限定的 URI 来存储文件的路径效果会更好。
- 虽然这不是一个严格的要求,但是我们仍然强烈建议所有的表都应该包含一个自动增加的键字段,作为每一行的唯一索引字段。如果计划使用 Content Provider 来共享表,就必须具有唯一的 ID 字段。

8.4.4 查询数据库

每个数据库查询都会作为一个 Cursor 返回。这就使得 Android 可以按需检索和释放行和列的值,从而更加高效地管理资源。

要对一个数据库对象执行查询,需要使用 query 方法,并传入以下一些参数:
- 一个可选的布尔值,用来指定结果集是否只包含唯一的值。
- 要查询的表的名称。
- 一个字符串数组形式的投影,列出了包含在结果集中的列。
- 一条 where 子句,定义了要返回的行。可以在其中包含"?"通配符,它将会被通过选择参数传入的值替换。
- 一个选择参数字符串的数组,它将会替换 where 子句中的"?"通配符。
- 一条 group by 子句,用来定义返回的行的分组方式。
- 一条 having 子句,如果指定了一条 group by 子句,则该子句会定义要包含哪些行组。
- 一个字符串,用来描述返回的行的顺序。
- 一个字符串,用来定义结果集中的最大行数。

程序清单 8-3 展示了如何从一个 SQLite 数据库表中返回选择的行。

可从
wrox.com
下载源代码

程序清单 8-3 查询数据库

```
//指定结果列投影。返回满足要求所需的最小列集。
String[] result_columns = new String[] {
  KEY_ID, KEY_GOLD_HOARD_ACCESSIBLE_COLUMN, KEY_GOLD_HOARDED_COLUMN };

//指定用于限制结果的 where 子句。
String where = KEY_GOLD_HOARD_ACCESSIBLE_COLUMN + "=" + 1;

//根据需要把以下语句替换为有效的 SQL 语句。
String whereArgs[] = null;
String groupBy = null;
String having = null;
String order = null;

SQLiteDatabase db = hoardDBOpenHelper.getWritableDatabase();
Cursor cursor = db.query(HoardDBOpenHelper.DATABASE_TABLE,
                 result_columns, where,
                 whereArgs, groupBy, having, order);
```

代码片段 PA4AD_Ch08_GoldHoarder/src/MyHoardDatabase.java

　　在程序清单 8-3 中，使用 SQLiteOpenHelper 实现打开了一个数据库实例。SQLiteHelper 将数据库实例的创建和打开操作延迟到了第一次需要它们时，并在成功打开数据库实例后缓存它们。

　　因此，每次需要对数据库执行一个查询或者事务时，请求数据库实例是一种很好的做法。出于效率考虑，只有当确信不再需要数据库实例时——通常是使用它的 Activity 或 Service 被终止时——才关闭它们。

8.4.5　从 Cursor 中提取值

　　要从 Cursor 中提取值，首先要使用前面描述过的 moveTo<location>方法将游标放到结果 Cursor 的正确行中。然后使用类型安全的 get<type>方法(传入一个列索引)来返回存储在指定列的当前行中的值。为了找出特定的列在结果游标中的列索引，需要使用它的 getColumnIndexOrThrow 和 getColumnIndex 方法。

　　当你认为列在所有情况中都存在时，使用 getColumnIndexOrThrow 是一种很好的做法。当列有可能在一些情况中不存在时，使用 getColumnIndex 并检查结果是否为-1 是比捕获异常更加高效的方法，如下面的代码片段所示：

```
int columnIndex = cursor.getColumnIndex(KEY_COLUMN_1_NAME);
if (columnIndex > -1) {
  String columnValue = cursor.getString(columnIndex);
  // 对列值执行一些操作。
}
else {
```

```
// 在列不存在时执行一些操作。
}
```

> 提示：数据库实现应该发布一些提供了列名称的静态常量。这些静态常量通常在数据库的合同类或者 Content Provider 内公开。

程序清单 8-4 展示了如何遍历一个结果 Cursor，以提取一个列中的浮点值并计算其平均值。

程序清单 8-4　从 Cursor 中提取值

可从
wrox.com
下载源代码

```
float totalHoard = 0f;
float averageHoard = 0f;

//找出所用列的索引。
int GOLD_HOARDED_COLUMN_INDEX =
  cursor.getColumnIndexOrThrow(KEY_GOLD_HOARDED_COLUMN);

//遍历游标行。
// Cursor 类被初始化为第一个元素的前一个位置，
//所以我们只能检查是否有"下一"行。
//如果结果 Cursor 为空，则返回 false。
while (cursor.moveToNext()) {
  float hoard = cursor.getFloat(GOLD_HOARDED_COLUMN_INDEX);
  totalHoard += hoard;
}

//计算平均值，并检查被零除错误。
float cursorCount = cursor.getCount();
averageHoard = cursorCount > 0 ?
              (totalHoard / cursorCount) : Float.NaN;

//完成操作后关闭 Cursor。
cursor.close();
```

代码片段 PA4AD_Ch08_GoldHoarder/src/MyHoardDatabase.java

因为 SQLite 数据库的列是松散类型的，所以可以根据需要把个别值强制转换为有效类型。例如，作为浮点数存储的值可以作为字符串读取。

结束使用结果 Cursor 后，关闭它非常重要，这样可以防止内存泄露，并降低应用程序的资源负载：

```
cursor.close();
```

8.4.6　添加、更新和删除行

SQLiteDatabase 类通过提供 insert、delete 和 update 方法来封装执行这些操作所需要的 SQL 语句。如果希望手动地执行这些(或其他)操作，则使用 execSQL 方法可以对数据库表执行任何有效的 SQL 语句。

在任何时候，只要对底层的数据库值进行了修改，就应该通过运行一个新查询来更新 Cursor。

1. 插入行

要创建一个新行,可以构造一个 ContentValues 对象,并使用它的 put 方法来添加代表每一列的名称及其相关值的名/值对。

通过把 ContentValues 对象以及表的名称传递给在目标数据库对象上调用的 insert 方法来插入新行,如程序清单 8-5 所示。

程序清单 8-5 将新行插入数据库中

```
//创建要插入的一行新值。
ContentValues newValues = new ContentValues();

//为每一行赋值。
newValues.put(KEY_GOLD_HOARD_NAME_COLUMN, hoardName);
newValues.put(KEY_GOLD_HOARDED_COLUMN, hoardValue);
newValues.put(KEY_GOLD_HOARD_ACCESSIBLE_COLUMN, hoardAccessible);
// [ ... Repeat for each column / value pair ... ]

//把行插入到表中。
SQLiteDatabase db = hoardDBOpenHelper.getWritableDatabase();
db.insert(HoardDBOpenHelper.DATABASE_TABLE, null, newValues);
```

代码片段 PA4AD_Ch08_GoldHoarder/src/MyHoardDatabase.java

> 在程序清单 8-5 中,insert 方法的第二个参数称为 null 列侵入(null column hack)。
>
> 如果想在一个 SQLite 数据库中添加一个空行,在传入一个空的 ContentValues 对象的同时,还必须传入一个值可以显式设置为 null 的列的名称。
>
> 向一个 SQLite 数据库插入一个新行时,必须显式地指定至少一个列及对应的值,这个值可以是 null。如果像程序清单 8-5 那样将 null 列侵入(null column hack)参数设为 null,那么在插入一个空的 ContentValues 对象时,SQLite 将抛出一个异常。
>
> 一般来说,确保代码不会尝试在一个 SQLite 数据库中插入空的 ContentValues 对象是一种很好的做法。

2. 更新行

更新行的操作也是使用 ContentValues 完成的。创建一个新的 ContentValues 对象,并使用 put 方法为所希望更新的每一列赋新值。然后,对数据库对象调用 update,并传入表的名称、经过更新的 ContentValues 对象以及指定要更新行的 where 子句,如程序清单 8-6 所示。

程序清单 8-6 更新数据库行

```
//创建更新行的 ContentValues。
ContentValues updatedValues = new ContentValues();

//为每一行赋值。
```

```
updatedValues.put(KEY_GOLD_HOARDED_COLUMN, newHoardValue);
// [ ... 为想更新的每一列重复该代码 ... ]

//指定一个where子句来定义哪些行应被更新。
//必要的时候指定where子句的参数。
String where = KEY_ID + "=" + hoardId;
String whereArgs[] = null;

//使用新值更新具有指定索引的行。
SQLiteDatabase db = hoardDBOpenHelper.getWritableDatabase();
db.update(HoardDBOpenHelper.DATABASE_TABLE, updatedValues,
          where, whereArgs);
```

代码片段 PA4AD_Ch08_GoldHoarder/src/MyHoardDatabase.java

3. 删除行

要删除一行,只需要简单地对数据库对象调用 delete 方法,并指定表名和一条返回希望删除的行的 where 子句,如程序清单 8-7 所示。

程序清单 8-7 删除一个数据库行

```
//指定一条where子句来确定要删除的行。
//必要时指定where子句的参数。
String where = KEY_GOLD_HOARDED_COLUMN + "=" + 0;
String whereArgs[] = null;

//删除符合where子句的行。
SQLiteDatabase db = hoardDBOpenHelper.getWritableDatabase();
db.delete(HoardDBOpenHelper.DATABASE_TABLE, where, whereArgs);
code snippet PA4AD_ Ch08_GoldHoarder/src/MyHoardDatabase.java
```

代码片段 PA4AD_Ch08_GoldHoarder/src/MyHoardDatabase.java

8.5 创建 Content Provider

Content Provider 提供了一个接口用来发布数据,通过 Content Resolver 来使用该数据。它们允许将使用数据的应用程序组件和底层的数据源分离开来,并提供了一种通用的机制来允许一个应用程序共享它们的数据或者使用其他应用程序提供的数据。

要想创建一个新的 Content Provider,可以扩展 ContentProvider 抽象类:

```
public class MyContentProvider extends ContentProvider
```

和前面小节中描述的数据库合同类一样,最好包含静态的数据库常量——尤其是处理和查询数据库所需要的列名和 Content Provider 授权。

你同样需要重写 onCreate 处理程序来初始化底层的数据源,以及重写 query、update、delete、insert 和 getType 方法来实现 Content Resolver 用来和数据进行交互的接口,如下面的小节所述。

8.5.1 注册 Content Provider

同 Activity 和 Service 一样，在 Content Resolver 能够找到 Content Provider 之前，Content Provider 必须在应用程序清单文件中进行注册。注册是通过 provider 标记实现的，provider 标记中包含一个描述 Provider 类名的 name 属性和一个 authorities 标记。

使用 authorities 标记来设定 Content Provider 的基本 URI。Content Provider 的授权如同一个地址，Content Resolver 使用它找到想要交互的数据库。

每个 Content Resolver 的授权必须是唯一的，因此最好用包名来作为 URI 的基本路径。定义 Content Provider 的授权的常用格式如下：

```
com.<CompanyName>.provider.<ApplicationName>
```

完成后的 provider 标记的格式应该如同下面的 XML 代码所示：

```xml
<provider android:name=".MyContentProvider"
          android:authorities="com.paad.skeletondatabaseprovider"/>
```

8.5.2 发布 Content Provider 的 URI 地址

每个 Content Provider 都应该使用一个公有的静态 CONTENT_URI 属性来公开它的授权，使其更容易被找到。这个 CONTENT_URI 应该包含一个主要内容的数据路径——例如：

```java
public static final Uri CONTENT_URI =
  Uri.parse("content://com.paad.skeletondatabaseprovider/elements");
```

当使用 Content Resolver 访问 Content Provider 时会用到这些内容 URI。直接使用这种形式的查询表示请求所有行，而在结尾附加/<rownumber>(如下面的代码片段所示)的查询表示请求一条记录：

```
content://com.paad.skeletondatabaseprovider/elements/5
```

最好同时支持使用这两种形式的提供程序。最简单的方式是使用一个 UriMatcher，它是一个非常有用的类，可以分析 URI 并确定它的形式。

程序清单 8-8 展示了这种实现模式，即定义一个 URI Matcher 来分析 URI 的形式——并明确地确定这个 URI 是请求所有数据还是请求单行数据。

程序清单 8-8　定义一个 UriMatcher 来判断查询是针对所有数据还是单行数据

```java
//创建两个常量来区分不同的URI 请求。
private static final int ALLROWS = 1;
private static final int SINGLE_ROW = 2;

private static final UriMatcher uriMatcher;

//填充UriMatcher 对象，其中以'element'结尾的URI 对应请求所有数据，
//以'elements/[rowID]'结尾的URI 代表请求单行数据。
static {
  uriMatcher = new UriMatcher(UriMatcher.NO_MATCH);
  uriMatcher.addURI("com.paad.skeletondatabaseprovider",
            "elements", ALLROWS);
```

```
uriMatcher.addURI("com.paad.skeletondatabaseprovider",
                  "elements/#", SINGLE_ROW);
}
```

代码片段 PA4AD_Ch08_DatabaseSkeleton/src/MyContentProvider.java

在同一个 Content Provider 中，可以使用同样的技术来公开其他的 URI，这些 URI 代表了不同的数据子集或数据库中不同的表。

区分了全表和单行查询后，就可以很容易地使用 SQLiteQueryBuilder 类对一个查询应用额外的选择条件，如下面的代码片段所示：

```
SQLiteQueryBuilder queryBuilder = new SQLiteQueryBuilder();

//如果是行查询,用传入的行限制结果集。
switch (uriMatcher.match(uri)) {
  case SINGLE_ROW :
    String rowID = uri.getPathSegments().get(1);
    queryBuilder.appendWhere(KEY_ID + "=" + rowID);
  default: break;
}
```

在随后的 8.5.4 节中，你将学习如何使用 SQLiteQueryBuilder 来执行一个查询。

8.5.3 创建 Content Provide 的数据库

通过重写 onCreate 方法来初始化打算通过 Content Provider 访问的数据源，如程序清单 8-9 所示。这个过程通常使用前一节介绍的 SQLiteOpenHelper 实现来处理，通过它可以有效地延迟创建和打开数据库，直到需要的时候再创建或者打开数据库。

程序清单 8-9　创建 Content Provider 的数据库

```
private MySQLiteOpenHelper myOpenHelper;

@Override
public boolean onCreate() {
  //  构造底层的数据库。
  //  延迟打开数据库，直到需要执行
  //  一个查询或者事务时再打开。
  myOpenHelper = new MySQLiteOpenHelper(getContext(),
     MySQLiteOpenHelper.DATABASE_NAME, null,
     MySQLiteOpenHelper.DATABASE_VERSION);

  return true;
}
```

代码片段 PA4AD_Ch08_DatabaseSkeleton/src/MyContentProvider.java

当应用程序启动时，每个 Content Provider 的 onCreate 处理程序会在应用程序的主线程中被调用。

和之前小节中数据库的示例一样，最好使用 SQLiteOpenHelper 来延迟打开(并在必要的地方创建)底层的数据库，直到 Content Provider 的查询或事务方法需要时再打开或创建它。

考虑到效率因素，在应用程序运行的时候，最好打开 Content Provider。如果系统需要额外的资源，应用程序将会关闭，与之相关联的数据库也会关闭。所以，在任何时候都没必要手动关闭数据库。

8.5.4 实现 Content Provider 查询

要想使用 Content Provider 支持查询，就必须实现 query 和 getType 方法。Content Resolver 使用这些方法来访问底层的数据，而无须知道数据的结构或实现。这些方法使得应用程序能够跨应用程序共享数据，而无须为每个数据源都发布一个特定的接口。

使用 Content Provider 的最常见场景就是访问一个 SQLite 数据库，但在这些方法中，你可以访问任何的数据源(包括文件或应用程序实例变量)。

注意，UriMatcher 对象用于完善事务处理和查询请求，而 SQLiteQueryBuilder 是执行基于行查询的便利辅助类。

程序清单 8-10 显示了在 Content Provider 中使用底层的 SQLite 数据库实现查询的框架代码。

程序清单 8-10 在 Content Provider 内实现查询和事务

```
@Override
public Cursor query(Uri uri, String[] projection, String selection,
    String[] selectionArgs, String sortOrder) {

  // 打开数据库。
  SQLiteDatabase db;
  try {
    db = myOpenHelper.getWritableDatabase();
  } catch (SQLiteException ex) {
    db = myOpenHelper.getReadableDatabase();
  }

  //必要的话，使用有效的 SQL 语句替换这些语句。
  String groupBy = null;
  String having = null;


  //使用 SQLiteQueryBuilder 来简化构造数据库查询的过程。
  SQLiteQueryBuilder queryBuilder = new SQLiteQueryBuilder();

  //如果是行查询，用传入的行限定结果集。
  switch (uriMatcher.match(uri)) {
    case SINGLE_ROW:
```

```
        String rowID = uri.getPathSegments().get(1);
        queryBuilder.appendWhere(KEY_ID + "=" + rowID);
    default: break;
}

//指定要执行查询的表,根据需要,这可以是一个特定的表或者一个连接。
queryBuilder.setTables(MySQLiteOpenHelper.DATABASE_TABLE);

//执行查询。
Cursor cursor = queryBuilder.query(db, projection, selection,
    selectionArgs, groupBy, having, sortOrder);

//返回结果Cursor。
return cursor;
}
```

代码片段 PA4AD_Ch08_DatabaseSkeleton/src/MyContentProvider.java

实现查询后,还必须指定一个 MIME 类型来标识返回的数据。通过重写 getType 方法来返回唯一地描述了该数据类型的字符串。

返回的类型应该包括两种形式,一种表示单一的项,另一种表示所有的项,如下所示:

- 单一项:

vnd.android.cursor.item/vnd.<companyname>.<contenttype>

- 所有项:

vnd.android.cursor.dir/vnd.<companyname>.<contenttype>

程序清单 8-11 展示了如何重写 getType 方法来返回基于传入的 URI 的正确 MIME 类型。

程序清单 8-11 返回一个 Content Provider MIME 类型

```
@Override
public String getType(Uri uri) {

    //为一个 Content Provider URI 返回一个字符串,它标识了 MIME 类型
    switch (uriMatcher.match(uri)) {
      case ALLROWS:
        return "vnd.android.cursor.dir/vnd.paad.elemental";
      case SINGLE_ROW:
        return "vnd.android.cursor.item/vnd.paad.elemental";
      default:
        throw new IllegalArgumentException("Unsupported URI: " +
                                          uri);
    }
}
```

代码片段 PA4AD_Ch08_DatabaseSkeleton/src/MyContentProvider.java

8.5.5 Content Provider 事务

要想在 Content Provider 上使用 delete、insert 和 update 事务,需要实现相应的 delete、insert 和

update 方法。

和 query 方法一样，这些方法被 Content Resolver 用来执行对底层数据的事务处理操作，而无须知道这些方法的实现细节——允许应用程序跨应用程序边界来更新数据。

当执行修改数据集的事务时，最好调用 Content Resolver 的 notifyChange 方法。它将通知所有已注册的 Content Observer 底层的表(或者一个特殊的行)已经被删除、添加或者更新。这些 Content Observer 是使用 Cursor.registerContentObserver 方法为一个给定的 Cursor 注册的。

和 Content Provider 查询一样，对 Content Provider 来说最常见的情况就是在 SQLite 数据库上执行事务操作，虽然这不是一个要求。程序清单 8-12 展示了在 Content Provider 中对相关的 SQLite 数据库执行事务操作的框架代码。

程序清单 8-12　典型的 Content Provider 事务实现

```java
@Override
public int delete(Uri uri, String selection, String[] selectionArgs) {

  //打开一个可读/可写的数据库来支持事务
  SQLiteDatabase db = myOpenHelper.getWritableDatabase();


  //如果是行 URI，限定删除的行为指定的行
  switch (uriMatcher.match(uri)) {
    case SINGLE_ROW :
      String rowID = uri.getPathSegments().get(1);
      selection = KEY_ID + "=" + rowID
        + (!TextUtils.isEmpty(selection) ?
          " AND (" + selection + ')' : "");
    default: break;
  }


  //要想返回删除的项的数量，必须指定一条 where 子句。要删除所有的行并返回一个值，则传入"1"
  if (selection == null)
    selection = "1";

  //执行删除。
  int deleteCount = db.delete(MySQLiteOpenHelper.DATABASE_TABLE,
    selection, selectionArgs);


  //通知所有的观察者，数据集已经改变
  getContext().getContentResolver().notifyChange(uri, null);

  //返回删除的项的数量。
  return deleteCount;
}



@Override
public Uri insert(Uri uri, ContentValues values) {

  //打开一个可读/可写的数据库来支持事务
```

```java
    SQLiteDatabase db = myOpenHelper.getWritableDatabase();


    //要想通过传入一个空 Content Value 对象来向数据库添加一个空行,
    //必须使用 nullColumnHack 参数来指定可以设置为 null 的列台
    String nullColumnHack = null;

    // 向表中插入值
    long id = db.insert(MySQLiteOpenHelper.DATABASE_TABLE,
        nullColumnHack, values);


    //构造并返回新插入行的 URI。
    if (id > -1) {

      //构造并返回新插入行的 URI。
      Uri insertedId = ContentUris.withAppendedId(CONTENT_URI, id);

//通知所有的观察者,数据集已经改变。
      getContext().getContentResolver().notifyChange(insertedId, null);

      return insertedId;
    }
    else
      return null;
}

@Override
public int update(Uri uri, ContentValues values, String selection,
  String[] selectionArgs) {


//打开一个可读/可写的数据库来支持事务。
    SQLiteDatabase db = myOpenHelper.getWritableDatabase();


    //如果是行 URI,限定删除的行为指定的行。
    switch (uriMatcher.match(uri)) {
      case SINGLE_ROW :
        String rowID = uri.getPathSegments().get(1);
        selection = KEY_ID + "=" + rowID
            + (!TextUtils.isEmpty(selection) ?
              " AND (" + selection + ')' : "");
      default: break;
    }

    //执行更新。
    int updateCount = db.update(MySQLiteOpenHelper.DATABASE_TABLE,
      values, selection, selectionArgs);


//通知所有的观察者,数据集已经改变。
    getContext().getContentResolver().notifyChange(uri, null);
```

```
    return updateCount;
}
```

代码片段 PA4AD_Ch08_DatabaseSkeleton/src/MyContentProvider.java

当操作内容 URI 时，ContentUris 类包含了方便的 withAppendedId 方法，该方法可以很容易地为 Content Provider 的 CONTENT_URI 附加特定行的 ID。程序清单 8-12 中使用该方法构造新插入行的 URI，在接下来的小节中处理数据库查询或事务时，该 URI 将用于处理特定的行。

8.5.6 在 Content Provider 中存储文件

应该在数据表中用一个完全限定的 URI 来表示存储在文件系统中某一位置的文件，而不是在 Content Provider 中存储大文件。

要想在表中支持文件，必须包含一个名为 _data 的列，它含有这条记录所表示的文件的路径。该列不应该被客户端应用程序所使用。当 Content Resolve 请求这条记录所关联的文件时，可以重写 openFile 方法来提供一个 ParcelFileDescriptor(它代表了该文件)。

对于 Content Provider 来说，它通常包含两个表：一个仅用于存储外部文件；另一个包括一个面向用户的列，该列包含指向文件表中行的 URI 引用。

程序清单 8-13 展示了在一个 Content Provider 中重写 openFile 方法的框架代码。在这个实例中，文件的名称将由该文件所属的行的 ID 来表示。

程序清单 8-13　在 Content Provider 中存储文件

```java
@Override
public ParcelFileDescriptor openFile(Uri uri, String mode)
    throws FileNotFoundException {

  //找到行 ID 并把它作为一个文件名使用。
  String rowID = uri.getPathSegments().get(1);

  //在应用程序的外部文件目录中创建一个文件对象。
  String picsDir = Environment.DIRECTORY_PICTURES;
  File file =
    new File(getContext().getExternalFilesDir(picsDir), rowID);

  // 如果文件不存在，则直接创建它。
  if (!file.exists()) {
    try {
      file.createNewFile();
    } catch (IOException e) {
      Log.d(TAG, "File creation failed: " + e.getMessage());
    }
```

}

```
//将 mode 参数转换为对应的 ParcelFileDescriptor 打开模式。
int fileMode = 0;
if (mode.contains("w"))
  fileMode |= ParcelFileDescriptor.MODE_WRITE_ONLY;
if (mode.contains("r"))
  fileMode |= ParcelFileDescriptor.MODE_READ_ONLY;
if (mode.contains("+"))
  fileMode |= ParcelFileDescriptor.MODE_APPEND;


//返回一个代表了文件的 ParcelFileDescriptor。
return ParcelFileDescriptor.open(file, fileMode);
}
```

代码片段 PA4AD_Ch08_DatabaseSkeleton/src/MyHoardContentProvider.java

由于与数据库中的行相关联的文件存储在外部，因此考虑删除数据库表中的一行对底层文件会有什么影响是很重要的。

8.5.7 一个 Content Provider 的实现框架

程序清单 8-14 展示了一个 Content Provider 的框架实现，它使用了 SQLite Open Helper 类来管理数据库，并简单地将每个查询和事务传给底层的 SQLite 数据库。

程序清单 8-14 一个 Content Provider 的框架实现

```java
import android.content.ContentProvider;
import android.content.ContentUris;
import android.content.ContentValues;
import android.content.Context;
import android.content.UriMatcher;
import android.database.Cursor;
import android.database.sqlite.SQLiteDatabase;
import android.database.sqlite.SQLiteDatabase.CursorFactory;
import android.database.sqlite.SQLiteOpenHelper;
import android.database.sqlite.SQLiteQueryBuilder;
import android.net.Uri;
import android.text.TextUtils;
import android.util.Log;

public class MyContentProvider extends ContentProvider {

  public static final Uri CONTENT_URI =
    Uri.parse("content://com.paad.skeletondatabaseprovider/elements");


  //创建两个常量用来区分不同的 URI 请求。
  private static final int ALLROWS = 1;
```

```java
    private static final int SINGLE_ROW = 2;

    private static final UriMatcher uriMatcher;


    //填充UriMatcher对象，以'element'结尾的URI对应请求全部数据，
    //以'elements/[rowID]'结尾的URI代表请求单行数据
    static {
     uriMatcher = new UriMatcher(UriMatcher.NO_MATCH);
     uriMatcher.addURI("com.paad.skeletondatabaseprovider",
       "elements", ALLROWS);
     uriMatcher.addURI("com.paad.skeletondatabaseprovider",
       "elements/#", SINGLE_ROW);
    }


    //where子句中使用的索引(键)列的名称。
    public static final String KEY_ID = "_id";


    //数据库中每个列的列名和索引。这些内容应该是描述性的。
    public static final String KEY_COLUMN_1_NAME = "KEY_COLUMN_1_NAME";

// TODO:在表中为每一列创建一个公有字段。

    // SQLiteOpenHelper变量
    private MySQLiteOpenHelper myOpenHelper;

    @Override
    public boolean onCreate() {

      //构造底层的数据库。
      //延迟打开数据库，直到需要执行一个查询或者事务时再打开。

      myOpenHelper = new MySQLiteOpenHelper(getContext(),
         MySQLiteOpenHelper.DATABASE_NAME, null,
         MySQLiteOpenHelper.DATABASE_VERSION);

      return true;
    }

    @Override
    public Cursor query(Uri uri, String[] projection, String selection,
        String[] selectionArgs, String sortOrder) {

      //打开数据库。
      SQLiteDatabase db = myOpenHelper.getWritableDatabase();

//必要的话，使用有效的SQL语句替换这些语句。
      String groupBy = null;
      String having = null;

      SQLiteQueryBuilder queryBuilder = new SQLiteQueryBuilder();
      queryBuilder.setTables(MySQLiteOpenHelper.DATABASE_TABLE);
```

```java
      //如果是行查询,用传入的行限制结果集。
      switch (uriMatcher.match(uri)) {
        case SINGLE_ROW :
          String rowID = uri.getPathSegments().get(1);
          queryBuilder.appendWhere(KEY_ID + "=" + rowID);
        default: break;
      }

      Cursor cursor = queryBuilder.query(db, projection, selection,
          selectionArgs, groupBy, having, sortOrder);

      return cursor;
    }

    @Override
    public int delete(Uri uri, String selection, String[] selectionArgs)
    {

      //打开一个可读/可写的数据库来支持事务。
      SQLiteDatabase db = myOpenHelper.getWritableDatabase();


      //如果是行URI,限定删除的行为指定的行。
      switch (uriMatcher.match(uri)) {
        case SINGLE_ROW :
          String rowID = uri.getPathSegments().get(1);
          selection = KEY_ID + "=" + rowID
              + (!TextUtils.isEmpty(selection) ?
                " AND (" + selection + ')' : "");
        default: break;
      }

//想要返回删除的项的数量,必须指定一条where子句。删除所有的行并返回一个值,同时传入"1"。
      if (selection == null)
        selection = "1";


      int deleteCount = db.delete(MySQLiteOpenHelper.DATABASE_TABLE,
        selection, selectionArgs);


//通知所有的观察者,数据集已经改变。
      getContext().getContentResolver().notifyChange(uri, null);

      return deleteCount;
    }


    @Override
    public Uri insert(Uri uri, ContentValues values) {

      //打开一个可读/可写的数据库来支持事务。
      SQLiteDatabase db = myOpenHelper.getWritableDatabase();
```

第 8 章 数据库和 Content Provider

```java
    //要想通过传入一个空 Content Value 对象的方式向数据库中添加一个空行，
    //必须使用 nullColumnHack 参数来指定可以设置为 null 的列名。
    String nullColumnHack = null;

    long id = db.insert(MySQLiteOpenHelper.DATABASE_TABLE,
       nullColumnHack, values);

    //构造并返回新插入行的 URI。
    if (id > -1) {

      //构造并返回新插入行的 URI。
      Uri insertedId = ContentUris.withAppendedId(CONTENT_URI, id);

      //通知所有的观察者，数据集已经改变。
      getContext().getContentResolver().notifyChange(insertedId, null);

      return insertedId;
    }
    else
      return null;
}

@Override
public int update(Uri uri, ContentValues values, String selection,
   String[] selectionArgs) {

   //打开一个可读/可写的数据库来支持事务。
   SQLiteDatabase db = myOpenHelper.getWritableDatabase();

   //如果是行 URI，限定删除的行为指定的行。
   switch (uriMatcher.match(uri)) {
    case SINGLE_ROW :
      String rowID = uri.getPathSegments().get(1);
      selection = KEY_ID + "=" + rowID
        + (!TextUtils.isEmpty(selection) ?
          " AND (" + selection + ')' : "");
    default: break;
   }

   //执行更新。
   int updateCount = db.update(MySQLiteOpenHelper.DATABASE_TABLE,
     values, selection, selectionArgs);

   //通知所有的观察者，数据集已经改变。
   getContext().getContentResolver().notifyChange(uri, null);

   return updateCount;
}
```

```java
    @Override
    public String getType(Uri uri) {

//为一个 Content Provider URI 返回一个字符串，它标识了 MIME 类型。
      switch (uriMatcher.match(uri)) {
        case ALLROWS:
          return "vnd.android.cursor.dir/vnd.paad.elemental";
        case SINGLE_ROW:
          return "vnd.android.cursor.item/vnd.paad.elemental";
        default:
          throw new IllegalArgumentException("Unsupported URI: " + uri);
      }
    }

    private static class MySQLiteOpenHelper extends SQLiteOpenHelper {
      // [ ... SQLite Open Helper 实现... ]
    }
  }
```

代码片段 PA4AD_Ch08_DatabaseSkeleton/src/MyContentProvider.java

8.6 使用 Content Provider

下面介绍 ContentResolver 类，并说明如何使用它来查询和操作 Content Provider。

8.6.1 Content Resolver 简介

每个应用程序都有一个 ContentResolver 实例，可以使用 getContentResolver 方法来对其进行访问，如下所示：

```
ContentResolver cr = getContentResolver();
```

当使用 Content Provider 公开数据时，Content Resolver 是用来在这些 Content Provider 上进行查询和执行事务的对应类。Content Provider 提供了底层数据的抽象，而 Content Resolver 则提供了查询或处理 Content Provider 的抽象。

Content Resolver 包含了一些查询和事务方法，它们与 Content Provider 中定义的查询和事务方法相对应。Content Resolver 不需要知道与它交互的 Content Provider 的实现：每个查询和事务方法简单地接受一个指定了要交互的 Content Provider 的 URI。

一个 Content Provider 的 URI 由它的清单节点定义的授权，通常作为 Content Provider 实现上的一个静态常量发布。

Content Provider 通常接受两种形式的 URI，一种用来请求所有数据，另一种仅指定单独的一行。第二种形式会在基础 URI 后面附加行标识符(形式为/<rowID>)。

8.6.2 查询 Content Provider

Content Provider 查询的形式与数据库查询十分类似。查询结果是作为结果集的 Cursor 返回的，返回方式与本章前面讨论的数据库查询结果的返回方式相同。

当然也可以使用前面描述的技术从结果 Cursor 中提取值，具体细节请参阅 8.4.5 节的内容。
对 ContentResolver 对象使用 query 方法并传递给它以下参数：
- 希望查询的 Content Provider 的 URI。
- 一个投影，列出了希望包含在结果集中的列。
- 一条 where 子句，定义了要返回的行。可以在其中包含"？"通配符，它将会被传入选择参数的值代替。
- 将代替 where 子句中"？"通配符的选择参数字符串数组。
- 一个字符串，用来描述返回的行的顺序。

程序清单 8-15 展示了如何使用 Content Resolver 来查询 Content Provider。

程序清单 8-15　使用 Content Resolver 查询 Content Provider

```
//获得 Content Resolver。
ContentResolver cr = getContentResolver();

//指定结果列投影。返回满足要求所需的最小列集。
// of columns required to satisfy your requirements.
String[] result_columns = new String[] {
    MyHoardContentProvider.KEY_ID,
    MyHoardContentProvider.KEY_GOLD_HOARD_ACCESSIBLE_COLUMN,
    MyHoardContentProvider.KEY_GOLD_HOARDED_COLUMN };

//指定用于限制结果的 where 子句。
String where = MyHoardContentProvider.KEY_GOLD_HOARD_ACCESSIBLE_COLUMN
            + "=" + 1;

//根据需要，用有效的 SQL 语句替换以下语句。
String whereArgs[] = null;
String order = null;

//返回指定的行。
Cursor resultCursor = cr.query(MyHoardContentProvider.CONTENT_URI,
  result_columns, where, whereArgs, order);
```

代码片段 PA4AD_Ch08_DatabaseSkeleton/src/DatabaseSkeletonActivity.java

本例中的查询使用了 MyHoardContentProvider 类提供的静态常量。值得注意的是，如果一个第三方应用程序知道内容 URI 和列名，并且具有合适的权限，那么该应用程序也可以执行相同的查询。

大多数 Content Provider 还包含一个快捷 URI 模式，允许通过把一个行 ID 附加到内容 URI 的后面来定位该行。可以使用 ContentUris 类的 withAppendedId 静态方法来简化操作，如程序清单 8-16 所示。

程序清单 8-16　在 Content Provider 中查询特定行

```
//获得 Content Resolver。
ContentResolver cr = getContentResolver();

//指定结果列投影。
//返回满足要求所需的最小列集。
```

```java
String[] result_columns = new String[] {
    MyHoardContentProvider.KEY_ID,
    MyHoardContentProvider.KEY_GOLD_HOARD_NAME_COLUMN,
    MyHoardContentProvider.KEY_GOLD_HOARDED_COLUMN };

//将一个行 ID 附加到 URI 以定位特定的行。
Uri rowAddress =
  ContentUris.withAppendedId(MyHoardContentProvider.CONTENT_URI,
  rowId);

//由于我们在请求单独的一行,因此下列变量的取值都为 null。
String where = null;
String whereArgs[] = null;
String order = null;

//返回指定的行。
Cursor resultCursor = cr.query(rowAddress,
  result_columns, where, whereArgs, order);
```

代码片段 PA4AD_Ch08_DatabaseSkeleton/src/DatabaseSkeletonActivity.java

为了从结果 Cursor 中提取值,可使用本章前面描述的相同技术,即结合使用 moveTo<location> 方法和 get<type>方法,从指定的行和列中提取值。

通过迭代结果 Cursor 并显示最大的宝藏(hoard)的名称,程序清单 8-17 扩展了程序清单 8-15 中的代码。

程序清单 8-17 从 Content Provider 结果 Cursor 中提取值

可从
wrox.com
下载源代码

```java
float largestHoard = 0f;
String hoardName = "No Hoards";

//找出所用列的索引。
int GOLD_HOARDED_COLUMN_INDEX = resultCursor.getColumnIndexOrThrow(
  MyHoardContentProvider.KEY_GOLD_HOARDED_COLUMN);
int HOARD_NAME_COLUMN_INDEX = resultCursor.getColumnIndexOrThrow(
  MyHoardContentProvider.KEY_GOLD_HOARD_NAME_COLUMN);


//迭代游标行。
//Cursor 类被初始化为第一个元素的前一个位置,所以我们只能检查是否有"下一"行。
//如果结果 Cursor 为空,则返回 false。
while (resultCursor.moveToNext()) {
  float hoard = resultCursor.getFloat(GOLD_HOARDED_COLUMN_INDEX);
  if (hoard > largestHoard) {
    largestHoard = hoard;
    hoardName = resultCursor.getString(HOARD_NAME_COLUMN_INDEX);
  }
}

//完成操作后关闭 Cursor。
resultCursor.close();
```

代码片段 PA4AD_Ch08_DatabaseSkeleton/src/DatabaseSkeletonActivity.java

使用结果 Cursor 后，关闭它非常重要，这样可以防止内存泄露，并降低应用程序的资源负载：

resultCursor.close();

在本章后面介绍本地 Android Content Provider 时，你将会看到更多对内容进行查询的示例。

> 数据库查询的执行时间很长。默认情况下，Content Resolver 将在应用程序主线程上执行查询和其他一些事务。
>
> 为了确保应用程序能够保持平稳和响应性，必须像下一节介绍的那样，异步执行所有的查询。

8.6.3 使用 Cursor Loader 异步查询内容

数据库操作可能是非常耗时的，所以对于任何数据库和 Content Provider 查询来说，最好不要在应用程序的主线程中执行，这一点特别重要。

既要管理 Cursor，又要与 UI 线程正确同步，并且还要保证所有的查询都在后台进行，这是非常困难的事情。为了帮助简化这个过程，Android 3.0(API level 11)引入了 Loader 类。现在 Loader 类在 Android 支持库中同样是可用的，这就使得这些类在 Android 1.6 以上的每个 Android 平台中都是可用的。

1. Loader 简介

通过 LoaderManager 可以在每个 Activity 和 Fragment 中使用 Loader。这些 Loader 被设计用来异步加载数据和监控底层数据源的变化。

虽然 Loader 类可以实现为从任何数据源加载任何类型的数据，但特别需要关注的是 CursorLoader 类。Cursor Loader 允许你针对 Content Provider 执行异步查询并返回一个结果 Cursor，而且对底层提供程序的任何更新都会发出通知。

> 为了保持代码的简洁和封装性，本章中不是所有的示例都使用 Cursor Loader 来实现 Content Provider 查询。对于你自己的应用程序来说，最好经常使用 Cursor Loader 来管理 Activity 和 Fragment 中的 Cursor。

2. 使用 Cursor Loader

Cursor Loader 能够处理在 Activity 或者 Fragment 中使用 Cursor 所需的所有管理任务，所以实际上不建议再使用 Activity 的 managedQuery 和 startManagingCursor 方法。这包括管理 Cursor 的生命周期以确保在 Activity 终止的时候关闭 Cursor。

Cursor Loader 同样会监控底层查询的改变，所以你不再需要实现自己的 Content Observer。

实现 Cursor Loader Callback

要使用 Cursor Loader，可创建一个新的 LoaderManager.LoaderCallbacks 实现。Loader Callback 是使用泛型实现的，所以当你实现自己的 Loader Callback 时，应该显式地指定加载的类型，本例中该类型为Cursor。

```
LoaderManager.LoaderCallbacks<Cursor> loaderCallback
  = new LoaderManager.LoaderCallbacks<Cursor>() {
```

如果需要在Fragment或者Activity中只实现一个Loader，通常通过让该组件实现LoaderCallback接口来实现这一点。

Loader Callback 由以下 3 个处理程序组成：

- **onCreateLoader**　当 Loader 被初始化后，调用 onCreateLoader，该处理程序应该创建并返回一个新的 Cursor Loader 对象。Cursor Loader 构造函数的参数与使用 Content Resolver 执行查询所需的参数是相同的。因此，当这个处理程序执行时，所指定的查询参数将被用在使用 Content Resolver 执行的查询中。
- **onLoadFinished**　当 Loader Manager 已经完成了异步查询后，onLoadFinished 处理程序会被调用，并把结果 Cursor 作为参数传入。使用这个 Cursor 来更新适配器和其他 UI 元素。
- **onLoaderReset**　当 Loader Manager 重置 Cursor Loader 的时候，会调用 onLoaderReset 处理程序。你应该在该处理程序中释放查询返回的数据的引用，并且重置相应的 UI。你不用尝试关闭这个 Cursor，Loader Manager 会关闭它。

> onLoadFinished 和 onLoaderReset 与 UI 线程不是同步的。如果要直接修改 UI 元素，首先需要使用 Handler 或者类似的机制与 UI 线程同步。在第 9 章中会讨论 UI 线程同步的更详细内容。

程序清单 8-18 展示了 Cursor Loader Callback 的实现框架。

程序清单 8-18　实现 Loader Callback

```java
public Loader<Cursor> onCreateLoader(int id, Bundle args) {
  // 按照 Cursor Loader 的形式构造一个新的查询，使用 id 参数来构造和返回
  //不同的 Loader。
  String[] projection = null;
  String where = null;
  String[] whereArgs = null;
  String sortOrder = null;

  //查询 URI
  Uri queryUri = MyContentProvider.CONTENT_URI;

  //创建新的 Cursor Loader。
  return new CursorLoader(DatabaseSkeletonActivity.this, queryUri,
    projection, where, whereArgs, sortOrder);
}

public void onLoadFinished(Loader<Cursor> loader, Cursor cursor) {

  //用一个新的结果集代替 Cursor Adapter 所显示的结果 Cursor。
```

```
    adapter.swapCursor(cursor);
```

　　//这个处事程序不会和 UI 线程同步，因此在直接修改任意 UI 元素之前需要同步它。
}

```
public void onLoaderReset(Loader<Cursor> loader) {

    //在 List Adapter 中将现有的结果 Cursor 移除。
    adapter.swapCursor(null);
```

　　//这个处理程序不会和 UI 线程同步，因此在直接修改任意 UI 元素之前需要同步它。
}

　　　　　　代码片段 PA4AD_Ch08_DatabaseSkeleton/src/DatabaseSkeletonActivity.java

初始化和重新启动 Cursor Loader
每个 Activity 和 Fragment 都提供了 getLoaderManager 方法，可以调用该方法来访问 Loader Manager。

```
LoaderManager loaderManager = getLoaderManager();
```

要初始化一个新的 Loader，需要调用 Loader Manager 的 initLoader 方法，并传入 Loader Callback 实现的引用、一个可选参数 Bundle 以及一个 Loader 标识符。

```
Bundle args = null;
loaderManager.initLoader(LOADER_ID, args, myLoaderCallbacks);
```

　　这个过程通常是在宿主 Activity 的 onCreate 方法(对于 Fragment，则是 onActivityCreated 处理程序)中完成的。

　　如果标识符对应的 Loader 不存在，则如同前一节所描述的那样，在关联的 Loader Callback 的 onCreateLoader 处理程序中创建这个 Loader。

　　在大多数情况下，这就是需要完成的所有工作。Loader Manager 会处理你初始化的任何一个 Loader 的生命周期以及底层的查询和 Cursor。同样，它也会管理查询结果的改变。

　　创建 Loader，重复调用 initLoader 方法将只会返回现有的 Loader。如果想要抛弃旧的 Loader 并重新创建它，可以使用 restartLoader 方法。

```
loaderManager.restartLoader(LOADER_ID, args, myLoaderCallbacks);
```

　　对于查询参数变化的场合，如查询条件或排序顺序改变，这样做通常是很有必要的。

8.6.4　添加、删除和更新内容

　　要在 Content Provider 上执行事务操作，需要使用 Content Resolver 的 insert、delete 和 update 方法。与查询一样，Content Provider 的事务会在应用程序主线程上执行，除非把它们移动到一个工作线程上。

　　　　数据库操作需要的时间很长，所以异步执行每个事务非常重要。

1. 插入内容

Content Resolver 提供了两种方法来向 Content Provider 插入新的记录——insert 和 bulkInsert。这两种方法都可接受要插入内容的 Content Provider 的 URI。Insert 方法接受一个新的 ContentValues 对象,而 bulkInsert 方法则接受一个数组。

简单的 insert 方法将返回一个指向新添加记录的 URI,而 bulkInsert 方法将返回成功添加的行的数量。

程序清单 8-19 展示了如何使用 insert 方法向 Content Provider 添加新行。

程序清单 8-19　将新行插入 Content Provider 中

```
//创建要插入的一行新值。
ContentValues newValues = new ContentValues();

//为每一行赋值。
newValues.put(MyHoardContentProvider.KEY_GOLD_HOARD_NAME_COLUMN,
            hoardName);
newValues.put(MyHoardContentProvider.KEY_GOLD_HOARDED_COLUMN,
            hoardValue);
newValues.put(MyHoardContentProvider.KEY_GOLD_HOARD_ACCESSIBLE_COLUMN,
            hoardAccessible);
// [ ... 为每个列/值对重复 ... ]

//获得 Content Resolver。
ContentResolver cr = getContentResolver();

//将行插入表中。
Uri myRowUri = cr.insert(MyHoardContentProvider.CONTENT_URI,
                    newValues);
```

代码片段 PA4AD_Ch08_DatabaseSkeleton/src/DatabaseSkeletonActivity.java

2. 删除内容

要删除一条记录,可调用 Content Resolver 的 delete 方法,并传入想要删除的行的 URI。也可以指定一条 where 子句来删除多行。程序清单 8-20 展示了如何删除匹配给定条件的多行。

程序清单 8-20　从 Content Provider 中删除行

```
//指定一条 where 子句来确定要删除的行。
//必要时指定 where 子句的参数。
String where = MyHoardContentProvider.KEY_GOLD_HOARDED_COLUMN +
            "=" + 0;
String whereArgs[] = null;

//获得 Content Resolver。
ContentResolver cr = getContentResolver();

//删除匹配的行。
```

```
int deletedRowCount =
  cr.delete(MyHoardContentProvider.CONTENT_URI, where, whereArgs);
```

代码片段 PA4AD_Ch08_DatabaseSkeleton/src/DatabaseSkeletonActivity.java

3. 更新内容

通过使用 Content Resolver 的 update 方法，可以更新行。update 方法接受目标 Content Provider 的 URI、一个用来把列名映射到更新值的 ContentValues 对象以及一个用来指定要对哪些行进行更新的 where 子句作为参数。

执行更新时，与 where 子句匹配的每一行都将会使用指定的 ContentValues 进行更新，并且将返回成功更新的行数。

或者，也可以通过指定特定行的唯一 URI 来更新该行，如程序清单 8-21 所示。

程序清单 8-21　更新 Content Provider 中的记录

```
//创建更新的行内容，将值赋给每一行。
ContentValues updatedValues = new ContentValues();
updatedValues.put(MyHoardContentProvider.KEY_GOLD_HOARDED_COLUMN,
            newHoardValue);
// [···为要更新的每一列重复···]

//创建一个 URI 来定位特定的一行。
Uri rowURI =
  ContentUris.withAppendedId(MyHoardContentProvider.CONTENT_URI,
  hoardId);

//指定特定的一行，这样就不需要使用选择子句。
String where = null;
String whereArgs[] = null;

//获得 Content Resolver。
ContentResolver cr = getContentResolver();

//更新指定的行。
int updatedRowCount =
  cr.update(rowURI, updatedValues, where, whereArgs);
```

代码片段 PA4AD_Ch08_DatabaseSkeleton/src/DatabaseSkeletonActivity.java

8.6.5　访问 Content Provider 中存储的文件

Content Provider 使用完全限定的 URI 来表示大文件，而不是使用原始文件 blob。但是，在使用 Content Resolver 时，这一点被抽象化。

要访问存储在 Content Provider 中的文件，或者把一个新文件插入 Content Provider 中，可以分别使用 Content Resolver 的 openOutputStream 和 openInputStream 方法，并传入包含所需文件的 Content Provider 行的 URI。Content Provider 将解释你的请求，并返回所请求文件的一个输入流或者输出流，如程序清单 8-22 所示。

程序清单8-22 读取和写入 Content Provider 的文件

```java
public void addNewHoardWithImage(String hoardName, float hoardValue,
  boolean hoardAccessible, Bitmap bitmap) {

  //创建要插入的新行。
  ContentValues newValues = new ContentValues();

  //为每一行赋值。
  newValues.put(MyHoardContentProvider.KEY_GOLD_HOARD_NAME_COLUMN,
            hoardName);
  newValues.put(MyHoardContentProvider.KEY_GOLD_HOARDED_COLUMN,
            hoardValue);
  newValues.put(
    MyHoardContentProvider.KEY_GOLD_HOARD_ACCESSIBLE_COLUMN,
    hoardAccessible);

  //获得 Content Provider。
  ContentResolver cr = getContentResolver();

  //在表中插入行。
  Uri myRowUri =
    cr.insert(MyHoardContentProvider.CONTENT_URI, newValues);

  try {
    //使用新行的 URI 打开一个输出流。
    OutputStream outStream = cr.openOutputStream(myRowUri);
    //压缩位图并将其保存到提供程序中。
    bitmap.compress(Bitmap.CompressFormat.JPEG, 80, outStream);
  }
  catch (FileNotFoundException e) {
    Log.d(TAG, "No file found for this record.");
  }
}

public Bitmap getHoardImage(long rowId) {
  Uri myRowUri =
    ContentUris.withAppendedId(MyHoardContentProvider.CONTENT_URI,
                    rowId);

  try {
    //使用新行的 URI 打开一个输入流。
    InputStream inStream =
      getContentResolver().openInputStream(myRowUri);

    //创建位图的一个副本。
    Bitmap bitmap = BitmapFactory.decodeStream(inStream);
    return bitmap;
  }
  catch (FileNotFoundException e) {
    Log.d(TAG, "No file found for this record.");
  }

  return null;
}
```

代码片段 PA4AD_Ch08_DatabaseSkeleton/src/DatabaseSkeletonActivity.java

8.6.6 创建一个 To-Do List 数据库和 Content Provider

在第 4 章中创建了一个 To-Do List 应用程序。在下面的示例中，会创建数据库和 Content Provider 来保存添加到列表中的每个待办事项。

(1) 首先创建一个新的 ToDoContentProvider 类。它将扩展 ContentProvider 类并使用 SQLiteOpenHelper 托管数据库以及管理数据库交互。它将包括一些 stub 方法，如 onCreate、query、update、insert、delete 和 getType 方法，以及一个私有的 SQLiteOpenHelper 框架实现。

```java
package com.paad.todolist;

import android.content.ContentProvider;
import android.content.ContentUris;
import android.content.ContentValues;
import android.content.Context;
import android.content.UriMatcher;
import android.database.Cursor;
import android.database.sqlite.SQLiteDatabase;
import android.database.sqlite.SQLiteQueryBuilder;
import android.database.sqlite.SQLiteDatabase.CursorFactory;
import android.database.sqlite.SQLiteOpenHelper;
import android.net.Uri;
import android.text.TextUtils;
import android.util.Log;

public class ToDoContentProvider extends ContentProvider {

  @Override
  public boolean onCreate() {
    return false;
  }

  @Override
  public String getType(Uri url) {
    return null;
  }

  @Override
  public Cursor query(Uri url, String[] projection, String selection,
                      String[] selectionArgs, String sort) {
    return null;
  }

  @Override
  public Uri insert(Uri url, ContentValues initialValues) {
    return null;
  }

  @Override
  public int delete(Uri url, String where, String[] whereArgs) {
    return 0;
  }

  @Override
```

```java
    public int update(Uri url, ContentValues values,
                String where, String[]wArgs) {
      return 0;
    }

    private static class MySQLiteOpenHelper extends SQLiteOpenHelper {

      public MySQLiteOpenHelper(Context context, String name,
                  CursorFactory factory, int version) {
        super(context, name, factory, version);
      }


//当在磁盘中没有数据库时调用,辅助类需要创建一个新的数据库。
      @Override
      public void onCreate(SQLiteDatabase db) {
        // TODO Create database tables.
      }


//当数据库版本不匹配时调用,也就是说,磁盘上的数据库版本需要升级到当前版本。
      @Override
      public void onUpgrade(SQLiteDatabase db, int oldVersion, int newVersion) {
        // TODO Upgrade database.
      }
    }
  }
```

(2) 为 ToDoContentProvider 发布一个 URI,其他应用程序组件通过 ContentResolver 使用这个 URI 来访问 ToDoContentProvider。

```java
public static final Uri CONTENT_URI =
  Uri.parse("content://com.paad.todoprovider/todoitems");
```

(3) 创建定义了列名的公有静态变量。这些变量会用在 SQLiteOpenHelper 类中,用来创建数据库和从其他应用程序组件提取你的查询结果值。

```java
public static final String KEY_ID = "_id";
public static final String KEY_TASK = "task";
public static final String KEY_CREATION_DATE = "creation_date";
```

(4) 在 MySQLiteOpenHelper 类中,创建变量来存储数据库的名称和版本以及待办事项表的名称。

```java
private static final String DATABASE_NAME = "todoDatabase.db";
private static final int DATABASE_VERSION = 1;
private static final String DATABASE_TABLE = "todoItemTable";
```

(5) 还是在 MySQLiteOpenHelper 类中,重写 onCreate 和 onUpgrade 方法,它们处理使用第(3)步中创建的列名变量和标准的升级逻辑来创建数据库。

```java
// 创建新数据库的 SQL 语句。
private static final String DATABASE_CREATE = "create table " +
  DATABASE_TABLE + " (" + KEY_ID +
  " integer primary key autoincrement, " +
```

```
    KEY_TASK + " text not null, " +
    KEY_CREATION_DATE + "long);";


//当在磁盘中没有数据库时调用,辅助类需要创建一个新的数据库。
@Override
public void onCreate(SQLiteDatabase db) {
  db.execSQL(DATABASE_CREATE);
}


//当数据库版本不匹配时调用,也就是说,磁盘上的数据库版本需要升级到当前版本。
@Override
public void onUpgrade(SQLiteDatabase db, int oldVersion, int newVersion) {
    //记录版本升级。
    Log.w("TaskDBAdapter", "Upgrading from version " +
                    oldVersion + " to " +
                    newVersion + ", which will destroy all old data");

//将现有的数据库升级到新版本,通过比较 oldVersion 和 newVersion 的值可以处理多个旧版本。

//最简单的方式就是删除旧的表,创建一个新表。
    db.execSQL("DROP TABLE IF EXISTS " + DATABASE_TABLE);
    // 创建一个新表。
    onCreate(db);
}
```

(6) 回到 ToDoContentProvider 类中,添加一个私有的变量来保存一个 MySQLiteOpenHelper 类的引用,并在 onCreate 方法中创建它。

```
private MySQLiteOpenHelper myOpenHelper;

@Override
public boolean onCreate() {

//构造底层的数据库。
    //延迟打开数据库,直到需要执行一个查询或者事务时再打开。
  myOpenHelper = new MySQLiteOpenHelper(getContext(),
    MySQLiteOpenHelper.DATABASE_NAME, null,
    MySQLiteOpenHelper.DATABASE_VERSION);

  return true;
}
```

(7) 仍然是在 Content Provider 中,创建一个新的 UriMatcher,使得 Content Provider 能够区分是全表查询还是针对特定行的查询。在 getType 方法中根据查询的类型返回正确的 MIME 类型。

```
private static final int ALLROWS = 1;
private static final int SINGLE_ROW = 2;

private static final UriMatcher uriMatcher;
```

```
//填充UriMatcher对象,以'element'结尾的URI对应请求全部数据,
//以'elements/[rowID]'结尾的URI代表请求单行数据。
static {
uriMatcher = new UriMatcher(UriMatcher.NO_MATCH);
uriMatcher.addURI("com.paad.todoprovider", "todoitems", ALLROWS);
uriMatcher.addURI("com.paad.todoprovider", "todoitems/#", SINGLE_ROW);
}

@Override
public String getType(Uri uri) {

//为一个Content Provider URI返回一个字符串,它标识了MIME类型。
  switch (uriMatcher.match(uri)) {
    case ALLROWS: return "vnd.android.cursor.dir/vnd.paad.todos";
    case SINGLE_ROW: return "vnd.android.cursor.item/vnd.paad.todos";
    default: throw new IllegalArgumentException("Unsupported URI: " + uri);
  }
}
```

(8) 实现 query stub 方法。在基于传入的参数构造一个查询之前,首先请求一个数据库的实例。在这个简单的实例中,只需要对底层数据库使用相同的查询参数——只针对处理单行查询的 URI 的可能性来修改查询。

```
@Override
public Cursor query(Uri uri, String[] projection, String selection,
    String[] selectionArgs, String sortOrder) {

//打开一个只读的数据库。
  SQLiteDatabase db = myOpenHelper.getWritableDatabase();


//必要的话,使用有效的SQL语句替换这些语句。
  String groupBy = null;
  String having = null;

  SQLiteQueryBuilder queryBuilder = new SQLiteQueryBuilder();
  queryBuilder.setTables(MySQLiteOpenHelper.DATABASE_TABLE);

//如果是行查询,用传入的行限制结果集。
  switch (uriMatcher.match(uri)) {
    case SINGLE_ROW :
      String rowID = uri.getPathSegments().get(1);
      queryBuilder.appendWhere(KEY_ID + "=" + rowID);
    default: break;
  }

  Cursor cursor = queryBuilder.query(db, projection, selection,
      selectionArgs, groupBy, having, sortOrder);

  return cursor;
}
```

(9) 用相同的方式实现 delete、insert、update 方法——遍历接收到的参数并处理单行 URI 这一

特殊情况。

```java
@Override
public int delete(Uri uri, String selection, String[] selectionArgs) {

//打开一个可读/可写的数据库来支持事务。
  SQLiteDatabase db = myOpenHelper.getWritableDatabase();


//如果是行URI，限定删除的行为指定的行。
  switch (uriMatcher.match(uri)) {
    case SINGLE_ROW :
      String rowID = uri.getPathSegments().get(1);
      selection = KEY_ID + "=" + rowID
          + (!TextUtils.isEmpty(selection) ?
            " AND (" + selection + ')' : "");
    default: break;
  }

//要想返回删除的项的数量，必须指定一条where子句。要删除所有的行并返回一个值，则传入"1"。
  if (selection == null)
    selection = "1";

  //执行删除。
  int deleteCount = db.delete(MySQLiteOpenHelper.DATABASE_TABLE, selection,
                      selectionArgs);

//通知所有的观察者，数据集已经改变。
  getContext().getContentResolver().notifyChange(uri, null);

  return deleteCount;
}

@Override
public Uri insert(Uri uri, ContentValues values) {

//打开一个可读/可写的数据库来支持事务。
  SQLiteDatabase db = myOpenHelper.getWritableDatabase();


//要想通过传入一个空Content Value对象的方式向数据库中添加一个空行，
//必须使用nullColumnHack参数来指定可以设置为null的列名。
  String nullColumnHack = null;

  //  向表中插入值。
  long id = db.insert(MySQLiteOpenHelper.DATABASE_TABLE,
      nullColumnHack, values);


//构造并返回新插入行的URI
  if (id > -1) {

//构造并返回新插入行的URI。
```

```
        Uri insertedId = ContentUris.withAppendedId(CONTENT_URI, id);


//通知所有的观察者，数据集已经改变。
    getContext().getContentResolver().notifyChange(insertedId, null);

    return insertedId;
  }
  else
    return null;
}

@Override
public int update(Uri uri, ContentValues values, String selection,
  String[] selectionArgs) {


//打开一个可读/可写的数据库来支持事务。
  SQLiteDatabase db = myOpenHelper.getWritableDatabase();


  //如果是行URI，限定删除的行为指定的行。
  switch (uriMatcher.match(uri)) {
    case SINGLE_ROW :
      String rowID = uri.getPathSegments().get(1);
      selection = KEY_ID + "=" + rowID
        + (!TextUtils.isEmpty(selection) ?
          " AND (" + selection + ')' : "");
    default: break;
  }

  // 执行更新。
  int updateCount = db.update(MySQLiteOpenHelper.DATABASE_TABLE,
    values, selection, selectionArgs);


//通知所有的观察者，数据集已经改变。
  getContext().getContentResolver().notifyChange(uri, null);
  return updateCount;
}
```

(10) 这样就完成了 Content Provider 类。把该类加入应用程序的清单文件中，并指定用作其授权的基础 URI。

```
<provider android:name=".ToDoContentProvider"
          android:authorities="com.paad.todoprovider"/>
```

(11) 回到 ToDoList Activity 并修改它来持久保存待办事项列表数组。首先，通过修改 Activity 来实现 LoaderManager.LoaderCallbacks<Cursor>，然后添加相关的 stub 方法。

```
public class ToDoList extends Activity implements
  NewItemFragment.OnNewItemAddedListener, LoaderManager.LoaderCallbacks<Cursor> {

  // [...已有的 ToDoList Activity 代码 ...]
```

```
public Loader<Cursor> onCreateLoader(int id, Bundle args) {
  return null;
}

public void onLoadFinished(Loader<Cursor> loader, Cursor cursor) {
}

public void onLoaderReset(Loader<Cursor> loader) {
}
}
```

(12) 通过构建并返回一个 Loader 来完成 onCreateLoader 处理程序,该 Loader 会查询 ToDoList-ContentProvider 的所有元素。

```
public Loader<Cursor> onCreateLoader(int id, Bundle args) {
  CursorLoader loader = new CursorLoader(this,
    ToDoContentProvider.CONTENT_URI, null, null, null, null);

  return loader;
}
```

(13) 当 Loader 的查询完成时,结果 Cursor 会返回到 onLoadFinished 处理程序。更新 Cursor 以迭代结果 Cursor,并据此重新填充待办事项列表的 ArrayAdapter。

```
public void onLoadFinished(Loader<Cursor> loader, Cursor cursor) {
  int keyTaskIndex = cursor.getColumnIndexOrThrow(ToDoContentProvider.KEY_TASK);

  todoItems.clear();
  while (cursor.moveToNext()) {
    ToDoItem newItem = new ToDoItem(cursor.getString(keyTaskIndex));
    todoItems.add(newItem);
  }
  aa.notifyDataSetChanged();
}
```

创建 Activity 后,更新 onCreate 处理程序来初始化 Loader,当 Activity 重新启动后,更新 onResume 处理程序来重新启动 Loader。

```
public void onCreate(Bundle savedInstanceState) {

  // [...已有的 onCreate 代码 …]

  getLoaderManager().initLoader(0, null, this);
}

@Override
protected void onResume() {
  super.onResume();
  getLoaderManager().restartLoader(0, null, this);
}
```

(14) 最后一步是需要修改 onNewItemAdded 方法的行为。应该使用 ContentResolver 把事项添加到 Content Provider 中,而不是直接向待办事项 Array List 添加新的事项。

```
public void onNewItemAdded(String newItem) {
  ContentResolver cr = getContentResolver();
```

```
ContentValues values = new ContentValues();
values.put(ToDoContentProvider.KEY_TASK, newItem);

cr.insert(ToDoContentProvider.CONTENT_URI, values);
getLoaderManager().restartLoader(0, null, this);
}
```

 本例中的所有代码都取自第 8 章的 To-Do List 项目，从 www.wrox.com 上可以下载该项目。

现在你创建了保存你的待办事项的数据库。比复制 Cursor 中的行到一个 Array List 中更好的方法就是使用 SimpleCursorAdapter 类，在 8.8 节中将使用它。

为了使得 To-Do List 应用程序更为实用，可以考虑增加一些功能，如删除和更新列表项、改变排列顺序、存储额外的信息。

8.7 将搜索功能添加到应用程序中

通过搜索来呈现应用程序的内容是一种简单而强大的方式，这种呈现方式会使应用程序的内容更为显而易见，而且可以提高应用程序的用户参与度和可见度。在移动设备上，速度就是一切，而搜索则为用户提供了可以让用户快速找到他们所需内容的机制。

Android 包含一个框架来简化使 Content Provider 可搜索的过程，并给 Activity 添加搜索功能，而且可以把搜索结果显示在主屏幕上。

在 Android 3.0(API level 11)以前，大多数 Android 设备的特点是硬件搜索键。在最近发布的版本中，它已被屏幕上的微件替换，该微件通常放置在应用程序的操作栏上。

通过在应用程序中实现搜索功能，当用户按下搜索按钮或使用搜索微件时，可以显示应用程序的特定搜索功能。

可以通过以下 3 种方式来为应用程序提供搜索功能：

- **搜索栏** 当搜索栏(通常称为搜索对话框)处于激活状态时，它会显示在 Activity 的标题栏上，如图 8-1 所示。用户按下硬件搜索按钮时搜索栏会被激活，或者可以通过编程的方式来触发搜索栏，编程的方式是调用 Activity 的 onSearchRequested 方法来触发搜索栏。

图 8-1

不是所有的 Android 设备都有硬件搜索按钮，特别是最新的 Android 设备和平板电脑，所以最好还是包含一个软件触发器来启动搜索。
- **搜索视图**　搜索视图在 Android 3.0(API level 11)中引入，它是一个搜索微件，它可以放在 Activity 的任何地方。它通常表示为操作栏中的一个图标，如图 8-2 所示。

图 8-2

- **快速搜索框**　如图 8-3 所示，快速搜索框是一个主屏幕搜索微件，它可以跨越所有支持快速搜索的应用程序执行搜索。可以进行配置，通过启用快速搜索框来显示应用程序的搜索结果。

图 8-3

搜索栏、搜索视图和快速搜索框都支持搜索建议的显示，从而为提高应用程序的响应能力提供了一个强大的机制。

8.7.1 使 Content Provider 可搜索

在启用搜索对话框或者在程序中使用搜索视图微件之前，你需要定义什么可以搜索的内容。

要做到这一点，第一步是在项目的 RES / xml 文件夹中创建一个新的可搜索元数据 XML 资源。如程序清单 8-23 所示，你必须指定 android:label 属性(通常是你的应用程序的名称)，并且建议你最好也包括一个 android:hint 属性，以帮助用户了解他们可以搜索的内容。android:hint 属性通常以"搜索[内容类型或产品名称]"的形式呈现提示。

可从
wrox.com
下载源代码

程序清单 8-23　定义应用程序搜索元数据

```
<?xml version="1.0" encoding="utf-8"?>
<searchable xmlns:android="http://schemas.android.com/apk/res/android"
    android:label="@string/app_name"
    android:hint="@string/search_hint">
</searchable>
```

代码片段 PA4AD_Ch08_DatabaseSkeleton/res/xml/searchable.xml

8.7.2 为应用程序创建一个搜索 Activity

定义可以搜索的 Content Provider 之后，现在必须创建一个 Activity 来显示搜索结果，最常用的是简单的基于 List View 的 Activity，但是只要能够提供显示搜索结果的机制，就可以使用任何用户界面。

通常情况下用户不希望把重复的查询添加到"返回栈"中，所以最好将基于 List View 的搜索 Activity 设置为 Single Top 模式，这样就会保证同一个实例会被重复使用，而不是每一个搜索都创建一个新的实例。

为了表明一个 Activity 可以用来提供搜索结果，需要在 Activity 中包含一个为 android.intent.action.SEARCH 操作和 DEFAULT 类别注册的 Intent Filter。

同样也必须包含一个<meta-data>标记，该标记包含一个 name 属性和一个 resource 属性。name 属性指定为 android.app.searchable，而 resource 属性指定为一个 searchable XML 资源，如程序清单 8-24 所示。

程序清单 8-24　注册一个搜索结果 Activity

```xml
<activity android:name=".DatabaseSkeletonSearchActivity"
          android:label="Element Search"
          android:launchMode="singleTop">
  <intent-filter>
    <action android:name="android.intent.action.SEARCH" />
    <category android:name="android.intent.category.DEFAULT" />
  </intent-filter>
  <meta-data
    android:name="android.app.searchable"
    android:resource="@xml/searchable"
  />
</activity>
```

代码片段 PA4AD_Ch08_DatabaseSkeleton/AndroidManifest.xml

要为一个给定的 Activity 启动搜索对话框，需要指定使用哪个搜索结果 Activity（执行搜索并返回结果的 Activity）来处理搜索请求。可以通过在清单文件中向它的 activity 节点中添加 meta-data 标记来实现这一点。把 name 属性设置为 android.app.default_searchable，而且用 value 属性来指定搜索 Activity，如下面的代码片段所示：

```xml
<meta-data
  android:name="android.app.default_searchable"
  android:value=".DatabaseSkeletonSearchActivity"
/>
```

搜索会从搜索结果 Activity 内启动，并由该 Activity 自动处理，所以不需要特别地注解它。

用户启动搜索之后，会启动 Activity，并且在启动它的 Intent 中可以使用它们的搜索查询，该这些查询可以通过 SearchManager.QUERY 额外方法来访问。从搜索结果 Activity 中启动的搜索会导致收到新的 Intent，可以在 onNewIntent 处理程序中获取这些 Intent 并提取新的查询，如程序清单 8-25 所示。

程序清单 8-25　提取搜索查询

```java
@Override
public void onCreate(Bundle savedInstanceState) {
  super.onCreate(savedInstanceState);

  //获得启动的 Intent
  parseIntent(getIntent());
}
```

第 8 章 数据库和 Content Provider

```
@Override
protected void onNewIntent(Intent intent) {
  super.onNewIntent(intent);
  parseIntent(getIntent());
}

private void parseIntent(Intent intent) {

//如果 Activity 已开始为搜索请求提供服务，那么提取搜索查询。
  if (Intent.ACTION_SEARCH.equals(intent.getAction())) {
    String searchQuery = intent.getStringExtra(SearchManager.QUERY);
    //执行搜索
    performSearch(searchQuery);
  }
}
```

代码片段 PA4AD_Ch08_DatabaseSkeleton/src/DatabaseSkeletonSearchActivity.java

8.7.3 将搜索 Activity 设置为应用程序的默认搜索 Provider

通常最好是在整个应用程序中使用相同的搜索结果形式。设置一个 Activity 为默认的搜索结果提供程序，为应用程序内的所有 Activity 提供搜索功能。实现这个设置需要在 application 清单节点上添加一个<meta-data>标记。将 name 属性设置为 android.app.default_searchable 并使用 value 属性指定搜索 Activity，如程序清单 8-26 所示。

程序清单 8-26　为应用程序设置默认的搜索结果 Activity

```
<meta-data
  android:name="android.app.default_searchable"
  android:value=".DatabaseSkeletonSearchActivity"
/>
```

代码片段 PA4AD_Ch08_DatabaseSkeleton/AndroidManifest.xml

执行搜索并显示结果

当搜索 Activity 接收到一个新的搜索查询时，就必须执行搜索并在 Activity 中显示搜索结果。如何选择实现搜索查询并显示其结果取决于你的应用程序、搜索什么内容和可供搜索的内容存放在哪里。

如果搜索一个 Content Provider，最好是使用 Cursor Loader 来执行查询，并且该 Cursor Loader 的结果 Cursor 与一个 List View 绑定，如程序清单 8-27 所示。

程序清单 8-27　执行查询并显示结果

```
import android.app.ListActivity;
import android.app.LoaderManager;
import android.app.SearchManager;
import android.content.ContentUris;
import android.content.CursorLoader;
import android.content.Intent;
import android.content.Loader;
```

263

```java
import android.database.Cursor;
import android.net.Uri;
import android.os.Bundle;
import android.view.View;
import android.widget.ListView;
import android.widget.SimpleCursorAdapter;

public class DatabaseSkeletonSearchActivity extends ListActivity
  implements LoaderManager.LoaderCallbacks<Cursor> {

  private static String QUERY_EXTRA_KEY = "QUERY_EXTRA_KEY";

  private SimpleCursorAdapter adapter;

  @Override
  public void onCreate(Bundle savedInstanceState) {
    super.onCreate(savedInstanceState);

//创建一个新适配器并将它同List View绑定
    adapter = new SimpleCursorAdapter(this,
            android.R.layout.simple_list_item_1, null,
            new String[] { MyContentProvider.KEY_COLUMN_1_NAME },
            new int[] { android.R.id.text1 }, 0);
    setListAdapter(adapter);


//启用Cursor Loader
    getLoaderManager().initLoader(0, null, this);


//获取启动的Intent
    parseIntent(getIntent());
  }

  @Override
  protected void onNewIntent(Intent intent) {
    super.onNewIntent(intent);
    parseIntent(getIntent());
  }

  private void parseIntent(Intent intent) {

//如果Activity已开始为搜索请求提供服务,那么提取搜索查询
    if (Intent.ACTION_SEARCH.equals(intent.getAction())) {
      String searchQuery = intent.getStringExtra(SearchManager.QUERY);

//执行搜索
      performSearch(searchQuery);
    }
  }


//执行搜索
```

```java
private void performSearch(String query) {
  //将搜索查询作为参数传递给 Cursor Loader
  Bundle args = new Bundle();
  args.putString(QUERY_EXTRA_KEY, query);

//重新启动 Cursor Loader 来执行一个新的查询

  getLoaderManager().restartLoader(0, args, this);
}

public Loader<Cursor> onCreateLoader(int id, Bundle args) {
  String query = "0";

//从查询参数中提取搜索查询
  if (args != null)
    query = args.getString(QUERY_EXTRA_KEY);

//以 Cursor Loader 的形式构造新的查询
  String[] projection = {
     MyContentProvider.KEY_ID,
     MyContentProvider.KEY_COLUMN_1_NAME
  };
  String where = MyContentProvider.KEY_COLUMN_1_NAME
             + " LIKE \"%" + query + "%\"";
  String[] whereArgs = null;
  String sortOrder = MyContentProvider.KEY_COLUMN_1_NAME +
                 " COLLATE LOCALIZED ASC";


//创建新的 Cursor loader。
  return new CursorLoader(this, MyContentProvider.CONTENT_URI,
    projection, where, whereArgs, sortOrder);
}

public void onLoadFinished(Loader<Cursor> loader, Cursor cursor) {

//用新的结果集替换由 Cursor Adapter 显示的结果 Cursor
  adapter.swapCursor(cursor);
}

public void onLoaderReset(Loader<Cursor> loader) {

//删除 List Adapter 中现有的结果 Cursor
  adapter.swapCursor(null);
  }
}
```

代码片段 PA4AD_Ch08_DatabaseSkeleton/DatabaseSkeletonSearchActivity.java

> 此示例中使用了一个对本地 Content Provider 中的单列进行的简单搜索。虽然这超出了本书的内容范围,但是结合基于云的数据源的搜索结果,对本地数据库执行全文搜索往往更有效。

大多数情况下,除了简单显示搜索结果之外,还需要提供一些功能。如果使用 List Activity 或 List Fragment,可以重写 onListItemClick 处理程序来响应用户选择搜索结果,例如显示用户选择的结果的详细信息,如程序清单 8-28 所示。

程序清单 8-28 为选择搜索结果提供相应操作

```java
@Override
protected void onListItemClick(ListView listView, View view, int position, long id) {
  super.onListItemClick(listView, view, position, id);

  //创建一个选择项的 URI
  Uri selectedUri =
    ContentUris.withAppendedId(MyContentProvider.CONTENT_URI, id);

  //创建一个 Intent 来查看选择项
  Intent intent = new Intent(Intent.ACTION_VIEW);
  intent.setData(selectedUri);

  //启动一个 Activity 来查看选择项。
  startActivity(intent);
}
```

代码片段 PA4AD_Ch08_DatabaseSkeleton/DatabaseSkeletonSearchActivity.java

8.7.4 使用搜索视图微件

Android 3.0(API level 11)引入了 SearchView 微件来替换 Activity 搜索栏。搜索视图的外观和功能类似于编辑文本视图,但是其通过配置可以提供搜索建议和启动应用程序中的搜索查询,而且启动方式和之前 Android 版本中的搜索栏类似。

> 搜索视图可以添加到视图层次结构中的任何地方,而且可以用相同的方式来配置它。可是,最好还是以操作视图的形式将其添加到 Activity 的操作栏中,这部分内容会在第 10 章中有更为详细的描述。

要把搜索视图连接到搜索 Activity,首先使用 Search Manager 的 getSearchableInfo 方法提取 SearchableInfo 的一个引用。使用搜索视图的 setSearchableInfo 方法把这个对象绑定到你的搜索视图上,如程序清单 8-29 所示。

程序清单 8-29   给可搜索的 Activity 绑定一个搜索视图

```
//使用 Search Manager 获得与这个 Activity 关联的 SearchableInfo。
SearchManager searchManager =
  (SearchManager)getSystemService(Context.SEARCH_SERVICE);
SearchableInfo searchableInfo =
  searchManager.getSearchableInfo(getComponentName());


//将 Activity 的 SearchableInfo 绑定到搜索视图上
SearchView searchView = (SearchView)findViewById(R.id.searchView);
searchView.setSearchableInfo(searchableInfo);
```

代码片段 PA4AD_Ch08_DatabaseSkeleton/DatabaseSkeletonSearchActivity.java

当搜索视图和搜索 Activity 连接之后，搜索视图就会像搜索栏一样工作，提供搜索建议(在可能需要的地方)并在输入查询后显示搜索 Activity。

默认情况下搜索视图会显示为一个图标，当单击该图标时，它就会展开为一个搜索编辑框。可以使用搜索视图的 setIconifiedByDefault 方法禁用这个默认设置，让它一直以编辑框的形式显示。

```
searchView.setIconifiedByDefault(false);
```

默认情况下，当用户按下 Enter 键时，搜索视图查询就会被启动。可以选择使用 setIconifiedByDefault 方法来显示一个提交搜索的按钮。

```
searchView.setSubmitButtonEnabled(true);
```

8.7.5 由 Content Provider 支持搜索建议

除了能够完成提交搜索并把结果以列表的形式显示在 Activity 上这样简单的工作，搜索最迷人的创新就是，当用户输入他们的查询时提供了实时的搜索建议。

当用户输入他们的查询时，搜索建议在搜索栏/搜索视图微件下以一个简单的列表显示可能的搜索结果，这就允许用户绕开搜索结果 Activity，而直接跳到搜索结果。

尽管搜索 Activity 可以构建它的查询，并且可以按照任何方式显示结果 Cursor 数据，但如果想要提供搜索建议，那么需要创建(或修改)一个 Content Provider 来接收搜索查询并用预期的投影返回建议。

为了支持搜索建议，需要配置 Content Provider，使其能够识别作为搜索查询的特定 URI 路径。程序清单 8-30 中展示了一个 Uri Matcher，用于将一个被请求的 URI 与已知的搜索查询路径值进行比较。

程序清单 8-30   检测 Content Provider 中的搜索建议请求

```
private static final int ALLROWS = 1;
private static final int SINGLE_ROW = 2;
private static final int SEARCH = 3;


private static final UriMatcher uriMatcher;

static {
```

```
    uriMatcher = new UriMatcher(UriMatcher.NO_MATCH);
    uriMatcher.addURI("com.paad.skeletondatabaseprovider",
                "elements", ALLROWS);
    uriMatcher.addURI("com.paad.skeletondatabaseprovider",
                "elements/#", SINGLE_ROW);

    uriMatcher.addURI("com.paad.skeletondatabaseprovider",
      SearchManager.SUGGEST_URI_PATH_QUERY, SEARCH);
    uriMatcher.addURI("com.paad.skeletondatabaseprovider",
      SearchManager.SUGGEST_URI_PATH_QUERY + "/*", SEARCH);
    uriMatcher.addURI("com.paad.skeletondatabaseprovider",
      SearchManager.SUGGEST_URI_PATH_SHORTCUT, SEARCH);
    uriMatcher.addURI("com.paad.skeletondatabaseprovider",
      SearchManager.SUGGEST_URI_PATH_SHORTCUT + "/*", SEARCH);
}
```

代码片段 PA4AD_Ch08_DatabaseSkeleton/src/MySearchSuggestionsContentProvider.java

在 Content Provider 中使用 Uri Matcher 来为搜索查询返回搜索建议的 MIME 类型，如程序清单 8-31 所示。

程序清单 8-31 为搜索结果返回正确的 MIME 类型

```
@Override
public String getType(Uri uri) {
    //为一个 Content Provider URI 返回标识 MIME 类型的字符串。
    switch (uriMatcher.match(uri)) {
      case ALLROWS:
        return "vnd.android.cursor.dir/vnd.paad.elemental";
      case SINGLE_ROW:
        return "vnd.android.cursor.item/vnd.paad.elemental";
      case SEARCH :
        return SearchManager.SUGGEST_MIME_TYPE;
      default:
        throw new IllegalArgumentException("Unsupported URI: " + uri);
    }
}
```

代码片段 PA4AD_Ch08_DatabaseSkeleton/src/MySearchSuggestionsContentProvider.java

Search Manager 通过在 Content Provider 中启动一个查询并把查询值作为 URI 路径中的最后一部分传入来请求搜索建议。为了提供搜索建议，必须用一组预定义列来返回一个 Cursor。

目前有两个必需的列，SUGGEST_COLUMN_TEXT_1 用于显示搜索结果的文本，而_id 用于指示唯一的行 ID。可以提供两个包含文本的列，而一个图标可以显示在文本结果的左边或右边。

包含一个 SUGGEST_COLUMN_INTENT_DATA_ID 列也是有用的。在此列中返回的值可以附加到指定的 URI 路径和用来填充一个 Intent，如果搜索建议被用户选中，则 Intent 就会激活。

由于速度对于实时搜索结果来说是至关重要的，因此在许多情况下，最好专门创建一个单独的表来存储和提供搜索结果。程序清单 8-32 展示了创建一个投影的代码框架，该投影返回一个适用于搜索结果的 Cursor。

第 8 章 数据库和 Content Provider

程序清单 8-32 为返回搜索建议创建一个投影

```java
public static final String KEY_SEARCH_COLUMN = KEY_COLUMN_1_NAME;

private static final HashMap<String, String> SEARCH_SUGGEST_PROJECTION_MAP;
static {
  SEARCH_SUGGEST_PROJECTION_MAP = new HashMap<String, String>();
  SEARCH_SUGGEST_PROJECTION_MAP.put(
    "_id", KEY_ID + " AS " + "_id");
  SEARCH_SUGGEST_PROJECTION_MAP.put(
    SearchManager.SUGGEST_COLUMN_TEXT_1,
    KEY_SEARCH_COLUMN + " AS " + SearchManager.SUGGEST_COLUMN_TEXT_1);
  SEARCH_SUGGEST_PROJECTION_MAP.put(
    SearchManager.SUGGEST_COLUMN_INTENT_DATA_ID, KEY_ID +
    " AS " + "_id");
}
```

代码片段 PA4AD_Ch08_DatabaseSkeleton/src/MySearchSuggestionsContentProvider.java

要执行这个查询，该查询提供搜索建议，则该查询的实现中使用 Uri Matcher，并且应用程序清单 8-32 中定义的投影映射，如程序清单 8-33 所示。

程序清单 8-33 为一个查询返回搜索建议

```java
@Override
public Cursor query(Uri uri, String[] projection, String selection,
    String[] selectionArgs, String sortOrder) {

  //打开一个只读的数据库
  SQLiteDatabase db = myOpenHelper.getWritableDatabase();

  //如有需要，用有效的 SQL 语句替换下面的语句
  String groupBy = null;
  String having = null;

  SQLiteQueryBuilder queryBuilder = new SQLiteQueryBuilder();
  queryBuilder.setTables(MySQLiteOpenHelper.DATABASE_TABLE);

  //如果这是一个行查询，则限制结果集为传入的行
  switch (uriMatcher.match(uri)) {
    case SINGLE_ROW :
      String rowID = uri.getPathSegments().get(1);
      queryBuilder.appendWhere(KEY_ID + "=" + rowID);
      break;
    case SEARCH :
      String query = uri.getPathSegments().get(1);
      queryBuilder.appendWhere(KEY_SEARCH_COLUMN +
        " LIKE \"%" + query + "%\"");
      queryBuilder.setProjectionMap(SEARCH_SUGGEST_PROJECTION_MAP);
      break;
    default: break;
  }
```

```
    Cursor cursor = queryBuilder.query(db, projection, selection,
        selectionArgs, groupBy, having, sortOrder);

    return cursor;
}
```

代码片段 PA4AD_Ch08_DatabaseSkeleton/src/MySearchSuggestionsContentProvider.java

最后一步是更新可搜索资源,为用来给搜索栏和/或搜索视图提供搜索建议的 Content Provider 指定授权。这可能是用来执行定期查询(如果已按照需要映射了这些列)的同一个 Content Provider,或者是一个完全不同的提供程序。

程序清单 8-34 显示了如何指定授权,以及定义了 searchSuggestIntentAction,用来确定搜索建议被单击时要执行的操作,此处还提供了 searchSuggestIntentData 属性,该属性用来指定在操作 Intent 的数据值中使用的基础 URI。

如果在搜索建议的结果 Cursor 中包含一个 Intent 数据 ID 列,那么它会被附加到这个基础 URI 上。

程序清单 8-34 为搜索建议配置一个可搜索的资源

```xml
<?xml version="1.0" encoding="utf-8"?>
<searchable xmlns:android="http://schemas.android.com/apk/res/android"
    android:label="@string/app_name"
    android:searchSuggestAuthority=
      "com.paad.skeletonsearchabledatabaseprovider"
    android:searchSuggestIntentAction="android.intent.action.VIEW"
    android:searchSuggestIntentData=
      "content://com.paad.skeletonsearchabledatabaseprovider/elements">
</searchable>
```

代码片段 PA4AD_Ch08_DatabaseSkeleton/res/xml/searchablewithsuggestions.xml

8.7.6 在快速搜索框中显示搜索结果

快速搜索框(Quick Search Box,QSB)是一个主屏幕微件,可以搜索设备上安装的每个应用程序,以及进行 Web 搜索。QSB 中还包含了选择性加入功能:开发人员可以选择提供搜索结果,用户可以选择他们想要看到哪些应用程序的结果。为了向 QSB 提供结果,应用程序必须能够提供一些建议,如前一节所述。第 14 章更详细地说明了如何将搜索结果显示到 QSB 中。

8.8 创建可搜索的地震 Content Provider

在本例中,你将修改第 6 章中创建的地震应用程序,将地震数据存储到一个 Content Provider 中。这个示例由 3 个部分组成。你将首先把数据移动到一个 Content Provider 中,然后更新应用程序以使用该提供程序,最后添加对搜索的支持。

8.8.1 创建 Content Provider

首先创建一个新的 Content Provider,当从 Internet 源分析出每个地震后,这个 Content Provider 将用于存储该地震。

(1) 打开 Earthquake 项目，创建一个新的 EarthquakeProvider 类，它扩展了 ContentProvider 类。在该类中包含重写了 onCreate、getType、query、insert、delete 和 update 方法的 stub。

```java
package com.paad.earthquake;

import android.content.ContentProvider;
import android.content.ContentUris;
import android.content.ContentValues;
import android.content.Context;
import android.content.UriMatcher;
import android.database.Cursor;
import android.database.SQLException;
import android.database.sqlite.SQLiteDatabase;
import android.database.sqlite.SQLiteDatabase.CursorFactory;
import android.database.sqlite.SQLiteOpenHelper;
import android.database.sqlite.SQLiteQueryBuilder;
import android.net.Uri;
import android.text.TextUtils;
import android.util.Log;

public class EarthquakeProvider extends ContentProvider {

  @Override
  public boolean onCreate() {
    return false;
  }

  @Override
  public String getType(Uri url) {
    return null;
  }

  @Override
  public Cursor query(Uri url, String[] projection, String selection,
                String[] selectionArgs, String sort) {
    return null;
  }

  @Override
  public Uri insert(Uri _url, ContentValues _initialValues) {
    return null;
  }

  @Override
  public int delete(Uri url, String where, String[] whereArgs) {
    return 0;
  }

  @Override
  public int update(Uri url, ContentValues values,
              String where, String[]wArgs) {
    return 0;
  }
}
```

(2) 发布这个提供程序的 URI。这个 URI 将会用来通过 ContentResolver 从其他应用程序组件中访问对应的 Content Provider。

```java
public static final Uri CONTENT_URI =
  Uri.parse("content://com.paad.earthquakeprovider/earthquakes");
```

(3) 创建一组公有变量,用于描述将在数据库表中使用的列名。

```java
//列名
public static final String KEY_ID = "_id";
public static final String KEY_DATE = "date";
public static final String KEY_DETAILS = "details";
public static final String KEY_SUMMARY = "summary";
public static final String KEY_LOCATION_LAT = "latitude";
public static final String KEY_LOCATION_LNG = "longitude";
public static final String KEY_MAGNITUDE = "magnitude";
public static final String KEY_LINK = "link";
```

(4) 创建用来存储地震数据的数据库。在 EathquakeProvider 中,创建一个新的 SQLiteOpenHelper 实现,它创建并更新数据库。

```java
//用于打开、创建和管理数据库版本控制的辅助类
private static class EarthquakeDatabaseHelper extends SQLiteOpenHelper {

  private static final String TAG = "EarthquakeProvider";

  private static final String DATABASE_NAME = "earthquakes.db";
  private static final int DATABASE_VERSION = 1;
  private static final String EARTHQUAKE_TABLE = "earthquakes";

  private static final String DATABASE_CREATE =
    "create table " + EARTHQUAKE_TABLE + " ("
    + KEY_ID + " integer primary key autoincrement, "
    + KEY_DATE + " INTEGER, "
    + KEY_DETAILS + " TEXT, "
    + KEY_SUMMARY + " TEXT, "
    + KEY_LOCATION_LAT + " FLOAT, "
    + KEY_LOCATION_LNG + " FLOAT, "
    + KEY_MAGNITUDE + " FLOAT, "
    + KEY_LINK + " TEXT);";

  //底层数据库
  private SQLiteDatabase earthquakeDB;

  public EarthquakeDatabaseHelper(Context context, String name,
                                  CursorFactory factory, int version) {
    super(context, name, factory, version);
  }

  @Override
  public void onCreate(SQLiteDatabase db) {
    db.execSQL(DATABASE_CREATE);
  }
```

```
@Override
public void onUpgrade(SQLiteDatabase db, int oldVersion, int newVersion) {
  Log.w(TAG, "Upgrading database from version " + oldVersion + " to "
          + newVersion + ", which will destroy all old data");

  db.execSQL("DROP TABLE IF EXISTS " + EARTHQUAKE_TABLE);
  onCreate(db);
  }
}
```

(5) 重写提供程序的 onCreate 处理程序来创建一个在第(4)步中创建的数据库辅助类的新实例。

```
EarthquakeDatabaseHelper dbHelper;

@Override
public boolean onCreate() {
  Context context = getContext();

  dbHelper = new EarthquakeDatabaseHelper(context,
    EarthquakeDatabaseHelper.DATABASE_NAME, null,
    EarthquakeDatabaseHelper.DATABASE_VERSION);

  return true;
}
```

(6) 创建一个 UriMatcher 来处理使用不同 URI 的请求。然后包含对整个数据集(QUAKES)上的查询和事务操作以及匹配地震索引值(QUAKE_ID)的单一记录的支持。还要重写 getType 方法，以便为支持的每种 URI 结构返回一个 MIME 类型。

```
//创建用来区分不同 URI 请求的常量。
private static final int QUAKES = 1;
private static final int QUAKE_ID = 2;

private static final UriMatcher uriMatcher;

//分配 UriMatcher 对象，其中以'earthquakes'结尾的 URI 对应对所有地震的请求，
//在'earthquakes'后面带有'/[rowID]'的 URI 表示单个地震行。
static {
  uriMatcher = new UriMatcher(UriMatcher.NO_MATCH);
  uriMatcher.addURI("com.paad.earthquakeprovider", "earthquakes", QUAKES);
  uriMatcher.addURI("com.paad.earthquakeprovider", "earthquakes/#", QUAKE_ID);
}

@Override
public String getType(Uri uri) {
  switch (uriMatcher.match(uri)) {
    case QUAKES: return "vnd.android.cursor.dir/vnd.paad.earthquake";
    case QUAKE_ID: return "vnd.android.cursor.item/vnd.paad.earthquake";
    default: throw new IllegalArgumentException("Unsupported URI: " + uri);
  }
}
```

(7) 实现查询和事务操作 stub。首先使用 SQLiteOpenHelper 请求数据库的一个读/写版本。然后实现 query 方法，它应该基于 URI(可以是所有的内容或者一条记录)对发出的请求进行解码，并在返

回结果 Cursor 之前对数据库应用选择、投影和排序参数。

```java
@Override
public Cursor query(Uri uri,
                    String[] projection,
                    String selection,
                    String[] selectionArgs,
                    String sort) {

  SQLiteDatabase database = dbHelper.getWritableDatabase();

  SQLiteQueryBuilder qb = new SQLiteQueryBuilder();

  qb.setTables(EarthquakeDatabaseHelper.EARTHQUAKE_TABLE);

  //如果这是一个行查询，就把结果集限制为传入的行
  switch (uriMatcher.match(uri)) {
    case QUAKE_ID: qb.appendWhere(KEY_ID + "=" + uri.getPathSegments().get(1));
                break;
    default    : break;
  }

  //如果没有指定排序顺序，就按日期/时间排序
  String orderBy;
  if (TextUtils.isEmpty(sort)) {
    orderBy = KEY_DATE;
  } else {
    orderBy = sort;
  }

  //对底层数据库应用查询
  Cursor c = qb.query(database,
                    projection,
                    selection, selectionArgs,
                    null, null,
                    orderBy);

  //注册当游标结果集改变时将通知的上下文 ContentResolver
  c.setNotificationUri(getContext().getContentResolver(), uri);

  //返回查询结果的游标
  return c;
}
```

(8) 现在实现插入、删除和更新内容的方法。在这个示例中就是把 Content Provider 的事务操作请求映射到对应的数据库部分。

```java
@Override
public Uri insert(Uri _uri, ContentValues _initialValues) {
  SQLiteDatabase database = dbHelper.getWritableDatabase();

  //插入新行。如果对 database.insert 的调用成功，就返回行号
  // if it is successful.
  long rowID = database.insert(
    EarthquakeDatabaseHelper.EARTHQUAKE_TABLE, "quake", _initialValues);
```

```java
    //返回成功插入的行的 URI
    if (rowID > 0) {
      Uri uri = ContentUris.withAppendedId(CONTENT_URI, rowID);
      getContext().getContentResolver().notifyChange(uri, null);
      return uri;
    }

    throw new SQLException("Failed to insert row into " + _uri);
  }

  @Override
  public int delete(Uri uri, String where, String[] whereArgs) {
    SQLiteDatabase database = dbHelper.getWritableDatabase();

    int count;
    switch (uriMatcher.match(uri)) {
      case QUAKES:
        count = database.delete(
          EarthquakeDatabaseHelper.EARTHQUAKE_TABLE, where, whereArgs);
        break;
      case QUAKE_ID:
        String segment = uri.getPathSegments().get(1);
        count = database.delete(EarthquakeDatabaseHelper.EARTHQUAKE_TABLE,
            KEY_ID + "="
            + segment
            + (!TextUtils.isEmpty(where) ? " AND ("
            + where + ')' : ""), whereArgs);
        break;

      default: throw new IllegalArgumentException("Unsupported URI: " + uri);
    }

    getContext().getContentResolver().notifyChange(uri, null);
    return count;
  }

  @Override
  public int update(Uri uri, ContentValues values,
          String where, String[] whereArgs) {
    SQLiteDatabase database = dbHelper.getWritableDatabase();

    int count;
    switch (uriMatcher.match(uri)) {
      case QUAKES:
        count = database.update(EarthquakeDatabaseHelper.EARTHQUAKE_TABLE,
                         values, where, whereArgs);
        break;
      case QUAKE_ID:
        String segment = uri.getPathSegments().get(1);
        count = database.update(EarthquakeDatabaseHelper.EARTHQUAKE_TABLE,
                         values, KEY_ID
                            + "=" + segment
                            + (!TextUtils.isEmpty(where) ? " AND ("
                            + where +')' : ""), whereArgs);
```

```
      break;
    default: throw new IllegalArgumentException("Unknown URI " + uri);
  }

  getContext().getContentResolver().notifyChange(uri, null);
  return count;
}
```

(9) 在完成 Content Provider 后,通过在应用程序的清单文件的 application 标记中创建一个新的 provider 节点来对其进行注册。

```
<provider android:name=".EarthquakeProvider"
      android:authorities="com.paad.earthquakeprovider" />
```

提示:本例的所有代码片段都取自第 8 章的 Earthquake Part 1 项目,从 www.wrox.com 上可以下载该项目。

8.8.2 使用地震 Content Provider

现在就可以通过更新 EarthquakeListFragment 来使用地震 Content Provider 存储每个地震,并使用该 Content Provider 来填充关联的 List View。

(1) 在 EarthquakeListFragment 中,更新 addNewQuake 方法。它应该使用应用程序的 Content Resolver 来向提供程序插入每一个新的地震信息。

```
private void addNewQuake(Quake _quake) {
  ContentResolver cr = getActivity().getContentResolver();
  //构造一条 where 子句,以保证现在的提供程序中没有这个地震。
  // earthquake in the provider.
  String w = EarthquakeProvider.KEY_DATE + " = " + _quake.getDate().getTime();

  //如果地震是新的,就把它插入提供程序中。
  Cursor query = cr.query(EarthquakeProvider.CONTENT_URI, null, w, null, null);
  if (query.getCount()==0) {
    ContentValues values = new ContentValues();

    values.put(EarthquakeProvider.KEY_DATE, _quake.getDate().getTime());
    values.put(EarthquakeProvider.KEY_DETAILS, _quake.getDetails());
    values.put(EarthquakeProvider.KEY_SUMMARY, _quake.toString());

    double lat = _quake.getLocation().getLatitude();
    double lng = _quake.getLocation().getLongitude();
    values.put(EarthquakeProvider.KEY_LOCATION_LAT, lat);
    values.put(EarthquakeProvider.KEY_LOCATION_LNG, lng);
    values.put(EarthquakeProvider.KEY_LINK, _quake.getLink());
    values.put(EarthquakeProvider.KEY_MAGNITUDE, _quake.getMagnitude());

    cr.insert(EarthquakeProvider.CONTENT_URI, values);
  }
  query.close();
}
```

(2) 因为现在将每个地震存储到一个 Content Provider 中,所以应该使用 SimpleCursorAdapter 替换 ArrayAdapter。该适配器将把底层表的更改直接应用于 List View。借助这个机会删除 ArrayAdapter 和数组(需要在 refreshEarthquakes 方法中删除对地震数组的引用)。

```java
SimpleCursorAdapter adapter;

@Override
public void onActivityCreated(Bundle savedInstanceState) {
  super.onActivityCreated(savedInstanceState);

  //创建一个新的适配器,并把它绑定到 List View。
  adapter = new SimpleCursorAdapter(getActivity(),
    android.R.layout.simple_list_item_1, null,
    new String[] { EarthquakeProvider.KEY_SUMMARY },
    new int[] { android.R.id.text1 }, 0);
  setListAdapter(adapter);

  Thread t = new Thread(new Runnable() {
    public void run() {
      refreshEarthquakes();
    }
  });
  t.start();
}
```

(3) 使用 Cursor Loader 来查询数据库,并向第(2)步中创建的游标适配器提供一个 Cursor。首先修改 Fragment 实例以实现 LoaderManager.LoaderCallbacks<Cursor>,并添加相关的方法 stub。

```java
public class EarthquakeListFragment extends ListFragment implements
  LoaderManager.LoaderCallbacks<Cursor> {

  // [...已有的 EarthquakeListFragment 代码...]

  public Loader<Cursor> onCreateLoader(int id, Bundle args) {
    return null;
  }

  public void onLoadFinished(Loader<Cursor> loader, Cursor cursor) {
  }

  public void onLoaderReset(Loader<Cursor> loader) {
  }
}
```

(4) 完成 onCreateLoader 处理程序,使其构建并返回一个 Loader,该 Loader 会查询 EarthquakeProvider 中的所有元素。一定要添加一条 where 子句,将结果 Cursor 限制为用户首选项指定的最小震级的地震。

```java
public Loader<Cursor> onCreateLoader(int id, Bundle args) {
  String[] projection = new String[] {
    EarthquakeProvider.KEY_ID,
    EarthquakeProvider.KEY_SUMMARY
  };
```

```
Earthquake earthquakeActivity = (Earthquake)getActivity();
String where = EarthquakeProvider.KEY_MAGNITUDE + " > " +
          earthquakeActivity.minimumMagnitude;

CursorLoader loader = new CursorLoader(getActivity(),
  EarthquakeProvider.CONTENT_URI, projection, where, null, null);

return loader;
}
```

(5) 当 Loader 的查询完成后，结果 Cursor 将返回给 onLoadFinished 处理程序，所以你需要用新的结果交换出原来的 Cursor。类似地，当 Loader 重置时，删除对 Cursor 的引用。

```
public void onLoadFinished(Loader<Cursor> loader, Cursor cursor) {
  adapter.swapCursor(cursor);
}

public void onLoaderReset(Loader<Cursor> loader) {
  adapter.swapCursor(null);
}
```

(6) 当创建 Activity 时，更新 onActivityCreated 处理程序来启动该 Loader，并更新 refreshEarthquakes 方法来重新启动它。需要注意，必须在主 UI 线程上初始化和重新启动该 Loader，所以需要在 refreshEarthquakes 线程中使用一个处理程序发出重新启动操作。

```
Handler handler = new Handler();
@Override
public void onActivityCreated(Bundle savedInstanceState) {
  super.onActivityCreated(savedInstanceState);

  // Create a new Adapter and bind it to the List View
  adapter = new SimpleCursorAdapter(getActivity(),
    android.R.layout.simple_list_item_1, null,
    new String[] { EarthquakeProvider.KEY_SUMMARY },
    new int[] { android.R.id.text1 }, 0);
  setListAdapter(adapter);

  getLoaderManager().initLoader(0, null, this);

  Thread t = new Thread(new Runnable() {
    public void run() {
      refreshEarthquakes();
    }
  });
  t.start();
}

public void refreshEarthquakes() {
  handler.post(new Runnable() {
    public void run() {
      getLoaderManager().restartLoader(0, null, EarthquakeListFragment.this);
    }
  });
```

```
    // [... 现有的 refreshEarthquakes 代码 ...]
}
```

 提示：本例的所有代码都取自第 8 章的 Earthquake Part 2 项目，从 www.wrox.com 上可以下载该项目。

8.8.3 搜索地震 Content Provider

在下面的示例中，你将给 Earthquake 项目添加搜索功能，并确保可以从主屏幕上的快速搜索框得到搜索结果。

(1) 首先，将一个新的字符串资源添加到 strings.xml 文件(在 res/values 文件夹中)，它是对 Earthquake 搜索说明的描述。

```xml
<string name="search_description">Search earthquake locations</string>
```

(2) 在 res/xml 文件夹中创建一个新的 searchable.xml 文件，它将为 Earthquake 搜索结果提供程序定义元数据。将步骤(1)中的字符串指定为描述。指定地震 Content Provider 的授权并设置 searchSuggestIntentAction 和 searchSuggestIntentData 的属性。

```xml
<searchable xmlns:android="http://schemas.android.com/apk/res/android"
  android:label="@string/app_name"
  android:searchSettingsDescription="@string/search_description"
  android:searchSuggestAuthority="com.paad.earthquakeprovider"
  android:searchSuggestIntentAction="android.intent.action.VIEW"
  android:searchSuggestIntentData=
    "content://com.paad.earthquakeprovider/earthquakes">
</searchable>
```

(3) 打开地震 Content Provider 并创建一个新的散列映射，散列映射用来提供支持搜索建议的投影。

```java
private static final HashMap<String, String> SEARCH_PROJECTION_MAP;
static {
  SEARCH_PROJECTION_MAP = new HashMap<String, String>();
  SEARCH_PROJECTION_MAP.put(SearchManager.SUGGEST_COLUMN_TEXT_1, KEY_SUMMARY +
    " AS " + SearchManager.SUGGEST_COLUMN_TEXT_1);
  SEARCH_PROJECTION_MAP.put("_id", KEY_ID +
    " AS " + "_id");
}
```

(4) 修改 UriMatcher 来包含搜索查询。

```java
private static final int QUAKES = 1;
private static final int QUAKE_ID = 2;
private static final int SEARCH = 3;

private static final UriMatcher uriMatcher;
```

```
//分配UriMatcher对象，以'earthquakes'结尾的URI将对应于所有对地震数据的请求，而'earthquakes'后
尾随'/[rowID]'表示对单个地震数据行的请求。
static {
  uriMatcher = new UriMatcher(UriMatcher.NO_MATCH);
  uriMatcher.addURI("com.paad.earthquakeprovider", "earthquakes", QUAKES);
  uriMatcher.addURI("com.paad.earthquakeprovider", "earthquakes/#", QUAKE_ID);
  uriMatcher.addURI("com.paad.earthquakeprovider",
    SearchManager.SUGGEST_URI_PATH_QUERY, SEARCH);
  uriMatcher.addURI("com.paad.earthquakeprovider",
    SearchManager.SUGGEST_URI_PATH_QUERY + "/*", SEARCH);
  uriMatcher.addURI("com.paad.earthquakeprovider",
    SearchManager.SUGGEST_URI_PATH_SHORTCUT, SEARCH);
  uriMatcher.addURI("com.paad.earthquakeprovider",
    SearchManager.SUGGEST_URI_PATH_SHORTCUT + "/*", SEARCH);
}
```

(5) 同样修改 getType 方法，为搜索结果返回适当的 MIME 类型。

```
@Override
public String getType(Uri uri) {
  switch (uriMatcher.match(uri)) {
    case QUAKES   : return "vnd.android.cursor.dir/vnd.paad.earthquake";
    case QUAKE_ID : return "vnd.android.cursor.item/vnd.paad.earthquake";
    case SEARCH   : return SearchManager.SUGGEST_MIME_TYPE;
    default: throw new IllegalArgumentException("Unsupported URI: " + uri);
  }
}
```

(6) 对该 Content Provider 做最后的改动，即修改 query 方法以应用搜索词，并使用步骤(3)中创建的投影来返回结果 Cursor。

```
@Override
public Cursor query(Uri uri,
                    String[] projection,
                    String selection,
                    String[] selectionArgs,
                    String sort) {

  SQLiteDatabase database = dbHelper.getWritableDatabase();

  SQLiteQueryBuilder qb = new SQLiteQueryBuilder();

  qb.setTables(EarthquakeDatabaseHelper.EARTHQUAKE_TABLE);

  //如果这是一个行查询，就把结果集限制为传入的行。
  switch (uriMatcher.match(uri)) {
    case QUAKE_ID: qb.appendWhere(KEY_ID + "=" + uri.getPathSegments().get(1));
                   break;
    case SEARCH  : qb.appendWhere(KEY_SUMMARY + " LIKE \"%" +
                   uri.getPathSegments().get(1) + "%\"");
                   qb.setProjectionMap(SEARCH_PROJECTION_MAP);
                   break;
    default      : break;
  }
```

```
    [ ... 现有的query方法... ]
}
```

(7) 现在创建一个搜索结果 Activity。创建一个简单的 EarthquakeSearchResults Activity，这个 Activity 继承了 ListActivity，并使用 Simple Cursor Adapter 进行填充。该 Activity 将使用 Cursor Loader 执行搜索查询，所以它同样也必须实现 Loader Manager.Loader Callback。

```
import android.app.LoaderManager;
import android.app.SearchManager;
import android.content.CursorLoader;
import android.content.Intent;
import android.content.Loader;
import android.database.Cursor;
import android.os.Bundle;
import android.widget.SimpleCursorAdapter;

public class EarthquakeSearchResults extends ListActivity implements
  LoaderManager.LoaderCallbacks<Cursor> {

  private SimpleCursorAdapter adapter;

  @Override
  public void onCreate(Bundle savedInstanceState) {
    super.onCreate(savedInstanceState);


    //创建一个新的适配器并将它与List View进行绑定。
    adapter = new SimpleCursorAdapter(this,
        android.R.layout.simple_list_item_1, null,
        new String[] { EarthquakeProvider.KEY_SUMMARY },
        new int[] { android.R.id.text1 }, 0);
    setListAdapter(adapter);
  }

  public Loader<Cursor> onCreateLoader(int id, Bundle args) {
    return null;
  }

  public void onLoadFinished(Loader<Cursor> loader, Cursor cursor) {
  }

  public void onLoaderReset(Loader<Cursor> loader) {
  }
}
```

(8) 更新 onCreate 方法以初始化 Cursor Loader。创建一个新的 parseIntent 的 stub 方法，该方法将用于分析包含搜索查询的 Intent 以及从 OnCreate 和 onNewIntent 方法内传入启动 Intent。

```
@Override
public void onCreate(Bundle savedInstanceState) {
  super.onCreate(savedInstanceState);
```

```java
//创建一个新的适配器并将它与List View进行绑定
  adapter = new SimpleCursorAdapter(this,
    android.R.layout.simple_list_item_1, null,
    new String[] { EarthquakeProvider.KEY_SUMMARY },
    new int[] { android.R.id.text1 }, 0);
  setListAdapter(adapter);

//初始化Cursor Loader
  getLoaderManager().initLoader(0, null, this);

//获取启动Intent
  parseIntent(getIntent());
}

@Override
protected void onNewIntent(Intent intent) {
  super.onNewIntent(intent);
  parseIntent(getIntent());
}

private void parseIntent(Intent intent) {
}
```

(9) 更新parseIntent方法以从Intent内提取搜索查询，通过重新启动Cursor Loader来应用新的查询，并使用Bundle传入查询值。

```java
private static String QUERY_EXTRA_KEY = "QUERY_EXTRA_KEY";

private void parseIntent(Intent intent) {

//如果Activity已经启动以为搜索查询提供服务，那么提取搜索查询
  if (Intent.ACTION_SEARCH.equals(intent.getAction())) {
    String searchQuery = intent.getStringExtra(SearchManager.QUERY);

//将搜索查询作为参数传给Cursor Loader，然后执行查询
    Bundle args = new Bundle();
    args.putString(QUERY_EXTRA_KEY, searchQuery);

//重新启动Cursor Loader来执行新的查询
    getLoaderManager().restartLoader(0, args, this);
  }
}
```

(10) 通过实现Loader Manager Loader Callback处理程序来执行搜索查询，并把搜索结果分配给Simple Cursor Adapter。

```java
public Loader<Cursor> onCreateLoader(int id, Bundle args) {
  String query = "0";

  if (args != null) {
```

```
//从参数里提取搜索查询
    query = args.getString(QUERY_EXTRA_KEY);
}


//以 Cursor Loader 的形式构造一个新的查询
    String[] projection = { EarthquakeProvider.KEY_ID,
        EarthquakeProvider.KEY_SUMMARY };
    String where = EarthquakeProvider.KEY_SUMMARY
            + " LIKE \"%" + query + "%\"";
    String[] whereArgs = null;
    String sortOrder = EarthquakeProvider.KEY_SUMMARY + " COLLATE LOCALIZED ASC";

    // 创建一个新的 Cursor Loader
    return new CursorLoader(this, EarthquakeProvider.CONTENT_URI,
            projection, where, whereArgs,
            sortOrder);
}

public void onLoadFinished(Loader<Cursor> loader, Cursor cursor) {

//用新的结果集替换由 Cursor Adapter 显示的结果 Cursor
    adapter.swapCursor(cursor);
}

public void onLoaderReset(Loader<Cursor> loader) {

//从 List Adapter 中删除现存的结果 Cursor
    adapter.swapCursor(null);
}
```

(11) 打开应用程序的清单文件并添加新的 EarthquakeSearchResults Activity 节点。确保其中添加了 Intent Filter 用于 DEFAULT 类别中的 SEARCH 操作。同时还需要添加一个 meta-data 标记，用于指定在步骤(2)中创建的可搜索 XML 资源。

```
<activity android:name=".EarthquakeSearchResults"
    android:label="Earthquake Search"
    android:launchMode="singleTop">
    <intent-filter>
        <action android:name="android.intent.action.SEARCH" />
        <category android:name="android.intent.category.DEFAULT" />
    </intent-filter>
    <meta-data
        android:name="android.app.searchable"
        android:resource="@xml/searchable"
    />
</activity>
```

(12) 仍然在清单文件中，向 application 节点添加新的 meta-data 标记，该标记用来描述 Earthquake Search Results Activity 为应用程序默认的搜索提供程序。

```
<application android:icon="@drawable/icon"
        android:label="@string/app_name">
```

```xml
<meta-data
  android:name="android.app.default_searchable"
  android:value=".EarthquakeSearchResults"
/>
[ ... existing application node ... ]
</application>
```

(13) 你已经完成了支持硬件搜索键的 Android 设备的搜索功能。要想支持没有硬件搜索键的 Android 设备，你可以为 Earthquake Activity 在 main.xml 布局定义中添加搜索视图。

```xml
<?xml version="1.0" encoding="utf-8"?>
<LinearLayout xmlns:android="http://schemas.android.com/apk/res/android"
  android:orientation="vertical"
  android:layout_width="match_parent"
  android:layout_height="match_parent">
  <SearchView
    android:id="@+id/searchView"
    android:iconifiedByDefault="false"
    android:background="#FFF"
    android:layout_width="wrap_content"
    android:layout_height="wrap_content">
  </SearchView>
  <fragment android:name="com.paad.earthquake.EarthquakeListFragment"
    android:id="@+id/EarthquakeListFragment"
    android:layout_width="match_parent"
    android:layout_height="match_parent"
  />
</LinearLayout>
```

(14) 回到 Earthquake Activity，并把搜索视图连接到 Earthquake Activity 的 onCreate 中的可搜索定义 searchable。

```java
@Override
public void onCreate(Bundle savedInstanceState) {
  super.onCreate(savedInstanceState);
  setContentView(R.layout.main);

  updateFromPreferences();


//使用 Search Manager 获取与此 Activity 关联的 SearchableInfo
  SearchManager searchManager =
    (SearchManager)getSystemService(Context.SEARCH_SERVICE);
  SearchableInfo searchableInfo =
    searchManager.getSearchableInfo(getComponentName());

//将 Activity 的 SearchableInfo 与搜索视图进行绑定
  SearchView searchView = (SearchView)findViewById(R.id.searchView);
  searchView.setSearchableInfo(searchableInfo);
}
```

> **提示**:本例中的所有代码都取自第8章的 Earthquake Part 3 项目,从 www.wrox.com 上可以下载该项目。

8.9 本地 Android Content Provider

Android 提供了很多本地 Content Provider,可以使用本章前面描述的技术直接访问它们。此外,android.provider 包还包含了一些 API,它们可以简化对许多最有用的 Content Provider 的访问,其中包括:

- **Media Store** Media Store 对设备上的多媒体信息,包括音频、视频和图像,提供了集中的、托管的访问。你也可以把自己的多媒体信息存储在 Media Store 中,从而使它们可以被全局访问。第 15 章将介绍这方面的内容。
- **Browser** 读取或者修改浏览器和浏览器搜索历史记录。
- **Contacts Contract** 检索、修改或者存储联系人的详细信息以及相关的社交流更新。
- **Calendar** 创建新事件、删除或更新现有的日历项。这包括修改参与者列表和设置提醒。
- **Call Log** 查看或者更新通话记录,既包括来电和去电,也包括未接电话和通话的细节,如呼叫者 ID 和通话持续时间。

下面的小节将详细讨论除 Browser 和 Call Log 以外的几个 Content Provider。

应该在任何可能的地方使用这些本地 Content Provider,以保证应用程序能够无缝地与其他本地和第三方应用程序集成。

8.9.1 使用 Media StoreContent Provider

Android Media Store 为音频、视频和图像文件提供了托管的储存库。

任何时候向文件系统添加新的多媒体文件时,还应该使用内容扫描器把它添加到 Media Store 中,如第 15 章所述。这样,该文件就可以被其他应用程序(包括媒体播放器)使用。大多数情况下,没有必要(也不推荐)直接修改 Media Store Content Provider 的内容。

要从 Media Store 访问媒体文件,可以使用 MediaStore 类包含的 Audio、Video 和 Images 子类,这些子类又分别包含它们的子类,用来为每个媒体提供程序提供列名和内容 URI。

Media Store 将存储在设备的内部卷和外部卷上的媒体隔离开来。每个 Media Store 的子类都使用以下的形式为内部或者外部存储的媒体提供一个 URI:

```
MediaStore.<mediatype>.Media.EXTERNAL_CONTENT_URI
MediaStore.<mediatype>.Media.INTERNAL_CONTENT_URI
```

程序清单 8-35 显示了用来为存储在外部卷上的每个音频找出歌曲名称和专辑名称的简单代码片段。

程序清单 8-35 访问 Media Store Content Provider

```
//获得外部卷上每一个音频的 Cursor,并提取歌曲名称和专辑名称
String[] projection = new String[] {
```

```
    MediaStore.Audio.AudioColumns.ALBUM,
    MediaStore.Audio.AudioColumns.TITLE
};

Uri contentUri = MediaStore.Audio.Media.EXTERNAL_CONTENT_URI;

Cursor cursor =
    getContentResolver().query(contentUri, projection,
                               null, null, null);

//获得所需列的索引
int albumIdx =
    cursor.getColumnIndexOrThrow(MediaStore.Audio.AudioColumns.ALBUM);
int titleIdx =
    cursor.getColumnIndexOrThrow(MediaStore.Audio.AudioColumns.TITLE);

//创建一个数组来存储结果集
String[] result = new String[cursor.getCount()];

//迭代 Cursor，提取每个专辑名称和歌曲名称
while (cursor.moveToNext()) {
  //提取歌曲的名称
  String title = cursor.getString(titleIdx);
  //提取专辑的名称
  String album = cursor.getString(albumIdx);

  result[cursor.getPosition()] = title + " (" + album + ")";
}

// 关闭 Cursor
cursor.close();
```

代码片段 PA4AD_Ch08_ContentProviders/src/Ch08_ContentProvidersActivity.java

提示：第 15 章将介绍如何通过指定特定多媒体文件的 URI 来播放存储在 Media Store 中的音频和视频资源。

8.9.2 使用 Contacts Contract Content Provider

Android 向所有被赋予 READ_CONTACTS 权限的应用程序提供联系人信息数据库的完全访问权限。

Contacts Contract Content Provider 提供了一个可扩展的联系人信息数据库。这允许用户为联系人信息指定多个来源。更重要的是，它允许开发人员任意地扩展为每个联系人存储的数据，甚至可以为联系人和联系人详情提供可替代提供程序。

Android 2.0(API level 5)中引入了 ContactsContract 类，它取代了之前用来存储和管理存储在设备上的联系人的 Contact 类。

1. Contacts Contract Content Provider 简介

Contacts Contract Content Provider 并没有提供一个具有良好定义的联系人详情列的表，而是使用一个三层数据模型来存储数据，将数据与联系人关联起来，并把同一个人的数据聚集起来，这是通过使用下面的 ContactsContract 子类实现的：

- **Data** 在底层的表中，每个行定义了一组个人数据(电话号码、电子邮件地址等)，并使用 MIME 类型分离这些数据。虽然对于每个可用的个人数据类型存在预定义的常用列名集合(以及 ContactsContract.CommonDataKinds 的子类中的合适 MIME 类型)，但是这个表仍然可以用来存储任意值。

  存储在特定行中的数据的类型是由为该行指定的 MIME 类型决定的。然后，一系列泛型列用来存储多达 15 条不同 MIME 类型的数据。

  当向 Data 表添加新数据时，可以指定一个 RawContact，用于关联一组数据。

- **RawContacts** 从 Android 2.0(API level 5)开始，用户可以为设备指定多个联系人账户提供程序(例如，Gmail、Facebook 等)。RawContacts 表中的每一行定义了一个账户，可以向这个账户关联一组 Data 值。

- **Contacts** Contacts 表可以将 RawContacts 中描述同一个人的行聚集起来。

这些表的内容的聚集方式如图 8-4 所示。

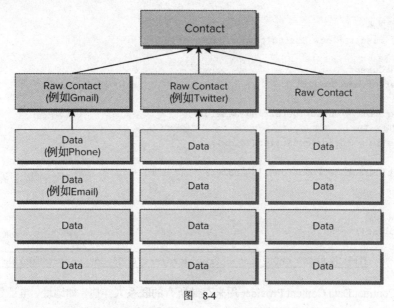

图 8-4

通常会使用 Data 表来添加、删除或修改为已有的联系人账户存储的数据，使用 RawContacts 表来创建和管理账户，并使用 Contact 和 Data 表来查询数据库以提取联系人详情。

2. 读取联系人详情

要访问任何联系人详情，需要在应用程序的清单文件中包含 READ_CONTACTS uses-permission：

```
<uses-permission android:name="android.permission.READ_CONTACTS"/>
```

使用 Content Resolver 和 CONTENT_URI 静态常量可查询上面描述的 3 种 Contacts Contract

Content Provider。每个类以静态属性的形式包含它们的列名。

程序清单 8-36 在 Contacts 表中查询通讯簿中每个人的 Cursor,并创建一个字符串数组来保存每个联系人的姓名和唯一 ID。

可从
wrox.com
下载源代码

程序清单 8-36 访问 Contacts Contract Content Provider

```
//创建一个投影,将结果 Cursor 限制为所需的列
String[] projection = {
    ContactsContract.Contacts._ID,
    ContactsContract.Contacts.DISPLAY_NAME
};

//获得联系人提供程序的 Cursor
Cursor cursor =
  getContentResolver().query(ContactsContract.Contacts.CONTENT_URI,
                    projection, null, null, null);

//获得列的索引
int nameIdx =
  cursor.getColumnIndexOrThrow(ContactsContract.Contacts.DISPLAY_NAME);
int idIdx =
  cursor.getColumnIndexOrThrow(ContactsContract.Contacts._ID);

//初始化结果集
String[] result = new String[cursor.getCount()];

//迭代结果 Cursor
while(cursor.moveToNext()) {
  //提取姓名
  String name = cursor.getString(nameIdx);
  //提取唯一 ID
  String id = cursor.getString(idIdx);

  result[cursor.getPosition()] = name + " (" + id + ")";
}

//关闭 Cursor
cursor.close();
```

代码片段 PA4AD_Ch08_ContentProviders/src/Ch08_ContentProvidersActivity.java

ContactsContract.Data Content Provider 用来存储所有的联系人详情,如地址、电话号码和电子邮件地址。在大多数情况中,很可能需要根据一个完整的或者部分的联系人姓名来查询联系人详情。

为了简化这种查找,Android 提供了 ContactsContract.Contacts.CONTENT_FILTER_URI 查询 URI。可以将完整的或者部分的名称作为 URI 的额外路径片段附加到查找上。要提取相关的联系人详情,需要从返回的 Cursor 中找到 _ID 值,并使用它创建一个对 Data 表的查询。

Data 表中某一行的每个列的内容取决于为该行指定的 MIME 类型。因此,任何对 Data 表的查询必须按 MIME 类型对行进行过滤,以便提取有意义的数据。

程序清单 8-37 显示了如何使用 CommonDataKinds 子类中的联系人详情列名,从 Data 表中为特定的联系人提取显示名和手机号码。

第 8 章 数据库和 Content Provider

程序清单 8-37　找到联系人姓名的联系信息

```java
ContentResolver cr = getContentResolver();
String[] result = null;

//使用部分姓名匹配找到联系人
String searchName = "andy";
Uri lookupUri =
  Uri.withAppendedPath(ContactsContract.Contacts.CONTENT_FILTER_URI,
                searchName);

//创建所需列名的投影
String[] projection = new String[] {
  ContactsContract.Contacts._ID
};

//获得一个 Cursor，用于返回匹配的名称的 ID
Cursor idCursor = cr.query(lookupUri,
  projection, null, null, null);

//如果有匹配的 ID，则提取第一个匹配的 ID
String id = null;
if (idCursor.moveToFirst()) {
  int idIdx =
    idCursor.getColumnIndexOrThrow(ContactsContract.Contacts._ID);
  id = idCursor.getString(idIdx);
}

//关闭 Cursor
idCursor.close();

//创建一个新 Cursor，搜索与返回的联系人 ID 关联的数据
if (id != null) {
  //返回该联系人的所有 PHONE 数据
  String where = ContactsContract.Data.CONTACT_ID +
    " = " + id + " AND " +
    ContactsContract.Data.MIMETYPE + " = '" +
    ContactsContract.CommonDataKinds.Phone.CONTENT_ITEM_TYPE +
    "'";

  projection = new String[] {
    ContactsContract.Data.DISPLAY_NAME,
    ContactsContract.CommonDataKinds.Phone.NUMBER
  };

  Cursor dataCursor =
    getContentResolver().query(ContactsContract.Data.CONTENT_URI,
      projection, where, null, null);

  //获得所需列的索引
  int nameIdx =
    dataCursor.getColumnIndexOrThrow(ContactsContract.Data.DISPLAY_NAME);
  int phoneIdx =
    dataCursor.getColumnIndexOrThrow(
      ContactsContract.CommonDataKinds.Phone.NUMBER);
```

```
    result = new String[dataCursor.getCount()];

    while(dataCursor.moveToNext()) {
      //提取姓名
      String name = dataCursor.getString(nameIdx);
      //提取电话号码
      String number = dataCursor.getString(phoneIdx);

      result[dataCursor.getPosition()] = name + " (" + number + ")";
    }

    dataCursor.close();
  }
```

代码片段 PA4AD_Ch08_ContentProviders/src/Ch08_ContentProvidersActivity.java

Contacts 子类还提供了电话号码查找 URI,用来帮助找到与特定电话号码相关联的联系人。这个查询经过了高度优化,可以为传入的呼叫者 ID 通知快速返回结果。

可以使用 ContactsContract.PhoneLookup.CONTENT_FILTER_URI,并将要查找的电话号码作为一个额外的路径片段附加到它的后面,如程序清单 8-38 所示。

程序清单 8-38 执行呼叫者 ID 查找

```
String incomingNumber = "(650)253-0000";
String result = "Not Found";

Uri lookupUri =
  Uri.withAppendedPath(ContactsContract.PhoneLookup.CONTENT_FILTER_URI,
                   incomingNumber);

String[] projection = new String[] {
  ContactsContract.Contacts.DISPLAY_NAME
};

Cursor cursor = getContentResolver().query(lookupUri,
  projection, null, null, null);

if (cursor.moveToFirst()) {
  int nameIdx =
    cursor.getColumnIndexOrThrow(ContactsContract.Contacts.DISPLAY_NAME);

  result = cursor.getString(nameIdx);
}

cursor.close();
```

代码片段 PA4AD_Ch08_ContentProviders/src/Ch08_ContentProvidersActivity.java

3. 使用 Intent 创建和选择联系人

Contacts Contract Content Provider 包含一个基于 Intent 的机制,允许使用现有的联系人应用程序

(通常是本地应用程序)查看、插入或选择一个联系人。

这是一种最佳实践做法，其优势在于用户在执行相同的任务时看到的是一致的界面，这可以避免用户感到混淆，并且改善整体的用户体验。

为了显示一个联系人列表供用户选择，可以结合使用 Intent.ACTION_PICK 和 ContactsContract.Contacts.CONTENT_URI，如程序清单 8-39 所示。

可从 wrox.com 下载源代码

程序清单 8-39　选择一个联系人

```java
private static int PICK_CONTACT = 0;

private void pickContact() {
  Intent intent = new Intent(Intent.ACTION_PICK,
                    ContactsContract.Contacts.CONTENT_URI);
  startActivityForResult(intent, PICK_CONTACT);
}
```

代码片段 PA4AD_Ch08_ContentProviders/src/Ch08_ContentProvidersActivity.java

这将显示可用联系人的一个 List View，如图 8-5 所示。

图 8-5

当用户选择一个联系人时，它将作为返回 Intent 的 data 属性内的 URI 返回，如下面这段扩展了程序清单 8-39 的代码所示：

```java
@Override
protected void onActivityResult(int requestCode, int resultCode, Intent data) {
  super.onActivityResult(requestCode, resultCode, data);
  if ((requestCode == PICK_CONTACT) && (resultCode == RESULT_OK)) {
```

```
        resultTextView.setText(data.getData().toString());
    }
}
```

还有另外两种方法可以插入一个新联系人,这两种方法都会使用你在 Intent 中作为额外项指定的值预先填充新的联系人表单。

ContactsContract.Intents.SHOW_OR_CREATE_CONTACT 会在联系人提供器中查找特定的电子邮件地址或电话号码 URI,只有当没有联系人具有指定的联系地址时,它才会提议插入一个新项。

使用 ContactsContract.Intents.Insert 类中的常量来包含用于预先填充联系人详情(包括新联系人的姓名、公司、电子邮件、电话号码、备注和邮政地址)的 Intent 额外项,如程序清单 8-40 所示。

程序清单 8-40　　使用 Intent 插入一个新联系人

```
Intent intent =
  new Intent(ContactsContract.Intents.SHOW_OR_CREATE_CONTACT,
             ContactsContract.Contacts.CONTENT_URI);
intent.setData(Uri.parse("tel:(650)253-0000"));

intent.putExtra(ContactsContract.Intents.Insert.COMPANY, "Google");
intent.putExtra(ContactsContract.Intents.Insert.POSTAL,
  "1600 Amphitheatre Parkway, Mountain View, California");

startActivity(intent);
```

代码片段 PA4AD_Ch08_ContentProviders/src/Ch08_ContentProvidersActivity.java

4. 直接修改和增强联系人详情

如果你想构建自己的同步适配器以在联系人提供程序中插入与服务器同步的联系人,则可以直接修改联系人表。

在向应用程序的清单文件中添加 WRITE_CONTACTS uses-permission 之后,可以使用联系人 Content Provider 来修改、删除或插入联系人记录。

```
<uses-permission android:name="android.permission.WRITE_CONTACTS"/>
```

Contacts Contract Content Provider 的可扩展特性允许向存储为 RawContact 的任意账户添加任意的 Data 表行。

在现实中,使用定制的数据扩展第三方账户的联系人 Content Provider 不是一种好做法,因为这样的扩展不会与数据所有者的在线服务器同步。更好的做法是创建自己的同步联系人适配器,它将在联系人 Content Provider 中和其他账户聚集在一起。

创建自己的同步联系人账户适配器的过程不在本书的讨论范围之内。但是一般来说,通过在 Raw Contacts 提供程序中创建一个记录,可以为自己的定制数据创建一个联系人账户类型。

可以在与定制的联系人账户相关联的 Contacts Contract Content Provider 中添加新记录。在添加了定制的联系人数据之后,它们将会与本地和其他第三方联系人信息适配器提供的详情聚集在一起,当开发人员查询联系人 Content Provider 时就可以像前面所述的那样使用它们。

8.9.3 使用 Calendar Content Provider

Android 4.0 (API level 14)引入了支持访问 Calendar Content Provider 的 API。Calendar API 支持插入、查看和编辑整个 Calendar 数据库,并提供通过使用 Intent 或者直接操作 Calendar Content Provider 以访问日历、参与者、和事件提醒的功能。

同 Contacts Contract Content Provider 一样,Calendar Content Provider 也被设计成支持多个同步账户。所以,可以有选择地读取日历应用程序和账户中的内容以及向其中添加内容。通过创建日历同步适配器来创建一个备选的 Calendar Provider;或者创建一个备选的日历应用程序。

1. 查询日历

要访问 Calendar Content Provider,必须在应用程序的清单文件中包含 READ_CALENDAR uses-permission:

```
<uses-permission android:name="android.permission.READ_CALENDAR"/>
```

使用 Content Resolver,通过它们的 CONTENT_URI 常量来查询任何 Calendar Provider 表。每个表都在 CalendarContract 类中公开,包括下面的表:

- **Calendars**   Calendar 应用程序可以显示多个日历,这些日历关联多个账户。该表存储每个可显示的日历,以及日历的详情,如日历的显示名称/时区和颜色。
- **Events**   Event 表为每个调度的日历事件包含一项,内容包括名称、描述、地点和开始/结束时间。
- **Instances**   每个事件有一个或多个实例(在事件重复发生的情况下)。Instances 表由 Event 表的内容所生成的项来填充,它还包含一个生成它的事件的引用。
- **Attendees**   Attendees 表中的每一项表示一个给定事件的单个参与者。每个参与者可以包含姓名、电子邮件地址和出席状态,以及他们是否是可选的或需要的来宾。
- **Reminders**   Reminders 表描述了事件提醒,每一行代表一个特定事件的提醒。

每个类以静态属性的形式包括列名。

程序清单 8-41 查询 Events 表中的每一个事件,并创建一个字符串数组来保存每一个事件的名称和唯一的 ID。

程序清单 8-41   查询 Events 表

```
//创建一个限制结果 Cursor 为所需列的投影。
String[] projection = {
    CalendarContract.Events._ID,
    CalendarContract.Events.TITLE
};

//获取 Events 提供程序上的一个 Cursor。
Cursor cursor =
  getContentResolver().query(CalendarContract.Events.CONTENT_URI,
             projection, null, null, null);
```

```
//获取列的索引
int nameIdx =
 cursor.getColumnIndexOrThrow(CalendarContract.Events.TITLE);
int idIdx = cursor. getColumnIndexOrThrow(CalendarContract.Events._ID);


//初始化结果集
String[] result = new String[cursor.getCount()];

//迭代结果 Cursor
while(cursor.moveToNext()) {

//提取名称
  String name = cursor.getString(nameIdx);

//提取唯一的 ID
  String id = cursor.getString(idIdx);

  result[cursor.getPosition()] = name + " (" + id + ")";
}


//关闭 Cursor。
cursor.close();
```

代码片段 PA4AD_Ch08_ContentProviders/src/Ch08_ContentProvidersActivity.java

2. 使用 Intent 创建和编辑日历项

Calendar Content Provider 包含基于 Intent 的机制，该机制允许你使用 Calendar 应用程序执行常见的操作，而不需要特殊的权限。使用 Intent，你可以在定的时间打开 Calendar 应用程序，查看事件的详细信息，插入一个新的事件，或编辑现有的事件。

如同 Contacts API 一样，使用 Intent 来操作日历项是最佳的方式，而且如果可能的话，应该优先使用它直接操作底层的表。

创建新的日历事件

使用 Intent.ACTION_INSERT 操作，并指定 CalendarContract.Events.CONTENT_URI 作为 URI，可以不需要任何特殊权限就在现有的日历上添加新事件。

Intent 可以包含一些额外项，它们定义每个事件的属性，包括事件的标题、开始和结束时间、地点和描述，如程序清单 8-42 所示。当 Intent 被触发后，Calendar 应用程序会收到这个 Intent，它将创建一个由提供的数据预先填充的新日历项。

程序清单 8-42　使用 Intent 插入一个新的日历事件

```
//创建一个新的插入 Intent
Intent intent = new Intent(Intent.ACTION_INSERT, CalendarContract.Events.CONTENT_URI);


//添加日历事件的详细信息
```

```
intent.putExtra(CalendarContract.Events.TITLE, "Launch!");
intent.putExtra(CalendarContract.Events.DESCRIPTION,
            "Professional Android 4 " +
            "Application Development release!");
intent.putExtra(CalendarContract.Events.EVENT_LOCATION, "Wrox.com");

Calendar startTime = Calendar.getInstance();
startTime.set(2012, 2, 13, 0, 30);
intent.putExtra(CalendarContract.EXTRA_EVENT_BEGIN_TIME,
startTime.getTimeInMillis());

intent.putExtra(CalendarContract.EXTRA_EVENT_ALL_DAY, true);

//使用 Calendar 应用程序来添加新的事件

startActivity(intent);
```

> 代码片段 PA4AD_Ch08_ContentProviders/src/Ch08_ContentProvidersActivity.java

编辑日历事件

要编辑一个日历事件,你必须先知道它的行 ID。要找到行 ID,如本节前面所述,需要查询 Events Content Provider。

当你有了要编辑事件的 ID 后,就可以用 Intent.ACTION_EDIT 操作和一个将事件行 ID 附加到 Event 表的 CONTENT_URI 末尾的 URI 创建一个新的 Intent,如程序清单 8-43 所示。

请注意,Intent 机制只对编辑事件的开始和结束时间提供支持。

程序清单 8-43　使用 Intent 编辑一个日历事件

```
//创建一个 URI,通过行 ID 来访问指定的事件
//使用它来创建一个新的编辑 Intent
long rowID = 760;
Uri uri = ContentUris.withAppendedId(
  CalendarContract.Events.CONTENT_URI, rowID);

Intent intent = new Intent(Intent.ACTION_EDIT, uri);

//修改日历事件的详细信息
Calendar startTime = Calendar.getInstance();
startTime.set(2012, 2, 13, 0, 30);
intent.putExtra(CalendarContract.EXTRA_EVENT_BEGIN_TIME,
startTime.getTimeInMillis());

intent.putExtra(CalendarContract.EXTRA_EVENT_ALL_DAY, true);


//使用 Calendar 应用程序来编辑事件

startActivity(intent);
```

> 代码片段 PA4AD_Ch08_ContentProviders/src/Ch08_ContentProvidersActivity.java

显示日历和日历事件

可以使用 Intent 来显示特定的事件，或者打开 Calendar 应用程序来使用 Intent.ACTION_VIEW 操作显示指定日期和时间的日历事件。

如果想在编辑一个事件的时候查看现有的事件，可以用一个行 ID 来指定 Intent 的 URI，如程序清单 8-44 所示。要查看一个指定日期和时间的事件，URI 的形式应该为 content://com.android.calendar/time/[milliseconds since epoch]，如程序清单 8-44 所示。

可从 wrox.com 下载源代码

程序清单 8-44　使用 Intent 显示一个日历事件

```
//创建一个 URI 来指定要查看的特定时间的日历事件
Calendar startTime = Calendar.getInstance();
startTime.set(2012, 2, 13, 0, 30);

Uri uri = Uri.parse("content://com.android.calendar/time/" +
  String.valueOf(startTime.getTimeInMillis()));
Intent intent = new Intent(Intent.ACTION_VIEW, uri);


//使用 Calendar 应用程序查看时间
startActivity(intent);
```

代码片段 PA4AD_Ch08_ContentProviders/src/Ch08_ContentProvidersActivity.java

直接修改日历项

如果你正在构建自己的联系人应用程序，或者想要通过构建一个同步适配器的方式来从基于云的日历服务整合事件，那么在应用程序的清单文件中添加 WRITE_CONTACTS uses-permission 之后，可以使用 Calendar Content Provider 修改、删除或插入联系人记录。

```
<uses-permission android:name="android.permission.WRITE_CALENDAR"/>
```

创建自己的同步日历账户适配器的过程超出了本书的讨论范围。但是从相关的 Calendar Content Provider 添加、修改和删除行的过程与本章前面描述的自己的 Content Provider 的操作过程是一样的。

> 可以在 Android 开发人员指南中找到"在 Calendar Content Provider 上执行事务"和"创建同步适配器"的更多的细节(http://developer.android.com/guide/topics/providers/calendar-provider.html)。

第 9 章

在后台操作

本章内容
- 创建、启动和停止 Service
- 把 Service 绑定到 Activity 上
- 创建持续运行的前台 Service
- 扩展 Intent Service
- 使用 AsyncTask 管理后台处理
- 创建后台线程,并使用 Handler 与 GUI 线程同步
- 使用 Alarm 定时执行应用程序的事件

Android 提供了 Service 类来专门创建用来处理长生命周期操作的应用程序组件以及包括不需要用户界面的功能。

Android 赋予 Service 比处于非活动状态的 Activity 更高的优先级,因此当系统请求资源时,它们被终止的可能性更小。事实上,如果运行时过早地终止了一个已经启动的 Service,只要有足够的资源可用,则运行时就会重新启动它。必要的时候,一个 Service 的优先级可以提升到和前台 Activity 的优先级一样高。这是为了应对一些终止 Service 会显著影响用户体验的极端情况,如终止正在播放的音乐。

通过使用 Service,即使在 UI 不可见的时候也可以保证应用程序的持续运行。

虽然 Service 在运行的时候没有专门的 GUI,但它们还是运行在应用程序进程的主线程中——就像 Activity 和 Broadcast Receiver 一样。为了确保应用程序能够及时响应,本章将介绍通过使用 Thread 和 AsyncTask 类把耗时的进程移到后台线程中。

本章还将介绍 Alarm,该机制用来在指定的时间或者时间间隔激活 Intent,而不受应用程序生命周期的限制。你将学习使用 Alarm 来启动 Service,打开 Activity,或者基于时钟或设备已启动时间来广播 Intent。甚至在它的宿主应用程序被关闭之后,Alarm 也依然可以被激活,并且能够把设备从休眠状态中唤醒(如果需要的话)。

9.1 Service 简介

Service 和 Activity 是不同的,Activity 显示图形用户界面,而 Service 的运行是不可见的——如执行 Internet 查找、处理数据、更新 Content Provider、激活 Intent 和触发 Notification。Activity 在它的生命周期内定期地启动、停止和重新创建,而 Service 则被设计为是长生命周期的——特别地,它用来执行一些持续性的、可能耗时的操作。

Service 的启动、停止和控制是通过其他应用程序组件来实现的,包括 Activity、Broadcast Receiver 和其他 Service。如果应用程序需要提供那些不直接依赖用户输入或者包含耗时操作的功能,Service 也许是一种选择。

运行中的 Service 具有比处于非激活状态或者不可见状态(已经停止)的 Activity 要高的优先级,所以它们被运行时的资源管理终止的可能性会小一些。Android 系统提前终止一个 Service 的唯一可能的情况就是为前台组件(通常是一个 Activity)提供额外的资源。如果发生了这种情况,当有资源可用的时候,可以通过配置来自动重启 Service。

如果 Service 需要和用户直接进行互动(例如播放音乐),那么有必要把这个 Service 标识为前台组件,从而提高它的优先级。这样可以保证了除极端情况以外,该 Service 都不会被终止,但是,这会降低运行时管理资源的能力,从而可能会降低整体的用户体验。

9.1.1 创建和控制 Service

下面的部分描述如何创建一个新的 Service,以及如何通过分别使用 startService 和 stopService 方法连同 Intent 来启动和停止它。然后将介绍如何将一个 Service 和一个 Activity 绑定,以此来提供更加丰富的接口。

1. 创建 Service

要定义一个 Service,需要创建一个扩展 Service 的新类。需要重写 onCreate 和 onBind 方法,如程序清单 9-1 所示。

程序清单 9-1 一个 Service 类的框架

```
import android.app.Service;
import android.content.Intent;
import android.os.IBinder;

public class MyService extends Service {
  @Override
  public void onCreate() {
    super.onCreate();
    // TODO: Actions to perform when service is created.
  }

  @Override
  public IBinder onBind(Intent intent) {
    // TODO: Replace with service binding implementation.
```

```
    return null;
  }
}
```

代码片段 `PA4AD_Ch09_MyService/src/MyService.java`

当创建了一个新的 Service 后，必须将这个 Service 在应用程序的清单文件中进行注册。需要在 application 节点内包含一个 service 标记，如程序清单 9-2 所示。

程序清单 9-2　向应用程序的清单文件添加一个 Service 节点

```xml
<service android:enabled="true" android:name=".MyService"/>
```

代码片段 `PA4AD_Ch09_MyService/AndroidManifest.xml`

为了确保你的 Service 只能由自己的应用程序启动和停止，需要在它的 Service 节点下添加一个 permission 属性。

```xml
<service android:enabled="true"
         android:name=".MyService"
         android:permission="com.paad.MY_SERVICE_PERMISSION"/>
```

这就要求任何想访问这个 Service 的第三方应用程序在它的清单文件中包含一个 uses-permission 属性。在第 18 章中，你将学习更多关于创建和使用权限的知识。

2. 执行一个 Service 并控制它的重新启动行为

重写 OnStartCommand 事件处理程序以执行一个由 Service 封装的任务(或者启动持续进行的操作)。在这个处理程序中，也可以指定 Service 的重新启动行为。

当一个 Service 通过 startService 启动时，就会调用 onStartCommand 方法，所以这个方法可能在 Service 的生命周期内被执行很多次。因此，应该确保 Service 能够满足这种需求。

> OnStartCommand 处理程序是 Android 2.0(API level 5)以后才引入的，代替了现在已经不再建议使用的 onStart 事件。它提供了和 onStart 方法一样的功能，但是还允许你告诉系统，如果系统在显式调用 stopService 或 stopSelf 之前终止了 Service，那么应该如何重新启动 Service。

Service 是在应用程序的主线程中启动的，这意味着在 onStartCommand 处理程序中完成的任何处理都是运行在 GUI 主线程中的。实现 Service 的标准模式是从 onStartCommand 中创建和运行一个新线程，用来在后台执行处理，并在该线程完成后终止这个 Service(本章后面将讲解如何创建和管理后台线程)。

程序清单 9-3 扩展了程序清单 9-1 中所示的框架代码，重写了 onStartCommand 处理程序。注意，它返回的值控制当 Service 被运行时终止后，系统应该如何响应 Service 的重新启动。

程序清单 9-3 重写 Service 的重新启动行为

可从
wrox.com
下载源代码

```
@Override
public int onStartCommand(Intent intent, int flags, int startId) {
    startBackgroundTask(intent, startId);
    return Service.START_STICKY;
}
```

代码片段 PA4AD_Ch09_MyService/src/MyService.java

这个模式使得 onStartCommand 可以快速完成，通过返回以下的 Service 常量可以控制重新启动行为：

- **START_STICKY**　描述了标准的重新启动行为，与 Android 2.0 之前版本中实现 onStart 的方式相似。如果返回了这个值，那么在运行时终止 Service 后，当重新启动 Service 时，将会调用 onStartCommand。注意，当重新启动 Service 时，传入 onStartCommand 的 Intent 参数将是 null。

  这种模式通常用于处理自身状态的 Service，以及根据需要通过 startService 和 stopService 显式地启动和终止的 Service。这些 Service 包括播放音乐的 Service 或者处理其他持续进行的后台任务的 Service。

- **START_NOT_STICKY**　这种模式用于启动以处理特殊的操作和命令的 Service。通常当命令完成后，这些 Service 会调用 stopSelf 终止自己。

  当被运行时终止后，只有当存在未处理的启动调用时，设为这个模式的 Service 才会重新启动。如果在终止 Service 后没有进行 startService 调用，那么 Service 将停止运行，而不会调用 onStartCommand。

  对于处理特殊请求，尤其是诸如更新或者网络轮询这样的定期处理，这是一种理想的模式。这种模式比较谨慎，当停止 Service 后，它会在下一个调度间隔中尝试重新启动，而不会在存在资源竞争时重新启动 Service。

- **START_REDELIVER_INTENT**　在一些情况下，需要确保从 Service 中请求的命令得以完成——例如在时效性比较重要的时候。

  这种模式是前两种模式的组合：如果 Service 被运行时终止，那么只有当存在未处理的启动调用或者进程在调用 stopSelf 之前被终止时，才会重新启动 Service。在后一种情况中，将会调用 onStartCommand，并传入没有正常完成处理的 Intent。

注意，在处理完成后，每种模式都要求使用 stopService 和 stopSelf 显式地停止 Service。本章的后面将详细讨论这两个方法。

> 在 Android SDK 2.0(API level 5)之前，当 Service 启动后，Service 类会触发 onStart 事件处理程序来让你执行操作。现在实现 onStart 处理程序等同于重写 onStartCommand 并返回 START_STICKY。

在 onStartCommand 的返回值中指定的重新启动模式将会影响在后面的调用中传入的参数值。起初，会传入一个 Intent 参数给 startService 来启动 Service。当系统重新启动 Service 后，Intent 在

START_STICKY 模式中将为 null，而在 START_REDELIVER_INTENT 模式中将为原来的 Intent。

可以使用 flag 参数来找出启动 Service 的方式。特别是，可以确定以下哪种情况为真：

- **START_FLAG_REDELIVERY**　表示 Intent 参数是由于系统运行时在通过调用 stopSelf 显式停止 Service 之前终止它而重新传递的。
- **FLAG_RETRY**　表示 Service 已经在异常终止后重新启动。如果 Service 之前被设为 START_STICKY，则会传入这个标志。

3. 启动和停止 Service

要启动一个 Service，需要调用 startService。和 Activity 一样，既可以在注册合适的 Intent Receiver 后使用操作来隐式地启动 Service，也可以显式地指定 Service 的类名以启动一个 Service。如果应用程序不具有此 Service 所要求的权限，那么调用 startService 将会抛出 SecurityException 异常。

在以上两种调用情况下，都可以在 Intent 中添加额外项，然后把这个 Intent 传给 Service 的 onStart 处理程序，如程序清单 9-4 所示，其中显示了这两种可以用来启动 Service 的技术。

可从
wrox.com
下载源代码

程序清单 9-4　启动一个 Service

```
private void explicitStart() {
    //显式启动 MyService
    Intent intent = new Intent(this, MyService.class);
    //TODO：如果需要的话，添加额外项。
    startService(intent);
}

private void implicitStart() {
    //隐式地启动一个音乐 Service
    Intent intent = new Intent(MyMusicService.PLAY_ALBUM);
    intent.putExtra(MyMusicService.ALBUM_NAME_EXTRA, "United");
    intent.putExtra(MyMusicService.ARTIST_NAME_EXTRA, "Pheonix");
    startService(intent);
}
```

代码片段 PA4AD_Ch9_MyService/src/MyActivity.java

要停止一个 Service，需要使用 stopService，并指定用于定义要停止的 Service 的 Intent(和指定要启动的 Service 采用相同的方式)，如程序清单 9-5 所示。

可从
wrox.com
下载源代码

程序清单 9-5　停止一个 Service

```
//显式终止 Service
stopService(new Intent(this, MyService.class));

//隐式终止 Service
Intent intent = new Intent(MyMusicService.PLAY_ALBUM);
stopService(intent);
```

代码片段 PA4AD_Ch09_MyService/src/MyActivity.java

由于对 startService 的调用不能嵌套，因此不管 startService 被调用了多少次，对 stopService 的一次调用就会终止它所匹配的运行中的 Service。

4. 自终止 Service

由于 Service 具有高优先级，它们通常不会被运行时终止，因此自终止可以显著地改善应用程序中的资源占用情况。

通过在处理完成后显式地停止 Service，可以避免系统仍然为使该 Service 继续运行而保留资源。

当 Service 完成操作或处理后，应该调用 stopSelf 终止它。此时可以不传递参数，从而强制停止 Service；也可以传入一个 startId 值，确保已经为目前调用的每个 startService 实例完成了处理。

9.1.2 将 Service 绑定到 Activity

Service 可以和 Activity 绑定，后者会维持一个对前者实例的引用，此引用允许你像对待其他实例化的类那样，对正在运行的 Service 进行方法调用。

允许 Service 和 Activity 绑定，这样能够获得更加详细的接口。要让一个 Service 支持绑定，需要实现 onBind 方法，并返回被绑定 Service 的当前实例，如程序清单 9-6 所示。

程序清单 9-6 实现绑定一个 Service

```java
@Override
public IBinder onBind(Intent intent) {
    return binder;
}

public class MyBinder extends Binder {
    MyMusicService getService() {
        return MyMusicService.this;
    }
}
private final IBinder binder = new MyBinder();
```

代码片段 PA4AD_Ch09_MyService/src/MyMusicService.java

Service 和其他组件之间的连接表示为一个 ServiceConnection。

要想将一个 Service 和其他组件进行绑定，需要实现一个新的 ServiceConnection，建立了一个连接之后，就可以通过重写 onServiceConnected 和 onServiceDisconnected 方法来获得对 Service 实例的引用，如程序清单 9-7 所示。

程序清单 9-7 为 Service 绑定创建一个 Service 连接

```java
// Service 的引用
private MyMusicService serviceRef;

//处理 Service 和 Activity 之间的连接
private ServiceConnection mConnection = new ServiceConnection() {
    public void onServiceConnected(ComponentName className,
                        IBinder service) {
        //当建立连接时调用
        serviceRef = ((MyMusicService.MyBinder)service).getService();
```

```
    }
    public void onServiceDisconnected(ComponentName className) {
      //当Service意外断开时接收
      serviceRef = null;
    }
};
```

代码片段 PA4AD_Ch09_MyService/src/MyActivity.java

要执行绑定,需要在 Activity 中调用 bindServic,并传递给它一个用于选择要绑定到的 Service 的 Intent(显式或者隐式都行)以及一个 ServiceConnection 实现的实例。还可以指定很多的绑定标识,如程序清单 9-8 所示。在这个示例中,指定了当绑定初始化后,目标 Service 应该被创建。

程序清单9-8 绑定一个 Service

```
//绑定一个 Service
Intent bindIntent = new Intent(MyActivity.this, MyMusicService.class);
bindService(bindIntent, mConnection, Context.BIND_AUTO_CREATE);
```

代码片段 PA4AD_Ch09_MyService/src/MyActivity.java

在 Android 4.0(API level 14)中引入了许多新的标志,用来在 Service 和应用程序绑定时单独或者结合起来使用。

- **BIND_ADJUST_WITH_ACTIVITY** 系统可以根据一个 Service 所绑定的 Activity 的相对重要程度来调整这个 Service 的优先级。因此,当 Activity 处于前台时,系统会提高 Service 的优先级。
- **BIND_IMPORTANT** 和 **BIND_ABOVE_CLIENT** 对于正在绑定一个 Service 的客户端来说,这个 Service 非常重要,以至于当客户端处于前台时,Service 也应该变为前台进程。BIND_ABOVE_CLIENT 指定在内存很低的情况下,运行时会在终止绑定的 Service 之前先终止 Activity。
- **BIND_NOT_FOREGROUND** 确保绑定的 Service 永远不会拥有运行于前台的优先级。默认情况下,绑定一个 Service 会提高它的相对优先级。
- **BIND_WAIVE_PRIORITY** 表示绑定一个指定的 Service 不应该改变该 Service 的优先级。

一旦 Service 被绑定,就可以通过从 onServiceConnected 处理程序获得的 serviceBinder 对象来使用 Service 所有的公有方法和属性。

Android 应用程序(正常情况下)不共享内存,但是在某些情况下,应用程序可能希望与运行在不同应用程序进程中的 Service 进行交互(和绑定)。

如果你想和运行在不同进程中的 Service 进行通信,可以使用广播 Intent 的方式或者在启动 Service 的 Intent 中添加额外的 Bundle 数据。如果需要耦合更加紧密的连接,可以使用 Android Interface Definition Language(AIDL),使 Service 可以跨应用程序绑定。AIDL 使用系统级的原语定义了 Service 的接口,允许 Android 跨进程传递对象。AIDL 的定义请参见第 18 章。

9.1.3 地震监控 Service 示例

本章将修改第 6 章创建(并在 7、8 章加强)的地震示例。在本例中,将把地震的更新和处理功能移到一个独立的 Service 组件中。

 在 9.3.3 节和 9.4 节中,将通过一种更加高效和简化的实现来扩展这个 Service。

(1) 首先,创建一个新的扩展 Service 的 EarthquakeUpdateService 类:

```java
package com.paad.earthquake;

import android.app.Service;
import android.content.Intent;
import android.os.IBinder;

public class EarthquakeUpdateService extends Service {

  public static String TAG = "EARTHQUAKE_UPDATE_SERVICE";

  @Override
  public IBinder onBind(Intent intent) {
    return null;
  }
}
```

(2) 通过在 application 节点中添加一个新的 Service 标记,把这个新 Service 添加到清单文件中:

```xml
<service android:enabled="true" android:name=".EarthquakeUpdateService"/>
```

(3) 把 addNewQuake 方法从 EarthquakeListFragment 中移出来,放到 EarthquakeUpdateService 类中。修改这个方法的第一行,从这个 Service(而不是父 Activity)中获得 Content Resolver:

```java
private void addNewQuake(Quake quake) {
  ContentResolver cr = getContentResolver();

  //构造一条 where 子句来保证提供程序中没有这个地震的信息。
  String w = EarthquakeProvider.KEY_DATE + " = " + quake.getDate().getTime();

  //如果地震是新的,就把它插入到提供程序中。
  Cursor query = cr.query(EarthquakeProvider.CONTENT_URI, null, w, null, null);

  if (query.getCount()==0) {
    ContentValues values = new ContentValues();

    values.put(EarthquakeProvider.KEY_DATE, quake.getDate().getTime());
    values.put(EarthquakeProvider.KEY_DETAILS, quake.getDetails());
    values.put(EarthquakeProvider.KEY_SUMMARY, quake.toString());

    double lat = quake.getLocation().getLatitude();
    double lng = quake.getLocation().getLongitude();
    values.put(EarthquakeProvider.KEY_LOCATION_LAT, lat);
    values.put(EarthquakeProvider.KEY_LOCATION_LNG, lng);
```

```java
      values.put(EarthquakeProvider.KEY_LINK, quake.getLink());
      values.put(EarthquakeProvider.KEY_MAGNITUDE, quake.getMagnitude());

      cr.insert(EarthquakeProvider.CONTENT_URI, values);
    }
    query.close();
}
```

(4) 在 EarthquakeUpdateService 中创建一个 refreshEarthquakes 方法，把原来 EarthquakeListFragment 类中相同名称的方法所具有的大多数功能移到这个新方法中：

```java
public void refreshEarthquakes() {
}
```

a. 首先，将所有 XML 处理代码移到 Service 的 refreshEarthquakes 方法中：

```java
public void refreshEarthquakes() {
  //获得XML
  URL url;
  try {
    String quakeFeed = getString(R.string.quake_feed);
    url = new URL(quakeFeed);

    URLConnection connection;
    connection = url.openConnection();

    HttpURLConnection httpConnection = (HttpURLConnection)connection;
    int responseCode = httpConnection.getResponseCode();

    if (responseCode == HttpURLConnection.HTTP_OK) {
      InputStream in = httpConnection.getInputStream();

      DocumentBuilderFactory dbf = DocumentBuilderFactory.newInstance();
      DocumentBuilder db = dbf.newDocumentBuilder();

      //分析地震源。
      Document dom = db.parse(in);
      Element docEle = dom.getDocumentElement();

      //获得每个地震项的列表。
      NodeList nl = docEle.getElementsByTagName("entry");
      if (nl != null && nl.getLength() > 0) {
        for (int i = 0 ; i < nl.getLength(); i++) {
          Element entry = (Element)nl.item(i);
          Element title = (Element)entry.getElementsByTagName("title").item(0);
          Element g = (Element)entry.getElementsByTagName("georss:point").item(0);
          Element when = (Element)entry.getElementsByTagName("updated").item(0);
          Element link = (Element)entry.getElementsByTagName("link").item(0);

          String details = title.getFirstChild().getNodeValue();
          String hostname = "http://earthquake.usgs.gov";
          String linkString = hostname + link.getAttribute("href");

          String point = g.getFirstChild().getNodeValue();
          String dt = when.getFirstChild().getNodeValue();
```

```
          SimpleDateFormat sdf = new SimpleDateFormat("yyyy-MM-dd'T'hh:mm:ss'Z'");
          Date qdate = new GregorianCalendar(0,0,0).getTime();
          try {
            qdate = sdf.parse(dt);
          } catch (ParseException e) {
            Log.e(TAG, "Date parsing exception.", e);
          }

          String[] location = point.split(" ");
          Location l = new Location("dummyGPS");
          l.setLatitude(Double.parseDouble(location[0]));
          l.setLongitude(Double.parseDouble(location[1]));

          String magnitudeString = details.split(" ")[1];
          int end =  magnitudeString.length()-1;
          double magnitude = Double.parseDouble(magnitudeString.substring(0, end));

          details = details.split(",")[1].trim();

          Quake quake = new Quake(qdate, details, l, magnitude, linkString);

          //处理一个新发生的地震
          addNewQuake(quake);
        }
      }
    }
  } catch (MalformedURLException e) {
    Log.e(TAG, "Malformed URL Exception", e);
  } catch (IOException e) {
    Log.e(TAG, "IO Exception", e);
  } catch (ParserConfigurationException e) {
    Log.e(TAG, "Parser Configuration Exception", e);
  } catch (SAXException e) {
    Log.e(TAG, "SAX Exception", e);
  }
  finally {
  }
}
```

b. 将 EarthquakeListFragment 类中 refreshEarthquakes 方法内的 XML 处理代码移出来之后，就不用在后台线程中执行它了。更新 onActivityCreated 处理程序，移除创建 Thread 的相关代码：

```
@Override
public void onActivityCreated(Bundle savedInstanceState) {
  super.onActivityCreated(savedInstanceState);
//创建一个新的适配器并把它与 List View 绑定
  adapter = new SimpleCursorAdapter(getActivity(),
    android.R.layout.simple_list_item_1, null,
    new String[] { EarthquakeProvider.KEY_SUMMARY },
    new int[] { android.R.id.text1 }, 0);
  setListAdapter(adapter);

  getLoaderManager().initLoader(0, null, this);
```

```
    refreshEarthquakes();
  }
```

c. EarthquakeListFragment 类的 refreshEarthquake 方法应该依然包含重新启动 Cursor Loader 的代码，但是没有必要再把它同步给 UI 线程。移除这部分代码并添加新的 startService 调用，该方法能够显式地启动 EarthquakeUpdateService：

```
public void refreshEarthquakes() {
  getLoaderManager().restartLoader(0, null, EarthquakeListFragment.this);

  getActivity().startService(new Intent(getActivity(),
                             EarthquakeUpdateService.class));
}
```

(5) 返回 EarthquakeService 类。重写 onStartCommand 和 onCreate 方法，从服务器刷新地震信息，同时创建一个新的 Timer，用来定期更新地震列表。

OnStartCommand 处理程序应该返回 START_STICKY 值，因为我们会使用 Timer 触发多次刷新。使用 Timer 是不太好的方式，定时行为应该使用 Alarms 和/或 Intent Service 来触发，这两种方式会在本章后面介绍。使用第 7 章创建的 SharedPreference 对象决定地震是否需要定期更新。

```
private Timer updateTimer;

@Override
public int onStartCommand(Intent intent, int flags, int startId) {
  //检索SharedPreference
  Context context = getApplicationContext();
  SharedPreferences prefs =
    PreferenceManager.getDefaultSharedPreferences(context);

  int updateFreq =
    Integer.parseInt(prefs.getString(PreferencesActivity.PREF_UPDATE_FREQ, "60"));
  boolean autoUpdateChecked =
    prefs.getBoolean(PreferencesActivity.PREF_AUTO_UPDATE, false);

  updateTimer.cancel();
  if (autoUpdateChecked) {
    updateTimer = new Timer("earthquakeUpdates");
    updateTimer.scheduleAtFixedRate(doRefresh, 0,
      updateFreq*60*1000);
  }
  else {
    Thread t = new Thread(new Runnable() {
      public void run() {
        refreshEarthquakes();
      }
    });
    t.start();
  }

  return Service.START_STICKY;
};

private TimerTask doRefresh = new TimerTask() {
```

```
    public void run() {
      refreshEarthquakes();
    }
  };

  @Override
  public void onCreate() {
    super.onCreate();
    updateTimer = new Timer("earthquakeUpdates");
  }
```

这个示例中的全部代码片段取自第9章的 Earthquake Part 1 项目，从 www.wrox.com 上可以下载该项目。

现在当 Earthquake Activity 启动时，Earthquake Service 也会启动。之后即使 Activity 已经被挂起或者终止，这个 Service 也会持续运行并在后台更新 Content Provider。由于 EarthquakeListFragment 使用了 Cursor Loader，因此每个新的 Earthquake 都会被自动添加到 List View 中。

现阶段地震 Service 还是持续运行的，占用了宝贵的资源。下面的小节将讲解如何使用 Alarm 和 Intent Service 来代替 Timer。

9.1.4 创建前台 Service

就像你在第 3 章中学到的一样，Android 采用一种动态的方法管理资源，这就导致应用程序组件可能在很少或者根本没有警告的情况下被终止。

当确定哪个应用程序或者应用程序组件可以被终止时，Android 给正在运行的 Service 赋予了第二高的优先级，只有处于激活状态、前台运行的 Activity 才可以拥有更高的优先级。

在 Service 需要直接和用户进行交互的情况下，也许合适的做法是把 Service 的优先级提升到与前台 Activity 一样高。这可以通过调用 Service 的 startForeground 方法以设置该 Service 在前台运行来实现。

由于前台 Service 预期会直接和用户进行交互(例如播放音乐)，因此在调用 startForeground 方法的时候，必须指定一个持续工作的 Notification(在第10章中会详述)，如程序清单9-9所示。只要 Service 在前台运行，这个通知就会显示。

程序清单 9-9　将一个 Service 移至前台

```
private void startPlayback(String album, String artist) {
  int NOTIFICATION_ID = 1;

  //创建一个当单击通知时将打开主 Activity 的 Intent
  Intent intent = new Intent(this, MyActivity.class);
  PendingIntent pi = PendingIntent.getActivity(this, 1, intent, 0);

  //设置 Notification UI 参数
```

第 9 章 在后台操作

```
Notification notification = new Notification(R.drawable.icon,
  "Starting Playback", System.currentTimeMillis());
notification.setLatestEventInfo(this, album, artist, pi);

//设置 Notification 为持续显示
notification.flags = notification.flags |
                Notification.FLAG_ONGOING_EVENT;

//将 Service 移到前台
startForeground(NOTIFICATION_ID, notification);
}
```

代码片段 PA4AD_Ch09_MyService/src/MyMusicService.java

　　将一个 Service 设为前台运行可以有效地避免运行时在释放资源的时候终止这个 Service。如果同时运行多个这种不可终止的 Service，将会使系统很难从资源缺乏的状态下恢复正常运行。
　　只有在有助于 Service 正确运行时才应该使用这种技术，并且即使这样，也应该只在绝对有必要的情况下才使 Service 留在前台。

　　最好能够为用户提供一个简单的方式禁用一个前台运行的 Service——通常的方式是通过单击正在运行的 Notification(或从 Notification 本身)打开任意的 Activity。
　　当 Service 不再需要前台运行的优先级时，可以使用 stopForeground 方法，把它移到后台，并可以选择是否移除通知，如程序清单 9-10 所示。Notification 在 Service 停止或者终止的时候是会自动取消的。

程序清单 9-10　将一个 Service 移至后台

```
public void pausePlayback() {
    //移到后台并移除 Notification
    stopForeground(true);
}
```

代码片段 PA4AD_Ch09_MyService/src/MyMusicService.java

　　在 Android 2.0 之前，通过使用 setForeground 方法可以将一个 Service 设为前台运行。但是这个方法现在已经不建议使用，使用它将产生一个 NOP(未执行任何操作)，而不会实际完成任何工作。

9.2　使用后台线程

　　响应能力是一个优秀 Android 应用程序的非常重要的特性。为了确保你的应用程序能够快速响应用户交互或者系统事件，很重要的一点就是将所有的处理和 I/O 操作从应用程序的主线程移到一个子线程中。

> 所有的 Andorid 应用程序组件——包括 Activity、Service、Broadcast Receiver——都在应用程序的主线程中运行。因此，任何组件中的费时处理都可能阻塞所有其他的组件，包括 Service 和可见的 Activity。

在 Android 中，对未响应的定义是：Activity 对一个输入事件(例如，按下一个按键)在 5 秒的时间内没有响应，或者 Broadcast Receiver 在 10 秒内没有完成它的 onReceive 处理程序。

我们不仅希望避免这种情况，类似的情况可能也不希望看到。事实上，只要有输入延迟和 UI 停顿超过几百毫秒，用户就可以感觉到。

对于任何不用直接和用户界面进行交互的重要处理，使用后台线程技术是很重要的。将文件操作、网络查找、数据库事务、复杂计算调度到后台线程中完成尤其重要。

Android 为将处理移到后台提供了很多的可选技术。可以实现自己的线程并使用 Handler 类来与 GUI 线程同步，然后更新 UI。另外，AsyncTask 类允许定义将在后台执行的操作，并且提供了可以用来监控进度以及在 GUI 线程上发布结果的方法。

9.2.1 使用 AsyncTask 运行异步任务

AsyncTask 类为将耗时的操作移到后台线程并在操作完成后同步更新 UI 线程实现了最佳实践模式。它有助于将事件处理程序与 GUI 线程进行同步，允许通过更新视图和其他 UI 元素来报告进度，或者在任务完成后发布结果。

AsyncTask 处理线程创建、管理和同步等全部工作，它可以用来创建一个异步任务，该任务由两个部分组成：将在后台执行的处理以及在处理完成后执行的 UI 更新。

AsyncTask 对于生命周期较短且需要在 UI 上显示进度和结果的后台操作是很好的解决方案。然而，当 Activity 重新启动时，这种操作将不会持续进行，也就是说，AsyncTask 在设备的方向变化而导致 Activity 被销毁和重新创建时会被取消。对于生命周期较长的后台操作，如从 Internet 下载数据，使用 Service 组件是更好的选择。

类似地，Cursor Loader 则是使用 Content Provider 或者数据库结果的最佳选择。

1. 创建新的异步任务

每个 AsyncTask 的实现可以指定用于输入、进度报告值以及结果值的参数类型。如果不需要或者不想使用输入参数、更新进度或者报告最终结果，则只需要为其中一种或者全部所需的类型指定 Void 即可。

要创建一个新的异步任务，需要扩展 AsyncTask 类，指定要使用的参数类型，如程序清单 9-11 的框架代码所示。

程序清单 9-11 使用字符串参数和结果以及一个整型进度值来实现 AsyncTask

```
private class MyAsyncTask extends AsyncTask<String, Integer, String> {
    @Override
    protected String doInBackground(String... parameter) {
```

```java
//移动到后台线程
String result = "";
int myProgress = 0;

int inputLength = parameter[0].length();

//执行后台处理任务，更新myProgress
for (int i = 1; i <= inputLength; i++) {
  myProgress = i;
  result = result + parameter[0].charAt(inputLength-i);
  try {
    Thread.sleep(100);
  } catch (InterruptedException e) { }
  publishProgress(myProgress);
}

//返回一个值，它将传递给onPostExecute
return result;
}

@Override
protected void onProgressUpdate(Integer... progress) {
  //和UI线程同步。
  //更新进度条、Notification或者其他UI元素
  asyncProgress.setProgress(progress[0]);
}

@Override
protected void onPostExecute(String result) {
  //和UI线程同步
  //通过UI更新、Dialog或者Notification报告结果
  asyncTextView.setText(result);
}
}
```

代码片段 PA4AD_Ch09_MyService/src/MyActivity.java

你的子类应该重写下面列出的事件处理程序：

- **doInBackground** 这个方法将会在后台线程上执行，所以应该把运行时间较长的代码放到这里，而且不能试图在此处理程序中与 UI 对象交互。它接受一组参数，参数的类型在类实现中定义。

  可以在本处理程序中调用 publishProgress 方法以传递参数值给 onProgressUpdate 处理程序，当后台任务完成后，可以返回最终的结果并作为参数传递给 onPostExecute 处理程序，该处理程序能够相应地更新 UI。

- **onProgressUpdate** 重写这个处理程序，当中间进度更新变化时更新 UI。这个处理程序接受一组从 doInBackground 处理程序内传递给 publishProgress 的参数。

  在执行时，这个处理程序将与 GUI 线程同步，所以可以安全地修改 UI 元素。

- **onPostExecute** 当 doInBackground 完成后，该方法的返回值就会传入到这个事件处理程序中。

当异步任务完成后，使用这个处理程序来更新 UI。在执行时，这个处理程序将与 GUI 线程同步，所以可以安全地修改 UI 元素。

2. 运行异步任务

当实现了异步任务后，可以通过创建新实例并调用 execute 来执行它，如程序清单 9-12 所示。可以传入很多参数，在实现中指定这些参数的类型。

可从
wrox.com
下载源代码

程序清单 9-12　执行一个异步任务

```
String input = "redrum ... redrum";
new MyAsyncTask().execute(input);
```

代码片段 PA4AD_Ch09_MyService/src/MyActivity.java

每一个 AsyncTask 实例只能执行一次。如果试图第二次调用 execute，则会抛出一个异常。

9.2.2　Intent Service 简介

Intent Service 是一个非常方便的包装类，它为根据需求执行一组任务的后台 Service 实现了最佳实践模式，如 Internet 的循环更新或者数据处理。

其他应用程序组件要想通过 Intent Service 完成一个任务，需要启动 Service 并传递给它一个包含完成该任务所需的参数的 Intent。

Intent Service 会将收到的所有请求 Intent 放到队列中，并在异步后台线程中逐个地处理它们。当处理完每个收到的 Intent 后，Intent Service 就会终止它自己。

Intent Service 处理所有的复杂工作，如将多个请求放入队列、后台线程的创建、UI 线程的同步。

要想把一个 Service 实现为 Intent Service，需要扩展 IntentService 并重写 onHandleIntent 方法，如程序清单 9-13 所示。

可从
wrox.com
下载源代码

程序清单 9-13　实现一个 Intent Service

```
import android.app.IntentService;
import android.content.Intent;

public class MyIntentService extends IntentService {

  public MyIntentService(String name) {
    super(name);
    //TODO：完成任何需要的构造函数任务
  }

  @Override
  public void onCreate() {
    super.onCreate();
    //TODO：创建 Service 时要执行的操作
  }
```

```
    @Override
    protected void onHandleIntent(Intent intent) {
      //这个处理程序发生在一个后台线程中。
      //耗时任务应该在此实现。
      //传入这个 IntentService 的每个 Intent 将被逐个处理,当所有传入的 Intent 都被处理后,该 Service
        会终止它自己。

    }
}
```

代码片段 PA4AD_Ch09_MyService/src/MyIntentService.java

一旦收到 Intent 请求,onHandleIntent 处理程序就会在一个工作线程中执行。对于按需或者固定时间间隔执行一组任务,Intent Service 是创建这种 Service 的最佳方法。

在下一节中将演示如何使用 Intent Service 处理循环任务的实际示例。

9.2.3 Loader 简介

抽象类 Loader 是在 Android3.0(API 版本 11)中引入的,它封装用于在 UI 元素(如 Activity 和 Fragment)中进行异步数据加载的最佳实践技术。在 Android Support Library 中也提供了 Loader。

在第 8 章详细介绍过的 CursorLoader 类是一个具体的实现,用来实现异步查询 Content Resovler 并且返回一个 Cursor。

如果想要创建一个自己的 Loader 实现,通常最佳实践是扩展 AsyncTaskLoader 而不是直接扩展 Loader。虽然实现 Loader 已经超出了本书的范围,但通常情况下,自定义的 Loader 应该:

- 异步加载数据
- 监控要加载的数据源并且自动提供更新结果

9.2.4 手动创建线程和 GUI 线程同步

虽然使用 Intent Service 和创建 AsyncTasks 是非常有用的捷径,但还是有一些需要创建和管理自己的线程来执行后台处理的场景。通常的情况就是存在长时间运行或者相互联系的线程,它们需要一些比目前两种技术描述的更加微妙或者复杂的管理操作。

本节将介绍如何创建和启动新的 Thread 对象,以及如何在更新 UI 前与 GUI 线程同步。

可以使用 Android 的 Handler 类和 java.lang.Thread 中提供的线程类创建和管理子线程。程序清单 9-14 显示了一个将处理移到子线程中的简单框架代码。

程序清单 9-14　将处理移至后台线程

```
//这个方法在主 GUI 线程上调用。
private void backgroundExecution() {
  //将耗时的操作移到子线程。
  Thread thread = new Thread(null, doBackgroundThreadProcessing,
                 "Background");
  thread.start();
}

//执行后台处理方法的 Runnable。
private Runnable doBackgroundThreadProcessing = new Runnable() {
```

```
    public void run() {
      backgroundThreadProcessing();
    }
  };

  //在后台执行一些处理的方法。
  private void backgroundThreadProcessing() {
    // [ ... 耗时操作... ]
  }
```

代码片段 PA4AD_Ch09_MyService/src/MyService.java

当在 GUI 环境中使用后台线程的时候,在尝试创建和修改 UI 元素之前同步子线程和主应用程序(GUI)线程十分重要。

在应用程序组件中,Notification 和 Intent 总是在 GUI 线程中进行接收和处理。在其他所有情况下,与在 GUI 线程中创建的对象(如 View)或者显示消息的对象(如 Toast)显式地进行交互的操作必须在主线程中调用。

如果在 Activity 中运行,那么也可以使用 runOnUiThread 方法,它可以强制一个方法在与 Activity UI 相同的线程中执行,如下面的代码所示:

```
runOnUiThread(new Runnable() {
  public void run() {
    //更新一个View 或者其他Activity UI 元素
  }
});
```

可以使用 Handler 类将方法发布到创建该 Handler 的线程上。

使用 Handler 类的 Post 方法将更新从后台线程发布到用户界面上。程序清单 9-15 更新了程序清单 9-14,显示了使用 Handler 更新 GUI 线程的框架代码。

程序清单 9-15　使用 Handler 与 GUI 线程同步

```
//这个方法是在主GUI 线程中调用的。
private void backgroundExecution() {
    //将耗时的操作移到子线程中。
    Thread thread = new Thread(null, doBackgroundThreadProcessing,
                    "Background");
    thread.start();
}

//执行后台处理方法的Runnable。
private Runnable doBackgroundThreadProcessing = new Runnable() {
  public void run() {
    backgroundThreadProcessing();
  }
};

// 在后台执行一些处理的方法。
private void backgroundThreadProcessing() {
  // [ ... 耗时操作 ... ]
```

```
//在主 UI 线程上使用 Handler 发布 doUpdateGUI Runnable
handler.post(doUpdateGUI);
}

//在主线程上初始化一个 handler。
private Handler handler = new Handler();

//执行 updateGUI 方法的 Runnable。
private Runnable doUpdateGUI = new Runnable() {
  public void run() {
    updateGUI();
  }
};

//这个方法必须由 UI 线程调用。
private void updateGUI() {
  // [ ...打开一个对话框或者修改 GUI 元素... ]
}
```

代码片段 PA4AD_Ch09_MyService/src/MyActivity.java

Handler 类也允许使用 postDelayed 方法延迟发布更新,或者使用 postAtTime 方法在指定的时间执行发布:

```
//一秒后将一个方法发布到 UI 线程。
handler.postDelayed(doUpdateGUI, 1000);

//设备运行 5 分钟后,将一个方法发布到 UI 线程。
int upTime = 1000*60*5;
handler.postAtTime(doUpdateGUI, SystemClock.uptimeMillis()+upTime);
```

9.3 使用 Alarm

Alarm 是一种在预先确定的时间或时间间隔内激活 Intent 的方式。和 Timer 不同,Alarm 是在应用程序之外操作的,所以即使应用程序关闭,它们也仍然能够用来激活应用程序事件或操作。当它们和 Broadcast Receiver 一起使用时会更加强大,允许设置能够激活广播 Intent、启动 Service、甚至启动 Activity 的 Alarm,而不需要打开或者运行应用程序。

Alarm 是降低应用程序资源需求的一种极为有效的方式,它允许停止 Service 和清除定时器,同时仍然可以执行调度的操作。可以使用 Alarm 实现基于网络查找的定时更新,或者把费时的或者成本受约束的操作安排在"非高峰"时期运行,又或者对失败的操作调度重试。

对于那些只在应用程序的生命周期内发生的定时操作,将 Handler 类和 Timer 以及 Thread 组合起来使用是一种比使用 Alarm 更好的方法,因为这样做允许 Android 更好地控制系统资源。通过把调度事件移出应用程序的控制范围,Alarm 提供了一种缩短应用程序生命周期的机制。

Android 中的 Alarm 在设备处于休眠状态时依然保持活动状态,可以有选择地设置 Alarm 来唤醒设备;然而,无论何时重启设备,所有的 Alarm 都会被取消。

Alarm 操作是通过 AlarmManager 进行处理的,AlarmManager 是一个通过 getSystemService 访问的系统 Service,如下所示:

```
AlarmManager alarmManager =
  (AlarmManager)getSystemService(Context.ALARM_SERVICE);
```

9.3.1 创建、设置和取消 Alarm

要创建一个新的只激活一次的 Alarm,可以使用 set 方法并给它指定一个 Alarm 类型、触发时间和一个要激活的 Pending Intent。如果把 Alarm 的触发时间设置为过去的时间,那么它将会被立即触发。

以下是 4 种可用的 Alarm 类型:

- **RTC_WAKEUP** 在指定的时间唤醒设备,并激活 Pending Intent。
- **RTC** 在指定的时间点激活 Pending Intent,但是不会唤醒设备。
- **ELAPSED_REALTIME** 根据设备启动之后经过的时间激活 Pending Intent,但是不会唤醒设备。经过的时间包含设备休眠的所有时间。
- **ELAPSED_REALTIME_WAKEUP** 在设备启动并经过指定的时间之后唤醒设备和激活 Pending Intent。

你的选择将会决定传递给 set 方法的时间值是一个特定的时间,还是一个已经过去的等待时间。

程序清单 9-16 显示了 Alarm 的创建过程。

程序清单 9-16 创建一个唤醒 Alarm,它在 10 秒钟后触发

```
//获取一个 Alarm Manager 的引用
AlarmManager alarmManager =
  (AlarmManager)getSystemService(Context.ALARM_SERVICE);

//如果设备处于休眠状态,设置 Alarm 来唤醒设备。
int alarmType = AlarmManager.ELAPSED_REALTIME_WAKEUP;

//10 秒钟后触发设备。
long timeOrLengthofWait = 10000;

//创建能够广播和操作的 Pending Intent
String ALARM_ACTION = "ALARM_ACTION";
Intent intentToFire = new Intent(ALARM_ACTION);
PendingIntent alarmIntent = PendingIntent.getBroadcast(this, 0,
  intentToFire, 0);

//设置 Alarm
alarmManager.set(alarmType, timeOrLengthofWait, alarmIntent);
```

代码片段 PA4AD_Ch09_MyService/src/MyActivity.java

当触发 Alarm 时,就会广播指定的 Pending Intent。因此,使用相同的 Pending Intent 设置第二个 Alarm 会代替已经存在的 Alarm。

要取消一个 Alarm,需要调用 Alarm Manager 的 cancel 方法,并传递给它不再想触发的 Pending Intent,如程序清单 9-17 所示。

程序清单 9-17 取消一个 Alarm

```
alarmManager.cancel(alarmIntent);
```

代码片段 PA4AD_Ch09_MyService/src/MyActivity.java

9.3.2 设置重复 Alarm

重复 Alarm 和一次性的 Alarm 具有相同的工作方式,不过会在指定的时间间隔内重复触发。

因为 Alarm 是在应用程序生命周期之外设置的,所以它们十分适合于调度定时更新或者数据查找,从而避免了在后台持续运行 Service。

要想设置重复 Alarm,可以使用 Alarm Manager 的 setRepeating 或 setInexactRepeating 方法。两种方法都支持指定 Alarm 类型、第一次触发的时间和 Alarm 触发时激活的 Pending Intent(如前一节所述)。

当需要对重复 Alarm 的精确时间间隔进行细粒度控制时,可以使用 setRepeating 方法。传入这个方法的时间间隔值可以用于指定 Alarm 的确切时间间隔,最多可以精确到毫秒。

当按照计划定时唤醒设备来执行更新时会消耗电池的电量,setInexactRepeating 方法能够帮助减少这种电量消耗。在运行时,Android 会同步多个没有精确指定时间间隔的重复 Alarm,并同时触发它们。

setInexactRepeating 方法接受下面列出的一个 Alarm Manager 常量,所以不必为它指定精确的时间间隔:

- INTERVAL_FIFTEEN_MINUTES
- INTERVAL_HALF_HOUR
- INTERVAL_HOUR
- INTERVAL_HALF_DAY
- INTERVAL_DAY

使用没有精确指定时间间隔的重复 Alarm,如程序清单 9-18 所示,可以避免每个应用程序在类似但不重叠的时间段内独立唤醒设备。通过同步这些 Alarm,系统可以限制定期重复事件对电池电量的影响。

程序清单 9-18 设置没有指定时间间隔的重复 Alarm

```
//获取一个 Alarm Manager 的引用
AlarmManager alarmManager =
    (AlarmManager)getSystemService(Context.ALARM_SERVICE);

//如果设备处于休眠状态,设置 Alarm 来唤醒设备。
int alarmType = AlarmManager.ELAPSED_REALTIME_WAKEUP;

//调度 Alarm 以每半小时重复一次。
long timeOrLengthofWait = AlarmManager.INTERVAL_HALF_HOUR;
```

```
//创建能够广播和操作的Pending Intent
String ALARM_ACTION = "ALARM_ACTION";
Intent intentToFire = new Intent(ALARM_ACTION);
PendingIntent alarmIntent = PendingIntent.getBroadcast(this, 0,
  intentToFire, 0);

//每半小时唤醒设备以激活一个Alarm。
alarmManager.setInexactRepeating(alarmType,
                    timeOrLengthofWait,
                    timeOrLengthofWait,
                    alarmIntent);
```

代码片段 PA4AD_Ch09_MyService/src/MyActivity.java

 设置定期重复 Alarm 会对电池电量产生显著的影响。最好将 Alarm 频率限制为最低可接受频率，只在必要时唤醒设备，并且尽可能使用没有精确指定时间间隔的重复 Alarm。

重复 Alarm 的取消方式和一次激活 Alarm 相同，也是调用 AlarmManager 的 cancel 方法，并传给它不再想激活的 Pending Intent。

9.3.3 使用重复 Alarm 调度网络刷新

在本次对 Earthquake 示例的修改中，你将会使用 Alarm 来代替目前使用的 Timer，该 Alarm 可调度 Earthquake 的网络刷新。

这种方法最大的一个优点在于它允许 Service 在完成刷新后停止运行，从而释放宝贵的系统资源。

(1) 首先创建一个新的扩展 BroadcastReceiver 的 EarthquakeAlarmReceiver 类：

```
package com.paad.earthquake;

import android.content.BroadcastReceiver;
import android.content.Context;
import android.content.Intent;

public class EarthquakeAlarmReceiver extends BroadcastReceiver {

  @Override
  public void onReceive(Context context, Intent intent) {
  }

}
```

(2) 重写 onReceiver 方法来显式地启动 EarthquakeUpdateService：

```
@Override
public void onReceive(Context context, Intent intent) {
  Intent startIntent = new Intent(context, EarthquakeUpdateService.class);
  context.startService(startIntent);
}
```

(3) 创建一个新的公有静态 String 来定义用来触发此 Broadcast Receiver 的操作：

```
public static final String ACTION_REFRESH_EARTHQUAKE_ALARM =
  "com.paad.earthquake.ACTION_REFRESH_EARTHQUAKE_ALARM";
```

(4) 在清单文件中添加新的 EarthquakeAlarmReceiver，并在其中添加一个用来监听第(3)步中定义的操作的 intent-filter 标记。

```
<receiver android:name=".EarthquakeAlarmReceiver">
  <intent-filter>
    <action
      android:name="com.paad.earthquake.ACTION_REFRESH_EARTHQUAKE_ALARM"
    />
  </intent-filter>
</receiver>
```

(5) 在 EarthquakeUpdateService 中，通过重写 onCreate 方法获得 AlarmManager 的引用，然后创建一个新的 Pending Intent，当触发 Alarm 时会激活这个 Pending Intent。也可以删除 timerTask 的初始化内容。

```
private AlarmManager alarmManager;
private PendingIntent alarmIntent;

@Override
public void onCreate() {
  super.onCreate();
  alarmManager = (AlarmManager)getSystemService(Context.ALARM_SERVICE);

  String ALARM_ACTION =
    EarthquakeAlarmReceiver.ACTION_REFRESH_EARTHQUAKE_ALARM;
  Intent intentToFire = new Intent(ALARM_ACTION);
  alarmIntent =
    PendingIntent.getBroadcast(this, 0, intentToFire, 0);
}
```

(6) 通过修改 onStartCommand 处理程序来设置一个重复 Alarm，而不是使用一个 Timer 来调度刷新(如果启用了自动更新)。若设置一个新的具有相同操作的 Intent，它将会自动地取消前面的 Alarm。利用这个机会修改返回的结果。不要将 Service 设为 STICKY，而是返回 Service.START_NOT_STICKY。在第(7)步中，将在后台刷新完成后停止 Service；使用 Alarm 可以保证按照指定的更新频率进行刷新，所以如果在刷新过程中停止了 Service，系统也不需要重新启动它。

```
@Override
public int onStartCommand(Intent intent, int flags, int startId) {
  // 检索 SharedPreference
  Context context = getApplicationContext();
  SharedPreferences prefs =
    PreferenceManager.getDefaultSharedPreferences(context);

  int updateFreq =
    Integer.parseInt(prefs.getString(PreferencesActivity.PREF_UPDATE_FREQ, "60"));
  boolean autoUpdateChecked =
    prefs.getBoolean(PreferencesActivity.PREF_AUTO_UPDATE, false);
```

```
    if (autoUpdateChecked) {
      int alarmType = AlarmManager.ELAPSED_REALTIME_WAKEUP;
      long timeToRefresh = SystemClock.elapsedRealtime() +
                  updateFreq*60*1000;
      alarmManager.setInexactRepeating(alarmType, timeToRefresh,
                        updateFreq*60*1000, alarmIntent);
    }
    else
      alarmManager.cancel(alarmIntent);

    Thread t = new Thread(new Runnable() {
      public void run() {
        refreshEarthquakes();
      }
    });
    t.start();

    return Service.START_NOT_STICKY;
};
```

(7) 在 refreshEarthquakes 方法中，当后台刷新完成后，在最后的 finally 块中进行更新以调用 stopSelf 方法。

```
private void refreshEarthquakes() {
  [... 现有的 refreshEarthquakes 方法 ...]
  finally {
    stopSelf();
  }
}
```

(8) 现在可以删除 updateTimer 实例变量和 TimerTask 实例 doRefresh。

运行修改过的应用程序后，看到的结果和之前的版本是一样的。然而在后台，每次更新完成后，Service 就被终止，这样就减少了应用程序的内存占用，从而提高了整体性能。

在下一节中，你将使用 Intent Service 进一步简化和优化这个 Service 组件。

本例中的所有代码都取自第 9 章的 Earthquake Part 2 项目，从 www.wrox.com 上可以下载该项目。

9.4 使用 Intent Service 简化 Earthquake 更新 Service

下面的示例展示如何利用 Intent Service 进一步简化 EarthquakeUpdateService。

(1) 修改 EarthquakeUpdateService 的继承类，让它扩展 IntentService 类：

```
public class EarthquakeUpdateService extends IntentService {
```

(2) 创建一个新的构造函数，并向其父类传递一个 name 参数：

```
public EarthquakeUpdateService() {
```

```
    super("EarthquakeUpdateService");
  }

  public EarthquakeUpdateService(String name) {
    super(name);
  }
```

(3) 重写 onHandleIntent 处理程序,将 onStartCommand 的当前代码移到这个处理程序中。注意你不需要显式地创建一个后台线程来执行刷新操作;Intent Service 基类会为你做这项工作。

```
@Override
protected void onHandleIntent(Intent intent) {
  //检索 SharedPreference
  Context context = getApplicationContext();
  SharedPreferences prefs =
    PreferenceManager.getDefaultSharedPreferences(context);

  int updateFreq =
    Integer.parseInt(prefs.getString(PreferencesActivity.PREF_UPDATE_FREQ, "60"));
  boolean autoUpdateChecked =
    prefs.getBoolean(PreferencesActivity.PREF_AUTO_UPDATE, false);

  if (autoUpdateChecked) {
    int alarmType = AlarmManager.ELAPSED_REALTIME_WAKEUP;
    long timeToRefresh = SystemClock.elapsedRealtime() +
                    updateFreq*60*1000;
    alarmManager.setInexactRepeating(alarmType, timeToRefresh,
                             updateFreq*60*1000, alarmIntent);
  }
  else
    alarmManager.cancel(alarmIntent);

  refreshEarthquakes();
}
```

Intent Service 的实现会将收到的 Intent 放到队列中,并逐个地处理它们,所以也没有必要检查堆叠的刷新请求。在处理完每个收到的请求后,Intent Service 就会自己终止。

(4) 现在删除空的 onStartCommand 处理程序,并且删除前面示例的第(7)步中在 finally 块中对 stopSelf 的调用。

```
private void refreshEarthquakes() {
  [... existing refreshEarthquakes method ...]
  finally {
  }
}
```

本例中的所有代码都取自第 9 章的 Earthquake Part 3 项目,从 www.wrox.com 上可以下载该项目。

第10章

扩展用户体验

本章内容
- 自定义操作栏
- 使用操作栏作为应用程序的导航
- 使用 Android 菜单系统
- 选择操作栏的操作
- 创建身临其境的应用程序
- 创建和显示对话框
- 显示 Toast
- 使用 Notification Manager 通知用户应用程序事件
- 创建连续的和不间断的 Notification

在第 4 章中,你学习了如何使用 Activity、Fragment、布局和 View 来构造一个用户界面(UI)。为了保证你的 UI 是时尚的、易用的,并且提供与底层平台和该平台上运行的其他应用程序一致的用户体验,本章着眼于在你设计的 UI 元素以外来扩展用户体验的方式。

首先介绍 Android 3.0 中引入的操作栏,它是一个系统级的 UI 控件,用来在 Activity 中为品牌打造、导航和显示常规的操作提供一个一致性的模式。你将学习如何自定义操作栏的外观,同时学习如何利用 Tab 键和下拉列表来提供导航功能。

操作栏的操作、应用程序菜单和弹出式菜单是访问菜单的新方法,并针对现代的触屏设备进行了优化。作为 Android UI 模型检查的一部分,本章着眼于如何在你的应用程序中创建和使用它们。特别地,你将学习如何确定操作栏上哪个菜单项应该作为一个操作来显示。

在没有 Activity 的情况下,Android 也为应用程序提供了一些技术来和用户进行通信。你将学习在不打断处于活动状态的应用程序的情况下,如何使用 Notification 和 Toast 来警示和更新用户。

Toast 是一个短暂的、非模态的对话框机制,用来在不获取当前活动的应用程序焦点的情况下向用户展示信息。你将学习在任意的应用程序组件上显示 Toast,它会向用户发送一条在屏幕上显示的不显眼的消息。

Toast 是静默而短暂的,Notification 则代表一个更加健壮的机制来提醒用户。在许多情况下,当用户不使用手机时,手机会放在口袋里或桌子上,在没有响铃、震动或闪烁的时候,它都会保持安静。如果用户错过这些警示,状态栏的图标就会指示发生了事件。通过使用 Notification,所有这些引人注目的事件对于 Android 应用程序都是可用的。

你还将学习当 Notification 出现在通知托盘中时,如何自定义该 Notification 的外观和功能。通知托盘为用户提供了一种机制,能够在不需要先打开应用程序的情况下与该应用程序进行交互。

10.1 操作栏简介

如图 10-1 所示的操作栏组件是在 Android 3.0(API level 11)中引入的。它是一个导航面板,代替了每个 Activity 上方的标题栏,并正式成为了一个通用的 Android 设计模式。

图 10-1

可以隐藏操作栏,但最好的方式是保留它并自定义,使它能够适合应用程序的样式和导航要求。

在应用程序中,操作栏可以添加到每个 Activity 中,它的作用是在应用程序之间和特定应用程序的 Activity 内提供一个一致性的 UI 外观。

操作栏为品牌打造、导航和在 Activity 内执行的关键操作提供了一致的框架。虽然操作栏为在应用程序间呈现这种一致性的功能提供了一个框架,但下面的章节还将描述如何选择哪些选项适合你的应用程序,以及应该如何实现它们。

如果任意的 Activity 使用了(默认的)Theme.Holo 主题,并且它的应用程序的目标(或最小)SDK 版本为 11 或者更高,那么它的操作栏是启用的。

程序清单 10-1 显示了在不修改默认主题的情况下,通过设置目标 SDK 为 Android 4.0.3(API level 15)启用操作栏。

程序清单 10-1　启用操作栏

```
<uses-sdk android:targetSdkVersion="15" />
```

代码片段 PA4AD_Ch10_ActionBar/AndroidManifest.java

要想在运行时设置操作栏的可见性,可以使用它的 show 和 hide 方法:

```
ActionBar actionBar = getActionBar();

// 隐藏操作栏
actionBar.hide();

// 显示操作栏
actionBar.show();
```

作为一种选择,也可以应用一个不包含操作栏的主题,例如 Theme.Holo.NoActionBar 主题,如程序清单 10-2 所示。

第 10 章 扩展用户体验

程序清单 10-2　禁用操作栏

```
<activity
  android:name=".MyNonActionBarActivity"
  android:theme="@android:style/Theme.Holo.NoActionBar">
```

代码片段 PA4AD_Ch10_ActionBar/AndroidManifest.java

通过设置 android:windowActionBar 的样式属性为 false，可以创建或者自定义移除操作栏的主题。

```
<?xml version="1.0" encoding="utf-8"?>
<resources>
  <style name="NoActionBar" parent="@style/ActivityTheme">
    <item name="android:windowActionBar">false</item>
  </style>
</resources>
```

当一个 Activity 应用了一个不含有操作栏的主题后，将不能通过程序在运行时显示它，调用 getActionBar 会返回 null。

　　操作栏是 Android 3.0 (API level 11)中引入的，在现有的支持库中还没有包含它。因此，只能在最低 Android 3.0 的主机平台上运行的应用程序中才能使用操作栏。在运行 Android 3.0 之前的平台中，一种选择是创建不同的布局。这种布局需要实现自己的自定义操作栏——通常是以 Fragment 的形式——以提供类似的功能。

10.1.1　自定义操作栏

除了能够控制这个标准功能的实现，每个应用程序还可以修改操作栏的外观，同时保持相同的一致性行为和常规的布局。

操作栏的一个主要的目的就是提供应用程序间统一的 UI。因此，尽管可以自定义操作栏来提供自己应用程序的商标和标识，但这种自定义选项行为还是刻意有所限制的。

通过指定图像(如果有的话)出现在最左边，可以控制品牌打造，此外还可以控制应用程序的标题显示以及背景 Drawable 的使用。图 10-2 显示了自定义的操作栏，使用徽标位图来标识应用程序以及使用一个渐变 Drawable 作为背景图像。

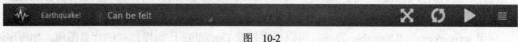

图　10-2

1. 修改图标和标题文本

默认情况下，操作栏是通过使用应用程序或者 Activity 中指定的 android:icon 属性来显示 Drawable 的，旁边则是黑色背景上相应的 android:label 属性。

可以使用 android:logo 属性指定一个可选的图形。和正方形的图标不同，对于徽标图形的宽度是没有限制的，但最好限制它的宽度大概为图标宽度的两倍。

徽标图像通常为应用程序提供顶层的品牌打造，因此在使用徽标图像的时候最好隐藏标题标签。可以通过在运行时设置 setDisplayShowTitleEnabled 方法为 false 来实现这一点。

```
ActionBar actionBar = getActionBar();
actionBar.setDisplayShowTitleEnabled(false);
```

在图标和徽标图像都提供的地方，可以通过使用 setDisplayUseLogoEnabled 方法在它们之间转换。

```
actionBar.setDisplayUseLogoEnabled(displayLogo);
```

如果选择隐藏图标和徽标，可以通过设置 setDisplayShowHomeEnabled 为 false 来实现。

```
actionBar.setDisplayShowHomeEnabled(false);
```

> 应用程序的图标/徽标通常用作应用程序主 Activity 的导航快捷方式，因此最好设置它为可见。

还可以使用图标和标题文本来提供导航和上下文线索。在运行时，使用 setTitle 和 setSubTitle 方法来修改图标旁边显示的文本，如程序清单 10-3 和图 10-3 所示。

程序清单 10-3　自定义操作栏标题

可从 wrox.com 下载源代码

```
actionBar.setSubtitle("Inbox");
actionBar.setTitle("Label:important");
```

代码片段 PA4AD_Ch10_ActionBar/src/ActionBarActivity.java

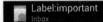

图 10-3

这些文本字符串用来描述用户在应用程序中的位置和他们工作时的上下文情况。这在使用 Fragment 而非传统的 Activity 栈方式来改变上下文时是非常有用的。下面的小节将提供更多和导航选项相关的细节。

2. 自定义背景

操作栏默认的背景颜色取决于底层的主题。Android 原生的操作栏背景是透明的，使用 Holo 主题后的背景颜色为黑色。

使用 setBackgroundDrawable 方法，可以指定任意 Drawable 作为操作栏的背景图像，如程序清单 10-4 所示。

程序清单 10-4　自定义操作栏背景

可从 wrox.com 下载源代码

```
ActionBar actionBar = getActionBar();
Resources r = getResources();

Drawable myDrawable = r.getDrawable(R.drawable.gradient_header);
```

```
actionBar.setBackgroundDrawable(myDrawable);
```

代码片段 PA4AD_Ch10_ActionBar/src/ActionBarActivity.java

操作栏会拉伸你提供的图像，因此最好是创建一个可拉伸的 Drawable，通常使用通过 9-patch 或者 XML 定义的 Drawable。这两种方式的更多细节会在第 11 章中介绍。

通常情况下，操作栏会在 Activity 的顶部保留一部分空间，Activity 布局则会填充到剩余的空间中。作为一种选择，通过请求窗口特性为 FEATURE_ACTION_BAR_OVERLAY，可以在 Activity 布局之上重叠显示操作栏。

```
@Override
public void onCreate(Bundle savedInstanceState) {
  super.onCreate(savedInstanceState);

  getWindow().requestFeature(Window.FEATURE_ACTION_BAR_OVERLAY);

  setContentView(R.layout.main);
}
```

当启用重叠模式时，操作栏会浮动在 Activity 之上，有可能掩盖布局顶部的内容。

3. 启用拆分操作栏模式

操作栏最初是在 Android 3.0 中引入的——这个平台版本专注于在平板设备上提供极佳的用户体验。Android 4.0(API level 14)则试图优化很多起初为平板电脑所设计的功能，使它们可以在更小的设备或者智能设备上使用。

对于操作栏来说，这就意味着拆分操作栏的引入。可以通过在应用程序或者 Activity 的清单节点中设置 android:uiOptions 属性值为 splitActionBarWhenNarrow 来启用拆分操作栏，如程序清单 10-5 所示。

程序清单 10-5　启用拆分操作栏

```
<activity
  android:label="My Activity"
  android:name=".ActionBarActivity"
  android:logo="@drawable/ic_launcher"
  android:uiOptions="splitActionBarWhenNarrow">
```

代码片段 PA4AD_Ch10_ActionBar/AndroidManifest.xml

在窄屏的支持设备(如竖屏模式下的智能手机)上，启用拆分操作栏模式可以让系统将操作栏拆分成多个独立的部分。图 10-4 显示了一个示例，带有品牌打造和导航部分的操作栏布局在屏幕的顶部，操作部分则与屏幕的底部对齐。

图 10-4

操作栏的布局是由运行时计算和执行的,并且可能根据宿主设备的方向和在运行时对操作栏进行的配置而改变。

10.1.2 自定义操作栏来控制应用程序的导航行为

操作栏引入了很多选项,用于在应用程序内部提供一致且可预见的导航功能。从广义来讲,这些选项可以分为两类:

- **应用程序图标** 应用程序的图标或者徽标用来提供一种统一的导航路径,通常是通过将应用程序复位到它的主 Activity。还可以配置图标,使其能够实现向"上"移动上下文的一个层次(即回到上一层的界面)。
- **Tab 键和下拉列表** 操作栏支持内置 Tab 键或者下拉列表,用来代替 Activity 中可见的 Fragment。图标导航可以认为是 Activity 栈的导航方法,而 Tab 键和下拉列表则用作 Activity 内的 Fragment 过渡。实际上,当应用程序图标被单击或者一个 Tab 键改变时所执行的操作依赖于实现 UI 的方式。

选择应用程序的图标应该像 Activity 切换一样改变 UI 的整体上下文,而改变 Tab 键或者选择一个下拉列表应该只改变显示的数据。

1. 配置操作栏图标的导航行为

大多数情况下,应用程序图标应该充当返回到"主"Activity 的快捷方式,通常是回到 Activity 栈的根部。要想应用程序图标能够被单击,需要调用操作栏的 setHomeButtonEnabled 方法:

```
actionBar.setHomeButtonEnabled(true);
```

应用程序图标/徽标的单击由系统作为一个特殊的菜单项单击事件而广播。菜单项的选择是由 Activity 中的 onOptionsItemSelected 处理程序进行处理的,其中会把传入的菜单项参数的 ID 设置为 android.R.id.home,如程序清单 10-6 所示。

第 10 章 扩展用户体验

创建和处理菜单项选择的过程会在本章以后的小节中详细介绍。

可从
wrox.com
下载源代码

程序清单 10-6　处理应用程序图标的单击事件

```
@Override
public boolean onOptionsItemSelected(MenuItem item) {
  switch (item.getItemId()) {
   case (android.R.id.home) :
    Intent intent = new Intent(this, ActionBarActivity.class);
    intent.addFlags(Intent.FLAG_ACTIVITY_CLEAR_TOP);
    startActivity(intent);
    return true;
   default:
    return super.onOptionsItemSelected(item);
  }
}
```

代码片段 PA4AD_Ch10_ActionBar/src/ActionBarActivity.java

传统来说，Android 应用程序启动一个新的 Activity 来进行不同上下文间的过渡。反过来，按下返回按钮会关闭活动 Activity 并且返回到上一个界面。

想要补充以上这种行为，可以配置应用程序图标以提供"向上"的导航功能。

返回按钮通常将用户从他们可见的上下文(通常以 Activity 的形式)中返回，有效地反转了到达当前 Activity 或屏幕所遵循的导航路径。这可能会导致实现应用程序结构中的"兄弟姐妹"界面间的导航。

相反，"向上"导航通常将用户移到当前 Activity 的父界面。因此，它能将用户移到他们之前未访问过的界面。这对那些有多个入口点的应用程序尤其有用，允许用户在应用程序中导航，而无须返回到父应用程序。

要想启用应用程序图标的"向上"导航功能，可以调用操作栏的 setDisplayHomeAsUpEnabled 方法。

```
actionBar.setDisplayUseLogoEnabled(false);
actionBar.setDisplayHomeAsUpEnabled(true);
```

这样会在应用程序图标上呈现一个重叠的"向上"图形，如图 10-5 所示。在希望启用向上导航的时候，最好使用图标而不是徽标。

图 10-5

导航的处理由你实现。操作栏依然会触发菜单项的 onOptionsItemSelected 处理程序，并使用 android.R.id.home 作为标识符，如程序清单 10-6 所示。

这种行为也引入了一定的危险，特别是当用户有多种方式访问一个特殊的 Activity 时。如果有顾虑的话，向上行为就应该和返回按钮的行为一致。在所有的情况下，导航行为应该是可预见的。

329

2. 使用导航 Tab 键

除了应用程序图标导航，操作栏还提供了导航 Tab 键和下拉列表。注意，一次只可以启用一种导航形式。这些导航选项旨在与 Fragment 密切搭配使用，并提供一种机制，就是通过替换可见的 Fragment 达到改变当前 Activity 内容的目的。

导航 Tab 键(如图 10-6 所示)可以被认为是 TabWidget 控件的一种替代。

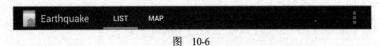

图 10-6

要想配置操作栏以显示 Tab 键，需要调用它的 setNavigationMode 方法，并指定参数为 ActionBar.NAVIGATION_MODE_TABS。Tab 键应该提供应用程序的上下文信息，因此最好同样禁用标题文本，如程序清单 10-7 所示。

程序清单 10-7　启用操作栏导航 Tab 键

```
actionBar.setNavigationMode(ActionBar.NAVIGATION_MODE_TABS);
actionBar.setDisplayShowTitleEnabled(false);
```

代码片段 PA4AD_Ch10_ActionBar/src/ActionBarTabActivity.java

Tab 键导航是通过 Action Bar 的 addTab 方法添加到操作栏上的，如程序清单 10-8 所示。首先创建一个新的 Tab 并使用它的 setText 和 setIcon 方法来设置要显示的标题和图像。另外，可以使用 setCustomView 方法，用你自定义的 View 代替操作栏标准的文本和图像布局。

程序清单 10-8　添加操作栏导航 Tab 键

```
Tab tabOne = actionBar.newTab();

tabOne.setText("First Tab")
    .setIcon(R.drawable.ic_launcher)
    .setContentDescription("Tab the First")
    .setTabListener(
      new TabListener<MyFragment>
        (this, R.id.fragmentContainer, MyFragment.class));

actionBar.addTab(tabOne);
```

代码片段 PA4AD_Ch10_ActionBar/src/ActionBarTabActivity.java

> Android 4.0(API level 14)引入了 setContentDescription 方法，它允许包含更加详细的内容描述来为可访问性提供更好的支持。

Tab 键的切换是通过 TabListener 来处理的，它允许创建 Fragment 事务来响应 Tab 键的选中、未选中和重新选中的操作，如程序清单 10-9 所示。注意，你不需要执行在每个处理程序中创建的 Fragment 事务——操作栏会在必要的时候为你执行它。

程序清单 10-9　处理操作栏 Tab 键切换

```java
public static class TabListener<T extends Fragment>
    implements ActionBar.TabListener {

    private MyFragment fragment;
    private Activity activity;
    private Class<T> fragmentClass;
    private int fragmentContainer;

    public TabListener(Activity activity, int fragmentContainer,
                Class<T> fragmentClass) {

      this.activity = activity;
      this.fragmentContainer = fragmentContainer;
      this.fragmentClass = fragmentClass;
    }

    // 当一个新的 Tab 键被选中时调用
    public void onTabSelected(Tab tab, FragmentTransaction ft) {
      if (fragment == null) {
        String fragmentName = fragmentClass.getName();
        fragment =
          (MyFragment)Fragment.instantiate(activity, fragmentName);
        ft.add(fragmentContainer, fragment, null);
        fragment.setFragmentText(tab.getText());
      } else {
        ft.attach(fragment);
      }
    }

    // 当其他的 Tab 键被选中时，在当前选中的 Tab 键上调用
    public void onTabUnselected(Tab tab, FragmentTransaction ft) {
      if (fragment != null) {
        ft.detach(fragment);
      }
    }

    // 当选中的 Tab 键被再次选中时调用
    public void onTabReselected(Tab tab, FragmentTransaction ft) {
      //TODO：当选中的 Tab 键被再次选中时响应
    }
}
```

代码片段 PA4AD_Ch10_ActionBar/src/ActionBarTabActivity.java

在这个 Tab Listener 中，基本的工作流程是初始化、配置新的 Fragment 然后在 onTabSelected 处理程序中将此 Fragment 添加到布局中。在 Tab 键未选中时，它关联的 Fragment 应该从布局中分离，当其 Tab 键被重新选中时，该 Fragment 应该被回收利用。

3. 使用下拉列表导航

使用操作栏的下拉列表可以替代导航 Tab 键，如图 10-7 所示。在向 Activity 中显示的内容应用

一个合适的过滤器时,它也是一种理想的解决方案。

图 10-7

要想设置操作栏以显示一个下拉列表,调用它的 setNavigationMode 方法,并指定参数为 ActionBar.NAVIGATION_MODE_LIST:

```
actionBar.setNavigationMode(ActionBar.NAVIGATION_MODE_LIST);
```

操作栏的下拉列表实现非常像 Spinner——Spinner 视图每次只显示一个子选项,并允许用户从众多的选项中选择这个子选项。如同 Array Adapter 或者 Simple Cursor Adapter 一样,可以通过创建一个新的实现了 SpinnerAdapter 接口的适配器来填充下拉列表:

```
ArrayList<CharSequence> al = new ArrayList<CharSequence>();
al.add("Item 1");
al.add("Item 2");

ArrayAdapter<CharSequence> dropDownAdapter =
  new ArrayAdapter<CharSequence>(this,
    android.R.layout.simple_list_item_1,
    al);
```

要想将这个适配器分配给操作栏并处理选择事件,可以调用操作栏的 setListNavigationCallbacks,并传入适配器和一个 OnNavigationListener,如程序清单 10-10 所示。

程序清单 10-10 创建一个操作栏下拉列表

```
// 选择下拉列表导航模式。
actionBar.setNavigationMode(ActionBar.NAVIGATION_MODE_LIST);

// 创建一个新的 SpinnerAdapter,它包含了下拉列表中显示的值。
ArrayAdapter dropDownAdapter =
  ArrayAdapter.createFromResource(this,
                  R.array.my_dropdown_values,
                  android.R.layout.simple_list_item_1);

// 分配回调来处理下拉列表的选择。
actionBar.setListNavigationCallbacks(dropDownAdapter,
  new OnNavigationListener() {
    public boolean onNavigationItemSelected(int itemPosition,
                        long itemId) {
      // 根据选择的下拉列表项的位置修改 UI。
      return true;
```

```
    }
});
```

代码片段 PA4AD_Ch10_ActionBar/src/ActionBarDropDownActivity.java

当用户从下拉列表中选择一项时，onNavigationItemSelected 处理程序就会被触发。根据新选择项使用 itemPosition 和 itemId 参数确定该如何修改 UI。

下拉列表选择通常用来细化现有的内容，如在电子邮件客户端中选择一个特殊的账户或者标签。

4. 使用自定义导航 View

在 Tab 键和下拉列表都不适合的情况下，操作栏允许使用 setCustomView 方法添加自己的自定义 View(包括布局)：

```
actionBar.setDisplayShowCustomEnabled(true);
actionBar.setCustomView(R.layout.my_custom_navigation);
```

自定义 View 会出现在同 Tab 键或下拉列表一样的位置——在应用程序图标的右侧，但在任意操作的左侧。为了在应用程序间保持一致性，通常最好使用标准的导航模式。

10.1.3 操作栏操作简介

操作栏的右侧用来显示"操作"和相关的溢出菜单，如图 10-8 所示。

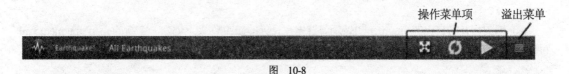

图 10-8

操作栏操作和溢出菜单是在 Android 3.0(API level 11)中连同操作栏本身一起引入的，它们代替了硬件菜单键和相关联的选项菜单。同样，使用同前面用来创建和管理选项菜单相同的 API 来填充它们。这一过程将在本章的后面做详细的介绍。

操作就是菜单项，是对用户总是可见的、容易使用的重要菜单项。操作栏应该是建立在其他类似应用程序中常见操作的基础上的，是用户经常使用的、对用户非常重要的、最期待的菜单项。一般的、很少用到的选项，如设置、帮助或者关于本应用程序，应该永远不会在操作项中出现。

一般来说，操作项应该是那些不依赖于当前上下文的全局操作。Activity 内的导航——例如，改变 Tab 键或者从导航下拉列表中选择一个选项——不应该改变可用的操作项。

10.2 向地震监控程序添加一个操作栏

在下面的示例地震监控程序中(在第 9 章中把它的处理移到后台进行)，将包含一个操作栏以使其变得更强大。

在第 13 章中，将向地震监控程序添加一个地图，所以利用这个机会先向应用程序中添加一些导航元素以便支持地图。

(1) 首先修改清单文件。添加一个 uses-sdk 节点，指定目标 SDK 为 API level 15，最小 SDK 版本为 11——它是第一个支持操作栏的平台版本。

```xml
<?xml version="1.0" encoding="utf-8"?>
<manifest xmlns:android="http://schemas.android.com/apk/res/android"
    package="com.paad.earthquake"
    android:versionCode="1"
    android:versionName="1.0">

    <uses-sdk android:targetSdkVersion="15"
              android:minSdkVersion="11" />

    [... Existing Manifest nodes ...]

</manifest>
```

(2) 利用这个机会，通过添加一个徽标和操作栏背景来创建自定义的品牌打造。作为练习，你可以任意进行设计。通过更新清单文件中的 Earthquake Activity 节点，为手机屏幕启用拆分操作栏：

```xml
<activity
  android:name=".Earthquake"
  android:label="@string/app_name"
  android:uiOptions="splitActionBarWhenNarrow">
  <intent-filter>
    <action android:name="android.intent.action.MAIN" />
    <category android:name="android.intent.category.LAUNCHER" />
  </intent-filter>
</activity>
```

(3) 地图将在它自己的 Fragment 中显示。首先在 res/layout 文件夹下创建一个新的 map_fragment.xml 布局。在 13 章中将使用一个 Map View 代替它，但是现在先用一个 Text View 作为占位符。

```xml
<?xml version="1.0" encoding="utf-8"?>
<FrameLayout xmlns:android="http://schemas.android.com/apk/res/android"
  android:layout_width="match_parent"
  android:layout_height="match_parent">
  <TextView
    android:id="@+id/textView1"
    android:layout_width="match_parent"
    android:layout_height="match_parent"
    android:text="Map Goes Here!"
  />
</FrameLayout>
```

(4) 创建 Map Fragment。创建一个新的扩展 Fragment 的 EarthquakeMapFragment 类，并重写 onCreateView 处理程序来填充 map_fragment 布局。

```java
import android.app.Fragment;
import android.os.Bundle;
import android.view.LayoutInflater;
import android.view.View;
import android.view.ViewGroup;

public class EarthquakeMapFragment extends Fragment {

  @Override
```

```java
public View onCreateView(LayoutInflater inflater, ViewGroup container,
    Bundle savedInstanceState) {

  View view = inflater.inflate(R.layout.map_fragment, container, false);
  return view;
}
}
```

(5) 现在考虑要使用的布局。在手机设备上，在任何给定的时间内，最好只显示列表或者地图。在平板设备上，并排显示的多面板方式将会创建更加迷人的 UI。在 res/layout-sw720dp 文件夹下创建一个 main.xml 的变体。这个文件夹装饰要求设备有 720dp 的可用屏幕宽度，以便能够正常显示内容。这个新的布局应该并排显示 Earthquake List Fragment 和 Earthquake Map Fragment。在这个布局中，限定 List Fragment 的宽度为这个布局最小宽度的一半(360dp)。

```xml
<?xml version="1.0" encoding="utf-8"?>
<LinearLayout xmlns:android="http://schemas.android.com/apk/res/android"
  android:orientation="horizontal"
  android:layout_width="match_parent"
  android:layout_height="match_parent">
  <SearchView
    android:id="@+id/searchView"
    android:iconifiedByDefault="false"
    android:background="#FFF"
    android:layout_width="wrap_content"
    android:layout_height="wrap_content">
  </SearchView>
  <fragment
    android:name="com.paad.earthquake.EarthquakeListFragment"
    android:id="@+id/EarthquakeListFragment"
    android:layout_width="360dp"
    android:layout_height="match_parent"
  />
  <fragment android:name="com.paad.earthquake.EarthquakeMapFragment"
    android:id="@+id/EarthquakeMapFragment"
    android:layout_width="fill_parent"
    android:layout_height="match_parent"
  />
</LinearLayout>
```

(6) 为了支持以前的平台版本，需要将新的平板布局文件复制到 layout-xlarge 文件夹下。

(7) 对小屏幕来说，需要使用操作栏 Tab 键在列表和地图 Fragment 之间进行切换。首先，修改 res/layout 文件夹下的 main.xml 文件。使用一个 Frame Layout 替换包含有 Earthquake List Fragment 的 fragment 节点，这个 Frame Layout 将作为列表或者地图 Fragment 的容器：

```xml
<?xml version="1.0" encoding="utf-8"?>
<LinearLayout xmlns:android="http://schemas.android.com/apk/res/android"
  android:orientation="vertical"
  android:layout_width="match_parent"
  android:layout_height="match_parent">
  <SearchView
    android:id="@+id/searchView"
    android:iconifiedByDefault="false"
```

```xml
    android:background="#FFF"
    android:layout_width="wrap_content"
    android:layout_height="wrap_content">
</SearchView>
<FrameLayout
    android:id="@+id/EarthquakeFragmentContainer"
    android:layout_width="match_parent"
    android:layout_height="match_parent">
</FrameLayout>
</LinearLayout>
```

(8) 新的布局意味着 Earthquake List Fragment 将不会一直可用,因此回到 Earthquake Activity 并修改 onActivityResult 处理程序,直接使用 Service 更新地震数据:

```java
@Override
public void onActivityResult(int requestCode, int resultCode, Intent data) {
  super.onActivityResult(requestCode, resultCode, data);

  if (requestCode == SHOW_PREFERENCES) {
    updateFromPreferences();
    startService(new Intent(this, EarthquakeUpdateService.class));
  }
}
```

(9) 现在添加在列表和地图之间切换(一次只可以显示一种 Fragment 时)的导航支持。首先创建一个新的扩展 ActionBar.TabListener 的 TabListener。应该采用一个容器和 Fragment 类,当 Tab 键选中时将该 Fragment 展开到容器中,在未选中 Tab 键时将 Fragment 从 UI 中分离出来。

```java
public static class TabListener<T extends Fragment>
  implements ActionBar.TabListener {

  private Fragment fragment;
  private Activity activity;
  private Class<T> fragmentClass;
  private int fragmentContainer;

  public TabListener(Activity activity, int fragmentContainer,
             Class<T> fragmentClass) {

    this.activity = activity;
    this.fragmentContainer = fragmentContainer;
    this.fragmentClass = fragmentClass;
  }

  // 当一个新 Tab 键被选中时调用
  public void onTabSelected(Tab tab, FragmentTransaction ft) {
    if (fragment == null) {
      String fragmentName = fragmentClass.getName();
      fragment = Fragment.instantiate(activity, fragmentName);
      ft.add(fragmentContainer, fragment, fragmentName);
    } else
      ft.attach(fragment);
  }
```

```
//  当其他的 Tab 键被选中时，在当前选中的 Tab 键上调用
public void onTabUnselected(Tab tab, FragmentTransaction ft) {
  if (fragment != null)
    ft.detach(fragment);
}

//  当选中的 Tab 键被再次选中时调用
public void onTabReselected(Tab tab, FragmentTransaction ft) {
  if (fragment != null)
    ft.attach(fragment);
}
}
```

(10) 还是在 Earthquake Activity 中，修改 onCreate 处理程序以检测是否需要 Tab 键导航；如果需要，启用 Tab 键模式并为列表和地图 Fragment 创建新的 Tab 键，并使用第(8)步中创建的 TabListener 处理导航操作：

```
TabListener<EarthquakeListFragment> listTabListener;
TabListener<EarthquakeMapFragment> mapTabListener;

@Override
public void onCreate(Bundle savedInstanceState) {
  [... Existing onCreate ...]

  ActionBar actionBar = getActionBar();

  View fragmentContainer = findViewById(R.id.EarthquakeFragmentContainer);

//如果列表和地图 Fragment 都可用，使用平板电脑导航
  boolean tabletLayout = fragmentContainer == null;

//如果不是平板电脑，使用操作栏 Tab 键导航
  if (!tabletLayout) {
    actionBar.setNavigationMode(ActionBar.NAVIGATION_MODE_TABS);
    actionBar.setDisplayShowTitleEnabled(false);

    //  创建并添加列表 Tab 键
    Tab listTab = actionBar.newTab();

    listTabListener = new TabListener<EarthquakeListFragment>
      (this, R.id.EarthquakeFragmentContainer, EarthquakeListFragment.class);

    listTab.setText("List")
        .setContentDescription("List of earthquakes")
        .setTabListener(listTabListener);

    actionBar.addTab(listTab);

    //  创建并添加地图 Tab 键
    Tab mapTab = actionBar.newTab();

    mapTabListener = new TabListener<EarthquakeMapFragment>
      (this, R.id.EarthquakeFragmentContainer, EarthquakeMapFragment.class);
```

```java
    mapTab.setText("Map")
        .setContentDescription("Map of earthquakes")
        .setTabListener(mapTabListener);

    actionBar.addTab(mapTab);
  }
}
```

(11) 当由于配置改变导致 Activity 重新启动时，Fragment Manager 会尝试还原 Activity 中显示的 Framgent。通过重写 onSaveInstanceState、onRestoreInstanceState 和 onResume 处理程序，可以保证操作栏 Tab 键和它相关联的 TabListener 与可见的 Tab 键是同步的。

a. 首先重写 onSaveInstanceState 处理程序来保存当前选择的操作栏 Tab 键并从当前视图中将每个 Fragment 分离出来。

```java
private static String ACTION_BAR_INDEX = "ACTION_BAR_INDEX";

@Override
public void onSaveInstanceState(Bundle outState) {
  View fragmentContainer = findViewById(R.id.EarthquakeFragmentContainer);
  boolean tabletLayout = fragmentContainer == null;

  if (!tabletLayout) {
    // 保存当前操作栏 Tab 键的选择
    int actionBarIndex = getActionBar().getSelectedTab().getPosition();
    SharedPreferences.Editor editor = getPreferences(Activity.MODE_PRIVATE).edit();
    editor.putInt(ACTION_BAR_INDEX, actionBarIndex);
    editor.apply();

    // 分离每个 Fragment
    FragmentTransaction ft = getFragmentManager().beginTransaction();
    if (mapTabListener.fragment != null)
      ft.detach(mapTabListener.fragment);
    if (listTabListener.fragment != null)
      ft.detach(listTabListener.fragment);
    ft.commit();
  }

  super.onSaveInstanceState(outState);
}
```

b. 重写 onRestoreInstanceState 处理程序以找到任意已经创建的 Fragment 并将它们分配给关联的 Tab Listener：

```java
@Override
public void onRestoreInstanceState(Bundle savedInstanceState) {
  super.onRestoreInstanceState(savedInstanceState);

  View fragmentContainer = findViewById(R.id.EarthquakeFragmentContainer);
  boolean tabletLayout = fragmentContainer == null;

  if (!tabletLayout) {

//获得重建的 Fragment 并把它们分配给相关的 TabListener
```

```
        listTabListener.fragment =
          getFragmentManager().findFragmentByTag(EarthquakeListFragment.class.getName());
        mapTabListener.fragment =
          getFragmentManager().findFragmentByTag(EarthquakeMapFragment.class.getName());


    //还原之前的操作栏 Tab 键选择
        SharedPreferences sp = getPreferences(Activity.MODE_PRIVATE);
        int actionBarIndex = sp.getInt(ACTION_BAR_INDEX, 0);
        getActionBar().setSelectedNavigationItem(actionBarIndex);
      }
    }
```

c. 最后，重写 onResume 处理程序，还原之前选择的操作栏 Tab 键。

```
@Override
public void onResume() {
  super.onResume();
  View fragmentContainer = findViewById(R.id.EarthquakeFragmentContainer);
  boolean tabletLayout = fragmentContainer == null;

  if (!tabletLayout) {
    SharedPreferences sp = getPreferences(Activity.MODE_PRIVATE);
    int actionBarIndex = sp.getInt(ACTION_BAR_INDEX, 0);
    getActionBar().setSelectedNavigationItem(actionBarIndex);
  }
}
```

本例中的所有代码都取自第 10 章的 Earthquake Part 1 项目，从 www.wrox.com 上可以下载该项目。

运行在手机上的应用程序应该显示包含有两个 Tab 键的操作栏——一个显示地震数据的列表，另一个显示地图。在平板设备上，应该并排显示两个 Fragment。在第 13 章中，我们还会回到这个示例中，添加一个 Map View。

10.3 创建并使用菜单和操作栏操作项

菜单可以在提供应用程序功能的同时不牺牲有价值的屏幕空间。每一个 Activity 都可以指定它自己的菜单，当设备的硬件菜单键被按下时就会显示这个菜单。

在 Android 3.0(API level 11)中，硬件菜单键变成了可选项，并且 Activity 菜单也是不建议使用的。为了替代它们，引入了操作栏操作和溢出菜单。

Android 也支持上下文菜单和弹出式菜单，它们可以分配给 Activity 中的每一个 View。在一个 View 具有焦点时，如果用户长按中间的 D-pad 按钮、按下轨迹球或者长按触摸屏大约 3 秒钟，就会触发 View 的上下文菜单。

操作、Activity 菜单和上下文菜单都分别支持很多不同的选项，包括子菜单子集、复选框、单选按钮、快捷键和图标。

10.3.1 Android 菜单系统简介

如果你曾经使用过手写笔或者轨迹球导航手机菜单系统，就会知道在手机上使用传统的菜单十分麻烦。为了改进应用程序菜单的可用性，Android 提供了一个专为小屏幕而优化的三级菜单系统。Android 3.0(API 版本 11)进一步优化了这个概念。

- **图标菜单和操作栏操作**　在 Android 3.0 之前的设备上，当菜单键被按下的时候，这个紧凑的图标菜单(如图 10-9 所示)就出现在屏幕的底部。它可以显示限定数量的菜单项的图标和文本(通常是 6 个菜单项)，可以按照将它们添加到菜单上的顺序进行选择。

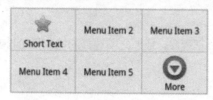

图 10-9

图标菜单在 Android 3.0 中已经不建议使用，它被操作栏操作(参见图 10-8)有效地代替。可以显式地选择在操作栏上作为操作栏操作显示的菜单项，而不是按顺序显示所有的菜单项。图标菜单和操作栏操作都显示图标，也可以选择性地显示相关的文本(如果已经指定的话，会显示扼要文本)。按照约定，菜单图标都是单色的(flat)，绘制在表面，并且一般是灰度图像——它们不应该是三维图像。

图标菜单和操作栏中的菜单项不能显示复选框、单选按钮或者快捷键，因此最好不要依赖于图标菜单项或者操作中的复选框和单选按钮，因为它们将是不可见的。

如果 Activity 菜单包含的菜单项超过了可见菜单项的最大值，就会显示一个 More 菜单项。选择它时，它会显示一个展开菜单。按下返回按钮会关闭图标菜单。

在 Android 3.0 及以上的版本中，不适合放在操作栏中的操作以及未标识为操作的菜单项将会在溢出菜单中显示。

- **展开菜单和溢出菜单**　在 Android 3.0 以前的版本中，当用户选择图标菜单中的 More 菜单项时，就会触发展开菜单。展开菜单(如图 10-10 所示)会显示一个在图标菜单中不可见的菜单项的滚动列表。

在 Android 3.0 中，展开菜单被溢出菜单所代替(见图 10-11)。溢出菜单包含了未标识为操作的菜单项以及由于操作栏缺少空间而导致移到溢出菜单中的操作。

图 10-10

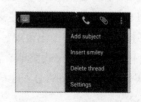

图 10-11

展开菜单和溢出菜单显示了完整的菜单项文本以及相关的复选框和单选按钮，但不显示图标。按下展开菜单中的返回按钮将返回到图标菜单。在溢出菜单显示时，按下返回按钮会关闭该菜单。

不能强迫 Android 显示展开的菜单项来代替显示图标菜单。因此，一定要特别注意那些有复选框或单选按钮的菜单项，以确保它们不会显示在图标菜单中。图标菜单能够显示的菜单项的最大数量随设备不同而有所改变，所以最好通过使用图标或改变文本来指示它们的状态信息。

- **子菜单** 使用鼠标很难导航传统的"展开的分层树"，所以这种方法特别不适合在手机上使用也就不足为奇了。Android 采用的替代方法是在一个浮动的窗口中显示每一个子菜单。例如，当用户选择一个子菜单时，它的菜单项就会在一个浮动的菜单对话框中显示出来，如图 10-12 所示。

注意，子菜单的名称显示在标题栏中，且每一个菜单项都可以显示完整文本、复选框(如果有的话)和快捷键。与展开的菜单一样，子　　　　　　　　图 10-12
菜单的菜单项中不能显示图标，所以最好避免给子菜单的菜单项分配图标。
因为 Android 不支持嵌套的子菜单，所以不能在一个子菜单中添加另一个子菜单(这样的尝试将会造成异常)，也不能将一个子菜单指定为一个操作。按下返回按钮会关闭浮动的窗口/菜单。

10.3.2 创建菜单

要想给 Activity 添加一个菜单，需要重写它的 onCreateOptionsMenu 处理程序。在 Android 3.0 之前，当 Activity 的菜单第一次显示的时候会触发这个处理程序；在 Android 3.0 及以上版本中，在每次 Activity 布局完成后创建操作栏的时候触发该处理程序。

OnCreateOptionsMenu 处理程序可以接收一个 Menu 对象作为参数。在 onCreateOptionsMenu 方法被再次调用之前，可以在代码的其他地方存储一个对该菜单的引用，并且可以继续使用该菜单引用。

总是应该直接调用父类实现，因为它会在合适的地方自动地包含额外的系统菜单选项。

可以使用 Menu 对象的 add 方法来填充菜单。对每一个新菜单项，必须指定：
- 一个分组值，用来分隔各个菜单项，以便进行批处理和排序。
- 每一个菜单项的唯一标识符。出于效率的原因，菜单项选择通常是由 onOptionsItemSelected 事件处理程序处理的，所以这个唯一的标识符在确定哪个菜单项被按下时是很重要的。通常的做法是在 Activity 类内部把每一个菜单 ID 声明为一个私有静态变量。可以使用 Menu.FIRST 静态常量，然后对后面的每一个菜单项简单地递增该值。
- 定义菜单项显示顺序的顺序值。
- 作为字符串或者字符串资源的菜单项显示文本。

当完成填充菜单的操作之后，返回 true 代表你已经完成了菜单的创建。

程序清单 10-11 展示了如何向 Activity 菜单中添加一个菜单项。

程序清单 10-11　添加一个菜单项

```java
static final private int MENU_ITEM = Menu.FIRST;

@Override
public boolean onCreateOptionsMenu(Menu menu) {
  super.onCreateOptionsMenu(menu);

  // 组 ID
  int groupId = 0;
  // 唯一的菜单项标识符，用于事件处理
  int menuItemId = MENU_ITEM;
  // 菜单项的顺序位置
  int menuItemOrder = Menu.NONE;
  // 为这个菜单项显示的文本
  int menuItemText = R.string.menu_item;

  // 创建菜单项，并保存对它的引用
  MenuItem menuItem = menu.add(groupId, menuItemId,
                      menuItemOrder, menuItemText);

  return true;
}
```

代码片段 PA4AD_Ch10_ActionBar/src/ActionBarActivity.java

与 Menu 对象一样，调用 add 返回的每一个 MenuItem 在下一次调用 onCreateOptionsMenu 之前都是有效的。可以通过将某个菜单项的 ID 传递给菜单的 findItem 方法来寻找一个特定的菜单项，而不用维护对每个菜单项的引用：

```java
MenuItem menuItem = menu.findItem(MENU_ITEM);
```

10.3.3　指定操作栏的操作

要想把菜单项指定为操作栏的操作，可以使用它的 setShowAsActionFlags 方法，并传入下面选项之一：

- **SHOW_AS_ACTION**　强制一个菜单项一直作为操作显示。
- **SHOW_AS_IF_SPACE**　当在操作栏上有足够的空间时，会将菜单项指定为一个可用的操作。最好经常使用这个选项，让系统具有最大的灵活性来布局可用的操作。

默认地，操作只显示相关的图标。可以选择性地用 SHOW_AS_ACTION_WITH_TEXT 和前面介绍的标志做 OR 操作，从而也显示菜单项的文本，如程序清单 10-12 所示。

程序清单 10-12　给菜单项指定一个操作

```java
menuItem.setShowAsAction(MenuItem.SHOW_AS_ACTION_IF_ROOM |
                MenuItem.SHOW_AS_ACTION_WITH_TEXT);
```

代码片段 PA4AD_Ch10_ActionBar/src/ActionBarActivity.java

10.3.4 菜单项选项

Android 支持你可能熟悉的大部分菜单项选项，包括图标、快捷方式、复选框和单选按钮，如下所述：

- **复选框**　菜单项中的复选框可以出现在溢出菜单和展开菜单中，也可以出现在子菜单中。要把一个菜单项设置为复选框，可以使用 setCheckable 方法。复选框的状态是通过 setChecked 进行控制的。

```
// 创建新的复选框菜单项。
menu.add(0, CHECKBOX_ITEM, Menu.NONE, "CheckBox").setCheckable(true);
```

- **单选按钮**　单选按钮组是一组显示圆形按钮的选项。在任何给定的时间内，一次只能选择其中的一个选项。选中其中一个单选按钮的同时会自动取消对同组中其他单选按钮的选择。

要创建一个单选按钮组，需要向每一项分配相同的组标识符，然后调用 Menu.setGroupCheckable 方法，将组标识符传递给它，同时把唯一的参数设置为 true：

```
// 创建一个单选按钮组。
menu.add(RB_GROUP, RADIOBUTTON_1, Menu.NONE, "Radiobutton 1");
menu.add(RB_GROUP, RADIOBUTTON_2, Menu.NONE, "Radiobutton 2");
menu.add(RB_GROUP, RADIOBUTTON_3, Menu.NONE,
        "Radiobutton 3").setChecked(true);

menu.setGroupCheckable(RB_GROUP, true, true);
```

- **快捷键**　可以使用 setShortcut 方法为一个菜单项指定键盘快捷方式。对 setShortcut 方法的每一个调用都要求两个快捷键：其中一个使用数字键盘，而另一个用来支持全键盘。这些键都不区分大小写。

```
// 为这个菜单项添加快捷键，如果使用数字键盘的话，就是'0'; 如果使用全键盘的话，就是'b'。
menuItem.setShortcut('0', 'b');
```

- **扼要标题**　setTitleCondensed 方法可以指定只在图标菜单中或者作为操作栏操作显示的文本。普通的标题只在溢出菜单或者展开菜单显示的菜单项中使用。

```
menuItem.setTitleCondensed("Short Title");
```

- **图标**　图标只在图标菜单中或者作为一个操作显示；不能出现在展开菜单或者子菜单中。可以把任意 Drawable 资源指定为菜单图标。

```
menuItem.setIcon(R.drawable.menu_item_icon);
```

- **菜单项单击侦听器**　当菜单项被选择的时候就会执行这个事件处理程序。出于效率原因，我们不鼓励这样做；相反，菜单项选择应该被 onOptionsItemSelected 处理程序处理，本章后面的 10.3.9 节会对该处理程序进行讲述。

```
menuItem.setOnMenuItemClickListener(new OnMenuItemClickListener() {
  public boolean onMenuItemClick(MenuItem _menuItem) {
    [ ... 执行单击事件的处理，如果已经处理，则返回 true ... ]
    return true;
  }
```

    });

- **Intent** 当单击一个菜单项之后,如果该单击事件既没有被 MenuItemClickListener 处理程序处理,也没有被 Activity 的 onOptionsItemSelected 处理程序处理,就会触发分配给这个菜单项的 Intent。当 Intent 触发时,Android 将会执行 startActivity,并传入指定的 Intent。

```
menuItem.setIntent(new Intent(this, MyOtherActivity.class));
```

10.3.5 添加操作 View 和操作提供程序

Android 3.0(API level 11)中引入的操作和操作栏使得为菜单系统添加更加丰富的交互模式成为可能。特别地,可以按照操作 View 和操作提供程序的方式为操作栏操作添加交互式 View。

通过使用菜单项的 setActionView 方法,可以使用任意的 View 或布局代替表示操作的图标/文本,此时应该传入一个 View 实例或者一个布局资源,如程序清单 10-13 所示。

可从
wrox.com
下载源代码

程序清单 10-13 添加一个操作 View

```
menuItem.setActionView(R.layout.my_action_view)
    .setShowAsActionFlags(MenuItem.SHOW_AS_ACTION_IF_ROOM|
    MenuItem.SHOW_AS_ACTION_COLLAPSE_ACTION_VIEW);
```

代码片段 PA4AD_Ch10_ActionBar/src/ActionBarActivity.java

完成添加后,当关联的菜单项作为操作栏的一个操作显示时,操作 View 就会显示,但如果将菜单项放到溢出菜单中,它就永远不会显示。

在 Android 4.0(API level 14)中引入的一种比较好的替代方法是添加 MenuItem.SHOW_AS_ACTION_COLLAPSE_ACTION_VIEW 标志。设置了这个标志后,菜单项在被按下前将使用标准的图标和/或文本属性来表示。按下后,该菜单项将展开以填充操作栏,如图 10-13 所示。

图 10-13

在这两种情况下,View 的交互由你来处理,通常情况下是在 onCreateMenuOptions 处理程序中进行处理。

```
View myView = menuItem.getActionView();
Button button = (Button)myView.findViewById(R.id.goButton);

button.setOnClickListener(new OnClickListener() {
  public void onClick(View v) {
    // TODO:响应按钮按下事件。
  }
});
```

Android 4.0(API level 14)引入了一种新的备选方式,从而不需要在每个 Activity 中手动创建和配置操作 View。相反,可以通过扩展 ActionProvider 类来创建操作提供程序。操作提供程序与操作 View 类似,但它封装了与 View 相关的外观和交互模型。例如,Android 4.0 包含了 ShareActionProvider,

它封装了共享操作。

要为一个菜单项分配一个操作提供程序，可以使用 setActionProvider 方法，并指定一个执行共享操作的 Intent，如程序清单 10-14 所示。

程序清单 10-14　给菜单添加一个共享操作提供程序

可从
wrox.com
下载源代码

```
// 创建共享 Intent
Intent shareIntent = new Intent(Intent.ACTION_SEND);
shareIntent.setType("image/*");
Uri uri = Uri.fromFile(new File(getFilesDir(), "test_1.jpg"));
shareIntent.putExtra(Intent.EXTRA_STREAM, uri.toString());

ShareActionProvider shareProvider = new ShareActionProvider(this);
shareProvider.setShareIntent(shareIntent);

menuItem.setActionProvider(shareProvider)
        .setShowAsActionFlags(MenuItem.SHOW_AS_ACTION_ALWAYS);
```

代码片段 PA4AD_Ch10_ActionBar/src/ActionBarActivity.java

10.3.6　在 Fragment 中添加菜单项

如同在 Fragment 中封装大多数的 UI 一样，在 Fragment 中封装相关的 Activity 菜单项和操作栏操作也是很有意义的。

要想注册 Fragment 成为选项菜单的贡献者，可以在其 onCreate 处理程序中调用 setHasOptionsMenu 方法。

```
@Override
public void onCreate(Bundle savedInstanceState) {
  super.onCreate(savedInstanceState);
  setHasOptionsMenu(true);
}
```

然后如前面章节所述重写 onCreateOptionsMenu 处理程序，填充菜单和操作栏。在程序运行时，系统会汇总 Activity 和它的每个组件 Fragment 所提供的菜单项。

10.3.7　使用 XML 定义菜单层次结构

比起在代码中构造菜单，最好是把菜单层次结构定义为 XML 资源。与布局和其他资源一样，这使你能够为不同的硬件配置、语言和位置创建不同的菜单。

菜单资源存储为项目的 res/menu 文件夹中的 XML 文件。每个菜单层次结构必须创建为一个单独的文件，小写文件名就是其资源标识符。

创建菜单层次结构时，使用<menu>标记作为根节点，使用一组<item>标记指定每个菜单项。每个 item 节点支持使用属性来指定每个可用的菜单项，包括文本、图标、快捷键、复选框选项，还包括可折叠的操作 View 和操作层次结构。

要想创建子菜单，只需要在<item>内添加一个新的<menu>标记作为子节点。程序清单 10-15 显示了如何将一个简单的菜单层次结构作为 XML 资源创建。

程序清单 10-15　在 XML 中定义菜单层次结构

```xml
<menu xmlns:android="http://schemas.android.com/apk/res/android">
  <item
    android:id="@+id/action_item"
    android:icon="@drawable/action_item_icon"
    android:title="@string/action_item_title"
    android:showAsAction="ifRoom">
  </item>
  <item
    android:id="@+id/action_view_item"
    android:icon="@drawable/action_view_icon"
    android:title="@string/action_view_title"
    android:showAsAction="ifRoom|collapseActionView"
    android:actionLayout="@layout/my_action_view">
  </item>
  <item
    android:id="@+id/action_provider_item"
    android:title="Share"
    android:showAsAction="always"
    android:actionProviderClass="android.widget.ShareActionProvider">
  </item>
  <item
    android:id="@+id/item02"
    android:checkable="true"
    android:title="@string/menu_item_two">
  </item>
  <item
    android:id="@+id/item03"
    android:numericShortcut="3"
    android:alphabeticShortcut="3"
    android:title="@string/menu_item_three">
  </item>
  <item
    android:id="@+id/item04"
    android:title="@string/submenu_title">
    <menu>
      <item
        android:id="@+id/item05"
        android:title="@string/submenu_item">
      </item>
    </menu>
  </item>
</menu>
```

代码片段 PA4AD_Ch10_ActionBar/res/menu/my_menu.xml

要使用菜单资源,可以在 onCreateOptionsMenu 或 onCreateContextMenu 处理程序中使用 MenuInflater 类, 如程序清单 10-16 所示。

程序清单 10-16　填充 XML 菜单资源

```java
public boolean onCreateOptionsMenu(Menu menu) {
  super.onCreateOptionsMenu(menu);
```

```
MenuInflater inflater = getMenuInflater();
inflater.inflate(R.menu.my_menu, menu);

return true;
}
```

代码片段 PA4AD_Ch10_ActionBar/src/ActionBarActivity.java

10.3.8 动态更新菜单项

通过重写 Activity 的 onPrepareOptionsMenu 方法，可以在每一次显示菜单之前根据应用程序的当前状态对菜单进行修改。这可以动态地启用/禁用每个菜单项，设置每个菜单项的可见性，以及修改文本。

注意，每当菜单按钮被单击、显示溢出菜单、或者创建操作栏的时候，就会触发 onPrepareOptionsMenu 方法。

要动态地修改菜单项，既可以在 onCreateOptionsMenu 方法中记录创建它们时产生的引用，也可以使用 Menu 对象的 findItem 方法，如程序清单 10-17 所示，其中重写了 onPrepareOptionsMenu。

程序清单 10-17　动态修改菜单项

可从
wrox.com
下载源代码

```
@Override
public boolean onPrepareOptionsMenu(Menu menu) {
    super.onPrepareOptionsMenu(menu);

    MenuItem menuItem = menu.findItem(MENU_ITEM);

    [ ... 修改菜单项 ... ]

    return true;
}
```

代码片段 PA4AD_Ch10_ActionBar/src/ActionBarActivity.java

10.3.9 处理菜单选择

Android 使用单一的事件处理程序来处理操作栏操作、溢出菜单和 Activity 菜单选择，该处理程序就是 onOptionsItemSelected。被选择的菜单项会作为 MenuItem 参数传递给这个方法。

要对菜单选择作出响应，首先要把 item.getItemId 的值和在填充菜单时使用的菜单项标识符(或者如果是在 XML 中定义的菜单，就使用资源标识符)进行比较，然后再相应地作出响应，如程序清单 10-18 所示。

程序清单 10-18　处理菜单项选择

可从
wrox.com
下载源代码

```
public boolean onOptionsItemSelected(MenuItem item) {
    super.onOptionsItemSelected(item);

    // 找到选择的菜单项
    switch (item.getItemId()) {
```

```
    //检查每个已知的菜单项
    case (MENU_ITEM):
      [ ... Perform menu handler actions ... ]
      return true;


    //如果未处理菜单项, 返回 false
    default: return false;
  }
}
```

代码片段 PA4AD_Ch10_ActionBar/src/ActionBarActivity.java

如果是在Fragment中创建的菜单项,可以选择在Activity或者Fragment的onOptionsItemSelected处理程序中处理它们。注意,Activity会首先收到选中的菜单项,如果Activity处理了它并返回true,Fragment将不会再收到这个菜单项。

10.3.10 子菜单和上下文菜单简介

上下文菜单的显示方式和子菜单相同,都是使用悬浮窗口来进行显示,如图10-12所示。虽然它们的外观相同,但是两种菜单类型的填充方式却不同。

> 虽然在Android 4.0中依然支持上下文菜单,但随着长按功能现在越来越多地用来支持诸如拖动的操作,上下文菜单的使用也受到了限制。
>
> 用户有可能找不到上下文菜单提供的选项,因此使用上下文菜单时应该谨慎。

1. 创建子菜单

子菜单是作为常规的菜单项进行显示的。当菜单项被选择的时候,它会显示更多的选项。传统上,子菜单是使用分层的树形布局进行显示的。Android通过使用一种不同的方法来为触屏设备简化菜单导航。在选择一个子菜单之后不是显示树形结构,而是呈现一个浮动窗口(在传统菜单系统的情况下)或者一个溢出菜单(在Android 3.0及以上版本中),两者都显示了它的所有菜单项。

可以使用addSubMenu方法添加子菜单。它支持与添加普通菜单项时使用的add方法相同的参数,允许为每一个子菜单指定一个组、一个唯一的标识符和文本字符串。也可以使用setHeaderIcon和setIcon方法分别指定显示在子菜单的标题栏或者常规的图标菜单中的图标。

子菜单中的菜单项支持与那些分配给图标菜单或者展开菜单相同的选项,与操作栏操作相关的属性除外。

> 子菜单不能用作操作,Android也不支持嵌套的子菜单。

下面的代码片段展示了onCreateMenuOptions实现的部分代码,它向主菜单中添加了一个新的子菜单,设置了标题图标,然后添加了一个子菜单菜单项:

```
SubMenu sub = menu.addSubMenu(0, 0, Menu.NONE, "Submenu");
sub.setHeaderIcon(R.drawable.icon);
```

```
sub.setIcon(R.drawable.icon);

MenuItem submenuItem = sub.add(0, 0, Menu.NONE, "Submenu Item");
```

2. 使用上下文菜单和弹出式菜单

上下文菜单是位于当前具有焦点的 View 的上下文环境中的，当用户长按轨迹球、D-pad 的中间按钮或者 View(通常大约是 3 秒)之后触发。上下文菜单是显示在 Activity 之上的一个悬浮窗口。

Android 3.0 (API level 11)引入了 PopupMenu 类，它是 ContextMenu 的轻量级替代品，它将自身锚定到特定的 View。

定义与填充上下文菜单和弹出式菜单的方法类似于填充 Activity 菜单。为一个特定的 View 创建上下文菜单时有两个方法可用。

创建上下文菜单

第一种方法是通过重写 View 的 onCreateContextMenu 处理程序为 View 类创建一个泛型的 ContextMenu 对象，如下所示：

```
@Override
public void onCreateContextMenu(ContextMenu menu) {
  super.onCreateContextMenu(menu);
  menu.add("ContextMenuItem1");
}
```

包含这个 View 类的所有 Activity 都可以使用这里创建的上下文菜单。

另一种更常用的方法是重写 Activity 的 onCreateContextMenu 方法，并使用 registerForContextMenu 方法注册可能使用这个上下文菜单的 View，从而创建特定于 Activity 的上下文菜单，如程序清单 10-19 所示。

程序清单 10-19　给 View 分配一个上下文菜单

```
@Override
public void onCreate(Bundle savedInstanceState) {
    super.onCreate(savedInstanceState);

    EditText view = new EditText(this);
    setContentView(view);

    registerForContextMenu(view);
}
```

代码片段 PA4AD_Ch10_ActionBar/src/ActionBarActivity.java

一旦注册了一个 View，则当一个上下文菜单第一次在这个 View 中显示的时候，就会触发 onCreateContextMenu 处理程序。

重写 onCreateContextMenu 处理程序并检查触发菜单创建的 View，以便使用合适的菜单项填充上下文菜单参数。

```
@Override
public void onCreateContextMenu(ContextMenu menu, View v,
```

```
                    ContextMenu.ContextMenuInfo menuInfo) {
  super.onCreateContextMenu(menu, v, menuInfo);

  menu.setHeaderTitle("Context Menu");
  menu.add(0, Menu.FIRST, Menu.NONE,
           "Item 1").setIcon(R.drawable.menu_item);
  menu.add(0, Menu.FIRST+1, Menu.NONE, "Item 2").setCheckable(true);
  menu.add(0, Menu.FIRST+2, Menu.NONE, "Item 3").setShortcut('3', '3');
  SubMenu sub = menu.addSubMenu("Submenu");
  sub.add("Submenu Item");
}
```

如前面的代码所示，ContextMenu 类支持与 Menu 类相同的 add 方法，所以可以按照与填充 Activity 菜单相同的方式使用 add 方法来填充上下文菜单。这包括使用 add 方法向上下文菜单添加子菜单。注意，图标不会显示出来。但可以指定在上下文菜单的标题栏中显示的标题和图标。

Android 支持使用 Intent Filter 对上下文菜单进行运行时延迟填充。这种机制可以通过指定当前 View 所呈现的数据类型及询问其他 Android 应用程序是否支持这种菜单的操作来填充上下文菜单。这种机制最常见的一个示例是 Edit Text 控件中的剪切/复制/粘贴菜单项。

处理上下文菜单选择

上下文菜单选择的处理方式和 Activity 菜单选择的处理方式相似。可以直接把一个 Intent 或者菜单项单击监听器与每个菜单项关联起来，或者使用首选的技术，即重写 Activity 的 onContextItemSelected 方法来实现对菜单选择的处理，如下所示：

```
@Override
public boolean onContextItemSelected(MenuItem item) {
  super.onContextItemSelected(item);

  // TODO [ ... 处理菜单项选择 ... ]

  return false;
}
```

每当选择一个上下文菜单项时，就会触发 onContextItemSelected 事件处理程序。

使用弹出式菜单

弹出式菜单是上下文菜单的替代品，它在一个特殊的 View 实例旁边显示，而不是显示在整个 Activity 的上方(如图 10-14 所示)。当目标设备运行的是 Android 3.0 或者以上版本时，最好使用弹出式菜单而不是上下文菜单。

要想为一个 View 指定一个弹出式菜单，必须创建一个新的弹出式菜单，并指定 Activity Context 和应该锚定该弹出式菜单的 View：

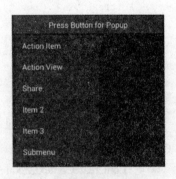

图 10-14

```
final PopupMenu popupMenu = new PopupMenu(this, myView);
```

如同为 Activity 或者上下文菜单指定菜单资源一样，为弹出式菜单分配或者填充菜单资源，并且添加新的 OnMenuItemClickListener 来处理菜单项选择，如程序清单 10-20 所示。

程序清单 10-20　给 View 分配一个弹出式菜单

```
final PopupMenu popupMenu = new PopupMenu(this, button);
popupMenu.inflate(R.menu.my_popup_menu);
popupMenu.setOnMenuItemClickListener(new OnMenuItemClickListener() {
  public boolean onMenuItemClick(MenuItem item) {
    switch (item.getItemId()) {
      case (POPUP_ITEM_1) :
        // TODO：处理弹出式菜单单击事件
        return true;
      default: return false;
    }
  }
});
```

代码片段 PA4AD_Ch10_ActionBar/src/ActionBarActivity.java

要想显示弹出式菜单，调用它的 show 方法：

```
popupMenu.show();
```

10.4　更新地震监控程序

在下面的示例中，将添加一个菜单项来刷新地震监控程序。

(1) 在 res/values/strings.xml 文件中创建一个新的字符串资源来定义菜单的文本：

```
<string name="menu_refresh">Refresh</string>
```

(2) 在 res/menu 文件夹下创建一个新的 main_menu.xml 文件，它包含"refresh"和"preferences"菜单项。第一个菜单项应该指定为一个操作，显示在操作栏上：

```
<menu xmlns:android="http://schemas.android.com/apk/res/android">
  <item
    android:id="@+id/menu_refresh"
    android:title="@string/menu_refresh"
    android:showAsAction="ifRoom|withText">
  </item>
  <item
    android:id="@+id/menu_preferences"
    android:title="@string/menu_preferences"
    android:showAsAction="never">
  </item>
</menu>
```

(3) 在 Earthquake Activity 中修改 onCreateOptionsMenu 方法，在该方法内填充第(2)步中的菜单资源：

```
@Override
public boolean onCreateOptionsMenu(Menu menu) {
  super.onCreateOptionsMenu(menu);
```

```
    MenuInflater inflater = getMenuInflater();
    inflater.inflate(R.menu.main_menu, menu);

    return true;
}
```

(4) 填充 Activity 菜单和操作栏操作后,下一步就是处理这些菜单项的选择事件。修改 onOptionsItemSelected 处理程序。通过"preferences"的资源 ID 更新该菜单项的选择。当"refresh"菜单项被选中时,启动更新 Service。

```
@Override
public boolean onOptionsItemSelected(MenuItem item) {
  super.onOptionsItemSelected(item);

  switch (item.getItemId()) {
    case (R.id.menu_refresh): {
      startService(new Intent(this, EarthquakeUpdateService.class));
      return true;
    }
    case (R.id.menu_preferences): {
      Class c = Build.VERSION.SDK_INT < Build.VERSION_CODES.HONEYCOMB ?
        PreferencesActivity.class : FragmentPreferences.class;
      Intent i = new Intent(this, c);

      startActivityForResult(i, SHOW_PREFERENCES);
      return true;
    }
    default: return false;
  }
}
```

(5) 利用这个机会将 Search View 移到操作栏上。首先更新菜单的定义来包含一个 Search View:

```xml
<menu xmlns:android="http://schemas.android.com/apk/res/android">
  <item
    android:id="@+id/menu_search"
    android:icon="@android:drawable/ic_menu_search"
    android:actionViewClass="android.widget.SearchView"
    android:showAsAction="ifRoom|collapseActionView">
  </item>
  <item
    android:id="@+id/menu_refresh"
    android:title="@string/menu_refresh"
    android:showAsAction="ifRoom|withText">
  </item>
  <item
    android:id="@+id/menu_preferences"
    android:title="@string/menu_preferences"
    android:showAsAction="never">
  </item>
</menu>
```

(6) 修改每个 main.xml 布局,删除该 Search View 的引用。

(7) 更新 onCreateOptionsMenu 处理程序来配置 Search View，并移除 onCreate 处理程序中对应的代码：

```
@Override
public boolean onCreateOptionsMenu(Menu menu) {
  super.onCreateOptionsMenu(menu);

  MenuInflater inflater = getMenuInflater();
  inflater.inflate(R.menu.main_menu, menu);

  //从 onCreate 中移动这段代码——检索 Search View 并配置/启用它
  SearchManager searchManager =
    (SearchManager) getSystemService(Context.SEARCH_SERVICE);
  SearchView searchView = (SearchView)
  menu.findItem(R.id.menu_search).getActionView();
  searchView.setSearchableInfo(searchManager.getSearchableInfo(getComponentName()));

  return true;
}
```

> 本例中的所有代码都取自第 10 章的 Earthquake 2 项目，从 www.wrox.com 上可以下载该项目。

10.5 全屏显示

在一些特殊情况下，让应用程序占满整个屏幕、隐藏或者遮挡导航控件和状态信息(如时间或者 Notification)是很有意义的。这种情况当且仅当创建一个身临其境的应用程序时才会出现，包括第一人称的赛车或射击类游戏、在线学习的应用程序和视频。

> 隐藏状态信息和导航栏是一种破坏性的操作，可能妨碍许多用户。如果你选择让你的应用程序"全屏显示"，也应该让用户能够很容易地禁用这样的行为。

每个 Android 设备的 UI 包括由系统管理的空间，这些空间专门用于显示状态信息，如时间、连接性、Notification(新的和正在进行的)。Android 系统控制的 UI 元素随着平台的发展也在变化。

在平板电脑出现之前，这个空间称为"状态栏"，其显示在每个手机的屏幕上方，如图 10-15 所示。

图 10-15

由于平板电脑有额外的空间可用，并且缺少硬件导航键，因此在 Android 3.0 中引入了"系统栏"，它是显示在屏幕底部的 UI 部分，包含有通常在状态栏中显示的内容以及返回按钮和主页按钮的软件实现，如图 10-16 所示。

图 10-16

Android 4.0 察觉到了手机硬件的变化，如平板电脑会使用屏幕上的软件按钮进行导航，而不是使用硬件键。因此，一个新的"导航栏"被引入，它包含返回和主页按钮，如图 10-17 所示。Android 智能手机与平板电脑不同的地方是，它和其以前的版本一样继续使用状态栏显示状态信息。

图 10-17

结果就是在平板电脑上有一个单独的屏幕区域用来显示状态信息和导航按钮，而在手机上，状态和导航的显示是分开的。

要想控制手机上导航栏的可见性或者平板电脑上系统栏的外观，可以对 Activity 层次结构中任何可见的 View 使用 setSystemUiVisibility 方法。注意，用户和 Activity 的任意交互会恢复这些改动。

在 Android 3.0 (API level 11)中，通过使用 STATUS_BAR_HIDDEN 标志，可以遮挡但不移除手机的导航栏和平板电脑的系统栏。

```
myView.setSystemUiVisibility(View.STATUS_BAR_HIDDEN);
```

Android 4.0(API level 14) 不建议使用这个标志，使用下面的标志代替它，以更好地支持使用分开的导航栏和状态栏的手机：

- **SYSTEM_UI_FLAG_LOW_PROFILE** 和 STATUS_BAR_HIDDEN 一样会遮挡导航按钮。
- **SYSTEM_UI_FLAG_HIDE_NAVIGATION** 在手机上移除导航栏，并遮挡平板电脑的系统栏中使用的导航按钮。

```
myView.setSystemUiVisibility(View.SYSTEM_UI_FLAG_LOW_PROFILE);
```

当导航的可见性变化时，最好能够和 UI 中的其他变化同步。例如，在进入或者退出"全屏模式"时，可能需要隐藏或者显示操作栏和其他导航操作。

通过向 View 注册 OnSystemUiVisibilityChangeListener 可以实现以上的情形。通常情况下，这是用来控制导航可见性的 View，如程序清单 10-21 所示。

程序清单 10-21　响应系统 UI 可见性的变化

```
myView.setOnSystemUiVisibilityChangeListener(
    new OnSystemUiVisibilityChangeListener() {

    public void onSystemUiVisibilityChange(int visibility) {
      if (visibility == View.SYSTEM_UI_FLAG_VISIBLE) {
        //显示操作栏和状态栏
      }
      else {
        //隐藏操作栏和状态栏
      }
    }
});
```

代码片段 PA4AD_Ch10_ActionBar/src/ActionBarActivity.java

还可以隐藏所有手机设备顶部的状态栏。这项工作应该谨慎完成，因为它可能会干扰人们如何使用他们的手机。在许多情况下，尤其是在观看视频的时候，最好在 OnSystemUiVisibilityChangeListener 中启用和禁用状态栏。

要想隐藏状态栏，可以向 Window 中添加 LayoutParams.FLAG_FULLSCREEN 标志：

```
myView.setSystemUiVisibility(View.SYSTEM_UI_FLAG_HIDE_NAVIGATION);
getWindow().addFlags(WindowManager.LayoutParams.FLAG_FULLSCREEN);
```

注意，以上代码不会影响到平板设备，它们使用系统栏而不是单独的导航栏和状态栏。

10.6 对话框简介

对话框是桌面、Web 和移动应用程序中常见的 UI 元素。它们用来帮助用户回答问题、做出选择、确认操作以及显示警告或者错误消息。Android 中的对话框是一个部分透明的浮动 Activity 或者 Fragment，它会部分地遮挡启动它的 UI。

根据 Android 用户体验的设计，对话框应该用作表示系统级的事件，如显示错误或者支持账户选择。最好在应用程序中限制对话框的使用，并且在使用它们的时候也要限制自定义它们的程度。

依赖于平台和硬件配置，对话框通常使用一个模糊层或者模糊的过滤器来遮挡它后面的 Activity，如图 10-18 所示。

图 10-18

在 Android 中实现一个对话框有 3 种方式：

- **使用 Dialog 类(或其派生类)**　除了通用的 AlertDialog 类之外，Android 还包含了多个扩展 Dialog 的类。每一个类都提供了特定的对话框功能。基于 Dialog 类的屏幕完全是在调用它们的 Activity 内构造和控制的，所以它们不需要在清单文件中注册。
- **对话框主题化的 Activity**　可以把对话框主题应用到一个常规 Activity 中，从而赋予它标准对话框的外观。
- **Toast**　Toast 是特殊的、非模态的、短暂的消息框，通常被 Broadcast Receiver 和 Service 用来向用户通知后台发生的事件。在 10.7 节中将介绍更多关于 Toast 的知识。

10.6.1 创建一个对话框

要创建一个新的对话框，可以实例化一个新的 Dialog 实例，并分别使用 setTitle 和 setContentView 方法来设置它的标题和布局，如程序清单 10-22 所示。setContentView 方法接受一个布局的资源标识符，这个布局将会被填充以用来显示对话框的 UI。

一旦按照喜欢的方式布局对话框，就可以使用 show 方法来显示它。

程序清单 10-22　使用 Dialog 类创建一个新的对话框

```
// 创建一个新的对话框
Dialog dialog = new Dialog(MyActivity.this);

// 设置标题。
dialog.setTitle("Dialog Title");

// 填充布局
dialog.setContentView(R.layout.dialog_view);

// 更新对话框的内容
TextView text = (TextView)dialog.findViewById(R.id.dialog_text_view);
text.setText("This is the text in my dialog");

// 显示对话框
dialog.show();
```

代码片段 PA4AD_Ch10_Dialogs/src/MyActivity.java

10.6.2 使用 AlertDialog 类

AlertDialog 类是最通用的 Dialog 实现之一。它提供了各种选项，可以为一些最常见的用例构造对话框，包括：

- 向用户呈现一条消息，并以按钮的形式提供 1~3 个选项。如果从事过桌面编程，你可能就很熟悉这个功能，其中这些按钮通常是 OK、Cancel、Yes 或者 No。
- 以复选框或者单选按钮的形式提供一个选项列表。
- 提供一个文本输入框供用户进行输入。

要构造 AlertDialog 用户界面，可以创建一个新的 AlertDialog.Builder 对象：

```
AlertDialog.Builder ad = new AlertDialog.Builder(context);
```

然后可以为要显示的标题和消息赋值，还可以为想要显示的所有按钮、选择项和文本输入框分配值。这包括对事件监听器进行设置以处理用户交互。

程序清单 10-23 给出了一个新的 AlertDialog 示例，它用来显示一条消息，并提供了两个按钮。单击其中任何一个按钮都会在执行了附加的单击监听器之后关闭对话框。

程序清单 10-23　配置一个 Alert Dialog

```java
Context context = MyActivity.this;
String title = "It is Pitch Black";
String message = "You are likely to be eaten by a Grue.";
String button1String = "Go Back";
String button2String = "Move Forward";

AlertDialog.Builder ad = new AlertDialog.Builder(context);
ad.setTitle(title);
ad.setMessage(message);

ad.setPositiveButton(
  button1String,
  new DialogInterface.OnClickListener() {
    public void onClick(DialogInterface dialog, int arg1) {
      eatenByGrue();
    }
  }
);

ad.setNegativeButton(
  button2String,
  new DialogInterface.OnClickListener(){
    public void onClick(DialogInterface dialog, int arg1) {
      //什么也不做
    }
  }
);
```

代码片段 PA4AD_Ch10_Dialogs/src/MyActivity.java

使用 setCancelable 方法来决定用户在没有做任何选择而按下返回按钮时是否应该关闭对话框。如果选择让对话框可取消，可以使用 setOnCancelListener 方法附加一个 OnCancelListener 来响应这个事件：

```java
ad.setCancelable(true);

ad.setOnCancelListener(
  new DialogInterface.OnCancelListener() {
    public void onCancel(DialogInterface dialog) {
      eatenByGrue();
    }
  }
);
```

10.6.3　使用专门的输入对话框

Android 包含了多个专门的对话框，它们封装了为方便用户输入而专门设计的用户输入控件。

为了保持一致性，在任何可能的情况下，都应该优先于自定义 Dialog 使用它们。它们包括如下控件：

- **CharacterPickerDialog**　允许用户基于一个常规字符源选择带重音符号的字符。
- **DatePickerDialog**　让用户从一个 DatePicker View 中选择日期。构造函数包含一个回调监听器来通知主调 Activity 日期已经被设置。
- **TimePickerDialog**　与 DatePickerDialog 相似，这个对话框可以让用户从一个 TimePicker View 中选择时间。
- **DatePickerDialog**　在一个消息文本框下方显示进度条的对话框。这可以让用户看到费时操作的持续进度，但最好的做法是在这样的长期运行操作正在进行的时候，允许用户与应用程序进行交互。

使用任意一种专用对话框的时候，在显示该对话框之前都要构造一个它的新实例，设置它的属性和事件处理程序：

```
DatePickerDialog datePickerDialog =
  new DatePickerDialog(
    MyActivity.this,
    new OnDateSetListener() {
      public void onDateSet(DatePicker view, int year,
                      int monthOfYear, int dayOfMonth) {
        //TODO：使用选中的日期
      }
    },
    1978, 6, 19);

datePickerDialog.show();
```

10.6.4　通过 Dialog Fragment 管理和显示对话框

可以使用每个对话框实例的 show 方法来显示它，但是更好的选择是使用 Dialog Fragment。Dialog Fragment 就是包含了对话框的 Fragment。

Dialog Fragment 是在 Android 3.0(API level 11)中引入的，它代替了已经不建议使用的 Activity.onCreateDialog 和 Activity.onPrepareDialog 处理程序(将在下一章做详细的介绍)。Dialog Fragment 包含在 Android 支持包中，从而在 Android 1.6(API level 4)版本以后的平台中，都可以在项目中使用它。

Dialog Fragment 高效地封装和管理对话框的生命周期，并让 Fragment 和它包含的对话框的状态保持一致。

要想使用 Dialog Fragment，可以扩展 DialogFragment 类，如程序清单 10-24 所示。重写 onCreateDialog 处理程序，返回使用前面章节介绍的方法构造的对话框。

程序清单 10-24　使用 onCreateDialog 事件处理程序

```
public class MyDialogFragment extends DialogFragment {

    private static String CURRENT_TIME = "CURRENT_TIME";

    public static MyDialogFragment newInstance(String currentTime) {
        // 创建一个新的带有指定参数的 Fragment 实例
        MyDialogFragment fragment = new MyDialogFragment();
```

第 10 章 扩展用户体验

```
    Bundle args = new Bundle();
    args.putString(CURRENT_TIME, currentTime);
    fragment.setArguments(args);

    return fragment;
  }

  @Override
  public Dialog onCreateDialog(Bundle savedInstanceState) {
    // 使用 AlertBuilder 创建新的对话框
    AlertDialog.Builder timeDialog =
      new AlertDialog.Builder(getActivity());

    // 配置对话框 UI
    timeDialog.setTitle("The Current Time Is...");
    timeDialog.setMessage(getArguments().getString(CURRENT_TIME));

    // 返回配置完成的对话框
    return timeDialog.create();
  }
}
```

代码片段 PA4AD_Ch10_Dialogs/src/MyDialogFragment.java

如第 4 章所述，与任何其他的 Fragment 一样，可以通过使用 Fragment Manager 和 Fragment Transaction 来显示 Dialog Fragment，如程序清单 10-25 所示。该 Fragment 的应用程序外观依赖于它所包含的对话框。

程序清单 10-25　显示一个 Dialog Fragment

```
String tag = "my_dialog";
DialogFragment myFragment =
    MyDialogFragment.newInstance(dateString);

myFragment.show(getFragmentManager(), tag);
```

代码片段 PA4AD_Ch10_Dialogs/src/MyActivity.java

附加到该对话框的任何监听器必须在包含它的 Fragment 中处理——通常是通过在父 Activity 中调用一个方法。

另外，可以通过重写 onCreateView 处理程序来在 Dialog Fragment 中填充一个自定义的对话框布局，就像在自定义 Dialog 类中所做的一样，如程序清单 10-26 所示。

程序清单 10-26　使用 onCreateView 处理程序

```
@Override
public View onCreateView(LayoutInflater inflater, ViewGroup container,
    Bundle savedInstanceState) {

  // 填充对话框的 UI
  View view = inflater.inflate(R.layout.dialog_view, container, false);
```

```
// 更新对话框的内容
TextView text = (TextView)view.findViewById(R.id.dialog_text_view);
text.setText("This is the text in my dialog");

return view;
}
```

代码片段 PA4AD_Ch10_Dialogs/src/MyDialogFragment.java

注意，只能选择重写 onCreateView 和 onCreateDialog 中的一个。如果重写两者，将导致抛出一个异常。

在提高资源利用率的同时，这种技术还能让 Activity 在对话框内处理状态信息的保存。当 Fragment 由于配置变化(如屏幕旋转)而导致重新创建的时候，任何选择或者数据输入(如项选择和文本输入)都会被持久保存起来。

10.6.5　通过 Activity 事件处理程序管理和显示对话框

在引入 Fragment 之前，显示对话框最好的方式就是通过重写 Activity 的 onCreateDialog 和 onPrepareDialog 处理程序来准备每个对话框，并根据需要使用 showDialog 方法显示它们。

通过重写 onCreateDialog 处理程序，可以根据需要来指定要创建的对话框，而 showDialog 用来显示一个指定的对话框。如程序清单 10-27 所示，在重写的方法中包含了一条 switch 语句，用来确定需要哪个对话框。

程序清单 10-27　使用 onCreateDialog 事件处理程序

```
static final private int TIME_DIALOG = 1;

@Override
public Dialog onCreateDialog(int id) {
  switch(id) {
    case (TIME_DIALOG) :
      AlertDialog.Builder timeDialog = new AlertDialog.Builder(this);
      timeDialog.setTitle("The Current Time Is...");
      timeDialog.setMessage("Now");
      return timeDialog.create();
  }
  return null;
}
```

代码片段 PA4AD_Ch10_Dialogs/src/MyActivity.java

在初始化创建完成之后，每次 showDialog 被调用时，都会触发 onPrepareDialog 处理程序。通过重写这个方法，在每次对话框显示时，你都可以修改它。这可以将任何显示的值与上下文融合起来，如程序清单 10-28 所示，其中用这些值为程序清单 10-27 中创建的对话框设定了当前的时间。

程序清单 10-28　使用 onPrepareDialog 事件处理程序

```
@Override
public void onPrepareDialog(int id, Dialog dialog) {
  switch(id) {
```

```
    case (TIME_DIALOG) :
      SimpleDateFormat sdf = new SimpleDateFormat("HH:mm:ss");
      Date currentTime =
        new Date(java.lang.System.currentTimeMillis());
      String dateString = sdf.format(currentTime);
      AlertDialog timeDialog = (AlertDialog)dialog;
      timeDialog.setMessage(dateString);

      break;
  }
}
```

代码片段 PA4AD_Ch10_Dialogs/src/MyActivity.java

重写这些方法后,就可以通过 showDialog 方法显示对话框。

```
showDialog(TIME_DIALOG);
```

传入希望显示的对话框的标识符,然后 Android 会在显示对话框之前对它进行创建(如果需要的话)和准备。

虽然可以使用 onCreateDialog 和 onPrepareDialog 处理程序,但还是不建议使用它们,最好还是使用 Dialog Fragment,如前面的小节所述。

10.6.6 将 Activity 用作对话框

对话框和 Dialog Fragment 为显示屏幕提供了一种简单且轻量级的技术。但你还可以改变 Activity 的样式,让它的外观像对话框一样。

注意,在大多数情况下,你可以获得与使用 Dialog Fragment 相同的对话框外观和生命周期控制权。

使 Activity 看上去像一个对话框的最简单方式是在把 Activity 添加到清单文件中时,应用 android:style/Theme.Dialog 主题,如下面的 XML 代码片段所示:

```xml
<activity android:name="MyDialogActivity"
          android:theme="@android:style/Theme.Dialog">
</activity>
```

这会使 Activity 的行为类似于一个对话框,它会浮动在下面的 Activity 之上,并部分遮挡该 Activity。

10.7 创建 Toast

Toast 是短暂出现的通知,它们只显示几秒钟就会消失。Toast 不会获取焦点,并且是非模态的,所以它们不会打断当前活动的应用程序。

对于有些事件,需要通知用户,但又不需要他们打开一个 Activity 或者阅读一个 Notification,此时 Toast 就是最好的选择。Toast 提供了一种理想的机制来通知用户后台 Service 所发生的事件,而又不用打断前台的应用程序。

一般来说,应用程序只有在其中的一个 Activity 处于激活状态时才可以显示 Toast。

Toast 类包含了一个静态的 makeText 方法,它可以创建一个标准的 Toast 显示窗口。向 makeText 方法中传入应用程序的上下文、要显示的文本消息和显示它的时间(LENGTH_SHORT 或者 LENGTH_LONG)后,就可以构造一个新的 Toast。一旦创建了一个 Toast,就可以调用 show 来显示它,如程序清单 10-29 所示。

程序清单 10-29 显示一个 Toast

```
Context context = this;
String msg = "To health and happiness!";
int duration = Toast.LENGTH_SHORT;

Toast toast = Toast.makeText(context, msg, duration);
toast.show();
```

代码片段 PA4AD_Ch10_Dialogs/src/MyActivity.java

图 10-19 展示了一个 Toast,它将在屏幕上持续显示大约 2 秒钟的时间,然后消失。在 Toast 可见的时候,它后面的应用程序仍然是完全可响应且可交互的。

图 10-19

10.7.1 自定义 Toast

通常情况下,使用标准的 Toast 文本消息就足够了,但是在很多情况下,你可能还希望自定义它的外观和其在屏幕上出现的位置。可以通过设置一个 Toast 的显示位置并分配给它一个可选的 View 或者布局来修改它。

程序清单 10-30 展示了如何使用 setGravity 方法把一个 Toast 放到屏幕的底部。

第 10 章 扩展用户体验

程序清单 10-30 对齐 Toast 文本

```
Context context = this;
String msg = "To the bride and groom!";
int duration = Toast.LENGTH_SHORT;
Toast toast = Toast.makeText(context, msg, duration);
int offsetX = 0;
int offsetY = 0;

toast.setGravity(Gravity.BOTTOM, offsetX, offsetY);
toast.show();
```

代码片段 PA4AD_Ch10_Dialogs/src/MyActivity.java

当文本消息不能满足要求时,可以指定一个自定义的 View 或者布局来呈现一个更加复杂或者视觉效果更好的界面。通过在一个 Toast 对象中使用 setView,可以使用 Toast 机制来显示所指定的任意 View(包括布局)。例如,程序清单 10-31 分配了一个将作为 Toast 进行显示的布局,其中包含了第 4 章中创建的 CompassView 微件以及一个 TextView。

程序清单 10-31 使用 View 来自定义一个 Toast

```
Context context = getApplicationContext();
String msg = "Cheers!";
int duration = Toast.LENGTH_LONG;
Toast toast = Toast.makeText(context, msg, duration);
toast.setGravity(Gravity.TOP, 0, 0);

LinearLayout ll = new LinearLayout(context);
ll.setOrientation(LinearLayout.VERTICAL);

TextView myTextView = new TextView(context);
CompassView cv = new CompassView(context);

myTextView.setText(msg);

int lHeight = LinearLayout.LayoutParams.FILL_PARENT;
int lWidth = LinearLayout.LayoutParams.WRAP_CONTENT;

ll.addView(cv, new LinearLayout.LayoutParams(lHeight, lWidth));
ll.addView(myTextView, new LinearLayout.LayoutParams(lHeight, lWidth));

ll.setPadding(40, 50, 0, 50);

toast.setView(ll);
toast.show();
```

代码片段 PA4AD_Ch10_Dialogs/src/MyActivity.java

上述代码所得到的 Toast 应该如图 10-20 所示。

363

图 10-20

10.7.2 在工作线程中使用 Toast

作为一个 GUI 组件，Toast 必须在 GUI 线程中创建和显示；否则就存在抛出跨线程异常的危险。程序清单 10-32 通过使用一个 Handler 来确保在 GUI 线程中打开 Toast。

可从
wrox.com
下载源代码

程序清单 10-32　在 GUI 线程中打开一个 Toast

```java
Handler handler = new Handler();

private void mainProcessing() {
  Thread thread = new Thread(null, doBackgroundThreadProcessing,
                      "Background");
  thread.start();
}

private Runnable doBackgroundThreadProcessing = new Runnable() {
  public void run() {
    backgroundThreadProcessing();
  }
};

private void backgroundThreadProcessing() {
  handler.post(doUpdateGUI);
}

// 执行更新 GUI 方法的 Runnable。
private Runnable doUpdateGUI = new Runnable() {
  public void run() {
    Context context = getApplicationContext();
    String msg = "To open mobile development!";
    int duration = Toast.LENGTH_SHORT;
    Toast.makeText(context, msg, duration).show();
  }
};
```

代码片段 PA4AD_Ch10_Dialogs/src/MyActivity.java

10.8 Notification 简介

Notification 是应用程序提醒用户发生某些事件的一种方式,它无须某个 Activity 可见。

通知是由 Notification Manager 进行处理的,当前包括以下功能:
- 显示状态栏图标
- 灯光/LED 闪烁
- 让手机振动
- 发出声音提醒(铃声、Media Store 中的音频)
- 在通知托盘中显示额外的信息
- 在通知托盘中使用交互式操作来广播 Intent

Notification 是那些不可见的应用程序组件(Broadcast Receiver、Service、非活动状态的 Activity)的首选机制用来提醒用户,需要他们注意的事件已经发生。它们也可以用来指示持续运行的后台 Service——特别是已经被设置为具有前台优先级的 Service。

Notification 特别适合于移动设备。用户可能随时都会带着他们的手机,但是他们不可能随时都会注意到手机或者应用程序。一般来说,用户会有多个应用程序在后台运行,而且他们也不会关注这些在后台运行的应用程序。

在这种环境下,当某些特定的、要求用户注意的事件发生时,应用程序就应该提醒用户,这一点是很重要的。

Notification 可以通过不断重复、标记为持续运行或者在状态栏显示一个图标来提醒用户。可以定时地更新状态栏图标,或者使用如图 10-21 所示的展开的通知托盘来显示附加的信息。

 要显示手机的展开的通知托盘,可以单击状态栏图标,并把它拖动到屏幕底部。在平板设备上,单击系统栏右下角的时间即可。

图 10-21

10.8.1 Notification Manager 简介

Notification Manager 是用来处理 Notification 的系统 Service。使用 getSystemService 方法可以获得对它的引用，如程序清单 10-33 所示。

程序清单 10-33　使用 Notification Manager

```
String svcName = Context.NOTIFICATION_SERVICE;

NotificationManager notificationManager;
notificationManager = (NotificationManager)getSystemService(svcName);
```

代码片段 PA4AD_Ch10_Notifications/src/MyActivity.java

通过使用 Notification Manager，可以触发新的 Notification，修改现有的 Notification，或者删除那些不再需要的 Notification。

10.8.2 创建 Notification

Android 提供了使用 Notification 向用户传递信息的多种方式。
- 状态栏图标
- 声音、闪灯和振动
- 在展开的通知托盘中显示详细信息

本节将讨论前两种方法。在 10.8.3 节中，你将学习在通知托盘中配置为 Notification 显示的 UI。

1．创建 Notification 和配置状态栏图标

首先，创建一个新的 Notification 对象并传递给它要在状态栏上显示的图标和触发该 Notification 时状态栏上要显示的单击文本，如程序清单 10-34 所示。

程序清单 10-34　创建一个 Notification

```
// 选择一个Drawable来作为状态栏图标显示
int icon = R.drawable.icon;

//当启动通知时在状态栏中显示的文本
String tickerText = "Notification";

//展开的状态栏按时间顺序排序通知
long when = System.currentTimeMillis();

Notification notification = new Notification(icon, tickerText, when);
```

代码片段 PA4AD_Ch10_Notifications/src/MyActivity.java

滚动文本应该是一个简短的概要，它描述了你要传递给用户的信息(例如，SMS 消息或者电子邮件的标题)。

还需要指定 Notification 的时间戳；Notification Manager 会按照时间顺序给 Notification 排序。

也可以设置 Notification 对象的 number 属性来显示一个状态栏图标所表示的事件数量。如果把

这个值设为大于 1，如下所示，则状态栏图标会被一个小数字覆盖：

```
notification.number++;
```

在可以触发 Notification 之前，必须更新它的上下文信息，如在 10.8.3 节中所述。当以上工作完成后，就可以触发 Notification，如 10.8.5 节所述。这一过程将在本章后面做详细的研究。

在下面的小节中，你将学习如何通过硬件来增强 Notification，从而提供额外的提醒功能，如响铃、闪烁和振动。Android 3.0(API level 11)引入了 Notification.Builder 类来简化添加这些额外功能的过程，这些内容将在后面讨论使用 Notification Builder 的部分中详细介绍。

要使用下面小节中描述的 Notification 技术，而不用显示状态栏图标，只需要在触发 Notification 之后直接取消它即可，这会阻止图标显示，但是不会妨碍其他的效果。

2. 使用默认的 Notification 声音、闪灯和振动

向 Notification 添加声音、闪灯和振动效果的最简单、最一致的方式是使用默认的设置。使用 Default 属性，也可以组合使用如下常量：

- Notification.DEFAULT_LIGHTS
- Notification.DEFAULT_SOUND
- Notification.DEFAULT_VIBRATE

下面的代码片段将默认的声音和振动设置赋给 Notification：

```
notification.defaults = Notification.DEFAULT_SOUND |
                        Notification.DEFAULT_VIBRATE;
```

如果想要使用全部默认值，可以使用 Notification.DEFAULT_ALL 常量。

3. 发出声音

大多数本地电话事件，如来电、收到新信息以及电量不足，都是通过响铃提醒来通知用户的。

通过使用 sound 属性向 Notification 分配一个新的声音并指定音频文件的 URI，Android 可以将手机上的任意音频文件作为 Notification 进行播放，如下所示：

```
Uri ringURI =
  RingtoneManager.getDefaultUri(RingtoneManager.TYPE_NOTIFICATION);

notification.sound = ringURI;
```

要使用自己定制的音频，需要把它复制到设备上，或者把它包含在原始资源中，在第 15 章中将对此进行描述。

4. 设备振动

可以使用设备的振动功能，让 Notification 执行指定的振动方式。Android 可以控制振动的类型；可以使用振动提示用户有新的可用信息，或者使用特定振动类型直接传递信息。

在应用程序中可以使用振动功能之前,需要在清单文件中请求 VIBRATE uses-permission:

```
<uses-permission android:name="android.permission.VIBRATE"/>
```

要设置振动方式,可以向 Notification 的 vibrate 属性分配一个 long[]类型的数组。构造该数组,使得代表振动时间(单位为毫秒)的值和代表暂停时间的值交替存在。

下面的示例展示了如何把一个通知修改为按照振动 1 秒、暂停 1 秒的重复方式进行振动,整个过程持续 5 秒钟的时间:

```
long[] vibrate = new long[] { 1000, 1000, 1000, 1000, 1000 };
notification.vibrate = vibrate;
```

可以利用这种细粒度的控制向用户传递上下文信息。

5. 闪屏

Notification 还可以包含用来配置设备 LED 的颜色和闪烁频率的属性。

> 每个设备在对 LED 的控制方面可能具有不同的限制。如果指定的颜色不可用,则将使用一个与指定颜色最接近的颜色。当使用 LED 向用户传达信息的时候,一定要将这种限制牢记在心中,并且要避免将这种方法作为提供这些信息的唯一方法。

ledARGB 属性可以用来设置 LED 的颜色,而 ledOffMS 和 ledOnMS 属性则可以设置 LED 闪烁的频率和方式。可以通过把 ledOnMS 属性设置为 1 并把 ledOffMS 设置为 0 来打开 LED,或者也可以通过把这两个属性都设置为 0 来关闭 LED。

一旦配置了 LED 设置,就必须在 Notification 的 flags 属性中添加 FLAG_SHOW_LIGHTS 标志。下面的代码片段展示了如何打开设备的红色 LED:

```
notification.ledARGB = Color.RED;
notification.ledOffMS = 0;
notification.ledOnMS = 1;
notification.flags = notification.flags | Notification.FLAG_SHOW_LIGHTS;
```

控制不同的颜色和闪烁频率是向用户传递额外信息的另一种方式。

6. 使用 Notification Builder

Notification Builder 是在 Android 3.0(API level 11)中引入的,它简化了配置 Notification 的标志、选项、内容和布局的过程,是为较新的 Android 平台构造 Notification 的首选方式。

程序清单 10-35 展示了如何使用 Notification Builder 来构造一个 Notification,它使用了前面小节中选择的每个选项。

程序清单 10-35 使用 Notification Builder 设置 Notification 选项

```
Notification.Builder builder =
  new Notification.Builder(MyActivity.this);

builder.setSmallIcon(R.drawable.ic_launcher)
```

```
    .setTicker("Notification")
    .setWhen(System.currentTimeMillis())
    .setDefaults(Notification.DEFAULT_SOUND |
          Notification.DEFAULT_VIBRATE)
    .setSound(
      RingtoneManager.getDefaultUri(
        RingtoneManager.TYPE_NOTIFICATION))
    .setVibrate(new long[] { 1000, 1000, 1000, 1000, 1000 })
    .setLights(Color.RED, 0, 1);

Notification notification = builder.getNotification();
```

<u>代码片段 PA4AD_Ch10_Notifications/src/MyActivity.java</u>

10.8.3 设置和自定义通知托盘 UI

可以通过很多种方式在展开的通知托盘内配置 Notification 的外观：

- 使用 setLatestEventInfo 方法更新标准的通知托盘中所显示的详细信息。
- 使用 Notification Builder 创建和控制众多可选通知托盘 UI 中的一个。
- 设置 contentView 和 contentIntent 属性，以便使用 Remote Views 对象为展开的状态显示分配一个自定义的 UI。
- 从 Android 3.0(API 版本 11)起，在描述自定义 UI 的 Remote Views 对象中可以为每个 View 分配 Broadcast Intent，以使它们完全可交互。

使用一个 Notification 图标表示相同事件的多个实例(例如，接收多条 SMS 消息)是一种很好的做法。为此，创建一个新的 Notification 以更新通知托盘 UI 上显示的值来反映最近的消息(或消息的汇总)，并重新触发 Notification 来更新显示值。

1. 使用标准的 Notification UI

最简单的方法是使用 setLatestEventInfo 方法指定标题和文本字段来填充默认的通知托盘布局(如图 10-22 所示)

```
notification.setLatestEventInfo(context,
                   expandedTitle,
                   expandedText,
                   launchIntent);
```

图 10-22

当用户单击 Notification 项的时候，会触发它所指定的 PendingIntent。在多数情况下，该 Intent 应该打开应用程序，并导航到为通知提供了上下文的 Activity(例如，显示一条未读的 SMS 或电子邮件信息)。

Android 3.0(API level 11)扩展了每个 Notification 所能使用的大小，引入了对在通知托盘中显示更大的图标的支持。可以使用 Notification 的 largeIcon 属性为 Notification 分配大一些的图标。

另外，可以使用 Notification Builder 来填充这些详细信息，如程序清单 10-36 所示。注意，该

Builder 提供了这样一种方式,通过它设置的信息文本将在 Notification 的右下角显示,如图 10-23 所示。

图 10-23

程序清单 10-36　为 Notification 状态窗口应用一个自定义布局

```
builder.setSmallIcon(R.drawable.ic_launcher)
       .setTicker("Notification")
       .setWhen(System.currentTimeMillis())
       .setContentTitle("Title")
       .setContentText("Subtitle")
       .setContentInfo("Info")
       .setLargeIcon(myIconBitmap)
       .setContentIntent(pendingIntent);
```

代码片段 PA4AD_Ch10_Notifications/src/MyActivity.java

Notification Builder 还提供了对在 Notification 中显示进度条的支持。使用 setProgress 方法,可以指定相对于最大值的当前进度值(如图 10-24 所示),或者显示一个模糊的进度值。

```
builder.setSmallIcon(R.drawable.ic_launcher)
       .setTicker("Notification")
       .setWhen(System.currentTimeMillis())
       .setContentTitle("Progress")
       .setProgress(100, 50, false)
       .setContentIntent(pendingIntent);
```

图 10-24

2. 创建自定义的 Notification UI

如果标准 Notification 中可用的详细信息不能满足(或不适合)你的要求,那么可以创建自己的布局,并使用 Remote Views 对象把它分配给 Notification,如图 10-25 所示。

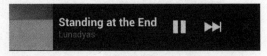

图 10-25

程序清单 10-37 定义了一个包含图标、Text View 和进度条的自定义布局。

程序清单 10-37　为 Notification 状态窗口创建一个自定义布局

```xml
<?xml version="1.0" encoding="utf-8"?>
<RelativeLayout
    xmlns:android="http://schemas.android.com/apk/res/android"
    android:padding="5dp"
```

```
      android:layout_width="fill_parent"
      android:layout_height="fill_parent">
    <ImageView
      android:id="@+id/status_icon"
      android:layout_width="wrap_content"
      android:layout_height="fill_parent"
      android:layout_alignParentLeft="true"
    />
    <RelativeLayout
      android:layout_width="fill_parent"
      android:layout_height="fill_parent"
      android:paddingLeft="10dp"
      android:layout_toRightOf="@id/status_icon">
      <TextView
        android:id="@+id/status_text"
        android:layout_width="fill_parent"
        android:layout_height="wrap_content"
        android:layout_alignParentTop="true"
        android:textColor="#000"
        android:textSize="14sp"
        android:textStyle="bold"
      />
      <ProgressBar
        android:id="@+id/status_progress"
        android:layout_width="fill_parent"
        android:layout_height="wrap_content"
        android:layout_below="@id/status_text"
        android:progressDrawable="@android:drawable/progress_horizontal"
        android:indeterminate="false"
        android:indeterminateOnly="false"
      />
    </RelativeLayout>
</RelativeLayout>
```

代码片段 PA4AD_Ch10_Notifications/res/layout/my_status_window.xml

要想在 Notification 中使用该布局，必须在一个 Remote Views 对象中把它包含进去：

```
RemoteViews myView =
  new RemoteViews(this.getPackageName(),
                  R.layout.my_status_window_layout);
```

Remote Views 是这样一种机制，它允许嵌入和控制一个内嵌在独立应用程序中的布局。比较常用的情况就是创建主屏幕上的微件。当创建一个用于 Remote Views 的布局时，对于可以使用的 View 有很多的限制。这些内容将在第 14 章做详细的介绍。

如果使用 Notification Builder，可以使用 setContent 方法来分配自定义的 View，如程序清单 10-38 所示。

程序清单 10-38　为 Notification 状态窗口应用一个自定义布局

```
RemoteViews myRemoteView =
  new RemoteViews(this.getPackageName(),
                  R.layout.my_notification_layout);
```

```
builder.setSmallIcon(R.drawable.notification_icon)
    .setTicker("Notification")
    .setWhen(System.currentTimeMillis())
    .setContentTitle("Progress")
    .setProgress(100, 50, false)
    .setContent(myRemoteView);
```

代码片段 PA4AD_Ch10_Notifications/src/MyActivity.java

对于Android 3.0(API level 11)以前的发布版本,可以将自定义View分配给Notification的contentView属性,同时为contentIntent属性分配一个Pending Intent:

```
Intent intent = new Intent(this, MyActivity.class);
PendingIntent pendingIntent
  = PendingIntent.getActivity(this, 0, intent, 0);

notification.contentView = new RemoteViews(this.getPackageName(),
  R.layout.my_status_window_layout);

notification.contentIntent = pendingIntent;
```

当手动设置contentView属性时,必须同时也设置contentIntent,否则在触发Notification的时候会抛出一个异常。

要修改Notification布局中使用的View的属性和外观,可以使用Remote Views对象的set*方法,如程序清单10-39所示,这段代码修改了程序清单10-38中定义的布局所用的每个View。

程序清单10-39　自定义扩展的Notification窗口布局

```
notification.contentView.setImageViewResource(R.id.status_icon,
                                              R.drawable.icon);
notification.contentView.setTextViewText(R.id.status_text,
                                         "Current Progress:");
notification.contentView.setProgressBar(R.id.status_progress,
                                        100, 50, false);
```

代码片段 PA4AD_Ch10_Notifications/src/MyActivity.java

注意,要修改这些View,需要使用更新的Remote Views对象广播一个新的Notification。

Android 4.0(API level 14)允许在自定义Notification布局中为View附加单击监听器。要想为Remote Views布局中的View指定一个附加单击监听器,需要传入要关联的View的资源ID和当View被单击后要广播的Pending Intent,如程序清单10-40中所示。

程序清单10-40　为自定义的扩展Notification窗口布局添加单击处理程序

```
Intent newIntent = new Intent(BUTTON_CLICK);
PendingIntent newPendingIntent =
    PendingIntent.getBroadcast(MyActivity.this, 2, newIntent, 0);

notification.contentView.setOnClickPendingIntent(
```

第 10 章　扩展用户体验

```
        R.id.status_progress, newPendingIntent);
```

代码片段 PA4AD_Ch10_Notifications/src/MyActivity.java

单击 Notification 布局中任何没有采用这种方式绑定的区域将会触发 Notification 的内容 Intent。使用这种方式，可以使 Notification 变得完全可交互——可以在通知托盘中嵌入一个主屏幕的微件。对于那些持续运行的事件，如与媒体播放器关联的通知信息，这项技术特别有用，它允许用户通过暂停和跳过按钮来控制播放。

3. 自定义滚动视图

在一些设备上，特别是平板设备，可以指定在系统栏中显示一个 Remote Views 对象来代替 Notification 的滚动文本。

通过 Notification Builder 的 setTicker 方法来指定一个 Remote Views 对象的显示，如程序清单 10-41 所示。注意，对于不支持自定义滚动视图的设备，还需要指定要显示的滚动文本。

程序清单 10-41　为 Notification ticker 应用一个自定义布局

```
RemoteViews myTickerView =
  new RemoteViews(this.getPackageName(),
           R.layout.my_ticker_layout);

builder.setSmallIcon(R.drawable.notification_icon)
    .setTicker("Notification", myTickerView)
    .setWhen(System.currentTimeMillis())
    .setContent(myRemoteView);
```

代码片段 PA4AD_Ch10_Notifications/src/MyActivity.java

10.8.4　配置持续和连续的 Notification

通过设置 Notification 的 FLAG_INSISTENT 和 FLAG_ONGOING_EVENT 标志，可以把它配置为持续的和/或连续的。

标记为"持续的"的 Notification 可以表示那些当前正在进行的事件(如正在进行的下载或者在后台播放的音乐)。

使用 Notification Builder 的 setOngoing 方法，可以将 Notification 标记为"持续的"，如程序清单 10-42 所示。

程序清单 10-42　设置一个持续的 Notification

```
builder.setSmallIcon(R.drawable.notification_icon)
    .setTicker("Notification")
    .setWhen(System.currentTimeMillis())
    .setContentTitle("Progress")
    .setProgress(100, 50, false)
    .setContent(myRemoteView)
    .setOngoing(true);
```

代码片段 PA4AD_Ch10_Notifications/src/MyActivity.java

如果不使用 Notification Builder，可以对 Notification 的 flags 属性直接应用 Notification.FLAG_ONGOING_EVENT 标志：

```
notification.flags = notification.flags |
                     Notification.FLAG_ONGOING_EVENT;
```

如第 9 章所述，前台 Service 必须具有持续的 Notification。

连续的 Notification 会一直重复音频、振动和闪灯设置，直到被取消为止。这些 Notification 通常用于需要立即注意和及时处理的事件，如来电或者用户设置的闹铃提醒。

要使 Notification 是连续的，对 Notification 的 flags 属性直接应用 Notification.FLAG_INSISTENT 标志即可：

```
notification.flags = notification.flags |
                     Notification.FLAG_INSISTENT;
```

注意，由于连续的 Notification 干扰性较强，因此在第三方应用程序中应该尽量少使用它。这也就是为什么在 Notification Builder 中没有对应的方法用来设置这个标志。

10.8.5 触发、更新和取消 Notification

要触发一个 Notification，需要把它和一个整型的引用 ID 一起传递给 Notification Manager 的 notify 方法，如程序清单 10-43 所示。如果你已经使用了一个 Notification Builder 构造 Notification，可以使用它的 getNotification 方法获得要广播的 Notification。

程序清单 10-43　触发一个 Notification

```
String svc = Context.NOTIFICATION_SERVICE;
NotificationManager notificationManager
  = (NotificationManager)getSystemService(svc);

int NOTIFICATION_REF = 1;
Notification notification = builder.getNotification();

notificationManager.notify(NOTIFICATION_REF, notification);
```

代码片段 PA4AD_Ch10_Notifications/src/MyActivity.java

要更新一个已经触发的 Notification，包括更新它关联的任何内容 View 的 UI，需要使用 Notification Manager 重新触发它，并传递给 notify 方法相同的引用 ID。

既可以传入一个相同的 Notification 对象，也可以传入一个全新的 Notification 对象。只要 ID 值是相同的，那么新的 Notification 就会用来代替状态栏图标以及展开的状态窗口中的内容。

要更新 Notification 而不触发任何关联的闪灯、音频或者振动，可以使用 Notification Builder 的 setOnlyAlertOnce 方法，如程序清单 10-44 所示。

程序清单 10-44　更新一个 Notification 而无须重复显示提醒

```
builder.setSmallIcon(R.drawable.notification_icon)
       .setTicker("Updated Notification")
```

```
            .setWhen(System.currentTimeMillis())
            .setContentTitle("More Progress")
            .setProgress(100, 75, false)
            .setContent(myRemoteView)
            .setOngoing(true)
            .setOnlyAlertOnce(true);

Notification notification = builder.getNotification();

notificationManager.notify(NOTIFICATION_REF, notification);
```

代码片段 PA4AD_Ch10_Notifications/src/MyActivity.java

另外，还可以对 Notification 直接应用 FLAG_ONLY_ALERT_ONCE 标志：

```
notification.flags = notification.flags |
                     Notification.FLAG_ONLY_ALERT_ONCE;
```

取消一个 Notification 的操作会把它从状态栏图标中移除，并且从通知托盘中清除它的展开的详细信息。最好当用户操作它后再取消 Notification——这种操作通常是单击它或者手动导航至启动它的应用程序。

通过使用 Notification Builder 的 setAutoCancel 标志，可以配置 Notification 在被单击后自动取消自己，如程序清单 10-45 所示。

程序清单 10-45　设置一个自动取消的 Notification

```
builder.setSmallIcon(R.drawable.ic_launcher)
       .setTicker("Notification")
       .setWhen(System.currentTimeMillis())
       .setContentTitle("Title")
       .setContentText("Subtitle")
       .setContentInfo("Info")
       .setLargeIcon(myIconBitmap)
       .setContentIntent(pendingIntent)
       .setAutoCancel(true);
```

代码片段 PA4AD_Ch10_Notifications/src/MyActivity.java

另外，在没有使用 Notification Builder 的时候，可以应用 FLAG_AUTO_CANCEL 标志：

```
notification.flags = notification.flags |
                     Notification.FLAG_AUTO_CANCEL;
```

要想取消 Notification，可以使用 Notification Manager 的 cancel 方法，传入要取消的 Notification 的引用 ID，如程序清单 10-46 所示。

程序清单 10-46　取消一个 Notification

```
notificationManager.cancel(NOTIFICATION_REF);
```

代码片段 PA4AD_Ch10_Notifications/src/MyActivity.java

取消 Notification 会移除它的状态栏图标并在展开的状态窗口中清除它。

10.9 向地震监控程序中添加 Notification 和对话框

在下面的示例中，将对 EarthquakeUpdateService 进行增强，从而使其能够对每一个新的地震都触发一个 Notification。除了显示状态栏图标之外，通知托盘视图还会显示最近所发生的地震的震级和位置，选择它将会打开 Earthquake Activity。

当选择一个 Earthquake 的时候，要更新 EarthquakeListFragment 来显示一个概要对话框。

(1) 首先在 EarthquakeUpdateService 中创建一个新的 Notification Builder 变量来帮助构造每一个 Notification：

```
private Notification.Builder earthquakeNotificationBuilder;
public static final int NOTIFICATION_ID = 1;
```

(2) 扩展 onCreate 方法来创建 Notification Builder 对象，该对象包含要使用的标准 Notification 项。注意，需要创建一个 Notification 图标并把它存储在 res/drawable 文件夹下。

```
@Override
public void onCreate() {
  super.onCreate();

  alarmManager = (AlarmManager)getSystemService(Context.ALARM_SERVICE);

  String ALARM_ACTION;
  ALARM_ACTION =
    EarthquakeAlarmReceiver.ACTION_REFRESH_EARTHQUAKE_ALARM;
  Intent intentToFire = new Intent(ALARM_ACTION);
  alarmIntent =
    PendingIntent.getBroadcast(this, 0, intentToFire, 0);

  earthquakeNotificationBuilder = new Notification.Builder(this);
  earthquakeNotificationBuilder
    .setAutoCancel(true)
    .setTicker("Earthquake detected")
    .setSmallIcon(R.drawable.notification_icon);
}
```

(3) 创建一个新的 broadcastNotification 方法，它将使用一个 Quake 对象来更新 Notification Builder 实例。使用该方法创建并广播一个 Notification。

```
private void broadcastNotification(Quake quake) {
  Intent startActivityIntent = new Intent(this, Earthquake.class);
  PendingIntent launchIntent =
    PendingIntent.getActivity(this, 0, startActivityIntent, 0);

  earthquakeNotificationBuilder
    .setContentIntent(launchIntent)
    .setWhen(quake.getDate().getTime())
    .setContentTitle("M:" + quake.getMagnitude())
    .setContentText(quake.getDetails());
```

```
NotificationManager notificationManager
  = (NotificationManager)getSystemService(Context.NOTIFICATION_SERVICE);

notificationManager.notify(NOTIFICATION_ID,
  earthquakeNotificationBuilder.getNotification());
}
```

(4) 更新 addNewQuake 方法来广播 Notification。在将新的地震数据插入 Content Provider 的方法调用之前，及时添加 broadcastNotification 方法的调用：

```
private void addNewQuake(Quake quake) {
  ContentResolver cr = getContentResolver();

//构造一条 where 子句来确保在提供程序中不含有这个地震。
  String w = EarthquakeProvider.KEY_DATE + " = " + quake.getDate().getTime();


//如果地震是新的，就将它插入到提供程序中。
  Cursor query = cr.query(EarthquakeProvider.CONTENT_URI, null, w, null, null);

  if (query.getCount()==0) {
    ContentValues values = new ContentValues();

    values.put(EarthquakeProvider.KEY_DATE, quake.getDate().getTime());
    values.put(EarthquakeProvider.KEY_DETAILS, quake.getDetails());
    values.put(EarthquakeProvider.KEY_SUMMARY, quake.toString());

    double lat = quake.getLocation().getLatitude();
    double lng = quake.getLocation().getLongitude();
    values.put(EarthquakeProvider.KEY_LOCATION_LAT, lat);
    values.put(EarthquakeProvider.KEY_LOCATION_LNG, lng);
    values.put(EarthquakeProvider.KEY_LINK, quake.getLink());
    values.put(EarthquakeProvider.KEY_MAGNITUDE, quake.getMagnitude());

    // 触发一个 notification。
    broadcastNotification(quake);

    // 添加新地震到 Earthquake 提供程序中。
    cr.insert(EarthquakeProvider.CONTENT_URI, values);
  }
  query.close();
}
```

(5) 为了让 Notification 更加有趣，可以修改 broadcastNotification 方法，自定义基于地震大小的扩展的 Notification 设置，如闪灯和振动。

a. 向 Notification 中添加一个音频组件，当值得关注的地震(震级大于 6)发生时会响起默认的通知铃声：

```
if (quake.getMagnitude() > 6) {
  Uri ringURI =
    RingtoneManager.getDefaultUri(RingtoneManager.TYPE_NOTIFICATION);
```

```
  earthquakeNotificationBuilder.setSound(ringURI);
}
```

b. 根据地震的能量来设置设备按某一振动类型进行振动。地震是用指数值衡量的,所以在创建振动类型的时候可以使用相同的值。对于几乎不能察觉到的 1 级地震,手机会有 1 秒的短暂振动;对于 10 级的足以将地球劈成两半的地震,手机会足足振动 20 秒,用户会得到地震的警示。对于大多数里氏 3~7 级的重要地震,可以使用更加合理的 200 毫秒~4 秒范围的振动。

```
double vibrateLength = 100*Math.exp(0.53*quake.getMagnitude());
long[] vibrate = new long[] {100, 100, (long)vibrateLength };
earthquakeNotificationBuilder.setVibrate(vibrate);
```

c. 为了帮助用户感觉到指数值的细微差别,可以同时使用设备的 LED 帮助传达震级信息。可以根据地震大小让 LED 显示不同的颜色,而闪灯的频率则和地震的能量反向相关。

```
int color;
if (quake.getMagnitude() < 5.4)
  color = Color.GREEN;
else if (quake.getMagnitude() < 6)
  color = Color.YELLOW;
else
  color = Color.RED;

earthquakeNotificationBuilder.setLights(
  color,
  (int)vibrateLength,
  (int)vibrateLength);
```

(6) 在清单文件中添加 vibrate uses-permission:

```
<uses-permission android:name="android.permission.VIBRATE"/>
```

(7) 当用户在列表中选择一个地震时,会打开一个对话框,可以让用户获得更多的信息。为对话框创建一个新的 quake_details.xml 布局资源,当单击一项时就会显示这个对话框:

```
<?xml version="1.0" encoding="utf-8"?>
<LinearLayout xmlns:android="http://schemas.android.com/apk/res/android"
  android:orientation="vertical"
  android:layout_width="match_parent"
  android:layout_height="match_parent"
  android:padding="10dp">
  <TextView
    android:id="@+id/quakeDetailsTextView"
    android:layout_width="match_parent"
    android:layout_height="match_parent"
    android:textSize="14sp"
  />
</LinearLayout>
```

(8) 创建一个新的扩展 DialogFragment 的 EarthquakeDialog 类。它应该接受一个 Quake 对象,使用这个对象的信息填充对话框:

```
package com.paad.earthquake;
```

```java
import java.text.SimpleDateFormat;
import android.app.Dialog;
import android.app.DialogFragment;
import android.content.Context;
import android.os.Bundle;
import android.view.LayoutInflater;
import android.view.View;
import android.view.ViewGroup;
import android.widget.TextView;

public class EarthquakeDialog extends DialogFragment {

    private static String DIALOG_STRING = "DIALOG_STRING";

    public static EarthquakeDialog newInstance(Context context, Quake quake) {
        // 创建一个新的带有指定参数的 Fragment
        EarthquakeDialog fragment = new EarthquakeDialog();
        Bundle args = new Bundle();

        SimpleDateFormat sdf = new SimpleDateFormat("dd/MM/yyyy HH:mm:ss");
        String dateString = sdf.format(quake.getDate());
        String quakeText = dateString + "\n" + "Magnitude " + quake.getMagnitude() +
                    "\n" + quake.getDetails() + "\n" +
                    quake.getLink();


        args.putString(DIALOG_STRING, quakeText);
        fragment.setArguments(args);

        return fragment;
    }

    @Override
    public View onCreateView(LayoutInflater inflater, ViewGroup container,
        Bundle savedInstanceState) {

      View view = inflater.inflate(R.layout.quake_details, container, false);

      String title = getArguments().getString(DIALOG_STRING);
      TextView tv = (TextView)view.findViewById(R.id.quakeDetailsTextView);
      tv.setText(title);

      return view;
    }

    @Override
    public Dialog onCreateDialog(Bundle savedInstanceState) {
      Dialog dialog = super.onCreateDialog(savedInstanceState);
      dialog.setTitle("Earthquake Details");
      return dialog;
    }
}
```

(9) 最后, 打开 EarthquakeListFragment 类并重写 onListItemClick 处理程序来创建一个新的 Quake 对象, 使用它创建和显示 Earthquake 对话框。

```java
@Override
public void onListItemClick(ListView l, View v, int position, long id) {
  super.onListItemClick(l, v, position, id);

  ContentResolver cr = getActivity().getContentResolver();

  Cursor result =
    cr.query(ContentUris.withAppendedId(EarthquakeProvider.CONTENT_URI, id),
        null, null, null, null);

  if (result.moveToFirst()) {
    Date date =
      new Date(result.getLong(
        result.getColumnIndex(EarthquakeProvider.KEY_DATE)));

    String details =
      result.getString(
        result.getColumnIndex(EarthquakeProvider.KEY_DETAILS));

    double magnitude =
      result.getDouble(
        result.getColumnIndex(EarthquakeProvider.KEY_MAGNITUDE));

    String linkString =
      result.getString(
        result.getColumnIndex(EarthquakeProvider.KEY_LINK));

    double lat =
      result.getDouble(
        result.getColumnIndex(EarthquakeProvider.KEY_LOCATION_LAT));

    double lng =
      result.getDouble(
        result.getColumnIndex(EarthquakeProvider.KEY_LOCATION_LNG));

    Location location = new Location("db");
    location.setLatitude(lat);
    location.setLongitude(lng);

    Quake quake = new Quake(date, details, location, magnitude, linkString);

    DialogFragment newFragment = EarthquakeDialog.newInstance(getActivity(), quake);
    newFragment.show(getFragmentManager(), "dialog");
  }
}
```

本例中的所有代码都取自第 10 章的 Earthquake 3 项目，从 www.wrox.com 上可以下载该项目。

完成这些改动后，任何新的地震都将触发一个 Notification，伴随有闪灯、振动和响铃。选择列表中的任意地震项都会通过一个对话框显示它们的详细信息。

第 11 章

高级用户体验

本章内容
- 分辨率无关和为每种屏幕做设计
- 在 XML 中创建图像资源
- 让应用程序可访问
- 使用 Text-to-Speech 和语音识别库
- 使用动画
- 控制硬件加速
- 使用 Surface View
- 复制、粘贴和剪贴板

在第 4 章中,你学习了在 Android 中创建用户界面(UI)的基础,其中介绍了 Activity、Fragment、布局和 View。在第 10 章中,你通过操作栏、菜单系统、对话框和 Notification 扩展了用户体验。

创建应用程序时,即使它们提供的是复杂的功能,还是要以应用程序的优美和简洁为目标。

"As you design apps to work with Android, consider these goals: Enchant me. Simplify my life. Make me amazing."

——Android Design Creative Vision, http://developer.android.com/design/get-started/creative-vision.html

本章将介绍为不同设备和不同用户创建迷人且令人愉悦的用户体验的一些最佳实践和技术。

首先会介绍创建一些和分辨率无关以及和密度无关的用户界面的最佳实践,以及如何使用 Drawable 创建可缩放的图像资源,然后介绍如何保证应用程序可访问以及如何使用 Text-to-Speech 和语音识别 API。

你还将学习如何使用动画让你的 UI 动起来,以及通过使用高级的画布绘制技术让在第 4 章中创建的自定义 View 更加强大。

当设计和实现应用程序的 UX(用户体验)时,务必要参考 Android 设计网站上的指南,网址是 http://developer.android.com/design。

11.1 为每个屏幕尺寸和分辨率做设计

前 4 款 Android 手机都是 3.2 英寸的 HVGA 屏幕。从 2010 年开始,运行 Android 系统的设备数量开始急剧增长,手机多样化的增长预示着屏幕尺寸和像素密度的变化。2011 年,平板电脑和 Google TV 为更大屏幕尺寸、分辨率以及像素密度带来了进一步的变体。

为了能够在 Android 设备上提供更好的用户体验,在创建 UI 时,考虑应用程序是否可以运行在不同的分辨率和物理屏幕尺寸下是非常重要的。实际上,这就像网站和桌面应用程序,你一定希望设计和创建的应用程序能够运行在多种多样的设备上。这就意味着要为不同像素密度提供可缩放的图像资源、创建可缩放的布局来适应可用的显示设备、基于屏幕尺寸和交互模型来为不同设备设计优化的布局。

下面的小节首先会介绍需要考虑的屏幕范围以及如何支持它们,然后总结一些如何保证应用程序与分辨率和密度无关以及针对不同屏幕尺寸和布局进行优化的方法。

 Android 开发人员网站上包含了一些如何支持多种屏幕类型的优秀的提示。可以在 http://developer.android.com/guide/practices/screens_support.html 中找到这些文档。

11.1.1 分辨率无关

显示屏的像素密度是根据屏幕的物理尺寸和分辨率来计算的,指的是设备的实际像素数量相对于物理尺寸的大小。通常用每英寸的像素点(dpi)来衡量它。

1. 使用密度无关的像素

由于 Android 设备屏幕尺寸和分辨率的不同,基于屏幕的 DPI 可以使相同数量的像素对应不同设备上的不同物理尺寸。这就使通过指定像素数来创建一致布局是不可能实现的。相反,Android 使用密度无关的像素(dp)来指定屏幕尺寸,它允许在具有不同像素密度而屏幕大小相同的设备上通过缩放实现相同的效果。

实际上,密度无关的 1 像素(dp)等价于 160dpi 屏幕上一个像素的大小。例如,2dp 宽度的线在 240dpi 的屏幕上显示就是 3 个像素。

在应用程序中,应该经常使用 dip(dp),而避免使用像素指定任何的布局尺寸、View 大小或者图像尺寸。

除了 dp 单位,Android 还使用了缩放无关的像素(sp)来衡量文本大小的特殊情况。缩放无关的像素和密度无关的像素使用相同的基本单位,但是可以根据用户喜欢的文本大小进行额外的缩放。

2. 像素密度的资源限定符

位图图像的缩放会导致图像细节的损失(缩小)和图像模糊(放大)。为了使应用程序的界面清爽、清晰、没有伪影，最好为不同像素密度提供多个图像资源。

第 3 章介绍了 Android 资源框架，它可以用来创建平行的目录结构，为不同的宿主硬件配置存储外部资源。

当使用不能很好地动态缩放的 Drawable 资源时，应该创建和包含针对每种像素密度类别进行优化的图像资源。

- **res/drawable-ldpi** 为 120dpi 左右的屏幕提供低密度资源。
- **res/drawable-mdpi** 为 160dpi 左右的屏幕提供中等密度资源。
- **res/drawable-tvdpi** 为 213dpi 左右的屏幕提供中高密度资源；这是在 API 版本 13 中为了优化面向电视的应用程序而引入的。
- **res/drawable-hdpi** 为 240dpi 左右的屏幕提供高密度资源。
- **res/drawable-xhdpi** 为 320dpi 左右的屏幕提供超高密度资源。
- **res/drawable-nodpi** 用于不管宿主屏幕密度如何都不能缩放的资源。

11.1.2　为不同的屏幕大小提供支持和优化

Android 设备可以是多种形状和尺寸的，所以在设计 UI 时，除了要保证布局支持不同的屏幕大小、方向、宽高比外，还要保证对每种设备是最优的。

没有必要也不值得为每个特定的屏幕配置创建一个不同的绝对布局；相反，最好使用两段式方法：

- 保证所有的布局都能在一个合理的范围内进行缩放。
- 创建一组范围重叠的备选布局来满足所有可能的屏幕配置。

实际上，这种方法与大多数网站和桌面应用程序上所用到的方法是类似的。在经过了 90 年代的固定宽度页面的大潮后，网站现在缩放以匹配桌面浏览器的可用空间，并且为平板电脑或者移动设备提供备选的 CSS 定义来给出优化的布局。

使用相同的方式，可以为特定类别的屏幕配置创建优化的布局，这些布局在这类屏幕配置中能够缩放以适应变化。

1. 创建可缩放的布局

该框架提供的布局管理器用于支持 UI 的实现，使其缩放以适应可用的空间。在任何情况下，都应该避免以绝对术语来定义布局元素的位置。

使用线性布局可以创建表示简单的行和列的布局，这些行和列分别填充了屏幕上可用的宽高空间。

相对布局是一种灵活的选择，它可以定义每一个 UI 元素相对于父 Activity 或者布局中其他元素的位置。

当定义可缩放的 UI 元素(如 Button 和 TextView)的高度或者宽度时，最好避免使用特定的尺寸。相反，可以酌情使用 wrap_content 或者 match_parrent 属性来定义 View 的高和宽。

```
<Button
  android:id="@+id/button"
  android:layout_width="match_parent"
  android:layout_height="wrap_content"
  android:text="@string/buttonText"
/>
```

wrap_content 标志基于 View 的可用空间大小来定义 View 的大小,而 match_parent 标志(以前叫 fill_parent)使元素在需要时可以扩展来填充可用空间。

在屏幕大小改变时,确定哪个元素应该扩展(或缩小)是为不同屏幕尺寸进行布局优化的一个重要因素。

Android 4.0(API level 14)引入了 Grid Layout,它是一个高度灵活的布局,用来减少嵌套以及简化自适应和动态布局的创建过程。

2. 为不同的屏幕类型优化布局

除了提供可缩放的布局,还应该考虑创建可供选择的布局定义,它们是为不同屏幕大小而优化的。

3 英寸的 QVGA 智能手机和高分辨率的 10.1 英寸的平板电脑相比,在可用屏幕方面有重要的区别。类似地,设备的宽高比也有很大的区别,在横屏模式下显示良好的布局可能在设备旋转为竖屏时并不适合显示。

创建一个可缩放以适应可用空间的布局是很好的第一步;最好能够利用额外的空间(或者考虑减少空间后的效果)来创建更佳的用户体验。

这类似于网站采用的方法,网站为智能手机、平板电脑或者桌面浏览器的用户提供了一个专门的布局。对于 Android 用户,每个设备类型之间的界限是模糊的,因此最好基于可用空间优化布局,而不是基于设备的类型。

Android 资源框架提供了很多选项,用于基于屏幕大小和属性提供不同的布局。

使用 long 和 notlong 修饰符为正常的宽屏显示提供优化的布局,使用 port 和 land 修饰符分别指示当屏幕为竖屏或者横屏模式时所使用的布局。

```
res/layout-long-land/      //为宽屏横屏模式提供布局
res/layout-notlong-port/   //为非宽屏竖屏模式提供布局
```

根据屏幕大小,有两个选项可用。Android 3.2(API level 13)引入了提供布局的功能,该布局是基于当前屏幕的宽度/高度或者最小可用屏幕宽度:

```
res/layout-w600dp
res/layout-h720dp
res/layout-sw320dp
```

这些修饰符可以让你根据高和宽来确定布局所要求的最低设备无关像素,并且在超出这些边界时为设备提供一个可以替代的布局。

如果打算让应用程序兼容早期的 Android 版本,最好连同 small、medium、large 和 xlarge 一起使用这些修饰符。

```
res/layout-small
res/layout-normal
res/layout-large
res/layout-xlarge
```

这些选项尽管不是很详细,但对于"普通"的 HVGA 手机屏幕,它们可以根据宿主设备大小的不同来提供不同布局。

通常情况下，可以结合使用这些不同的修饰符来为不同的大小和方向创建优化的布局。这会导致两种或者更多的屏幕配置使用相同的布局。为了避免重复，可以定义别名。

别名可以让你创建一个空的布局定义，当请求另一个布局时，可以配置它来返回一个特定的资源。例如，在资源层次结构中，可以包括一个包含多面板布局的 res/layout/main_multipanel.xml 文件和一个包含单面板布局的 res/layout/main_singlepanel.xml 文件。

创建一个 res/values/layout.xml 文件，它使用了单面板布局的别名。

```xml
<?xml version="1.0" encoding="utf-8"?>
<resources>
  <item name="main" type="layout">@layout/main_singlepanel</item>
</resources>
```

对于每个应该使用多面板资源的特殊配置，可以创建相应的 values 文件夹：

```
res/values-large-land
res/values-xlarge
```

并且为它们创建和添加一个新的 layout.xml 资源：

```xml
<?xml version="1.0" encoding="utf-8"?>
<resources>
  <item name="main" type="layout">@layout/main_multipanel</item>
</resources>
```

在代码中，简单地引用 R.layout.main 资源让系统决定使用哪个相应的布局资源。注意，对于存储在 res/layout 文件夹中的任意布局文件，不能使用指定的别名作为资源的标识符，这将会产生命名冲突。

3. 指定支持的屏幕尺寸

对于一些应用程序，可能无法通过优化 UI 来使其支持所有可能的屏幕尺寸。可以通过在清单文件中使用 supports-screens 元素来指定应用程序可以运行在哪些屏幕上。

```xml
<supports-screens android:smallScreens="false"
                  android:normalScreens="true"
                  android:largeScreens="true"
                  android:xlargeScreens="true"/>
```

在这段代码中，small screen 指的是任何分辨率小于 HVGA 的屏幕；large screen 比智能机要大一些；extra large screen 更大（如平板电脑）；而大多数的智能手机的屏幕都是 normal screen。

false 值强制 Android 使用兼容性缩放比例来尝试正确地缩放应用程序的 UI。这通常会导致 UI 图像质量的下降，并且会显示图像伪影。

和前面小节所介绍的新的资源修饰符一样，Android3.2(API level 13)为<supports-screen>节点引入了 requiresSmallestWidthDp、compatibleWidthLimitDp 和 largestWidthLimitDp 属性：

```xml
<supports-screens android:requiresSmallestWidthDp="480"
                  android:compatibleWidthLimitDp="600"
                  android:largestWidthLimitDp="720"/>
```

尽管 Android 运行时和当前的 Google Play 商店都不使用这些参数来实施兼容性，但这些参数最后还是会用于 Google Play 商店,并且在支持的设备上要优先于 small、normal、large 和 extra large 参数。

11.1.3 创建可缩放的图形资源

Android 包含了大量简单的 Drawable 资源类型,而且完全可以使用 XML 进行定义。这其中包括 ColorDrawable、ShapeDrawable 以及 GradiantDrawable。这些资源存储在 res/drawable 文件夹下,并且在代码中可以通过小写的 XML 文件名来识别它们。

当在 XML 中定义好这些 Drawable 资源并使用 dip 指定了它们的属性值之后,运行时就可以平滑地缩放这些资源。和矢量图形一样,尽管屏幕大小、分辨率或者像素密度可能不同,这些 Drawable 资源还是可以动态地缩放并正确地显示,且没有缩放伪影。值得注意的例外是渐变 Drawable,它需要用像素来定义渐变半径。

在本章稍后可以看到,可以将这些 Drawable 与变换 Drawable 和复合 Drawable 结合起来使用,从而可以生成需要资源更少并在任何屏幕上都可以清晰显示的动态可缩放 UI 元素。它们是设置 View、布局、Activity 和操作栏的背景图像的理想方式。

Android 还提供了 NinePatch PNG 图像来标识一幅图像的可拉伸部分。

1. 颜色 Drawable

ColorDrawable 是使用 XML 定义的最简单的 Drawable,它允许基于一种纯色指定图像资源。颜色 Drawable,如纯红色 Drawable,通过<color>标记定义为 res/drawable 资源文件夹中的 XML 文件。

```
<color xmlns:android="http://schemas.android.com/apk/res/android"
  android:color="#FF0000"
/>
```

2. 形状 Drawable

形状 Drawable 资源允许使用<shape>标记指定基本形状的尺寸、背景和笔划/轮廓线,从而定义这些基本形状。

每个形状都包含一个类型(通过 shape 属性指定)、定义该形状尺寸的属性,以及指定内边距、笔划(或轮廓线)和背景色的值。

Android 目前支持以下的形状类型,使用时需要将它们指定为 shape 属性的值:

- **line** 一条跨越了父 View 的宽度的水平线。线的宽度和样式是通过形状的笔划来描述的。
- **oval** 简单的椭圆形。
- **rectangle** 简单的矩形。也支持使用 radius 属性创建圆角矩形的<corners>子节点。
- **ring** 支持使用 innerRadius 和 thickness 属性指定圆环形状的内径和厚度。或者,也可以使用 innerRadiusRatio 和 thicknessRatio 将圆环的内径和厚度定义为宽度的比率(例如,当内径为宽度的 1/4 时将使用值 4)。

使用<stroke>子节点时,可以通过 width 和 color 属性指定形状的轮廓线。

还可以包含<padding>节点来移动形状在画布上的位置。

通过包含了一个子节点来指定背景颜色是一种非常实用的方法。在最简单的情况下,可以使用包含 color 属性的<solid>节点定义一个纯色的背景。

下面的代码片段显示了一个矩形 Drawable，它具有纯色填充色、圆角、10dp 轮廓线和 10dp 的内边距。图 11-1 显示了结果。

```xml
<?xml version="1.0" encoding="utf-8"?>
<shape xmlns:android="http://schemas.android.com/apk/res/android"
    android:shape="rectangle">
    <solid
        android:color="#f060000"/>
    <stroke
        android:width="10dp"
        android:color="#00FF00"/>
    <corners
        android:radius="15dp" />
    <padding
        android:left="10dp"
        android:top="10dp"
        android:right="10dp"
        android:bottom="10dp"
    />
</shape>
```

图 11-1

下一节将讨论 GradientDrawable 类以及如何为形状 Drawable 指定渐变填充色。

3. 渐变 Drawable

GradientDrawable 允许设计复杂的渐变填充。每种渐变定义两种或三种颜色之间的线性、辐射或扫描方式的平滑过渡。

渐变 Drawable 是使用<gradient>标记并作为形状 Drawable 定义(例如前面定义的形状 Drawable)中的子节点定义的。

每个渐变 Drawable 都要求至少有一个 startColor 和 endColor 属性，并且支持一个可选的 middleColor 属性。通过使用 type 属性，可以把渐变定义为以下列出的某种类型：

- **线性** 这是默认的渐变类型，它显示了按照 angle 属性定义的角度从 startColor 到 endColor 的直接颜色过渡。
- **辐射** 从形状的外边界到中心绘制从 startColor 到 endColor 的圆形渐变。它要求使用 gradientRadius 属性指定以像素计算的渐变过渡的半径。另外，它还支持使用 centerX 和 centerY 移动渐变中心的位置。

    由于渐变的半径是使用像素定义的，因此不能为不同的像素密度动态缩放。因此，为了最小化条带，可能需要为不同的屏幕分辨率指定不同的渐变半径。
- **扫描** 绘制一个扫描渐变，它将沿着父形状(通常是一个圆环)的外边界从 startColor 到 endColor 进行过渡。

下面的代码片段显示了矩形内的线性渐变、椭圆形中的辐射渐变和圆环中的扫描渐变的 XML 代码，如图 11-2 所示。注意，每个 XML 需要在 res/drawable 文件夹下的单独文件中创建。

图 11-2

```xml
<!--线性渐变的矩形-->
<?xml version="1.0" encoding="utf-8"?>
<shape xmlns:android="http://schemas.android.com/apk/res/android"
  android:shape="rectangle"
  android:useLevel="false">
  <gradient
    android:startColor="#ffffff"
    android:endColor="#ffffff"
    android:centerColor="#00000"
    android:useLevel="false"
    android:type="linear"
    android:angle="45"
  />
</shape>

<!--辐射渐变的椭圆-->
<?xml version="1.0" encoding="utf-8"?>
<shape xmlns:android="http://schemas.android.com/apk/res/android"
  android:shape="oval"
  android:useLevel="false">
  <gradient
    android:type="radial"
    android:startColor="#ffffff"
    android:endColor="#ffffff"
    android:centerColor="#00000"
```

```
    android:useLevel="false"
    android:gradientRadius="300"
 />
</shape>

<!--扫描渐变的圆环-->
<?xml version="1.0" encoding="utf-8"?>
<shape xmlns:android="http://schemas.android.com/apk/res/android"
  android:shape="ring"
  android:useLevel="false"
  android:innerRadiusRatio="3"
  android:thicknessRatio="8">
  <gradient
    android:startColor="#ffffff"
    android:endColor="#ffffff"
    android:centerColor="#00000"
    android:useLevel="false"
    android:type="sweep"
  />
</shape>
```

4. NinePatch 图像

NinePatch(或可拉伸)图像是 PNG 文件,它们标记了图像可以拉伸的部分。它们存储在 res/drawable 文件下,以.9.png 作为文件扩展名。

```
res/drawable/stretchable_background.9.png
```

NinePatch 使用一个像素边框来定义当放大图像时可以拉伸的区域。这对于创建大小可能会发生改变的 View 和 Activity 的背景是非常有用的。

要想创建 NinePatch,可以沿着图像的左边框和上边框绘制代表可拉伸区域的一个像素黑线,如图 11-3 所示。

图 11-3

在改变图像大小时,未标记部分的大小不会调整,而被标记部分的相对大小则保持不变,如图 11-4 所示。

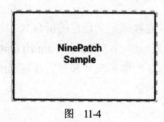

图 11-4

为了简化创建 NinePatch 图像的过程,Android SDK 在/tools 文件夹下包含了 WYSIWIG draw9patch

的工具。

11.1.4 创建优化的、自适应的、动态的设计

在设计 UI 的时候，重要的是不仅要保证资源和布局是可以缩放的，而且它们还要为不同的设备类型和屏幕尺寸而优化。在智能手机上看起来很好的布局在平板电脑上可能有过多的空白或者行长度。相反，为平板设备优化的布局可能在智能手机上显示窄小。

最好利用屏幕的相对大小和宽高比为一些不同屏幕尺寸的设备创建优化的布局。用于设计这样 UI 的专项技术超出了本书的范围，但它们在 Android 培训网站有详细的说明：http://developer.android.com/training/design-navigation/index.html。

11.1.5 反复测试

目前可用的具有不同屏幕尺寸和像素密度的 Android 设备有几百种，所以在每种设备上都实际测试应用程序是不现实的(在某些情况下也是不可能的)。

Android 虚拟设备(AVDS)是使用多种不同的屏幕配置测试应用程序的理想平台。AVDS 的另一个优势在于，它允许配置不同的平台版本和硬件配置。

第 2 章已经介绍了如何创建和使用 Android 虚拟设备，本节将关注如何创建能够代表不同屏幕的虚拟设备。

1. 使用模拟器皮肤

测试应用程序 UI 的最简单的方式是使用内置的皮肤。每种皮肤分别模拟了具有特定分辨率、像素密度和物理屏幕尺寸的已知设备配置。

截止到 Android 4.0.3，虚拟设备支持使用以下内置皮肤进行测试：

- **QVGA** 320×240、120dpi、3.3 英寸
- **WQVGA43** 432×240、120dpi、3.9 英寸
- **WQVGA400** 240×400、120dpi、3.9 英寸
- **WSVGA** 1024×600、160dpi、7 英寸
- **WXGA720** 720×1280、320dpi、4.8 英寸(Galaxy Nexus)
- **WXGA800** 1280×800、160dpi、10.1 英寸(Motorola Xoom)
- **HVGA** 480×320、160dpi、3.6 英寸
- **WVGA800** 800×480、240dpi、3.9 英寸(Nexus One)
- **WVGA854** 854×480、240dpi、4.1 英寸

2. 测试自定义的分辨率和屏幕尺寸

使用 AVD 评估设备的优势之一是能够定义任意的屏幕尺寸和像素密度。

当启动新的 AVD 时，你将会看到如图 11-5 所示的 Launch Options 对话框。如果选中 Scale Display to Real Size 复选框，并指定虚拟设备的屏幕尺寸和开发监视器的 dpi，那么模拟器将进行缩放，以接近指定的物理尺寸。

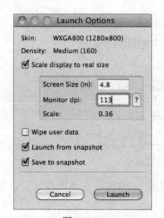

图 11-5

这样就可以针对各种屏幕尺寸、像素密度和皮肤来评估 UI。这是了解应用程序在一个高分辨率小屏幕手机或者低分辨率大屏幕平板电脑上的显示效果的理想方式。

11.2 确保可访问性

创建一个兼容和引人注目的 UI 的重要部分是保证这个 UI 能够被残障人士使用,可以让他们通过不同的方式与设备交互。

Accessibility API 是在 Android 1.6(API level 4)中引入的,它为那些由于视力、身体或者年龄所导致的很难使用触屏进行交互的残障人士提供了一组可选的交互方式。

在第 4 章中,你学习了如何让自定义的 View 可访问和可导航。本节将总结一些最佳做法,以确保整个用户体验是可访问的。

11.2.1 为非触屏设备提供导航

方向控制器,例如轨迹球、D-pads 和方向键,是很多用户主要的导航方式。要想 UI 在没有触摸屏的时候也是可导航的,应用程序能够支持每种这些输入机制是很重要的。

第一步是保证每个输入 View 是可拥有焦点和可单击的。按下中间键或者 OK 按钮应该影响焦点,如同使用触摸屏时触摸屏幕来控制一样。

当一个控件具有输入焦点时,最好能够在视觉上表现出来,允许用户知道他们交互的是哪个控件。Android SDK 中包含的所有 View 都是可拥有焦点的。

Android 运行时决定了布局中每个控件的焦点顺序,它是基于在给定方向上查找最近的临近点的算法的。可以为布局定义中的任意 View 使用 android:nextFocusDown、android:nextFocusLeft、android:nextFocusRight 和 android:nextFocusUp 属性来手动重写这个顺序。最好保证连续反方向的导航移动可以让你回到最初的位置。

11.2.2 为每个 View 提供文本描述

在设计 UI 时,上下文是极其重要的。按钮图像、文本标签、甚至每个控件的相对位置都可以用于表示每个输入 View 的意图。

要保证应用程序是可访问的,可以考虑用户在没有视觉环境的情况下如何导航和使用 UI。作为辅助，每个 View 可以包含一个 android:contentDescription 属性，对于那些已经启用了可访问性语音工具的用户来说，这个属性可以大声地读给他们听：

```
<Button
  android:id="@+id/pick_contact_button"
  android:layout_width="match_parent"
  android:layout_height="wrap_content"
  android:text="@string/pick_contact_button"
  android:contentDescription="@string/pick_contact_button_description"
/>
```

布局中每个能够持有焦点的 View 应该有一个内容描述，它为想要操作这个 View 的用户提供了全部必要的上下文。

11.3 Android Text-to-Speech 简介

Text-to-Speech(TTS)库因语音合成而闻名，它允许你在应用程序中输出合成的语音，让应用程序和用户"交谈"。

Android 4.0(API level 14)使应用程序开发人员有能力实现自己的文本到语音的引擎，并提供这些引擎给其他应用程序使用。创建语音合成引擎超出了本书的范围，将不在这里介绍。你可以在 Android 开发人员网站中找到更多的资源，网址是 http://developer.android.com/resources/articles/tts.html。

由于一些 Android 设备的存储空间的限制，语言包不总是预置到每个设备上。在使用 TTS 引擎之前，最好确认已经安装了语言包。

要想检查 TTS 库，可以启动一个新的带返回结果的 Activity，并传入 TextToSpeech.Engine 类的 ACTION_CHECK_TTS_DATA 操作：

```
Intent intent = new Intent(TextToSpeech.Engine.ACTION_CHECK_TTS_DATA);
startActivityForResult(intent, TTS_DATA_CHECK);
```

如果已经成功安装语音数据，onActivityResult 方法会收到 CHECK_VOICE_DATA_PASS。如果当前语音数据不可用，可以使用 TTS Engine 类的 CHECK_VOICE_DATA_PASS 操作启动一个新的 Activity 以初始化它的安装。

```
Intent installVoice = new Intent(Engine.ACTION_INSTALL_TTS_DATA);
startActivity(installVoice);
```

确认了语音数据可用之后，需要创建和初始化一个新的 TextToSpeech 实例。注意，在 TextToSpeech 对象没有完成初始化之前，不可以使用这个新对象。在构造函数中传入一个 OnInitListener，当 TTS 引擎初始化完成后会回调它。

```
boolean ttsIsInit = false;
TextToSpeech tts = null;
```

```
    protected void onActivityResult(int requestCode,
                           int resultCode, Intent data) {
      if (requestCode == TTS_DATA_CHECK) {
        if (resultCode == Engine.CHECK_VOICE_DATA_PASS) {
          tts = new TextToSpeech(this, new OnInitListener() {
            public void onInit(int status) {
              if (status == TextToSpeech.SUCCESS) {
                ttsIsInit = true;
                //TODO: 说话!
              }
            }
          });
        }
      }
    }
```

当 TextToSpeech 初始化完成后,可以使用 speak 方法通过默认的设备音频输出同步音频数据:

```
    HashMap parameters = null;
    tts.speak("Hello, Android", TextToSpeech.QUEUE_ADD, parameters);
```

speak 方法可以指定一个参数,或者将一个新的语音输出添加到现有的队列中,又或者将队列中的数据全部输出并立即说出来。

通过 setPitch 和 setSpeechRate 方法,可以影响语音输出声音的方式。每个方法都接受一个浮点型参数,分别用于修改语音输出的音高和音速。

通过 setLanguage 方法,还可以改变语音输出的发音。这个方法需要一个 Locale 参数来指定所说的文本的国家和语言。这会影响文本的发音方式,以确保能够使用正确的语言和发音模型。

发音完毕后,使用 stop 方法停止语音输出,使用 shutdown 方法来释放 TTS 资源:

```
    tts.stop();
    tts.shutdown();
```

程序清单 11-1 确定 TTS 语音库是否已经安装,初始化一个新的 TTS 引擎,并且使用该引擎用英式英语说出来。

程序清单 11-1　使用 Text-to-Speech

```
    private static int TTS_DATA_CHECK = 1;

    private TextToSpeech tts = null;
    private boolean ttsIsInit = false;

    private void initTextToSpeech() {
      Intent intent = new Intent(Engine.ACTION_CHECK_TTS_DATA);
      startActivityForResult(intent, TTS_DATA_CHECK);
    }

    protected void onActivityResult(int requestCode,
                           int resultCode, Intent data) {
      if (requestCode == TTS_DATA_CHECK) {
        if (resultCode == Engine.CHECK_VOICE_DATA_PASS) {
          tts = new TextToSpeech(this, new OnInitListener() {
```

```
      public void onInit(int status) {
        if (status == TextToSpeech.SUCCESS) {
          ttsIsInit = true;
          if (tts.isLanguageAvailable(Locale.UK) >= 0)
            tts.setLanguage(Locale.UK);
          tts.setPitch(0.8f);
          tts.setSpeechRate(1.1f);
          speak();
        }
      }
    });
  } else {
    Intent installVoice = new Intent(Engine.ACTION_INSTALL_TTS_DATA);
    startActivity(installVoice);
  }
}

private void speak() {
  if (tts != null && ttsIsInit) {
    tts.speak("Hello, Android", TextToSpeech.QUEUE_ADD, null);
  }
}

@Override
public void onDestroy() {
  if (tts != null) {
    tts.stop();
    tts.shutdown();
  }
  super.onDestroy();
}
```

代码片段 PA4AD_Ch11_TextToSpeach/src/MyActivity.java

11.4 使用语音识别

Android 通过使用 RecognizerIntent 类来支持语音输入和语音识别。该 API 使我们能够使用标准的语音输入对话框将语音输入到应用程序中，如图 11-6 所示。

图 11-6

要想初始化语音识别，需要调用 startNewActivityForResult，并传入指定了 RecognizerIntent. ACTION_RECOGNIZE_SPEECH 或者 RecognizerIntent.ACTION_WEB_SEARCH 操作的 Intent。前一个操作允许在应用程序中接收输入语音，后一个操作通过本地提供程序会触发一个网络搜索或者语音操作。

启动 Intent 必须包含 RecognizerIntent.EXTRA_LANGUAGE_MODEL 额外项以指定用于分析输入音频的语言模型。该值可以是 LANGUAGE_MODEL_FREE_FORM 或者 LANGUAGE_MODEL_WEB_SEARCH；两者都作为 RecognizerIntent 类的静态常量提供。

还可以使用下列 Recognizer Intent 常量指定大量可选的额外项以管理语言、可能的结果计数以及显示提示：

- **EXTRA_LANGUAGE** 指定一个 Locale 类的语言常量，以指定设备默认值以外的输入语言。可以通过调用 Locale 类的静态 getDefault 方法来查找当前的默认语言。
- **EXTRA_MAXRESULTS** 使用一个整型值限制所返回的潜在识别结果的数量。
- **EXTRA_PROMPT** 指定一个字符串，它将会在语音输入对话框中显示(如图 11-6 所示)以提示用户开始讲话。

> 处理语音识别的引擎可能不能够理解 Locale 类中所有可用语言的语音输入。
> 并不是所有的设备都包含语音识别支持。在这些情况下，通常可以从 Google Play 商店中下载语音识别库。

11.4.1 使用语音识别进行语音输入

当使用语音识别接收言语时，调用 startNewActivityForResult 方法并以 RecognizerIntent.ACTION_RECOGNIZE_SPEECH 作为参数，如程序清单 11-2 所示。

程序清单 11-2 初始化一个语音识别请求

```
Intent intent = new Intent(RecognizerIntent.ACTION_RECOGNIZE_SPEECH);
//指定自由形式的输入
intent.putExtra(RecognizerIntent.EXTRA_LANGUAGE_MODEL,
            RecognizerIntent.LANGUAGE_MODEL_FREE_FORM);
intent.putExtra(RecognizerIntent.EXTRA_PROMPT,
            "or forever hold your peace");
intent.putExtra(RecognizerIntent.EXTRA_MAX_RESULTS, 1);
intent.putExtra(RecognizerIntent.EXTRA_LANGUAGE, Locale.ENGLISH);
startActivityForResult(intent, VOICE_RECOGNITION);
```

代码片段 PA4AD_Ch11_Speech/src/MyActivity.java

当用户完成了语音输入之后，作为结果的音频将会由语音识别引擎分析和处理。结果将通过 onActivityResult 处理程序返回，作为 EXTRA_RESULTS 额外项中的字符串 Array List，如程序清单 11-3 所示。

程序清单11-3　查找一个语音识别请求的结果

```java
@Override
protected void onActivityResult(int requestCode,
                                int resultCode,
                                Intent data) {
  if (requestCode == VOICE_RECOGNITION && resultCode == RESULT_OK) {
    ArrayList<String> results;

    results =
      data.getStringArrayListExtra(RecognizerIntent.EXTRA_RESULTS);

    float[] confidence;

    String confidenceExtra = RecognizerIntent.EXTRA_CONFIDENCE_SCORES;
    confidence =
      data.getFloatArrayExtra(confidenceExtra);

    //TODO：使用识别的语音字符串做点事情
  }
  super.onActivityResult(requestCode, resultCode, data);
}
```

代码片段 PA4AD_Ch11_Speech/src/MyActivity.java

Array List 中每个返回的字符串都代表语音输入的一种可能匹配。在每个结果中，可以找到语音识别引擎的信任值，这个值是在 EXTRA_CONFIDENCE_SCORES 额外项中以浮点型数组的形式返回的。该数组中的值是介于 0(无信任)和 1(高信任)的值，代表了正确识别语音的程度。

11.4.2　使用语音识别进行搜索

可以通过 RecognizerIntent.ACTION_WEB_SEARCH 操作显示一个网络搜索结果，或者基于用户的语音来触发其他类型的语音操作，而不是自己处理接收到的语音，如图 11-4 所示。

程序清单11-4　得到语音识别请求的结果

```java
Intent intent = new Intent(RecognizerIntent.ACTION_WEB_SEARCH);
intent.putExtra(RecognizerIntent.EXTRA_LANGUAGE_MODEL,
                RecognizerIntent.LANGUAGE_MODEL_WEB_SEARCH);
startActivityForResult(intent, 0);
```

代码片段 PA4AD_Ch11_Speech/src/MyActivity.java

11.5　控制设备振动

在第 10 章中，你学习了如何创建带有振动的 Notification 来丰富事件的反馈。在一些情况下，可能需要和 Notification 无关的设备振动。例如，设备振动是为用户提供触感反馈的一种极好的方式，尤其在游戏的反馈机制中是极为普遍的。

要想控制设备的振动，应用程序需要有 VIBRATE 权限：

```
<uses-permission android:name="android.permission.VIBRATE"/>
```

设备的振动是通过 Vibrator Service 来控制的，通过 getSystemService 方法访问访问该 Service：

```
String vibratorService = Context.VIBRATOR_SERVICE;
Vibrator vibrator = (Vibrator)getSystemService(vibratorService);
```

调用 vibrate 方法来启动设备的振动；可以传入一个振动时长或者一种交替振动/暂停的序列方式，这种方式带有一个可选的索引参数，可以从指定的索引处开始重复该方式：

```
long[] pattern = {1000, 2000, 4000, 8000, 16000 };
vibrator.vibrate(pattern, 0);  //使用振动方式。
vibrator.vibrate(1000);         //振动 1 秒钟。
```

要想取消振动，可调用 cancel 方法；退出应用程序会自动停止任何已经初始化的振动。

```
vibrator.cancel();
```

11.6 使用动画

在第 3 章中，你已经学习了如何把动画定义为外部资源。现在，终于有了使用它们的机会。Android 提供了 3 种类型的动画：

- **补间 View 动画**　补间动画可以应用于 View，让你可以定义一系列关于位置、大小、旋转和透明度的改变，从而让 View 的内容动起来。
- **逐帧动画**　传统的基于单元格的动画，每一帧显示一个不同的 Drawable。逐帧动画可以在一个 View 中显示，并使用它的 Canvas 作为投影屏幕。
- **差值属性动画**　属性动画系统几乎可以让应用程序中的任何对象动起来。它是一个框架，在一定时间内，通过使用指定的内插技术来影响任意的对象属性。

11.6.1 补间 View 动画

补间动画提供了一种简单的方式，以最小的资源消耗向用户提供深度、移动或者反馈。

使用动画来进行方向、大小、位置和透明度的改变比通过手动重新绘制 Canvas 来达到相似效果要消耗更少的资源，更不用提在实现方面的简单性。

补间动画经常用于：

- Activity 间的转换。
- Activity 内的布局间的转换。
- 相同 View 中的不同内容间的转换。
- 为用户提供反馈，例如提示进度、通过"晃动"输入框来说明错误或者无效的数据输入。

1. 创建补间 View 动画

补间动画是使用 Animation 类创建的。下面的列表说明了可用的动画类型：

- **AlphaAnimation**　可以改变 View 的透明度(不透明或者 alpha 混合)。
- **RotateAnimation**　可以在 XY 平面上旋转选中的 View Canvas。
- **ScaleAnimation**　允许缩放选中的 View。

- **TranslateAnimation** 可以在屏幕上移动选中的 View(但是它只能在其原始边界的范围内显示)。

Android 提供了 AnimationSet 类来对动画进行分组和配置，从而让它们作为一个集合运行，如程序清单 11-5 所示。可以定义集合中的每一个动画的开始时间和持续时间，以此来控制动画序列的时刻安排和顺序。

程序清单 11-5　定义一个差值 View 动画

```
<set xmlns:android="http://schemas.android.com/apk/res/android"
    android:interpolator="@android:anim/accelerate_interpolator">
  <scale
    android:fromXScale="0.0" android:toXScale="1.0"
    android:fromYScale="0.0" android:toYScale="1.0"
    android:pivotX="50%"
    android:pivotY="50%"
    android:duration="1000"
  />
</set>
```

代码片段 PA4AD_Ch11_Animation/res/anim/popin.xml

设置每一个子动画的开始偏移时间和持续时间是很重要的，否则它们就会同时开始和结束。

2. 应用补间动画

通过调用 startAnimation 方法，可以将动画应用到任意 View 中，只需要传递给这个方法要应用的动画或者动画集合即可。

动画序列将会运行一次，然后停止，除非使用动画或者动画集合中的 setRepeatMode 和 setRepeatCount 方法修改这种行为。可以通过把重复模式设置为 RESTART 或者 REVERSE 来强制动画循环或者反向运行。设置重复计数可以控制动画重复的次数。

```
myAnimation.setRepeatMode(Animation.RESTART);
myAnimation.setRepeatCount(Animation.INFINITE);
myView.startAnimation(myAnimation);
```

3. 使用动画监听器

AnimationListener 可以用于创建一个事件处理程序，当动画开始或者结束的时候触发它。这样就可以在动画开始之前或者结束之后执行某些操作，例如改变 View 的内容或者链接多个动画。

可以对一个 Animation 对象调用 setAnimationListener，并传递它一个新的 setAnimationListener 实现，同时按要求重写 onAnimationEnd、onAnimationStart 和 onAnimationRepeat：

```
myAnimation.setAnimationListener(new AnimationListener() {
  public void onAnimationEnd(Animation animation) {
    // TODO:在动画完成后执行处理。
```

```
        }

    public void onAnimationStart(Animation animation) {
//TODO:在动画开始时执行处理。
    }

    public void onAnimationRepeat(Animation animation) {
    // TODO：在动画重复时执行处理。
    }
});
```

4．为布局和 View Group 添加动画

LayoutAnimation 可以用来为 View Group 添加动画，并按照预定的顺序把一个动画(或者动画集合)应用到 View Group 的每一个子 View 中。

可以使用 LayoutAnimationController 来指定一个应用到 View 组中的每一个子 View 的动画(或动画集合)。View Group 中包含的每一个 View 都将应用这个相同的动画，但可以使用布局动画控制器来指定每一个 View 的顺序和起始时间。

Android 包含了两种 LayoutAnimationController 类：

- **LayoutAnimationController** 可以选择每一个 View 的开始偏移时间(以毫秒为单位)，以及把动画应用到每一个子 View 中的顺序和起始时间(正向、反向和随机)。
- **GridLayoutAnimationController** 这是一个派生类，它使用由行和列所映射的网格来向子 View 分配动画序列。

创建布局动画

要创建一个新的布局动画，首先要定义一个将应用于每个子 View 的动画。然后，在代码中或者作为外部动画资源，创建一个新的 LayoutAnimation，它引用了要应用的动画并定义了应用它的顺序和时刻安排。

程序清单 11-6 展示了存储为 popinlayout.xml 的一个布局动画定义。当把布局动画分配到任意 View Group，它会随机地将一个简单的"弹入(pop-in)"动画应用于 View Group 的每个子 View。

程序清单 11-6　定义一个布局动画

```xml
<layoutAnimation
    xmlns:android="http://schemas.android.com/apk/res/android"
    android:delay="0.5"
    android:animationOrder="random"
    android:animation="@anim/popin"
/>
```

代码片段 PA4AD_Ch11_Animation/res/anim/popinlayout.xml

使用布局动画

一旦定义了一个布局动画，就可以使用代码或布局 XML 资源将其应用到一个 View Group 中。在 XML 中，这是通过在布局定义中使用 android:layoutAnimation 来完成的：

```
android:layoutAnimation="@anim/popinlayout"
```

要在代码中设置一个布局动画,可以对 View Group 调用 setLayoutAnimation,并给它传递所希望应用的 LayoutAnimation 对象的引用。通常情况下,布局动画会在 View Group 第一次进行布局的时候执行一次。可以通过对 ViewGroup 对象调用 scheduleLayoutAnimation 来强制它再次执行。然后,当 View Group 下次被布局的时候,这个动画就会再次执行。布局动画也支持动画监听器。

```
aViewGroup.setLayoutAnimationListener(new AnimationListener() {
  public void onAnimationEnd(Animation _animation) {
    //TODO:动画完成时执行的操作。
  }
  public void onAnimationRepeat(Animation _animation) {}
  public void onAnimationStart(Animation _animation) {}
});

aViewGroup.scheduleLayoutAnimation();
```

11.6.2 创建和使用逐帧动画

逐帧动画与传统的基于单元格的卡通动画相似,都是根据帧来选择图像。补间动画使用目标 View 来提供动画的内容,而逐帧动画则可以让你指定一系列用作 View 的背景的 Drawable 对象。

AnimationDrawable 类可以用来创建一个新的表示为一个 Drawable 资源的逐帧动画。可以使用 XML,在应用程序的 res/drawable 文件夹下将动画 Drawable 资源定义为外部资源。

可以使用<animation-list>标记来分组一个<item>节点集合,其中每一个<item>节点都使用一个 drawable 属性来定义要显示的图像,并且使用一个 duration 属性来指定显示它的时间(以毫秒为单位)。

程序清单 11-7 展示了如何创建一个简单的动画来演示火箭的起飞(不包含火箭的图像)。

程序清单 11-7 定义一个逐帧动画

```xml
<animation-list
  xmlns:android="http://schemas.android.com/apk/res/android"
  android:oneshot="false">
  <item android:drawable="@drawable/rocket1" android:duration="500" />
  <item android:drawable="@drawable/rocket2" android:duration="500" />
  <item android:drawable="@drawable/rocket3" android:duration="500" />
</animation-list>
```

代码片段 PA4AD_Ch11_Animation/res/drawable/animated_rocket.xml

要显示动画,可以通过使用 setBackgroundResource 方法将其设置为一个 View 的背景:

```
ImageView image = (ImageView)findViewById(R.id.my_animation_frame);
image.setBackgroundResource(R.drawable.animated_rocket);
```

或者,可以利用 setBackgroundDrawable 方法来使用一个 Drawable 实例而不是一个资源引用。然后调用它的 start 方法运行动画。

```
AnimationDrawable animation = (AnimationDrawable)image.getBackground();
animation.start();
```

11.6.3 插值属性动画

Android 3.0(API level 11)引入了一个新的动画技术,能够让对象的属性动起来。虽然前面小节中介绍的补间 View 动画改变了它所作用的 View 的外观，但并没有改变对象的本身；而属性动画却直接改变了它所作用的对象的属性。

因此，你可以在视觉或者其他方面修改任意对象的任意属性，通过使用一个属性动画生成器，在一个给定时间内使用你选择的差值算法将该属性从一个值转换为另一个值，如果需要的话，还可以设置动画的重复性行为。这个值可以是任意对象，从常规的整型到复杂的类对象实例都可以。

可以使用属性动画生成器在代码中为任意的对象创建一个平滑的过渡动画；目标属性甚至可以不用是代表视觉的属性。属性动画实现了一组高效的迭代器，它们根据给定时间内的给定差值轨迹，通过后台的一个定时器进行值的递增或者递减。

这是一个非常强大的工具，可以用在任何的事物上，从简单的 View 效果，如移动、缩放、View 的淡入淡出，到复杂的动画，如运行时的布局改变、曲线变换。

1. 创建属性动画

创建属性动画的最简单的方法就是使用 ObjectAnimator 类。这个类包含有 ofFloat、ofInt 和 ofObject 静态方法，可以很容易地将目标对象的特定属性在指定的值之间进行转换：

```
String propertyName = "alpha";
float from = 1f;
float to = 0f;
ObjectAnimator anim = ObjectAnimator.ofFloat(targetObject, propertyName, from, to);
```

另外，你还可以只提供一个值，从而让属性从当前的值转换到最终的值：

```
ObjectAnimator anim = ObjectAnimator.ofFloat(targetObject, propertyName, to);
```

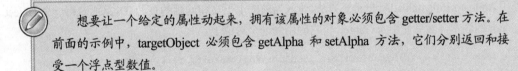

想要让一个给定的属性动起来，拥有该属性的对象必须包含 getter/setter 方法。在前面的示例中，targetObject 必须包含 getAlpha 和 setAlpha 方法，它们分别返回和接受一个浮点型数值。

要想作用于一个非整型和非浮点型的类型的属性，可以使用 ofObject 方法。这个方法要求提供一个 TypeEvaluator 类的实现。实现 evaluate 方法以返回一个对象，该对象是当动画为开始对象和结束对象之间动画动作的指定部分时应该返回的对象。

```
TypeEvaluator<MyClass> evaluator = new TypeEvaluator<MyClass>() {
  public MyClass evaluate(float fraction,
                    MyClass startValue,
                    MyClass endValue) {
    MyClass result = new MyClass();
//TODO：修改新的对象，使之代表开始值和结束值之间的给定部分。
    return result;
  }
};

//两个实例间的动画
ValueAnimator oa
  = ObjectAnimator.ofObject(evaluator, myClassFromInstance, myClassToInstance);
```

```
oa.setTarget(myClassInstance);
oa.start();
```

默认情况下,每个动画只运行 300ms,并且只运行一次。使用 setDuration 方法可以改变用来完成一次转换的差值器的总时间量:

```
anim.setDuration(500);
```

使用 setRepeatMode 和 setRepeatCount 方法可以让应用的动画运行指定的次数或者无限运行:

```
anim.setRepeatCount(ValueAnimator.INFINITE);
```

可以设置重复模式为从头开始或者反向开始:

```
anim.setRepeatMode(ValueAnimator.REVERSE);
```

要想通过 XML 资源的方式创建一个同样的 Object Animator,需要在 res/animator 文件夹下创建一个新的 XML 文件:

```
<objectAnimator xmlns:android="http://schemas.android.com/apk/res/android"
  android:valueTo="0"
  android:propertyName="alpha"
  android:duration="500"
  android:valueType="floatType"
  android:repeatCount="-1"
  android:repeatMode="reverse"
/>
```

此后,文件名就可以作为资源标识符。要想作用于 XML 动画生成器资源中的特定的对象,可以使用 AnimatorInflator.loadAnimator 方法,传入当前的上下文和动画的资源 ID,从而获得一个 Object Animator 的副本,然后使用 setTarget 将它应用到一个对象上。

```
Animator anim = AnimatorInflater.loadAnimator(context, resID);
anim.setTarget(targetObject);
```

默认情况下,在每个动画开始和结束值间转换中所使用的插值器是一个非线性的插值器 AccelerateDecelerateInterpolator,它提供了在转换开始时加速且在快要结束时减速的效果。

可以使用 setInterpolator 方法应用以下 SDK 提供的插值器中的一种:

- **AccelerateDecelerateInterpolator** 开始和结束时速度变化较慢,在中间的时候加速。
- **AccelerateInterpolator** 开始时速度变化较慢,在中间的时候加速。
- **AnticipateInterpolator** 开始的时候向后,然后再向前急冲。
- **AnticipateOvershootInterpolator** 开始的时候向后,然后再向前急冲一定的值后,最后回到最终的值。
- **BouceInterpolator** 动画结束时弹起。
- **DecelerateInterpolator** 开始时速度变化较快,然后减速。
- **LinearInterpolator** 速度的变化是一个常量。
- **OvershootInterpolator** 开始向前急冲,超过最终的值,然后再回来。

```
anim.setInterpolator(new AnticipateOvershootInterpolator());
```

可以扩展自己的 TimeInterpolator 类来指定一个自定义的差值算法。

要想执行一个动画，可以调用它的 start 方法：

```
anim.start();
```

2. 创建属性动画集

Android 包含有 AnimatorSet 类，使得你可以很容易地创建复杂、互相关联的动画。

```
AnimatorSet bouncer = new AnimatorSet();
```

想要向一个动画集中添加一个新的动画，可以使用 play 方法。这个方法返回一个 AnimatorSet.Builder 对象，通过它可以指定相对于其他动画何时播放指定的动画：

```
AnimatorSet mySet = new AnimatorSet();
mySet.play(firstAnimation).before(concurrentAnim1);
mySet.play(concurrentAnim1).with(concurrentAnim2);
mySet.play(lastAnim).after(concurrentAnim2);
```

使用 start 方法来执行动画序列。

```
mySet.start();
```

3. 使用动画监听器

Animator.AnimationListener 类让你可以创建事件处理程序，它们会在动画开始、结束、重复或者取消时被激活。

```
Animator.AnimatorListener l = new AnimatorListener() {

  public void onAnimationStart(Animator animation) {
    //TODO: 自动生成的方法 stub
  }

  public void onAnimationRepeat(Animator animation) {
    //TODO: 自动生成的方法 stub
  }

  public void onAnimationEnd(Animator animation) {
    //TODO: 自动生成的方法 stub
  }

  public void onAnimationCancel(Animator animation) {
    //TODO: 自动生成的方法 stub
  }
};
```

要想给属性动画应用一个动画监听器，可以使用 addListener 方法：

```
anim.addListener(l);
```

11.7 强化 View

手机和平板电脑市场的爆炸式增长同样导致了移动 UI 的巨大变化和改进。

本章讲述如何使用更加高级的 UI 视觉效果，如阴影、半透明、多点触摸屏、OpenGL 和硬件加速，以改善 Activity 和 View 的性能和外观。

11.7.1 高级 Canvas 绘图

第 4 章已经介绍了 Canvas 类，你在其中已经学习了如何创建自己的 View。在第 13 章中也将使用 Canvas 来为 MapViews 注释覆盖。

Canvas 是图形编程中一个很常用的概念，通常由 3 个基本的绘图组件组成：
- **Canvas**　提供了绘图方法，可以向底层的位图绘制基本图形。
- **Paint**　也称为"刷子"，Paint 可以指定如何将基本图形绘制到位图上。
- **Bitmap**　绘图的表面。

本章中描述的大部分高级技术都涉及到 Paint 对象的变体和修改，从而可以向那些平面的光栅绘图添加深度和纹理。

Android 绘图 API 支持透明度、渐变填充、圆角矩形和抗锯齿。

由于资源限制，Android 还不支持矢量图形，它使用的是传统光栅样式的重新绘图。这种光栅方法的结果是提高了效率，但是改变一个 Paint 对象不会影响已经画好的基本图形，它只会影响新的元素。

　　如果你拥有 Windows 开发背景，那么 Android 的 2D 绘图能力大致相当于 GDI+ 的能力。

1. 可以绘制的内容

Canvas 类封装了用作绘图表面的位图；它还提供了 draw*方法来实现设计。

下面的列表提供了对可用的基本图形的简要说明，但并没有深入地探讨每一个 draw 方法的详细内容：
- **drawARGB/drawRGB/drawColor**　使用单一的颜色填充画布。
- **drawArc**　在一个矩形区域的两个角之间绘制一个弧。
- **drawBitmap**　在画布上绘制一个位图。可以通过指定目标大小或者使用矩阵变换来改变目标位图的外观。
- **drawBitmapMesh**　使用网格来绘制一个位图，可以通过移动网格中的点来操作目标的外观。
- **drawCircle**　以给定的点为圆心，绘制一个指定半径的圆。
- **drawLine(s)**　在两个点之间画一条(多条)线。
- **drawOval**　以指定的矩形为边界，画一个椭圆。
- **drawPaint**　使用指定的 Paint 填充整个画布。
- **drawPath**　绘制指定的 Path，Path 对象经常用来保存一个对象中基本图形的集合。

- **drawPicture** 在指定的矩形中绘制一个 Picture 对象(在使用硬件加速时不支持此操作)。
- **drawPosText** 绘制指定了每一个字符的偏移量的文本字符串(在使用硬件加速时不支持此操作)。
- **drawRect** 绘制一个矩形。
- **drawRoundRect** 绘制一个圆角矩形。
- **drawText** 在画布上绘制一个文本字符串。文本的字体、大小和渲染属性都设置在用来渲染文本的 Paint 对象中。
- **drawTextOnPath** 在一个指定的路径上绘制文本(在使用硬件加速时不支持此操作)。
- **drawVertices** 绘制一系列三角形面片,通过一系列矢量点来指定它们(在使用硬件加速时不支持此操作)。

上述每种绘图方法都需要指定一个 Paint 对象来渲染它。在下面的部分中,你将学习如何创建和修改 Paint 对象,从而完成绘图中的大部分工作。

2. 最大限度地利用 Paint

Paint 类相当于一个笔刷和调色板。它可以选择如何渲染使用上面描述的 draw 方法绘制在画布上的基本图形。通过修改 Paint 对象,可以在绘图的时候控制颜色、样式、字体和特殊效果。

当使用硬件加速来提高 2D 图形的绘制性能时,这里描述的所有 Paint 选项并不都是可用的。因此,检查硬件加速如何影响 2D 图形的绘制是很重要的。

最简单的情况是,setColor 可以让你选择一个 Paint 的颜色,而 Paint 对象的样式(使用 setStyle 控制)则可以决定是绘制绘图对象的轮廓(STROKE),还是只绘制填充的部分(FILL),或者是两者都做(STROKE_AND_FILL)。

除了这些简单的控制之外,Paint 类还支持透明度。另外,它还可以通过各种各样的 Shader、过滤器和效果进行修改,从而提供更丰富的、由复杂画笔和颜料组成的调色板。

Android SDK 包含了一些非常好的示例,它们说明了 Paint 类中可用的大部分功能。你可以在 API 演示教程的 graphics 子文件夹中找到它们:

```
[sdk root folder]\samples\android-15\ApiDemos\src\com\example\android\apis\graphics
```

在下面的小节中,你将学习和使用其中的部分功能。这些部分只是简单地罗列了它们能实现的效果(例如,渐变和边缘浮雕),而没有详细地列出所有可能的情况。

使用透明度

Android 中的所有颜色都包含了一个不透明组件(alpha 通道)。当创建一个颜色的时候,可以使用 argb 或者 parseColor 方法来定义它的 alpha 值:

```
//使用红色,并使其透明度为 50%
int opacity = 127;
int intColor = Color.argb(opacity, 255, 0, 0);
int parsedColor = Color.parseColor("#7FFF0000");
```

或者,也可以使用 setAlpha 方法来设置已存在的 Paint 对象的透明度:

```
//使颜色的透明度为 50%
int opacity = 127;
myPaint.setAlpha(opacity);
```

创建一个不是 100%透明的颜色意味着，使用它绘制的任何基本图形都将是部分透明的——也就是说，在它下面绘制的所有基本图形都是部分可见的。

可以在任何使用了颜色的类或者方法中使用透明效果，包括 Paint、Shader 和 Mask Filter。

Shader 简介

Shader 类的派生类可以创建允许使用多种纯色填充绘图对象的 Paint。

对 Shader 最常见的使用是定义渐变填充；渐变是在 2D 图像中添加深度和纹理的最佳方式之一。Android 包含了一个 BitmapShader 和一个 Compose Shader，同时还包含了 3 个渐变 Shader。

试图用语言来描述绘图的效果本来就是没有意义的，所以看一下图 11-7 来了解每一个 Shader 是如何工作的。图中从左到右依次代表的是 LinearGradient、RadialGradient 和 SweepGradient。

图 11-7 中没有包含 ComposeShader，它可以创建多个 Shader 的组合；也没有包含 BitmapShader，它允许在一幅位图图像的基础上创建一个画刷。

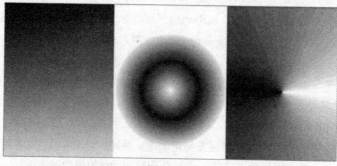

图 11-7

创建渐变 Shader

渐变 Shader 可以让你使用交替改变的颜色来填充绘图。可以通过两种方法定义渐变。第一种方法是将颜色渐变定义为两种颜色的简单交替：

```
int colorFrom = Color.BLACK;
int colorTo = Color.WHITE;

LinearGradient myLinearGradient =
  new LinearGradient(x1, y1, x2, y2,
                     colorFrom, colorTo, TileMode.CLAMP);
```

第二种方法是指定一个更复杂的颜色序列，它是按照设定的比例对颜色进行分布的：

```
int[] gradientColors = new int[3];
gradientColors[0] = Color.GREEN;
gradientColors[1] = Color.YELLOW;
gradientColors[2] = Color.RED;
```

```
float[] gradientPositions = new float[3];
gradientPositions[0] = 0.0f;
gradientPositions[1] = 0.5f;
gradientPositions[2] = 1.0f;

RadialGradient radialGradientShader
  = new RadialGradient(centerX, centerY,
                    radius,
                    gradientColors,
                    gradientPositions,
                    TileMode.CLAMP);
```

每一种渐变 Shader(线性的、辐射的和扫描的)都可以使用以上这两种技术来定义渐变填充。

为 Paint 应用 Shader

要在绘图的时候使用一个 Shader，可以使用 setShader 方法将其应用到一个 Paint 中：

```
shaderPaint.setShader(myLinearGradient);
```

使用这个 Paint 所绘制的任何对象都将使用你指定的 Shader 进行填充，而不是使用 Paint 本身的颜色进行填充。

使用 Shader TileMode

渐变 Shader 的画刷大小既可以显式地使用包围矩形来定义，也可以使用中心点和半径长度来定义。位图 Shader 可以通过它的位图大小来决定其画刷大小。

如果 Shader 画刷所定义的区域比要填充的区域小，那么 TileMode 将会决定如何处理剩余的区域。可以用以下静态常量定义该使用哪种平铺模式：

- **CLAMP** 使用 Shader 的边界颜色来填充剩余的空间。
- **MIRROR** 在水平和垂直方向上拉伸 Shader 图像，这样每一幅图像就都能与上一幅图像吻合。
- **REPEAT** 在水平方向和垂直方向上重复 Shader 图像，但不拉伸它。

使用 MaskFilter

MaskFilter 类可以为 Paint 分配边缘效果。如果 Canvas 是硬件加速的，则不支持 Mask Filter。

对 MaskFilter 的扩展可以对一个 Paint 边缘的 alpha 通道应用转换。Android 包含了下面几种 MaskFilter：

- **BlurMaskFilter** 指定了一个模糊的样式和半径来羽化 Paint 的边缘。
- **EmbossMaskFilter** 指定了光源的方向和环境光强度来添加浮雕效果。

要应用一个 MaskFilter，可以使用 setMaskFilter 方法，并传递给它一个 MaskFilter 对象：

```
//设置光源的方向
float[] direction = new float[]{ 1, 1, 1 };
//设置要应用的环境光亮度
float light = 0.4f;
//选择要应用的反射等级
float specular = 6;
//向蒙版应用一定级别的模糊
float blur = 3.5f;
EmbossMaskFilter emboss = new EmbossMaskFilter(direction, light,
                                    specular, blur);
```

```
//应用蒙版
if (canvas.isHardwareAccelerated())
  myPaint.setMaskFilter(emboss);
```

SDK 中包含的 FingerPaint API 演示教程是说明如何使用 MaskFilter 的一个非常好的示例，它展示了这两种过滤器的效果。

使用 ColorFilter

MaskFilter 是对一个 Paint 的 alpha 通道应用转换，而 ColorFilter 则是对每一个 RGB 通道应用转换。所有由 ColorFilter 派生的类在执行它们的转换时都会忽略 alpha 通道。

Android 包含 3 个 ColorFilter：

- **ColorMatrixColorFilter**　可以指定一个 4×5 的 ColorMatrix 并将其应用到一个 Paint 中，颜色矩阵通常用于在应用程序中对图像进行处理，而且由于支持使用矩阵相乘的方法来执行链式转换，因此它们很有用。
- **LightingColorFilter**　将 RGB 通道乘以第一个颜色，然后加上第二个颜色。每一次转换的结果都限制在 0~255 之间。
- **PorterDuffColorFilter**　可以使用数字图像合成的 16 条 Porter-Duff 规则中的任意一条来向 Paint 应用一个指定的颜色。Porter-Duff 的规则是在 http://developer.android.com/reference/android/graphics/PorterDuff.Mode.html 中定义的。

使用 setColorFilter 方法应用 ColorFilter：

```
myPaint.setColorFilter(new LightingColorFilter(Color.BLUE, Color.RED));
```

API 中的 ColorMatrixSample 是说明如何使用 ColorFilter 和颜色矩阵的非常好的示例。

```
samples\android-15\ApiDemos\src\com\example\android\apis\graphics\ColorMatrixSample.java
```

使用 PathEffect

到目前为止，所有效果都会影响到 Paint 填充图像的方式；PathEffect 是用来控制绘制轮廓线(笔划)的方式。

PathEffect 对于绘制 Path 基本图形特别有用，但是它们也可以应用到任何 Paint 中，从而影响笔划绘制的方式。

使用 PathEffect 可以改变一个形状的边角的外观，并且控制轮廓线的外观。Android 包含了多个 PathEffect，包括：

- **CornerPathEffect**　可以使用圆角来代替尖锐的角，从而对基本图形的形状尖锐的边角进行平滑处理。
- **DashPathEffect**　可以使用 DashPathEffect 来创建一个虚线的轮廓(短横线/小圆点)，而不是使用实线。你还可以指定任意的虚/实线段的重复方式。
- **DiscretePathEffect**　与 DashPathEffect 相似，但是添加了随机性。当绘制它的时候，需要指定每一段的长度和与原始路径的偏离程度。
- **PathDashPathEffect**　这种效果可以定义一个新的形状(路径)并将其用作原始路径的轮廓标记。

下面的效果可以在一个 Paint 中组合使用多个 PathEffect。
- **SumPathEffect**　顺序地在一条路径中添加两种效果，这样每种效果都可以应用到原始路径中，而且两种结果可以结合起来。
- **ComposePathEffect**　将两种效果组合起来应用，先使用第一种效果，然后在这种效果的基础上应用第二种效果。

修改所绘制对象的形状的 PathEffect 会改变受影响的形状区域。这就能够保证应用到相同形状中的填充效果将会绘制到新的边界中。

使用 setPathEffect 方法可以把 PathEffect 应用到 Paint 对象中：

```
borderPaint.setPathEffect(new CornerPathEffect(5));
```

PathEffect API 示例给出了如何应用每一种效果的指导说明：

```
samples\android-15\ApiDemos\src\com\example\android\apis\graphics\PathEffects.java
```

改变转换模式

可以通过修改 Paint 的 Xfermode 来影响在画布中已有的图像上面绘制新的颜色的方式。正常情况下，在已有的图像上绘图将会在其上方添加一层新的形状。如果新的 Paint 是完全不透明的，那么它将完全遮挡住下面的 Paint；如果它是部分透明的，那么它将会被染上下方的颜色。

下面的 Xfermode 子类可以改变这种行为：
- **AvoidXfermode**　指定了一个颜色和容差，强制 Paint 避免在它上方绘图(或者只在它上方绘图)。
- **PixelXorXfermode**　当覆盖已有的颜色时，应用一个简单的像素 XOR 操作。
- **PorterDuffXfermode**　这是一个非常强大的转换模式，通过它可以使用图像合成的 16 条 Porter-Duff 规则的任意一条来控制 Paint 如何与已有的画布图像进行交互。

要应用转换模式，可以使用 setXferMode 方法：

```
AvoidXfermode avoid = new AvoidXfermode(Color.BLUE, 10,
                                        AvoidXfermode.Mode.AVOID);
borderPen.setXfermode(avoid);
```

3. 使用抗锯齿效果提高 Paint 质量

在创建一个新的 Paint 对象时，可以通过传递给它一些标志来影响渲染它的方式。ANTI_ALIAS_FLAG 是其中一种很有趣的标志，它可以保证在绘制斜线的时候使用抗锯齿效果来平滑该斜线的外观(代价就是会降低性能)。

在绘制文本时，抗锯齿效果尤为重要，因为经过抗锯齿效果处理之后的文本非常容易阅读。要创建更加平滑的文本效果，可以应用 SUBPIXEL_TEXT_FLAG，它将会应用子像素抗锯齿效果。

```
Paint paint = new Paint(Paint.ANTI_ALIAS_FLAG|Paint.SUBPIXEL_TEXT_FLAG);
```

也可以使用 setSubpixelText 和 setAntiAlias 方法来手动设置这些标志：

```
myPaint.setSubpixelText(true);
myPaint.setAntiAlias(true);
```

4. 画布绘图最佳实践

2D 自绘图操作是非常耗费处理器资源的；低效的绘图方法会阻塞 GUI 线程，并且会对应用程序的响应造成不利的影响。对于那些只有一个处理器的资源受限的环境来说更是如此。

在第 4 章中，你学习了重写新的 View 的派生类的 onDraw 方法来创建自己的 View。需要注意的是 onDraw 方法的资源消耗和 CPU 消耗，不要因为应用程序无响应或者响应慢而导致应用程序结束。

目前有很多技术可以帮助你将与自绘图控件相关的资源消耗最小化。我们关心的不是一般的原则，而是某些 Android 特定的注意事项，从而保证你可以创建外观时尚、能够保持交互的 Activity(注意，以下这个列表并不完整)。

- **考虑大小和方向**　在设计 View 和覆盖的时候，一定要保证考虑(和测试)它们在不同的分辨率、像素密度和大小下的外观。
- **只创建一次静态对象**　在 Android 中，对象的创建和垃圾回收是相当耗费资源的。因此，在可能的地方，应该只创建一次像 Paint 对象、Path 和 Shader 这样的绘图对象，而不是在 View 每次无效的时候都重新创建它们。
- **记住 onDraw 是很耗费资源的**　执行 onDraw 方法是很耗费资源的处理，它会强制 Android 执行多个图像组合和位图构建操作。下面有几点建议可以让你修改画布的外观，而不用重新绘制它：
  - **使用画布转换**　可以使用像 rotate 和 translate 这样的转换来简化画布中元素复杂的相对位置。例如，相比于放置和旋转一个表盘周围的每一个文本元素，你可以简单地将画布旋转 22.5°，然后在相同的位置绘制文本。
  - **使用动画**　可以考虑使用动画来执行 View 的预设置的转换，而不是手动地重新绘制它。在 Activity 的任意 View 中可以缩放、旋转和转换动画，并可以提供一种能够有效利用资源的方式来给出缩放、旋转或者抖动效果。
  - **考虑使用位图、9patch 和 Drawable 资源**　如果 View 使用了静态背景，那么你应该考虑使用一个 Drawable，如位图、可缩放的 NinePatch 或静态 XML Drawable，而不是手动绘制。
- **避免重叠绘制**　光栅绘制和分层 View 的结合使用会导致很多分层会在其他分层的上面绘制。在绘制一个分层或者对象之前，请检查以确保它是否会完全被其上方的分层所遮挡。最好避免绘制的像素数超过屏幕每帧像素数的 2.5 倍。透明的像素也会计数——并且绘制的成本比不透明颜色要更加昂贵。

5. 高级指南针表盘的示例

第 4 章已经创建了一个简单的指南针 UI。在下面的示例中，你将对 CompassView 的 onDraw 方法做一些重要的改动，从而把它从一个简单的、平面的指南针变成一个动态的人工地平仪，如图 11-8 所示。由于图中的图像是黑白的，因此需要实际动手创建这个控件，从而看到完全的效果。

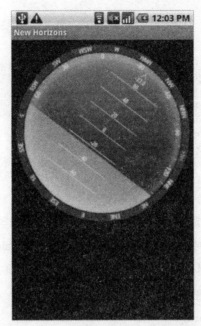

图 11-8

(1) 首先，添加属性以存储倾斜和滚动的值：

```
private float pitch;

public void setPitch(float _pitch) {
  pitch = _pitch;
  sendAccessibilityEvent(AccessibilityEvent.TYPE_VIEW_TEXT_CHANGED);
}

public float getPitch() {
  return pitch;
}

private float roll;

public void setRoll(float _roll) {
  roll = _roll;
  sendAccessibilityEvent(AccessibilityEvent.TYPE_VIEW_TEXT_CHANGED);
}

public float getRoll() {
  return roll;
}
```

(2) 通过修改 colors.xml 资源文件来包含边界渐变、玻璃表盘阴影以及天空和地面的颜色值。同时还要更新边界和盘面标记所使用的颜色：

```
<?xml version="1.0" encoding="utf-8"?>
<resources>
  <color name="background_color">#F000</color>
  <color name="marker_color">#FFFF</color>
```

```xml
  <color name="text_color">#FFFF</color>

<color name="shadow_color">#7AAA</color>
  <color name="outer_border">#FF444444</color>
  <color name="inner_border_one">#FF323232</color>
  <color name="inner_border_two">#FF414141</color>
  <color name="inner_border">#FFFFFFFF</color>
  <color name="horizon_sky_from">#FFA52A2A</color>
  <color name="horizon_sky_to">#FFFFC125</color>
  <color name="horizon_ground_from">#FF5F9EA0</color>
  <color name="horizon_ground_to">#FF0008B</color>
</resources>
```

(3) 用作人工地平仪的天空和地面的 Paint 和 Shader 对象是根据当前 View 的大小创建的，所以它们不像在第 4 章中创建的 Paint 对象那样是静态的。因此，不再创建 Paint 对象，而是更新 CompassView 类中的 initCompassView 方法来构造它们所使用的渐变数组和颜色。现有的方法代码大部分可以保留，只需要对 textPaint、circlePaint 和 markerPaint 变量做些许改动，如下面高亮显示的代码所示：

```java
int[] borderGradientColors;
float[] borderGradientPositions;

int[] glassGradientColors;
float[] glassGradientPositions;

int skyHorizonColorFrom;
int skyHorizonColorTo;
int groundHorizonColorFrom;
int groundHorizonColorTo;

protected void initCompassView() {
  setFocusable(true);

  //获得外部资源
  Resources r = this.getResources();

  circlePaint = new Paint(Paint.ANTI_ALIAS_FLAG);
  circlePaint.setColor(R.color.background_color);
  circlePaint.setStrokeWidth(1);
  circlePaint.setStyle(Paint.Style.STROKE);

  northString = r.getString(R.string.cardinal_north);
  eastString = r.getString(R.string.cardinal_east);
  southString = r.getString(R.string.cardinal_south);
  westString = r.getString(R.string.cardinal_west);

  textPaint = new Paint(Paint.ANTI_ALIAS_FLAG);
  textPaint.setColor(r.getColor(R.color.text_color));
  textPaint.setFakeBoldText(true);
  textPaint.setSubpixelText(true);
  textPaint.setTextAlign(Align.LEFT);
```

```
    textHeight = (int)textPaint.measureText("yY");

    markerPaint = new Paint(Paint.ANTI_ALIAS_FLAG);
    markerPaint.setColor(r.getColor(R.color.marker_color));
    markerPaint.setAlpha(200);
    markerPaint.setStrokeWidth(1);
    markerPaint.setStyle(Paint.Style.STROKE);
    markerPaint.setShadowLayer(2, 1, 1, r.getColor(R.color.shadow_color));
}
```

a. 还是在 initCompassView 方法中,创建径向 Shader,用来绘制外边框所使用的颜色和位置数组:

```
protected void initCompassView() {
  [ ... Existing code ... ]

  borderGradientColors = new int[4];
  borderGradientPositions = new float[4];

  borderGradientColors[3] = r.getColor(R.color.outer_border);
  borderGradientColors[2] = r.getColor(R.color.inner_border_one);
  borderGradientColors[1] = r.getColor(R.color.inner_border_two);
  borderGradientColors[0] = r.getColor(R.color.inner_border);
  borderGradientPositions[3] = 0.0f;
  borderGradientPositions[2] = 1-0.03f;
  borderGradientPositions[1] = 1-0.06f;
  borderGradientPositions[0] = 1.0f;
}
```

b. 然后创建径向渐变的颜色和位置数组,它们将用来创建半透明的"玻璃圆顶",该对象放置在 View 的上面,从而使人产生深度感:

```
protected void initCompassView() {
  [ ... 现有的代码 ... ]

  glassGradientColors = new int[5];
  glassGradientPositions = new float[5];

  int glassColor = 245;
  glassGradientColors[4] = Color.argb(65, glassColor,
                                     glassColor, glassColor);
  glassGradientColors[3] = Color.argb(100, glassColor,
                                     glassColor, glassColor);
  glassGradientColors[2] = Color.argb(50, glassColor,
                                     glassColor, glassColor);
  glassGradientColors[1] = Color.argb(0, glassColor,
                                     glassColor, glassColor);
  glassGradientColors[0] = Color.argb(0, glassColor,
                                     glassColor, glassColor);
  glassGradientPositions[4] = 1-0.0f;
  glassGradientPositions[3] = 1-0.06f;
  glassGradientPositions[2] = 1-0.10f;
  glassGradientPositions[1] = 1-0.20f;
  glassGradientPositions[0] = 1-1.0f;
}
```

c. 最后，获得创建线性颜色渐变所使用的颜色，它们将用来表示人工地平仪中的天空和地面：

```
protected void initCompassView() {
  [ ... Existing code ... ]

  skyHorizonColorFrom = r.getColor(R.color.horizon_sky_from);
  skyHorizonColorTo = r.getColor(R.color.horizon_sky_to);

  groundHorizonColorFrom = r.getColor(R.color.horizon_ground_from);
  groundHorizonColorTo = r.getColor(R.color.horizon_ground_to);
}
```

(4) 在开始绘制表盘之前，先创建一个新的枚举对象来存储基本的方向：

```
private enum CompassDirection {  N, NNE, NE, ENE,
                                 E, ESE, SE, SSE,
                                 S, SSW, SW, WSW,
                                 W, WNW, NW, NNW }
```

(5) 现在需要完全重写已有的 onDraw 方法。首先，需要计算出某些与大小有关的值，包括 View 的中心、圆形控件的半径、包围外盘元素(方向)和内盘元素(倾斜和转动)的矩形。替换现有的 onDraw 方法：

```
@Override
protected void onDraw(Canvas canvas) {
```

(6) 根据用来绘制方向值的字体的大小，计算出外(方向)圆环的宽度：

```
float ringWidth = textHeight + 4;
```

(7) 计算出 View 的高度和宽度，并使用这些值来计算外刻度盘和内刻度盘的半径，同时创建每一个盘面的包围框：

```
int height = getMeasuredHeight();
  int width =getMeasuredWidth();

  int px = width/2;
  int py = height/2;
  Point center = new Point(px, py);

  int radius = Math.min(px, py)-2;

  RectF boundingBox = new RectF( center.x - radius,
                                 center.y - radius,
                                 center.x + radius,
                                 center.y + radius);

  RectF innerBoundingBox = new RectF( center.x - radius + ringWidth,
                                      center.y - radius + ringWidth,
                                      center.x + radius - ringWidth,
                                      center.y + radius - ringWidth);
```

```
float innerRadius = innerBoundingBox.height()/2;
```

(8) 在确定了 View 的外形尺寸之后，现在就要开始绘制盘面了。

从外围的底层开始，向里面和上方绘制，首先是外盘面(方向)。使用步骤 3.2 中定义的颜色和位置，创建一个新的 RadialGradient Shader，把该 Shader 分配给一个新的 Paint，然后使用它画一个圆：

```
RadialGradient borderGradient = new RadialGradient(px, py, radius,
borderGradientColors, borderGradientPositions, TileMode.CLAMP);

Paint pgb = new Paint();
pgb.setShader(borderGradient);

Path outerRingPath = new Path();
outerRingPath.addOval(boundingBox, Direction.CW);

canvas.drawPath(outerRingPath, pgb);
```

(9) 接下来，需要绘制人工地平仪。通过把圆形表面分成两个部分来创建地平仪，其中一部分代表天空，另一部分代表地面。每一部分所占的比例与当前的俯仰角有关。

首先创建用来绘制天空和地面的 Shader 和 Paint 对象：

```
LinearGradient skyShader = new LinearGradient(center.x,
  innerBoundingBox.top, center.x, innerBoundingBox.bottom,
  skyHorizonColorFrom, skyHorizonColorTo, TileMode.CLAMP);

Paint skyPaint = new Paint();
skyPaint.setShader(skyShader);

LinearGradient groundShader = new LinearGradient(center.x,
  innerBoundingBox.top, center.x, innerBoundingBox.bottom,
  groundHorizonColorFrom, groundHorizonColorTo, TileMode.CLAMP);

Paint groundPaint = new Paint();
groundPaint.setShader(groundShader);
```

(10) 现在通过形式化俯仰角和翻转角的值来让它们分别处于±90°和±180°范围内。

```
float tiltDegree = pitch;
while (tiltDegree > 90 || tiltDegree < -90)
{
  if (tiltDegree > 90) tiltDegree = -90 + (tiltDegree - 90);
    if (tiltDegree < -90) tiltDegree = 90 - (tiltDegree + 90);
}

float rollDegree = roll;
while (rollDegree > 180 || rollDegree < -180)
{
  if (rollDegree > 180) rollDegree = -180 + (rollDegree - 180);
    if (rollDegree < -180) rollDegree = 180 - (rollDegree + 180);
}
```

(11) 创建用来填充圆的每个部分(地面和天空)的路径。每一部分的比例应该与归一化之后的俯仰值有关：

```
Path skyPath = new Path();
skyPath.addArc(innerBoundingBox,
               -tiltDegree,
               (180 + (2 * tiltDegree)));
```

(12) 将画布围绕圆心按照与当前翻转角相反的方向进行旋转,并且使用在第(4)步中创建的 Paint 来绘制天空和地面路径。

```
canvas.save();
canvas.rotate(-rollDegree, px, py);
canvas.drawOval(innerBoundingBox, groundPaint);
canvas.drawPath(skyPath, skyPaint);
canvas.drawPath(skyPath, markerPaint);
```

(13) 接下来是盘面标记,首先计算水平的水平仪标记的起始点:

```
int markWidth = radius / 3;
int startX = center.x - markWidth;
int endX = center.x + markWidth;
```

(14) 要让水平仪的值更易于读取,应该保证俯仰角刻度总是从当前值开始。下面的代码计算了天空和地面在水平仪盘面上的接触位置:

```
double h = innerRadius*Math.cos(Math.toRadians(90-tiltDegree));
double justTiltY = center.y - h;
```

(15) 找出表示每一个倾斜度的像素的数量:

```
float pxPerDegree = (innerBoundingBox.height()/2)/45f;
```

(16) 现在以当前的倾斜值为中心遍历 180°,给出一个可能的俯仰角的滑动刻度:

```
for (int i = 90; i >= -90; i -= 10) {
  double ypos = justTiltY + i*pxPerDegree;

  //只显示内表盘的刻度。
  if ((ypos < (innerBoundingBox.top + textHeight)) ||
      (ypos > innerBoundingBox.bottom - textHeight))
    continue;

  //为每个刻度增量画一条线和一个倾斜角。
  canvas.drawLine(startX, (float)ypos,
                  endX, (float)ypos,
                  markerPaint);
  int displayPos = (int)(tiltDegree - i);
  String displayString = String.valueOf(displayPos);
  float stringSizeWidth = textPaint.measureText(displayString);
  canvas.drawText(displayString,
                  (int)(center.x-stringSizeWidth/2),
                  (int)(ypos)+1,
                  textPaint);
}
```

(17) 现在,在大地/天空相接的地方绘制一条更粗的线。在绘制线之前,改变 **markerPaint** 对象

的笔划粗度(然后把它设置回以前的值):

```
markerPaint.setStrokeWidth(2);
canvas.drawLine(center.x - radius / 2,
                (float)justTiltY,
                center.x + radius / 2,
                (float)justTiltY,
                markerPaint);
markerPaint.setStrokeWidth(1);
```

(18) 要让用户能够更容易地读取精确的翻转值，应该画一个箭头，并显示一个文本字符串来指示值。

创建一个新的 Path，并使用 moveTo/lineTo 方法构造一个开放的箭头，它指向正前方。然后绘制路径和一个文本字符串来展示当前的翻转:

```
//绘制箭头
Path rollArrow = new Path();
rollArrow.moveTo(center.x - 3, (int)innerBoundingBox.top + 14);
rollArrow.lineTo(center.x, (int)innerBoundingBox.top + 10);
rollArrow.moveTo(center.x + 3, innerBoundingBox.top + 14);
rollArrow.lineTo(center.x, innerBoundingBox.top + 10);
canvas.drawPath(rollArrow, markerPaint);
//绘制字符串
String rollText = String.valueOf(rollDegree);
double rollTextWidth = textPaint.measureText(rollText);
canvas.drawText(rollText,
                (float)(center.x - rollTextWidth / 2),
                innerBoundingBox.top + textHeight + 2,
                textPaint);
```

(19) 将画布旋转到正上方，这样就可以绘制其他的盘面标记:

```
canvas.restore();
```

(20) 每次将画布旋转 10°，然后画一个标记或一个值，直到画完翻转值表盘为止。当完成表盘之后，把画布恢复为正上方的方向。

```
canvas.save();
canvas.rotate(180, center.x, center.y);
for (int i = -180; i < 180; i += 10)
{
  //每30°显示一个数字值
  if (i % 30 == 0) {
    String rollString = String.valueOf(i*-1);
    float rollStringWidth = textPaint.measureText(rollString);
    PointF rollStringCenter =
      new PointF(center.x-rollStringWidth/2,
              innerBoundingBox.top+1+textHeight);
    canvas.drawText(rollString,
                rollStringCenter.x, rollStringCenter.y,
                textPaint);
  }
  //否则绘制一条标记线
  else {
```

```
      canvas.drawLine(center.x, (int)innerBoundingBox.top,
                 center.x, (int)innerBoundingBox.top + 5,
                 markerPaint);
    }

    canvas.rotate(10, center.x, center.y);
  }
  canvas.restore();
```

(21) 创建表盘的最后一步是在外边界绘制方向标记:

```
canvas.save();
canvas.rotate(-1*(bearing), px, py);

// 这应该是一个 double 型的值吗?
double increment = 22.5;

for (double i = 0; i < 360; i += increment) {
  CompassDirection cd = CompassDirection.values()
                    [(int)(i / 22.5)];
  String headString = cd.toString();

  float headStringWidth = textPaint.measureText(headString);
  PointF headStringCenter =
    new PointF(center.x - headStringWidth / 2,
            boundingBox.top + 1 + textHeight);

  if (i % increment == 0)
    canvas.drawText(headString,
              headStringCenter.x, headStringCenter.y,
              textPaint);
  else
    canvas.drawLine(center.x, (int)boundingBox.top,
              center.x, (int)boundingBox.top + 3,
              markerPaint);

  canvas.rotate((int)increment, center.x, center.y);
}
canvas.restore();
```

(22) 在完成表盘后,还需要做一些收尾工作。

首先在最上面添加一个"玻璃圆顶"以给人一种表盘的感觉。使用你前面创建的辐射渐变数组,创建一个新的 Shader 和 Paint 对象。使用它们在内盘面上画一个圆,使其看上去更像是覆盖在玻璃下方:

```
RadialGradient glassShader =
  new RadialGradient(px, py, (int)innerRadius,
                glassGradientColors,
                glassGradientPositions,
                TileMode.CLAMP);
Paint glassPaint = new Paint();
glassPaint.setShader(glassShader);

canvas.drawOval(innerBoundingBox, glassPaint);
```

(23) 剩下的工作就是再画两个圆，分别作为内表盘和外表盘范围的清晰边界。然后把画布恢复为正上方向，并完成 onDraw 方法：

```
//绘制外环
canvas.drawOval(boundingBox, circlePaint);

//绘制内环
circlePaint.setStrokeWidth(2);
canvas.drawOval(innerBoundingBox, circlePaint);
}
```

如果运行父 Activity，就会看到人工水平仪，如本例开始时给出的图 11-9 所示。

　　　本例中的所有代码都取自第 11 章的 Compass 项目，从 www.wrox.com 上可以下载该项目。

11.7.2 硬件加速

Android 3.0(API level 11)引入了一种新的渲染方式，它能够让应用程序受益于 2D 图像硬件加速。基于硬件加速的渲染方式支持大多数现有的 Canvas 和 Paint 绘图选项，这些选项在前面的章节中已经介绍过，不过也有一些例外。所有的 SDK View、布局和效果都支持硬件加速，因此在大多数情况下，对整个应用程序启用硬件加速是安全的——主要的例外就是你自己创建的那些 View。

　　　查看 Android 开发指南可以获得完整的不支持的绘图操作：http://developer.android.com/guide/topics/graphics/hardware-accel.html#unsupported。

1. 在应用程序中管理硬件加速的使用

通过在清单中的 application 节点中添加 android:hardwareAccelerated 属性，可以显式地为应用程序开启和禁用硬件加速：

```
<application android:hardwareAccelerated="true">
```

要想为一个指定的 Activity 启用或者禁用硬件加速，可以在 Activity 的清单节点中使用相同的属性：

```
<activity android:name=".MyActivity"
          android:hardwareAccelerated="false" />
```

为一个 Activity 内的特定 View 启用和禁用硬件加速也是可以的。如果想这样做，可以使用 setLayerType 方法，并设置使用软件渲染的 View 的层类型：

```
view.setLayerType(View.LAYER_TYPE_SOFTWARE, null);
```

2. 检测硬件加速是否可用

不是所有的设备都支持硬件加速，而且在一个硬件加速的画布上也不是所有的 2D 图像功能都支持。因此，根据当前硬件加速是否可用，你可能需要改变通过一个 View 所展现出来的 UI。

对于一个 View 对象或者它所作用的画布，可以使用 isHardwareAccelerated 来判断硬件加速是否是激活的。如果想在 onDraw 方法中检测硬件加速，最好使用 Canvas.isHardwareAccelerated 方法：

```
@Override
public void onDraw(Canvas canvas) {
  if (canvas.isHardwareAccelerated()) {
    //TODO: 硬件加速的绘图逻辑
  }
  else {
    //TODO: 非硬件加速的绘图逻辑
  }
}
```

11.7.3　Surface View 简介

在一般的情况下，应用程序的 View 都是在相同的 GUI 线程中绘制的。这个主应用程序线程同时也用来处理所有的用户交互(如按钮单击或者文本输入)。

在第 9 章中，你已经学习了如何把容易阻塞的处理移到后台线程中。但是，对于一个 View 的 onDraw 方法不能这样做，因为从后台线程修改一个 GUI 元素会被显式地禁止。

当需要快速更新 View 的 UI，或者当渲染代码阻塞 GUI 线程的时间过长的时候，SurfaceView 就是解决上述问题的最佳选择。SurfaceView 封装了一个 Surface 对象而不是画布。这一点很重要，因为可以使用后台线程绘制 Surface。对于那些资源密集的操作或者要求快速更新或高速帧率的地方，例如使用 3D 图形、创建游戏、或者实时预览摄像头，这一点特别有用。

独立于 GUI 线程进行绘图的代价是会增加内存消耗，所以，虽然它是创建自定义 View 的有效方式——有时甚至是必需的，但在使用 SurfaceView 的时候仍然要保持谨慎。

1. 何时应该使用 Surface View

Surface View 使用的方式与任何 View 所派生的类是完全相同的。可以像其他 View 那样应用动画，并把它们放到布局中。

Surface View 封装的 Surface 支持使用本章前面所描述的所有标准 Canvas 方法进行绘图，它同时也支持完整的 OpenGL ES 库。

对于显示动态的 3D 图像来说(例如，提供身临其境体验的交互式游戏中的 3D 图像)，Surface View 特别有用。它还是实时显示摄像头预览的最佳选择。

2. 创建 Surface View

要创建一个新的 Surface View，需要创建一个新的扩展 SurfaceView 的类，并实现 SurfaceHolder.Callback。SurfaceHolder 回调可以在底层的 Surface 被创建、销毁和修改的时候通知 View，并传递给它对 SurfaceHolder 对象的引用，其中包含了当前有效的 Surface。一个典型的 Surface View 设计方式包括一个由 Thread 所派生的类，它可以接受对当前的 SurfaceHolder 的引用，并独立地更新它。

程序清单 11-8 展示了使用画布所绘制的 Surface View 的实现。在 SurfaceView 控件中创建一个新的由 Thread 派生的类，并且所有的 UI 更新都是在这个新类中处理的。

第 11 章 高级用户体验

程序清单 11-8   Surface View 实现框架

```java
import android.content.Context;
import android.graphics.Canvas;
import android.view.SurfaceHolder;
import android.view.SurfaceView;

public class MySurfaceView extends SurfaceView implements
  SurfaceHolder.Callback {

  private SurfaceHolder holder;
  private MySurfaceViewThread mySurfaceViewThread;
  private boolean hasSurface;

  MySurfaceView(Context context) {
    super(context);
    init();
  }

  private void init() {
//创建一个新的SurfaceHolder,并分配这个类作为它的回调
    holder = getHolder();
    holder.addCallback(this);
    hasSurface = false;
  }

  public void resume() {
//创建并启动图形更新线程
    if (mySurfaceViewThread == null) {
      mySurfaceViewThread = new MySurfaceViewThread();

      if (hasSurface == true)
        mySurfaceViewThread.start();
    }
  }

  public void pause() {
//结束图形更新线程
    if (mySurfaceViewThread != null) {
      mySurfaceViewThread.requestExitAndWait();
      mySurfaceViewThread = null;
    }
  }

  public void surfaceCreated(SurfaceHolder holder) {
    hasSurface = true;
    if (mySurfaceViewThread != null)
      mySurfaceViewThread.start();
  }

  public void surfaceDestroyed(SurfaceHolder holder) {
    hasSurface = false;
    pause();
  }
```

```java
    public void surfaceChanged(SurfaceHolder holder, int format,
                               int w, int h) {
      if (mySurfaceViewThread != null)
        mySurfaceViewThread.onWindowResize(w, h);
    }

    class MySurfaceViewThread extends Thread {
      private boolean done;

      MySurfaceViewThread() {
        super();
        done = false;
      }

      @Override
      public void run() {
        SurfaceHolder surfaceHolder = holder;
```
//重复绘图循环,直到线程停止
```java
        while (!done) {
```
//锁定 Surface,并返回要在其上绘图的画布
```java
          Canvas canvas = surfaceHolder.lockCanvas();
```
//TODO:在画布上绘图
//解锁画布,并渲染当前的图像
```java
          surfaceHolder.unlockCanvasAndPost(canvas);
        }
      }

      public void requestExitAndWait() {
```
//把这个线程标记为完成,并合并到主应用程序线程
```java
        done = true;
        try {
          join();
        } catch (InterruptedException ex) { }
      }

      public void onWindowResize(int w, int h) {
```
//处理可用 Surface 尺寸的改变
```java
      }
    }
  }
```

代码片段 PA4AD_Ch11_SurfaceView/src/MySurfaceView.java

3. 使用 Surface View 创建 3D 控件

Android 完全支持 OpenGL ES 3D 渲染框架,其中包含了对设备的硬件加速的支持。SurfaceView 提供了一个 Surface,可以在它上面渲染 OpenGL 场景。

OpenGL 通常在桌面应用程序中使用,可以提供动态 3D 交互和动画。资源受限的设备不具备多边形处理的能力,只有那些拥有专门的 3D 图形处理器的桌面 PC 和游戏设备才具有这些功能。在应用程序中,需要考虑 3D Surface View 的负载都将放置在处理器上,而且还要尝试让显示的多边形的数量和它们的更新频率尽可能低。

本书没有介绍如何创建 Doom 的 Android 版本，而是将它们留给了你，让你来测试移动设备 3D 用户界面的所有可能性。下载 SDK 发行版中的 GLSurfaceView API 演示教程示例，在其中你将会看到一个 OpenGL ES 框架的实际应用。

11.7.4 创建交互式控件

任何使用过手机的人都会清楚意识到，为移动设备设计直观的用户界面是一项非常具有挑战性的工作。手机上出现触摸屏已经很多年了，但是直到最近，具有触摸功能的设备才实现了用手指取代手写笔来进行交互的功能。虽然全键盘也已经变得非常普遍，但是由于受到侧向键盘和滑盖键盘尺寸的限制，实现它们将会面临很多挑战。

作为一个开放的框架，Android 被寄希望于能够支持各种各样的设备，这些设备具有许多输入设备的组合，包括触摸屏、D-pad、轨迹球和键盘。

对应用程序开发人员来说，创建一个直观的用户界面是一项巨大的挑战，它不仅要求能够充分利用大部分可用的输入硬件，还要求尽可能地减少对硬件的依赖。

这一部分描述的技术展示如何在 Activity 和 View 中使用下面的事件处理程序来监听用户输入(并对其作出响应)，包括按键按下、轨迹球事件和触摸屏单击：

- **onTouchEvent**　触摸屏事件处理程序，当触摸屏被触摸、释放或者拖动时触发。
- **onKeyDown**　当按下任何硬件按键时调用。
- **onKeyUp**　当释放任何硬件按键时调用。
- **onTrackballEvent**　当轨迹球移动时触发。

1. 使用触摸屏

手机触摸屏早在 Apple Newton 和 Palm Pilot 时代就出现了，但是对它们的可用性存在不同的看法。现代的手机都是使用手指进行输入的——它的设计准则是假设用户将会使用他们的手指(而不是特定的手写笔)来触摸屏幕。

基于手指的输入可以让交互不必那么精确，它经常是基于移动的，而不只是简单的接触。Android 本地应用程序大量地使用了基于手指的触摸屏交互，包括通过拖动来滚动列表或者执行操作。

要创建一个使用触摸屏进行交互的 View 或者 Activity，需要重写 onTouchEvent 处理程序：

```
@Override
public boolean onTouchEvent(MotionEvent event) {
  return super.onTouchEvent(event);
}
```

如果已经处理了屏幕触摸，就返回 true；否则，就返回 false，从而通过一个 View 和 Activity 的栈来传递事件，直到成功地处理触摸为止。

处理单点和多点触摸事件

当用户触摸屏幕的时候，就会触发 onTouchEvent 事件处理程序，每当位置发生改变的时候就触发一次，当触摸结束的时候还会触发一次。

Android 2.0(API level 5)引入了对处理任意数量的并发触摸事件的平台支持。每个触摸事件将被分配一个独立的指针标识符，该标识符将在 MotionEvent 参数中得到引用。

 并不是所有的触摸屏硬件都会报告多个同时发生的屏幕触摸操作。如果硬件不支持多点触摸，那么硬件将返回单点触摸事件。

对 MotionEvent 参数调用 getAction 以找出触发了该处理程序的事件类型。对于单点触摸设备或者多点触摸设备上的第一个触摸事件，可以使用 ACTION_UP/DOWN/MOVE/CANCEL/OUTSIDE 常量来确定事件类型：

```
@Override
public boolean onTouchEvent(MotionEvent event) {
  int action = event.getAction();
  switch (action) {
    case (MotionEvent.ACTION_DOWN):
//按下触摸屏
      return true;
    case (MotionEvent.ACTION_MOVE):
//接触点在屏幕上移动
      return true;
    case (MotionEvent.ACTION_UP):
//触摸屏触摸结束
      return true;
    case (MotionEvent.ACTION_CANCEL):
//触摸事件取消
      return true;
    case (MotionEvent.ACTION_OUTSIDE):
//移动操作发生在被监控的屏幕元素的边界之外
      return true;
    default: return super.onTouchEvent(event);
  }
}
```

要使用多个指针跟踪触摸事件，可以分别应用 MotionEvent.ACTION_MASK 和 MotionEvent.ACTION_POINTER_ID_MASK 来确定触摸事件(ACTION_POINTER_DOWN 和 ACTION_POINTER_UP)和触发该事件的指针 ID。调用 getPointerCount 可以找出触摸事件是否是一个多点触摸事件：

```
@Override
public boolean onTouchEvent(MotionEvent event) {
  int action = event.getAction();

  if (event.getPointerCount() > 1) {
    int actionPointerId = action & MotionEvent.ACTION_POINTER_ID_MASK;
    int actionEvent = action & MotionEvent.ACTION_MASK;
//处理指针 ID 和事件。
  }
  return super.onTouchEvent(event);
}
```

MotionEvent 还包含了当前屏幕接触点的坐标，可以使用 getX 和 getY 方法访问这些坐标。这些方法将会返回相对于对触摸事件作出响应的 View 或者 Activity 的坐标。

在多点触摸事件的情况下，每个 MotionEvent 都包含每个指针的当前位置。要找出给定指针的位置，可以将它的索引传入 getX 和 getY 方法。注意，它的索引与指针 ID 不同。要找出给定指针的索引，可以使用 findPointerIndex 方法，并传入指针 ID：

```
int xPos = -1;
int yPos = -1;

if (event.getPointerCount() > 1) {
  int actionPointerId = action & MotionEvent.ACTION_POINTER_ID_MASK;
  int actionEvent = action & MotionEvent.ACTION_MASK;

  int pointerIndex = event.findPointerIndex(actionPointerId);
  xPos = (int)event.getX(pointerIndex);
  yPos = (int)event.getY(pointerIndex);
}
else {
    //单点触摸事件
  xPos = (int)event.getX();
  yPos = (int)event.getY();
}
```

MotionEvent 参数还包含了应用到屏幕上的压力，该方法返回一个 0(没有压力)到 1(正常压力)之间的值。

最后，也可以使用 getSize 来确定当前触摸区域的归一化的大小。这个方法将返回 0~1 之间的一个值，其中 0 表示非常精确的测量，而 1 则表示本次触摸可能"误触摸"事件，即用户可能没打算触摸任何对象。

 根据硬件校准的不同，也有可能会返回大于 1 的值。

跟踪触摸移动

每当当前的触摸接触位置、压力或者区域大小发生改变的时候，一个新的 onTouchEvent 就会通过一个 ACTION_MOVE 操作被触发。

除了前面描述的内容之外，MotionEvent 参数还可以包含历史值。这个历史值代表了上次处理的 onTouchEvent 和这一次的 onTouchEvent 事件之间发生的所有移动事件，它允许 Android 缓冲快速的移动改变，从而提供对移动数据的细粒度的捕获。

可以通过调用 getHistorySize 来获得历史的大小值，该办法可以返回当前事件可用的移动位置的数量。然后你可以通过使用一系列 getHistory*方法并传递给它位置索引来获得每一个历史事件的时间、压力、大小和位置。注意，与前面描述的 getX 和 getY 方法一样，可以传入一个指针索引值来跟踪多个游标的历史触摸事件。

```
int historySize = event.getHistorySize();
long time = event.getHistoricalEventTime(i);

if (event.getPointerCount() > 1) {
  int actionPointerId = action & MotionEvent.ACTION_POINTER_ID_MASK;
```

```
      int pointerIndex = event.findPointerIndex(actionPointerId);
      for (int i = 0; i < historySize; i++) {
        float pressure = event.getHistoricalPressure(pointerIndex, i);
        float x = event.getHistoricalX(pointerIndex, i);
        float y = event.getHistoricalY(pointerIndex, i);
        float size = event.getHistoricalSize(pointerIndex, i);
        //TODO：处理每个接触点
      }
    }
    else {
      for (int i = 0; i < historySize; i++) {
        float pressure = event.getHistoricalPressure(i);
        float x = event.getHistoricalX(i);
        float y = event.getHistoricalY(i);
        float size = event.getHistoricalSize(i);
        //TODO：处理每个接触点
      }
    }
```

用来处理移动事件的一般方式是首先处理每一个历史事件，然后处理当前的 MotionEvent 值，如程序清单 11-9 所示。

程序清单 11-9 处理触摸屏移动事件

```java
@Override
public boolean onTouchEvent(MotionEvent event) {

    int action = event.getAction();

    switch (action) {
      case (MotionEvent.ACTION_MOVE):
      {
        int historySize = event.getHistorySize();
        for (int i = 0; i < historySize; i++) {
          float x = event.getHistoricalX(i);
          float y = event.getHistoricalY(i);
          processMovement(x, y);
        }

        float x = event.getX();
        float y = event.getY();
        processMovement(x, y);

        return true;
      }
    }

    return super.onTouchEvent(event);
}

private void processMovement(float _x, float _y) {
    //TODO:在移动的时候做点事情
}
```

代码片段 PA4AD_Ch11_Touch/src/MyView.java

使用 OnTouchListener

可以通过使用 setOnTouchListener 方法将 OnTouchListener 附加到任意的 View 对象来监听触摸事件，而不需要为已有的 View 建立子类：

```java
myView.setOnTouchListener(new OnTouchListener() {
  public boolean onTouch(View _view, MotionEvent _event) {
    // TODO：响应移动事件
    return false;
  }
});
```

2. 使用设备按键、按钮和 D-pad

所有硬件按钮和按键的按下事件都是由处于活动状态的 Activity 或者当前的前台 View 的 onKeyDown 和 onKeyUp 处理程序进行处理的。这包括键盘的按键、D-pad、音量、返回、拨号和挂机键。主页键是唯一的例外，它被保留用来保证用户永远都不会被锁定在一个应用程序中。

要让 Activity 或者 View 对按钮的按下作出响应，需要重写 onKeyUp 和 onKeyDown 事件处理程序：

```java
@Override
public boolean onKeyDown(int _keyCode, KeyEvent _event) {
//执行按下按键处理，如果已处理，就返回 true
  return false;
}

@Override
public boolean onKeyUp(int _keyCode, KeyEvent _event) {
//执行释放按键处理，如果已处理，就返回 true
  return false;
}
```

keyCode 参数包含了被按下的键的值；把它和 KeyEvent 类中静态的 keyCode 值进行对比，就可以执行特定按键的处理。

KeyEvent 参数还包含了 isAltPressed、isShiftPressed 和 isSymPressed 方法来确定 Alt、Shift 键和 Symbol 键是否被按下。Android 3.0(API level 11)引入了 isCtrlPressed 和 isFunctionPressed 方法来确定 Ctrl 或者功能键是否被按下。静态方法 isModifierKey 可以接受 keyCode 并确定这个按键事件是否是由用户按下这些修改键而触发。

3. 使用 OnKeyListener

要在 Activity 的 View 中对按键的按下作出响应，需要实现 OnKeyListener，并使用 setOnKeyListener 方法将其分配给一个 View。OnKeyListener 并不是为单独的按键按下和释放分别实现独立的方法，而是使用单一的 onKey 事件：

```java
myView.setOnKeyListener(new OnKeyListener() {
  public boolean onKey(View v, int keyCode, KeyEvent event) {
    //处理按键按下事件，如果已处理，就返回 true
    return false;
  }
});
```

可以使用 keyCode 参数来找到按下的按键。KeyEvent 参数用来确定按键是否被按下或者释放，其中 ACTION_DOWN 代表按下按键，而 ACTION_UP 代表释放按键。

4. 使用轨迹球

很多移动设备都提供一个轨迹球，将其作为对触摸屏或者 D-pad 的一个有用的替代(或者补充)。轨迹球事件是通过重写 View 或者 Activity 中的 onTrackballEvent 方法来处理的。

与触摸事件一样，轨迹球移动包含在一个 MotionEvent 参数中。在这种情况下，MotionEvent 包含了轨迹球从上次轨迹球事件起所经过的相对移动，它已经被规范化，这样 1 就代表与用户按下 D-pad 键所造成的运动相等价的移动。

使用 getY 方法可以获得垂直方向上的改变，而使用 getX 方法可以获得水平方向上的滚动：

```
@Override
public boolean onTrackballEvent(MotionEvent _event) {
  float vertical = _event.getY();
  float horizontal = _event.getX();
  //TODO：处理轨迹球移动。
  return false;
}
```

11.8 高级 Drawable 资源

本章之前已经介绍了很多可缩放的 Drawable 资源，包括形状、渐变和颜色。本节将介绍很多其他由 XML 定义的 Drawable。

11.8.1 复合 Drawable

使用复合 Drawable 可以合并和操作其他的 Drawable 资源。在以下的复合资源定义中可以使用任意的 Drawable 资源：位图、形状和颜色。类似地，这些新的 Drawable 也可以在彼此的内部使用，并按照分配其他所有 Drawable 资源的方式把它们添加到 View 上方。

1. 变换 Drawable

可以通过名为 ScaleDrawable 和 RotateDrawable 的类来缩放和旋转现有的 Drawable 资源。这些变换 Drawable 对于创建进度条和动画 View 尤其有用。

- **ScaleDrawable** 在<scale>标记内，使用 scaleHeight 和 scaleWidth 属性分别定义相对于原始 Drawable 的包围框的目标高度和宽度。使用 scaleGravity 属性可以控制可缩放图像的锚点。

```xml
<?xml version="1.0" encoding="utf-8"?>
<scale xmlns:android="http://schemas.android.com/apk/res/android"
  android:drawable="@drawable/icon"
  android:scaleHeight="100%"
  android:scaleWidth="100%"
  android:scaleGravity="center_vertical|center_horizontal"
/>
```

- **RotateDrawable** 在<rotate>标记内，使用 fromDegrees 和 toDegrees 分别定义围绕轴心点的起始和结束的角度。使用 pivotX 和 pivotY 属性定义轴心点，并使用 nn%符号指定 Drawable 的宽度和高度的百分比。

```xml
<?xml version="1.0" encoding="utf-8"?>
<rotate xmlns:android="http://schemas.android.com/apk/res/android"
  android:drawable="@drawable/icon"
  android:fromDegrees="0"
  android:toDegrees="90"
  android:pivotX="50%"
  android:pivotY="50%"
/>
```

要想在运行时进行缩放和旋转，可以使用包含 Drawable 的 View 对象上的 setImageLevel 方法，在 0~10000 之间移动。在这些值之间移动时，level 0 代表起始角度(或者最小缩放结果)，Level 10000 代表变换的最终结果(结束角度或者最大缩放比例)。如果不指定图像的级别，它将默认为 0。

```
ImageView rotatingImage
  = (ImageView)findViewById(R.id.RotatingImageView);
ImageView scalingImage
  = (ImageView)findViewById(R.id.ScalingImageView);

//将图像朝向最终方向旋转 50%
rotatingImage.setImageLevel(5000);

//将图像缩小为最终大小的 50%
scalingImage.setImageLevel(5000);
```

2. 层 Drawable

LayerDrawable 允许在一个 Drawable 资源之上组合多个 Drawable 资源。如果定义一个半透明 Drawable 的数组，那么可以将它们彼此堆叠起来，以创建动态形状和变换的复杂组合。

类似地，可以使用层 Drawables 作为前一节描述的变换 Drawable 的来源，或者作为下面将要讨论的状态列表 Drawable 和级别列表 Drawable 的来源。

层 Drawable 是通过<layer-list>节点标记来定义的。在该标记内，可以使用每个<item>子节点内的 drawable 属性定义要添加的 Drawable。每个 Drawable 将按照索引顺序堆叠，数组中的第一个 item 将放在栈的最底部。

```xml
<?xml version="1.0" encoding="utf-8"?>
<layer-list xmlns:android="http://schemas.android.com/apk/res/android">
  <item android:drawable="@drawable/bottomimage"/>
  <item android:drawable="@drawable/image2"/>
  <item android:drawable="@drawable/image3"/>
  <item android:drawable="@drawable/topimage"/>
</layer-list>
```

3. 状态列表 Drawable

状态列表 Drawable 是一种复合资源，允许根据包含该状态列表 Drawable 的 View 的状态指定一个不同的 Drawable。

大多数Android原生View都使用状态列表Drawable,包括Button上使用的图像和标准ListView项使用的背景。

要想定义一个状态列表Drawable,创建一个包含了<selector>标记的XML文件。添加一些item子节点,每个子节点使用 android:state_*属性和 android:drawable 属性来指定特殊状态下对应的Drawable。

```xml
<selector xmlns:android="http://schemas.android.com/apk/res/android">
<item android:state_pressed="true"
    android:drawable="@drawable/widget_bg_pressed"/>
  <item android:state_focused="true"
    android:drawable="@drawable/widget_bg_selected"/>
  <item android:state_window_focused="false"
    android:drawable="@drawable/widget_bg_normal"/>
  <item android:drawable="@drawable/widget_bg_normal"/>
</selector>
```

每个状态属性可以设置为true或者false,可以为下面列出的View状态的组合指定不同的Drawable:

- **android:state_pressed**　按下或者没有按下。
- **android:state_focused**　有焦点或者没有焦点。
- **android:state_hovered**　API版本11中引入,光标在View上悬停或者不悬停。
- **android:state_selected**　选中或者没有选中。
- **android:state_checkable**　能或者不能被选中。
- **android:state_checked**　是选中状态或者不是选中状态。
- **android:state_enabled**　启用或者禁用。
- **android:state_activated**　激活或者未激活。
- **android:state_window_focused**　父窗口有焦点或者没有焦点。

对于一个给定的View确定该显示哪个Drawable时,Android会使用和对象当前状态匹配的状态列表中的第一项。因此,默认值应该放在状态列表的最后。

4. 级别列表 Drawable

使用级别列表Drawable,可以创建Drawable资源的序列,并给每一层指定一个整型的索引值。使用<level-list>节点来创建一个级别列表Drawable,创建item子节点来定义每一层,通过android:drawable/android:maxLevel属性定义每层的Drawable和它对应的索引值。

```xml
<level-list xmlns:android="http://schemas.android.com/apk/res/android">
  <item android:maxLevel="0"  android:drawable="@drawable/earthquake_0"/>
  <item android:maxLevel="1"  android:drawable="@drawable/earthquake_1"/>
  <item android:maxLevel="2"  android:drawable="@drawable/earthquake_2"/>
  <item android:maxLevel="4"  android:drawable="@drawable/earthquake_4"/>
  <item android:maxLevel="6"  android:drawable="@drawable/earthquake_6"/>
  <item android:maxLevel="8"  android:drawable="@drawable/earthquake_8"/>
  <item android:maxLevel="10" android:drawable="@drawable/earthquake_10"/>
</level-list>
```

要在代码中选择要显示的图像,需要调用显示了级别列表Drawable资源的View的setImageLevel方法,传入要显示的Drawable的索引值:

```
imageView.setImageLevel(5);
```

View将显示与具有指定值或更大的值的索引对应的图像。

11.9 复制、粘贴和剪贴板

Android 3.0(API level 11)引入了对使用Clipboard Manager在应用程序内部(之间)进行完全复制和粘贴操作的支持。

```
ClipboardManager clipboard = (ClipboardManager)getSystemService(CLIPBOARD_SERVICE);
```

剪贴板支持文本字符串、URI(通常是指向一个Content Provider项)和Intent(用于复制应用程序的快捷方式)。要想向剪贴板复制一个对象,可以创建一个新的ClipData对象,它包含一个描述了与待复制对象相关的元数据的ClipDescription、任意数量的ClipData.Item对象,后面的章节会介绍这一内容。使用setPrimaryClip方法把ClipData添加到剪贴板上:

```
clipboard.setPrimaryClip(newClip);
```

在任意时刻,剪贴板中只能包含一个ClipData对象。复制一个新的对象会替换之前持有的剪贴板对象。因此,可以认为你的应用程序不是最后一个向剪贴板里复制内容,也不是唯一粘贴内容的。

11.9.1 向剪贴板中复制数据

ClipData类提供了大量方便的静态方法来简化一个标准的ClipData对象的创建过程。使用newPlainText方法创建一个新的ClipData对象,该对象包含一个指定的字符串,用给定的标签设置了相关的描述,并把MIME类型设置为MIMETYPE_TEXT_PLAIN。

```
ClipData newClip = ClipData.newPlainText("copied text","Hello, Android!");
```

对于基于Content Provider的项,可以使用newUri方法,指定一个Content Resolver、标签和待粘贴数据的URI。

```
ClipData newClip = ClipData.newUri(getContentResolver(),"URI", myUri);
```

11.9.2 粘贴剪贴板数据

要想提供一个良好的用户体验,可以判断剪贴板上是否已经复制了数据,从而在UI上启用和禁用粘贴选项。可以使用hasPrimaryClip方法查询剪贴板服务来实现这一点。

```
if (!(clipboard.hasPrimaryClip())) {
    // TODO:禁用粘贴UI选项。
```

当然,还可以查询当前剪贴板中的Clip Data对象的数据类型。使用getPrimaryClipDescription方法获得剪贴板数据中的元数据,并使用它的hasMimeType方法指定应用程序粘贴所支持的MIME类型:

```
if (!(clipboard.getPrimaryClipDescription().hasMimeType(MIMETYPE_TEXT_PLAIN)))
{
  //TODO：如果剪贴板中的内容是一个不支持的类型，就禁用粘贴 UI 选项。
}
else {
//TODO：如果剪贴板中的内容是一个支持的类型，则启用粘贴 UI 选项。

}
```

要想访问数据本身，可以使用 getItemAt 方法，传入你要遍历的项的索引值。

```
ClipData.Item item = clipboard.getPrimaryClip().getItemAt(0);
```

通过分别使用 getText、getUri 和 getIntent 方法，可以获取文本、URI 和 Intent。

```
CharSequence pasteData = item.getText();
Intent pastIntent = item.getIntent();
Uri pasteUri = item.getUri();
```

任意剪贴板项的内容也是可以粘贴的，即使应用程序只支持文本。使用 coerceToText 方法，可以将 ClipData.Item 对象的内容转化为一个字符串。

```
CharSequence pasteText = item.coerceToText(this);
```

第 12 章

硬件传感器

本章内容
- 使用 Sensor Manager(传感器管理器)
- 可用的传感器类型
- 找出设备的自然方向
- 重新映射设备的方向参考框架
- 监视传感器并解释传感器的值
- 使用传感器监视设备的移动和方向
- 使用传感器监视设备的环境

现代 Android 设备已不仅仅是简单的通信或 Web 浏览平台。这些设备能够使用硬件传感器(包括加速计、陀螺仪和气压表)来作为人的感官的补充。

检测物理和环境属性的传感器为增强移动应用程序的用户体验提供了令人激动的创新机会。现代设备中包含了越来越多的传感器硬件,它们为用户交互和应用程序开发提供了新的可能性,例如,增强现实、基于移动的输入和环境定制。

本章将介绍 Android 中目前可用的传感器,以及如何使用传感器管理器监视它们。

你将仔细研究加速计、方向和陀螺仪传感器,并使用它们来确定设备方向以及加速度的变化,而不管设备的自然方向是什么样的。这对于创建基于动作的用户界面来说尤其有用。

你还将研究环境传感器,包括如何使用气压计检测当前海拔,使用光传感器检测云量,以及温度传感器测量环境温度。

最后,你将学习虚拟传感器和复合传感器,它们能合并几个硬件传感器的输出来提供更加流畅、更加精确的结果。

12.1 使用传感器和传感器管理器

传感器管理器用于管理 Android 设备上可用的传感器硬件。使用 getSystemService 可以返回对

Sensor Manager Service(传感器管理器服务)的引用,如下面的代码段所示:

```
String service_name = Context.SENSOR_SERVICE;
SensorManager sensorManager = (SensorManager)getSystemService(service_name);
```

你并不会直接与传感器硬件交互,而是需要使用 Sensor 对象。Sensor 对象描述了它们代表的硬件传感器的属性,包括传感器的类型、名称、制造商以及与精确度和范围有关的详细信息。

Sensor 类包含了一组常量,它们描述了一个特定的 Sensor 对象所表示的硬件传感器的类型。这些常量的形式为 Sensor.TYPE_<TYPE>。下面的部分描述了每个受支持的传感器类型,之后将介绍如何找到和使用这些传感器。

12.1.1 受支持的 Android 传感器

下面描述了当前可用的各种传感器类型。注意,设备上的硬件决定了应用程序中可以使用的传感器类型。

- **Sensor.TYPE_AMBIENT_TEMPERATURE** 在 Android 4.0(API level 14)中引入,用于代替含义模糊并且已被弃用的 Sensor.TYPE_TEMPERATURE。这是一个温度计,返回以摄氏度表示的温度。返回的温度表示的是环境的室温。
- **Sensor.TYPE_ACCELEROMETER** 一个三轴的加速计传感器,返回三个坐标轴的当前加速度,单位为 m/s^2。本章稍后将进一步研究加速计。
- **Sensor.TYPE_GRAVITY** 一个三轴的重力传感器,返回当前的方向和三个坐标轴上的重力分量,单位为 m/s^2。通常,重力传感器是通过对加速计传感器的结果应用一个低通过滤器,作为一个虚拟传感器实现的。
- **Sensor.TYPE_LINEAR_ACCELERATION** 一个三轴的线性加速度传感器,返回三个坐标轴上不包括重力的加速度,单位为 m/s^2。与重力传感器一样,线性加速度通常是加速计输出,作为一个虚拟传感器实现的。只是为了得到线性加速,对加速计输出应用了高通过滤器。
- **Sensor.TYPE_GYROSCOPE** 一个陀螺仪传感器,以弧度/秒返回了三个坐标轴上的设备旋转速度。可以对一段时间内的旋转速率求积分,以确定设备的当前方向,但是更好的做法是结合其他传感器(通常是加速计)来使用这个传感器,以得到更加平滑和校正后的结果。本章后面会更详细地介绍陀螺仪传感器。
- **Sensor.TYPE_ROTATION_VECTOR** 返回设备的方向,表示为三个轴的角度的组合。通常用作传感器管理器的 getRotationMatrixFromVector 方法的输入,以便将返回的旋转向量转换为旋转矩阵。旋转向量传感器一般被实现为一个虚拟传感器,它可以组合并校正多个传感器(例如加速计和陀螺仪)得到的结果,以提供更加平滑的矩阵。
- **Sensor.TYPE_MAGNETIC_FIELD** 一个磁力传感器,返回三个坐标轴上的当前磁场,单位为 microteslas(μT)。
- **Sensor.TYPE_PRESSURE** 一个气压传感器,返回当前的大气压力,单位为 millibars(mbars,毫巴)。通过使用传感器管理器的 getAltitude 方法来比较两个位置的气压值,可以把气压传感器用于确定海拔高度。气压传感器还可以用在天气预报中,这是通过测量相同位置的气压变化实现的。

- **Sensor.TYPE_RELATIVE_HUMIDITY** 一个相对湿度传感器，以百分比的形式返回当前的相对湿度。这个传感器是在 Android 4.0(API level 14)中引入的。
- **Sensor.TYPE_PROXIMITY** 一个近距离传感器，以厘米为单位返回设备和目标对象之间的距离。目标对象的选择方式以及支持的距离取决于近距离检测器的硬件实现。一些近距离传感器只能返回"近"或"远"作为结果，此时，"远"被表示为传感器的最大工作范围，而"近"则是比该范围小的任何值。近距离传感器的一个典型用法检测用户何时把设备放到了耳朵旁边，以便自动调整屏幕亮度或者发出一个语音命令。
- **Sensor.TYPE_LIGHT** 一个环境光传感器，返回一个以 lux(勒克斯)为单位的值，用于描述环境光的亮度。环境光传感器通常用于动态控制屏幕的亮度。

12.1.2 虚拟传感器简介

通常，Android 传感器是彼此独立地工作的，每个传感器报告特定硬件得到的结果，而不应用任何过滤或者平滑处理。在一些情况中，使用虚拟传感器很有帮助，因为它们可以提供简化的、经过校正的或者复合的数据，使它们更易于在一些应用程序中使用。

前面提到的重力传感器、线性加速度传感器和旋转向量传感器都是 Android 框架提供的虚拟传感器的例子。它们可以使用加速计传感器、磁场传感器和陀螺仪传感器的组合，而不是单独一种硬件的输出。

在有些时候，底层的硬件也提供了虚拟传感器。此时，框架和硬件虚拟传感器都会提供给用户，默认的传感器是表现最佳的传感器。

校正的陀螺仪传感器和方向传感器也作为虚拟传感器提供，用于改进对应的硬件传感器的质量和性能。它们使用了过滤器和多个传感器的输出来平滑、校正或者过滤原始输出。

为了确保在各个平台和设备上的可预测性和一致性，传感器管理器总是默认提供硬件传感器。最好试验给定类型的所有可用传感器，以确定你的应用程序的最佳选择。

12.1.3 查找传感器

除了包含虚拟传感器，任何 Android 设备都可能包含特定传感器类型的多个硬件实现。

为了查找平台上每个可用的传感器，可以使用传感器管理器的 getSensorList，并传入 Sensor.TYPE_ALL，如下所示：

```
List<Sensor> allSensors = sensorManager.getSensorList(Sensor.TYPE_ALL);
```

要找出所有可用的特定类型传感器，可以使用 getSensorList，并指定所需要的传感器类型，如下面的代码所示，它返回了所有可用的陀螺仪：

```
List<Sensor> gyroscopes = sensorManager.getSensorList(Sensor.TYPE_GYROSCOPE);
```

如果指定的传感器类型有多个传感器实现，那么可以通过查询每个返回的 Sensor 对象来决定使用哪个传感器。每个 Sensor 对象都会报告其名称、用电量、最小延迟、最大工作范围、分辨率和供应商的类型。按照约定，硬件传感器实现位于返回的列表的顶部，虚拟的校正实现位于列表的底部。

通过使用传感器管理器的 getDefaultSensor 方法，可以找到指定类型的传感器的默认实现。如果指定的传感器类型没有默认传感器实现，该方法将返回 null。

下面的代码段返回默认的压力传感器：

```
Sensor defaultBarometer = sensorManager.getDefaultSensor(Sensor.TYPE_PRESSURE);
```

并传入前面部分描述的常量所要求的传感器类型。

下面的代码段显示了如何选择一个工作范围最大并且耗电量最低的光传感器，以及校正过的陀螺仪(如果存在的话)：

```
List<Sensor> lightSensors
  = sensorManager.getSensorList(Sensor.TYPE_LIGHT);
List<Sensor> gyroscopes
  = sensorManager.getSensorList(Sensor.TYPE_GYROSCOPE);

Sensor bestLightSensor
  = sensorManager.getDefaultSensor(Sensor.TYPE_LIGHT);
Sensor correctedGyro
  = sensorManager.getDefaultSensor(Sensor.TYPE_GYROSCOPE);

if (bestLightSensor != null)
  for (Sensor lightSensor : lightSensors) {
    float range = lightSensor.getMaximumRange();
    float power = lightSensor.getPower();

    if (range >= bestLightSensor.getMaximumRange())
      if (power < bestLightSensor.getPower() ||
          range > bestLightSensor.getMaximumRange())
        bestLightSensor = lightSensor;
  }

if (gyroscopes != null && gyroscopes.size() > 1)
  correctedGyro = gyroscopes.get(gyroscopes.size()-1);
```

当传感器类型描述一个物理硬件传感器(例如陀螺仪)的时候，未过滤的硬件传感器将优先于任何虚拟实现作为默认传感器返回。很多时候，应用到虚拟传感器的平滑、过滤和校正将为应用程序提供更好的结果。

另外值得注意的是，一些Android设备可能还有多个独立的硬件传感器。

默认的传感器总是会提供一个与典型用例一致的传感器实现，而且在大多数情况下都是应用程序的最好选择。但是，试验所有可用的传感器，或者为用户提供选择使用的传感器的功能，以便根据他们的需要使用最合适的传感器实现，这通常是很有帮助的。

12.1.4 监视传感器

为监视传感器，需要实现一个SensorEventListener。使用onSensorChanged方法监视传感器值，使用onAccuracyChanged方法响应传感器精确度的变化。

程序清单12-1显示了实现一个SensorEventListener的基本代码。

第 12 章　硬件传感器

程序清单 12-1　SensorEventListener 的基本代码

```
final SensorEventListener mySensorEventListener = new SensorEventListener() {
    public void onSensorChanged(SensorEvent sensorEvent) {
        // TODO：监视传感器改变
    }

    public void onAccuracyChanged(Sensor sensor, int accuracy) {
        // TODO：对传感器精度的改变做出反应
    }
};
```

代码片段 PA4AD_Ch12_Sensors/src/MyActivity.java

onSensorChanged 方法中的 SensorEvent 参数包含以下 4 种用于描述一个传感器事件的属性：

- **sensor**　触发该事件的 Sensor(传感器)对象。
- **accuracy**　当事件发生时传感器的精确度(low、medium、high 或者 unreliable，如下一个列表所述)。
- **values**　包含了已检测到的新值的浮点型数组。下节将解释每个传感器类型的返回值。
- **timestamp**　传感器事件发生的时间(以纳秒为单位)。

可以使用 onAccuracyChanged 方法单独监视传感器精确度的变化。
在两种处理程序中，accuracy 值代表传感器的精确度，其值可能为下列任意一种常量：

- **SensorManager.SENSOR_STATUS_ACCURACY_LOW**　表示传感器的精确度很低并且需要校准。
- **SensorManager.SENSOR_STATUS_ACCURACY_MEDIUM**　表示传感器数据具有平均精确度，并且校准可能会改善报告的结果。
- **SensorManager.SENSOR_STATUS_ACCURACY_HIGH**　表示传感器使用的是最高精确度。
- **SensorManager.SENSOR_STATUS_UNRELIABLE**　指示传感器数据不可靠，这意味着需要校准该传感器或者当前不能读数。

为了监听传感器事件，需要向传感器管理器注册自己的 SensorEventListener(传感器事件监听程序)。指定要观察的传感器对象和想要接收更新的速率。

> 要记住，并非所有的传感器在每个设备上都可用，所以一定要检查你使用的传感器的可用性，并且当设备上没有该传感器时，应用程序应该以合适的方式关闭。如果应用程序必须使用某个传感器，则应该在应用程序的 manifest 文件中把该传感器指定为必需的功能，具体操作如第 3 章所述。

程序清单 12-2 使用默认的更新速率为默认的近距离传感器注册了一个传感器事件监听器。

程序清单 12-2　注册一个 SensorEventListener

```
Sensor sensor = sensorManager.getDefaultSensor(Sensor.TYPE_PROXIMITY);
sensorManager.registerListener(mySensorEventListener,
                               sensor,
```

```
                    SensorManager.SENSOR_DELAY_NORMAL);
```

代码片段 PA4AD_Ch12_Sensors/src/MyActivity.java

传感器管理器包含了下列静态常量(按照响应速度降序排列)，用于指定合适的更新速率：
- SENSOR_DELAY_FASTEST：指定可以实现的最快更新速率。
- SENSOR_DELAY_GAME：指定适合控制游戏的更新速率。
- SENSOR_DELAY_NORMAL：指定默认的更新速率。
- SENSOR_DELAY_UI：指定适合更新 UI 的速率。

所选择的速率并不是绝对固定的；传感器管理器返回结果的速率可能比指定的速率更快或者更慢一些，不过一般是更快一些。为了最小化在应用程序中与使用传感器相关的资源开销，最好选择可接受的最慢的速率。

同样重要的是当应用程序不再需要接收更新时，注销其传感器事件监听器：

```
sensorManager.unregisterListener(mySensorEventListener);
```

分别在 Activity 的 onResume 和 onPause 方法中注册和注销其传感器事件监听器，以确保仅在 Activity 处于活动状态时才使用它们，这是一种好的做法。

12.1.5 解释传感器值

onSensorChanged 处理程序中返回的值的长度和构成取决于被监视的传感器。表 12-1 中总结了其返回值的详细信息。有关加速计、方向、磁场、陀螺仪和环境传感器用法的详细信息可以在后面的小节中找到。

 Android 文档描述了每个传感器类型返回的值，并带有一些附加注释，该文档的网址为 http://developer.android.com/reference/android/hardware/SensorEvent.html。

表 12-1 传感器的返回值

传感器类型	值的数量	值 的 构 成	注　　释
TYPE_ACCELEROMETER	3	value[0]：X 轴(横向) value[1]：Y 轴(纵向) value[2]：Z 轴(垂直方向)	沿着三个坐标轴以 m/s^2 为单位的加速度。传感器管理器包含一组重力常量，它们都以 SensorManager.GRAVITY_* 的形式给出
TYPE_GRAVITY	3	value[0]：X 轴(横向) value[1]：Y 轴(纵向) value[2]：Z 轴(垂直方向)	沿着三个坐标轴以 m/s^2 为单位的重力。传感器管理器包含一组重力常量，它们都以 SensorManager.GRAVITY_* 的形式给出
TYPE_HUMIDITY	1	value[0]: 相对湿度	以百分比形式表示的相对湿度(%)
TYPE_LINEAR_ACCELERATION	3	value[0]：X 轴(横向) value[1]：Y 轴(纵向) value[2]：Z 轴(垂直方向)	沿着三个坐标轴以 m/s^2 为单位的加速度，不包含重力

(续表)

传感器类型	值的数量	值的构成	注释
TYPE_GYROSCOPE	3	value[0]：X 轴 value[1]：Y 轴 value[2]：Z 轴	绕三个坐标轴的旋转速率，单位为弧度/秒(r/s)
TYPE_ROTATION_VECTOR	3(还有 1 个可选参数)	values[0]: x*sin(Θ/2) values[1]: y*sin(Θ/2) values[2]: z*sin(Θ/2) values[3]: cos(Θ/2) (可选)	设备方向，以绕坐标轴的旋转角度表示(°)
TYPE_MAGNETIC_FIELD	3	value[0]：X 轴(横向) value[1]：Y 轴(纵向) value[2]：Z 轴(垂直方向)	以微特斯拉(μT)为单位表示的环境磁场
TYPE_LIGHT	1	value[0]：照度	以 lux 为单位测量的环境光。传感器管理器包含一组常量，用于表示不同的标准照度，它们都以 SensorManager.LIGHT_*的形式给出
TYPE_PRESSURE	1	value[0]：气压	以毫巴(mbars)为单位测量的气压
TYPE_PROXIMITY	1	value[0]：距离	以厘米为单位测量的与目标的相隔距离
TYPE_AMBIENT_TEMPERATURE	1	value[0]：温度	以摄氏度(℃)为单位测量的环境温度

12.2 监视设备的移动和方向

加速计、指南针和(近来出现的)陀螺仪可以基于设备方位、方向和移动来提供功能。可以使用这些传感器提供创新性的输入机制，作为传统的触摸屏、轨迹球和键盘输入的补充(或替代)。

特定传感器的可用性取决于运行应用程序时的硬件平台。70″的平板电视的重量超过 150 磅，所以很难举起来方便地移动。因此，使用 Android 系统的电视不太可能包含方向传感器或移动传感器。当用户的设备不支持这类传感器时，为它们提供其他选择是一种很好的做法。

当移动和方向传感器可用时，应用程序可以使用它们进行下列操作：
- 确定设备方向。
- 响应方向变化。
- 响应移动或加速。
- 知道用户正面对的方位。
- 基于移动、旋转或加速来监视姿势。

这些操作为应用程序打开了通向创新的大门。通过监视方向、方位和移动，可以：

- 使用指南针和加速计确定用户的朝向和设备方向。将它们与地图、摄像头和基于位置的服务一起使用,可以创建出增强现实 UI,这种 UI 可以使用基于位置的数据叠加在摄像头实时播放的画面之上。
- 创建能够动态调整以适应用户设备的方向的 UI。在最简单的情况中,当设备从水平方向旋转到竖直方向(或反过来)时,Android 将会更改屏幕方向,但是原生 Gallery 这样的应用程序则在设备方向改变时提供一叠照片的 3D 效果。
- 通过监视快速的加速度来检测设备是否已经在掉落或者被抛掉。
- 测量移动或者振动。例如,可以创建一个应用程序来让用户锁定设备;如果在锁定期间检测到任何运动,那么它就能够发送一条包含了设备当前位置的警报 SMS。
- 创建能够使用物理动作和移动作为输入的 UI 控件。

我们应当检查任何必需传感器的可用性,并确保如果这些传感器不存在,那么应用程序应该以正常方式退出。

12.2.1 确定设备的自然方向

在计算设备的方向前,必须首先理解设备的自然方向。设备的自然方向是指在三个坐标轴的方向都为 0 的方向。自然方向可以是水平的或竖直的,不过这个方向通常可以从厂商平常或硬件按钮的位置判断出来。

对于典型的智能手机,当它平放在桌上并且上部指向正北方时的方向就是其自然方向。

举一个更有想象力的例子。想象你自己坐在一架平稳飞行的飞机的机身上,前面绑了一台 Android 设备。在该设备位于自然位置时,其屏幕指向天空,其上部指向机头,而飞机正在朝着正北方飞行,如图 12-1 所示。

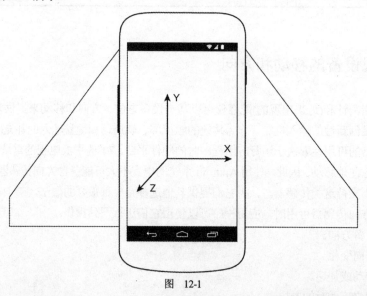

图 12-1

    注意,这个例子只是一个比喻,帮助你理解"自然方向"这个参考基准,所以不要去飞机场找飞机试验。大多数 Android 设备中的电子指南针和加速计不适合用来在飞行中确定朝向、俯仰角和横滚角。

第 12 章 硬件传感器

Android 可以调整显示方向，以便适合在任何方向中使用，但是表 12-1 中描述的传感器坐标轴不会随着设备旋转而改变。因此，显示方向和设备方向可能不同。

返回的传感器值总是相对于设备的自然方向测量的，但是应用程序可能希望当前参考的方向是其显示方向。因此，如果应用程序使用设备方向或者线性加速度作为输入，那么可能有必要基于设备的显示方向(相对于自然方向得出)调整传感器输入。这一点十分重要，因为许多大多数早期 Android 手机的自然方向是竖直方向，但是随着 Android 设备开始包含平板电脑和电视，许多 Android 设备(包括智能手机)的自然方向是水平方向。

为了确保正确地解释方向，你需要相对于自然方向确定当前的显示方向，而不是假定当前的显示方向是竖直方向或水平方向。

使用默认的 Display 对象的 getRotation 方法，可以找出当前的屏幕旋转方向，如程序清单 12-3 所示。

程序清单 12-3　基于设备的自然方向找出屏幕方向

```
String windowSrvc = Context.WINDOW_SERVICE;
WindowManager wm = ((WindowManager) getSystemService(windowSrvc));
Display display = wm.getDefaultDisplay();
int rotation = display.getRotation();
switch (rotation) {
  case (Surface.ROTATION_0) : break; // Natural
  case (Surface.ROTATION_90) : break; // On its left side
  case (Surface.ROTATION_180) : break; // Upside down
  case (Surface.ROTATION_270) : break; // On its right side
  default: break;
}
```

代码片段 PA4AD_Ch12_Sensors/src/MyActivity.java

12.2.2　加速计简介

加速度被定义为速度变化的快慢程度，因此加速计所测量的是设备的速度在某个给定方向上发生变化的快慢程度。使用加速计可以检测移动，更有用的是，可以检测该移动的速度的变化率。

　　加速计有时也叫做重力传感器，因为它们能够测量移动和重力引起的加速度。因此，如果加速计检测与地球表面垂直的坐标轴上的加速度，那么当其处于静止状态时取值将为 $-9.8m/s^2$(该值已被定义为常量 SensorManager.STANDARD_GRAVITY)。

通常情况下，我们仅对与静止状态或者快速运动(表现为加速度的快速变化，例如用户输入时用到的手势)有关的加速度变化感兴趣。在前一种情况下，常常需要通过校准设备以计算初始加速度，从而考虑它们对未来结果的影响。

　　需要注意的是，加速计并不能测量速度，因此不能够基于一个单独的加速计读数直接测量速度。你需要在一段时间内对加速度求积分来计算出速度。然后，可以通过在一段时间内对速度求积分来计算出走过的距离。

因为加速计也可以测量重力，所以可以把它们和磁场传感器结合使用，以计算出设备的方向。在本节稍后将更详细地介绍如何找出设备的方向。

12.2.3 检测加速度变化

可以沿着三个方向坐标轴来测量加速度：
- 左右方向(横向)
- 前后方向(纵向)
- 上下方向(竖直)

传感器管理器可以报告所有三个坐标轴方向上的传感器变化。

通过传感器事件监听器的传感器事件参数的 values 属性传入的值依次表示横向、纵向和垂直方向的加速度。

图 12-2 说明了当设备位于自然方向时，计算加速度要用到的三个方向坐标轴的映射。注意，在本节后面的内容中，所谈到的设备的移动都是相对于其自然位置计算的，而这个自然位置可能是水平方向，也可能是竖直方向。

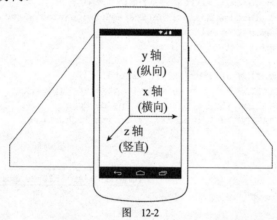

图 12-2

- **X 坐标轴(横向的)**：侧向(左或者右)加速度，该值为正表示设备向右端运动，该值为负表示向左运动。
- **Y 坐标轴(纵向的)**：向前或者向后的加速度，其中向前加速(例如沿着设备顶部的朝向移动设备)由正值表示，而向后的加速度则由负值表示。
- **Z 坐标轴(垂直的)**：向上或者向下的加速度，该数值为正表示向上运动，例如，该设备被提升。当设备处于静止状态时垂直加速计将会由于重力而注册为-9.8m/s^2。

如前面部分所描述的那样，可以使用传感器事件监听器监视加速度的变化。在传感器管理器中注册一个 SensorEventListener 的实现，使用 Sensor.TYPE_ACCELEROMETER 类型的传感器对象请求加速计更新。程序清单 12-4 使用默认更新速率注册默认的加速计。

程序清单 12-4　监听默认加速计的变化

```
SensorManager sm = (SensorManager)getSystemService(Context.SENSOR_SERVICE);
int sensorType = Sensor.TYPE_ACCELEROMETER;
sm.registerListener(mySensorEventListener,
```

```
            sm.getDefaultSensor(sensorType),
    SensorManager.SENSOR_DELAY_NORMAL);
```

代码片段 PA4AD_Ch12_Sensors/src/MyActivity.java

传感器监听器应当实现 onSensorChanged 方法,它将会在任何方向上测量到加速度时被触发。

onSensorChanged 方法接收一个包含浮点型数组的 SensorEvent 作为参数,该数组中包含了沿着所有三个坐标轴方向所测量的加速度值。当设备处于自然方向时,第一个元素表示横向加速度,第二个元素表示纵向加速度,最后一个元素表示垂直加速度,如下面对程序清单 12-4 的扩展所示。

```
final SensorEventListener mySensorEventListener = new SensorEventListener() {
  public void onSensorChanged(SensorEvent sensorEvent) {
    if (sensorEvent.sensor.getType() == Sensor.TYPE_ACCELEROMETER) {
      float xAxis_lateralA = sensorEvent.values[0];
      float yAxis_longitudinalA = sensorEvent.values[1];
      float zAxis_verticalA = sensorEvent.values[2];
      // TODO 向应用程序应用加速度的变化
    }
  }

  public void onAccuracyChanged(Sensor sensor, int accuracy) {}
};
```

12.2.4 创建一个重力计

通过三个方向上的加速度,可以创建一个简单的工具以测量重力。在下面的示例中,将创建一个简单的设备,使用加速计来测量力,从而实现测量重力的目的。

施加在静止设备的加速度力为 9.8 m/s^2,方向为指向地心。在这个示例中,将通过处理 SensorManager.STANDARD_GRAVITY 常量取消重力影响。如果要在另外一个星球上使用这个应用程序,就要另选合适的常量。

(1) 首先创建一个新的 GForceMeter 项目,在其中包含一个 ForceMeter Activity。修改 main.xml 布局资源以居中显示两行大的粗体文本,该文本将被用于显示当前的重力和所观察到的最大重力:

```
<?xml version="1.0" encoding="utf-8"?>
<LinearLayout xmlns:android="http://schemas.android.com/apk/res/android"
  android:orientation="vertical"
  android:layout_width="match_parent"
  android:layout_height="match_parent">
  <TextView android:id="@+id/acceleration"
    android:gravity="center"
    android:layout_width="match_parent"
    android:layout_height="wrap_content"
    android:textStyle="bold"
    android:textSize="32sp"
    android:text="Current Acceleration"
    android:editable="false"
    android:singleLine="true"
    android:layout_margin="10dp"/>
  />
  <TextView android:id="@+id/maxAcceleration"
    android:gravity="center"
```

```
        android:layout_width="match_parent"
        android:layout_height="wrap_content"
        android:textStyle="bold"
        android:textSize="40sp"
        android:text="Maximum Acceleration"
        android:editable="false"
        android:singleLine="true"
        android:layout_margin="10dp"/>
    />
</LinearLayout>
```

(2) 在 ForceMeter Activity 中，创建实例变量以存储对 TextView 实例和 SensorManager 的引用。同时创建一些变量用于记录最后一次检测到的加速度值以及最大加速度值：

```
private SensorManager sensorManager;
private TextView accelerationTextView;
private TextView maxAccelerationTextView;
private float currentAcceleration = 0;
private float maxAcceleration = 0;
```

(3) 添加一个校准常量，用于代表重力引起的加速度：

```
private final double calibration = SensorManager.STANDARD_GRAVITY;
```

(4) 创建一个新的 SensorEventListener 实现，它对在各个坐标轴上检测到的加速度值求和，并消除由重力引起的加速度。每当检测到加速度变化时，它应当更新当前的(可能还有最大的)加速度值：

```
private final SensorEventListener sensorEventListener = new SensorEventListener() {

  public void onAccuracyChanged(Sensor sensor, int accuracy) { }

  public void onSensorChanged(SensorEvent event) {
    double x = event.values[0];
    double y = event.values[1];
    double z = event.values[2];

    double a = Math.round(Math.sqrt(Math.pow(x, 2) +
                            Math.pow(y, 2) +
                            Math.pow(z, 2)));
    currentAcceleration = Math.abs((float)(a-calibration));

    if (currentAcceleration > maxAcceleration)
      maxAcceleration = currentAcceleration;
  }
};
```

(5) 更新 onCreate 方法，以获得对两个 TextView 和对传感器管理器的引用：

```
@Override
public void onCreate(Bundle savedInstanceState) {
  super.onCreate(savedInstanceState);
  setContentView(R.layout.main);

  accelerationTextView = (TextView)findViewById(R.id.acceleration);
  maxAccelerationTextView = (TextView)findViewById(R.id.maxAcceleration);
```

```
sensorManager = (SensorManager)getSystemService(Context.SENSOR_SERVICE);
}
```

(6) 重写 onResume 处理程序，以便使用 SensorManager 为加速计更新注册新的监听器：

```
@Override
protected void onResume() {
  super.onResume();
  Sensor accelerometer = sensorManager.getDefaultSensor(Sensor.TYPE_ACCELEROMETER);
  sensorManager.registerListener(sensorEventListener,
                                 accelerometer,
                                 SensorManager.SENSOR_DELAY_FASTEST);
}
```

(7) 还要重写对应的 onPause 方法，当 Activity 不再处于活动状态时，取消注册传感器监听器。

```
  @Override
protected void onPause() {
  sensorManager.unregisterListener(sensorEventListener);
  super.onPause();
}
```

(8) 加速计可能一秒内更新几百次，因此为每个检测到的加速度变化更新 Text View 会使 UI 事件队列不堪重负。因此，应该创建一个新的 updateGUI 方法，它与 GUI 线程同步，负责更新 Text View：

```
private void updateGUI() {
  runOnUiThread(new Runnable() {
    public void run() {
      String currentG = currentAcceleration/SensorManager.STANDARD_GRAVITY
                      + "Gs";
      accelerationTextView.setText(currentG);
      accelerationTextView.invalidate();
      String maxG = maxAcceleration/SensorManager.STANDARD_GRAVITY + "Gs";
      maxAccelerationTextView.setText(maxG);
      maxAccelerationTextView.invalidate();
    }
  });
};
```

该方法将使用下一步引入的 Timer 定时执行。

(9) 更新 onCreate 方法以创建一个定时器，它每隔 100 ms 更新第(8)步中定义的 UI 更新方法：

```
@Override
public void onCreate(Bundle savedInstanceState) {
  super.onCreate(savedInstanceState);
  setContentView(R.layout.main);

  accelerationTextView = (TextView)findViewById(R.id.acceleration);
  maxAccelerationTextView = (TextView)findViewById(R.id.maxAcceleration);
  sensorManager = (SensorManager)getSystemService(Context.SENSOR_SERVICE);

  Sensor accelerometer =
    sensorManager.getDefaultSensor(Sensor.TYPE_ACCELEROMETER);
  sensorManager.registerListener(sensorEventListener,
                                 accelerometer,
```

```
                          SensorManager.SENSOR_DELAY_FASTEST);

   Timer updateTimer = new Timer("gForceUpdate");
   updateTimer.scheduleAtFixedRate(new TimerTask() {
     public void run() {
       updateGUI();
     }
   }, 0, 100);
}
```

(10) 最后,因为只有设备上有加速计传感器时,这个应用程序才能工作,所以应该在 manifest 文件中增加一个 uses-feature 节点,指定加速计硬件是必需的功能:

```
<uses-feature android:name="android.hardware.sensor.accelerometer" />
```

> 本示例中所有的代码段都是第 12 章 GForceMeter 项目的一部分,可以从 www.wrox.com 中下载得到。

创建完毕后,就需要对其进行检验。理想情况下,当 Maverick 在大西洋上进行高重力飞行时,你可以在他驾驶的 F16 中进行实验。当然,大家都知道结果不是很好,所以不要想这种方法了。不过你可以转圈,同时把胳膊伸展,手中拿着手机,这种方法是可行的,不过要记得抓牢手机。

12.2.5　确定设备方向

设备方向的计算通常是通过结合磁场传感器(可作为电子指南针)和加速计(用来确定俯仰角和横滚角)的输出完成。

如果你学过三角函数,就具备了根据三个坐标轴上的加速计和磁力计的结果计算设备方向所需的技能。如果你与我一样喜欢三角学,那么就会很高兴地了解到,Android 会替你完成这些计算。

直接使用加速计和磁场传感器计算方向是一种最佳实践,因为当相对于自然方向和当前的显示方向计算方向时,这种做法使你能够修改使用的参考坐标系。

由于考虑到老设备,Android 仍然提供了一种可以直接绕三个轴进行旋转的方向传感器类型。这种方法已被弃用,但是下面的小节中还是说明了这种方法。

1. 理解标准的参考坐标系

使用标准参考坐标系时,沿着三个维度报告设备方向,如图 12-3 中所示。和使用加速计时一样,标准参考坐标系是相对于设备的自然方向而言的,正如前面所述。

继续使用前面的比喻,想象你坐在飞机的机身上,而飞机正在平稳地飞行。z 轴从屏幕指向天空,y 轴从设备顶部指向机头,x 轴指向机翼。相对于这些坐标轴,可以描述俯仰角、横滚角和方位角如下:

- **俯仰角**　俯仰角表示设备与 x 轴的角度。在平稳飞行期间,俯仰角将为 0。当飞机垂直向上飞时,俯仰角为 90°。反过来,将机头向下压时,俯仰角将逐渐降低,直到向下俯冲,那时的俯仰角将为-90°。如果将飞机反过来,俯仰角将为+/-180°。

- **横滚角** 横滚角设备绕 y 轴在-90°~90°之间侧向旋转。朝向右侧旋转时,横滚角将会增加,当机翼与地面垂直时,横滚角为 90°。继续旋转,直到机身朝下,此时横滚角为 180°。从水平飞行向左侧旋转时,横滚角将以相同的方式减小。
- **方位角** 也叫做朝向或者偏航角。方位角是设备与 x 轴的角度,0/360°为磁北,90°为东,180°为南,270°为西。飞机航向的变化将反映到方位角的变化。

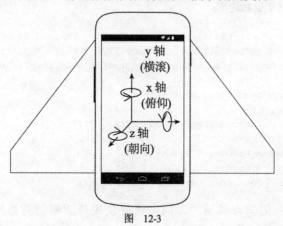

图 12-3

2. 使用加速计和磁场传感器计算方向

确定当前设备方向最简单的方法是直接使用加速计和磁场传感器的结果计算出来。除了可以提供更精确的结果,该技术使我们能够更改方向参考坐标系以便重新映射 x、y 和 z 坐标轴,从而使其适应用户在使用中所期望的设备方向。

因为该方法使用了加速计和磁场传感器,因此需要创建并注册一个传感器事件监听器来监视它们。在每个传感器事件监听器的 onSensorChanged 方法中,记录两个单独的域变量中接收到的 values 数组属性,如程序清单 12-5 所示。

程序清单 12-5 监视加速计和磁场传感器

可从
wrox.com
下载源代码

```
private float[] accelerometerValues;
private float[] magneticFieldValues;

final SensorEventListener myAccelerometerListener = new SensorEventListener() {
  public void onSensorChanged(SensorEvent sensorEvent) {
    if (sensorEvent.sensor.getType() == Sensor.TYPE_ACCELEROMETER)
      accelerometerValues = sensorEvent.values;
  }

  public void onAccuracyChanged(Sensor sensor, int accuracy) {}
};

final SensorEventListener myMagneticFieldListener = new SensorEventListener() {
  public void onSensorChanged(SensorEvent sensorEvent) {
    if (sensorEvent.sensor.getType() == Sensor.TYPE_MAGNETIC_FIELD)
      magneticFieldValues = sensorEvent.values;
  }
```

```
    public void onAccuracyChanged(Sensor sensor, int accuracy) {}
};
```

代码片段 PA4AD_Ch12_Sensors/src/MyActivity.java

将这两种传感器注册到传感器管理器，如下面对程序清单 12-5 的扩展所示；该代码段为两种传感器使用默认的硬件和 UI 更新速率：

```
SensorManager sm = (SensorManager)getSystemService(Context.SENSOR_SERVICE);
Sensor aSensor = sm.getDefaultSensor(Sensor.TYPE_ACCELEROMETER);
Sensor mfSensor = sm.getDefaultSensor(Sensor.TYPE_MAGNETIC_FIELD);

sm.registerListener(myAccelerometerListener,
                    aSensor,
                    SensorManager.SENSOR_DELAY_UI);

sm.registerListener(myMagneticFieldListener,
                    mfSensor,
                    SensorManager.SENSOR_DELAY_UI);
```

为了从这些传感器值中计算当前方向，需要使用传感器管理器的 getRotationMatrix 和 getOrientation 方法，如程序清单 12-6 所示。

程序清单 12-6 使用加速计和磁场传感器找出当前方向

```
float[] values = new float[3];
float[] R = new float[9];
SensorManager.getRotationMatrix(R, null,
                                accelerometerValues,
                                magneticFieldValues);
SensorManager.getOrientation(R, values);

// Convert from radians to degrees if preferred.
values[0] = (float) Math.toDegrees(values[0]); // Azimuth
values[1] = (float) Math.toDegrees(values[1]); // Pitch
values[2] = (float) Math.toDegrees(values[2]); // Roll
```

注意，getOrientation 方法返回的是弧度而不是角度。返回值的顺序也与加速计和磁场传感器使用的坐标轴的顺序不同。每个结果都使用弧度表示，值为正表示绕坐标轴逆时针旋转：

- **values[0]**　当设备朝向磁北时，方位角(绕 z 轴的旋转角度)为 0。
- **values[1]**　俯仰角，即绕 x 轴的旋转。
- **values[2]**　横滚角，即绕 y 轴的旋转。

3. 重映射方向参考坐标系

为了使用一个不同于自然方向的参考坐标系来测量设备方向，可以使用传感器管理器的 remapCoordinateSystem 方法。这么做通常是为了简化创建既可以在自然方向为竖直方向的设备、又可以在自然方向为水平方向的设备上运行的应用程序所需完成的计算。

remapCoordinateSystem 方法接受 4 个参数：

- 初始的旋转矩阵，使用先前描述过的 getRotationMatrix 找出。

- 一个用于存储输出(已变换)旋转矩阵的变量。
- 重新映射的 x 坐标轴。
- 重新映射的 y 坐标轴。

传感器管理器提供了一组常量,以便相对于参考坐标系指定重新映射的 x 轴和 y 轴:AXIS_X、AXIS_Y、AXIS_Z、AXIS_MINUS_X、AXIS_MINUS_Y 和 AXIS_MINUS_Z。

程序清单 12-7 演示了如何重映射参考坐标系,以便当前的显示方向(可能为纵向或横向)用作计算当前设备方向的参考坐标系。对于固定为横向或纵向模式的游戏或应用程序,这种方法特别有用,因为设备会根据其自然方向报告 0°或 90°。通过修改参考坐标系,可以确保你使用的方向值已经考虑了相对于自然方向而言的显示方向。

程序清单 12-7　基于设备的自然方向重新映射方向参考坐标系

```
//相对于自然方向,确定当前方向
String windoSrvc = Context.WINDOW_SERVICE;
WindowManager wm = ((WindowManager) getSystemService(windoSrvc));
Display display = wm.getDefaultDisplay();
int rotation = display.getRotation();

int x_axis = SensorManager.AXIS_X;
int y_axis = SensorManager.AXIS_Y;

switch (rotation) {
  case (Surface.ROTATION_0): break;
  case (Surface.ROTATION_90):
    x_axis = SensorManager.AXIS_Y;
    y_axis = SensorManager.AXIS_MINUS_X;
    break;
  case (Surface.ROTATION_180):
    y_axis = SensorManager.AXIS_MINUS_Y;
    break;
  case (Surface.ROTATION_270):
    x_axis = SensorManager.AXIS_MINUS_Y;
    y_axis = SensorManager.AXIS_X;
    break;
  default: break;
}

SensorManager.remapCoordinateSystem(inR, x_axis, y_axis, outR);

//获得新的、重新映射后的方向值。
SensorManager.getOrientation(outR, values);
```

代码片段 PA4AD_Ch12_MyActivity.java

4. 使用弃用的方向传感器确定方向

Android 框架还提供了一个虚拟的方向传感器。

> 出于遗留原因，Android框架包含了虚拟的方向传感器，但是应该优先选用前面提到的技术。虚拟的方向传感器已被弃用了，因为它不允许修改在计算当前方向时使用的参考坐标系。

要使用遗留的方向传感器，需要创建并注册一个传感器事件监听器，并指定默认的方向传感器，如程序清单12-8所示。

程序清单 12-8　使用弃用的方向传感器确定方向

```
SensorManager sm = (SensorManager)getSystemService(Context.SENSOR_SERVICE);
int sensorType = Sensor.TYPE_ORIENTATION;
sm.registerListener(myOrientationListener,
                    sm.getDefaultSensor(sensorType),
                    SensorManager.SENSOR_DELAY_NORMAL);
```

代码片段 PA4AD_Ch12_MyActivity.java

当设备方向改变时，SensorEventListener 实现的 onSensorChanged 方法将会触发。其 SensorEvent 参数包含一个 values 浮点数组，该数组提供了设备在三个坐标轴上的方向。下面对程序清单12-8的扩展显示了如何构建 SensorEventListener：

```
final SensorEventListener myOrientationListener = new SensorEventListener() {
  public void onSensorChanged(SensorEvent sensorEvent) {
    if (sensorEvent.sensor.getType() == Sensor.TYPE_ORIENTATION) {
      float headingAngle = sensorEvent.values[0];
      float pitchAngle =   sensorEvent.values[1];
      float rollAngle = sensorEvent.values[2];
      // TODO Apply the orientation changes to your application.
    }
  }

  public void onAccuracyChanged(Sensor sensor, int accuracy) {}
};
```

values 数组的第一个元素是方位角(朝向)，第二个元素是俯仰角，第三个元素是横滚角。

12.2.6　创建一个指南针和人工地平仪

第11章改进了CompassView，使其能够显示设备的俯仰角、横滚角和朝向。本例将把CompassView和硬件传感器关联起来，以显示设备的方向。

(1) 打开第11章修改过的 Compass 项目，然后打开 CompassActivity。通过在 Sensor Manager 中使用磁场传感器和加速计传感器来监听方向的变化。首先，添加用来存储上一个磁场值和加速计值的局部变量，以及用来存储 CompassView、SensorManager 和当前屏幕旋转值的变量。

```
private float[] aValues = new float[3];
private float[] mValues = new float[3];
private CompassView compassView;
private SensorManager sensorManager;
private int rotation;
```

(2) 创建一个新的 updateOrientation 方法,在其中使用新的朝向、俯仰角和横滚角的值来更新 CompassView:

```
private void updateOrientation(float[] values) {
  if (compassView!= null) {
    compassView.setBearing(values[0]);
    compassView.setPitch(values[1]);
    compassView.setRoll(-values[2]);
    compassView.invalidate();
  }
}
```

(3) 更新 onCreate 方法来实现以下操作:获得对 CompassView 和 SensorManager 的引用,根据设备的自然方向确定当前屏幕方向,以及初始化朝向、俯仰角和横滚角。

```
@Override
public void onCreate(Bundle savedInstanceState) {
  super.onCreate(savedInstanceState);
  setContentView(R.layout.main);

  compassView = (CompassView)findViewById(R.id.compassView);
  sensorManager = (SensorManager)getSystemService(Context.SENSOR_SERVICE);

  String windoSrvc = Context.WINDOW_SERVICE;
  WindowManager wm = ((WindowManager) getSystemService(windoSrvc));
  Display display = wm.getDefaultDisplay();
  rotation = display.getRotation();

  updateOrientation(new float[] {0, 0, 0});
}
```

(4) 创建一个新的 calculateOrientation 方法,通过使用上一次记录的加速计值和磁场值来计算出设备的方向。要记得考虑到设备的自然方向,在必要时重新映射参考坐标系。

```
private float[] calculateOrientation() {
  float[] values = new float[3];
  float[] inR = new float[9];
  float[] outR = new float[9];

  //确定旋转矩阵
  SensorManager.getRotationMatrix(inR, null, aValues, mValues);

  //根据设备自然方向重新映射坐标
  int x_axis = SensorManager.AXIS_X;
  int y_axis = SensorManager.AXIS_Y;

  switch (rotation) {
    case (Surface.ROTATION_90):
      x_axis = SensorManager.AXIS_Y;
      y_axis = SensorManager.AXIS_MINUS_X;
      break;
    case (Surface.ROTATION_180):
      y_axis = SensorManager.AXIS_MINUS_Y;
      break;
```

```
    case (Surface.ROTATION_270):
      x_axis = SensorManager.AXIS_MINUS_Y;
      y_axis = SensorManager.AXIS_X;
      break;
    default: break;
  }
  SensorManager.remapCoordinateSystem(inR, x_axis, y_axis, outR);

  //获得当前的、校正后的方向.
  SensorManager.getOrientation(outR, values);

  //将弧度换算为度.
  values[0] = (float) Math.toDegrees(values[0]);
  values[1] = (float) Math.toDegrees(values[1]);
  values[2] = (float) Math.toDegrees(values[2]);

  return values;
}
```

(5) 将 SensorEventListener 实现为一个字段变量。在 onSensorChanged 方法中应该检查调用该方法的传感器的类型,并在适当的时候更新上一次的加速计值和磁场字段值,然后调用 updateOrientation 方法并传入 calculateOrientation 方法。

```
private final SensorEventListener sensorEventListener = new SensorEventListener() {

  public void onSensorChanged(SensorEvent event) {
    if (event.sensor.getType() == Sensor.TYPE_ACCELEROMETER)
      aValues = event.values;
    if (event.sensor.getType() == Sensor.TYPE_MAGNETIC_FIELD)
      mValues = event.values;

    updateOrientation(calculateOrientation());
  }

  public void onAccuracyChanged(Sensor sensor, int accuracy) {}
};
```

(6) 重写 onResume 和 onPause,在 Activity 变为可见或隐藏状态时分别注册和注销 SensorEventListener:

```
@Override
protected void onResume() {
  super.onResume();

  Sensor accelerometer
    = sensorManager.getDefaultSensor(Sensor.TYPE_ACCELEROMETER);
  Sensor magField = sensorManager.getDefaultSensor(Sensor.TYPE_MAGNETIC_FIELD);

  sensorManager.registerListener(sensorEventListener,
                     accelerometer,
                     SensorManager.SENSOR_DELAY_FASTEST);
  sensorManager.registerListener(sensorEventListener,
                     magField,
                     SensorManager.SENSOR_DELAY_FASTEST);
```

```
}

@Override
protected void onPause() {
  sensorManager.unregisterListener(sensorEventListener);
  super.onPause();
}
```

如果现在运行应用程序,并把设备平放在桌面上,使其顶部指向北方,就可以看到指南针视图"居中"显示在(0,0,0)位置。移动设备时,随着设备方向的变化,指南针视图也会动态更新。

你还会发现,在逐渐旋转设备 90°时,屏幕也会旋转,并且指南针视图的方向会相应地改变。你可以扩展这个项目,禁止屏幕自动旋转。

本示例中所有的代码段都是第 12 章 Artificial Horizon 项目的一部分,可以从 www.wrox.com 中下载得到。

12.2.7 陀螺仪传感器简介

除了传统的加速计和磁场传感器以外,越来越多的 Android 设备也配备了一个陀螺仪传感器。陀螺仪传感器用于测量指定轴上的角速度(单位为弧度/秒),它使用的坐标系与加速计传感器相同。

Android 陀螺仪会返回绕三个轴的旋转速率,它们的敏感度和高频更新速率保证了极其平滑和精确的更新。因此,陀螺仪传感器特别适合那些使用方向变化(而不是绝对方向)作为输入机制的应用程序。

因为陀螺仪测量的是速度而不是方向,所以为确定当前方向,必须在一段时间内对陀螺仪的结果求积分,如程序清单 12-9 所示。计算得到的结果表示方向绕指定轴的变化,所以必须通过校准或者结合使用其他传感器来确定最初的方向。

程序清单 12-9 使用陀螺仪传感器计算方向变化

```
final float nanosecondsPerSecond = 1.0f / 1000000000.0f;
private long lastTime = 0;
final float[] angle = new float[3];

SensorEventListener myGyroListener = new SensorEventListener() {
  public void onSensorChanged(SensorEvent sensorEvent) {
    if (lastTime != 0) {
      final float dT = (sensorEvent.timestamp - lastTime) *
                       nanosecondsPerSecond;
      angle[0] += sensorEvent.values[0] * dT;
      angle[1] += sensorEvent.values[1] * dT;
      angle[2] += sensorEvent.values[2] * dT;
    }
    lastTime = sensorEvent.timestamp;
  }

  public void onAccuracyChanged(Sensor sensor, int accuracy) {}
};

SensorManager sm
```

```
       = (SensorManager)getSystemService(Context.SENSOR_SERVICE);
    int sensorType = Sensor.TYPE_GYROSCOPE;
    sm.registerListener(myGyroListener,
                        sm.getDefaultSensor(sensorType),
                        SensorManager.SENSOR_DELAY_NORMAL);
```

代码片段 PA4AD_Ch12_Sensors/src/MyActivity.java

值得注意的是，由于校准错误和噪声的存在，只使用陀螺仪传感器得到的方向值会变得越来越不够精确。为了解决这类问题，通常将陀螺仪和其他传感器(主要是加速计)结合使用，以提供更加平滑、更加精确的方向结果。Android 4.0(API level 14)中引入了一个虚拟陀螺仪来尝试减小这种"漂移"效果。

12.3 环境传感器简介

在移动硬件的创新方面，最令人兴奋的一点就是可以使用的传感器类型越来越丰富。除了本章前面介绍的方向传感器和移动传感器，许多 Android 设备现在还提供了环境传感器。

与方向传感器类似，特定的环境传感器是否可用要视具体的硬件而定。当环境传感器可用的时候，应用程序可以使用它们实现以下目的：

- 通过确定当前海拔来改善位置检测功能。
- 基于海拔变化跟踪设备移动。
- 基于环境光修改屏幕亮度或功能。
- 观察并预测天气。
- 确定设备位于哪个星球上。

12.3.1 使用气压计传感器

气压计用来测量大气压力。Android 设备中包含了气压计传感器，使用户能够确定当前海拔，甚至有可能预测天气变化。

为了监视气压变化，需要使用 Sensor.TYPE_PRESSURE 类型的 Sensor 对象，在 Sensor Manager 中注册 SensorEventListener 的实现。该方法返回的值数组中的第一个值就是当前气压，其单位为 hPa(与 mbar 意义相同)。

要计算当前的海拔，可以使用 Sensor Manager 的静态方法 getAltitude，并为其提供当前气压和当地海平面气压作为参数，如程序清单 12-10 所示。

程序清单 12-10　使用气压计传感器确定当前海拔

```
final SensorEventListener myPressureListener = new SensorEventListener() {
  public void onSensorChanged(SensorEvent sensorEvent) {
    if (sensorEvent.sensor.getType() == Sensor.TYPE_PRESSURE) {
      float currentPressure = sensorEvent.values[0];

      // Calculate altitude
      float altitude = SensorManager.getAltitude(
        SensorManager.PRESSURE_STANDARD_ATMOSPHERE,
```

```
            currentPressure);
    }
  }

  public void onAccuracyChanged(Sensor sensor, int accuracy) {}
};

SensorManager sm
  = (SensorManager)getSystemService(Context.SENSOR_SERVICE);
int sensorType = Sensor.TYPE_PRESSURE;
sm.registerListener(myPressureListener,
                    sm.getDefaultSensor(sensorType),
                    SensorManager.SENSOR_DELAY_NORMAL);
```

代码片段 PA4AD_Ch12_Sensors/src/MyActivity.java

 为了确保得到精确的结果，应该为海平面大气压使用一个当地值，不过传感器管理器通过 PRESSURE_STANDARD_ATMOSPHERE 常量提供了一个标准大气压值，可作为一个近似值使用。

要特别注意的是，getAltitude 使用当前的气压与相对应的当地海平面的气压值来计算海拔。因此，为了计算两个已记录气压值的海拔差，需要分别确定这两个气压对应的海拔，然后计算两个海拔的差，如下面的代码段所示：

```
float altitudeChange=
SensorManager.getAltitude(SensorManager.PRESSURE_STANDARD_ATMOSPHERE,
                          newPressure) -
SensorManager.getAltitude(SensorManager.PRESSURE_STANDARD_ATMOSPHERE,
                          initialPressure);
```

12.3.2 创建气象站

为了充分探索 Android 设备可用的环境传感器，下面的项目通过监测气压、环境温度和环境光亮度实现了一个简单的气象站。

(1) 首先创建一个新的 WeatherStation 项目，在其中包含一个 WeatherStation Activity。修改 main.xml 布局资源来居中显示三行较大的粗体文本，分别用于显示当前的维度、气压和云层厚度：

```
<?xml version="1.0" encoding="utf-8"?>
<LinearLayout xmlns:android="http://schemas.android.com/apk/res/android"
  android:orientation="vertical"
  android:layout_width="match_parent"
  android:layout_height="match_parent">
  <TextView android:id="@+id/temperature"
    android:gravity="center"
    android:layout_width="match_parent"
    android:layout_height="wrap_content"
    android:textStyle="bold"
    android:textSize="28sp"
    android:text="Temperature"
    android:editable="false"
```

```xml
    android:singleLine="true"
    android:layout_margin="10dp"/>
  />
  <TextView android:id="@+id/pressure"
    android:gravity="center"
    android:layout_width="match_parent"
    android:layout_height="wrap_content"
    android:textStyle="bold"
    android:textSize="28sp"
    android:text="Pressure"
    android:editable="false"
    android:singleLine="true"
    android:layout_margin="10dp"/>
  />
  <TextView android:id="@+id/light"
    android:gravity="center"
    android:layout_width="match_parent"
    android:layout_height="wrap_content"
    android:textStyle="bold"
    android:textSize="28sp"
    android:text="Light"
    android:editable="false"
    android:singleLine="true"
    android:layout_margin="10dp"/>
  />
</LinearLayout>
```

(2) 在WeatherStation Activity 内，创建实例变量来存储对每个 TextView 实例以及对 SensorManager 的引用。再创建一些变量来记录从每个传感器获取的上一个值：

```java
private SensorManager sensorManager;
private TextView temperatureTextView;
private TextView pressureTextView;
private TextView lightTextView;

private float currentTemperature = Float.NaN;
private float currentPressure = Float.NaN;
private float currentLight = Float.NaN;
```

(3) 更新 onCreate 方法来获得对 3 个 TextView 和对 SensorManager 的引用：

```java
@Override
public void onCreate(Bundle savedInstanceState) {
  super.onCreate(savedInstanceState);
  setContentView(R.layout.main);

  temperatureTextView = (TextView)findViewById(R.id.temperature);
  pressureTextView = (TextView)findViewById(R.id.pressure);
  lightTextView = (TextView)findViewById(R.id.light);
  sensorManager = (SensorManager)getSystemService(Context.SENSOR_SERVICE);
}
```

(4) 为气压、温度和光传感器分别实现一个 SensorEventListener。每个实现只需要简单地记录上一次获取的值：

```java
private final SensorEventListener tempSensorEventListener
  = new SensorEventListener() {

  public void onAccuracyChanged(Sensor sensor, int accuracy) { }

  public void onSensorChanged(SensorEvent event) {
    currentTemperature = event.values[0];
  }
};

private final SensorEventListener pressureSensorEventListener
  = new SensorEventListener() {

  public void onAccuracyChanged(Sensor sensor, int accuracy) { }

  public void onSensorChanged(SensorEvent event) {
    currentPressure = event.values[0];
  }
};

private final SensorEventListener lightSensorEventListener
  = new SensorEventListener() {

  public void onAccuracyChanged(Sensor sensor, int accuracy) { }

  public void onSensorChanged(SensorEvent event) {
    currentLight = event.values[0];
  }
};
```

(5) 重写 onResume 处理程序，使用 SensorManager 来注册新的监听器，使它们接受传感器更新。气压和环境条件变化较慢，所以可以选择一个相对较慢的更新速率。还应该检查并确认针对每个监视的条件，都存在一个默认的传感器。如果一个或者多个传感器不可用，则通知用户。

```java
@Override
protected void onResume() {
  super.onResume();

  Sensor lightSensor = sensorManager.getDefaultSensor(Sensor.TYPE_LIGHT);
  if (lightSensor != null)
    sensorManager.registerListener(lightSensorEventListener,
        lightSensor,
        SensorManager.SENSOR_DELAY_NORMAL);
  else
    lightTextView.setText("Light Sensor Unavailable");

  Sensor pressureSensor = sensorManager.getDefaultSensor(Sensor.TYPE_PRESSURE);
  if (pressureSensor != null)
    sensorManager.registerListener(pressureSensorEventListener,
        pressureSensor,
        SensorManager.SENSOR_DELAY_NORMAL);
  else
    pressureTextView.setText("Barometer Unavailable");
```

```java
    Sensor temperatureSensor =
      sensorManager.getDefaultSensor(Sensor.TYPE_AMBIENT_TEMPERATURE);
    if (temperatureSensor != null)
      sensorManager.registerListener(tempSensorEventListener,
        temperatureSensor,
        SensorManager.SENSOR_DELAY_NORMAL);
    else
      temperatureTextView.setText("Thermometer Unavailable");
}
```

(6) 重写相应的 onPause 方法，当 Activity 不再处于活动状态时注销传感器监听器：

```java
@Override
protected void onPause() {
  sensorManager.unregisterListener(pressureSensorEventListener);
  sensorManager.unregisterListener(tempSensorEventListener);
  sensorManager.unregisterListener(lightSensorEventListener);
  super.onPause();
}
```

(7) 创建一个新的 updateGUI 方法来与 GUI 线程同步并更新 TextView。该方法将使用下一步创建的 Timer 定期执行。

```java
private void updateGUI() {
 runOnUiThread(new Runnable() {
  public void run() {
   if (!Float.isNaN(currentPressure) {
     pressureTextView.setText(currentPressure + "hPa");
     pressureTextView.invalidate();
   }
   if (!Float.isNaN(currentLight) {
     String lightStr = "Sunny";
     if (currentLight <= SensorManager.LIGHT_CLOUDY)
       lightStr = "Night";
      else if (currentLight <= SensorManager.LIGHT_OVERCAST)
       lightStr = "Cloudy";
      else if (currentLight <= SensorManager.LIGHT_SUNLIGHT)
       lightStr = "Overcast";
     lightTextView.setText(lightStr);
     lightTextView.invalidate();
    }
    if (!Float.isNaN(currentTemperature) {
      temperatureTextView.setText(currentTemperature + "C");
      temperatureTextView.invalidate();
    }
   }
  }
 });
};
```

(8) 更新 onCreate 方法来创建一个 Timer，用于每秒钟触发一次在第(7)步中定义的 UI 更新方法：

```java
@Override
public void onCreate(Bundle savedInstanceState) {
  super.onCreate(savedInstanceState);
  setContentView(R.layout.main);
```

```
temperatureTextView = (TextView)findViewById(R.id.temperature);
pressureTextView = (TextView)findViewById(R.id.pressure);
lightTextView = (TextView)findViewById(R.id.light);
sensorManager = (SensorManager)getSystemService(Context.SENSOR_SERVICE);

Timer updateTimer = new Timer("weatherUpdate");
updateTimer.scheduleAtFixedRate(new TimerTask() {
  public void run() {
    updateGUI();
  }
}, 0, 1000);
}
```

 本示例中所有的代码段都是第 12 章 WeatherStation 项目的一部分,可以从 www.wrox.com 中下载得到。

第13章

地图、地理编码和基于位置的服务

本章内容
- 理解前向地理编码和反向地理编码
- 使用 Map View 和 Map Activity 创建交互式地图
- 创建并向地图添加覆盖
- 使用基于位置的服务找到自己的位置
- 使用近距离提醒

移动性是能够定义手机的一个特性,所以毫不奇怪,Android 中一些最引人注意的 API 是用来找到某个物理位置、确定该位置所属环境以及将该位置在地图上表示出来的 API。

通过使用 Google API 包中包含外部 Maps 库,可以将 Google 地图作为用户界面元素,创建基于地图的 Activity。你对地图有完全访问权,能够控制其显示设置、改变其放大率以及移动到其他位置。通过使用覆盖(Overlay)技术,可以给地图添加注释,并处理用户输入。

本章还将介绍基于位置的服务(Location-Based Service,LBS),它们可以用来查找设备当前的位置。它们包括了像 GPS 和 Google 的基于蜂窝(cell-based)或基于 Wi-Fi 的位置感知技术。可以通过名称来显式地指定使用哪种定位技术,或者可以提供由精度、花费和其他要求构成的标准集,让 Android 选择最合适的技术。

地图和基于位置的服务使用经度和纬度来精确地定位地理位置,但是用户可能更喜欢按照街道地址来考虑它们。Maps 库提供了一个地理编码器(Geocoder),可以用来在经纬度和真实世界的地址进行相互转换。

地图、地理编码和基于位置的服务合起来提供了一个强大的工具箱,让你的移动应用程序可以利用手机固有的移动性。

13.1 使用基于位置的服务

基于位置的服务(LBS)是一个宽泛的概念,描述了用来查找设备当前位置的不同技术。主要的两

个 LBS 元素是:
- **位置管理器** 提供基于位置的服务的挂钩(hook)。
- **位置提供器** 每一个位置提供器都表示不同的位置查找技术,这些技术用来确定设备的当前位置。

使用位置管理器,可以:
- 获得当前的位置。
- 追踪移动。
- 设置近距离提醒,在检测到进入或者离开一个指定的区域时发出提醒。
- 找到可用的位置提供器。
- 监视 GPS 接收器的状态。

通过位置管理器可以访问基于位置的服务。要访问位置管理器,需要使用 getSystemService 方法请求 LOCATION_SERVICE 的一个实例,如程序清单 13-1 所示。

程序清单 13-1 访问位置管理器

```
String serviceString = Context.LOCATION_SERVICE;
LocationManager locationManager;
locationManager = (LocationManager)getSystemService(serviceString);
```

代码片段 PA4AD_Ch13_Location/src/MyActivity.java

在使用基于位置的服务之前,需要在 manifest 文件中添加一个或更多个 uses-permission 标签。下面的代码段演示了如何在应用程序的 manifest 文件中请求 fine 权限和 coarse 权限:

```
<uses-permission android:name="android.permission.ACCESS_FINE_LOCATION"/>
<uses-permission android:name="android.permission.ACCESS_COARSE_LOCATION"/>
```

接下来的小节中将更详细地介绍 fine 和 coarse 权限。一般来说,它们控制着应用程序在确定用户位置时可以使用的精度等级,fine 代表高精度,coarse 的精度则要差一些。

注意,被授予 fine 权限的应用程序将自动获得 coarse 权限。

13.2 在模拟器中使用基于位置的服务

基于位置的服务依赖于用于查找当前位置的设备硬件。当使用模拟器进行开发或者测试的时候,硬件会被虚拟化,所以你很可能一直位于相同的位置。

为了弥补它的不足,Android 提供了挂钩,它可以通过模拟位置提供器来测试基于位置的应用程序。本节将学习如何对所支持的 GPS 提供器的位置进行模拟。

如果你正打算开发基于位置的应用程序,并使用了 Android 模拟器,那么通过本节的介绍将了解到如何创建一个环境来模拟真实的硬件和位置改变。在本章其余的部分中,我们将会假设你已经通过使用这个部分中的例子对模拟器中的 LocationManager.GPS_PROVIDER 的位置进行了更新,或者你使用了真实设备。

13.2.1 更新模拟器位置提供器中的位置

使用 Eclipse 的 DDMS 视图中可用的 Location Controls(如图 13-1 所示)，可以直接将位置的改变添加到模拟器的 GPS 位置提供器中。

图 13-1

图 13-1 显示了 Manual 和 KML 选项卡。使用 Manual 选项卡，可以指定特定的经纬度。KML 和 GPX 选项卡则分别可以加载 KML(Keyhole Markup Language，Keyhole 标记语言)和 GPX(GPS Exchange Format，GPS 交换格式)文件。一旦加载了这些文件之后，就可以跳到指定的路标(waypoint)(位置)或者按顺序回放每一个位置。

 大部分 GPS 系统都是使用 GPX 来记录跟踪文件的，而 KML 则广泛应用于在线定义地理信息。可以手工输入自己的 KML 文件，或者使用 Google Earth 自动生成该文件，以找出两个位置之间的路径。

使用 DDMS Location 控件生成的所有位置变化都将被应用到 GPS 接收器，所以 GPS 接收器必须已经被启用并且是活动的。

13.2.2 配置模拟器来测试基于位置的服务

如果没有任何应用程序请求位置更新，getLastKnownLocation 返回的 GPS 值是不会改变的。因此，第一次启动模拟器时，调用 getLastKnownLocation 返回的结果很可能是 null，因为此前还没有应用程序请求接收位置更新。

而且，只有当至少有一个应用程序请求从 GPS 接收位置更新时，用来更新前一节描述的模拟位置的技术才是有效的。

程序清单 13-2 显示了如何在模拟器中启用连续位置更新，从而能够使用 DDMS 更新模拟器中的模拟位置。

程序清单 13-2 在模拟器中启用 GPS 提供器

```
locationManager.requestLocationUpdates(
  LocationManager.GPS_PROVIDER, 0, 0,
  new LocationListener() {
    public void onLocationChanged(Location location) {}
    public void onProviderDisabled(String provider) {}
```

```
        public void onProviderEnabled(String provider) {}
        public void onStatusChanged(String provider, int status,
                                    Bundle extras) {}
    }
);
```

代码片段 PA4AD_Ch13_Location/src/MyActivity.java

注意，这段代码实际上将 GPS 位置提供器锁定到了"开启"状态。这会使实际设备上的电池很快消耗，所以不是一种好做法。只有在模拟器上进行测试时才应该使用这种方法。

13.3 选择一个位置提供器

根据不同的设备，可以使用多种技术来确定当前的位置。每一种技术(通过位置提供器的方式使用)在能耗、精确度以及确定海拔、速度和朝向信息的能力等方面都可能有所不同。

13.3.1 查找位置提供器

LocationManager 类包含了一些静态字符串常量，这些常量将返回以下三种位置提供器的名称：

- LocationManager.GPS_PROVIDER
- LocationManager.NETWORK_PROVIDER
- LocationManager.PASSIVE_PROVIDER

GPS 提供器和被动提供器都需要 fine 权限，而网络(Cell ID/Wi-Fi)提供器则只需要 coarse 权限。

要获得所有可用提供器的名称列表(根据设备上可用的硬件和授予应用程序的权限)，可以调用 getProviders，并使用一个布尔值来说明是希望返回所有的提供器，还是只返回已经启用的提供器。

```
boolean enabledOnly = true;
List<String> providers = locationManager.getProviders(enabledOnly);
```

13.3.2 通过指定条件查找位置提供器

在大部分情况下，都不太可能去显式地选择要使用的位置提供器。更常见的情况是指定你的要求，让 Android 去确定要使用的最优的技术。

使用 Criteria 类来说明对提供器的要求，包括精度(高或者低)、能耗(低、中或高)、花费以及返回海拔、速度和朝向的能力。

程序清单 13-3 创建了一个条件，它要求 coarse 精度，低能耗并且不需要海拔、朝向或者速度的信息。而且允许位置提供器收取一定的费用。

程序清单 13-3 指定位置提供器

```
Criteria criteria = new Criteria();
criteria.setAccuracy(Criteria.ACCURACY_COARSE);
```

```
criteria.setPowerRequirement(Criteria.POWER_LOW);
criteria.setAltitudeRequired(false);
criteria.setBearingRequired(false);
criteria.setSpeedRequired(false);
criteria.setCostAllowed(true);
```

代码片段 PA4AD_Ch13_Location/src/MyActivity.java

传入 setAccuracy 的 coarse/fine 值代表一个主管的精确，其中 fine 代表 GPS 或更好的技术，而 coarse 则代表精度低很多的任何技术。

Android 3.0 为 Criteria 类引入了几个额外的属性，以更好地控制所需的精度程度。下面对程序清单 13-3 的扩展指定了需要在水平(纬度/经度)方向具有高精度，在垂直(海拔)方向具有中等精度。对返回的方向和速度的精度要求被设为低精度：

```
criteria.setHorizontalAccuracy(Criteria.ACCURACY_HIGH);
criteria.setVerticalAccuracy(Criteria.ACCURACY_MEDIUM);

criteria.setBearingAccuracy(Criteria.ACCURACY_LOW);
criteria.setSpeedAccuracy(Criteria.ACCURACY_LOW);
```

水平和垂直方向的高精度是指结果的准确程度在 100m 以内。低精度的提供器的准确程度大于 500m。中等精度的提供器能够提供的精度在 100m~500m 之间。

为方向指定精度需求时，合法的参数只有 ACCURACY_LOW 和 ACCURACY_HIGHT。

在定义了要求的条件之后，可以使用 getBestProvider 来返回最佳匹配的位置提供器，或者使用 getProviders 来返回所有可能的匹配。下面的代码段展示了使用 getBestProvider 来返回符合条件的最佳提供器，其中布尔值可以把结果限制在当前已经启用的提供器的范围内。

```
String bestProvider = locationManager.getBestProvider(criteria, true);
```

如果有多个位置提供器匹配了你的条件，那么将会返回精度最高的那一个。如果没有任何一个位置提供器满足要求，那么将会按照下面的顺序放宽标准，直到找到一个提供器为止：

- 能耗
- 返回位置的精度
- 方向、速度和海拔的精度
- 返回方向、速度和海拔的能力

对允许设备收费的条件永远都不会放宽。如果找不到匹配的提供器，那么就会返回 null。

要获得所有符合条件的提供器的名称，可以使用 getProviders。它接受一个 Criteria 对象作为参数，并返回与该条件匹配的所有位置提供器的一个字符串列表。与调用 getBestProvider 相同，如果找不到匹配的提供器，它将会返回 null 或空列表。

```
List<String> matchingProviders = locationManager.getProviders(criteria,
                                                              false);
```

13.3.3 确定位置提供器的能力

要获得特定提供器的一个实例，可以调用 getProvider 并传入该提供器的名称：

```
String providerName = LocationManager.GPS_PROVIDER;
LocationProvider gpsProvider
  = locationManager.getProvider(providerName);
```

这段代码只在确定一个特定的提供器的功能时有用——具体来说，就是通过 getAccuracy 和 getPowerRequirement 方法来获得精度和能耗要求。

在下面的小节中，大部分位置管理器方法都只要求一个提供器名称或条件就可以执行基于位置的服务。

13.4 确定当前位置

基于位置的服务最强大的用途之一是确定设备当前的物理位置。返回位置的精确度取决于可用的硬件和应用程序请求的权限。

13.4.1 位置的隐私性

当应用程序使用用户的位置，特别是定期更新用户的当前位置时，隐私是一个需要重点考虑的问题。应该确保你的应用程序以一种尊重用户隐私的方式使用设备，例如：
- 只有必要时，才让应用程序使用和更新位置信息。
- 通知用户你何时跟踪他们的位置，以及是否和如何使用、传输及存储这些位置信息。
- 允许用户禁止位置更新，并服从系统对 LBS 首选项的设置。

13.4.2 找出上一次确定的位置

通过使用 getLastKnownLocation 方法并传入某个 Location Provider 的名称作为其参数，可以找出该 Location Provider 上一次确定的位置。下面的示例找出了 GPS 提供器上一次确定的位置：

```
String provider = LocationManager.GPS_PROVIDER;
Location location = locationManager.getLastKnownLocation(provider);
```

    getLastKnownLocation 并不要求 Location Provider 更新当前的位置。如果设备最近没有更新当前位置，那么 getLastKnownLocation 返回的位置可能不存在，或者已经过期。

getLastKnownLocation 返回的 Location 对象包含相应提供器所能提供的全部位置信息。这些信息可能包括位置的获取时间及精度、纬度、经度、方向、海拔以及设备的速度。所有这些属性都可以通过 Location 对象的 get 方法访问。

13.4.3 Where Am I 示例

下面的 Where Am I 示例在一个新 Activity 中使用 GPS Location Provider 找出设备上一次确定的位置。

第13章 地图、地理编码和基于位置的服务

本示例假设你已经按照本章前面介绍的方法启用了 GPS_PROVIDER Location Provider,或者你在支持并启用了 GPS 的设备上运行此示例。

为试验此示例,设备或模拟器必须已经记录了至少一次位置更新。对于设备,通过启动 Google Maps 应用程序很容易实现更新;对于模拟器,可以按照本章前面的介绍启用位置更新。

(1) 新建一个 Where Am I 项目,在其中包含一个 WhereAmI Activity。本例将使用 GPS 提供器,所以需要在应用程序的 manifest 文件中包含一个 ACCESS_FINE_LOCATION 的 uses-permission 标记。

```xml
<?xml version="1.0" encoding="utf-8"?>
<manifest xmlns:android="http://schemas.android.com/apk/res/android"
  package="com.paad.whereami"
  android:versionCode="1"
  android:versionName="1.0" >

  <uses-sdk android:minSdkVersion="4" />

  <uses-permission
    android:name="android.permission.ACCESS_FINE_LOCATION"
  />

  <application
    android:icon="@drawable/ic_launcher"
    android:label="@string/app_name" >
    <activity
      android:name=".WhereAmI"
      android:label="@string/app_name" >
      <intent-filter>
        <action android:name="android.intent.action.MAIN" />
        <category android:name="android.intent.category.LAUNCHER" />
      </intent-filter>
    </activity>
  </application>
</manifest>
```

(2) 修改 main.xml 布局资源,为 TextView 控件包含一个 android:ID 属性,以便在 Activity 中访问它。

```xml
<?xml version="1.0" encoding="utf-8"?>
<LinearLayout xmlns:android="http://schemas.android.com/apk/res/android"
  android:orientation="vertical"
  android:layout_width="match_parent"
  android:layout_height="match_parent">
  <TextView
    android:id="@+id/myLocationText"
    android:layout_width="match_parent"
    android:layout_height="wrap_content"
```

```xml
        android:text="@string/hello"
    />
</LinearLayout>
```

(3) 重写 WhereAmI Activity 的 onCreate 方法来获取对 Location Manager 的引用。调用 getLastKnownLocation 来获得上一次确定的位置，并把该位置传递给一个 updateWithNewLocation 方法 stub。

```java
@Override
public void onCreate(Bundle savedInstanceState) {
  super.onCreate(savedInstanceState);
  setContentView(R.layout.main);

  LocationManager locationManager;
  String svcName = Context.LOCATION_SERVICE;
  locationManager = (LocationManager)getSystemService(svcName);

  String provider = LocationManager.GPS_PROVIDER;
  Location l = locationManager.getLastKnownLocation(provider);

  updateWithNewLocation(l);
}

private void updateWithNewLocation(Location location) {}
```

(4) 完成 updateWithNewLocation 方法，通过提取纬度和经度值在 Text View 中显示传入该方法的 Location。

```java
private void updateWithNewLocation(Location location) {
  TextView myLocationText;
  myLocationText = (TextView)findViewById(R.id.myLocationText);

  String latLongString = "No location found";
  if (location != null) {
    double lat = location.getLatitude();
    double lng = location.getLongitude();
    latLongString = "Lat:" + lat + "\nLong:" + lng;
  }

  myLocationText.setText("Your Current Position is:\n" +
                         latLongString);
}
```

提示：本示例的所有代码都取自第 13 章的 Where Am I Part 1 项目。可以从 www.wrox.com 上下载该项目。

(5) 运行此示例时，Activity 如图 13-2 所示。

第 13 章 地图、地理编码和基于位置的服务

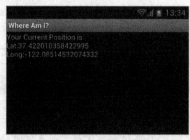

图 13-2

13.4.4 刷新当前位置

在大多数情况下，获知上一次确定的位置还不足以满足应用程序的需要。不只是因为这个值很可能是过期的值，还因为大多数对位置敏感的应用程序需要对用户移动做出响应——而向 Location Manager 查询上一次确定的位置并不会强制它更新位置。

通过对 requestLocationUpdates 方法使用 LocationListener，可以请求定期更新位置变化。LocationListener 还包含一些回调方法，可用于监听提供器的状态和可用性的变化。

在为 requestLocationUpdates 方法指定参数时，可以使用特定 Location Provider 的名称，也可以提供一组条件来确定应该使用的提供器。为了提高效率并降低花费和电源消耗，还可以指定两次位置更新相隔的最短时间和最短距离。

程序清单 13-4 显示了基于指定的最短时间和最短距离，使用 Location Listener 请求定期更新的框架代码。

程序清单 13-4　使用 Location Listener 请求位置更新

```
String provider = LocationManager.GPS_PROVIDER;

int t = 5000;        //毫秒
int distance = 5;    //米

LocationListener myLocationListener = new LocationListener() {

  public void onLocationChanged(Location location) {
    //基于新位置更新应用程序
  }

  public void onProviderDisabled(String provider){
    //如果提供器被禁用，则更新应用程序
  }

  public void onProviderEnabled(String provider){
    //如果提供器被启用，则更新应用程序
  }

  public void onStatusChanged(String provider, int status,
                              Bundle extras){
    // 如果提供器硬件状态改变，则更新应用程序
  }
};
```

```
locationManager.requestLocationUpdates(provider, t, distance,
                                       myLocationListener);
```

代码片段 PA4AD_Ch13_Location/src/MyActivity.java

当超过最短时间或最短距离后，Location Listener 就会执行其 onLocationChanged 事件。

可以使用不同的最短时间和最短距离阈值，或者不同的 Location Provider，通过同一个或者不同的 Location Listener 请求多个位置更新。

Android 3.0(API Level 11)引入了另外一种接收位置变化的技术。使用这种技术时，不需要创建 Location Listener。相反，你可以指定一个 Pending Intent，每当位置发生变化，或者 Location Provider 的状态或可用性发生变化时，该 Pending Intent 就会被广播。新位置存储在一个 extra 中，其 key 为 KEY_LOCATION_CHANGED。

如果有多个 Activity 或 Service 需要使用位置更新，这种方法特别有用，因为它们可以监听相同的广播 Intent。

为确保应用程序不会泄露敏感的位置信息，需要像程序清单 13-5 那样针对一个特定的 Broadcast Receiver，或者要求接收方必须具有合适的权限才能接收你的位置更新 Intent。关于对 Broadcast Intent 应用权限的更多信息，请参见第 18 章"高级 Android 开发"。

程序清单 13-5 显示了如何广播一个 Pending Intent 来公布新的位置更新。

程序清单 13-5 使用一个 Pending Intent 请求位置更新

```
String provider = LocationManager.GPS_PROVIDER;

int t = 5000;       //毫秒
int distance = 5;   //米

final int locationUpdateRC = 0;
int flags = PendingIntent.FLAG_UPDATE_CURRENT;

Intent intent = new Intent(this, MyLocationUpdateReceiver.class);
PendingIntent pendingIntent = PendingIntent.getBroadcast(this,
  locationUpdateRC, intent, flags);

locationManager.requestLocationUpdates(provider, t,
                                       distance, pendingIntent);
```

代码片段 PA4AD_Ch13_Location/src/MyActivity.java

程序清单 13-6 显示了如何创建一个使用程序清单 13-5 中显示的 Pending Intent 监听位置广播变化的 Broadcast Receiver。

第 13 章 地图、地理编码和基于位置的服务

可从
wrox.com
下载源代码

程序清单 13-6　使用 Broadcast Receiver 接收位置更新

```
import android.content.BroadcastReceiver;
import android.content.Context;
import android.content.Intent;
import android.location.Location;
import android.location.LocationManager;

public class MyLocationUpdateReceiver extends BroadcastReceiver {

  @Override
  public void onReceive(Context context, Intent intent) {
    String key = LocationManager.KEY_LOCATION_CHANGED;
    Location location = (Location)intent.getExtras().get(key);
     // TODO […对新位置做一些处理…]
  }

}
```

代码片段 PA4AD_Ch13_Location/src/MyLocationUpdateReceiver.java

记住，必须把 Broadcast Receiver 添加到应用程序的 manifest 文件中，然后它才能接收 Pending Intent。

要停止位置更新，可以像下面的代码这样调用 removeUpdates。removeUpdates 的参数可以是一个 Location Listener 的实例，也可以是不想再触发的 Pending Intent。

```
locationManager.removeUpdates(myLocationListener);
locationManager.removeUpdates(pendingIntent);
```

为了降低电源消耗，只要有可能，就应该在应用程序中禁用更新，特别是当应用程序不可见、而位置改变只是用于更新 Activity 的 UI 的时候。通过将两次更新之间的最短时间和最短距离设置得尽可能大，还可以进一步提升性能。

如果及时性没有那么重要，则可以考虑使用 Passive Location Provider(在 Android 2.2，API Level 8 中引入)，如下面的代码段所示：

```
String passiveProvider = LocationManager.PASSIVE_PROVIDER;
locationManager.requestLocationUpdates(passiveProvider, 0, 0,
                                       myLocationListener);
```

当且仅当其他应用程序请求位置更新时，Passive Location Provider 才会收到位置更新，这使得你的应用程序可以在不激活任何 Location Provider 的情况下被动接收位置更新。

因为更新可能来自任何 Location Provider，所以应用程序必须请求 ACCESS_FINE_LOCATION 权限来使用 Passive Location Provider。注册的 Location Listener 会收到一个 Location 对象。调用该对象的 getProvider 方法可确定哪个 Location Provider 生成了每个更新。

这种 Location Provider 的被动性使它们特别适合在应用程序位于后台时保持位置数据的新鲜度，电源电量也得以节省。

471

13.4.5 在 Where Am I 中跟踪位置

下面的例子增强了 Where Am I 项目，通过监听位置变化来更新当前位置。位置更新被限制为每两秒钟检测一次，并且只有当检测到超过 10 米的移动时才进行更新。

本例没有显式地选择一个提供器，而是为应用程序提供一组条件，让 Android 找出最合适的提供器。

(1) 打开 Where Am I 项目中的 WhereAmI Activity。更新 onCreate 方法，通过使用 Criteria 找到一个精度高、耗电量最小的 Location Provider。

```
@Override
public void onCreate(Bundle savedInstanceState) {
  super.onCreate(savedInstanceState);
  setContentView(R.layout.main);

  LocationManager locationManager;
  String svcName = Context.LOCATION_SERVICE;
  locationManager = (LocationManager)getSystemService(svcName);

  Criteria criteria = new Criteria();
  criteria.setAccuracy(Criteria.ACCURACY_FINE);
  criteria.setPowerRequirement(Criteria.POWER_LOW);
  criteria.setAltitudeRequired(false);
  criteria.setBearingRequired(false);
  criteria.setSpeedRequired(false);
  criteria.setCostAllowed(true);
  String provider = locationManager.getBestProvider(criteria, true);

  Location l = locationManager.getLastKnownLocation(provider);

  updateWithNewLocation(l);
}
```

(2) 创建一个新的 LocationListener 实例变量，每当检测到位置变化时，使该变量触发现有的 updateWithNewLocation 方法。

```
private final LocationListener locationListener = new LocationListener() {
  public void onLocationChanged(Location location) {
    updateWithNewLocation(location);
  }

  public void onProviderDisabled(String provider) {}
  public void onProviderEnabled(String provider) {}
  public void onStatusChanged(String provider, int status,
                              Bundle extras) {}
};
```

(3) 返回 onCreate 方法中，调用 requestLocationUpdates，并传入新的 Location Listener 对象作为其参数。该方法应该每两秒钟监听一次位置变化，但是只有当检测到超过 10 米的移动时才触发。

```
@Override
public void onCreate(Bundle savedInstanceState) {
  super.onCreate(savedInstanceState);
```

```
setContentView(R.layout.main);

LocationManager locationManager;
String svcName = Context.LOCATION_SERVICE;
locationManager = (LocationManager)getSystemService(svcName);

Criteria criteria = new Criteria();
criteria.setAccuracy(Criteria.ACCURACY_FINE);
criteria.setPowerRequirement(Criteria.POWER_LOW);
criteria.setAltitudeRequired(false);
criteria.setBearingRequired(false);
criteria.setSpeedRequired(false);
criteria.setCostAllowed(true);
String provider = locationManager.getBestProvider(criteria, true);

Location l = locationManager.getLastKnownLocation(provider);

updateWithNewLocation(l);

locationManager.requestLocationUpdates(provider, 2000, 10,
                        locationListener);
}
```

如果运行应用程序并改变设备的位置,可以看到 TextView 会相应地进行更新。

提示:本例的所有代码都取自第13章的 Where Am I Part 2 项目。可以从www.wrox.com 上下载该项目。

13.4.6 请求单独一次位置更新

并不是每个应用程序都需要定期的位置更新才能保持有用。很多时候,只要确定一次位置就可以为它们提供的功能或显示的信息提供足够的上下文。

虽然 getLastKnownLocation 可以用来返回上一次确定的位置,但是不能保证这个位置存在,或者仍然是有效的。类似地,可以使用 Passive Location Provider 在其他应用程序请求位置更新的时候接收更新,但是你无法控制更新何时(以及是否)发生。

Android 2.3(API level 9)中引入了 requestSingleUpdate 方法,它允许在请求至少一次更新的时候指定要使用的 Provider 或者 Criteria。

如下面的代码段所示,这个方法与请求定期更新的方法不同,它不允许指定更新的频率,因为它只请求一次更新。

```
Looper looper = null;
locationManager.requestSingleUpdate(criteria, myLocationListener, looper);
```

当使用 Location Listener 时,可以指定一个 Looper 参数,该参数允许你在特定的线程上来定时回调——将该参数设为 null 将强制在当前调用线程上返回。

与前面介绍的 requestLocationUpdates 方法一样,可以选择像前面那样使用一个 Location Listener 接收一次位置更新,也可以像下面这样通过一个 Pending Intent 接收:

```
locationManager.requestSingleUpdate(criteria, pendingIntent);
```

无论选择哪种方法,都只会收到一次更新,所以当更新发生后需要注销接收器。

13.5 位置更新的最佳实践

在应用程序中使用 Location 时,需要考虑以下因素:
- **耗电量与精度**　Location Provider 的精度越高,耗电量越大。
- **启动时间**　在移动环境中,得到最初位置所用的时间对用户体验有显著的影响——在应用程序需要使用位置时更加明显。例如,GPS 的启动时间很慢,你需要想办法减轻其影响。
- **更新频率**　更新越频繁,电源消耗越大。较慢的更新可以降低电源消耗,代价是更新不是很及时。
- **提供器可用性**　用户可以切换提供器的可用性,所以应用程序需要监测提供器状态的变化,以便任何时候都能够确保使用最佳方法。

监测 Location Provider 的状态和可用性

在使用 Criteria 选择可用的最佳提供器来接收位置更新后,需要监测 Location Provider 可用性的变化,以确保选择的提供器总是可用的,并且总是最合适的。

程序清单 13-7 显示了如何监测所选提供器的状态,当其不可用时,动态切换到一个新的提供器,当更合适的提供器启用时,切换到这个更合适的提供器。

程序清单 13-7　在更好的选择变得可用时切换 Location Provider 的设计模式

```java
package com.paad.location;

import java.util.List;

import android.app.Activity;
import android.content.Context;
import android.location.Criteria;
import android.location.Location;
import android.location.LocationListener;
import android.location.LocationManager;
import android.os.Bundle;
import android.util.Log;

public class DynamicProvidersActivity extends Activity {
  private LocationManager locationManager;
  private final Criteria criteria = new Criteria();
  private static int minUpdateTime = 0;     // 30 Seconds
  private static int minUpdateDistance = 0; // 100m

  private static final String TAG = "DYNAMIC_LOCATION_PROVIDER";
```

```java
@Override
public void onCreate(Bundle savedInstanceState) {
  super.onCreate(savedInstanceState);
  setContentView(R.layout.main);

  //获得对 Location Manager 的引用
  String svcName = Context.LOCATION_SERVICE;
  locationManager = (LocationManager)getSystemService(svcName);

  //指定 Location Provider 的条件
  criteria.setAccuracy(Criteria.ACCURACY_FINE);
  criteria.setPowerRequirement(Criteria.POWER_LOW);
  criteria.setAltitudeRequired(true);
  criteria.setBearingRequired(true);
  criteria.setSpeedRequired(true);
  criteria.setCostAllowed(true);

  //只适用于 Android 3.0 及以上版本
  criteria.setHorizontalAccuracy(Criteria.ACCURACY_HIGH);
  criteria.setVerticalAccuracy(Criteria.ACCURACY_MEDIUM);
  criteria.setBearingAccuracy(Criteria.ACCURACY_LOW);
  criteria.setSpeedAccuracy(Criteria.ACCURACY_LOW);
  //只适用于 Android 3.0 及以上版本的代码至此结束
}

@Override
protected void onPause() {
  unregisterAllListeners();
  super.onPause();
}

@Override
protected void onResume() {
  super.onResume();
  registerListener();
}

private void registerListener() {
  unregisterAllListeners();
  String bestProvider =
    locationManager.getBestProvider(criteria, false);
  String bestAvailableProvider =
    locationManager.getBestProvider(criteria, true);

  Log.d(TAG, bestProvider + " / " + bestAvailableProvider);

  if (bestProvider == null)
    Log.d(TAG, "No Location Providers exist on device.");
  else if (bestProvider.equals(bestAvailableProvider))
    locationManager.requestLocationUpdates(bestAvailableProvider,
      minUpdateTime, minUpdateDistance,
      bestAvailableProviderListener);
  else {
    locationManager.requestLocationUpdates(bestProvider,
      minUpdateTime, minUpdateDistance, bestProviderListener);
```

```java
      if (bestAvailableProvider != null)
        locationManager.requestLocationUpdates(bestAvailableProvider,
          minUpdateTime, minUpdateDistance,
          bestAvailableProviderListener);
      else {
        List<String> allProviders = locationManager.getAllProviders();
        for (String provider : allProviders)
          locationManager.requestLocationUpdates(provider, 0, 0,
            bestProviderListener);
        Log.d(TAG, "No Location Providers currently available.");
      }
    }
  }

  private void unregisterAllListeners() {
    locationManager.removeUpdates(bestProviderListener);
    locationManager.removeUpdates(bestAvailableProviderListener);
  }

  private void reactToLocationChange(Location location) {
    // TODO: [响应位置变化]
  }

  private LocationListener bestProviderListener
    = new LocationListener() {

    public void onLocationChanged(Location location) {
      reactToLocationChange(location);
    }

    public void onProviderDisabled(String provider) {
    }

    public void onProviderEnabled(String provider) {
      registerListener();
    }

    public void onStatusChanged(String provider,
                         int status, Bundle extras) {}
  };

  private LocationListener bestAvailableProviderListener =
    new LocationListener() {
    public void onProviderEnabled(String provider) {
    }

    public void onProviderDisabled(String provider) {
      registerListener();
    }

    public void onLocationChanged(Location location) {
      reactToLocationChange(location);
    }
```

```
        public void onStatusChanged(String provider,
                             int status, Bundle extras) {}
    };
}
```

代码片段 PA4AD_Ch13_Location/src/DynamicProvidersActivity.java

13.6 使用近距离提醒

可以使用近距离设置一些 Pending Intent，当设备移动到为某个固定位置指定的区域内或从该区域移出时它们就会触发。

注意：Android 在内部可能根据距离目标区域外边界的远近使用不同的 Location Provider。这样，当与目标区域的距离决定了提醒不太可能触发时，用电量和花费就可以降到最低。

为了针对特定区域设置近距离提醒，需要选择一个中心点(使用经度和纬度值)、绕该点的半径以及该提醒的超时时间。当设备跨过目标区域的边界(进入或者离开半径限定的区域)时，提醒就会触发。

指定要触发的 Intent 时，需要使用 PendingIntent 类，该类以一个方法指针的形式包装了一个 Intent，如第 5 章所述。

程序清单 13-8 显示了如何设置一个不会过期的近距离提醒，当设备移动到距离目标 10 米以内时触发。

程序清单 13-8 设置近距离提醒

```
private static final String TREASURE_PROXIMITY_ALERT = "com.paad.treasurealert";

private void setProximityAlert() {
  String locService = Context.LOCATION_SERVICE;
  LocationManager locationManager;
  locationManager = (LocationManager)getSystemService(locService);

  double lat = 73.147536;
  double lng = 0.510638;
  float radius = 100f; //米
  long expiration = -1; //不会过期

  Intent intent = new Intent(TREASURE_PROXIMITY_ALERT);
  PendingIntent proximityIntent = PendingIntent.getBroadcast(this, -1,
                                                    intent,
                                                    0);
  locationManager.addProximityAlert(lat, lng, radius,
                                expiration,
                                proximityIntent);
}
```

代码片段 PA4AD_Ch13_Location/src/MyActivity.java

当Location Manager检测到设备已经越过了半径边界时，Pending Intent就会触发，并且该Pending Intent会带有一个extra，key为LocationManager.KEY_PROXIMITY_ENTERING的值也会相应地被设置为true或false。

为收到近距离提醒，需要创建一个BroadcastReceiver，如程序清单13-9所示。

程序清单13-9　创建一个近距离提醒Broadcast Receiver

```
public class ProximityIntentReceiver extends BroadcastReceiver {

    @Override
    public void onReceive (Context context, Intent intent) {
      String key = LocationManager.KEY_PROXIMITY_ENTERING;

      Boolean entering = intent.getBooleanExtra(key, false);
      // TODO [… 执行近距离提醒动作 …]
    }

}
```

代码片段PA4AD_Ch13_Location/src/ProximityIntentReceiver.java

为监听近距离提醒，可以通过两种方式注册接收器：在manifest文件中使用一个标签，或者像下面这样使用代码进行注册：

```
IntentFilter filter = new IntentFilter(TREASURE_PROXIMITY_ALERT);
registerReceiver(new ProximityIntentReceiver(), filter);
```

13.7　使用地理编码器

地理编码可以在街道地址和经纬度地图坐标之间进行转换。这样，就可以为基于位置的服务和基于地图的Activity中所使用的位置或者坐标提供一个可识别的上下文。

Geocoder类包含在Google Maps库中，所以要使用Geocoder类，就必须把该库导入到应用程序中。为此，在application节点下添加一个uses-library，如下所示：

```
<uses-library android:name="com.google.android.maps"/>
```

地理编码查找是在服务器上进行的，所以需要在应用程序的manifest文件中包含一个Internet uses-permission，如下所示：

```
<uses-permission android:name="android.permission.INTERNET"/>
```

Geocoder类提供了两种地理编码函数：
- **Forward Geocoding(前向地理编码)**　查找某个地址的经纬度。
- **Reverse Geocoding(反向地理编码)**　查找一个给定的经纬度所对应的街道地址。

这些调用返回的结果将会放到一个区域(用来定义你常驻位置和所用语言)中。下面的代码段展示了如何在创建地理编码器的时候设定区域设置。如果没有指定区域设置，那么它将会被假定为设备默认的区域设置。

```
Geocoder geocoder = new Geocoder(getApplicationContext(),
                                  Locale.getDefault());
```

这两种地理编码函数返回的都是 Address 对象列表。每一个列表都可以包含多个可能的结果，在调用函数时你可以指定结果的最大数量。

每个 Address 对象都包含了地理编码器所能够解析的尽可能多的细节。它可以包含经度、纬度、电话号码以及其他一些逐渐细化的地址信息，从国家一直到街道名和门牌号。

> **注意：** 编码器查找是同步进行的，因此，它们将会阻塞调用它们的线程。因此，最好把这些查找放到一个服务和/或后台线程中，如第 9 章所示。

Geocoder 使用一个 Web 服务来实现有些 Android 设备可能不支持的查找。Android 2.3(API level 9)引入了 isPresent 方法来确定指定的设备上是否存在 Geocoder 实现：

```
bool geocoderExists = Geocoder.isPresent();
```

如果设备上不存在 Geocoder 实现，下面小节中描述的前向和反向地理编码查询将返回一个空列表。

13.7.1 反向地理编码

反向地理编码可以返回由经度和纬度指定的物理位置的街道地址。这是为基于位置的服务所返回的位置提供一个可理解的上下文的有用方法。

要执行反向查找，需要向地理编码器对象的 getFromLocation 方法传入目标纬度和经度。它会返回一个可能匹配的地址的列表。如果对于指定的坐标，地理编码器不能解析出任何地址，那么它将会返回 null。

程序清单 13-10 显示了如何对一个给定位置进行反向地理编码，将可能地址的数目限制为前 10 个。

程序清单 13-10　对指定位置进行反向地理编码

```java
private void reverseGeocode(Location location) {
    double latitude = location.getLatitude();
    double longitude = location.getLongitude();
    List<Address> addresses = null;

    Geocoder gc = new Geocoder(this, Locale.getDefault());
    try {
        addresses = gc.getFromLocation(latitude, longitude, 10);
    } catch (IOException e) {
        Log.e(TAG, "IO Exception", e);
    }
}
```

代码片段 PA4AD_Ch13_Geocoding/src/MyActivity.java

反向查找的精度和粒度完全是由地理编码数据库中的数据质量决定的，因此，结果的质量在不同的国家和地区之间可能差别很大。

13.7.2　前向地理编码

前向地理编码(或者可以简单地称它为地理编码)可以确定一个给定位置的地图坐标。

> 一个有效的位置的组成，会因搜索的区域(地理区域)而异。一般来说，它将包括各种常规的、不同粒度(从国家到街道名和街道号码)的街道地址、邮编、火车站、界标和医院。一般来说，有效的搜索词与可以输入到 Google 地图搜索栏中的地址和位置是很相似的。

为了对一个地址进行地理编码，可以在 Geocoder 对象上调用 getFromLocationName。该方法的参数为需要获得坐标的位置、要返回的结果的最大数量以及一个可选的用来限制搜索结果的地理边界范围：

```
List<Address> result = gc.getFromLocationName(streetAddress, maxResults);
```

返回的地址列表中可以包含指定位置的多个可能的匹配结果。其中每一个地址结果都将包含纬度和经度以及对那些坐标有用的所有额外信息。这对于保证解析了正确的地址是很有用的，而且还能够在查找界标的时候提供地址的细节。

> 与反向编码一样，如果没有找到任何匹配的内容，那么它将会返回 null。地理编码结果的可用性、精度和粒度都完全依赖于你正在查找的区域中可用的数据库。

在进行前向查找的过程中，实例化 Geocoder 对象时所指定的 Locale 对象尤其重要。Locale 提供了解释搜索请求的地理上下文，因为多个区域可能存在相同的位置名称。

在可能的地方，应该考虑选择一个地区的区域设置以避免地址名称歧义，并提供尽可能多的地址细节，如程序清单 13-11 所示。

程序清单 13-11　对一个地址进行地理编码

```
Geocoder fwdGeocoder = new Geocoder(this, Locale.US);
String streetAddress = "160 Riverside Drive, New York, New York";

List<Address> locations = null;
try {
  locations = fwdGeocoder.getFromLocationName(streetAddress, 5);
} catch (IOException e) {
  Log.e(TAG, "IO Exception", e);
}
```

代码片段 PA4AD_Ch13_Geocoding/src/MyActivity.java

为了得到更具体的结果，可以像下面这样指定左下方和右上方的纬度和经度值，从而把搜索限制在一个地理边界范围内。

```
List<Address> locations = null;
try {
  locations = fwdGeocoder.getFromLocationName(streetAddress, 10,
                                              llLat, llLong, urLat, urLong);
} catch (IOException e) {
  Log.e(TAG, "IO Exception", e);
}
```

在与 Map View 一起使用时,这种重载就特别有用,因为它可以把搜索限制在可视的地图范围内。

13.7.3 对"Where Am I"示例进行地理编码

本例将扩展"Where Am I"项目,使得每当设备移动的时候可以包含和更新当前的街道地址。

(1) 首先修改 manifest 文件,包含 Internet uses-permission:

```
<uses-permission android:name="android.permission.INTERNET"/>
```

(2) 然后打开 WhereAmI Activity。通过修改 updateWithNewLocation 方法来实例化一个新的 Geocoder 对象,并调用 getFromLocation 方法,向其传入新接收的位置,并把结果限制为一个单独的地址。

(3) 提取街道地址的每一行,以及地区、邮编和国家,然后把这些信息附加到一个已存在的 Text View 字符串中。

```
private void updateWithNewLocation(Location location) {
  TextView myLocationText;
  myLocationText = (TextView)findViewById(R.id.myLocationText);

  String latLongString = "No location found";
  String addressString = "No address found";

  if (location != null) {
    double lat = location.getLatitude();
    double lng = location.getLongitude();
    latLongString = "Lat:" + lat + "\nLong:" + lng;

    double latitude = location.getLatitude();
    double longitude = location.getLongitude();
    Geocoder gc = new Geocoder(this, Locale.getDefault());

    try {
      List<Address> addresses = gc.getFromLocation(latitude, longitude, 1);
      StringBuilder sb = new StringBuilder();
      if (addresses.size() > 0) {
        Address address = addresses.get(0);

        for (int i = 0; i < address.getMaxAddressLineIndex(); i++)
          sb.append(address.getAddressLine(i)).append("\n");

        sb.append(address.getLocality()).append("\n");
        sb.append(address.getPostalCode()).append("\n");
        sb.append(address.getCountryName());
      }
```

```
            addressString = sb.toString();
        } catch (IOException e) {}
    }

    myLocationText.setText("Your Current Position is:\n" +
                           latLongString + "\n\n" + addressString);
}
```

 本例的所有代码都取自第 13 章的 Where Am I Part 3 项目。可以从 www.wrox.com 上下载该项目。

如果现在运行这个例子,它应该如图 13-3 所示。

图 13-3

13.8 创建基于地图的 Activity

为物理位置或地址提供上下文的最直观的方法之一就是使用地图。通过使用 MapView,就可以创建包含交互式地图的 Activity。

MapView 支持两种注释方法:使用覆盖(Overlay)和把视图绑定在地图的地理位置上。MapView 为地图显示提供了完全可编程的控件,可以控制缩放、位置和显示模式——包括显示卫星视图的选项。

在下面的部分中,将会看到如何使用覆盖(Overlay)和 MapController 来创建动态的基于地图的 Activity。与在线混合地图不同,地图 Activity 将在设备上本地运行,从而提供定制程度更高、更加个性化的用户体验。

13.8.1 MapView 和 MapActivity 简介

本节将介绍用于支持 Android 地图的几个类:
- MapView 就是显示地图的用户界面元素。
- MapActivity 是一个基类,通过扩展它可以创建包含 MapView 的 Activity。MapActivity 类可以处理应用程序的生命周期以及显示地图所要求的后台服务管理。所以,只能在从 MapActivity 派生的 Activity 中使用 MapView。
- Overlay 是用来对地图做注释的类。使用覆盖之后,就可以使用一个 Canvas 在任意数量的层中进行绘制,这些层将显示在 MapView 上方。
- MapController 用来控制地图,允许设置中心位置和缩放级别。

- MyLocationOverlay 是一个特殊的覆盖，它可以用来显示设备当前的位置和方向。
- ItemizedOverlays 和 OverlayItems 结合在一起使用可以创建一个地图标记层，并使用带文本的 Drawable 进行显示。

13.8.2 获得地图的 API key

要在应用程序中使用 Map View，必须首先从 Android 开发人员网站 http://code.google.com/android/maps-api-signup.html 上获取一个 API key。

如果没有 API key，MapView 无法下载用于显示地图的瓦片。

要获得 API key，需要指定用来注册应用程序的证书的 MD5 指纹。一般来说，需要使用两个证书注册应用程序：默认的调试证书和生产证书。下面将介绍如何为应用程序获得每个注册证书的 MD5 指纹。

1. 获得开发/调试 MD5 指纹

如果使用 Eclipse 和 ADT 插件来调试应用程序，那么它们将使用存储在调试 keystore 中的默认调试证书进行注册。

通过选择 Windows | Preferences | Android | Build，可以在 Default Debug Keystore 文本框中找到 keystore 的位置。通常，调试 keystore 在各个平台上的存储位置如下所示：

- **WindowsVista**　　\users\<username>\.android\debug.keystore
- **WindowsXP**　　\Documents and Settings\<username>\.android\debug.keystore
- **Linux 或 Mac**　　</.android/debug.keystore

> 用于开发的每台计算机都有不同的调试证书和 MD5 值。如果想要在多台计算机上开发和调试地图应用程序，则需要生成和使用多个 API key。

要找到调试证书的 MD5 指纹，需要使用 Java 安装的 keytool 命令：

```
keytool -list -alias androiddebugkey -keystore <keystore_location>.keystore
-storepass android -keypass android
```

2. 获得生产/发布 MD5 指纹

在编译并注册应用程序以进行发布以前，需要使用发布证书的 MD5 指纹获得一个地图 API key。

在使用 keytool 命令找到 MD5 指纹时，需要指定-list 参数、keystore 和用来为发布应用程序进行签名时使用的别名。

```
keytool -list -alias my-android-alias -keystore my-android-keystore
```

在返回 MD5 指纹以前，将提示你输入 keystore 和别名的密码。

13.8.3 创建一个基于地图的 Activity

要想在应用程序中使用地图，需要扩展 MapActivity。新类的布局必须包含一个 MapView 来显示 Google 地图界面元素。

Android 地图库不是一个标准的 Android 包;作为一个可选的 API,在使用它之前必须显式地在应用程序的 manifest 文件中包含它。因此,通过在 manifest 文件的 application 节点中使用 uses-library 标签来包含所需要的库,如下面的 XML 代码段所示:

```xml
<uses-library android:name="com.google.android.maps"/>
```

> 这里讨论的 maps 包不是标准的 Android 开源项目(AOSP)的一部分。该包由 Google 通过 Android SDK 提供,并且可以在大多数 Android 设备上使用。但是要注意,因为它不是一个标准的包,所以某些 Android 设备可能并不支持它。

MapView 会根据需要下载地图瓦片;所以,任何使用 MapView 的应用程序都必须包含 Internet 的使用权限。为此,需要在应用程序的 manifest 文件中添加 INTERNET uses-permission 标签,如下所示:

```xml
<uses-permission android:name="android.permission.INTERNET"/>
```

一旦添加了库并配置了权限,那么就可以创建新的基于地图的 Activity 了。

MapView 控件只能在扩展 MapActivity 的 Activity 中使用。重写 onCreate 方法来布局包含了 MapView 的屏幕。重写 isRouteDisplayed,如果 Activity 将显示路径信息(例如,交通方向),则使该方法返回 true。

程序清单 13-12 显示了创建一个新的基于地图的 Activity 的框架代码。

程序清单 13-12 地图 Activity 的框架代码

```java
import com.google.android.maps.MapActivity;
import com.google.android.maps.MapController;
import com.google.android.maps.MapView;
import android.os.Bundle;

public class MyMapActivity extends MapActivity {
  private MapView mapView;
  
  private MapController mapController;
  
  @Override
  public void onCreate(Bundle savedInstanceState) {
    super.onCreate(savedInstanceState);
    setContentView(R.layout.map_layout);
    mapView = (MapView)findViewById(R.id.map_view);
  }
  
  @Override
  protected boolean isRouteDisplayed() {
    //重要:如果你的 Activity 显示驾驶方向,
    //那么这个方法必须返回 true,否则,返回 false.
    return false;
  }
}
```

代码片段 PA4AD_Ch13_Mapping/src/MyMapActivity.java

第 13 章 地图、地理编码和基于位置的服务

相应的用来包含 MapView 的布局文件如程序清单 13-13 所示。需要包含地图 API key(如本章前面所述)，然后才能在应用程序中使用 MapView。

可从 wrox.com 下载源代码

程序清单 13-13　地图 Activity 布局资源

```xml
<?xml version="1.0" encoding="utf-8"?>
<LinearLayout
  xmlns:android="http://schemas.android.com/apk/res/android"
  android:orientation="vertical"
  android:layout_width="fill_parent"
  android:layout_height="fill_parent">
<com.google.android.maps.MapView
  android:id="@+id/map_view"
  android:layout_width="fill_parent"
  android:layout_height="fill_parent"
  android:enabled="true"
  android:clickable="true"
  android:apiKey="mymapapikey"
/>
</LinearLayout>
```

代码片段 PA4AD_Ch13_Mapping/res/layout/map_layout.xml

图 13-4 显示了一个基于地图的 Activity 的简单例子。

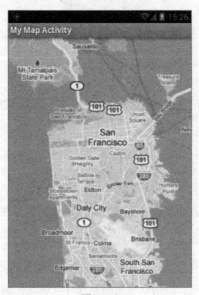

图　13-4

目前，Android 只支持在每个应用程序中有一个 MapActivity 和一个 MapView。

13.8.4 地图和 Fragment

如果 Fragment 被附加到一个 MapActivity，那么它就可以包含 MapView。如果你在早于 Android 3.0 的平台上使用 Android 支持包提供对 Fragment 的支持，那么这种做法很容易发生问题。

在这种情况中，必须选择让 Activity 扩展 FragmentActivity 以提供 Fragment 支持，或是扩展 MapActivity 以包含 MapView 元素。

在创作本书时，支持包还没有包含 MapFragment 或 MapFragmentActivity 类来允许在支持包 Fragment 内使用 MapView。因此，目前还无法在支持包 Fragment 和 Fragment Activity 中包含 MapView。

 目前，Android 在一个应用程序中只支持一个 MapActivity 和一个 MapView。

有一些第三方支持包可以绕开这种限制。另外还有一种方法，就是分别针对早于和晚于 Honeycomb 的设备创建 Activity 类，只有支持时才在 Fragment 内使用地图。

本章剩余部分在讨论 Fragment 时，将假定它们是目标为 Android 3.0(API level 11)或更高版本的设备上的本地 Fragment。

13.8.5 配置和使用 MapView

默认情况下，MapView 将会显示标准的街道地图，如图 13-4 所示。另外，还可以选择显示卫星视图、StreetView 和预期的交通覆盖，如下面的代码段所示：

```
mapView.setSatellite(true);
mapView.setTraffic(true);
```

也可以通过查询 MapView 来查找当前的和最大的可用缩放等级：

```
int maxZoom = mapView.getMaxZoomLevel();
int currentZoom = mapView.getZoomLevel();
```

还可以获得中心点和当前可见的纬度和经度范围(用十进制度数表示)。这对执行受地理位置限制的地理编码器查找非常有用：

```
GeoPoint center = mapView.getMapCenter();
int latSpan = mapView.getLatitudeSpan();
int longSpan = mapView.getLongitudeSpan();
```

也可以选择使用 setBuiltInZoomControls 方法来显示标准的地图缩放控件。

```
mapView.setBuiltInZoomControls(true);
```

为定制缩放控件，需要使用 getZoomButtonsController 方法来获得缩放按钮控件的一个实例。你可以使用控制器来定制缩放速度，启用或禁用缩放控件，以及在缩放控件布局中添加额外的按钮。

```
ZoomButtonsController zoomButtons = mapView.getZoomButtonsController();
```

13.8.6 使用 MapController

可以使用 MapController 来平移和缩放 MapView。可以使用 getcontroller 来获得对 MapView 的控制器的引用，如下面的代码所示：

```
MapController mapController = mapView.getController();
```

在 Android 地图类中，地图的位置表示为 GeoPoint 对象，它们包含了以 microdegree 为单位的

第 13 章 地图、地理编码和基于位置的服务

纬度和经度值。要将度转换为 microdegree,只需要乘以 1E6(1 000 000)即可。

在使用基于位置的服务返回的 Location 对象中存储纬度和经度值之前,需要把它们转换为 microdegree,并把它们存储为 GeoPoint。

```
Double lat = 37.422006*1E6;
Double lng = -122.084095*1E6;
GeoPoint point = new GeoPoint(lat.intValue(), lng.intValue());
```

使用 setCenter 重新定位 MapView 的中心,并使用 setZoom 方法缩放 MapView,以上两种方法由 MapView 的 MapController 提供。

```
mapController.setCenter(point);
mapController.setZoom(1);
```

当使用 setZoom 的时候,1 表示最宽的(或者最远的)放大,21 表示最窄的(或者最近的)视角。

特定位置的实际可用的缩放级别由 Google 地图的分辨率和该区域的图片所决定,可以通过调用相关 Map View 的 getMaxZoom Level 获知。可以使用 zoomIn 和 zoomOut 来逐步地改变缩放级别,或者使用 zoomToSpan 来指定要缩放到的纬度或经度范围。

setCenter 方法将会"跳"到一个新位置,为了平滑地过渡,可以使用 animateTo 方法:

```
mapController.animateTo(point);
```

13.8.7 对"Where Am I"示例使用地图

在下面的例子中,"Where Am I"项目将再次被扩展。这次,通过把它转换为一个地图 Activity,对它添加地图功能。随着设备位置的改变,地图将会自动地把它的中心定位到新的位置。

(1) 首先检查项目的属性,确保项目的构建目标是一个 Google APIs 目标,而不是一个 Android Open Source Project 目标。这是因为要使用 Google 的地图组件,就必须使用 Google APIs 目标。要访问项目的构建属性,可以在项目层次结构中选择它,然后选择 File | Properties,再选择 Android 选项卡。

(2) 修改应用程序的 manifest 文件以添加地图库:

```xml
<?xml version="1.0" encoding="utf-8"?>
<manifest xmlns:android="http://schemas.android.com/apk/res/android"
  package="com.paad.whereami"
  android:versionCode="1"
  android:versionName="1.0" >

  <uses-sdk android:minSdkVersion="4" />
  <uses-permission android:name="android.permission.INTERNET"/>

  <uses-permission
    android:name="android.permission.ACCESS_FINE_LOCATION"
  />

  <application
    android:icon="@drawable/ic_launcher"
    android:label="@string/app_name">
    <uses-library android:name="com.google.android.maps"/>
```

```xml
<activity
  android:name=".WhereAmI"
  android:label="@string/app_name">
  <intent-filter>
    <action android:name="android.intent.action.MAIN" />
    <category android:name="android.intent.category.LAUNCHER" />
  </intent-filter>
</activity>
    </application>
</manifest>
```

(3) 改变 WhereAmI Activity 的继承关系，让它继承 MapActivity，而不是 Activity。还需要包含对 isRouteDisplayed 方法的重写。因为这个 Activity 不会显示路径的方向，所以可以返回 false。

```java
public class WhereAmI extends MapActivity {
  @Override
  protected boolean isRouteDisplayed() {
    return false;
  }

  [ ... existing Activity code ... ]
}
```

(4) 通过修改 main.xml 布局资源来包含一个使用完全限定的类名的 MapView。需要获得一个地图 API key，并将其包含到 com.android.MapView 节点的 android.apikey 属性中。

```xml
<?xml version="1.0" encoding="utf-8"?>
<LinearLayout
  xmlns:android="http://schemas.android.com/apk/res/android"
  android:orientation="vertical"
  android:layout_width="match_parent"
  android:layout_height="match_parent">
  <TextView
    android:id="@+id/myLocationText"
    android:layout_width="match_parent"
    android:layout_height="wrap_content"
    android:text="@string/hello"
  />
  <com.google.android.maps.MapView
    android:id="@+id/myMapView"
    android:layout_width="match_parent"
    android:layout_height="match_parent"
    android:enabled="true"
    android:clickable="true"
    android:apiKey="myMapKey"
  />
</LinearLayout>
```

(5) 现在运行这个应用程序，应该显示原始的地址文本，它的下面会有一个 MapView，如图 13-5 所示。

(6) 返回 WhereAmI Activity，配置 MapView，并把对它的 MapController 的一个引用作为实例变量进行存储。然后设置

图 13-5

MapView 的显示选项来显示卫星视图,并放大到比较近的视角。

```
private MapController mapController;

@Override
public void onCreate(Bundle savedInstanceState) {
  super.onCreate(savedInstanceState);
  setContentView(R.layout.main);

  //获得对 MapView 的引用
  MapView myMapView = (MapView)findViewById(R.id.myMapView);

  //获得 MapView 的控制器
  mapController = myMapView.getController();

  //配置地图显示选项
  myMapView.setSatellite(true);
  myMapView.setBuiltInZoomControls(true);

  //放大
  mapController.setZoom(17);

  LocationManager locationManager;
  String svcName= Context.LOCATION_SERVICE;
  locationManager = (LocationManager)getSystemService(svcName);

  Criteria criteria = new Criteria();
  criteria.setAccuracy(Criteria.ACCURACY_FINE);
  criteria.setPowerRequirement(Criteria.POWER_LOW);
  criteria.setAltitudeRequired(false);
  criteria.setBearingRequired(false);
  criteria.setSpeedRequired(false);
  criteria.setCostAllowed(true);
  String provider = locationManager.getBestProvider(criteria, true);

  Location l = locationManager.getLastKnownLocation(provider);

  updateWithNewLocation(l);

  locationManager.requestLocationUpdates(provider, 2000, 10,
                                         locationListener);
}
```

(7) 最后一步是使用 MapController 修改 updateWithNewLocation 方法,把地图的中心定位到当前的位置。

```
private void updateWithNewLocation(Location location) {
  TextView myLocationText;
  myLocationText = (TextView)findViewById(R.id.myLocationText);

  String latLongString = "No location found";
  String addressString = "No address found";

  if (location != null) {
    //更新地图位置.
```

```java
      Double geoLat = location.getLatitude()*1E6;
      Double geoLng = location.getLongitude()*1E6;
      GeoPoint point = new GeoPoint(geoLat.intValue(),
                                    geoLng.intValue());
      mapController.animateTo(point);

      double lat = location.getLatitude();
      double lng = location.getLongitude();
      latLongString = "Lat:" + lat + "\nLong:" + lng;

      double latitude = location.getLatitude();
      double longitude = location.getLongitude();
      Geocoder gc = new Geocoder(this, Locale.getDefault());

      if (!Geocoder.isPresent())
        addressString = "No geocoder available";
      else {
        try {
          List<Address> addresses = gc.getFromLocation(latitude, longitude, 1);
          StringBuilder sb = new StringBuilder();
          if (addresses.size() > 0) {
            Address address = addresses.get(0);

            for (int i = 0; i < address.getMaxAddressLineIndex(); i++)
              sb.append(address.getAddressLine(i)).append("\n");

            sb.append(address.getLocality()).append("\n");
            sb.append(address.getPostalCode()).append("\n");
            sb.append(address.getCountryName());
          }
          addressString = sb.toString();
        } catch (IOException e) {
          Log.d("WHEREAMI", "IO Exception", e);
        }
      }
    }

    myLocationText.setText("Your Current Position is:\n" +
      latLongString + "\n\n" + addressString);
  }
```

本示例的所有代码都是第 13 章的 Where Am I Part 4 项目的一部分。可以从 www.wrox.com 上下载该项目。

13.8.8 创建和使用覆盖(Overlay)

覆盖是用来向 MapView 中添加注释和单击处理的方法。每一个覆盖都可以直接在画布上绘制 2D 基本图形,包括文本、直线、图片和各种形状,之后将把画布覆盖到 MapView 之上。

可以向一个地图中添加多个覆盖。分配给一个 MapView 的所有覆盖都是作为层添加的,较新的层可能会遮盖较旧的层。用户单击是通过栈进行传递的,直到它们被覆盖处理,或者被注册为

MapView 本身的单击为止。

1. 创建新的覆盖

要添加新的覆盖,需要通过扩展 Overlay 来创建一个新的类。然后重写 draw 方法来绘制希望添加的注释,并重写 onTap 方法来对用户的单击(通常是用户单击由这个覆盖所添加的注释)做出反应。

程序清单 13-14 显示了创建新的覆盖的框架,这个覆盖可以用来绘制注释和处理用户单击。

可从
wrox.com
下载源代码

程序清单 13-14　创建新覆盖

```java
import android.graphics.Canvas;
import com.google.android.maps.GeoPoint;
import com.google.android.maps.MapView;
import com.google.android.maps.Overlay;

public class MyOverlay extends Overlay {
  @Override
  public void draw(Canvas canvas, MapView mapView, boolean shadow) {
    if (shadow == false) {
      // TODO [ ... 在主地图层上绘制注释 ...]
    }
    else {
      // TODO [ ... 在阴影层上绘制注释 ...]
    }
  }

  @Override
  public boolean onTap(GeoPoint point, MapView mapView) {
    //如果这个覆盖处理了屏幕触摸,则返回 true
    return false;
  }
}
```

代码片段 PA4AD_Ch13_Mapping/src/MyOverlay.java

2. 投影简介

用来绘制覆盖注释的画布是一个表示可见显示表面的标准 Canvas。要根据物理位置添加注释,需要在地理位置和屏幕坐标之间进行转换。

Projection 类可以在纬度/经度坐标(存储为 GeoPoint)和 x/y 屏幕像素坐标(存储为 Point)之间进行转换。

地图的投影可能会在后面对 draw 的调用中发生改变,所以最好每次都获得一个新的投影实例。可以通过调用 getProjection 来获得 MapView 的投影。

```
Projection projection = mapView.getProjection();
```

使用 fromPixel 和 toPixel 方法可以在 GeoPoint 和 Point 对象之间进行转换。

由于性能方面的原因,toPixel 投影方法最好的使用方式是传递给它一个待填充的 Point 对象(而不是依赖返回值),如程序清单 13-15 所示。

程序清单 13-15 使用地图投影

```
Point myPoint = new Point();
//转换为屏幕坐标
projection.toPixels(geoPoint, myPoint);
//转换为 GeoPoint 位置坐标
GeoPoint gPoint = projection.fromPixels(myPoint.x, myPoint.y);
```

代码片段 PA4AD_Ch13_Mapping/src/MyOverlay.java

3. 在覆盖画布上绘制

通过重写覆盖的 draw 处理程序，可以在覆盖的画布上进行绘制。

可以使用第 4 章在为视图创建定制的用户界面时使用的技术，在传入的画布上面绘制注释。Canvas 对象包含了在地图上绘制 2D 基本图形(包括直线、文本、形状、椭圆、图片等)的方法。可以使用 Paint 对象来定义样式和颜色。

程序清单 13-16 使用一个投影在一个给定的位置绘制文本和椭圆。

程序清单 13-16 简单的地图覆盖

```
@Override
public void draw(Canvas canvas, MapView mapView, boolean shadow) {
    Projection projection = mapView.getProjection();

    Double lat = -31.960906*1E6;
    Double lng = 115.844822*1E6;
    GeoPoint geoPoint = new GeoPoint(lat.intValue(), lng.intValue());

    if (shadow == false) {
      Point myPoint = new Point();
      projection.toPixels(geoPoint, myPoint);

      //创建和设置画刷
      Paint paint = new Paint();
      paint.setARGB(250, 255, 0, 0);
      paint.setAntiAlias(true);
      paint.setFakeBoldText(true);

      //创建圆
      int rad = 5;
      RectF oval = new RectF(myPoint.x-rad, myPoint.y-rad,
                      myPoint.x+rad, myPoint.y+rad);

      //在画布上绘图
      canvas.drawOval(oval, paint);
      canvas.drawText("Red Circle", myPoint.x+rad, myPoint.y, paint);
    }
}
```

代码片段 PA4AD_Ch13_Mapping/src/MyOverlay.java

对于更高级的绘制功能,请查看第 11 章,那里介绍了渐变、笔划和过滤器。

4. 处理地图单击事件

要处理地图单击事件,可以重写 Overlay 的扩展类中的 onTap 事件处理程序。onTap 处理程序接收两个参数:

- **GeoPoint**,它包含了单击的地图位置的纬度/经度。
- **MapView**,触发这个事件的被单击的 MapView。

当重写 onTap 时,如果它已经处理了一个特定的单击,那么就让它返回 true,如果需要让另一个覆盖来处理这个事件,那么就返回 false,如程序清单 13-17 所示。

程序清单 13-17 处理地图单击事件

```
@Override
public boolean onTap(GeoPoint point, MapView mapView) {
    //执行命中测试,看这个覆盖是否处理了单击事件
    if ([ ... 执行单击测试 ...]) {
      // TODO [ ... 执行单击功能 ... ]
      return true;
    }

    //如果没有处理,则返回 false
    return false;
}
```

代码片段 PA4AD_Ch13_Mapping/src/MyOverlay.java

5. 添加和移除覆盖

每个 MapView 都包含当前显示的覆盖的列表。可以通过调用 getOverlays 获得对这个列表的引用,如下面的代码所示:

```
List<Overlay> overlays = mapView.getOverlays();
```

在这个列表中添加和移除项目都是线程安全的,并且是同步的,所以可以安全地修改和查询这个列表。你仍然应该在该列表上同步的同步块内完成对这个列表的迭代操作。

要在一个 MapView 中添加覆盖,需要创建一个新的覆盖实例,并把它添加到列表中,如下面的代码所示:

```
MyOverlay myOverlay = new MyOverlay();
overlays.add(myOverlay);
mapView.postInvalidate();
```

添加的覆盖将会在下次重新绘制 MapView 的时候显示,所以当修改列表后调用 postInvalidate 通常是一种比较好的做法,这样可以及时更新地图显示的变化。

6. 注释 "Where Am I" 示例

以下对 "Where Am I" 示例的最后修改创建和添加了新的覆盖，该覆盖在设备的当前位置显示一个白色的圆圈。

(1) 创建一个新的 MyPositionOverlay 覆盖类。

```java
import android.graphics.Canvas;
import android.graphics.Paint;
import android.graphics.Point;
import android.graphics.RectF;
import android.location.Location;
import com.google.android.maps.GeoPoint;
import com.google.android.maps.MapView;
import com.google.android.maps.Overlay;
import com.google.android.maps.Projection;

public class MyPositionOverlay extends Overlay {
  @Override
  public void draw(Canvas canvas, MapView mapView, boolean shadow) {
  }

  @Override
  public boolean onTap(GeoPoint point, MapView mapView) {
    return false;
  }
}
```

(2) 创建一个新的实例变量来存储当前位置，并为它添加 setter 和 getter 方法。

```java
Location location;

public Location getLocation() {
  return location;
}
public void setLocation(Location location) {
  this.location = location;
}
```

(3) 重写 draw 方法，在当前位置添加一个白色小圆圈。

```java
private final int mRadius = 5;

@Override
public void draw(Canvas canvas, MapView mapView, boolean shadow) {
  Projection projection = mapView.getProjection();

  if (shadow == false && location != null) {
    //获得当前位置
    Double latitude = location.getLatitude()*1E6;
    Double longitude = location.getLongitude()*1E6;
    GeoPoint geoPoint;
    geoPoint = new
      GeoPoint(latitude.intValue(),longitude.intValue());
```

```
//把位置转换为屏幕像素
Point point = new Point();
projection.toPixels(geoPoint, point);

RectF oval = new RectF(point.x - mRadius, point.y - mRadius,
                       point.x + mRadius, point.y + mRadius);

//设置paint
Paint paint = new Paint();
paint.setARGB(250, 255, 255, 255);
paint.setAntiAlias(true);
paint.setFakeBoldText(true);

Paint backPaint = new Paint();
backPaint.setARGB(175, 50, 50, 50);
backPaint.setAntiAlias(true);

RectF backRect = new RectF(point.x + 2 + mRadius,
                           point.y - 3*mRadius,
                           point.x + 65, point.y + mRadius);

//绘制标记
canvas.drawOval(oval, paint);
canvas.drawRoundRect(backRect, 5, 5, backPaint);
canvas.drawText("Here I Am",
                point.x + 2*mRadius, point.y,
                paint);
}
super.draw(canvas, mapView, shadow);
}
```

(4) 现在打开 WhereAmI Activity 类，并向 MapView 中添加 MyPositionOverlay。

添加一个新的实例变量来存储 MyPositionOverlay，然后通过重写 onCreate 来创建该类的一个新实例，并把它添加到 MapView 的覆盖列表中。

```
private MyPositionOverlay positionOverlay;

@Override
public void onCreate(Bundle savedInstanceState) {
  super.onCreate(savedInstanceState);
  setContentView(R.layout.main);

  //获得对MapView的引用
  MapView myMapView = (MapView)findViewById(R.id.myMapView);

  //获得MapView的控制器
  mapController = myMapView.getController();

  //配置地图显示选项
  myMapView.setSatellite(true);
  myMapView.setBuiltInZoomControls(true);

  //放大
  mapController.setZoom(17);
```

```
//添加MyPositionOverlay
positionOverlay = new MyPositionOverlay();
List<Overlay> overlays = myMapView.getOverlays();
overlays.add(positionOverlay);
myMapView.postInvalidate();

LocationManager locationManager;
String svcName= Context.LOCATION_SERVICE;
locationManager = (LocationManager)getSystemService(svcName);

Criteria criteria = new Criteria();
criteria.setAccuracy(Criteria.ACCURACY_FINE);
criteria.setPowerRequirement(Criteria.POWER_LOW);
criteria.setAltitudeRequired(false);
criteria.setBearingRequired(false);
criteria.setSpeedRequired(false);
criteria.setCostAllowed(true);
String provider = locationManager.getBestProvider(criteria, true);

Location l = locationManager.getLastKnownLocation(provider);

updateWithNewLocation(l);

locationManager.requestLocationUpdates(provider, 2000, 10,
                                       locationListener);

}
```

(5) 修改 updateWithNewLocation 方法，当收到新位置时在地图上进行更新。

```
private void updateWithNewLocation(Location location) {
  TextView myLocationText;
  myLocationText = (TextView)findViewById(R.id.myLocationText);

  String latLongString = "No location found";
  String addressString = "No address found";

  if (location != null) {
    //更新位置覆盖
    positionOverlay.setLocation(location);

  [ ... 现有的 updateWithNewLocation 方法 ... ]
}
```

> 本示例中的所有代码都取自第 13 章的 Where Am I Part 5 项目。可以从 www.wrox.com 上下载该项目。

当该应用程序运行时，将会用一个白色的小圆圈和支持文本来指示当前的设备位置，如图 13-6 所示。

第 13 章 地图、地理编码和基于位置的服务

图 13-6

 其实，这并不是在地图上显示当前位置的首选方法。Android 本身就通过 MyLocationOverlay 类实现了这个功能。如果希望显示和追踪当前的位置，那么就应当考虑使用(或者扩展)这个类(如下一节所示)，而不是像本小节所讲述的这样手动地实现它。

13.8.9 MyLocationOverlay 简介

MyLocationOverlay 是一个专门设计的本地覆盖，它用来在一个 MapView 中显示当前位置和方向。

要使用 MyLocationOverlay，需要创建一个新的实例，并给它传入应用程序的上下文和目标 MapView，然后把它添加到 MapView 的覆盖列表，如下所示：

```
List<Overlay> overlays = mapView.getOverlays();
MyLocationOverlay myLocationOverlay = new MyLocationOverlay(this, mapView);
overlays.add(myLocationOverlay);
```

可以使用 MyLocationOverlay 来显示当前位置和方向(表示为闪烁的蓝色标记) 。
下面的代码段展示了如何启用罗盘和标记。

```
myLocationOverlay.enableCompass();
myLocationOverlay.enableMyLocation();
```

497

13.8.10　ItemizedOverlay 和 OverlayItem 简介

OverlayItem 使用 ItemizedOverlay 类来向 MapView 提供简单的标记功能。

ItemizedOverlay 提供了一种向地图添加标记的快捷方法，可以把标记图片和相关的文本分配给特定的地理位置。ItemizedOverlay 实例可以处理每一个 OverlayItem 标记的绘制、放置、单击处理、焦点控制和布局优化。

要向地图中添加一个 ItemizedOverlay 标记层，首先要创建一个扩展了 ItemizedOverlay<OverlayItem> 的新类，如程序清单 13-18 所示。

程序清单 13-18　创建一个新的 ItemizedOverlay

```java
import android.graphics.drawable.Drawable;
import com.google.android.maps.GeoPoint;
import com.google.android.maps.ItemizedOverlay;
import com.google.android.maps.OverlayItem;

public class MyItemizedOverlay extends ItemizedOverlay<OverlayItem> {

  public MyItemizedOverlay(Drawable defaultMarker) {
    super(boundCenterBottom(defaultMarker));
    populate();
  }

  @Override
  protected OverlayItem createItem(int index) {
    switch (index) {
      case 0:
        Double lat = 37.422006*1E6;
        Double lng = -122.084095*1E6;
        GeoPoint point = new GeoPoint(lat.intValue(), lng.intValue());

        OverlayItem oi;
        oi = new OverlayItem(point, "Marker", "Marker Text");
        return oi;
    }
    return null;
  }

  @Override
  public int size() {
    //返回集合中的标记数目
    return 1;
  }
}
```

代码片段 PA4AD_Ch13_Mapping/MyItemizedOverlay.java

ItemizedOverlay 是一个泛型类，可以在任何实现了 OverlayItem 的类的基础上进行扩展。

在构造函数中，需要在为默认的标记定义边界以后直接调用超类，然后调用 populate 来触发每个 OverlayItem 的创建；每当用于创建项的数据改变时，就必须调用 populate。

在实现中，重写 size 来返回要显示的标记的数目，并且重写 createItem 以便在每个标记索引的基础上创建新项。

要在地图中添加一个 ItemizedOverlay 实现，需要创建一个新的实例(传入要为每个标记使用的 Drawable 标记图像)，并把它添加到地图的 Overlay 列表中。

```
List<Overlay> overlays = mapView.getOverlays();
Drawable drawable = getResources().getDrawable(R.drawable.marker);
MyItemizedOverlay markers = new MyItemizedOverlay(drawable);
overlays.add(markers);
```

注意，ItemizedOverlay 放置的地图标记使用状态来指示是否选中了这些标记。使用第 11 章讨论的 StateListDrawable 来指示何时选中了一个标记。

在程序清单 13-18 中，覆盖项列表是静态的，并且在代码中定义。更常见的情况是，Overlay 项是一个动态的 ArrayList，你将在运行时向它添加和删除项。

程序清单 13-19 显示了一个动态 ItemizedOverlay 实现的框架类，它使用了 ArrayList，并且支持在运行时添加和删除项。

程序清单 13-19　一个动态 ItemizedOverlay 的框架代码

可从 wrox.com 下载源代码

```
public class MyDynamicItemizedOverlay extends
  ItemizedOverlay<OverlayItem> {

  private ArrayList<OverlayItem> items;

  public MyDynamicItemizedOverlay(Drawable defaultMarker) {
    super(boundCenterBottom(defaultMarker));
    items = new ArrayList<OverlayItem>();
    populate();
  }

  public void addNewItem(GeoPoint location, String markerText,
                   String snippet) {
    items.add(new OverlayItem(location, markerText, snippet));
    populate();
  }

  public void removeItem(int index) {
    items.remove(index);
    populate();
  }

  @Override
  protected OverlayItem createItem(int index) {
    return items.get(index);
  }
```

```
@Override
public int size() {
  return items.size();
}
}
```

代码片段 PA4AD_Ch13_Mapping/src/MyDynamicItemizedOverlay.java

13.8.11 将视图固定到地图和地图的某个位置上

可以把任何由视图派生的对象固定到一个 Map View(包括布局和其他的视图组)上,既可以把它附加到一个屏幕位置,也可以把它附加到一个地理地图位置。

在第二种(地图位置)情况中,视图将会通过移动来跟随它在地图上被固定的位置,从而可以有效地当做一个交互的地图标记使用。作为一个消耗资源较多的方法,它通常被保留为可以提供细节的"气球",当在混合地图(mashup)中单击一个标记的时候,经常会通过显示这种"气球"来提供更多的详细信息。

这两种固定机制都是通过调用 MapView 的 addView 实现的,addView 通常在 MapActivity 的 onCreate 或者 onRestore 方法中调用。需要给它传递你希望固定的视图以及要使用的布局参数。

传递给 addView 的 MapView.LayoutParams 参数确定了如何将视图添加到地图上以及视图在地图上的位置。

要根据屏幕位置向地图添加一个新的视图,需要指定一个新的 MapView.LayoutParams,它包含了用来设置视图的高度和宽度的参数、要固定到的 x/y 屏幕坐标以及用来确定位置的对齐方式,如程序清单 13-20 所示。

程序清单 13-20 将视图固定到地图上

```
int y = 10;
int x = 10;

EditText editText1 = new EditText(getApplicationContext());
editText1.setText("Screen Pinned");

MapView.LayoutParams screenLP;
screenLP = new MapView.LayoutParams(MapView.LayoutParams.WRAP_CONTENT,
                                     MapView.LayoutParams.WRAP_CONTENT,
                                     x, y,
                                     MapView.LayoutParams.TOP_LEFT);
mapView.addView(editText1, screenLP);
```

代码片段 PA4AD_Ch13_Mapping/src/MyMapActivity.java

要根据一个物理地图位置来固定一个视图,需要在构建新的 MapView.LayoutParams 的时候传递 4 个参数,分别用来表示高度、宽度、要固定到的 GeoPoint 和布局对齐方式,如程序清单 13-21 所示。

程序清单13-21　将视图固定到一个地理位置

```
Double lat = 37.422134*1E6;
Double lng = -122.084069*1E6;
GeoPoint geoPoint = new GeoPoint(lat.intValue(), lng.intValue());

MapView.LayoutParams geoLP;
geoLP = new MapView.LayoutParams(MapView.LayoutParams.WRAP_CONTENT,
                                 MapView.LayoutParams.WRAP_CONTENT,
                                 geoPoint,
                                 MapView.LayoutParams.TOP_LEFT);

EditText editText2 = new EditText(getApplicationContext());
editText2.setText("Location Pinned");

mapView.addView(editText2, geoLP);
```

代码片段 PA4AD_Ch13_Mapping/src/MyMapActivity.java

平移地图的时候，第一个 TextView 将留在左上角不动，而第二个 TextView 将会通过移动来保持固定在地图上的特定位置。

要从一个 Map View 中移除一个视图，可以调用 removeView，并给它传递你希望移除的视图实例，如下所示：

```
mapView.removeView(editText2);
```

13.9　对 Earthquake 示例添加地图功能

下例展示了如何为第 10 章看到的 Earthquake 项目添加一个地图。该地图用于显示最近发生的地震的地图。

 本例将在 Fragment 中添加到一个 MapView。因此，使用支持库是无法完成这个示例的。

(1) 首先确保项目属性中的构建目标是包含 Google APIs 的 Android 版本。然后修改 Earthquake Activity，使其继承自 MapActivity，并添加一个返回 false 的 isRouteDisplayed 实现。

```
public class Earthquake extends MapActivity {

  @Override
  protected boolean isRouteDisplayed() {
    return false;
  }

  [ ... 现有的类代码 ... ]
}
```

(2) 每个 Activity 中只能添加一个 MapView。为了确保不违反这一要求，应该在 Earthquake Activity 而不是 Fragment 中创建 MapView。修改 onCreate 处理程序来创建一个新的 MapView，并把它存储为一个公有属性。

```java
MapView mapView;
String MyMapAPIKey = // TODO [Get Map API Key];

@Override
public void onCreate(Bundle savedInstanceState) {
  super.onCreate(savedInstanceState);

  mapView = new MapView(this, MyMapAPIKey);

  [ ... 现有的 onCreate 处理程序代码 ... ]
}
```

(3) 修改 EarthquakeMapFragment 内的 onCreateView 处理程序，以返回父 Activity 中的 MapView。

```java
@Override
public View onCreateView(LayoutInflater inflater, ViewGroup container,
                         Bundle savedInstanceState) {

  MapView earthquakeMap = ((Earthquake)getActivity()).mapView;

  return earthquakeMap;
}
```

(4) 更新应用程序的 manifest 文件来导入地图库。

```xml
<?xml version="1.0" encoding="utf-8"?>
<manifest
  xmlns:android="http://schemas.android.com/apk/res/android"
  package="com.paad.earthquake"
  android:versionCode="1"
  android:versionName="1.0" >

  <uses-sdk android:targetSdkVersion="15"
            android:minSdkVersion="11" />

  <uses-permission android:name="android.permission.INTERNET"/>
  <uses-permission android:name="android.permission.VIBRATE"/>

  <application
    android:icon="@drawable/ic_launcher"
    android:label="@string/app_name">

    <uses-library android:name="com.google.android.maps"/>

    [ ... 现有的 application 节点 ... ]

  </application>
</manifest>
```

现在，重新启动应用程序会在平板电脑视图中显示 Map View，或者如果使用的是智能手机，选择 Map 选项卡时也可以看到 Map View。

(5) 创建一个新的 EarthquakeOverlay 类，它扩展自 Overlay，而且可以在 MapView 上画出每一个地震的位置和震级。

```
import java.util.ArrayList;
import android.database.Cursor;
import android.database.DataSetObserver;
import android.graphics.Canvas;
import android.graphics.Paint;
import android.graphics.Point;
import android.graphics.RectF;
import com.google.android.maps.GeoPoint;
import com.google.android.maps.MapView;
import com.google.android.maps.Overlay;
import com.google.android.maps.Projection;

public class EarthquakeOverlay extends Overlay {
  @Override
  public void draw(Canvas canvas, MapView mapView, boolean shadow) {
    Projection projection = mapView.getProjection();

    if (shadow == false) {
     // TODO：绘制地震
    }
  }
}
```

a. 添加一个新的构造函数，它接受当前地震数据的 Cursor，并将该 Cursor 存储为一个实例变量。

```
Cursor earthquakes;

public EarthquakeOverlay(Cursor cursor) {
  super();

  earthquakes = cursor;
}
```

b. 创建一个新的 refreshQuakeLocations 方法来遍历得到的结果 Cursor，并从中提取出每一次地震的位置以及发生地震的纬度和经度，然后把每一个坐标存储到 GeoPoint 列表中。

```
ArrayList<GeoPoint> quakeLocations;

private void refreshQuakeLocations() {
  quakeLocations.clear();

  if (earthquakes != null && earthquakes.moveToFirst())
    do {
      int latIndex
        = earthquakes.getColumnIndexOrThrow(EarthquakeProvider.KEY_LOCATION_LAT);
      int lngIndex
        = earthquakes.getColumnIndexOrThrow(EarthquakeProvider.KEY_LOCATION_LNG);

      Double lat
        = earthquakes.getFloat(latIndex) * 1E6;
```

```
        Double lng
          = earthquakes.getFloat(lngIndex) * 1E6;

      GeoPoint geoPoint = new GeoPoint(lat.intValue(),
                                       lng.intValue());
      quakeLocations.add(geoPoint);

    } while(earthquakes.moveToNext());
}
```

c. 调用覆盖的构造函数的 refreshQuakeLocations。

```
public EarthquakeOverlay(Cursor cursor) {
  super();
  earthquakes = cursor;

  quakeLocations = new ArrayList<GeoPoint>();
  refreshQuakeLocations();
}
```

d. 创建一个新的公有 swapCursor 方法，用于传入新的结果 Cursor：

```
public void swapCursor(Cursor cursor) {
  earthquakes = cursor;
  refreshQuakeLocations();
}
```

e. 通过重写 draw 方法来完成 EarthquakeOverlay，使它遍历 GeoPoint 列表，并在每一个地震位置画一个标记。在这个例子中，该标记是一个简单的红圈，但是很容易修改它来包含额外的信息，例如，根据地震的震级来调整每一个圆圈的大小。

```
int rad = 5;

@Override
public void draw(Canvas canvas, MapView mapView, boolean shadow) {
  Projection projection = mapView.getProjection();

  //创建和设置画刷
  Paint paint = new Paint();
  paint.setARGB(250, 255, 0, 0);
  paint.setAntiAlias(true);
  paint.setFakeBoldText(true);
  if (shadow == false) {
    for (GeoPoint point : quakeLocations) {
      Point myPoint = new Point();
      projection.toPixels(point, myPoint);

      RectF oval = new RectF(myPoint.x-rad, myPoint.y-rad,
                             myPoint.x+rad, myPoint.y+rad);

      canvas.drawOval(oval, paint);
    }
  }
}
```

(6) 返回到 EarthquakeMapFragment 类。修改 onCreateView 处理程序来创建 EarthquakeOverlay，并把它添加到 MapView 中。

```java
EarthquakeOverlay eo;

@Override
public View onCreateView(LayoutInflater inflater, ViewGroup container,
                         Bundle savedInstanceState) {

  MapView earthquakeMap = ((Earthquake)getActivity()).mapView;

  eo = new EarthquakeOverlay(null);
  earthquakeMap.getOverlays().add(eo);

  return earthquakeMap;
}
```

(7) 仍然在 EarthquakeMapFragment 中进行修改，实现 LoaderManager.LoaderCallbacks：

```java
public class EarthquakeMapFragment extends Fragment
  implements LoaderManager.LoaderCallbacks<Cursor> {

  EarthquakeOverlay eo;

  public Loader<Cursor> onCreateLoader(int id, Bundle args) {
    return null;
  }

  public void onLoadFinished(Loader<Cursor> loader, Cursor cursor) {
  }

  public void onLoaderReset(Loader<Cursor> loader) {
  }

  @Override
  public View onCreateView(LayoutInflater inflater, ViewGroup container,
                           Bundle savedInstanceState) {

    MapView earthquakeMap = ((Earthquake)getActivity()).mapView;
    eo = new EarthquakeOverlay(null);
    earthquakeMap.getOverlays().add(eo);

    return earthquakeMap;
  }
}
```

(8) 实现 onCreateLoader 来创建一个 Cursor Loader，使其返回想要在地图上显示的所有地震：

```java
public Loader<Cursor> onCreateLoader(int id, Bundle args) {
  String[] projection = new String[] {
    EarthquakeProvider.KEY_ID,
    EarthquakeProvider.KEY_LOCATION_LAT,
    EarthquakeProvider.KEY_LOCATION_LNG,
  };
```

```
Earthquake earthquakeActivity = (Earthquake)getActivity();
String where = EarthquakeProvider.KEY_MAGNITUDE + " > " +
               earthquakeActivity.minimumMagnitude;

CursorLoader loader = new CursorLoader(getActivity(),
  EarthquakeProvider.CONTENT_URI, projection, where, null, null);

return loader;
}
```

(9) 实现 onLoadFinished 和 onLoaderReset 方法，将返回的 Cursor 应用到第(5)步中创建的 Earthquake-Overlay：

```
public void onLoadFinished(Loader<Cursor> loader, Cursor cursor) {
  eo.swapCursor(cursor);
}

public void onLoaderReset(Loader<Cursor> loader) {
  eo.swapCursor(null);
}
```

(10) 最后，重写 onActivityCreated 处理程序来初始化加载器：

```
@Override
public void onActivityCreated(Bundle savedInstanceState) {
  super.onActivityCreated(savedInstanceState);
  getLoaderManager().initLoader(0, null, this);
}
```

 本例中的所有代码都取自第 13 章中的 Earthquake Part 6 项目。从 www.wrox.com 可以下载该项目。

如果运行该应用程序并查看地震地图，那么该应用程序应该如图 13-7 所示。

图 13-7

第14章

个性化主屏幕

本章内容
- 创建主屏幕 Widget
- 创建基于集合的主屏幕 Widget
- 使用 Content Provider 填充 Widget
- 在 Quick Search Box(快速搜索框)中显示搜索结果
- 创建 Live Wallpaper

Widget、Live Wallpaper 和 Quick Search Box(QSB)使用户能够填充主屏幕,它既可以提供一个到应用程序的窗口,也可以提供直接在主屏幕上显示的独立信息源。它们对用户和开发人员来说是令人耳目一新的创新成果,主要提供了下面两种功能:
- 用户能够即时访问感兴趣的信息而不需要打开应用程序。
- 开发人员能够直接从主屏幕中获得到自己的应用程序的入口点。

一个实用的 Widget 或者动态墙纸可以增加用户的兴趣,降低该应用程序被卸载的几率,同时可以增加其被使用的可能性。伴随着这种强大功能而来的是责任。Widget 会作为主屏幕进程的子进程而持续运行。当我们在创建 Widget 时需要格外小心,以确保它们能够及时响应并且不会耗尽系统资源。

本章说明了如何创建并使用 App Widgets 和 Live Wallpaper,并详细说明了它们的含义、如何进行使用,以及在这些应用程序组件中加入交互性的一些技术。同时还描述了如何在 Quick Search Box 中显示应用程序的搜索结果。

14.1 主屏幕 Widget 简介

Widget,更适合称作 AppWidgets 是一种可以添加到其他应用程序中的可视化应用程序组件。最典型的例子就是默认的 Android 主屏幕,在其中用户能够将 Widget 添加到他们的手机顶部,尽管任何应用都可以作为一个 AppHost,并且支持嵌入的第三方 Widget,但这种功能主要还是用来替换主屏幕。

Widget可以使我们的应用程序直接在用户主屏幕上拥有一块交互式的屏幕面板以及一个入口点。一个好的App Widget可以用最少的资源开销提供有用的、精确的和及时的信息。

Widget既可以是独立的应用程序(如本机时钟)，也可以是更大的应用程序中简洁但是高度可见的组件——如Calendar和Media Player Apps Widget。

图14-1展示了在Android设备上可用的5个标准主屏幕Widget：Quick Search Box、Power Control、News & Weather、Media Player和Photo Gallery。

图 14-1

> 在Android 3.0之前，为了向主屏幕中添加一个Widget，需要长按一块空白区域并选择Widgets。呈现在用户面前的是一个可用Widget列表。
>
> 在Android 3.0及更高版本中，Widget是使用应用程序启动器添加的。单击应用程序启动器托盘顶部的Widgets选项卡会显示可用Widget的列表。单击并按住一个Widget即可把它添加到主屏幕上。
>
> 在添加了一个Widget之后，就能够通过长按图标并在屏幕周围拖动来移动它。要调整其大小(Android 3.0及更高版本中提供了此功能)，可以长按并释放。在Widget的边缘将显示很小的指示器，拖动它们即可调整Widget的大小。
>
> 通过把Widget拖动到屏幕顶部或底部的垃圾桶图标或"删除"标签可以删除该Widget。

嵌入在主屏幕中的Widgets会寄存在主屏幕进程中。它们将会基于各自的更新速率来唤醒设备以确保每个Widget在可见时是最新的。作为一名开发人员，当创建自己的Widget时需要格外小心，以确保更新速率尽可能地低，并且确保更新方法中所执行的代码是轻量级的。

下面各节将介绍如何创建Widget并描述执行更新以及添加交互的一些最佳实践。

14.2 创建 App Widgets

App Widgets 作为 BroadcastReceivers 实现。它们使用 RemoteViews 来创建和更新寄存在另一个应用程序进程中的视图层次结构，大多数情况下该进程是主屏幕。

为了创建一个应用程序的 Widget，我们需要建立以下 3 个组件：

(1) 一个定义了该 WidgetUI 的 XML 布局资源
(2) 一个描述了与该 Widget 相关联的元数据的 XML 文件
(3) 一个定义并控制该 Widget 的 Intent 接收器

对一个单独的应用程序来说，既可以根据自己的需要创建尽可能多的 Widget，也可以拥有一个由单个 Widget 组成的应用程序。每个 Widget 既可以使用相同的尺寸、布局、刷新速率和更新逻辑，也可以全部使用不同的参数。在许多情况下为自己的 Widget 提供具有不同尺寸大小的多个版本是非常有用的。

14.2.1 创建 Widget 的 XML 布局资源

创建用户 Widget 的第一步是设计并实现其 UI。

像创建 Android 中其他可视化组件一样构建自己的 WidgetUI，如第 4 章所述。最佳做法是使用 XML 将自己的 Widget 布局定义为一个外部布局资源，但是在 Broadcast Receiver 的 onCreate 方法中通过编程方式布局自己的 UI 也同样是可行的。

1. Widget 设计指南

Widget 通常和本机以及第三方 Widget 一起显示，因此我们的 Widget 一定要符合设计标准。这一点尤其重要，因为 Widget 通常来说都会在主屏幕上使用。

目前已经存在一些 Widget UI 设计指南，用于控制布局尺寸和可视化样式。前者必须严格实施，而后者仅仅是一种指南，它们都会在下面各小节中进行简要介绍。更多详细信息可以在 Android Developers Widget Design Guidelines 站点 http://developer.android.com/guide/practices/ui_guidelines/widget_design.html 上找到。

Widget 布局尺寸

默认的 Android 主屏幕被分成了一个单元格网格，在不同的设备上其大小和单元格数量也不同。为了选择用户 Widget 的高度和宽度，首先需要计算我们想要使用的单元格数量。为 Widget 指定一个必需的最小高度和宽度是一种最佳实践，这样可以确保它在默认状态下能够很好地显示。

当用户的最小尺寸并不与主屏幕单元格的精确尺寸匹配时，该 Widget 的尺寸将会以上调方式进行整合，以便填充它伸展到的单元格。

使用下面的公式可以近似地计算出为确保你的 Widget 适合放到一定数量的单元格中，所需指定的最小高度和宽度限制：

```
Min height or width = 70dp * (cell count) - 30dp
```

Widget 尺寸是在 Widget 设置文件中指定的，本章稍后的"定义 Widget 设置"一节将会对其进行描述。

Widget 的可视化样式

Widget 的可视化样式,以及应用程序在主屏幕上的状态都是非常重要的。应当确保 Widget 样式与自己应用程序中的样式以及其他主屏幕组件中的样式一致。

Widget 完全支持透明背景,并允许使用 NinePatches 和部分透明的 Drawable 资源。对由 Google 策划的 Widget 样式的详细描述超出了本书的讨论范围,但是你可以阅读前面部分给出的 Widget UI 指南链接上可用的描述。

还要注意,从该网页上还可以下载一个 App Widget Template Pack。它提供了 NinePatch 背景、XML、多种屏幕密度的 Adobe Photoshop 源文件、OS 版本 Widget 样式和 Widget 颜色。它还包含可以用在状态列表 Drawable 中的图形,使得部分或者整个 Widget 具有交互性,如本章后面的"使用远程视图添加 Widget 交互性"一节所述。

2. 受支持的 Widget 视图和布局

出于安全和性能考虑,当用户创建自己的 Widget UI 时,对可使用的布局和视图存在一些限制。

一般而言,下面的视图对 App Widget 布局来说不可用,如果使用它们将会导致一个空指针错误(Null Pointer Error,NPE):

- 所有的自定义视图
- 由允许的视图所派生的视图
- EditText(编辑文本)

当前,可使用的布局仅限于:

- FrameLayout
- LinearLayout
- RelativeLayout
- GridLayout

其中包含的视图只局限于:

- AnalogClock
- Button
- Chronometer
- ImageButton
- ImageView
- ProgressBar
- TextView
- ViewFlipper

TextView、ImageView 和 ViewFlipper 尤其有用。稍后在"基于选择焦点改变 ImageView"小节中我们将看到如何组合使用 ImageView 与 SelectionStateDrawable 资源来创建具有少量代码或者没有代码的交互式 Widget。

Android 3.0(API level 11)中引入了 CollectionViewWidgets,这是一种新的 Widget 类,用于以列表、网格或堆栈的形式显示数据集合。"CollectionViewWidgets 简介"一节中将详细介绍这种 Widget

类型。

程序清单 14-1 显示一个用于定义 App Widget 的 UI 的 XML 布局资源。

可从
wrox.com
下载源代码

程序清单 14-1　App Widget XML 布局资源

```xml
<?xml version="1.0" encoding="utf-8"?>
<LinearLayout
  xmlns:android="http://schemas.android.com/apk/res/android"
  android:orientation="horizontal"
  android:layout_width="match_parent"
  android:layout_height="match_parent"
  android:padding="5dp">
  <ImageView
    android:id="@+id/widget_image"
    android:layout_width="wrap_content"
    android:layout_height="wrap_content"
    android:src="@drawable/icon"
  />
  <TextView
    android:id="@+id/widget_text"
    android:layout_width="fill_parent"
    android:layout_height="fill_parent"
    android:text="@string/widget_text"
  />
</LinearLayout>
```

代码片段 PA4AD_Ch14_MyWidget/res/layout/my_widget_layout.xml

14.2.2　定义 Widget 设置

Widget 定义资源作为 XML 存储在项目的 res/xml 文件夹中。appwidget-provider 标签使我们能够描述 Widget 元数据，该元数据使用下列属性定义了用户 Widget 的尺寸、布局以及更新速率：

- **initialLayout**　创建 Widget UI 时用到的布局资源。
- **minWidth/minHeight**　如前一节所述，分别表示 Widget 的最小宽度和最小高度。
- **resizeMode**　Android 3.1(API level 12)中引入了大小可调整的 Widget 的概念。通过使用 horizontal 和 vertical 的组合来设置 resizeMode 允许你指定 Widget 在哪个方向上进行调整。将它设为 none 则会禁止调整 Widget 的大小。
- **label**　在 Widget 选取器中用户 Widget 所用到的标题。
- **updatePeriodMillis**　以毫秒为单位表示的 Widget 更新的最小周期。Android 将会以这个速率唤醒设备以便更新用户 Widget，因此应当将其指定为至少一个小时。App Widget Manager 最快不能以每 30 分钟一次的速率进行更新。理想情况下，用户的 Widget 每天使用该更新技术不应当超过一次或者两次。本节后面部分提供了关于该技术和其他更新技术的更详细信息。
- **configure**　当将用户 Widget 添加到主屏幕中时，可以有选择地指定启动一个完全限定的 Activity。该 Activity 能够用于指定 Widget 设置和用户首选项。关于如何使用一个配置 Activity 的内容将在"创建并使用 Widget 配置 Activity"小节中描述。

- **icon** 默认情况下，Android 在 Widget 选取器中呈现 Widget 时，会使用应用程序的图标。通过指定一个 Drawable 资源，可以使用一个不同的图标。
- **previewImage** Android 3.0(API level 11)中引入了一个新的 App Widget 选取器，用于显示 Widget 的预览，而不是显示其图标。在这里指定的 Drawable 资源应该能够精确地表现出 Widget 在添加到主屏幕时的样子。

程序清单 14-2 显示了一个 2×2 单元格 Widget 的 Widget 资源文件，其中该 Widget 每隔一小时进行一次更新并使用了前面部分定义的布局资源。

程序清单 14-2　App Widget Provider 定义

```xml
<?xml version="1.0" encoding="utf-8"?>
<appwidget-provider
    xmlns:android="http://schemas.android.com/apk/res/android"
    android:initialLayout="@layout/my_widget_layout"
    android:minWidth="110dp"
    android:minHeight="110dp"
    android:label="@string/widget_label"
    android:updatePeriodMillis="360000"
    android:resizeMode="horizontal|vertical"
    android:previewImage="@drawable/widget_preview"
/>
```

代码片段 PA4AD_Ch14_MyWidget/res/xml/widget_provider_info.xml

14.2.3　创建 Widget Broadcast Receiver 并将其添加到应用程序的 manifest 文件中

Widget 是作为 Broadcast Receiver 实现的。每个 Widget 的 Broadcast Receiver 都指定 Intent Filter，用于监听使用 AppWidget.ACTION_APPWIDGET_UPDATE、DELETED、ENABLED 以及 DISABLED 动作请求更新的 Broadcast Intent。

通过重写 onReceive 方法来扩展 BroadcastReceiver 类并实现对每个 Broadcast Intent 的响应，可以创建自己的 Widget。

AppWidgetProvider 类封装了 Intent 处理，并提供了更新、删除、启用和禁用事件的事件处理程序。

程序清单 14-3 显示了一个扩展了 AppWidgetProvider 的 Widget 实现的基本代码。

程序清单 14-3　App Widget 实现

```java
import android.appwidget.AppWidgetManager;
import android.appwidget.AppWidgetProvider;
import android.widget.RemoteViews;
import android.content.Context;

public class SkeletonAppWidget extends AppWidgetProvider {
  @Override
  public void onUpdate(Context context,
                       AppWidgetManager appWidgetManager,
                       int[] appWidgetIds) {
    // TODO: 更新 Widget UI
```

```
    }

    @Override
    public void onDeleted(Context context, int[] appWidgetIds) {
      // TODO：处理删除 Widget 的操作
      super.onDeleted(context, appWidgetIds);
    }

    @Override
    public void onDisabled(Context context) {
      // TODO：Widget 已被禁用
      super.onDisabled(context);
    }

    @Override
    public void onEnabled(Context context) {
      // TODO：Widget 已被启用
      super.onEnabled(context);
    }
  }
```

代码片段 PA4AD_Ch14_MyWidget/src/SkeletonAppWidget.java

Widget 必须被添加到应用程序的 manifest 文件中，像其他 Broadcast Receiver 一样使用一个 receiver 标签。为了将一个 Broadcast Receiver 指定为一个 App Widget，需要下面两个标签添加到它的 manifest 文件节点中(见程序清单 14-4)。

- 一个用于 android.appwidget.action.APPWIDGET_UPDATE 动作的 Intent Filter。
- 一个对 appwidget-provider 元数据 XML 资源的引用(见前一节)，该 XML 资源描述了用户的 Widget 设置。

程序清单 14-4　App Widget manifest 文件节点

可从
wrox.com
下载源代码

```xml
<receiver android:name=".MyAppWidget" android:label="@string/widget_label">
  <intent-filter>
    <action android:name="android.appwidget.action.APPWIDGET_UPDATE" />
  </intent-filter>
  <meta-data
    android:name="android.appwidget.provider"
    android:resource="@xml/widget_provider_info"
  />
</receiver>
```

代码片段 PA4AD_Ch14_MyWidget/AndroidManifest.xml

14.2.4　AppWidgetManager 和 RemoteView 简介

AppWidgetManager 类用于更新 App Widget 和提供 App Widget 的相关信息。

RemoteView 类用作在另一个应用程序的进程中托管的 View 层次的代理，从而允许修改运行在另一个应用程序中的 View 的属性或运行该 View 的方法。例如，你的 App Widget 使用的 UI 托管在它们自己的进程(通常是主屏幕)中。要从运行在你的应用程序进程中的 App Widget Provider 修改这些 View，需要使用 RemoteView。

如果要修改组成 App Widget UI 的 View 的外观，可以创建并修改 RemoteView，然后使用 App Widget Manager 应用更改。支持的修改操作包括改变 View 的可见性、文本或图像值，以及添加 Click Listener。

本节将介绍如何创建新的 RemoteView，并重点讲解如何在 App Widget Provider 的 onUpdate 方法中使用它们。另外还演示了如何使用 RemoteView 来更新 App Widget UI 和向 Widget 添加交互性。

1. 创建和操纵 RemoteView

为创建一个新的 RemoteView 对象，需要将应用程序的包名和想要操纵的布局资源传入 RemoteViews 构造函数中，如程序清单 14-5 所示。

程序清单 14-5　创建 RemoteView

```
RemoteViews views = new RemoteViews(context.getPackageName(),
                      R.layout.my_widget_layout);
```

代码片段 PA4AD_Ch14_MyWidget/src/MyAppWidget.java

RemoteView 代表在另一个进程中显示的 View 层次——本例中，该 View 层次用于定义一组将应用到正在运行的 Widget 的 UI 的更改。

> 下一节将介绍如何使用 App Widget Manager 把本节所作的修改应用到 App Widget 上。如果不应用修改，这里所作的修改是不会影响正在运行的 Widget 实例的。

RemoteView 包含一系列方法，可用于访问本机 View 的许多属性和方法。在 RemoteView 包含的这些方法中，最灵活的是一组 set 方法，它们可以指定要在远程托管的 View 上执行的目标方法的名称。这些方法支持单值参数(基本类型，包括布尔值、整数、字节、字符和浮点型)，还支持字符串、位图、Bundle 和 URI 参数。

程序清单 14-6 显示了一些支持的方法签名。

程序清单 14-6　使用 RemoteView 向 App Widget 中的 View 应用方法

```
//设置 ImageView 的 image level
views.setInt(R.id.widget_image_view, "setImageLevel", 2);
//显示 TextView 的光标
views.setBoolean(R.id.widget_text_view, "setCursorVisible", true);
//将一个位图分配给一个 ImageButton
views.setBitmap(R.id.widget_image_button, "setImageBitmap", myBitmap);
```

代码片段 PA4AD_Ch14_MyWidget/src/FullAppWidget.java

还有许多专门用于某些 View 类的方法，包括用于修改 TextView、ImageView、ProgressBar 和 Chronometer 的方法。

程序清单 14-7 显示了几个这样的方法。

第 14 章 个性化主屏幕

程序清单 14-7　在一个 App Widget 远程 View 中修改 View 属性

```
//更新一个 TextView
views.setTextViewText(R.id.widget_text, "Updated Text");
views.setTextColor(R.id.widget_text, Color.BLUE);
//更新一个 ImageView
views.setImageViewResource(R.id.widget_image, R.drawable.icon);
//更新一个 ProgressBar
views.setProgressBar(R.id.widget_progressbar, 100, 50, false);
//更新一个 Chronometer
views.setChronometer(R.id.widget_chronometer,
  SystemClock.elapsedRealtime(), null, true);
```

代码片段 PA4AD_Ch14_MyWidget/src/FullAppWidget.java

通过调用 setViewVisibility，可以设置任何托管在一个远程 View 布局内的 View 的可见性，如下所示：

```
views.setViewVisibility(R.id.widget_text, View.INVISIBLE);
```

现在已经修改了代表 App Widget 中的 View 层次的 RemoteView 对象，但是还没有应用更改。要想使更改生效，就必须使用 App Widget Manager 来应用更改。

2. 将 RemoteView 应用到运行中的 App Widget

要将对 RemoteView 所作的修改应用到处于活动状态的 Widget，需要使用 AppWidgetManager 的 updateAppWidget 方法，并传入一个或更多个要更新的 Widget 的标识符和要应用的 RemoteView 作为其参数。

```
appWidgetManager.updateAppWidget(appWidgetIds, remoteViews);
```

如果你是在一个 App Widget Provider 的更新处理程序中更新 App Widget UI，那么操作过程十分简单。OnUpdate 处理程序接收 App Widget Manager 和处于活动状态的 App Widget 实例 ID 的数组作为参数，使你能够遵循程序清单 14-8 所示的模式。

程序清单 14-8　在 AppWidgetProvider 的 onUpdate 处理程序内使用 RemoteView

```
@Override
public void onUpdate(Context context,
                     AppWidgetManager appWidgetManager,
                     int[] appWidgetIds) {
  //在迭代每个 widget 的过程中，创建一个 RemoteViews 对象并将修改后的 RemoteViews 应用到每个 Widget
  final int N = appWidgetIds.length;
  for (int i = 0; i < N; i++) {
    int appWidgetId = appWidgetIds[i];

    //创建一个 RemoteViews 对象
    RemoteViews views = new RemoteViews(context.getPackageName(),
                           R.layout.my_widget_layout);

    // TODO: 更新 UI
```

```
    //通知 AppWidgetManager 使用修改后的过程 view 更新 widget
    appWidgetManager.updateAppWidget(appWidgetId, views);
  }
}
```

代码片段 PA4AD_Ch14_MyWidget/src/MyAppWidget.java

迭代 Widget ID 数组是一种最佳实践。这样做可以根据每个 Widget 的标识符和相关配置设置应用不同的 UI。

也可以直接从一个 Service、Activity 或 Broadcast Receiver 更新 Widget。为此，需要调用 AppWidgetManager 的 getInstance 静态方法并传入当前上下文，以获得 AppWidgetManager 的引用，如程序清单 14-9 所示。

程序清单 14-9　访问 AppWidgetManager

```
//获得 AppWidgetManager.
AppWidgetManager appWidgetManager
    = AppWidgetManager.getInstance(context);
```

代码片段 PA4AD_Ch14_MyWidget/src/MyReceiver.java

然后，可以使用 AppWidgetManager 实例的 getAppWidgetIds 方法找出指定 App Widget 的每个正在运行的实例的标识符，如下面对程序 14-9 所作的扩展所示：

```
//获得所选 Widget 的每个实例的标识符
ComponentName thisWidget = new ComponentName(context, MyAppWidget.class);
int[] appWidgetIds = appWidgetManager.getAppWidgetIds(thisWidget);
```

为更新处于活动状态的 Widget，可以遵循与程序清单 14-8 相同的模式，如程序清单 14-10 所示。

程序清单 14-10　标准的 Widget UI 更新模式

```
//在迭代每个 Widget 的过程中，创建一个 RemoteViews 对象并将修改后的 RemoteViews
//应用到每个 Widget.
for (int i = 0; i < N; i++) {
  int appWidgetId = appWidgetIds[i];
  //创建一个 RemoteViews 对象
  RemoteViews views = new RemoteViews(context.getPackageName(),
                         R.layout.my_widget_layout);

  // TODO: 使用 views 对象更新 Widget 的 UI

  //通知 AppWidgetManager 使用修改后的远程 View 更新 Widget
  appWidgetManager.updateAppWidget(appWidgetId, views);
}
```

代码片段 PA4AD_Ch14_MyWidget/src/MyReceiver.java

3. 使用 RemoteViews 为 Widget 添加交互性

App Widget 运行在进程中，并继承这些进程的权限。因为大多数主屏幕应用程序都在完整权限下运行，所以潜在的安全风险变得十分严峻。因而，Widget 的交互性是被严格控制的。

Widget 的交互性一般被限制为以下几个方面：
- 添加监听一个或更多个 View 的 Click Listener
- 根据所选项变化改变 UI
- 在 Collection View Widget 中的 View 之间过渡

　　Android 不支持直接在 App Widget 中输入文本。如果需要在 Widget 中输入文本，最佳实践是添加该 Widget 的一个 Click Listener，让它显示一个用于接受输入的 Activity。

使用 Click Listener

要向 Widget 添加交互性，最简单、最强大的方法是添加其 View 的 Click Listener。这是通过使用 RemoteViews 对象的 setOnClickPendingIntent 方法实现的。

使用此方法指定一个当用户单击指定 View 时触发的 Pending Intent，如程序清单 14-11 所示。

程序清单 14-11　添加 App Widget 的 Click Listener

```
Intent intent = new Intent(context, MyActivity.class);
PendingIntent pendingIntent =
    PendingIntent.getActivity(context, 0, intent, 0);
views.setOnClickPendingIntent(R.id.widget_text, pendingIntent);
```

代码片段 PA4AD_Ch14_MyWidget/src/MyAppWidget.java

Pending Intent(第 5 章曾详细介绍)可以包含用于启动 Activity 或 Service 的 Intent，也可以包含用于 Broadcast Intent 的 Intent。

使用这种技术时，可以添加 Widget 内使用的一个或更多个 View 的 Click Listener，从而为多个动作提供支持。

例如，标准的 Media Player Widget 将不同的 Broadcast Intent 分配给几个按钮，从而通过播放、暂停和下一个这三个按钮来提供播放控制。

　　当 Pending Intent 被广播出去时，它们包含的 Intent 的操作权限与创建它们的应用程序相同。对于 Widget 来说，这个应用程序指的是你的应用程序，而不是主进程。

根据选项焦点改变 ImageView

ImageView 为一些基本的用户交互提供支持，是 Widget UI 可以使用的最灵活的 View 之一。

使用第 3 章介绍的 SelectionStateDrawable 资源，可以创建一个 Drawable 资源，在把该资源分配到一个 View 后，它就可以根据 View 的选择状态显示不同的图片。通过在 Widget 设计中使用 Selection State Drawable，就可以创建一个动态 UI，当用户在 Widget 的控件之间导航并做出选择时，突出显示用户的选择。

对于确保 Widget 除了可以用于触摸屏之外,还可以用于跟踪球或 D-pad,这一点特别重要:

```
<selector xmlns:android="http://schemas.android.com/apk/res/android">
  <item android:state_window_focused="false"
      android:drawable="@drawable/widget_bg_normal"/>
  <item android:state_focused="true"
      android:drawable="@drawable/widget_bg_selected"/>
  <item android:state_pressed="true"
      android:drawable="@drawable/widget_bg_pressed"/>
  <item android:drawable="@drawable/widget_bg_normal"/>
</selector>
```

所引用的 Drawable 资源应该分别以低、中、高和超高分辨率存储到应用程序的 res/drawable-[ldpi/mdpi/hdpi/xhdpi]文件夹中。选择状态 XML 文件应该存储到 res/drawable 文件夹中。

然后,就可以把 Selection State Drawable 直接用作 ImageView 的源图片,或者用作任何 Widget View 的背景图片。

14.2.5 刷新 Widget

Widget 最常显示在主屏幕上,因此,将它们总是保持相关并且最新是很重要的。同样重要的是,需要在这种相关性与用户 Widget 对系统资源所产生的影响——尤其是电池寿命之间作出平衡。

下面部分描述了一些用于管理用户 Widget 刷新间隔的技术。

1. 使用最小更新速率

最简单,但是却可能是资源最密集型的技术是,在 Widget 的 XML App Widget Provider Info 定义中使用 updatePeriodMillis 属性为 Widget 设置最小更新速率,如程序清单 14-12 所示,其中每隔一小时就更新 Widget 一次。

程序清单 14-12　设置 App Widget 最小更新速率

```
<?xml version="1.0" encoding="utf-8"?>
<appwidget-provider
    xmlns:android="http://schemas.android.com/apk/res/android"
    android:initialLayout="@layout/my_widget_layout"
    android:minWidth="110dp"
    android:minHeight="110dp"
    android:label="@string/widget_label"
    android:resizeMode="horizontal|vertical"
    android:previewImage="@drawable/widget_preview"
    android:updatePeriodMillis="360000"
/>
```

代码片段 PA4AD_Ch14_MyWidget/res/xml/widget_provider_info.xml

设置该值将会使设备广播一个 Intent,该 Intent 请求按照指定的速率更新用户 Widget。

第 14 章 个性化主屏幕

　　主机设备将会唤醒以完成这些更新，这意味着即使当设备处于待机状态时也会完成更新。这很有可能会造成显著的资源消耗，因此考虑用户更新速率的含义是非常重要的。大多数情况下，系统的最小更新速率不会快于每 30 分钟一次。

该技术应当用于定义绝对的最小更新速率，用户 Widget 必须按照此速率进行更新以保持可用。一般来说，最小更新速率应当至少是一个小时，理想情况下每天不超过一次或者两次。

如果 Widget 需要更频繁地更新，可以考虑下面部分所描述的技术，使用一种使用了 Alarm 的更为有效的调度模型或是使用一种事件/Intent 驱动的模型来进行更新。

2. 使用 Intent

因为 Widget 是作为 Broadcast Receiver 实现的，所以可以通过为它们注册监听附加的 Broadcast Intent 的 Intent Filter，来触发更新以及 UI 刷新。这是一种刷新 Widget 的动态方法，使用了一种更为有效的事件模型，而不是使用指定了一种短暂的具有最低刷新速率的非常消耗电池电量的方法。

程序清单 14-13 中的 XML 代码段将一个新的 Intent Filter 分配到了之前定义的 Widget 清单项中。

程序清单 14-13　监听 App Widget 中的 Broadcast Intent

```
<receiver android:name=".MyAppWidget"
  android:label="@string/widget_label">
  <intent-filter>
    <action android:name="android.appwidget.action.APPWIDGET_UPDATE" />
  </intent-filter>
  <intent-filter>
    <action android:name="com.paad.mywidget.FORCE_WIDGET_UPDATE" />
  </intent-filter>
  <meta-data
    android:name="android.appwidget.provider"
    android:resource="@xml/widget_provider_info"
  />
</receiver>
```

代码片段 PA4AD_Ch14_MyWidget/AndroidManifest.xml

如程序清单 14-14 中所示，通过更新 Widget 的 onReceive 方法处理程序，我们能够监听这个新的 Broadcast Intent 并使用它来更新 Widget。

程序清单 14-14　基于 Broadcast Intent 更新 App Widget

```
public static String FORCE_WIDGET_UPDATE =
  "com.paad.mywidget.FORCE_WIDGET_UPDATE";

@Override
public void onReceive(Context context, Intent intent) {
  super.onReceive(context, intent);

  if (FORCE_WIDGET_UPDATE.equals(intent.getAction())) {
```

```
        // TODO: 更新 Widget
    }
}
```

代码片段 PA4AD_Ch14_MyWidget/src/MyAppWidget.java

这种技术对于响应系统、用户或者应用程序事件来说尤其有用——例如，一次数据刷新，或者一次用户操作，如单击 Widget 上的按钮。我们也可以为系统事件广播进行注册，例如，网络连接性、电池电量或者屏幕亮度的变化。通过依赖于现有的事件来触发 UI 更新，可以将 Widget 更新的影响降到最低，同时使 UI 保持最新。

通过使用 Intent Filter 中指定的动作来广播 Intent，也可以把这种技术用于在任意时刻触发对 Widget 的更新，如程序清单 14-15 所示。

程序清单 14-15   广播一个 Intent 来更新 App Widget

```
sendBroadcast(new Intent(MyAppWidget.FORCE_WIDGET_UPDATE));
```

代码片段 PA4AD_Ch14_MyWidget/src/MyActivity.java

3. 使用 Alarm

Alarm 在第 9 章中已进行过详细讨论，它为在应用程序中调度常规事件提供了一种灵活的方法。使用 Alarm 可以按照常规间隔进行轮询，并使用前一节介绍的基于 Intent 的更新触发常规的 Widget 更新。

与最小刷新速率不同，Alarm 只能被配置为在设备处于唤醒状态时触发，这为常规更新提供了一种更高效的方法。

使用 Alarm 刷新 Widget 类似于前面所描述的 Intent 驱动模型的使用。将一个新的 Intent Filter 添加到 Widget manifest 文件的条目中，并重写 onReceive 方法以识别触发该方法的 Intent。在自己的应用程序中，使用 Alarm Manager 创建一个 Alarm，它会触发一个带有注册动作的 Intent。

与 Widget 的刷新速率一样，Alarm 也能够在触发时唤醒设备——所以尽量少使用它们以节省电池电量十分重要。

此外，当创建 Alarm 时，可以通过使用 RTC 或者 ELAPSED_REALTIME 模式来配置它，使它在指定时间或者指定间隔后触发，当前前提是设备已经被唤醒。

程序清单 14-16 显示了如何调度一个重复 Alarm，使其广播一个用来强制更新 Widget 的 Intent。

程序清单 14-16   使用非唤醒重复 Alarm 更新 Widget

```
PendingIntent pi = PendingIntent.getBroadcast(context, 0,
    new Intent(MyAppWidget.FORCE_WIDGET_UPDATE), 0);

alarmManager.setRepeating(AlarmManager.ELAPSED_REALTIME,
                AlarmManager.INTERVAL_HOUR,
                AlarmManager.INTERVAL_HOUR,
                pi);
```

代码片段 PA4AD_Ch14_MyWidget/src/MyActivity.java

使用该技术将确保 Widget 定期最新,而不用在屏幕关闭时不必要地消耗电量以对 UI 进行更新。更好的方法是使用不精确的重复 Alarm,如下面对程序清单 14-16 所作的更改所示:

```
alarmManager.setInexactRepeating(AlarmManager.ELAPSED_REALTIME,
                                 AlarmManager.INTERVAL_HOUR,
                                 AlarmManager.INTERVAL_HOUR,
                                 pi);
```

正如第 9 章中所述,不精确的重复 Alarm 将会通过将所有计划在相似时间段发生的 Alarm 移动到某个相同的时间点来优化 Alarm 触发器。这可以确保在几分钟内设备仅仅被唤醒一次,而不是被唤醒多次。

14.2.6 创建并使用 Widget 配置 Activity

很多时候,如果为用户提供在把 Widget 添加到主屏幕之前配置 Widget 的机会,对他们会更有帮助。如果进行了合适的配置,用户能够在主屏幕上添加相同 Widget 的多个实例。

每当我们将 Widget 添加到主屏幕中时,一个 App Widget 配置 Activity 就会立即启动。它可以是用户应用程序中的任何 Activity,我们假定它具有一个用于 APPWIDGET_ CONFIGURE 动作的 Intent Filter,如程序清单 14-17 所示。

可从
wrox.com
下载源代码

程序清单 14-17　App Widget 配置 Activity manifest 文件的条目

```
<activity android:name=".MyWidgetConfigurationActivity">
  <intent-filter>
    <action android:name="android.appwidget.action.APPWIDGET_CONFIGURE"/>
  </intent-filter>
</activity>
```

代码片段 PA4AD_Ch14_MyWidget/AndroidManifest.xml

为了将一个配置 Activity 分配到 Widget 中,我们必须使用 configure 标签将其添加到 Widget 的 App Widget Provider Info 中。该 Activity 必须由其完全限定的包名来指定,如下所示:

```
<?xml version="1.0" encoding="utf-8"?>
<appwidget-provider
  xmlns:android="http://schemas.android.com/apk/res/android"
  android:initialLayout="@layout/my_widget_layout"
  android:minWidth="146dp"
  android:minHeight="146dp"
  android:label="My App Widget"
  android:updatePeriodMillis="360000"
  android:configure=
    "com.paad.PA4AD_Ch14_MyWidget.MyWidgetConfigurationActivity"
/>
```

启动配置 Activity 的 Intent 将包含一个 EXTRA_APPWIDGET_ID extra,该 extra 提供了它所配置的 App Widget ID。

在该 Activity 内,提供一个 UI 以便让用户完成配置并进行确认。在这个阶段,Activity 的结果应该是 RESULT_OK,并返回一个 Intent。返回的 Intent 必须包含一个 extra,该 extra 使用 EXTRA_

APPWIDGET_ID 常量描述了所配置的 Widget 的 ID。程序清单 14-18 描述了这个基本模式。

程序清单 14-18　Widget 配置 Activity 的框架代码

```
private int appWidgetId = AppWidgetManager.INVALID_APPWIDGET_ID;

@Override
public void onCreate(Bundle savedInstanceState) {
  super.onCreate(savedInstanceState);
  setContentView(R.layout.main);

  Intent intent = getIntent();
  Bundle extras = intent.getExtras();
  if (extras != null) {
    appWidgetId = extras.getInt(
      AppWidgetManager.EXTRA_APPWIDGET_ID,
      AppWidgetManager.INVALID_APPWIDGET_ID);
  }

  //将结果设为 CANCELD
  //考虑到用户可能不接受配置更改/设置就退出 Activity,
  // changes / settings.
  setResult(RESULT_CANCELED, null);

  // Configure the UI.
}

private void completedConfiguration() {
  //保存与 Widget ID 对应的配置设置

  //通知 Widget Manager 配置已经完成
  Intent result = new Intent();
  result.putExtra(AppWidgetManager.EXTRA_APPWIDGET_ID, appWidgetId);
  setResult(RESULT_OK, result);
  finish();
}
```

代码片段 PA4AD_Ch14_MyWidget/src/ MyWidgetConfigurationActivity.java

14.3　创建地震 Widget

下面的说明对第 13 章的 Earthquake 应用程序进行扩展，展示了如何创建一个新的主屏幕 Widget，以显示已检测到的最近所发生的地震的详细信息。该 Widget 的 UI 相当简单；因为我们希望使示例尽可能保持精确。注意，这一点并不符合 Widget 样式设计指南。一旦 Widget 设计完成并添加到主屏幕中，那么它将会如图 14-2 所示。

通过结合使用之前所描述的更新技术，该 Widget 会监听 Broadcast Intent，该 Broadcast Intent 用来通知用户已经执行过一次更新，并设置最小更新速率以确保该 Widget 无论如何每天

图　14-2

都会更新一次。

(1) 首先为 Widget UI 创建布局，并将其作为一个 XML 资源。将这个 quake_widget.xml 文件保存到 res/layout 文件夹中。使用一个线性布局来配置 TextViews，它们显示了地震震级以及位置：

```xml
<?xml version="1.0" encoding="utf-8"?>
<LinearLayout
  xmlns:android="http://schemas.android.com/apk/res/android"
  android:orientation="horizontal"
  android:layout_width="match_parent"
  android:layout_height="match_parent"
  android:background="#F111"
  android:padding="5dp">
  <TextView
    android:id="@+id/widget_magnitude"
    android:text="---"
    android:layout_width="wrap_content"
    android:layout_height="match_parent"
    android:textSize="24sp"
    android:padding="3dp"
    android:gravity="center_vertical"
  />
  <TextView
    android:id="@+id/widget_details"
    android:text="Details Unknown"
    android:layout_width="match_parent"
    android:layout_height="match_parent"
    android:textSize="14sp"
    android:padding="3dp"
    android:gravity="center_vertical"
  />
</LinearLayout>
```

(2) 为一个新的 EarthquakeWidget 类创建一个 stub，该类扩展了 AppWidgetProvider。我们将返回到该类以便使用最近发生的地震的详细信息更新 Widget。

```java
package com.paad.earthquake;

import android.widget.RemoteViews;
import android.app.PendingIntent;
import android.appwidget.AppWidgetManager;
import android.appwidget.AppWidgetProvider;
import android.content.ComponentName;
import android.content.ContentResolver;
import android.content.Context;
import android.content.Intent;
import android.database.Cursor;

public class EarthquakeWidget extends AppWidgetProvider {
}
```

(3) 创建一个新的 Widget 定义文件 quake_widget_info.xml，并将其放置在 res/xml 文件夹中。将最小更新速率设置为每天一次，并将 Widget 尺寸设置为两个单元格宽和一个单元格高——110dp×40dp。使用第(1)步中创建的 Widget 布局作为初始布局。

```xml
<?xml version="1.0" encoding="utf-8"?>
<appwidget-provider
  xmlns:android="http://schemas.android.com/apk/res/android"
  android:initialLayout="@layout/quake_widget"
  android:minWidth="110dp"
  android:minHeight="40dp"
  android:label="Earthquakes"
  android:updatePeriodMillis="8640000"
/>
```

(4) 将 Widget 添加到应用程序的 manifest 文件中，包括一个对我们在第(3)步中建立的 Widget 定义资源的引用，然后为 App Widget 更新动作注册一个 Intent Filter。

```xml
<receiver android:name=".EarthquakeWidget" android:label="Earthquake">
  <intent-filter>
    <action android:name="android.appwidget.action.APPWIDGET_UPDATE" />
  </intent-filter>
  <meta-data
    android:name="android.appwidget.provider"
    android:resource="@xml/quake_widget_info"
  />
</receiver>
```

(5) 现在就配置好了 Widget，并且可以将其添加到主屏幕中了。需要更新第(2)步中的 EarthquakeWidget 类以更新 Widget，使其显示最近发生地震的详细信息。

a. 首先创建一个方法 stub，它接受一个 App Widget Manager 和一个 Widget ID 数组以及上下文作为参数。稍后将使用远程视图扩展这个 stub 以更新 Widget 外观。

```java
public void updateQuake(Context context,
                        AppWidgetManager appWidgetManager,
                        int[] appWidgetIds) {
}
```

b. 第二个方法 stub 应当只接收上下文作为参数，使用该上下文获取一个 AppWidget Manager 实例。然后使用 App Widget Manager 查找有效 Earthquake Widget 的 Widget ID，并将其传入在步骤 a.中创建的方法中。

```java
public void updateQuake(Context context) {
  ComponentName thisWidget = new ComponentName(context,
                                                EarthquakeWidget.class);
  AppWidgetManager appWidgetManager =
    AppWidgetManager.getInstance(context);
  int[] appWidgetIds = appWidgetManager.getAppWidgetIds(thisWidget);
  updateQuake(context, appWidgetManager, appWidgetIds);
}
```

c. 在步骤 a.中创建的 updateQuake stub 中，使用第 8 章中创建的 EarthquakeContent Provider 检索最近发生的地震并提取其震级和位置：

```java
public void updateQuake(Context context,
                        AppWidgetManager appWidgetManager,
                        int[] appWidgetIds) {
```

```java
Cursor lastEarthquake;
ContentResolver cr = context.getContentResolver();
lastEarthquake = cr.query(EarthquakeProvider.CONTENT_URI,
                      null, null, null, null);

String magnitude = "--";
String details = "-- None --";

if (lastEarthquake != null) {
  try {
    if (lastEarthquake.moveToFirst()) {
      int magColumn
        = lastEarthquake.getColumnIndexOrThrow(EarthquakeProvider.KEY_MAGNITUDE);
      int detailsColumn
        = lastEarthquake.getColumnIndexOrThrow(EarthquakeProvider.KEY_DETAILS);

      magnitude = lastEarthquake.getString(magColumn);
      details = lastEarthquake.getString(detailsColumn);
    }
  }
  finally {
    lastEarthquake.close();
  }
}
```

d. 创建一个新的 RemoteViews 对象以设置由 Widget 的 TextView 元素所显示的文本，从而显示上一次地震的震级和位置：

```java
public void updateQuake(Context context,
                    AppWidgetManager appWidgetManager,
                    int[] appWidgetIds) {

Cursor lastEarthquake;
ContentResolver cr = context.getContentResolver();
lastEarthquake = cr.query(EarthquakeProvider.CONTENT_URI,
                      null, null, null, null);

String magnitude = "--";
String details = "-- None --";

if (lastEarthquake != null) {
  try {
    if (lastEarthquake.moveToFirst()) {
      int magColumn
        = lastEarthquake.getColumnIndexOrThrow(EarthquakeProvider.KEY_MAGNITUDE);
      int detailsColumn
        = lastEarthquake.getColumnIndexOrThrow(EarthquakeProvider.KEY_DETAILS);

      magnitude = lastEarthquake.getString(magColumn);
      details = lastEarthquake.getString(detailsColumn);
    }
  }
  finally {
    lastEarthquake.close();
```

```java
    }
  }

  final int N = appWidgetIds.length;
  for (int i = 0; i < N; i++) {
    int appWidgetId = appWidgetIds[i];
    RemoteViews views = new RemoteViews(context.getPackageName(),
                                        R.layout.quake_widget);
    views.setTextViewText(R.id.widget_magnitude, magnitude);
    views.setTextViewText(R.id.widget_details, details);
    appWidgetManager.updateAppWidget(appWidgetId, views);
  }

}
```

(6) 重写 onUpdate 处理程序以调用 updateQuake：

```java
@Override
public void onUpdate(Context context,
                     AppWidgetManager appWidgetManager,
                     int[] appWidgetIds) {

  // Update the Widget UI with the latest Earthquake details.
  updateQuake(context, appWidgetManager, appWidgetIds);
}
```

这个 Widget 现在就能够使用了，在将该 Widget 添加到主屏幕中之后，每隔 24 小时将会用新的地震详细信息对其进行更新。

(7) 现在增强该 Widget 的功能，每当在第 9 章中创建的 Earthquake Update Service 刷新了地震数据库时，就对 Widget 进行更新：

a. 首先更新 EarthquakeUpdateService 中的 onHandleIntent 处理程序以便在更新完成时广播一个 Intent。

```java
public static String QUAKES_REFRESHED =
 "com.paad.earthquake.QUAKES_REFRESHED";

@Override
protected void onHandleIntent(Intent intent) {
  /*// Retrieve the shared preferences
  Context context = getApplicationContext();
  SharedPreferences prefs =
    PreferenceManager.getDefaultSharedPreferences(context);

  int updateFreq =
    Integer.pareInt(prefs.getString(PreferencesActivity.PREF_UPDATE_FREQ,"60"));
  boolean autoUpdateChecked =
    prefs.getBoolean(PreferencesActivity.PREF_AUTO_UPDATE,false);

  if (autoUpdateChecked) {
    int alarmType = AlarmManager.ELAPSED_REALTIME_WAKEUP;
    long timeToRefresh = SystemClock.elapsedRealtime() +
                         updateFreq*60*1000;
    alarmManager.setInexactRepeating(alarmType, timeToRefresh,
```

```
                                    updateFreq*60*1000, alarmIntent);
  }
  else
    alarmManager.cancel(alarmIntent);*/
  refreshEarthquakes();
  sendBroadcast(new Intent(quakes_refreshed));
}
```

b. 重写 EarthquakeWidget 类中的 onReceive 方法, 检查是否收到了在步骤 a 中广播的 QUAKES_REFRESHED 动作, 在收到时调用 updateQuakes。但是一定要通过对超类的调用来确保仍然能够触发标准 Widget 事件处理程序:

```
@Override
public void onReceive(Context context, Intent intent){
  super.onReceive(context, intent);

  if (EarthquakeUpdateService.QUAKES_REFRESHED.equals(intent.getAction()))

    updateQuake(context);
}
```

c. 为该 Intent 动作将一个 Intent Filter 添加到 Widget 的 manifest 文件的条目中:

```
<receiver android:name=".EarthquakeWidget" android:label="Earthquake">
  <intent-filter>
    <action android:name="android.appwidget.action.APPWIDGET_UPDATE" />
  </intent-filter>
  <intent-filter>
    <action android:name="com.paad.earthquake.QUAKES_REFRESHED" />
  </intent-filter>
  <meta-data
    android:name="android.appwidget.provider"
    android:resource="@xml/quake_widget_info"
  />
</receiver>
```

(8) 最后, 为该 Widget 添加一些交互性。返回 onUpdate 处理程序, 添加对两个 TextView 的单击监听器。单击该 Widget 应该打开主 Activity。

```
@Override
public void onUpdate(Context context,
                    AppWidgetManager appWidgetManager,
                    int[] appWidgetIds) {

  // Create a Pending Intent that will open the main Activity.
  Intent intent = new Intent(context, Earthquake.class);
  PendingIntent pendingIntent =
    PendingIntent.getActivity(context, 0, intent, 0);

  // Apply the On Click Listener to both Text Views.
  RemoteViews views = new RemoteViews(context.getPackageName(),
                          R.layout.quake_widget);

  views.setOnClickPendingIntent(R.id.widget_magnitude, pendingIntent);
```

```
views.setOnClickPendingIntent(R.id.widget_details, pendingIntent);

// Notify the App Widget Manager to update the
appWidgetManager.updateAppWidget(appWidgetIds, views);

// Update the Widget UI with the latest Earthquake details.
updateQuake(context, appWidgetManager, appWidgetIds);
}
```

现在这个 Widget 将能够每天更新一次，并且在 Earthquake Update Service 每执行一次查找时能够进行更新。

> 本示例中所有的代码段都是第 14 章 Earthquake Part 1 项目的一部分，可以从 www.wrox.com 中下载得到。

14.4　Collection View Widget 简介

Android 3.0(API level 11)中引入了 Collection View Widget，这是一种新型的 Widget，用于将数据集合显示为列表、网格或层叠卡片样式，如图 14-3 所示。

图　14-3

顾名思义，Collection View Widget 用于添加对基于集合的 View 的支持，主要包括：
- **StackView**　一个卡片 View，以层叠方式显示其子 View。这叠"卡片"将从集合的头至尾自动循环，把最顶层的项目移动到底层，以显示下一个"卡片"。用户可以向上或向下划动手指，以显示前一个项目或下一个项目，从而手动地在项目之间进行切换。
- **ListView**　传统的 ListView。集合中的每个项目都作为垂直列表中的一行进行显示。
- **GridView**　一个二维的可滚动网格，每个项目都显示在网格的一个单元格中。你可以控制网格的列数、列宽和列之间的相对间距。

> 引入了这些动态的、基于集合的 App Widget 后，就不再需要功能有限的 Live Folder 了。因此，从 Android 3.0 开始，Live Folder 已被弃用。

这些控件都扩展了 AdapterView 类。因此，用于显示这些控件中的每个项目的 UI 都使用你所提供的布局定义。当用于显示集合的 View 不同时，指定的布局可以代表列表中的的每一行、层叠卡片样式中的每张"卡片"或者网格中的每个单元格。

用于代表每个项目的 UI 只能是 App Widget 所支持的 View 和布局：

- FrameLayout
- LinearLayout
- RelativeLayout
- AnalogClock
- Button
- Chronometer
- ImageButton
- ImageView
- ProgressBar
- TextView
- ViewFlipper

Collection View Widget 可用于显示任何数据集合，但是它们特别适合创建那些用于呈现应用程序的 Content Provider 中保存的数据的动态 Widget。

Collection View Widget 的实现方式与常规的 App Widget 十分相似——使用 App Widget Provider Info 文件来配置 Widget 设置，使用 BroadcastReceivers 定义 Widget 的行为，使用 RemoteViews 在运行时修改 Widget 的行为。

另外，基于集合的 App Widget 还需要以下组件：

- 一个额外的布局资源，用于为 Widget 中显示的每个项目定义 UI。
- 一个 RemoteViewsFactory，用作 Widget 的事实上的适配器，提供了将在集合 View 中显示的 View。这个 RemoteViewFactory 使用项目布局定义创建一个 RemoteViews，然后使用你想要显示的底层数据填充该 RemoteViews 的元素。
- 一个 RemoteViewsService，用于实例化和管理 RemoteViewsFactory。

有了这些组件后，就可以使用 RemoteViewsFactory 创建和更新代表集合项目的每个 View。通过创建一个 Remote View，并使用 setRemoteAdapter 方法将 RemoteViewsService 分配给该 Remote View，可以让这个过程自动进行。当把 Remote Views 应用到集合 Widget 时，RemoteViewsService 会根据需要创建并更新每个项目。14.4.4 节将详述这个过程。

14.4.1 创建 Collection View Widget 的布局

Collection View Widget 需要两个布局定义：一个包含 StackView、ListView 或 GridView，另一个描述了层叠卡片、列表或网格中的每个项目将要使用的布局。

和常规的 App Widget 一样，将布局定义为外部的 XML 布局资源是一种最佳实践，如程序清单 14-19 所示。

程序清单 14-19　为一个 Stack Widget 定义布局

```
<?xml version="1.0" encoding="utf-8"?>
<FrameLayout
    xmlns:android="http://schemas.android.com/apk/res/android"
```

```
        android:layout_width="match_parent"
        android:layout_height="match_parent"
        android:padding="5dp">
        <StackView
          android:id="@+id/widget_stack_view"
          android:layout_width="match_parent"
          android:layout_height="match_parent"
        />
</FrameLayout>
```

代码片段 PA4AD_Ch14_MyWidget/res/layout/my_stack_widget_layout.xml

程序清单14-20显示了一个示例布局资源,它描述了StackView Widget中显示的每张卡片的UI。

程序清单 14-20 为 StackView Widget 显示的每个项目定义布局

```
<?xml version="1.0" encoding="utf-8"?>
<RelativeLayout
    xmlns:android="http://schemas.android.com/apk/res/android"
    android:layout_width="match_parent"
    android:layout_height="match_parent"
    android:background="#FF555555"
    android:padding="5dp">
    <TextView
      android:id="@+id/widget_text"
      android:layout_width="fill_parent"
      android:layout_height="wrap_content"
      android:layout_alignParentBottom="true"
      android:gravity="center_horizontal"
      android:text="@string/widget_text"
    />
    <TextView
      android:id="@+id/widget_title_text"
      android:layout_width="match_parent"
      android:layout_height="match_parent"
      android:layout_above="@id/widget_text"
      android:textSize="30sp"
      android:gravity="center"
      android:text="---"
    />
</RelativeLayout>
```

代码片段 PA4AD_Ch14_MyWidget/res/layout/my_stack_widget_item_layout.xml

如同用于任何App Widget时一样,该Widget布局将在App Widget Provider Info资源中使用。项目布局由一个RemoteViewsFactory用来创建代表底层集合中的每个项目的View。

14.4.2 创建 RemoteViewsService

RemoteViewsService用作一个实例化和管理RemoteViewsFactory的包装器,而RemoteViewsFactory则用来提供在Collection View Widget中显示的每个View。

为创建RemoteViewsService,需要扩展RemoteViewsService类,并通过重写onGetViewFactory

处理程序来返回 RemoteViewsFactory 的一个新实例，如程序清单 14-21 所示。

程序清单 14-21 创建一个 RemoteViewsService

```java
import java.util.ArrayList;
import android.appwidget.AppWidgetManager;
import android.content.Context;
import android.content.Intent;
import android.widget.RemoteViews;
import android.widget.RemoteViewsService;

public class MyRemoteViewsService extends RemoteViewsService {
  @Override
  public RemoteViewsFactory onGetViewFactory(Intent intent) {
    return new MyRemoteViewsFactory(getApplicationContext(), intent);
  }

}
```

代码片段 PA4AD_Ch14_MyWidget/src/MyRemoteViewsService.java

和任何 Service 一样，需要使用一个 service 标签把 RemoteViewsService 添加到应用程序的 manifest 文件中。为防止其他应用程序访问你的 Widget，必须指定 android.permission.BIND_REMOTEVIEWS 权限，如程序清单 14-22 所示。

程序清单 14-22 将一个 RemoteViewsService 添加到 manifest 文件中

```xml
<service android:name=".MyRemoteViewsService"
         android:permission="android.permission.BIND_REMOTEVIEWS">
</service>
```

代码片段 PA4AD_Ch14_MyWidget/AndroidManifest.xml

14.4.3 创建一个 RemoteViewsFactory

RemoteViewsFactory 是 Adapter 类的一个包装器，用于创建和填充将在 Collection View Widget 中显示的 View——实际上是将它们与底层的数据集合绑定到一起。

为实现 RemoteViewsFactory，通常在一个 RemoteViewsService 类中扩展 RemoteViewsFactory 类。

这个实现应当与将会填充 StackView、ListView 或 GridView 的自定义 Adapter 类似。程序清单 14-23 显示了 RemoteViewsFactory 的一个简单实现，它使用一个静态的 ArrayList 来填充 View。需要注意的是，RemoteViewsFactory 并不需要知道显示每个项目需要什么样的 Collection View Widget。

程序清单 14-23 创建一个 RemoteViewsFactory

```java
class MyRemoteViewsFactory implements RemoteViewsFactory {
    private ArrayList<String> myWidgetText = new ArrayList<String>();
    private Context context;
    private Intent intent;
    private int widgetId;
```

```java
public MyRemoteViewsFactory(Context context, Intent intent) {
  //可选的构造函数实现
  //对于获得调用 Widget 的上下文的引用十分有帮助
  this.context = context;
  this.intent = intent;

  widgetId = intent.getIntExtra(AppWidgetManager.EXTRA_APPWIDGET_ID,
    AppWidgetManager.INVALID_APPWIDGET_ID);
}

  //设置数据源的任何连接/游标
//繁重的工作,例如下载数据,应该推迟到 onDataSetChanged()或 getViewAt()中执行
//这个调用的时间超过 20 秒会导致一个 ANR
public void onCreate() {
  myWidgetText.add("The");
  myWidgetText.add("quick");
  myWidgetText.add("brown");
  myWidgetText.add("fox");
  myWidgetText.add("jumps");
  myWidgetText.add("over");
  myWidgetText.add("the");
  myWidgetText.add("lazy");
  myWidgetText.add("droid");
}

//当显示的底层数据集合被修改时调用。可以使用 AppWidgetManager 的
// notifyAppWidgetViewDataChanged 方法来触发这个处理程序
public void onDataSetChanged() {
    // TODO:底层数据改变时进行处理
}

//返回正在显示的集合中的项数
public int getCount() {
  return myWidgetText.size();
}

//如果每个项提供的唯一 ID 是稳定的——即它们不会在运行时改变,就返回 true
// that is, they don't change at run time.
public boolean hasStableIds() {
  return false;
}

//返回与位于指定索引位置的项目关联的唯一 ID
public long getItemId(int index) {
  return index;
}

//不同 View 定义的数量。通常为 1
public int getViewTypeCount() {
  return 1;
}

//可选地指定一个"加载"View 进行显示。返回 null 时将使用默认的 View
// use the default.
public RemoteViews getLoadingView() {
```

```
    return null;
}

//创建并填充将在指定索引位置显示的 View
public RemoteViews getViewAt(int index) {
    //创建将在所需索引位置显示的 View
    RemoteViews rv = new RemoteViews(context.getPackageName(),
      R.layout.my_stack_widget_item_layout);

    //使用底层数据填充 View
    rv.setTextViewText(R.id.widget_title_text,
                       myWidgetText.get(index));
    rv.setTextViewText(R.id.widget_text, "View Number: " +
                       String.valueOf(index));

    //创建一个特定于项的填充 Intent,
    //用于填充在 App Widget Provider 中创建的 Pending
    Intent fillInIntent = new Intent();
    fillInIntent.putExtra(Intent.EXTRA_TEXT, myWidgetText.get(index));
    rv.setOnClickFillInIntent(R.id.widget_title_text, fillInIntent);

    return rv;
}

//关闭连接、游标或在 onCreate 中创建的其他任何持久状态
public void onDestroy() {
    myWidgetText.clear();
}
}
```

代码片段 PA4AD_Ch14_MyWidget/src/MyRemoteViewsService.java

14.4.4 使用 RemoteViewsService 填充 CollectionViewWidget

完成 RemoteViewsFactory 后，剩下的就是将 App Widget Layout 中的 ListView、GridView 或 StackView 绑定到 RemoteViewsService。这通常是在 App Widget 实现的 onUpdate 处理程序中使用一个 Remote View 完成的。

像更新标准 App Widget 的 UI 时那样，创建一个新的 Remote View 实例。使用 setRemoteAdapter 方法将 RemoteViewsService 绑定到 Widget 布局内的特定的 ListView、GridView 或 StackView 上。

使用如下形式的 Intent 来指定 RemoteViewsService：

```
Intent intent = new Intent(context, MyRemoteViewsService.class);
```

RemoteViewsService 内的 onGetViewFactory 处理程序会收到这个 Intent，从而使你能够向 Service 和它包含的 Factory 传递额外的参数。

还需要指定要绑定的 Widget 的 ID，这样可以为不同的 Widget 实例指定不同的 Service。

通过使用 setEmptyView 方法，可以指定一个当且仅当底层数据集合为空时显示的 View。

在完成绑定过程后，使用 App Widget Manager 的 updateAppWidget 方法将绑定应用到指定的 Widget 上。程序清单 14-24 显示了将一个 Widget 绑定到一个 RemoteViewsService 的标准模式。

程序清单 14-24 将一个 Widget 绑定到一个 RemoteViewsService

```java
@Override
public void onUpdate(Context context,
                    AppWidgetManager appWidgetManager,
                    int[] appWidgetIds) {
    //迭代每个 Widget，创建一个 RemoteViews 对象，并对
    //每个 Widget 应用修改后的 RemoteViews
    final int N = appWidgetIds.length;
    for (int i = 0; i < N; i++) {
      int appWidgetId = appWidgetIds[i];

      //创建一个 Remote View
      RemoteViews views = new RemoteViews(context.getPackageName(),
        R.layout.my_stack_widget_layout);

      //将这个 Widget 绑定到一个 RemoteViewsService
      Intent intent = new Intent(context, MyRemoteViewsService.class);
      intent.putExtra(AppWidgetManager.EXTRA_APPWIDGET_ID, appWidgetId);
      views.setRemoteAdapter(appWidgetId, R.id.widget_stack_view,
                             intent);

      //在 Widget 布局层次中指定一个绑定集合为空时显示的 View
      views.setEmptyView(R.id.widget_stack_view, R.id.widget_empty_text);

      // TODO：根据配置设置等自定义这个 Widget UI
      // settings etc.

      //通知 AppWidgetManager 使用修改后的远程 View 更新 Widget
      // the modified remote view.
      appWidgetManager.updateAppWidget(appWidgetId, views);
    }
}
```

代码片段 PA4AD_Ch14_MyWidget/src/MyStackWidget.java

14.4.5 向 Collection View Widget 中的项添加交互性

出于效率原因，无法向作为 Collection View Widget 一部分显示的每个项分配唯一的 onClick-PendingIntent。相反，需要使用 setPendingIntentTemplate 向 Widget 分配一个模板 Intent，如程序清单 14-25 所示。

程序清单 14-25 使用 Pending Intent 向 Collection View Widget 中的单个项添加 Click Listener

```java
Intent templateIntent = new Intent(Intent.ACTION_VIEW);
templateIntent.putExtra(AppWidgetManager.EXTRA_APPWIDGET_ID, appWidgetId);
PendingIntent templatePendingIntent = PendingIntent.getActivity(
  context, 0, templateIntent, PendingIntent.FLAG_UPDATE_CURRENT);

views.setPendingIntentTemplate(R.id.widget_stack_view,
                               templatePendingIntent);
```

代码片段 PA4AD_Ch14_MyWidget/src/MyStackWidget.java

第 14 章 个性化主屏幕

之后，在 RemoteViewsService 实现的 getViewAt 处理程序内，可以使用 RemoteViews 对象的 setOnClickFillInIntent 方法填充这个 Pending Intent，如程序清单 14-26 所示。

程序清单 14-26　填充 Collection View Widget 内显示的每个项的 Pending Intent 模板

```
//创建特定于项的填充 Intent
//用于填充在 App Widget Provider 中创建的 Pending Intent
fillInIntent= new Intent();
fillInIntent.putExtra(Intent.EXTRA_TEXT, myWidgetText.get(index));
rv.setOnClickFillInIntent(R.id.widget_title_text, fillInIntent);
```

代码片段 PA4AD_Ch14_MyWidget/src/MyRemoteViewsService.java

填充 Intent 是使用 Intent.fillIn 方法应用到模板 Intent 的。它将填充 Intent 的内容复制到模板 Intent 中，用填充 Intent 定义的字段替换未定义的字段。已经有数据的字段不会被覆盖。

当用户单击 Widget 内的特定项目时，结果 Pending Intent 就会被广播。

14.4.6　将 Collection View Widget 绑定到 Content Provider

Collection View Widget 最强大的用途之一是将 Content Provider 中的数据呈现到主屏幕上。程序清单 14-27 显示了一个绑定到 Content Provider 的 RemoteViewsFactory 实现的框架代码——在本例中，这个 Content Provider 可以显示存储在外部媒体库的图片的缩略图。

程序清单 14-27　创建一个由 Content Provider 提供数据的 RemoteViewsFactory

```
class MyRemoteViewsFactory implements RemoteViewsFactory {

    private Context context;
    private ContentResolver cr;
    private Cursor c;

    public MyRemoteViewsFactory(Context context) {
      //获得对应用程序上下文及其 Content Resolver 的引用
      this.context = context;
      cr = context.getContentResolver();
    }

    public void onCreate() {
      //执行一个查询来返回将要显示的数据的游标。任何辅助的查找
      //或解码操作应在 onDataSetChanged 处理程序中完成
      // be completed in the onDataSetChanged handler.
      c = cr.query(MediaStore.Images.Thumbnails.EXTERNAL_CONTENT_URI,
              null, null, null, null);
    }

    public void onDataSetChanged() {
      //任何辅助的查找、处理或解码可以在这里同步完成
      //只有这个方法完成后，Widget 才会被更新
    }

    public int getCount() {
      //返回游标中的项数
      if (c != null)
        return c.getCount();
      else
        return 0;
```

535

```java
    }

    public long getItemId(int index) {
      //返回与特定项关联的唯一 ID
      if (c != null)
        return c.getInt(
          c.getColumnIndex(MediaStore.Images.Thumbnails._ID));
      else
        return index;
    }
    public RemoteViews getViewAt(int index) {
      //将游标移动到请求的行位置
      c.moveToPosition(index);

      //从需要的列中提取数据
      int idIdx = c.getColumnIndex(MediaStore.Images.Thumbnails._ID);
      String id = c.getString(idIdx);
      Uri uri = Uri.withAppendedPath(
        MediaStore.Images.Thumbnails.EXTERNAL_CONTENT_URI, ""
        + id);

      //使用合适的项布局创建一个新的 RemoteViews 对象
      RemoteViews rv = new RemoteViews(context.getPackageName(),
        R.layout.my_media_widget_item_layout);

      //将从游标中提取的值赋给 RemoteViews.
      rv.setImageViewUri(R.id.widget_media_thumbnail, uri);

      //分配一个特定于项的填充 Intent，用于填充在 App Widget Provider 中指定的 Pending
      // Intent 模板。在这里，模板 Intent 指定了一个 ACTION_VIEW 动作
      Intent fillInIntent = new Intent();
      fillInIntent.setData(uri);
      rv.setOnClickFillInIntent(R.id.widget_media_thumbnail,
                                fillInIntent);

      return rv;
    }

    public int getViewTypeCount() {
      //要使用的不同 View 定义的数量
      //对于 Content Provider，这个值几乎总是 1
      return 1;
    }

    public boolean hasStableIds() {
      // Content Provider 的 ID 应该是唯一并且永久的
      return true;
    }

    public void onDestroy() {
      //关闭结果游标
      c.close();
    }

    public RemoteViews getLoadingView() {
      //使用默认的加载 View
      return null;
    }
  }
}
```

代码片段 PA4AD_Ch14_MyWidget/src/MyMediaRemoteViewsService.java

与现在已被弃用的 Live Folder 相比,这是将 Content Provider 的数据呈现到主屏幕上的一种更加灵活的方法。

14.4.7 刷新 Collection View Widget

App Widget Manager 中包含的 notifyAppWidgetViewDataChanged 方法允许指定一个要更新的 Widget ID(或 ID 数组),以及该 Widget 中底层数据源已经发生变化的集合 View 的资源 ID:

```
appWidgetManager.notifyAppWidgetViewDataChanged(appWidgetIds,
                                    R.id.widget_stack_view);
```

这将导致相关的 RemoteViewsFactory 的 onDataSetChanged 处理程序执行,然后进行元数据调用(包括 getCount),最后再重新创建每个 View。

另外,用来更新 App Widget 的技术——修改最低刷新率,使用 Intent,设置 Alarm——也可以更新 Collection View Widget,但是这会导致整个 Widget 被重新创建,意味着根据底层数据的变化刷新基于集合的 View 是更加高效的方法。

14.4.8 创建 Earthquake Collection View Widget

在本例中将向 Earthquake 应用程序添加第二个 Widget。这个 Widget 将使用一个基于 ListView 的 Collection View Widget 显示最近地震的一个列表。

(1) 首先为 Collection View Widget UI 创建一个 XML 资源格式的布局。将 quake_collection_widget.xml 文件保存到 res/layout 文件夹中。使用一个 Frame Layout,其中包含用于显示地震的 ListView 和用于在集合为空时显示的 TextView。

```xml
<?xml version="1.0" encoding="utf-8"?>
<FrameLayout
  xmlns:android="http://schemas.android.com/apk/res/android"
  android:layout_width="match_parent"
  android:layout_height="match_parent"
  android:padding="5dp">
  <ListView
    android:id="@+id/widget_list_view"
    android:layout_width="match_parent"
    android:layout_height="match_parent"
  />
  <TextView
    android:id="@+id/widget_empty_text"
    android:layout_width="match_parent"
    android:layout_height="match_parent"
    android:gravity="center"
    android:text="No Earthquakes!"
  />
</FrameLayout>
```

(2) 创建一个新的、扩展了 AppWidgetProvider 的 EarthquakeListWidget 类。后面会在这个类中将 Widget 绑定到提供显示每个地震的 View 的 RemoteViewsService。

```
package com.paad.earthquake;

import android.app.PendingIntent;
import android.appwidget.AppWidgetManager;
```

```java
import android.appwidget.AppWidgetProvider;
import android.content.Context;
import android.content.Intent;
import android.widget.RemoteViews;

public class EarthquakeListWidget extends AppWidgetProvider {
}
```

(3) 在 res/xml 文件夹中创建一个新的 Widget 定义文件 quake_list_widget_info.xml。将最低更新频率设为每天一次,将 Widget 的大小设为两个单元格宽、1 个单元格高(110dp×40dp),并使其可在垂直方向上扩展。使用在第(1)步中创建的 Widget 布局作为初始布局。

```xml
<?xml version="1.0" encoding="utf-8"?>
<appwidget-provider
  xmlns:android="http://schemas.android.com/apk/res/android"
  android:initialLayout="@layout/quake_collection_widget"
  android:minWidth="110dp"
  android:minHeight="40dp"
  android:label="Earthquakes"
  android:updatePeriodMillis="8640000"
  android:resizeMode="vertical"
/>
```

(4) 将 Widget 添加到应用程序的 manifest 文件中,包括一个对第(3)步创建的 Widgct 定义资源的引用。它还应该包含 App Widget 更新动作的一个 Intent Filter。

```xml
<receiver android:name=".EarthquakeListWidget" android:label="Earthquake List">
  <intent-filter>
    <action android:name="android.appwidget.action.APPWIDGET_UPDATE" />
  </intent-filter>
  <meta-data
    android:name="android.appwidget.provider"
    android:resource="@xml/quake_list_widget_info"
  />
</receiver>
```

(5) 创建一个扩展了 RemoteViewsService 的 EarthquakeRemoteViewsService 类。它应该包含一个扩展了 EarthquakeRemoteViewsService 的 onGetViewFactory 处理程序返回的 RemoteViewsFactory 的内部类 EarthquakeRemoteViewsFactory:

```java
package com.paad.earthquake;

import android.content.ContentResolver;
import android.content.Context;
import android.content.Intent;
import android.database.Cursor;
import android.net.Uri;
import android.provider.MediaStore;
import android.util.Log;
import android.widget.RemoteViews;
import android.widget.RemoteViewsService;

public class EarthquakeRemoteViewsService extends RemoteViewsService {
```

```java
@Override
public RemoteViewsFactory onGetViewFactory(Intent intent) {
    return new EarthquakeRemoteViewsFactory(getApplicationContext());
}

class EarthquakeRemoteViewsFactory implements RemoteViewsFactory {

    private Context context;

    public EarthquakeRemoteViewsFactory(Context context) {
        this.context = context;
    }

    public void onCreate() {
    }

    public void onDataSetChanged() {
    }

    public int getCount() {
        return 0;
    }

    public long getItemId(int index) {
        return index;
    }

    public RemoteViews getViewAt(int index) {
        return null;
    }

    public int getViewTypeCount() {
        return 1;
    }

    public boolean hasStableIds() {
        return true;
    }

    public RemoteViews getLoadingView() {
        return null;
    }

    public void onDestroy() {
    }
}
```

(6) 添加一个新变量来存储 Service Context，然后创建一个新的接受一个 Context 构造函数，并把该 Context 存储到新创建的属性中：

```java
private Context context;

public EarthquakeRemoteViewsFactory(Context context) {
    this.context = context;
}
```

(7) 创建一个新的 executeCursor 方法，在 Earthquake Provider 中查询当前的 Earthquake 列表。

更新 onCreate 处理程序来执行此方法,并把结果存储到一个新的类属性中:

```java
private Cursor c;
private Cursor executeQuery() {
 String[] projection = new String[] {
   EarthquakeProvider.KEY_ID,
   EarthquakeProvider.KEY_MAGNITUDE,
   EarthquakeProvider.KEY_DETAILS
  };

 Context appContext = getApplicationContext();
 SharedPreferences prefs =
  PreferenceManager.getDefaultSharedPreferences(appContext);
 int minimumMagnitude =
  Integer.parseInt(prefs.getString(PreferencesActivity.PREF_MIN_MAG, "3"));

 String where = EarthquakeProvider.KEY_MAGNITUDE + " > " + minimumMagnitude;

 return context.getContentResolver().query(EarthquakeProvider.CONTENT_URI,
    projection, where, null, null);
}
public void onCreate() {
 c = executeQuery();
}
```

(8) 更新 onDataSetChanged 和 onDestroy 处理程序,使它们分别用于重新查询和销毁游标:

```java
public void onDataSetChanged() {
  c = executeQuery();
}

public void onDestroy() {
  c.close();
}
```

(9) EarthquakeRemoteViewsFactory 提供了代表 ListView 中的每个地震的 View。填充各个方法 stub,使用地震游标的数据填充代表列表中每个项的 View。

a. 首先更新 getCount 和 getItemId 方法,分别把它们用于返回游标中的记录数和与每条记录关联的唯一标识符:

```java
public int getCount() {
  if (c != null)
    return c.getCount();
  else
    return 0;
}

public long getItemId(int index) {
  if (c != null)
    return c.getLong(c.getColumnIndex(EarthquakeProvider.KEY_ID));
  else

    return index;
}
```

b. 然后更新 getViewAt 方法，在这里创建和填充代表 ListView 中的每个地震的 View。使用为前一个 Earthquake App Widget 示例创建的布局定义创建一个新的 RemoteViews 对象，并使用当前地震的数据填充该对象。另外，创建和分配一个填充 Intent，将当前地震的 URI 添加到将在 Widget 提供器中定义的模板 Intent。

```java
public RemoteViews getViewAt(int index) {
  //将游标移动到所需的索引
  c.moveToPosition(index);

  //提取当前游标行的值
  int idIdx = c.getColumnIndex(EarthquakeProvider.KEY_ID);
  int magnitudeIdx = c.getColumnIndex(EarthquakeProvider.KEY_MAGNITUDE);
  int detailsIdx = c.getColumnIndex(EarthquakeProvider.KEY_DETAILS);

  String id = c.getString(idIdx);
  String magnitude = c.getString(magnitudeIdx);
  String details = c.getString(detailsIdx);

  //创建一个新的 RemoteViews 对象，使用该对象来填充用来代表列表中
  //每个地震的布局
  RemoteViews rv = new RemoteViews(context.getPackageName(),
                                   R.layout.quake_widget);

  rv.setTextViewText(R.id.widget_magnitude, magnitude);
  rv.setTextViewText(R.id.widget_details, details);

  //创建一个填充 Intent，将当前项的 URI 填充到模板 Intent
  Intent fillInIntent = new Intent();
  Uri uri = Uri.withAppendedPath(EarthquakeProvider.CONTENT_URI, id);
  fillInIntent.setData(uri);

  rv.setOnClickFillInIntent(R.id.widget_magnitude, fillInIntent);
  rv.setOnClickFillInIntent(R.id.widget_details, fillInIntent);

  return rv;
}
```

(10) 将 EarthquakeRemoteViewsService 添加到应用程序的 manifest 文件中，包括一个 BIND_REMOTEVIEWS 权限：

```xml
<service android:name=".EarthquakeRemoteViewsService"
  android:permission="android.permission.BIND_REMOTEVIEWS">
</service>
```

(11) 返回到 EarthquakeListWidget 类，并重写 onUpdate 方法。迭代每个处于活动状态的 Widget，并附加第(5)步中创建的 EarthquakeRemoteViewsService。可以利用这个机会创建一个 Pending Intent 模板，并将其分配给每一个符合以下条件的项：它们将启动一个新 Activity，用于查看由第(9)步的步骤 b 创建的填充 Intent 所填充的 URI。

```java
@Override
public void onUpdate(Context context,
                    AppWidgetManager appWidgetManager,
```

```
                         int[] appWidgetIds) {

  //迭代处于活动状态的 Widget 的数组
  final int N = appWidgetIds.length;
  for (int i = 0; i < N; i++) {
    int appWidgetId = appWidgetIds[i];

    //创建一个 Intent,用于启动 EarthquakeRemoteViewsService 的 Intent,
    //或者将提供 ListView 中显示的 View
    Intent intent = new Intent(context, EarthquakeRemoteViewsService.class);
    //将 App Widget 的 ID 添加到 Intent extra
    intent.putExtra(AppWidgetManager.EXTRA_APPWIDGET_ID, appWidgetId);

    //为 App Widget 布局实例化 RemoteViews 对象
    RemoteViews views = new RemoteViews(context.getPackageName(),
      R.layout.quake_collection_widget);

    // 设置 RemoteViews 对象来使用一个 RemoteViews 适配器
    views.setRemoteAdapter(R.id.widget_list_view, intent);

    //集合中没有项时显示空 View
    views.setEmptyView(R.id.widget_list_view, R.id.widget_empty_text);

    //创建一个 Pending Intent 模板,为集合 View 内显示的每个项提供交互性
    Intent templateIntent = new Intent(context, Earthquake.class);
    templateIntent.putExtra(AppWidgetManager.EXTRA_APPWIDGET_ID, appWidgetId);
    PendingIntent templatePendingIntent =
      PendingIntent.getActivity(context, 0, templateIntent,
                      PendingIntent.FLAG_UPDATE_CURRENT);

    views.setPendingIntentTemplate(R.id.widget_list_view,
                      templatePendingIntent);

    //通知 AppWidgetManager 使用修改后的远程 View 更新 Widget
    appWidgetManager.updateAppWidget(appWidgetId, views);
  }
}
```

(12) 最后,对 Widget 做一些增强处理,使得每当第 9 章创建的 Earthquake Update Service 刷新地震数据库时,Widget 就会更新。为此,可以更新 EarthquakeUpdateService 的 onHandleIntent 处理程序,使它在完成时调用 AppWidgetManager 的 notifyAppWidgetViewDataChanged 方法:

```
@Override
protected void onHandleIntent(Intent intent) {
  /*// Retrieve the shared preferences
  Context context = getApplicationContext();
  SharedPreferences prefs =
    PreferenceManager.getDefaultSharedPreferences(context);

  int updateFreq =
    Integer.parseInt(prefs.getString(PreferencesActivity.PREF_UPDATE_FREQ, "60"));
  boolean autoUpdateChecked =
    prefs.getBoolean(PreferencesActivity.PREF_AUTO_UPDATE, false);
  if (autoUpdateChecked)
    int alarmType = AlarmManager.ELAPSED_REALTIME_WAKEUP;
    long timeToRefresh = SystemClock.elapsedRealtime() +
```

第 14 章 个性化主屏幕

```
                            updateFreq*60*1000;
      alarmManager.setInexactRepeating(alarmType, timeToRefresh,
                               updateFreq*60*1000, alarmIntent);
    }
    else
      alarmManager.cancel(alarmIntent);

    refreshEarthquakes();

    sendBroadcast(new Intent(QUAKES_REFRESHED));*/

AppWidgetManager appWidgetManager = AppWidgetManager.getInstance(context);
ComponentName earthquakeWidget =
  new ComponentName(context, EarthquakeListWidget.class);
int[] appWidgetIds = appWidgetManager.getAppWidgetIds(earthquakeWidget);

appWidgetManager.notifyAppWidgetViewDataChanged(appWidgetIds,
  R.id.widget_list_view);
}
```

 本示例中所有的代码段都是第 14 章 Earthquake Part 2 项目的一部分，可以从 www.wrox.com 中下载得到。

图 14-4 显示了将 Earthquake Collection View Widget 添加到主屏幕后的效果。

图 14-4

14.5 Live Folder 简介

Android 3.0 中弃用了 Live Folder，以鼓励开发人员使用更丰富、可定制程度更高的 CollectionViewWidget。

LiveFolder 提供的功能与在之前版本中相同——通过它应用程序能够直接在主屏幕上显示来自 Content Provider 的数据。

虽然在 Android 3.0 或更高版本上 CollectionViewWidget 是更好的工具，但是你仍然可以为运行在早期版本的 Android 设备上的应用程序使用 Live Folder，以提供获得存储在这些应用程序中的信息的动态快捷方式。

当 Live Folder 被添加时，它会作为一个快捷方式图标呈现在主屏幕上。

图 14-5

选择该图标将会打开此 Live Folder，如图 14-5 所示。该图展示了在 Android 主屏幕上的一个打开的 Live Folder，即 Starred 联系人列表。

为了向 Android 3.0 之前的设备的主屏幕添加一个 Live Folder，需要长按一块空白区域并选择 Folders。呈现在用户面前的将会是一个可用的 Live Folders 列表；单击其中一个进行选择并添加。添加它后，就可以通过单击打开该 Live Folder，通过长按它来移动该快捷方式。Live Folder 在运行 Android 3.0 及更高版本的设备上不可用。

14.5.1 创建 Live Folder

Live Folder 是 Content Provider 和 Activity 的组合。为了创建新的 Live Folder，需要定义：
- 一个通过生成并返回专门格式化的 Intent 来负责创建和配置 Live Folder 的 Activity。
- 一个 Content Provider，它提供了使用需要的列名进行显示的数据项。

与 CollectionViewWidget 不同，每个 Live Folder 数据项能够显示至多 3 条信息：一个图标、一个标题和一段描述。

1. Live FolderContent Provider

任何 Content Provider 都能够提供在 Live Folder 中显示的数据。Live Folder 使用一个标准的列名称集合：

- LiveFolders._ID：如果用户单击了 Live Folder 列表，则可以使用这个唯一的标识符来指示所选择的数据项。
- LiveFolders.NAME：以大字体显示的主要文本。这是唯一必需的列。
- LiveFolders.DESCRIPTION：以较小字体显示的较长的描述性字段，在名称栏下方显示。
- LiveFolders.ICON_BITMAP：在每个数据项左边显示的图像。或者，也可以结合使用 LiveFolders.ICON_PACKAGE 和 LiveFolders.ICON_RESOURCE，指定使用某个包中的一个 Drawable 资源。

这里不需要重命名 Content Provider 的列以适应 Live Folder 的需求，而应当应用一个投影，将现有列名映射到 Live Folder 所需的列名，如程序清单 14-28 所示。

程序清单 14-28　创建一个投影以支持 Live Folder

```
private static final HashMap<String, String> LIVE_FOLDER_PROJECTION;
static {
    //创建投影映射
    LIVE_FOLDER_PROJECTION = new HashMap<String, String>();

    //将现有列名映射到 Live Folder 所需的列名
    LIVE_FOLDER_PROJECTION.put(LiveFolders._ID,
                    KEY_ID + " AS " +
                    LiveFolders._ID);
    LIVE_FOLDER_PROJECTION.put(LiveFolders.NAME,
                    KEY_NAME + " AS " +
                    LiveFolders.NAME);
```

```
LIVE_FOLDER_PROJECTION.put(LiveFolders.DESCRIPTION,
                KEY_DESCRIPTION + " AS " +
                LiveFolders.DESCRIPTION);
LIVE_FOLDER_PROJECTION.put(LiveFolders.ICON_BITMAP,
                KEY_IMAGE + " AS " +
                LiveFolders.ICON_BITMAP);
}
```

代码片段 PA4AD_Ch14_MyLiveFolder/src/MyContentProvider.java

只有 ID 和名称列是必需的，位图和描述列可以根据需要使用或者不被映射。

通常，当查询请求 URI 与你为 Live Folder 请求指定的模式匹配时，会在 Content Provider 的查询方法中应用投影，如程序清单 14-29 所示。

程序清单 14-29　应用投影以支持一个 Live Folder

```
public static Uri LIVE_FOLDER_URI
  = Uri.parse("com.paad.provider.MyLiveFolder");

public Cursor query(Uri uri, String[] projection, String selection,
                    String[] selectionArgs, String sortOrder) {

  SQLiteQueryBuilder qb = new SQLiteQueryBuilder();

  switch (URI_MATCHER.match(uri)) {
    case LIVE_FOLDER:
      qb.setTables(MYTABLE);
      qb.setProjectionMap(LIVE_FOLDER_PROJECTION);
      break;
    default:
      throw new IllegalArgumentException("Unknown URI " + uri);
  }

  Cursor c = qb.query(null, projection, selection, selectionArgs,
                    null, null, null);

  c.setNotificationUri(getContext().getContentResolver(), uri);

  return c;
}
```

代码片段 PA4AD_Ch14_MyLiveFolder/src/MyContentProvider.java

2. Live Folder Activity

Live Folder 自身使用 Intent 来创建，该 Intent 是作为一个 Activity 的结果而返回的(通常在 onCreate 处理程序中返回)。

使用 Intent 的 setData 方法来指定提供数据的 Content Provider 的 URI(应用适当的投影)，如前一节所述。

通过使用下面的一系列 extra，可以进一步配置 Intent：

- **LiveFolders.EXTRA_LIVE_FOLDER_DISPLAY_MODE**　指定要使用的显示模式。其值可以为 LiveFolders.DISPLAY_MODE_LIST 或 LiveFolders.DISPLAY_MODE_GRID，前者将 Live Folder 显示为一个列表，后者则显示为一个网格。
- **LiveFolders.EXTRA_LIVE_FOLDER_ICON**　提供一个用作主屏幕图标的 Drawable 资源，代表未打开的 Live Folder。
- **LiveFolders.EXTRA_LIVE_FOLDER_NAME**　为上面描述的图标提供一个描述性的名称，代表未打开的 Live Folder。

程序清单 14-30 显示了一个 Activity 重写后的 onCreate 方法，用于创建一个 Live Folder。在创建 Live Folder 定义 Intent 后，使用 setResult 将其设置为 Activity 结果，并调用 finish 关闭 Activity。

程序清单 14-30　从 Activity 内创建 Live Folder

可从 wrox.com 下载源代码

```java
@Override
public void onCreate(Bundle savedInstanceState) {
    super.onCreate(savedInstanceState);

    //检查并确认这个 Activity 是作为在主屏幕添加新 Live Folder 的请求的一部分启动的
    String action = getIntent().getAction();
    if (LiveFolders.ACTION_CREATE_LIVE_FOLDER.equals(action)) {
      Intent intent = new Intent();

      //设置用于提供要显示的数据的 Content Provider 的 URI
      //合适的投影必须已经应用到了返回的数据
      intent.setData(MyContentProvider.LIVE_FOLDER_URI);

      //将显示模式设置为列表
      intent.putExtra(LiveFolders.EXTRA_LIVE_FOLDER_DISPLAY_MODE,
              LiveFolders.DISPLAY_MODE_LIST);

      //指定要使用的图标，用于在主屏幕上表示 Live Folder 的快捷方式
      intent.putExtra(LiveFolders.EXTRA_LIVE_FOLDER_ICON,
              Intent.ShortcutIconResource.fromContext(this,
                R.drawable.icon));

      //提供一个名称，用于在主屏幕上表示 Live Folder
      intent.putExtra(LiveFolders.EXTRA_LIVE_FOLDER_NAME, "Earthquakes");

      //返回 Live Folder Intent 作为结果
      setResult(RESULT_OK, intent);
    }
    else
      setResult(RESULT_CANCELED);
    finish();
}
```

代码片段 PA4AD_Ch14_MyLiveFolder/src/MyLiveFolder.java

还可以为选择 Live Folder 中的项提供支持。

通过在返回的结果中添加一个 LiveFolders.EXTRA_LIVE_FOLDER_BASE_INTENT extra，可以指定在选择一个 Live Folder 项时触发的基准 Intent。设置了这个值时，选择一个数据项会导致

showActivity 被调用，指定的基准 Intent 将用作该方法的 Intent 参数。

最佳实践做法(如图 14-31 所示)是将这个 Intent 的数据参数设为为 Live Folder 提供数据的 Content Provider 的基准 URI。此时，Live Folder 将自动把所选项的_id 列中存储的值附加到 Intent 的数据值的后面。

程序清单 14-31　为 Live Folder 项的选择添加基准 Intent

```
@Override
public void onCreate(Bundle savedInstanceState) {
      super.onCreate(savedInstanceState);

      //检查并确认这个 Activity 是作为在主屏幕添加新 Live Folder 的请求的一部分启动的
      String action = getIntent().getAction();
      if (LiveFolders.ACTION_CREATE_LIVE_FOLDER.equals(action)) {
        Intent intent = new Intent();

        //设置用于提供要显示的数据的 Content Provider 的 URI
        //合适的投影必须已经应用到了返回的数据
        intent.setData(LiveFolderProvider.CONTENT_URI);

        //将显示模式设置为列表
        intent.putExtra(LiveFolders.EXTRA_LIVE_FOLDER_DISPLAY_MODE,
                    LiveFolders.DISPLAY_MODE_LIST);

        //指定要使用的图标，用于在主屏幕上表示 Live Folder 的快捷方式
        intent.putExtra(LiveFolders.EXTRA_LIVE_FOLDER_ICON,
                    Intent.ShortcutIconResource.fromContext(context,
                      R.drawable.icon));

        //提供一个名称，用于在主屏幕上表示 Live Folder
        intent.putExtra(LiveFolders.EXTRA_LIVE_FOLDER_NAME,
                    "My Live Folder");

        //指定一个用于请求对应 Activity 的基准 Intent
        //查询所选项
        intent.putExtra(LiveFolders.EXTRA_LIVE_FOLDER_BASE_INTENT,
                    new Intent(Intent.ACTION_VIEW,
                      MyContentProvider.CONTENT_URI));

        //返回 Live Folder Intent 作为结果。
        setResult(RESULT_OK, intent);
      }
      else
        setResult(RESULT_CANCELED);
      finish();
}
```

代码片段 PA4AD_Ch14_MyLiveFolder/src/MyLiveFolder.java

为了使系统能够把一个 Activity 视为 Live Folder，在把该 Live Folder 添加到应用程序的 manifest 文件时，必须包含 CREATE_LIVE_FOLDER 动作的一个 Intent Filter，如程序清单 14-32 所示。

程序清单 14-32 在 manifest 文件中添加 Live Folder Activity

```xml
<activity android:name=".MyLiveFolder"
          android:label="My Live Folder">
  <intent-filter>
    <action android:name="android.intent.action.CREATE_LIVE_FOLDER"/>
  </intent-filter>
</activity>
```

代码片段 PA4AD_Ch14_MyLiveFolder/AndroidManifest.xml

14.5.2 创建 Earthquake Live Folder

在下面的示例中我们将再次扩展 Earthquake 应用程序，这次将包含一个用来显示每次地震震级以及位置的 Live Folder。得到的 Live Folder 与本章前面创建的 CollectionViewWidget 非常类似，非常适合在 Android 3.0 之前版本的设备上使用。

(1) 首先修改 EarthquakeProvider 类。创建一个新的静态 URI 定义，它将被用于返回 Live Folder 项。

```java
public static final Uri LIVE_FOLDER_URI =
  Uri.parse("content://com.paad.provider.earthquake/live_folder");
```

(2) 修改 uriMatcher 对象和 getType 方法以检查这个新的 URI 请求。

```java
private static final int QUAKES = 1;
private static final int QUAKE_ID = 2;
private static final int SEARCH = 3;
private static final int LIVE_FOLDER = 4;

private static final UriMatcher uriMatcher;

//分配 UriMather 对象。以'earthquakes'结尾的 URI 对应于对所有地震的请求，
//correspond to a request for all earthquakes, and 'earthquakes' with a
//trailing '/[rowID]' will represent a single earthquake row.
static {
  uriMatcher = new UriMatcher(UriMatcher.NO_MATCH);
  uriMatcher.addURI("com.paad.earthquakeprovider", "earthquakes", QUAKES);
  uriMatcher.addURI("com.paad.earthquakeprovider", "earthquakes/#", QUAKE_ID);
  uriMatcher.addURI("com.paad.provider.Earthquake", "live_folder", LIVE_FOLDER);
  uriMatcher.addURI("com.paad.earthquakeprovider",
    SearchManager.SUGGEST_URI_PATH_QUERY, SEARCH);
  uriMatcher.addURI("com.paad.earthquakeprovider",
    SearchManager.SUGGEST_URI_PATH_QUERY + "/*", SEARCH);
  uriMatcher.addURI("com.paad.earthquakeprovider",
    SearchManager.SUGGEST_URI_PATH_SHORTCUT, SEARCH);
  uriMatcher.addURI("com.paad.earthquakeprovider",
    SearchManager.SUGGEST_URI_PATH_SHORTCUT + "/*", SEARCH);
}

@Override
public String getType(Uri uri) {
  switch (uriMatcher.match(uri)) {
    case QUAKES|LIVE_FOLDER: return "vnd.android.cursor.dir/vnd.paad.earthquake";
    case QUAKE_ID: return "vnd.android.cursor.item/vnd.paad.earthquake";
```

```
        case SEARCH  : return SearchManager.SUGGEST_MIME_TYPE;
        default: throw new IllegalArgumentException("Unsupported URI: " + uri);
    }
}
```

(3) 创建一个新的哈希映射，其中定义了适合于 Live Folder 的投影。它应当分别作为描述列和名称列返回震级以及位置的详细信息。

```
static final HashMap<String, String> LIVE_FOLDER_PROJECTION;
static {
  LIVE_FOLDER_PROJECTION = new HashMap<String, String>();
  LIVE_FOLDER_PROJECTION.put(LiveFolders._ID,
                             KEY_ID + " AS " + LiveFolders._ID);
  LIVE_FOLDER_PROJECTION.put(LiveFolders.NAME,
                             KEY_DETAILS + " AS " + LiveFolders.NAME);
  LIVE_FOLDER_PROJECTION.put(LiveFolders.DESCRIPTION,
                             KEY_DATE + " AS " + LiveFolders.DESCRIPTION);
}
```

(4) 更新 query 方法，将第(3)步中的投影映射应用到为 Live Folder 请求所返回的地震查询中。

```
@Override
public Cursor query(Uri uri,
                    String[] projection,
                    String selection,
                    String[] selectionArgs,
                    String sort) {

  SQLiteDatabase database = dbHelper.getWritableDatabase();

  SQLiteQueryBuilder qb = new SQLiteQueryBuilder();

  qb.setTables(EarthquakeDatabaseHelper.EARTHQUAKE_TABLE);

  //如果这是一个行查询，则将结果集限制为传入的行
  switch (uriMatcher.match(uri)) {
    case QUAKE_ID: qb.appendWhere(KEY_ID + "=" + uri.getPathSegments().get(1));
              break;
    case SEARCH  : qb.appendWhere(KEY_SUMMARY + " LIKE \"%" +
                  uri.getPathSegments().get(1) + "%\"");
              qb.setProjectionMap(SEARCH_PROJECTION_MAP);
              break;
    case LIVE_FOLDER : qb.setProjectionMap(LIVE_FOLDER_PROJECTION);
              break;
    default      : break;
  }

  [ ... 现有的查询方法 ... ]
}
```

(5) 创建一个新的 EarthquakeLiveFolders 类，其中包含了一个静态的 EarthquakeLiveFolder Activity。

```
package com.paad.earthquake;

import android.app.Activity;
```

```
import android.content.Context;
import android.content.Intent;
import android.os.Bundle;
import android.provider.LiveFolders;

public class EarthquakeLiveFolders extends Activity {
  public static class EarthquakeLiveFolder extends Activity {
  }
}
```

(6) 添加一个新的方法以建立用于创建 Live Folder 的 Intent。它应当使用第(1)步中创建的查询 URI,将显示模式设置为列表,并定义要使用的图标和标题字符串。同时还设置基准 Intent 为 Earthquake Provider 中的单个数据项查询:

```
private static Intent createLiveFolderIntent(Context context) {
  Intent intent = new Intent();
  intent.setData(EarthquakeProvider.LIVE_FOLDER_URI);
  intent.putExtra(LiveFolders.EXTRA_LIVE_FOLDER_BASE_INTENT,
                  new Intent(Intent.ACTION_VIEW,
                             EarthquakeProvider.CONTENT_URI));
  intent.putExtra(LiveFolders.EXTRA_LIVE_FOLDER_DISPLAY_MODE,
                  LiveFolders.DISPLAY_MODE_LIST);
  intent.putExtra(LiveFolders.EXTRA_LIVE_FOLDER_ICON,
                  Intent.ShortcutIconResource.fromContext(context,
                                                          R.drawable.ic_launcher));
  intent.putExtra(LiveFolders.EXTRA_LIVE_FOLDER_NAME, "Earthquakes");
  return intent;
}
```

(7) 重写 EarthquakeLiveFolder 类的 onCreate 方法以返回第(6)步中定义的 Intent:

```
@Override
public void onCreate(Bundle savedInstanceState) {
  super.onCreate(savedInstanceState);

  String action = getIntent().getAction();
  if (LiveFolders.ACTION_CREATE_LIVE_FOLDER.equals(action))
    setResult(RESULT_OK, createLiveFolderIntent(this));
  else
    setResult(RESULT_CANCELED);
  finish();
}
```

(8) 将 EarthquakeLiveFolder Activity 添加到应用程序的 manifest 文件中,包括一个用于动作 android.intent.action.CREATE_LIVE_FOLDER 的 Intent Filter:

```
<activity android:name=".EarthquakeLiveFolders$EarthquakeLiveFolder"
          android:label="All Earthquakes">
  <intent-filter>
    <action android:name="android.intent.action.CREATE_LIVE_FOLDER"/>
  </intent-filter>
</activity>
```

图 14-6 显示了在主屏幕上打开的地震 Live Folder。

第 14 章 个性化主屏幕

图 14-6

 本示例中所有的代码段都是第 14 章 Earthquake Part 3 项目的一部分，可以从 www.wrox.com 中下载得到。

14.6 使用快速搜索框显示应用程序搜索结果

快速搜索框(QSB，如图 14-7 所示)位于主屏幕中的显著位置，并且在任何时候用户通过单击它或按下硬件搜索键(如果设备有的话)都能够启动它。

Android 1.6(API level 4)引入了通过通用的 QSB 为应用程序搜索结果服务的能力。通过使用该机制显示应用程序中的搜索结果，我们为用户提供了一个通过实时搜索结果访问应用程序的附加访问点。

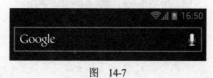

图 14-7

14.6.1 在快速搜索框中显示搜索结果

为了在快速搜索框中显示搜索结果，必须首先在我们自己的应用程序中实现搜索功能，如第 8 章所述。

为了使搜索结果全局可用，需要修改描述了应用程序搜索元数据的 searchable.xml 文件，并添加两种新的属性，如程序清单 10-24 所示。

- **searchSettingsDescription**　用于在 Settings 菜单中描述搜索结果。当用户通过浏览在搜索中包含应用程序结果时，看到的就是这些描述。
- **includeInGlobalSearch**　将该属性值设置为 true 以便在 QSB 中显示这些结果。

```
<searchable xmlns:android="http://schemas.android.com/apk/res/android"
  android:label="@string/search_label"

  android:searchSuggestAuthority="com.paad.provider.mysearch"
  android:searchSuggestIntentAction="android.intent.action.VIEW"
  android:searchSettingsDescription="@string/search_description"
  android:includeInGlobalSearch="true">
</searchable>
```

为了避免误用的可能性,添加新的搜索提供器需要用户进行筛选,所以搜索结果将不会自动地直接在 QSB 中自动显示。

用户要想将你的应用程序的搜索结果添加到他们的 QSB 搜索中,必须使用系统设置进行选择,如图 14-8 所示。在 QSB Activity 中,他们必须选择 Menu | Settings | Searchable Items,将想要启用的每个提供器旁边的复选框选中即可。

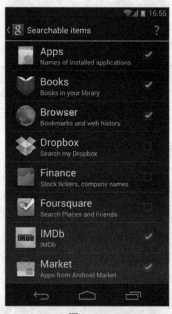

图 14-8

 因为在 QSB 中显示的结果是经过严格筛选的,所以应当考虑通知用户这一附加功能是可用的。

14.6.2 将 Earthquake 示例的搜索结果添加到快速搜索框中

为了在 QSB 中显示 Earthquake 项目的搜索结果,需要编辑 res/xml 资源文件夹中的 searchable.xml 文件。添加一个新属性 includeInGlobalSearch,将其设为 true:

```
<searchable xmlns:android="http://schemas.android.com/apk/res/android"
  android:label="@string/app_name"
  android:searchSettingsDescription="@string/search_description"
  android:searchSuggestAuthority="com.paad.earthquakeprovider"
  android:searchSuggestIntentAction="android.intent.action.VIEW"
```

```
android:searchSuggestIntentData=
  "content://com.paad.earthquakeprovider/earthquakes"
android:includeInGlobalSearch="true">
</searchable>
```

本示例中所有的代码段都是第 14 章的 Earthquake Part 4 项目的一部分,可以从 www.wrox.com 中下载得到。

14.7　创建 Live Wallpaper

Live Wallpaper 在 Android 2.1(API level 7)中引入,用于创建动态的、交互式的主屏幕背景。它们提供了一种激动人心的新替代方法用于直接在主屏幕上向用户显示信息。

Live Wallpaper 使用 Surface View 以呈现一种动态的显示,并允许实时交互。Live Wallpaper 可以监听和捕获屏幕触摸事件,以使用户能够直接与主屏幕的背景进行交互。

为了创建一个新的 Live Wallpaper,需要以下 3 个组件:

- 一个描述了与 Live Wallpaper 关联的元数据的 XML 资源。这些元数据包括其作者、描述和用来在 Live Wallpaper 选取器中代表该 Live Wallpaper 的缩略图。
- 一个 Wallpaper Service 实现,它将封装、实例化和管理 Wallpaper 引擎。
- 一个 Wallpaper Service 引擎实现(通过 Wallpaper Service 返回),它定义了 Live Wallpaper 的 UI 和交互行为。Live Wallpaper 实现的大部分内容都包含在 Wallpaper Service 引擎中。

14.7.1　创建 Live Wallpaper 定义资源

Live Wallpaper 资源定义是一个存储在 res/xml 文件夹中的 XML 文件。其资源标识符就是其没有 XML 扩展名的文件名。使用 wallpaper 标签中的属性来定义作者名字、墙纸描述以及缩略图以便在 Live Wallpaper 库中显示。

程序清单 14-33 展示了一个示例 Live Wallpaper 资源。

程序清单 14-33　示例 Live Wallpaper 资源定义

可从 wrox.com 下载源代码

```
<wallpaper xmlns:android="http://schemas.android.com/apk/res/android"
  android:author="@string/author"
  android:description="@string/description"
  android:thumbnail="@drawable/wallpapericon"
/>
```

代码片段 PA4AD_Ch14_LiveWallpaper/res/xml/mylivewallpaper.xml

注意,对于 author 和 description 属性值来说,必须使用对现有字符串资源的引用。字符串字面值并不是有效的。

也可以使用 settingsActivity 标签指定一个将要启动的 Activity 以配置 Live Wallpaper 设置,就像用来配置 Widget 设置的配置 Activity 一样:

```
<wallpaper xmlns:android="http://schemas.android.com/apk/res/android"
  android:author="@string/author"
  android:description="@string/description"
  android:thumbnail="@drawable/wallpapericon"
  android:settingsActivity="com.paad.mylivewallpaper.WallpaperSettings"
/>
```

这个 Activity 在刚要将 Live Wallpaper 添加到主屏幕之前启动,允许用户配置该墙纸。

14.7.2 创建 Wallpaper Service

扩展 WallpaperService 类以创建一个包装器 Service,用于实例化和管理一个 Wallpaper Service Engine 类。

Live Wallpaper 中所有的绘图和交互都在 Wallpaper Service Engine 类中处理,该类将在下一节进行描述。重写 onCreateEngine 处理程序以返回自定义 Wallpaper Service Engine 的一个新的实例,如程序清单 14-34 所示。

程序清单 14-34　创建一个 Wallpaper Service

```java
import android.service.wallpaper.WallpaperService;
import android.service.wallpaper.WallpaperService.Engine;

public class MyWallpaperService extends WallpaperService {
  @Override
  public Engine onCreateEngine() {
    return new MyWallpaperServiceEngine();
  }
}
```

代码片段 `PA4AD_Ch14_LiveWallpaper/src/MyWallpaperService.java`

创建了 Wallpaper Service 后,使用 service 标签将其添加到应用程序的 manifest 文件中。

一个 Wallpaper 必须包含一个 Intent Filter,用于监听 android.service.wallpaper.WallpaperService 动作,以及一个 meta-data 节点,用于将 android.service.wallpaper 指定为 name 属性,同时必须使用 resource 属性将其与前面部分所描述的资源文件相关联。

包含 Wallpaper Service 的应用程序必须具有 android.permission.BIND_WALLPAPER 权限。程序清单 14-35 演示了如何将程序清单 14-34 中的 Wallpaper Service 添加到 manifest 文件中。

程序清单 14-35　将一个 Wallpaper Service 添加到 manifest 文件中

```xml
<application
  android:icon="@drawable/icon"
  android:label="@string/app_name"
  android.permission="android.permission.BIND_WALLPAPER">

  <service android:name=".MyWallpaperService">
    <intent-filter>
      <action android:name=
        "android.service.wallpaper.WallpaperService" />
    </intent-filter>
```

```xml
    <meta-data
      android:name="android.service.wallpaper"
      android:resource="@xml/mylivewallpaper"
    />
  </service>
</application>
```

代码片段 PA4AD_Ch14_LiveWallpaper/AndroidManifest.xml

14.7.3 创建 Wallpaper Service 引擎

我们将在 WallpaperService.Engine 类中定义 Live Wallpaper 的行为。Wallpaper Service Engine 包含一个用于显示墙纸的 SurfaceView,还包含一些处理程序,用于通知触摸时间和主屏幕偏移变化。你应该在 Wallpaper Service Engine 中实现重绘循环。

第 11 章中介绍过,SurfaceView 是一种专门的绘图画布,支持来自后台线程的更新,这使得其适合于创建平滑的、动态的以及交互式的图像。Surface View(表面视图)以及对触摸事件的处理都会在第 15 章中更详细地进行介绍。

为了实现自己的 Wallpaper Service 引擎,需要在一个 Wallperper Service 类内扩展 WallpaperService.Engine 类,如程序清单 14-36 中的框架代码所示。

程序清单 14-36   Wallpaper Service Engine 框架代码

可从
wrox.com
下载源代码

```java
public class MyWallpaperServiceEngine extends WallpaperService.Engine {

    private static final int FPS = 30;
    private final Handler handler = new Handler();

    @Override
    public void onCreate(SurfaceHolder surfaceHolder) {
      super.onCreate(surfaceHolder);
      // TODO: 处理初始化
    }

    @Override
    public void onOffsetsChanged(float xOffset, float yOffset,
                      float xOffsetStep, float yOffsetStep,
                      int xPixelOffset, int yPixelOffset) {
      super.onOffsetsChanged(xOffset, yOffset, xOffsetStep, yOffsetStep,
                  xPixelOffset, yPixelOffset);
      //每当用户手指划过多个主屏幕面板时触发
      // home-screen panels.
    }

    @Override
    public void onTouchEvent(MotionEvent event) {
      super.onTouchEvent(event);
      //当Live Wallpaper 收到触摸事件时触发
    }

    @Override
    public void onSurfaceCreated(SurfaceHolder holder) {
      super.onSurfaceCreated(holder);
```

```
    // TODO：已经创建表面，运行用于更新 Live Wallpaper 的更新循环
    // update the Live Wallpaper.
    drawFrame();
}

private void drawFrame() {
  final SurfaceHolder holder = getSurfaceHolder();

  Canvas canvas = null;
  try {
    canvas = holder.lockCanvas();
    if (canvas != null) {
      //在画布上绘制
    }
  } finally {
    if (canvas != null)
      holder.unlockCanvasAndPost(canvas);
  }

  //调度下一帧
  handler.removeCallbacks(drawSurface);
  handler.postDelayed(drawSurface, 1000 / FPS);
}

//用来允许调度帧绘制的 Runnable
private final Runnable drawSurface = new Runnable() {
  public void run() {
    drawFrame();
  }
};

}
```

代码片段 PA4AD_Ch14_LiveWallpaper/src/ MyWallpaperSkeletonService.java

在可以开始在界面上绘图之前，必须等待它完成初始化(onSurfaceCreated 处理程序被调用表示初始化完成)。

在创建 Surface 后，可以开始运行绘制循环来更新 Live Wallpaper 的 UI。在程序清单 14-36 中，这是通过在前一帧绘制完成后开始绘制一个新帧实现的。本例中重新绘制的速率是由期望的帧率决定的。

可以使用 onTouchEvent 和 onOffsetsChanged 处理程序向 Live Wallpapers 添加一些交互性。

第15章

音频、视频以及摄像头的使用

本章内容

- 使用 Media Player 播放音频和视频
- 处理音频焦点和媒体按钮
- 使用 Remote Control Client
- 应用音频和视频效果
- 使用 Media Recorder 录制音频和视频
- 使用 Intent 录制视频并拍摄照片
- 预览已录制的视频并显示实时摄像头数据流
- 拍摄照片并控制摄像头
- 操作原始音频
- 使用脸部和特征识别

随着基于云计算的音乐播放器的不断发展，与存储容量不断增大并且无处不在的移动电话相结合，使得移动设备成为真正的便携式数字媒体播放器。

本章将介绍的 Android API 用于控制音频和视频的播放、控制设备的音频焦点以及当其他应用程序抢占焦点或输出声道发生变化时(比如说拔下耳机时)做出相应的反应。

还将学习如何使用在 Android 4.0 引入的远程控制客户端(Remote Control Client)，向用户显示所播放媒体的细节，并允许他们在设备锁定屏幕上控制媒体的播放。

现在许多手机包含两个高分辨率的摄像头，它们已开始取代非单反(non-SLR)数字照相机的位置。在本章中你将学习如何使用 Android 摄像头 API，通过操作手机的摄像头来拍摄照片和显示摄像头实时拍到的内容。新的媒体效果 API 提供了一种在应用程序中实时修改和提高视频图像质量的方法。

Android 的开放平台和独立于提供商的理念确保它所提供的多媒体 API 能够用于播放并录制各种不同的本地和流式传输的图像、音频以及视频格式。

你还将学习如何使用 Audio Track 和 Audio Record 类来操作原始音频、创建一个 Sound Pool 以及将新录制的媒体文件添加到媒体库中。

15.1 播放音频和视频

Android 4.0.3(API level 15)支持将下列多媒体格式作为基准框架的一部分用于播放。注意，一些设备可能还支持另外一些文件格式的播放：

- 音频
  - AAC LC/LTP
  - HE-AACv1 (AAC+)
  - HE-AACv2 (Enhanced AAC+)
  - AMR-NB
  - AMR-WB
  - MP3
  - MIDI
  - Ogg Vorbis
  - PCM/WAVE
  - FLAC(在安装 Android 3.1 及以上版本的设备上使用)
- 图像
  - JPEG
  - PNG
  - WEBP(在安装 Android 4.0 及以上版本的设备上使用)
  - GIF
  - BMP
- 视频
  - H.263
  - H.264 AVC
  - MPEG-4 SP
  - VP8(在安装 Android 2.3.3 及以上版本的设备上使用)

下列网络协议支持流媒体播放器：

- RTSP(RTP,SDP)
- HTTP/HTTPS 顺序流式传输
- HTTP/HTTPS 实时流式传输(在安装 Android 3.0 及之后版本的设备上使用)

> 想要完整了解当前支持的视频编码和音频流的媒体格式和相关建议，可以阅读 Android Dev Guide，其网址为 http://developer.android.com/guide/appendix/media-formats.html。

15.1.1 Media Player 简介

Android 应用程序中的音频和视频的播放通常由 MediaPlayer 类进行处理。使用 Media Player，我们能够播放存储在应用程序资源、本地文件、Content Provider 或者来自网络 URL 的流式传输中的媒体。

Media Player 对音频和视频文件以及数据流的管理是作为一个状态机来处理的。用最简单的话来说，通过状态机的转换可以描述如下：

(1) 对将要播放媒体的 Media Player 进行初始化。
(2) 使 Media Player 准备播放。
(3) 开始播放。
(4) 在播放完成之前暂停或者停止播放。
(5) 播放完成。

　　Andorid 开发人员站点 http://developer.android.com/reference/android/media/MediaPlayer.html#StateDiagram 中提供了关于 Media Player 状态机的更详细、更彻底的描述。

为了播放一个媒体资源，需要创建一个新的 MediaPlayer 实例，并使用媒体源对其进行初始化，然后使播放器准备播放。

下面的章节描述了如何初始化并准备 Media Player。在此之后，你将学习控制播放以便开始、暂停、停止或者定位准备好的媒体。

为了使用 Media Player 播放流式媒体，应用程序必须包含 INTERNET 权限：

```
<uses-permission android:name="android.permission.INTERNET"/>
```

　　Android 支持有限数量的同步 Media Player 对象，如果不释放它们，将会在系统耗尽资源时导致运行时异常。完成播放时，应调用 Media Player 对象的 release 以释放相关资源：

```
mediaPlayer.release ();
```

15.1.2 准备音频播放

有许多种方法可以通过 Media Player 来播放音频内容。可以将其包含为应用程序资源，从本地文件或者 Content Provider 播放，或者从远程 URL 流式播放。

要将音频内容作为资源包含到应用程序中，可以把它添加到资源层次结构的 res/raw 文件夹中。当原始资源被打包到应用程序中时，并没有用任何方式对其进行压缩或者处理，这使得它们成为存储音频文件等预压缩文件的一种理想方法。

初始化音频内容用于播放

为了使用 Media Player 播放音频内容，需要创建一个新的 Media Player 对象并设置该音频的数据源。为此，可以使用静态 create 方法，并传入 Activity 的上下文以及下列音频源中的一种：
- 一个资源标识符(通常用于存储在 res/raw 文件夹中的音频文件)
- 一个本地文件的 URI(使用 file://模式)
- 一个在线音频资源的 URI(URL 格式)
- 一个本地 Content Provider(它应该返回一个音频文件)的行的 URI

```
//从一个包资源加载音频资源
MediaPlayer resourcePlayer =
  MediaPlayer.create(this, R.raw.my_audio);

//从一个本地文件加载音频资源
MediaPlayer filePlayer = MediaPlayer.create(this,
  Uri.parse("file:///sdcard/localfile.mp3"));

//从一个在线资源加载音频资源
MediaPlayer urlPlayer = MediaPlayer.create(this,
  Uri.parse("http://site.com/audio/audio.mp3"));

//从一个 Content Provider 加载音频资源
MediaPlayer contentPlayer = MediaPlayer.create(this,
  Settings.System.DEFAULT_RINGTONE_URI);
```

注意，通过这些 create 方法返回的 Media Player 对象已经调用了 prepare。因此不再调用该方法十分重要。

此外，也可以使用一个现有 MediaPlayer 实例的 setDataSource 方法，如程序清单 15-1 所示。该方法接受一个文件路径、Content Provider URI、流式传输媒体 URL 路径或者文件描述符作为参数。当使用 setDataSource 方法时，在开始播放之前调用 Media Player 的 prepare 方法十分关键。

程序清单 15-1 使用 Media Player 播放音频

```
MediaPlayer mediaPlayer = new MediaPlayer();
mediaPlayer.setDataSource("/sdcard/mydopetunes.mp3");
mediaPlayer.prepare();
```

代码片段 PA4AD_Ch15_Media_Player/src/VideoViewActivity.java

15.1.3 准备视频播放

视频内容的播放比音频播放稍微复杂一些。为了显示一个视频，首先必须为该视频指定一个 Surface。

有两种技术可以用于播放视频内容。第一种技术是使用 VideoView 类，封装 Surface 的创建以及 Media Player 中视频内容的分配和准备。

第二种技术允许指定自己的 Surface 并直接操作底层的 Media Player 实例。

1. 使用 VideoView 播放视频

播放视频的最简单方法是使用 VideoView 类。VideoView 包含了一个 Surface，用于显示视频，以及封装和管理 Media Player 以控制视频的播放。

在将 VideoView 添加到 UI 中以后，在代码中获得对它的引用。然后可以调用它的 setVideoPath 或者 setVideoURI 来指定到某个本地文件的路径，或者到一个 Content Provider 或者远程视频流的路径，通过这种方法分配要播放的视频：

```
final VideoView videoView = (VideoView)findViewById(R.id.videoView);

//分配本地文件以进行播放
videoView.setVideoPath("/sdcard/mycatvideo.3gp");

//分配一个远程视频流的 URL
videoView.setVideoUri(myAwesomeStreamingSource);
```

当视频初始化完成后，就可以使用 start、stopPlayback、pause 和 seekTo 方法控制播放。VideoView 还包含了 setKeepScreenOn 方法以应用一个屏幕 Wake Lock(唤醒锁)，当播放正在进行时它将防止屏幕变暗，而不需要一个特殊的权限。

程序清单 15-2 展示了用于将视频分配到 VideoView 的框架代码。它使用一个媒体控制器来控制播放，如"控制 Media Player 的播放"一节所述。

程序清单 15-2　使用 VideoView 进行视频播放

可从
wrox.com
下载源代码
```
//获得对 VideoView 的引用。
final VideoView videoView = (VideoView)findViewById(R.id.videoView);

//配置 VideoView 并分配一个视频来源
videoView.setKeepScreenOn(true);
videoView.setVideoPath("/sdcard/mycatvideo.3gp");

//附加一个 Media Controller
MediaController mediaController = new MediaController(this);
videoView.setMediaController(mediaController);
```

代码片段 PA4AD_Ch15_Media_Player/src/VideoViewActivity.java

2. 创建视频播放表面

使用 Media Player 直接查看视频内容的第一步是准备用于显示该视频的 Surface。

通常，这一步是使用一个 SurfaceView 对象来处理的。SurfaceView 类是 SurfaceHolder 对象的包装器，后者是 Surface 的包装器，而 Surface 用于支持来自后台线程的可视化更新。

Media Player 使用一个 SurfaceHolder 对象来显示视频内容，该对象可以使用 setDisplay 方法进行分配。为了在 UI 布局中包含一个 SurfaceHolder，需要使用 SurfaceView 类，如程序清单 15-3 中的示例布局 XML 所示。

程序清单 15-3　使用 SurfaceView 的示例布局

可从
wrox.com
下载源代码
```xml
<?xml version="1.0" encoding="utf-8"?>
<LinearLayout
    xmlns:android="http://schemas.android.com/apk/res/android"
    android:layout_width="match_parent"
```

```xml
    android:layout_height="match_parent"
    android:orientation="vertical" >
    <SurfaceView
      android:id="@+id/surfaceView"
      android:layout_width="match_parent"
      android:layout_height="match_parent"
      android:layout_weight="30"
    />
    <LinearLayout
      android:id="@+id/linearLayout1"
      android:layout_width="match_parent"
      android:layout_height="wrap_content"
      android:layout_weight="1">
      <Button
        android:id="@+id/buttonPlay"
        android:layout_width="wrap_content"
        android:layout_height="wrap_content"
        android:text="Play"
      />
      <Button
        android:id="@+id/buttonPause"
        android:layout_width="wrap_content"
        android:layout_height="wrap_content"
        android:text="Pause"
      />
      <Button
        android:id="@+id/buttonSkip"
        android:layout_width="wrap_content"
        android:layout_height="wrap_content"
        android:text="Skip"
      />
    </LinearLayout>
</LinearLayout>
```

代码片段 PA4AD_Ch15_Media_Player/res/layout/surfaceviewvideoviewer.xml

SurfaceHolder 是异步创建的，因此必须等待直到 surfaceCreated 处理程序被触发，然后再通过实现 SurfaceHolder.Callback 接口将返回的 SurfaceHolder 对象分配给 Media Player。

在创建和分配 SurfaceHolder 给 Media Player 之前，使用 setDataSource 方法来指定要播放的视频资源的路径、URI 或 Content Provider URI。

在选择了媒体资源后，调用 prepare 来初始化 Media Player，以准备进行播放。程序清单 15-4 显示了一段框架代码，它用于初始化 Activity 中的 SurfaceView，并且将其分配为 Media Player 的显示目标。

程序清单 15-4　初始化并给 Media Player 分配 SurfaceView

```java
import java.io.IOException;
import android.app.Activity;
import android.media.MediaPlayer;
import android.os.Bundle;
import android.util.Log;
import android.view.SurfaceHolder;
```

```java
import android.view.SurfaceView;
import android.view.View;
import android.view.View.OnClickListener;
import android.widget.Button;

public class SurfaceViewVideoViewActivity extends Activity
  implements SurfaceHolder.Callback {

  static final String TAG = "SurfaceViewVideoViewActivity";

  private MediaPlayer mediaPlayer;

  public void surfaceCreated(SurfaceHolder holder) {
    try {
      //创建 Surface 后，将其作为显示表面，并分配和准备一个数据源
      mediaPlayer.setDisplay(holder);
      mediaPlayer.setDataSource("/sdcard/test2.3gp");
      mediaPlayer.prepare();
    } catch (IllegalArgumentException e) {
      Log.e(TAG, "Illegal Argument Exception", e);
    } catch (IllegalStateException e) {
      Log.e(TAG, "Illegal State Exception", e);
    } catch (SecurityException e) {
      Log.e(TAG, "Security Exception", e);
    } catch (IOException e) {
      Log.e(TAG, "IO Exception", e);
    }
  }

  public void surfaceDestroyed(SurfaceHolder holder) {
    mediaPlayer.release();
  }

  public void surfaceChanged(SurfaceHolder holder,
                  int format, int width, int height) { }


  @Override
  public void onCreate(Bundle savedInstanceState) {
    super.onCreate(savedInstanceState);

    setContentView(R.layout.surfaceviewvideoviewer);

    //创建一个新的 Media Player
    mediaPlayer = new MediaPlayer();

    //获得对 SurfaceView 的引用
    final SurfaceView surfaceView =
      (SurfaceView)findViewById(R.id.surfaceView);

    //配置 SurfaceView.
    surfaceView.setKeepScreenOn(true);

    //配置 SurfaceHolder 并注册回调
    SurfaceHolder holder = surfaceView.getHolder();
```

```java
      holder.addCallback(this);
      holder.setType(SurfaceHolder.SURFACE_TYPE_PUSH_BUFFERS);
      holder.setFixedSize(400, 300);

      //连接播放按钮
      Button playButton = (Button)findViewById(R.id.buttonPlay);
      playButton.setOnClickListener(new OnClickListener() {
        public void onClick(View v) {
          mediaPlayer.start();
        }
      });

      //连接暂停按钮
      Button pauseButton = (Button)findViewById(R.id.buttonPause);
      pauseButton.setOnClickListener(new OnClickListener() {
        public void onClick(View v) {
          mediaPlayer.pause();
        }
      });

      //添加跳过按钮
      Button skipButton = (Button)findViewById(R.id.buttonSkip);
      skipButton.setOnClickListener(new OnClickListener() {
        public void onClick(View v) {
          mediaPlayer.seekTo(mediaPlayer.getDuration()/2);
        }
      });
    }
  }
```

代码片段 PA4AD_Ch15_Media_Player/src/SurfaceViewVideoViewActivity.java

15.1.4　控制 Media Player 的播放

准备好 Media Player 后，就可以调用 start 开始相关媒体的播放：

```
mediaPlayer.start();
```

使用 stop 和 pause 方法可以停止或者暂停播放。

Media Player 还提供了 getDuration 方法以查找所播放媒体的长度，以及 getCurrentPosition 方法以查找当前的播放位置。可以使用 seekTo 方法跳转到媒体中的某个特定位置，如程序清单 15-4 所示。

为了保证一致的媒体控制体验，Android 包含了一个 MediaController。这是一个标准的控件，提供了常用的媒体控制按钮，如图 15-1 所示。

图 15-1

如果你使用 Media Controller 来控制视频播放，那么比较好的做法是在代码中实例化它，并把它与视频播放视图相关联，而不是在布局中包含它。以这种方式创建 Media Controller 时，只有将其设为可见、触摸其所在的 VideoView 或者与其进行交互时，它才是可见的。

如果使用 VideoView 来显示视频内容，通过调用 VideoView 的 setMediaController 方法就可以使用 Media Controller：

```
// Attach a Media Controller
MediaController mediaController = new MediaController(this);
videoView.setMediaController(mediaController);
```

可以使用 Media Controller 控制任何 Media Player，并将其与 UI 中的任何视图关联起来。

要直接控制 Media Player 或者其他音频或视频资源，需要实现一个新的 MediaController.MediaPlayerControl，如程序清单 15-5 所示。

程序清单 15-5　使用 Media Controller 控制播放

可从
wrox.com
下载源代码

```
MediaController mediaController = new MediaController(this);
mediaController.setMediaPlayer(new MediaPlayerControl() {

  public boolean canPause() {
    return true;
  }

  public boolean canSeekBackward() {
    return true;
  }

  public boolean canSeekForward() {
    return true;
  }

  public int getBufferPercentage() {
    return 0;
  }

  public int getCurrentPosition() {
    return mediaPlayer.getCurrentPosition();
  }

  public int getDuration() {
    return mediaPlayer.getDuration();
  }

  public boolean isPlaying() {
    return mediaPlayer.isPlaying();
  }

  public void pause() {
    mediaPlayer.pause();
  }

  public void seekTo(int pos) {
    mediaPlayer.seekTo(pos);
  }
```

```
    public void start() {
      mediaPlayer.start();
    }

});
```

代码片段 PA4AD_Ch15_Media_Player/src/SurfaceViewVideoViewActivity.java

使用 setAnchorView 方法可以设置当 Media Controller 可见时包含在哪个视图中。调用 show 和 hide 分别可以显示和隐藏 Media Controller:

```
mediaController.setAnchorView(myView);
mediaController.show();
```

注意，在尝试显示 Media Controller 之前，必须关联一个 Media Player Control。

15.1.5 管理媒体播放输出

Media Player 提供了一些方法以控制输出音量、锁定播放期间的屏幕亮度以及设置循环状态。

可以使用 setVolume 方法控制播放过程中每个声道的音量。该方法分别为左右声道采用了一个 0 到 1 之间的标量浮点数值(0 是静音，1 是最大音量)作为参数。

```
mediaPlayer.setVolume(0.5f, 0.5f);
```

要强制屏幕在视频播放期间不变暗，可以使用 setScreenOnWhilePlaying 方法:

```
mediaPlayer.setScreenOnWhilePlaying(true);
```

这是使用 Wake Lock 的首选方法，因为它不需要任何额外的权限。第 18 章将详细讨论 Wake Lock。

使用 isLooping 可以确定当前的循环状态，使用 setLooping 方法可以指定所播放的媒体在播放完成时是否应当继续循环播放。

```
if (!mediaPlayer.isLooping())
  mediaPlayer.setLooping(true);
```

 当前在电话交谈中播放音频是不可能的，Media Player 总是使用标准输出设备播放音频——扬声器或者已连接的蓝牙耳机。

15.1.6 响应音量控制

为了确保一致的用户体验，使应用程序能够正确处理用户按下音量按键或者按下其他媒体播放控制按键十分重要。

默认情况下，使用设备或耳机上的音量按键会改变当前正在播放的音频流的音量。如果当前没有播放音频流，那么音量按键会修改铃声音量。

如果某个 Actitiviy 在可见生存期的大部分时间会播放音频(例如一个音乐播放器或使用音轨和声效的游戏)，那么用户认为使用音量按键会修改音乐音量(即使当前并没有播放音乐)是很合理的。

使用 Activity 的 setVolumeControlStream 方法(通常是在 Activity 的 onCreate 方法中调用,如程序清单 15-6 所示)可以指定当该 Activity 处于活动状态时,音频按键控制哪个音频流。

你可以指定任意可用的音频流,但是当使用 Media Player 时,应该指定 STREAM_MUSIC 流,使其成为音频按键的焦点。

程序清单 15-6　设置 Activity 的音量控制流

```
@Override
public void onCreate(Bundle savedInstanceState) {
    super.onCreate(savedInstanceState);
    setContentView(R.layout.audioplayer);

    setVolumeControlStream(AudioManager.STREAM_MUSIC);
}
```

代码片段 PA4AD_Ch15_Media_Player/src/AudioPlayerActivity.java

虽然也可以直接监听音量按键,但是一般认为这不是一种好做法。有几种方法可以修改音量,包括硬件按键和软件控件。完全依赖于硬件按键来手动改变音量可能导致应用程序响应异常。

15.1.7 响应 Media 播放控件

如果应用程序使用媒体播放器来播放音频和/或视频,就应该以可以预测的方式响应媒体播放器的按钮控制。

一些设备(还有一些入耳式耳机或蓝牙耳机)带有播放、停止、暂停、下一首和前一首媒体播放按键。用户按下这些按键时,系统会广播一个带有 ACTION_MEDIA_BUTTON 动作的 Intent。为接收此广播,必须在 manifest 文件中声明一个监听此动作的 Broadcast Receiver,如程序清单 15-7 所示。

程序清单 15-7　在 manifest 文件中声明媒体按键 Broadcast Receiver

```
<receiver android:name=".MediaControlReceiver">
  <intent-filter>
    <action android:name="android.intent.action.MEDIA_BUTTON"/>
  </intent-filter>
</receiver>
```

代码片段 PA4AD_Ch15_Media_Player/AndroidManifest.xml

程序清单 15-8 实现的这个 Broadcast Receiver 在接收到媒体按键被按下的动作时,会创建一个包含相同 extra 的新 Intent,并把该 Intent 广播给播放音频的 Activity。

程序清单 15-8　媒体按键 Broadcast Receiver 的实现清单

```
public class MediaControlReceiver extends BroadcastReceiver {

    public static final String ACTION_MEDIA_BUTTON =
```

```
    "com.paad.ACTION_MEDIA_BUTTON";

  @Override
  public void onReceive(Context context, Intent intent) {
    if (Intent.ACTION_MEDIA_BUTTON.equals(intent.getAction())) {
      Intent internalIntent = new Intent(ACTION_MEDIA_BUTTON);
      internalIntent.putExtras(intent.getExtras());
      context.sendBroadcast(internalIntent);
    }
  }
}
```

代码片段 PA4AD_Ch15_Media_Player/src/MediaControlReceiver.java

被按下的媒体按键的代码存储在接收到的 Intent 的 EXTRA_KEY_EVENT extra 中，如程序清单 15-9 所示。

程序清单 15-9　媒体按键 Broadcast Receiver 的实现

```
public class ActivityMediaControlReceiver extends BroadcastReceiver {
  @Override
  public void onReceive(Context context, Intent intent) {
    if (MediaControlReceiver.ACTION_MEDIA_BUTTON.equals(
        intent.getAction())) {
      KeyEvent event =
        (KeyEvent)intent.getParcelableExtra(Intent.EXTRA_KEY_EVENT);

      switch (event.getKeyCode()) {
        case (KeyEvent.KEYCODE_MEDIA_PLAY_PAUSE) :
          if (mediaPlayer.isPlaying())
            pause();
          else
            play();
          break;
        case (KeyEvent.KEYCODE_MEDIA_PLAY) :
          play(); break;
        case (KeyEvent.KEYCODE_MEDIA_PAUSE) :
          pause(); break;
        case (KeyEvent.KEYCODE_MEDIA_NEXT) :
          skip(); break;
        case (KeyEvent.KEYCODE_MEDIA_PREVIOUS) :
          previous(); break;
        case (KeyEvent.KEYCODE_MEDIA_STOP) :
          stop(); break;
        default: break;
      }
    }
  }
}
```

代码片段 PA4AD_Ch15_Media_Player/src/AudioPlayerActivity.java

如果应用程序希望在 Activity 不可见时仍在后台播放音频，一个好方法是让 Media Player 在

Service 中保持运行，并使用 Intent 来控制媒体播放。

给定的设备上可能安装了多个应用程序，每个应用程序都被配置为接收媒体按键按下动作，因此还必须使用 AudioManager 的 registerMediaButtonEventReceiver 方法将接收者注册为媒体按键按下动作的唯一处理程序，如程序清单 15-10 所示，该处理程序会注册在 manifest 文件中声明的媒体按键事件 Receiver，以及在 Intent 传递给 Activity 时解释该 Intent 的本地 Broadcast Receiver。

程序清单 15-10　媒体按键按下动作 Reciever 的 manifest 文件声明

```
//注册媒体按键事件 Receiver 来监听媒体按钮按下动作
AudioManager am =
  (AudioManager)getSystemService(Context.AUDIO_SERVICE);
ComponentName component =
  new ComponentName(this, MediaControlReceiver.class);

am.registerMediaButtonEventReceiver(component);

//注册一个本地 Intent Receiver，用于接收在 manifest 文件中注册的 Receiver
//媒体按键按下动作
activityMediaControlReceiver = new ActivityMediaControlReceiver();
IntentFilter filter =
  new IntentFilter(MediaControlReceiver.ACTION_MEDIA_BUTTON);

registerReceiver(activityMediaControlReceiver, filter);
```

代码片段 PA4AD_Ch15_Media_Player/src/AudioPlayerActivity.java

　对 registerMediaButtonEventReceiver 的调用将按照其接收顺序执行，所以根据获得(失去)音频焦点的顺序注册和注销 Receiver 是一种很好的做法，如下一节所述。

15.1.8　请求和管理音频焦点

在有些情况中(特别是媒体播放器)，应用程序即使不可见，或者处于非活动状态，也仍然应该继续响应媒体按键。用户的设备上可能有多个媒体播放器，因此当另一个媒体应用程序获得焦点时，让你的应用程序暂停播放并交出媒体按键的控制权是很重要的。

类似地，当应用程序进入活动状态时，应该通知其他音频播放应用程序暂停播放，以便它可以获得媒体按键的焦点。这种委托是通过音频焦点——Android 2.2(API level 8)中引入的一组 API——实现的。

为了在开始播放前请求音频焦点，需要使用 Audio Manager 的 requestAudioFocus 方法。当请求音频焦点时，可以指定需要的流(通常是 STREAM_MUSIC)以及该流占有焦点的时间——通常是永久占有(例如播放音乐时)或临时占有(例如提供导航提示时)。对于临时占有的情况，还可以指定临时中断是否可以由当前占有焦点的应用程序通过进入"ducking"状态(减小它的音量)来处理，直到中断完成。

指定你需要的音频焦点的性质允许其他应用程序能够更好地响应丢失音频焦点的情况，如本章稍后所述。

程序清单 15-11 显示了一个请求音乐流永久占有音频焦点的 Activity 的框架代码。这里必须指定一个 Audio Focus Change Listener，以监听音频焦点丢失的情况，并相应地做出响应(本节后面将进行详细介绍)。

程序清单 15-11　请求音频焦点

```
AudioManager am = (AudioManager)getSystemService(Context.AUDIO_SERVICE);

//请求音频焦点
int result = am.requestAudioFocus(focusChangeListener,
            //使用音乐流
            AudioManager.STREAM_MUSIC,
            //请求永久焦点
            AudioManager.AUDIOFOCUS_GAIN);

if (result == AudioManager.AUDIOFOCUS_REQUEST_GRANTED) {
  mediaPlayer.start();
}
```

代码片段 PA4AD_Ch15_Media_Player/src/AudioPlayerActivity.java

音频焦点将依次分配给每个请求音频焦点的应用程序。这意味着如果另一个应用程序请求音频焦点，你的应用程序就会丢失音频焦点。你在请求音频焦点时注册的 Audio Focus Change Listener 的 onAudioFocusChange 处理程序将会通知你焦点丢失的情况，如程序清单 15-12 所示。

程序清单 15-12　响应音频焦点丢失的情况

```
private OnAudioFocusChangeListener focusChangeListener =
  new OnAudioFocusChangeListener() {

    public void onAudioFocusChange(int focusChange) {
      AudioManager am =
        (AudioManager)getSystemService(Context.AUDIO_SERVICE);

      switch (focusChange) {
        case (AudioManager.AUDIOFOCUS_LOSS_TRANSIENT_CAN_DUCK) :
          //降低音量
          mediaPlayer.setVolume(0.2f, 0.2f);
          break;

        case (AudioManager.AUDIOFOCUS_LOSS_TRANSIENT) :
          pause();
          break;

        case (AudioManager.AUDIOFOCUS_LOSS) :
          stop();
          ComponentName component =
            new ComponentName(AudioPlayerActivity.this,
              MediaControlReceiver.class);
          am.unregisterMediaButtonEventReceiver(component);
          break;
```

```
        case (AudioManager.AUDIOFOCUS_GAIN) :
          //将音量恢复到正常大小，并且如果音频流已被暂停，则恢复音频流
          mediaPlayer.setVolume(1f, 1f);
          mediaPlayer.start();
          break;

        default: break;
      }
    }
  };
```

代码片段 PA4AD_Ch15_Media_Player/src/AudioPlayerActivity.java

focusChange 参数指出了焦点丢失的类型——暂时丢失或者永久丢失，以及是否允许降低音量。每当丢失音频焦点时暂停媒体播放是一种最佳实践；对于支持降低音量的暂时性焦点丢失，最佳实践则是降低音频输出的音量。

在暂时性丢失音频焦点后，如果重新获得焦点，就会得到通知，此时可以用原来的音量继续播放音频。

当永久性丢失音频焦点时，应该停止播放音频，并且只在发生用户交互时(例如用户按下 UI 内的播放按钮)才重新播放。对于这类情况，还应该利用此机会注销媒体播放按钮 Receiver。

完成音频播放后，可以选择放弃音频焦点，如程序清单 15-13 所示。

程序清单 15-13　放弃音频焦点

```
AudioManager am =
    (AudioManager)getSystemService(Context.AUDIO_SERVICE);

am.abandonAudioFocus(focusChangeListener);
```

代码片段 PA4AD_Ch15_Media_Player/src/AudioPlayerActivity.java

通常，只有当应用程序只接受暂时性音频焦点时才有必要这么做。对于媒体播放器，每当音乐正在播放或者 Activity 位于前台就保持占有音频焦点是很合理的做法。

15.1.9　当音频输出改变时暂停播放

如果当前的输出流在入耳式耳机上播放，那么拔出耳机时，系统会自动将输出切换到设备的扬声器。在这种情况下暂停音频输出或者减小音量是一种很好的做法。

为此，需要创建一个监听 AudioManager.ACTION_AUDIO_BECOMING_NOISY 广播并暂停播放的 Broadcast Receiver，如程序清单 15-14 所示。

程序清单 15-14　当拔出耳机时暂停播放

```
private class NoisyAudioStreamReceiver extends BroadcastReceiver {
  @Override
  public void onReceive(Context context, Intent intent) {
    if (AudioManager.ACTION_AUDIO_BECOMING_NOISY.equals
      (intent.getAction())) {
      pause();
```

            }
        }
    }
```

代码片段 PA4AD_Ch15_Media_Player/src/AudioPlayerActivity.java

### 15.1.10　Remote Control Client 简介

Android 4.0(API level 14)中引入了 Remote Control Client。使用它，应用程序可以向能够显示元数据、图片和媒体传输控制按键的远程控件(例如 Android 4.0 设备的锁屏)提供数据，并响应这些远程控件，如图 15-2 所示。

图　15-2

为了在应用程序中添加对 Remote Control Client 的支持，必须注册一个 Media Button Event Receiver，如 15.1.7 节所述。

创建一个 Pending Intent，使其包含一个针对你的 Receiver 的 ACTION_MEDIA_BUTTON 动作，然后使用该 Pending Intent 创建一个新的 Remote Control Client。你需要使用 AudioManager 的 registerRemoteControlClient 方法来注册它，如程序清单 15-15 所示。

程序清单 15-15　注册一个 Remote Control Client

```
AudioManager am =
    (AudioManager)getSystemService(Context.AUDIO_SERVICE);

//创建一个将会广播媒体按键按下动作的 Pending Intent。将目标
//组件设为你的 Broadcast Receiver
Intent mediaButtonIntent = new Intent(Intent.ACTION_MEDIA_BUTTON);
ComponentName component =
```
```

```
            new ComponentName(this, MediaControlReceiver.class);

    mediaButtonIntent.setComponent(component);
    PendingIntent mediaPendingIntent =
      PendingIntent.getBroadcast(getApplicationContext(), 0,
                      mediaButtonIntent, 0);

    //使用 Pending Intent 创建一个新的 Remote Control Client,
    //并把它注册到 Audio Manager 中
    myRemoteControlClient =
      new RemoteControlClient(mediaPendingIntent);

    am.registerRemoteControlClient(myRemoteControlClient);
```

代码片段 PA4AD_Ch15_Media_Player/src/AudioPlayerActivity.java

在本例中，Media Control Receiver 将会接收到 Remote Control Client 按键的按下动作，并把这些动作广播给在 Activity 中注册的 Receiver。

在注册了 Remote Control Client 以后，可以使用它来修改与该 Remote Control Client 相关的显示屏上显示的元数据。

使用 setTransportControlFlags 方法来定义应用程序支持哪些播放控件，如程序清单 15-16 所示。

程序清单 15-16　配置 Remote Control Client 播放控件

```
myRemoteControlClient.setTransportControlFlags(
  RemoteControlClient.FLAG_KEY_MEDIA_PLAY_PAUSE|
  RemoteControlClient.FLAG_KEY_MEDIA_STOP);
```

代码片段 PA4AD_Ch15_Media_Player/src/AudioPlayerActivity.java

也可以使用 setPlaybackState 方法和某个 RemoteControlClient.PLAYBACK_*常量来更新音频播放的当前状态：

```
myRemoteControlClient.setPlaybackState(RemoteControlClient.PLAYSTATE_PLAYING);
```

可以提供与当前正在播放的音频关联的位图、文本字符串和数值——通常它们分别是专辑的艺术图、音轨的名称和已播放的时间。为此，需要在 Remote Control Client 的 editMetadata 方法中使用 MetadataEditor，如程序清单 15-17 所示。

程序清单 15-17　对 Remote Control Client 元数据应用更改

```
MetadataEditor editor = myRemoteControlClient.editMetadata(false);

editor.putBitmap(MetadataEditor.BITMAP_KEY_ARTWORK, artwork);
editor.putString(MediaMetadataRetriever.METADATA_KEY_ALBUM, album);
editor.putString(MediaMetadataRetriever.METADATA_KEY_ARTIST, artist);
editor.putLong(MediaMetadataRetriever.METADATA_KEY_CD_TRACK_NUMBER,
         trackNumber);

editor.apply();
```

代码片段 PA4AD_Ch15_Media_Player/src/AudioPlayerActivity.java

使用 MetadataEditor 对象的 putBitmap 方法和 MetadataEditor. BITMAP_KEY_ARTWORK 键，可以指定一张与音频关联的位图。

使用 putLong 方法和 MediaMetadataRetriever.METADATA_KEY_*常量，可以添加音轨编号、CD编号、录制年份和已播放时间。

类似地，使用 putString 方法可以指定当前音频的专辑、专辑艺术家、音轨标题、作者、编辑、谱曲、发布数据、流派和制作者——当这类数据不可用时，则指定 null。

要将更改应用到显示的元数据，需要调用 apply 方法。

15.2 操作原始音频

使用 AudioTrack 和 AudioRecord 类可以直接从音频输入硬件录制音频，以及直接将 PCM 音频缓冲区中的音频流输出到音频硬件来进行播放。

使用 Audio Track 流式传输时，可以接近实时地处理和播放传入的音频，这就允许你操纵传入或传出的音频，以及对原始音频进行信号处理。

虽然对原始音频的处理和操纵的详细介绍不在本书范围内，不过下面的几节还是对录制和播放原始 PCM 数据做了简单介绍。

15.2.1 使用 AudioRecord 录制声音

使用 AudioRecord 类可以直接从硬件缓冲区录制音频。创建一个新的 AudioRecord 对象，并指定音频源、频率、声道配置、音频编码和缓冲区大小：

```
int bufferSize = AudioRecord.getMinBufferSize(frequency,
                                              channelConfiguration,
                                              audioEncoding);

AudioRecord audioRecord = new AudioRecord(MediaRecorder.AudioSource.MIC,
                                frequency, channelConfiguration,
                                audioEncoding, bufferSize);
```

频率、音频编码和声道配置的值会影响所录制音频的大小和质量，但是这些元数据并不与录制的文件关联在一起。

出于隐私考虑，Android 要求在 Manifest 文件中包含 RECORD_AUDIO 权限：

```
<uses-permission android:name="android.permission.RECORD_AUDIO"/>
```

当 AudioRecord 对象初始化以后，运行 startRecording 方法来开始异步录制，并使用 read 方法将原始音频数据添加到录制缓冲区中：

```
audioRecord.startRecording();
while (isRecording) {
  [ ... populate the buffer ... ]
  int bufferReadResult = audioRecord.read(buffer, 0, bufferSize);
}
```

程序清单 15-18 从麦克风录制原始音频到 SD 卡上存储的文件中。下一节将介绍如何使用

AudioTrack 播放音频。

程序清单 15-18 使用 AudioRecord 录制原始音频

```java
int frequency = 11025;
int channelConfiguration = AudioFormat.CHANNEL_CONFIGURATION_MONO;
int audioEncoding = AudioFormat.ENCODING_PCM_16BIT;

File file =
  new File(Environment.getExternalStorageDirectory(), "raw.pcm");

//创建新文件
try {
  file.createNewFile();
} catch (IOException e) {
  Log.d(TAG, "IO Exception", e);
}

try {
  OutputStream os = new FileOutputStream(file);
  BufferedOutputStream bos = new BufferedOutputStream(os);
  DataOutputStream dos = new DataOutputStream(bos);

  int bufferSize = AudioRecord.getMinBufferSize(frequency,
                                channelConfiguration,
                                audioEncoding);
  short[] buffer = new short[bufferSize];

  //创建一个新的 AudioRecord 对象来录制音频
  AudioRecord audioRecord =
    new AudioRecord(MediaRecorder.AudioSource.MIC,
               frequency,
               channelConfiguration,
               audioEncoding, bufferSize);
  audioRecord.startRecording();

  while (isRecording) {
    int bufferReadResult = audioRecord.read(buffer, 0, bufferSize);
    for (int i = 0; i < bufferReadResult; i++)
      dos.writeShort(buffer[i]);
  }

  audioRecord.stop();
  dos.close();
} catch (Throwable t) {
  Log.d(TAG, "An error occurred during recording", t);
}
```

代码片段 PA4AD_Ch15_Raw_Audio/src/RawAudioActivity.java

15.2.2 使用 AudioTrack 播放音频

使用 AudioTrack 类可以将原始音频直接播放到硬件缓冲区中。你需要创建一个新的 AudioTrack 对象，并指定流模式、频率、声道配置、音频编码类型和要播放的音频的长度：

```
AudioTrack audioTrack = new AudioTrack(AudioManager.STREAM_MUSIC,
                                       frequency,
                                       channelConfiguration,
                                       audioEncoding,
                                       audioLength,
                                       AudioTrack.MODE_STREAM);
```

由于录制的原始音频文件没有关联元数据,因此将音频的数据属性设为与录制文件时相同的值是很重要的。

在初始化Audio Track后,可以运行play方法来开始异步播放,并使用write方法将原始音频数据添加到播放缓冲区内:

```
audioTrack.play();
audioTrack.write(audio, 0, audioLength);
```

可以在调用play之前或之后将音频写入AudioTrack缓冲区。对于前一种情况,在调用play后将立即开始播放;对于后一种情况,将数据写入AudioTrack缓冲区后将立即开始播放。

程序清单15-19会播放在程序清单15-18中录制的原始音频,但是通过将音频文件的预期频率降低一半,使其以两倍速复播放。

程序清单15-19　使用AudioTrack播放原始音频

```
int frequency = 11025/2;
int channelConfiguration = AudioFormat.CHANNEL_CONFIGURATION_MONO;
int audioEncoding = AudioFormat.ENCODING_PCM_16BIT;

File file =
  new File(Environment.getExternalStorageDirectory(), "raw.pcm");

//用于存储音轨的short数组(每个short占用16位,即2个字节)
int audioLength = (int)(file.length()/2);
short[] audio = new short[audioLength];

try {
  InputStream is = new FileInputStream(file);
  BufferedInputStream bis = new BufferedInputStream(is);
  DataInputStream dis = new DataInputStream(bis);

  int i = 0;
  while (dis.available() > 0) {
    audio[i] = dis.readShort();
    i++;
  }

  //关闭输入流
  dis.close();

  //创建和播放新的AudioTrack对象
  AudioTrack audioTrack = new AudioTrack(AudioManager.STREAM_MUSIC,
                                         frequency,
                                         channelConfiguration,
                                         audioEncoding,
```

第15章 音频、视频以及摄像头的使用

```
                               audioLength,
                               AudioTrack.MODE_STREAM);
  audioTrack.play();
  audioTrack.write(audio, 0, audioLength);
} catch (Throwable t) {
  Log.d(TAG, "An error occurred during playback", t);
}
```

代码片段 PA4AD_Ch15_Raw_Audio/src/RawAudioActivity.java

15.3 创建一个 Sound Pool

当应用程序需要低音频延迟并且(或者)将同时播放多个音频流时(例如播放多种声效和背景音乐的游戏),可以使用 SoundPool 类来管理音频。

创建一个 SoundPool 会预加载应用程序使用的音轨(例如游戏内的每个关卡),并优化它们的资源管理。

在把每个音轨添加到 SoundPool 时,音轨会被解压缩和解码为原始的 16 位 PCM 流,这使你能够打包压缩的音频资源,但是在播放音频时又不会出现延迟,也不会受 CPU 解压缩的影响。

创建 SoundPool 时,可以指定要播放的最大并发流数。当达到这个值时,SoundPool 就会自动停止池内最老的、优先级最低的流,从而将音频混合的影响降到最低。

当创建一个新的 SoundPool 时,需要指定目标流(几乎总是 STREAM_MUSIC)和最大并发流数,如程序清单 15-20 所示。

程序清单 15-20 创建一个 SoundPool

```
int maxStreams = 10;
SoundPool sp = new SoundPool(maxStreams, AudioManager.STREAM_MUSIC, 0);

int track1 = sp.load(this, R.raw.track1, 0);
int track2 = sp.load(this, R.raw.track2, 0);
int track3 = sp.load(this, R.raw.track3, 0);
```

代码片段 PA4AD_Ch15_Media_Player/src/SoundPoolActivity.java

SoundPool 支持使用一系列重载的 load 方法,从 Asset File Descriptor、包资源、文件路径或 File Descriptor 中加载音频资源。加载一个新的音频资源会返回一个唯一标识该资源的整数,在修改该音频资源的播放设置,或者开始或暂停播放该音频资源时,必须使用这个整数,如程序清单 15-21 所示。

程序清单 15-21 控制 SoundPool 音频的播放

```
track1Button.setOnClickListener(new OnClickListener() {
  public void onClick(View v) {
    sp.play(track1, 1, 1, 0, -1, 1);
  }
});

track2Button.setOnClickListener(new OnClickListener() {
```

```java
  public void onClick(View v) {
    sp.play(track2, 1, 1, 0, 0, 1);
  }
});

track3Button.setOnClickListener(new OnClickListener() {
  public void onClick(View v) {
    sp.play(track3, 1, 1, 0, 0, 0.5f);
  }
});

stopButton.setOnClickListener(new OnClickListener() {
  public void onClick(View v) {
    sp.stop(track1);
    sp.stop(track2);
    sp.stop(track3);
  }
});

chipmunkButton.setOnClickListener(new OnClickListener() {
  public void onClick(View v) {
    sp.setRate(track1, 2f);
  }
});
```

代码片段 PA4AD_Ch15_Media_Player/src/SoundPoolActivity.java

使用 play、pause、resume 和 stop 方法来控制每个音频流的播放。当音频正在播放时，可以使用 setLoop 方法修改该音频的播放次数，使用 setRate 方法修改播放频率，使用 setVolume 方法修改播放音量。程序清单 15-21 显示了这样的一些播放控件。

Android 2.2(API level 8)中引入了两个便捷方法 autoPause 和 autoResume，它们分别可以暂停和恢复所有活动的音频流。

如果要创建游戏或者其他在可见时应该播放音频的应用程序，那么当应用程序不再处于活动状态或者不可见时暂停所有活动音频，并只在用户再次与它交互(通常是触摸屏幕)时才恢复播放这些音频是很好的一种做法。

当不再需要 SoundPool 中的音频时，应该调用 release 方法释放这些资源：

```
soundPool.release();
```

15.4 使用音效

Android 2.3(API level 9)中引入了一套可以应用到任何 Audio Track 或 Media Player 的音频输出的音效。在应用了音效后，可以修改效果设置和参数，以改变在应用程序内输出的音频的效果。

截止到 Android 4.0.3，AudioEffect 有以下 5 个子类可用：

- **Equalizer** 可以修改音频输出的频率响应。使用 setBandLevel 方法可以为特定的频带指定一个增益值。

- **Virtualizer** 使音频的立体声效果更强。它的实现会随输出设备的配置而发生变化。使用 setStrength 方法可以将音效的强度设置为 0~1000。
- **BassBoost** 增强音频输出的低音音频。使用 setStrength 方法可以将音效的强度设置为 0~1000。
- **PresetReverb** 允许指定多个混声预设值之一，使音频听起来好像在指定类型的房间中播放一样。使用 setPreset 方法和一个 PresetReverb.PRESET_*常量可以设置效果与大厅、小房间、中等房间或大型房间相同的混响。
- **EnvironmentalReverb** 与 PresetReverb 类似，EnvironmentalReverb 允许通过控制音频输出来模拟不同环境的效果。与 PresetReverb 不同的是，这个子类允许自己指定每个混响参数，从而可以创建出自定义的效果。

要将其中的某个效果应用到 AudioTrack 或 MediaPlayer，可以使用 AudioTrack 或 MediaPlayer 的 getAudioSessionId 方法找出其唯一音频会话 ID。利用这个值，构造想要使用的 AudioEffect 子类的一个新实例，按照需求修改该实例，最后启用它，如程序清单 15-22 所示。

可从 wrox.com 下载源代码

程序清单 15-22　应用音效

```
int sessionId = mediaPlayer.getAudioSessionId();
short boostStrength = 500;
int priority = 0;

BassBoost bassBoost = new BassBoost (priority, sessionId);
bassBoost.setStrength(boostStrength);
bassBoost.setEnabled(true);
```

代码片段 PA4AD_Ch15_Media_Player/src/AudioPlayerActivity.java

15.5　使用摄像头拍摄照片

2008 年发布的 T-Mobile G1 有一个 320 万像素的摄像头，而现在的大多数设备至少具有一个 500 万像素的摄像头，一些型号还支持 810 万像素的摄像头。随着配有高质量摄像头的智能手机的普及，摄像头应用程序成为了 Google Play 的一个颇受欢迎的补充。

下面的小节演示了控制摄像头并在应用程序内拍摄照片的机制。

15.5.1　使用 Intent 拍摄照片

为在应用程序内拍摄照片，最简单的方法是使用 MediaStore.ACTION_IMAGE_CAPTURE 动作触发一个 Intent：

```
startActivityForResult(
  new Intent(MediaStore.ACTION_IMAGE_CAPTURE), TAKE_PICTURE);
```

这将启动一个 Camera 应用程序来拍摄照片，不需要你重写原生 Camera 应用程序，就可以为用户提供全套的摄像头功能。

用户对拍摄的照片感到满意后，该照片就会通过 onActivityResult 处理程序收到的 Intent 返回给应用程序。

默认情况下，拍摄的照片将作为一个缩略图返回，通过返回的 Intent 的 data extra 可以访问原始位图。

要获得完整图像，必须指定一个用于存储该图像的目标文件，该文件将被编码为一个 URI，并在启动 Intent 中使用 MediaStore.EXTRA_OUTPUT extra 传入该 URI，如程序清单 15-23 所示。

程序清单 15-23　使用一个 Intent 请求完整图像

```
//创建输出文件
File file = new File(Environment.getExternalStorageDirectory(),
                    "test.jpg");
Uri outputFileUri = Uri.fromFile(file);

//生成 Intent
Intent intent = new Intent(MediaStore.ACTION_IMAGE_CAPTURE);
intent.putExtra(MediaStore.EXTRA_OUTPUT, outputFileUri);

//启动摄像头应用程序
startActivityForResult(intent, TAKE_PICTURE);
```

代码片段 PA4AD_Ch15_Intent_Camera/src/CameraActivity.java

然后，摄像头拍摄的完整图像就会被保存到指定位置。Activity 结果回调中不会返回缩略图，接收到的 Intent 的数据将是 null。

程序清单 15-24 显示了如何使用 getParcelableExtra 来实现两个目的：当返回了缩略图提示，提取一个缩略图；或者当拍摄了完整的照片时，解码保存的文件。

程序清单 15-24　从一个 Intent 接收图片

```
@Override
protected void onActivityResult(int requestCode,
                                int resultCode, Intent data) {
    if (requestCode == TAKE_PICTURE) {
    //检查结果是否包含缩略图
      if (data != null) {
        if (data.hasExtra("data")) {
          Bitmap thumbnail = data.getParcelableExtra("data");
          imageView.setImageBitmap(thumbnail);
        }
      } else {
        //如果没有缩略图数据，则说明图像存储在目标输出 URI 中

        // Resize the full image to fit in out image view.
        int width = imageView.getWidth();
        int height = imageView.getHeight();

        BitmapFactory.Options factoryOptions = new
          BitmapFactory.Options();

        factoryOptions.inJustDecodeBounds = true;
        BitmapFactory.decodeFile(outputFileUri.getPath(),
                       factoryOptions);
```

```
        int imageWidth = factoryOptions.outWidth;
        int imageHeight = factoryOptions.outHeight;

        //确定将图像缩小多少
        int scaleFactor = Math.min(imageWidth/width,
                            imageHeight/height);

        //将图像文件解码为图像大小以填充视图
        factoryOptions.inJustDecodeBounds = false;
        factoryOptions.inSampleSize = scaleFactor;
        factoryOptions.inPurgeable = true;

        Bitmap bitmap =
          BitmapFactory.decodeFile(outputFileUri.getPath(),
                            factoryOptions);

        imageView.setImageBitmap(bitmap);
      }
    }
  }
```

代码片段 PA4AD_Ch15_Intent_Camera/src/CameraActivity.java

为了使其他应用程序(包括原生的 Gallery 应用程序)也能够使用你保存的照片, 把它们添加到媒体库是一种很好的做法, 如 15.8 节所述。

15.5.2 直接控制摄像头

为了直接访问摄像头硬件, 需要在应用程序的 manifest 文件中添加 CAMERA 权限:

```
<uses-permission android:name="android.permission.CAMERA"/>
```

使用 Camera 类可以调整摄像头设置、指定图片首选项和拍摄照片。要访问摄像头, 需要使用 Camera 类的静态 open 方法:

```
Camera camera = Camera.open();
```

使用完摄像头后, 要记得调用 release 来释放它:

```
camera.release();
```

 Camera.open 方法将打开并初始化摄像头。此时可以修改设置、配置预览 Surface 和拍摄照片, 如下面的小节所述。

1. 摄像头属性

通过调用 Camera 对象的 getParameters 方法可以得到 Camera.Parameters 对象, 然后可以使用该对象存储摄像头设置。

```
Camera.Parameters parameters = camera.getParameters();
```

使用 Camera.Parameters 可以获得摄像头的许多属性和当前对焦的场景。具体可用的参数由平台版本决定。

使用 Android 2.2(API level 8)中引入的 getFocalLength 和 get[Horizontal/Vertical]ViewAngle 方法分别可以得到焦距和相关的水平和垂直视角。

Android 2.3(API level 9)中引入了 getFocusDistances 方法，用于估算镜头和当前被对焦的物体之间的距离。这个方法并不返回值，而是填充一个与近、远和最佳距离对应的浮点数组，如程序清单 15-25 所示。对焦中最清晰的物体位于最佳位置。

可从
wrox.com
下载源代码

程序清单 15-25　获得和对焦物体间的距离

```
float[] focusDistances = new float[3];

parameters.getFocusDistances(focusDistances);

float near =
  focusDistances[Camera.Parameters.FOCUS_DISTANCE_NEAR_INDEX];
float far =
  focusDistances[Camera.Parameters.FOCUS_DISTANCE_FAR_INDEX];
float optimal =
  focusDistances[Camera.Parameters.FOCUS_DISTANCE_OPTIMAL_INDEX];
```

代码片段 PA4AD_Ch15_Camera/src/CameraActivity.java

2. 摄像头设置和图像参数

要更改摄像头设置，需要使用 set*方法来修改 Parameters 参数。Android 2.0(API level 5)中引入了大量的摄像头参数，每个参数都有对应的 setter 和 getter。在试图修改任何摄像头参数之前，确定设备上的摄像头实现支持这种修改十分重要。

在修改参数后，需要使用摄像头的 setParameters 方法来应用修改：

```
camera.setParameters(parameters);
```

如果要替换原生 Camera 应用程序，下面的大部分参数都很有用。另外，还可以使用它们自定义实时视频的显示方式，从而为增强现实应用程序自定义实时流。

- **[get/set]SceneMode**　使用一个 SCENE_MODE_*静态常量返回或设置所拍摄的场景的类型。每个场景模式都为特定的场景类型(聚会、海滩、日落等)优化了摄像头参数的配置。
- **[get/set]FlashMode**　使用一个 FLASH_MODE_*静态常量返回或设置当前的闪光模式(通常为"打开"、"关闭"、"红眼消减"或者"闪光灯"模式)。
- **[get/set]WhiteBalance**　使用一个 WHITE_BALANCE_*静态常量返回或设置白平衡校正来校正场景。在设置白平衡之前，可以使用 getSupportedWhiteBalance 方法来确认哪些设置可用。
- **[get/set]AutoWhiteBalanceLock**　在 Android 4.0(API level 14)中引入。当使用自动白平衡时，启用自动白平衡锁会暂停颜色校正算法，从而确保连续拍摄的多张照片使用相同的颜色平衡设置。当拍摄全景照片或者为高动态光照渲染图像使用包围曝光时，这种做法特别有用。使用 isAutoWhiteBalanceLockSupported 方法可以确认设备是否支持这种功能。

- **[get/set]ColorEffect** 使用一个 EFFECT_*静态常量返回或设置应用到图像的特殊颜色效果。可用的颜色效果(包括深褐色调、多色调分色印或者黑板效果)随设备和平台版本而异。使用 getSupportedColorEffects 方法可以找出可用的颜色效果。
- **[get/set]FocusMode** 使用一个 FOCUS_MODE_*静态常量返回或设置摄像头尝试对焦的方式。可用的对焦模式随平台版本而异(例如，连续自动对焦是在 Android 4.0 中引入的)。使用 getSupportedFocusModes 方法可以找出可用的模式。
- **[get/set]Antibanding** 使用一个 ANTIBANDING_*静态常量返回或设置用来降低条带效果的屏幕刷新频率。使用 getSupportedAntibanding 方法可以找出可用的频率。

还可以使用 CameraParameters 来读取或指定图像、缩略图和摄像头预览的大小、质量和格式参数。下面的列表解释了如何设置这样的一些值：

- **JPEG 和缩略图质量** 使用 setJpegQuality 和 setJpegThumbnailQuality 方法，并传入 0 到 100 之间的整型数值，其中 100 表示最佳质量。
- **图像、预览和缩略图大小** 分别使用 setPictureSize、setPreviewSize 和 setJpegThumbnailSize 参数指定图像、预览和缩略图的高度和宽度。对于每种情况，分别应该使用 getSupportedPictureSizes、getSupportedPreviewSizes 和 getSupportedJpegThumbnailSizes 方法来确定有效的值。每个方法返回一个指定了有效高度/宽度的 Camera.Size 对象的列表。
- **图像和预览像素格式** 使用 PixelFormat 类中的一个静态常量调用 setPictureFormat 和 setPreviewFormat 可以设置图像的格式。在使用这两个 setter 方法之前，可以使用 getSupportedPictureFormats 和 getSupportedPreviewFormats 方法返回支持格式的一个列表。
- **预览帧速率** setPreviewFpsRange 方法取代了已在 Android 2.3(API level 9)中弃用的 setPreviewFrameRate 方法。它可以用来指定预览的首选帧率范围。使用 getSupportedPreviewFpsRange 方法可以找出所支持的最低和最高帧率。这两个方法都采用一个整数乘以 1000 的形式表示帧率，所以帧率范围 24~30 表示为 24 000~30 000。

当选择有效预览或者图像大小时，检查所支持的参数值是重要的，因为不同设备的摄像头将很可能会支持一个不同的子集。

3. 控制自动对焦、对焦区域和测光区域

如果设备的摄像头支持自动对焦，那么可以通过调用 setFocusMode 方法并传入一个 Camera.Parameters.FOCUS_MODE_*常量来指定对焦模式。可用的对焦模式取决于具体硬件的能力以及硬件上运行的 Android 平台。使用 getSupportedFocusModes 方法可以找出可用的对焦模式。

为了能够在自动对焦操作完成时得到通知，需要使用 autofocus 方法启动自动对焦，并指定 AutoFocusCallback 实现：

```
Camera.Parameters parameters = camera.getParameters();
if (parameters.getSupportedFocusModes().contains(
  Camera.Parameters.FOCUS_MODE_CONTINUOUS_PICTURE)) {
  parameters.setFocusMode(
    Camera.Parameters.FOCUS_MODE_CONTINUOUS_PICTURE);

  camera.autoFocus(new AutoFocusCallback() {
    public void onAutoFocus(boolean success, Camera camera) {
      Log.d(TAG, "AutoFocus: " + (success ? "Succeeded" : "Failed"));
```

                }
            });
        }

Android 4.0(API level 14)引入了另外两个对焦 API，用于在对焦图像或者确定场景的白平衡和亮度时指定对焦区域和测光区域。

并不是所有的设备都支持定义对焦区域，因此需要使用 Camera 的 getMaxNumFocusAreas 方法来确定设备是否支持该功能：

```
int focusAreaCount = camera.getMaxNumFocusAreas()
```

该方法返回设备的摄像头能够检测到的最大对焦区域数。如果结果为 0，说明设备不支持定义对焦区域。

通过指定对焦区域，摄像头驱动程序就知道在尝试对焦图像时，不同区域的相对重要程度。此方法通常用于脸部对焦或者让用户手动选择焦点。

想要定义对焦区域，需要使用 setFocusAreas 方法，并传入一个 Camera.Area 对象的列表。每个 Camera Area 都有一个矩形，该矩形定义了相对于当前可见场景的对焦区域的边界(在 −1000~1000 之间，从左上角开始测量)，以及该聚焦区域的重要性的权值所组成的。当尝试对焦场景时，摄像头驱动程序会把每个对焦区域的面积与其权重相乘以计算出每个区域的相对权重。

可以使用 setMeteringAreas 以同样的方式设置测光区域。与对焦区域类似，并不是所有的设备都支持多个测光区域——使用 getMaxNumMeteringAreas 来确定摄像头是否支持一个或更多个测光区域。

4. 使用摄像头预览

在实现自己的摄像头时，需要显示摄像头捕获的内容的一个预览，以便用户可以选择拍摄什么样的照片。不先显示一个预览，是无法使用 Camera 对象拍摄照片的。

显示摄像头的流式传输视频还意味着我们能够将实时视频融入到应用程序中，例如实现增强现实(在实时摄像头数据源之上覆盖动态上下文数据的过程——例如，界标或者感兴趣的地方的详细信息)。

摄像头预览是使用 SurfaceHolder 显示的，所以要在应用程序中查看实时摄像头流，必须在 UI 层次中包含一个 Surface View。需要实现一个 SurfaceHolder.Callback 来监听有效表面的构建，然后把该表面传递给 Camera 对象的 setPreviewDisplay 方法。

调用 startPreview 将开始流式传输，调用 stopPreview 将结束流式传输，如程序清单 15-26 所示。

程序清单 15-26　预览实时摄像头流

```
public class CameraActivity extends Activity implements
SurfaceHolder.Callback {

    private static final String TAG = "CameraActivity";

    private Camera camera;

    @Override
    public void onCreate(Bundle savedInstanceState) {
```

```java
    super.onCreate(savedInstanceState);
    setContentView(R.layout.main);

    SurfaceView surface = (SurfaceView)findViewById(R.id.surfaceView);
    SurfaceHolder holder = surface.getHolder();
    holder.addCallback(this);
    holder.setType(SurfaceHolder.SURFACE_TYPE_PUSH_BUFFERS);
    holder.setFixedSize(400, 300);
  }

  public void surfaceCreated(SurfaceHolder holder) {
    try {
      camera.setPreviewDisplay(holder);
      camera.startPreview();
      // TODO：必要时在预览上进行绘制
    } catch (IOException e) {
      Log.d(TAG, "IO Exception", e);
    }
  }

  public void surfaceDestroyed(SurfaceHolder holder) {
    camera.stopPreview();
  }

  public void surfaceChanged(SurfaceHolder holder, int format,
                    int width, int height) {
  }

  @Override
  protected void onPause() {
    super.onPause();
    camera.release();
  }

  @Override
  protected void onResume() {
    super.onResume();
    camera = Camera.open();
  }
}
```

代码片段 PA4AD_Ch15_Camera/src/CameraActivity.java

> Android SDK 中包含一个使用 SurfaceView 实时显示摄像头预览的绝佳示例，其地址为：http://developer.android.com/resources/samples/ApiDemos/src/com/example/android/apis/graphics/CameraPreview.html。

还可以分配一个 PreviewCallback，使其在每个预览帧中触发，以便可以实时操纵或者分析每个预览帧。为此，需要调用 Camera 对象的 setPreviewCallback 方法，并传入一个重写了 onPreviewFrame 方法的新的 PreviewCallback 实现。

onPreviewFrame 事件会收到每一帧，其中作为一个 Bitmap 传入的图像将被表示为一个字节数组：

```
camera.setPreviewCallback(new PreviewCallback() {
  public void onPreviewFrame(byte[] data, Camera camera) {
    int quality = 60;

    Size previewSize = camera.getParameters().getPreviewSize();
    YuvImage image = new YuvImage(data, ImageFormat.NV21,
      previewSize.width, previewSize.height, null);
    ByteArrayOutputStream outputStream = new ByteArrayOutputStream();

    image.compressToJpeg(
      new Rect(0, 0,previewSize.width, previewSize.height),
        quality, outputStream);

    // TODO: 对预览图像执行一些操作
  }
});
```

5. 面部检测和面部特征

Android 4.0(API level 14)中引入了可以用来检测场景中的人脸和面部特征的 API。这些 API 特别适合在拍摄以人为主的照片时调整对焦区域、测光区域和确定白平衡，但是它们也可以用来制作一些创造性的效果。

并不是每个设备都能够完成面部检测，甚至一些运行 Android 4.0 或更高版本的设备也不能。因此，为了确认设备支持面部检测功能，需要使用 Camera 对象的 getMaxNumDetectedFaces 方法：

```
int facesDetectable = camera.getParameters().getMaxNumDetectedFaces()
```

该方法将返回设备的摄像头能够检测的最大人脸数目。如果返回值为 0，则说明设备不支持面部检测。

在开始使用摄像头检测人脸之前，需要分配一个新的 FaceDetectionListener，使其重写 onFaceDetection 方法。你将得到一个 Face 对象的数组，每个 Face 对象对应在场景中检测到的一个人脸(最多可达摄像头支持的数目)。

每个 Face 对象都包含一个唯一标识符，只要该 Face 对象表示的人脸还在场景中，就可以使用该唯一标识符跟踪这个人脸。另外，Face 对象还包含 0~100 之间的一个信心分数，用于表示所检测到的确实是一个人脸的可能性大小；一个包含人脸的矩形；以及每个眼睛和嘴部的坐标：

```
camera.setFaceDetectionListener(new FaceDetectionListener() {
  public void onFaceDetection(Face[] faces, Camera camera) {
    if (faces.length > 0){
      Log.d("FaceDetection", "face detected: "+ faces.length +
        " Face 1 Location X: " + faces[0].rect.centerX() +
        "Y: " + faces[0].rect.centerY() );
    }
  }
});
```

为了检测和跟踪人脸，需要调用 Camera 的 startFaceDetection 方法。每次启动(或重新启动)摄像头预览时都必须调用该方法，因为预览结束时它会被自动停止：

```java
public void surfaceCreated(SurfaceHolder holder) {
  try {
    camera.setPreviewDisplay(holder);
    camera.startPreview();
    camera.startFaceDetection();
    // TODO：必要时在预览上进行绘制
  } catch (IOException e) {
    Log.d(TAG, "IO Exception", e);
  }
}
```

通过调用 stopFaceDetection，可以停止面部检测：

```java
public void surfaceDestroyed(SurfaceHolder holder) {
  camera.stopFaceDetection();
  camera.stopPreview();
}
```

6. 拍摄照片

在配置好摄像头的设置并看到预览后，就可以拍摄照片了。具体方法是，调用 Camera 对象的 takePicture，并传入一个 ShutterCallback 和两个 PictureCallback 实现(一个用于 RAW 图像，一个用于 JPEG 编码的图像)。每个图像回调都会收到一个以相应格式表示图像的字节数组，而快门回调则在快门关闭后立即触发。

程序清单 15-27 显示了拍摄照片并将得到的 JPEG 图像保存到 SD 卡的框架代码。

程序清单 15-27　拍摄照片

```java
private void takePicture() {
  camera.takePicture(shutterCallback, rawCallback, jpegCallback);
}

ShutterCallback shutterCallback = new ShutterCallback() {
  public void onShutter() {
    // TODO：快门关闭时执行一些操作。
  }
};

PictureCallback rawCallback = new PictureCallback() {
  public void onPictureTaken(byte[] data, Camera camera) {
    // TODO：对图像的原始数据做一些处理
  }
};

PictureCallback jpegCallback = new PictureCallback() {
  public void onPictureTaken(byte[] data, Camera camera) {
    //将图像的 JPEG 数据保存到 SD 卡
    FileOutputStream outStream = null;
    try {
      String path = Environment.getExternalStorageDirectory() +
              "\test.jpg";
```

```
          outStream = new FileOutputStream(path);
          outStream.write(data);
          outStream.close();
        } catch (FileNotFoundException e) {
          Log.e(TAG, "File Note Found", e);
        } catch (IOException e) {
          Log.e(TAG, "IO Exception", e);
        }
      }
    };
```

代码片段 PA4AD_Ch15_Camera/src/CameraActivity.java

15.5.3 读取并写入 JPEG EXIF 图像详细信息

ExifInterface 类为读取并修改存储在 JPEG 文件中的 EXIF(可交换图像文件格式)数据提供了一种机制。通过将目标 JPEG 图像的完整文件名传入 ExifInterface 构造函数来创建一个新的 ExifInterface 实例。

```
ExifInterface exif = new ExifInterface(jpegfilename);
```

EXIF 数据用于为照片存储各种不同的元数据，包括拍摄日期和时间、摄像头设置(如制造商和型号)、图像设置(如光圈和快门速度)以及图像描述和位置。

为了读取 EXIF 属性，需要调用 ExifInterface 对象的 getAttribute 方法，并传入将要读取的属性名。ExifInterface 类包含了大量的静态 TAG_*常量，用于访问通用的 EXIF 元数据。为了修改 EXIF 属性，需要使用 setAttribute 方法，并传入要读取的属性名以及要设置的值。

程序清单 15-28 说明了如何在修改摄像头制造商详细信息之前，从一个存储在 SD 卡上的文件中读取位置坐标和摄像头型号。

程序清单 15-28　读取并修改 EXIF 数据

```
File file = new File(Environment.getExternalStorageDirectory(),
                    "test.jpg");

try {
  ExifInterface exif = new ExifInterface(file.getCanonicalPath());
  //读取摄像头模型和位置属性
  String model = exif.getAttribute(ExifInterface.TAG_MODEL);
  Log.d(TAG, "Model: " + model);
  //设置摄像头的品牌
  exif.setAttribute(ExifInterface.TAG_MAKE, "My Phone");
} catch (IOException e) {
  Log.e(TAG, "IO Exception", e);
}
```

代码片段 PA4AD_Ch15_Camera/src/CameraActivity.java

15.6 录制视频

Android 提供了两种方法用于在应用程序中录制视频。

最简单的技术是使用 Intent 启动视频摄像头应用程序。这种方法允许指定输出位置和视频录制质量，同时让本机视频录制应用程序负责用户体验和错误处理。这是最佳实践做法，应该用在大多数情况中，除非你在构建自己的视频录制器。

如果想要替换原生应用程序，或者需要对视频捕获 UI 或录制设置进行更细致的控制，那么可以使用 Media Recorder 类。

15.6.1 使用 Intent 录制视频

启动视频录制最简单的方法是使用 MediaStore.ACTION_VIDEO_CAPTURE 动作 Intent，这也是一种最佳实践。

使用此 Intent 启动新 Activity 将会启动本机视频录制器，允许用户开始、停止、浏览并重新拍摄视频。当他们感到满意后，已录制视频的 URI 将作为返回 Intent 的数据参数提供给 Activity。

视频捕获动作 Intent 可以包含以下三个可选的 extra：

- **MediaStore.EXTRA_OUTPUT**　默认情况下，由视频捕获操作录制的视频将存储在默认媒体库中。如果想要在其他地方录制，则可以使用此 extra 指定一个替代 URI。
- **MediaStore.EXTRA_VIDEO_QUALITY**　视频捕获操作允许使用一个整型值指定某个图像的质量。当前有两种可能的值：0 表示低质量视频(MMS)，1 表示高质量视频(全分辨率)。默认情况下，将会使用高分辨率模式。
- **MediaStore.EXTRA_DURATION_LIMIT**　所录制视频的最大长度，单位为秒。

程序清单 15-29 显示了如何使用视频捕获操作录制一个新视频。

程序清单 15-29　使用 Intent 录制视频

```java
private static final int RECORD_VIDEO = 0;

private void startRecording() {
  //生成 Intent.
  Intent intent = new Intent(MediaStore.ACTION_VIDEO_CAPTURE);

  //启动摄像头应用程序
  startActivityForResult(intent, RECORD_VIDEO);
}

@Override
protected void onActivityResult(int requestCode,
                    int resultCode, Intent data) {
  if (requestCode == RECORD_VIDEO) {
    VideoView videoView = (VideoView)findViewById(R.id.videoView);
    videoView.setVideoURI(data.getData());
    videoView.start();
  }
}
```

代码片段 PA4AD_Ch15_Intent_Video_Camera/src/VideoCameraActivity.java

15.6.2 使用 MediaRecorder 录制视频

可以使用 MediaRecorder 类录制音频和(或)视频文件，然后在自己的应用程序中使用它们，或者把它们添加到媒体库中。

在 Android 中录制任何媒体之前，应用程序需要具有 CAMERA 和 RECORD_AUDIO 以及/或者 RECORD_VIDEO 权限：

```
<uses-permission android:name="android.permission.RECORD_AUDIO"/>
<uses-permission android:name="android.permission.RECORD_VIDEO"/>
<uses-permission android:name="android.permission.CAMERA"/>
```

Media Recorder 使我们能够在录制文件时指定所要用到的音频和视频源、输出文件格式以及音频和视频编码器。Android 2.2(API level 8)引入了配置文件(profile)的概念，它们可以用来应用一组预定义的 Media Recorder 配置。

与 Media Player 类似，Media Recorder 将录制作为一个状态机进行管理。这也意味着在配置和管理 Media Recorder 时顺序非常重要。简而言之，状态机的转换可以描述如下：

(1) 创建一个新的 Media Recorder。
(2) 解锁摄像头并将其分配给 Media Recorder。
(3) 指定用于录制的输入源。
(4) 在 Android 2.2 及更高版本中选择一个配置文件，或者定义输出格式，并指定音频和视频编码器、帧速以及输出尺寸。
(5) 选择一个输出文件。
(6) 分配一个预览 Surface。
(7) 准备 Media Recorder 以进行录制。
(8) 录制。
(9) 结束录制。

> Android 开发人员站点 http://developer.android.com/reference/android/media/MediaRecorder.html 中提供了关于 Media Recorder 状态机的更详细、更透彻的描述。

一旦完成了媒体录制，就调用 Media Recorder 对象的 release 以释放相关资源。

```
mediaRecorder.release ();
```

1. 配置 Video Recorder

如前一节所述，在录制之前必须依次分配要使用的摄像头、指定输入源、选择配置文件(或输出格式、音频和视频编码器)以及分配输出文件。

首先解锁摄像头，并使用 setCamera 方法将其分配给 Media Recorder。

setAudioSource 和 setVideoSource 方法可以指定 MediaRecorder.AudioSource.*或者 Media Recorder.VideoSource.*静态常量，它们分别定义了音频和视频源。

一旦选择了输入源，就需要指定要使用的录制配置文件。Android 2.2(API level 8)中引入了 setProfile 方法，它使用由 CamcorderProfile 类的 get 方法创建的配置文件，而 get 方法使用

CamcorderProfile.QUALITY_*常量指定了一个质量配置文件。并不是每个设备都支持所有的配置文件，所以在把配置文件应用到 Media Recorder 之前，应该使用 CamcorderProfile.hasProfile 方法确认配置文件是否可用：

```
if (CamcorderProfile.hasProfile(CamcorderProfile.QUALITY_1080P)) {
  CamcorderProfile profile = CamcorderProfile.get(CamcorderProfile.QUALITY_1080P);
  mediaRecorder.setProfile(profile);
}
```

或者，可以通过选择输出格式来手动指定录制配置文件，这需要使用 setOutputFormat 方法指定一个 MediaRecorder.OutputFormat 常量，使用 set[audio/video]Encoder 方法指定 MediaRecorder.[Audio/Video]Encoder 类中的音频或者视频编码器常量。同时利用这一机会设置所需要的帧率或者视频输出大小。

最后，在分配预览 Surface 和调用 prepare 之前，使用 setOutputFile 方法分配一个文件来存储录制的媒体。

程序清单 15-30 显示了如何配置 Media Recorder 来录制来自麦克风和摄像头的音频和视频，并把它们存储到应用程序外部存储器文件夹上的一个文件中。本例中使用了 1080p 质量的配置文件。

程序清单 15-30　使用 Media Recorder 准备录制音频和视频

```
//解锁摄像头以允许 Media Recorder 拥有它
camera.unlock();

//将摄像头分配给 Media Recorder
mediaRecorder.setCamera(camera);

//配置输入源
mediaRecorder.setAudioSource(MediaRecorder.AudioSource.CAMCORDER);
mediaRecorder.setVideoSource(MediaRecorder.VideoSource.CAMERA);

//设置录制配置文件
CamcorderProfile profile = null;

if (CamcorderProfile.hasProfile(CamcorderProfile.QUALITY_1080P))
  profile = CamcorderProfile.get(CamcorderProfile.QUALITY_1080P);
else if (CamcorderProfile.hasProfile(CamcorderProfile.QUALITY_720P))
  profile = CamcorderProfile.get(CamcorderProfile.QUALITY_720P);
else if (CamcorderProfile.hasProfile(CamcorderProfile.QUALITY_480P))
  profile = CamcorderProfile.get(CamcorderProfile.QUALITY_480P);
else if (CamcorderProfile.hasProfile(CamcorderProfile.QUALITY_HIGH))
  profile = CamcorderProfile.get(CamcorderProfile.QUALITY_HIGH);

if (profile != null)
  mediaRecorder.setProfile(profile);

//指定输出文件
mediaRecorder.setOutputFile("/sdcard/myvideorecording.mp4");

//准备录制
mediaRecorder.prepare();
```

代码片段 PA4AD_Ch15_Intent_Video_Camera/src/VideoCameraActivity.java

setOutputFile 方法必须在调用 prepare 之前并在调用 setOutputFormat 之后被调用，否则它将会抛出非法状态异常。

Android 4.0(API level 14)引入了一种技术，可以通过缩短 Media Recorder 的启动时间来提高其效率。当 Activity 只是用于录制音频/视频(而不是拍摄静态图片)时，可以使用 Camera.Parameters.setRecordingHint 方法告诉摄像头你只想录制音频/视频，如程序清单 15-31 所示。

程序清单 15-31 使用摄像头录制提示

```
Camera.Parameters parameters = camera.getParameters();
parameters.setRecordingHint(true);
camera.setParameters(parameters);
```

代码片段 PA4AD_Ch15_Intent_Video_Camera/src/VideoCameraActivity.java

2. 预览视频流

当录制视频时，通常认为实时显示传入所录制视频的预览是一种好的做法。与摄像头预览一样，可以使用 MediaRecorder 对象的 setPreviewDisplay 方法分配一个 Surface 来显示视频流。预览显示将放到一个 SurfaceView 中，而后者必须在 SurfaceHolder.Callback 接口的实现中初始化。

在创建了 Surface Holder 后，使用 setPreviewDisplay 方法将其分配给 Media Recorder 中——此操作在指定录制源和输出文件之后，调用 prepare 之前完成：

```
mediaRecorder.setPreviewDisplay(holder.getSurface());
```

只要一调用 prepare，实时视频预览数据流就会开始显示：

```
mediaRecorder.prepare();
```

3. 控制录制

在配置 Media Recorder 并设置预览后，可以在任何时间通过调用 start 方法来开始进行录制：

```
mediaRecorder.start();
```

完成录制后，调用 stop 来停止播放，然后调用 reset 和 release 来释放 Media Recorder 资源，如程序清单 15-32 所示。此时，还应该锁定摄像头。

程序清单 15-32 停止视频录制

```
mediaRecorder.stop();

//重置和释放 Media Recorder
mediaRecorder.reset();
mediaRecorder.release();
camera.lock();
```

代码片段 PA4AD_Ch15_Intent_Video_Camera/src/VideoCameraActivity.java

Android 4.0.3(API level 15)引入了对视频录制应用影像稳定的能力。为了切换影像稳定能力,需要使用 setVideoStabilization 方法修改摄像头参数,如程序清单 15-33 所示。并不是所有的摄像头硬件都支持影像稳定,所以一定要使用 isVideoStabilizationSupported 方法进行检查。

程序清单 15-33 影像稳定

```
Camera.Parameters parameters = camera.getParameters();
if (parameters.isVideoStabilizationSupported())
    parameters.setVideoStabilization(true);
camera.setParameters(parameters);
```

代码片段 PA4AD_Ch15_Intent_Video_Camera/src/VideoCameraActivity.java

4. 创建缩时视频

Android 2.2(API level 8)增强了 Media Recorder 的能力,提供了对创建缩时视频的支持。要配置 Media Recorder 对象来创建缩时效果,需要使用 setCaptureRate 来设置所需的帧捕获率:

```
//每隔 30 秒捕获一幅图片
mediaRecorder.setCaptureRate(0.03);
```

还必须从一组为缩时视频捕获进行了优化的预定义配置文件选择一个来设置 Media Recorder。使用 setProfile 方法来使用一个 QUALITY_TIME_LAPSE_*配置文件:

```
CamcorderProfile profile =
    CamcorderProfile.get(CamcorderProfile.QUALITY_TIME_LAPSE_HIGH);

mediaRecorder.setProfile(profile);
```

15.7 使用媒体效果

Android 4.0(API level 14)引入了一个新的媒体效果 API,可以使用 GPU 和 OpenGL 纹理对视频内容应用大量实时的视觉效果。

可以将媒体效果应用到位图、视频或实时的摄像头预览,只要源图像绑定到了一个 GL_TEXTURE_2D 纹理图片,并且包含至少一个 mipmap 级别即可。

本书不会对这些媒体效果的用法进行详细讨论。一般来说,要对图片或视频帧应用一种效果,需要使用 OpenGL ES 2.0 上下文中的 EffectContext.createWithCurrentGlContext 方法创建一个新的 EffectContext。

媒体效果是使用 EffectFactory 创建的,而 EffectFactory 可以通过调用 EffectContext 的 getFactory 方法创建。要创建特定的效果,可以调用 createEffect 方法,并传入一个 EffectFactory.EFFECT_*常量。每种效果支持不同的参数,可以调用 setParameter 并传入要更改的设置的名称和要应用的值来进行配置。

Android 目前支持超过 25 种效果。完整的效果列表,包括它们支持的参数,可以在以下网址找到:http://developer.android.com/reference/android/media/effect/EffectFactory.html。

在配置了想要应用的效果后,调用其 apply 方法,并传入输入纹理、纹理尺寸和要应用效果的目标纹理。

15.8 向媒体库中添加新媒体

默认情况下，由自己的应用程序创建、并存储在私有应用程序文件夹中的媒体文件对其他应用程序来说是不可用的。要使这些媒体文件可见，需要把它们插入媒体库中。Android 提供了两种方法。首要方法是使用媒体扫描仪来解释文件并将其自动插入。另一种方法是在适当的 Content Provider 中手动插入一条新记录。使用媒体扫描仪几乎总是一种更好的方法。

15.8.1 使用媒体扫描仪插入媒体

如果已经录制了任何一种新媒体，MediaScannerConnection 类提供了一个 scanFile 方法，作为将该媒体添加到媒体库中的一种简单方法，而不需要为媒体库 Content Provider 创建完整记录。

在使用 scanFile 方法开始扫描文件之前，必须调用 connect 方法并等待它完成与媒体扫描仪的连接。这个调用是异步的，因此需要实现一个 MediaScannerConnectionClient 以便在连接建立时进行通知。还可以使用这个类在扫描完成时进行通知，此时就可以断开与媒体扫描仪的连接。

实际上这种方法没有听起来那么复杂。程序清单 15-34 展示了用于创建一个新 MediaScannerConnectionClient 的框架代码，它定义了一个用于将新文件添加到媒体库中的 MediaScannerConnection。

程序清单 15-34　使用媒体扫描仪将文件添加到媒体库中

可从 wrox.com 下载源代码

```
private void mediaScan(final String filePath) {

    MediaScannerConnectionClient mediaScannerClient = new
      MediaScannerConnectionClient() {

      private MediaScannerConnection msc = null;

      {
        msc = new MediaScannerConnection(
          VideoCameraActivity.this, this);
        msc.connect();
      }

      public void onMediaScannerConnected() {
        //可以选择指定一个 MIME 类型，或者让 Media Scanner 根据文件名自己假定一种类型
        String mimeType = null;
        msc.scanFile(filePath, mimeType);
      }

      public void onScanCompleted(String path, Uri uri) {
        msc.disconnect();
        Log.d(TAG, "File Added at: " + uri.toString());
      }
    };
}
```

代码片段 PA4AD_Ch15_Intent_Video_Camera/src/VideoCameraActivity.java

15.8.2 手动插入媒体

通过创建一个新的 ContentValues 对象并手动将其插入到适当的媒体库 Content Provider 中，可以将新媒体添加到媒体库中，而不需要依赖于媒体扫描仪。

这里所指定的元数据可以包含新媒体文件的标题、时间戳和地理编码信息，如下面的代码段所示：

```
ContentValues content = new ContentValues(3);
content.put(Audio.AudioColumns.TITLE, "TheSoundandtheFury");
content.put(Audio.AudioColumns.DATE_ADDED,
            System.currentTimeMillis() / 1000);
content.put(Audio.Media.MIME_TYPE, "audio/amr");
```

还必须指定所添加媒体文件的绝对路径。

```
content.put(MediaStore.Audio.Media.DATA, "/sdcard/myoutputfile.mp4");
```

访问应用程序的 ContentResolver，并使用它将这一新行插入到媒体库中，如下面的代码段所示。

```
ContentResolver resolver = getContentResolver();
Uri uri = resolver.insert(MediaStore.Video.Media.EXTERNAL_CONTENT_URI,
                          content);
```

在将该媒体文件插入到媒体库中以后，就应当使用如下所示的 Broadcast Intent 公布其可用性。

```
sendBroadcast(new Intent(Intent.ACTION_MEDIA_SCANNER_SCAN_FILE, uri));
```

第16章

蓝牙、NFC、网络和 Wi-Fi

本章内容

- 管理蓝牙设备和发现模式
- 发现远程蓝牙设备
- 通过蓝牙通信
- 监视 Internet 连接
- 监视 Wi-Fi 和网络详细信息
- 配置 Wi-Fi 和扫描接入点
- 使用 Wi-Fi Direct 传输数据
- 扫描 NFC 标签
- 使用 Android Bean 传输数据

本章将通过讨论蓝牙、网络、Wi-Fi 和近场通信(Near Field Communication，NFC)数据包来开始对 Android 的硬件通信 API 的探索。

Android 提供了一些 API 用于管理以及监视用户的蓝牙设备设置，以控制可发现性，发现邻近的蓝牙设备，并在应用程序中使用蓝牙作为近距离的点对点传输层。

Android 还提供了一个完整网络和 Wi-Fi 数据包。使用这些 API 可以扫描热点，创建并修改 Wi-Fi 配置设置，监视 Internet 连接，以及控制和监视 Internet 设置和首选项。Wi-Fi Direct 的引入为使用 Wi-Fi 的设备通信提供了一种点对点解决方案。

Android 2.3(API level 9)引入了对 NFC 的支持,包括支持读取智能标签。Android 4.0(API level 14) 中引入了 Android Beam，用于与其他支持 NFC 的 Android 设备进行通信。

16.1 使用蓝牙

蓝牙是一种用于短距离、低带宽点对点通信的通信协议。

使用蓝牙 API 可以搜索并连接到一定范围之内的其他设备。通过使用 Bluetooth Socket 启动通信,就能够在不同设备上运行的应用程序之间传输并接收数据流。

> 在撰写本书时,只有加密的通信被支持,这意味着只能够在已配对的设备之间建立连接。

16.1.1 管理本地蓝牙设备适配器

通过 BluetoothAdapter 类来控制本地蓝牙设备,该类代表运行应用程序的 Android 设备。

为了访问默认的 Bluetooth Adapter,需要调用 getDefaultAdapter,如程序清单 16-1 所示。一些 Android 设备有多个 Bluetooth Adapter,但是目前只可以访问默认设备。

程序清单 16-1 访问默认 Bluetooth Adapter

```
BluetoothAdapter bluetooth = BluetoothAdapter.getDefaultAdapter();
```

代码片段 PA4AD_Ch16_Bluetooth/src/BluetoothActivity.java

为了读取任何一种本地 Bluetooth Adapter 属性、启动发现过程或者找到绑定的设备,需要在应用程序的 manifest 文件中包含 BLUETOOTH 权限。为了修改任何一种本地设备属性,还需要 BLUETOOTH_ADMIN 使用权限。

```
<uses-permission android:name="android.permission.BLUETOOTH"/>
<uses-permission android:name="android.permission.BLUETOOTH_ADMIN"/>
```

Bluetooth Adapter 提供了用于读取并设置本地蓝牙硬件的属性的方法。

> Bluetooth Adapter 属性仅在当前 Bluetooth Adapter 打开时才能够被读取并更改(也就是说,设备状态为已启用)。如果该设备关闭,那么这些方法将返回 null。

使用 isEnabled 方法确认设备已经启用,然后可以使用 getName 和 getAddress 方法分别访问 Bluetooth Adapter 的"友好的"名称(由用户设置的、用于标识特定设备的任意字符串)以及硬件地址:

```
if (bluetooth.isEnabled()) {
  String address = bluetooth.getAddress();
  String name = bluetooth.getName();
}
```

如果拥有 BLUETOOOTH_ADMIN 权限,那么就能够使用 setName 方法更改 Bluetooth Adapter 的"友好的"名称:

```
bluetooth.setName ("Blackfang");
```

为了查找关于当前 Bluetooth Adapter 状态的更详细描述,可以使用 getState 方法,它将返回下列 BluetoothAdapter 常量中的一种:

- STATE_TURNING_ON
- STATE_ON

- STATE_TURNING_OFF
- STATE_OFF

为了节省电池电量并提高安全性，大多数用户将会使蓝牙保持禁用状态，需要使用时再打开。

为了启用 Bluetooth Adapter，可以使用 startActivityForResult 启动一个系统 Preference Activity 并将 BluetoothAdapter.ACTION_REQUEST_ENABLE 静态常量作为其动作字符串：

```
startActivityForResult(
  new Intent(BluetoothAdapter.ACTION_REQUEST_ENABLE), 0);
```

得到的 Preference Activity 如图 16-1 所示。

图 16-1

它提示用户打开蓝牙并请求确认。如果用户同意，那么该子 Activity 将会关闭，并且一旦 Bluetooth Adapter 打开(或者遇到了一个错误)就返回到调用的 Activity。如果用户选择了 no，那么该子 Activity 将会关闭并立即返回。可以使用 onActivityResult 处理程序中返回的结果代码参数来确定这一操作是否成功，如程序清单 16-2 所示。

可从 wrox.com 下载源代码

程序清单 16-2 启用蓝牙

```java
private static final int ENABLE_BLUETOOTH = 1;

private void initBluetooth() {
  if (!bluetooth.isEnabled()) {
    //蓝牙未启用，提示用户打开它
    Intent intent = new Intent(BluetoothAdapter.ACTION_REQUEST_ENABLE);
    startActivityForResult(intent, ENABLE_BLUETOOTH);
  } else {
    //蓝牙已启用，初始化其 UI
    initBluetoothUI();
  }
}

protected void onActivityResult(int requestCode,
                    int resultCode, Intent data) {
  if (requestCode == ENABLE_BLUETOOTH)
    if (resultCode == RESULT_OK) {
      //蓝牙已启用，初始化其 UI
      initBluetoothUI();
    }
}
```

代码片段 PA4AD_Ch16_Bluetooth/src/BluetoothActivity.java

启用和禁用 Bluetooth Adapter 是比较耗时的异步操作。应用程序不应轮询 Bluetooth Adapter，而是应当注册一个 Broadcast Receiver 用于监听 ACTION_STATE_CHANGED。Broadcast Receiver 将包

599

含两个 extra，EXTRA_STATE 和 EXTRA_PREVIOUS_STATE，它们分别指示了当前和先前的 Bluetooth Adapter 状态。

```
BroadcastReceiver bluetoothState = new BroadcastReceiver() {
  @Override
  public void onReceive(Context context, Intent intent) {
    String prevStateExtra = BluetoothAdapter.EXTRA_PREVIOUS_STATE;
    String stateExtra = BluetoothAdapter.EXTRA_STATE;
    int state = intent.getIntExtra(stateExtra, -1);
    int previousState = intent.getIntExtra(prevStateExtra, -1);

    String tt = "";
    switch (state) {
      case (BluetoothAdapter.STATE_TURNING_ON) :
        tt = "Bluetooth turning on"; break;
      case (BluetoothAdapter.STATE_ON) :
        tt = "Bluetooth on"; break;
      case (BluetoothAdapter.STATE_TURNING_OFF) :
        tt = "Bluetooth turning off"; break;
      case (BluetoothAdapter.STATE_OFF) :
        tt = "Bluetooth off"; break;
      default: break;
    }
    Log.d(TAG, tt);
  }
};

String actionStateChanged = BluetoothAdapter.ACTION_STATE_CHANGED;
registerReceiver(bluetoothState,
        new IntentFilter(actionStateChanged));
```

> 如果在 manifest 文件中包含了 BLUETOOTH_ADMIN 权限，那么还可以使用 enable 和 disable 方法直接打开和关闭 Bluetooth Adapter。
>
> 需要注意的是，应当只在绝对必要时才这样做，并且如果你代替用户手动更改了 Bluetooth Adapter 的状态，那么总是应该通知该用户。多数情况下应当使用前面所描述的 Intent 机制。

16.1.2 可发现性和远程设备发现

两个设备相互查找以进行连接的过程叫做发现。在建立一个 Bluetooth Socket 用于通信之前，本地 Bluetooth Adapter 必须与远程设备绑定。而在两个设备能够绑定并连接之前，它们首先需要相互发现。

> 虽然蓝牙协议支持用于数据传输的 ad-hoc 连接，但是这种机制当前在 Android 中并不可用。当前只有在已绑定的设备之间才支持 Android 蓝牙通信。

1. 管理设备的可发现性

为了使远程 Android 设备能够在发现扫描中找到你的本地 Bluetooth Adapter，需要确保它是可发现的。Bluetooth Adapter 的可发现性由其扫描模式指定。可以通过调用 Bluetooth Adapter 对象的 getScanMode 来找出它的扫描模式。

该方法将返回下列 BluetoothAdapter 常量中的一种：

- **SCAN_MODE_CONNECTABLE_DISCOVERABLE** 启用查询扫描和页面扫描，意味着该设备可被任何执行发现扫描的蓝牙设备发现。
- **SCAN_MODE_CONNECTABLE** 启用页面扫描但是禁用查询扫描。这意味着先前连接并绑定到本地设备的设备可以在发现过程中找到，但找不到新设备。
- **SCAN_MODE_NONE** 可发现性被关闭。在发现过程中没有一个远程设备能够找到本地 Bluetooth Adapter。

出于隐私原因，Android 设备在默认情况下将禁用可发现机制。为了打开可发现机制，需要从用户那里获得显式权限；可以通过使用 ACTION_REQUEST_DISCOVERABLE 动作启动一个新 Activity 来获得该权限，如程序清单 16-3 所示。

程序清单 16-3　启用可发现机制

```
startActivityForResult(
  new Intent(BluetoothAdapter.ACTION_REQUEST_DISCOVERABLE),
              DISCOVERY_REQUEST);
```

代码片段 PA4AD_Ch16_Bluetooth/src/BluetoothActivity.java

默认情况下，可发现机制将被启用两分钟。可以通过将 EXTRA_DISCOVERABLE_DURATION extra 添加到启动 Intent 中来修改这一设置，从而指定想让可发现机制持续的秒数。

当广播了 Intent 时，将显示如图 16-2 所示的对话框，提示用户将在指定的持续时间内打开可发现机制。

图 16-2

为了了解用户是允许还是拒绝我们的发现请求，需要重写 onActivityResult 处理程序，如程序清单 16-4 所示。所返回的 resultCode 参数指示了可发现机制的持续时间，如果用户拒绝了该请求，则指示一个负数。

程序清单 16-4　监视用户是否允许打开可发现机制

```
@Override
protected void onActivityResult(int requestCode,
```

```
                                   int resultCode, Intent data) {
  if (requestCode == DISCOVERY_REQUEST) {
    if (resultCode == RESULT_CANCELED) {
      Log.d(TAG, "Discovery canceled by user");
    }
  }
}
```

代码片段 PA4AD_Ch16_Bluetooth/src/BluetoothActivity.java

此外，还可以通过接收 ACTION_SCAN_MODE_CHANGED 广播动作来监视可发现机制所发生的变化。该 Broadcast Intent 将包含当前的和以前的扫描模式作为 extra。

```
registerReceiver(new BroadcastReceiver() {
  @Override
  public void onReceive(Context context, Intent intent) {
    String prevScanMode = BluetoothAdapter.EXTRA_PREVIOUS_SCAN_MODE;
    String scanMode = BluetoothAdapter.EXTRA_SCAN_MODE;

    int currentScanMode = intent.getIntExtra(scanMode, -1);
    int prevMode = intent.getIntExtra(prevScanMode, -1);

    Log.d(TAG, "Scan Mode: " + currentScanMode +
          ". Previous: " + prevMode);
  }
},
new IntentFilter(BluetoothAdapter.ACTION_SCAN_MODE_CHANGED));
```

2. 发现远程设备

本节将学习如何从本地 Bluetooth Adapter 中启动可发现机制以查找邻近可发现的设备。

> 发现过程需要一些时间来完成(最多可达 12 秒)。在此期间，Bluetooth Adapter 通信的性能将会严重降低。可以使用本节介绍的技术检查和监视 Bluetooth Adapter 的发现状态，并避免在发现过程中进行高带宽操作(包括连接到一个新的远程蓝牙设备)。

通过使用 isDiscovering 方法可以检查本地 Bluetooth Adapter 是否正在执行一次发现扫描。为了启动发现过程，可以调用 Bluetooth Adapter 的 startDiscovery。

```
if (bluetooth.isEnabled())
  bluetooth.startDiscovery();
```

要取消正在进行中的发现过程，可以调用 cancelDiscovery。

发现过程是异步进行的。Android 使用 Broadcast Intent 来通知发现过程的启动和结束以及在扫描过程中发现的远程设备。

通过创建 Broadcast Receiver 来监听 ACTION_DISCOVERY_STARTED 和 ACTION_DISCOVERY_FINISHED Broadcast Intent，可以监视发现过程中的变化。

```
BroadcastReceiver discoveryMonitor = new BroadcastReceiver() {
```

```
    String dStarted = BluetoothAdapter.ACTION_DISCOVERY_STARTED;
    String dFinished = BluetoothAdapter.ACTION_DISCOVERY_FINISHED;

    @Override
    public void onReceive(Context context, Intent intent) {
      if (dStarted.equals(intent.getAction())) {
        //启动发现过程
        Log.d(TAG, "Discovery Started...");
      }
      else if (dFinished.equals(intent.getAction())) {
        //发现过程完成
        Log.d(TAG, "Discovery Complete.");
      }
    }
};

registerReceiver(discoveryMonitor,
                 new IntentFilter(dStarted));
registerReceiver(discoveryMonitor,
                 new IntentFilter(dFinished));
```

已发现的蓝牙设备由 Broadcast Intent 通过 ACTION_FOUND 广播动作返回。

如程序清单 16-5 所示,每个 Broadcast Intent 都在一个索引为 BluetoothDevice.EXTRA_NAME 的 extra 中包含远程设备名,同时也将包含远程蓝牙设备的不可变表示形式,并将其作为存储在 BluetoothDevice.EXTRA_DEVICE extra 中的 BluetoothDevice 可打包对象。

程序清单 16-5   发现远程蓝牙设备

```
private ArrayList<BluetoothDevice> deviceList =
  new ArrayList<BluetoothDevice>();

private void startDiscovery() {
  registerReceiver(discoveryResult,
                   new IntentFilter(BluetoothDevice.ACTION_FOUND));

  if (bluetooth.isEnabled() && !bluetooth.isDiscovering())
    deviceList.clear();
    bluetooth.startDiscovery();
}

BroadcastReceiver discoveryResult = new BroadcastReceiver() {
  @Override
  public void onReceive(Context context, Intent intent) {
    String remoteDeviceName =
      intent.getStringExtra(BluetoothDevice.EXTRA_NAME);

    BluetoothDevice remoteDevice =
      intent.getParcelableExtra(BluetoothDevice.EXTRA_DEVICE);

    deviceList.add(remoteDevice);

    Log.d(TAG, "Discovered " + remoteDeviceName);
  }
```

        };

代码片段 PA4AD_Ch16_Bluetooth/src/BluetoothActivity.java

通过发现机制广播所返回的每个 BluetoothDevice 对象表示已发现的远程蓝牙设备。

在下面的小节中，你将使用蓝牙设备对象创建本地 Bluetooth Adapter 和远程蓝牙设备之间的连接和绑定，并最终在它们之间传输数据。

16.1.3　蓝牙通信

Android 蓝牙通信 API 是对蓝牙无线频率通信协议 RFCOMM 进行的封装。RFCOMM 支持在逻辑链路控制和适配协议(Logical Link Control and Adaptation Protocol，L2CAP)层上进行 RS232 串行通信。

实际上，这些名词为在两个配对的蓝牙设备之间打开通信套接字提供了一种机制。

> 应用程序能够在设备之间通信之前，设备必须被配对(绑定)。如果用户尝试在两个未配对的设备之间建立连接，它们会提示先把它们配对，然后才能建立连接。

可以使用下面的类建立一个 RFCOMM 通信信道用于双向通信。

- **BluetoothServerSocket**　用于建立一个监听套接字以启动设备之间的链路。为建立"握手"，需要将其中一台设备充当服务器以监听和接受传入的连接请求。
- **BluetoothSocket**　用于创建一个新的客户端来连接到正在监听的 Bluetooth Server Socket。在连接建立后 Bluetooth Server Socket 也会返回它。一旦连接建立之后，就在服务器和客户端上使用 Bluetooth Sockets 来传输数据流。

当创建一个使用蓝牙作为点对点传输层的应用程序时，需要实现 Bluetooth Server Socket 以监听连接，还需要实现 Bluetooth Socket 以启动一个新的信道并处理通信。

一旦连接建立之后，Bluetooth Socket Server 会返回一个随后由服务器设备用于发送和接收数据的 Bluetooth Socket。该服务器端的 Bluetooth Socket 与客户端的套接字用法完全一样。服务器和客户端的指定仅仅与连接建立的方式有关，它们并不会影响连接建立后的数据传输方式。

1. 打开一个 Bluetooth Server Socket Listener

一个 Bluetooth Server Socket 用于监听来自远程蓝牙设备的传入 Bluetooth Socket 连接请求。为了使两个蓝牙设备互相连接，其中一台设备必须充当服务器(监听并接受传入的请求)，而另一台设备作为客户端(发出连接到服务器的请求)。一旦两个设备连接之后，那么服务器和客户端设备之间的通信将会通过服务器端和客户端的 Bluetooth Socket 进行处理。

为使 Bluetooth Adapter 作为服务器，需要调用其 listenUsingRfcommWithServiceRecord 方法来监听传入的连接请求，并传入用来标识服务器的名称和一个 UUID(全局唯一标识符)。该方法将会返回一个 BluetoothServerSocket 对象。注意，连接到该监听器的客户端 Bluetooth Socket 需要知道其 UUID 才能进行连接。

为了开始监听连接，需要调用该 Server Socket 的 accept 的方法，并可以选择传入一个超时时间。Server Socket 将会保持阻塞，直到具有匹配 UUID 的远程 Bluetooth Socket 客户端尝试进行连接。

如果连接请求来自还没有与本地 Bluetooth Adapter 配对的远程设备，那么在 accept 调用返回之前，用户将被提示接受一个配对请求。该提示通过一个 Notification 或一个 Dialog 来完成，如图 16-3 所示。

图 16-3

如果一个传入的连接请求成功，accept 将会返回一个连接到客户端设备的 Bluetooth Socket。可以使用该套接字传输数据，如本节稍后所述。

 注意，accept 是一种阻塞操作，因此最佳实践是在连接建立之前，在后台线程上监听传入的连接请求，而不是阻塞 UI 线程直到连接建立。

需要注意的是，Bluetooth Adapter 对于连接它的远程蓝牙设备来说必须是可发现的。程序清单 16-6 表明了在返回的发现机制持续时间内监听传入的连接请求之前，使用 ACTION_REQUEST_DISCOVERABLE 广播来请求该设备可被发现的一些典型框架代码。

程序清单 16-6 监听 Bluetooth Socket 连接请求

```
private BluetoothSocket transferSocket;

private UUID startServerSocket(BluetoothAdapter bluetooth) {
  UUID uuid = UUID.fromString("a60f35f0-b93a-11de-8a39-08002009c666");
  String name = "bluetoothserver";

  try {
    final BluetoothServerSocket btserver =
      bluetooth.listenUsingRfcommWithServiceRecord(name, uuid);

    Thread acceptThread = new Thread(new Runnable() {
    public void run() {
      try {
        //在客户端连接建立以前保持阻塞
        BluetoothSocket serverSocket = btserver.accept();
        //开始监听消息
        listenForMessages(serverSocket);
        //添加对用来发送消息的套接字的引用
        transferSocket = serverSocket;
      } catch (IOException e) {
        Log.e("BLUETOOTH", "Server connection IO Exception", e);
      }
```

```
      }
    });
    acceptThread.start();
  } catch (IOException e) {
    Log.e("BLUETOOTH", "Socket listener IO Exception", e);
  }
  return uuid;
}
```

代码片段 PA4AD_Ch16_Bluetooth/src/BluetoothActivity.java

2. 选择远程蓝牙设备进行通信

可以在客户端设备上使用 BluetoothSocket 类，在应用程序中启动与正在监听的 Bluetooth Server Socket 的通信信道。在建立与客户端设备的连接后，Bluetooth Server Socket Listener 也会返回它。

通过调用代表目标远程服务器设备的 BluetoothDevice 对象的 createRfcommSocketToServiceRecord 创建客户端 Bluetooth Socket。目标设备应当有一个正在监听连接请求的 Bluetooth Server Socket(如前一节所述)。

有许多方法可以用于获得对远程蓝牙设备的引用以及一些与设备有关的重要提醒，通过这些提醒可以创建一条通信链路。

蓝牙设备连接需求

为了使 Bluetooth Socket 建立一个到远程蓝牙设备的连接，下列条件必须满足：
- 远程设备必须是可发现的。
- 远程设备必须使用一个 Bluetooth Server Socket 接受连接。
- 本地和远程设备必须经过配对(或者绑定)。如果设备没有配对，那么当启动连接请求时将提示用户进行配对。

查找要连接到的蓝牙设备

蓝牙设备对象用于表示一个远程设备。可以查询它们来获得每个远程设备的属性，或者启动 Bluetooth Socket 连接。

有许多种方法可以在代码中获得 Bluetooth Device 对象。每种情况下都应当进行检查以确保想要连接的设备是可发现的，并且(可选地)确定是否对其进行了绑定。如果不能发现远程设备，则应当提示用户启用该设备上的可发现机制。

本节前面介绍了一种用于找到可发现蓝牙设备的技术。通过使用 startDiscovery 方法并监视 ACTION_FOUND 广播，可以收到包含 BluetoothDevice.EXTRA_DEVICE extra 的 Broadcast Intent，该 extra 中包含了已发现的蓝牙设备。

也可以使用本地 Bluetooth Adapter 的 getRemoteDevice 方法，并指定你想要连接到的远程蓝牙设备的硬件地址。

```
BluetoothDevice device = bluetooth.getRemoteDevice("01:23:77:35:2F:AA");
```

当知道目标设备的硬件地址时，这种方法特别有用。例如，使用 Android Beam 等技术在设备间共享此信息时。

第 16 章 蓝牙、NFC、网络和 Wi-Fi

为了查找当前已配对的设备集合,可以调用本地 Bluetooth Adapter 的 getBondedDevices 方法。可以通过查询所返回的集合以发现目标蓝牙设备是否与本地 Bluetooth Adapter 进行了配对。

```
final BluetoothDevice knownDevice =
  bluetooth.getRemoteDevice("01:23:77:35:2F:AA");

Set<BluetoothDevice> bondedDevices = bluetooth.getBondedDevices();

if (bondedDevices.contains(knownDevice))
  // TODO:目标设备已经与本地设备绑定/配对
```

3. 打开一个客户端 Bluetooth Socket 连接

为了启动到远程设备的通信信道,使用代表套接字的 BluetoothDevice 对象创建一个 Bluetooth Socket。

为了创建一个新连接,调用代表目标设备的 BluetoothDevice 对象的 create RfcommSocketToServiceRecord 方法,并传入其已打开的 Bluetooth Server Socket 监听器的 UUID。

然后就可以调用 connect,使用所返回的 Bluetooth Socket 来启动连接,如程序清单 16-7 所示。

注意,connect 是一种阻塞操作,因此最佳实践是在后台线程上发出连接请求,而不是阻塞 UI 线程直到连接建立。

程序清单 16-7 创建一个蓝牙客户端套接字

可从 wrox.com 下载源代码

```
private void connectToServerSocket(BluetoothDevice device, UUID uuid) {
  try{
    BluetoothSocket clientSocket
      = device.createRfcommSocketToServiceRecord(uuid);

    //阻塞,直到服务器接受连接
    clientSocket.connect();

    //开始监听消息
    listenForMessages(clientSocket);

    //添加对用于发送消息的套接字的引用
    transferSocket = clientSocket;

  } catch (IOException e) {
    Log.e("BLUETOOTH", "Bluetooth client I/O Exception", e);
  }
}
```

代码片段 PA4AD_Ch16_Bluetooth/src/BluetoothActivity.java

如果用户尝试与尚未配对(绑定)的蓝牙设备建立连接,那么在 connect 调用完成前,将提示他们接受配对。主机设备和远程设备的用户必须都接受配对请求,然后连接才能建立。

4. 使用 Bluetooth Socket 传输数据

一旦连接建立之后，客户端和服务器设备上都会有 Bluetooth Socket。自此之后，两者之间没有显著区别：可以使用这两种设备上的 Bluetooth Socket 来发送和接收数据。

Bluetooth Socket 中的数据传输是通过标准的 Java InputStream 和 OutputStream 对象来处理的，可以分别使用 getInputStream 和 getOutputStream 方法从 Bluetooth Socket 中获得这两个对象。

程序清单 16-8 展示了两种简单的框架方法，第一种方法用于将字符串发送到使用了 Output Stream(输出数据流)的远程设备；第二种方法使用 Input Stream(输入数据流)以监听传入的字符串。同样的技术也可以用于传输任何流式数据。

可从
wrox.com
下载源代码

程序清单 16-8　使用 Bluetooth Socket 发送和接收字符串

```java
private void sendMessage(BluetoothSocket socket, String message) {
  OutputStream outStream;
  try {
    outStream = socket.getOutputStream();

    // Add a stop character.
    byte[] byteArray = (message + " ").getBytes();
    byteArray[byteArray.length - 1] = 0;

    outStream.write(byteArray);
  } catch (IOException e) {
    Log.e(TAG, "Message send failed.", e);
  }
}

private boolean listening = false;

private void listenForMessages(BluetoothSocket socket,
                               StringBuilder incoming) {
  listening = true;

  int bufferSize = 1024;
  byte[] buffer = new byte[bufferSize];

  try {
    InputStream instream = socket.getInputStream();
    int bytesRead = -1;

    while (listening) {
      bytesRead = instream.read(buffer);
      if (bytesRead != -1) {
        String result = "";
        while ((bytesRead == bufferSize) &&
               (buffer[bufferSize-1] != 0)){
          result = result + new String(buffer, 0, bytesRead - 1);
          bytesRead = instream.read(buffer);
        }
        result = result + new String(buffer, 0, bytesRead - 1);
        incoming.append(result);
      }
```

```
      socket.close();
    }
  } catch (IOException e) {
    Log.e(TAG, "Message received failed.", e);
  }
  finally {
  }
}
```

代码片段 PA4AD_Ch16_Bluetooth/src/BluetoothActivity.java

16.2 管理网络和 Internet 连接

Internet 连接的速度、可靠性以及成本依赖于所使用的网络技术(Wi-Fi、GPRS、3G、LTE 等),使应用程序知道并管理这些连接将有助于确保其高效运行并保持响应。

Android 可以广播用于监视网络连接变化的 Intent,并提供了对网络设置和连接进行控制的 API。

Android 网络主要是通过 ConnectivityManager 来处理的,该服务使你可以监视连接状态、设置自己的首选网络连接以及管理连接失败转接。

"管理 Wi-Fi"一节将学习如何使用 WifiManager 来专门监视和控制设备的 Wi-Fi 连接。WifiManager 允许创建新的 Wi-Fi 配置、监视并修改现有的 Wi-Fi 网络设置、管理活动连接以及执行接入点扫描。

16.2.1 Connectivity Manager 简介

ConnectivityManager 代表 Network Connectivity Service(网络连接服务)。它用于监视网络连接状态、配置故障转移设置以及控制网络无线电。

为了使用 Connectivity Manager,应用程序需要读取和写入网络状态访问权限:

```
<uses-permission android:name="android.permission.ACCESS_NETWORK_STATE"/>
<uses-permission android:name="android.permission.CHANGE_NETWORK_STATE"/>
```

为了访问 Connectivity Manager,使用 getSystemService,并传入 Context.CONNECTIVITY_SERVICE 作为服务名称,如程序清单 16-9 所示。

程序清单 16-9 访问 Connectivity Manager

```
String service = Context.CONNECTIVITY_SERVICE;

ConnectivityManager connectivity =
  (ConnectivityManager)getSystemService(service);
```

代码片段 PA4AD_Ch16_Data_Transfer/src/MyActivity.java

16.2.2 支持用户首选项以进行后台数据传输

直到 Android 4.0(API level 14),用于后台数据传输的用户首选项是在应用程序级实施的。这意味着对于 Android 4.0 之前的平台,你自己必须负责遵循用户的首选项来允许后台数据传输。

为了获得后台数据设置,需要调用 Connectivity Manager 对象的 getBackgroundDataSetting 方法:

```
boolean backgroundEnabled = connectivity.getBackgroundDataSetting();
```

如果禁用了后台数据设置,那么你的应用程序应当仅在它处于活动状态并位于前台时传输数据。通过关闭该值,用户是在显式地请求当应用程序不可见且不在前台时不传输数据。

如果你的应用程序需要后台数据传输以实现某些功能,则最佳实践是通知用户这一需求,并提供进入设置页面以允许他们更改其首选项的方法。

如果用户确实更改了后台数据首选项,那么系统将会发送带有 Connectivity Manager 的 ACTION_BACKGROUND_DATA_SETTING_CHANGED 动作的 Broadcast Intent。

为了监视后台数据设置的变化,需要创建并注册一个新的 Broadcast Receiver 用于监听这一 Broadcast Intent,如程序清单 16-10 所示。

程序清单 16-10　监视后台数据设置

```
registerReceiver(
  new BroadcastReceiver() {
    @Override
    public void onReceive(Context context, Intent intent) {
      boolean backgroundEnabled =
        connectivity.getBackgroundDataSetting();
      setBackgroundData(backgroundEnabled);
    }
  },
  new IntentFilter(
      ConnectivityManager.ACTION_BACKGROUND_DATA_SETTING_CHANGED)
);
```

代码片段 PA4AD_Ch16_Data_Transfer/src/MyActivity.java

在 Android 4.0 及更高版本中,getBackgroundDataSetting 已被弃用,并且总是返回 true。现在用户对应用程序使用网络数据的方法有了更多的控制,包括设置单独数据限制和限制后台数据。

现在这些首选项是在系统级实施的,意味着如果数据传输对你的应用程序不可用,那么尝试传输数据或者检查网络连接状态的操作都将失败,设备将呈现为离线状态。

防止用户限制或者禁止你的应用程序进行数据传输的最佳方法是:

- 将要传输的数据降到最低。
- 根据连接类型修改数据使用方法(下一节将进行介绍)。
- 提供可修改数据使用方式(例如后台更新频率)的用户首选项。

如果创建一个 Preference Activity 来允许用户修改应用程序的数据使用方法,那么用户就可以在系统设置中检查并修改你的应用程序的数据使用方法。

在 Preference Activity 的 manifest 文件的节点中添加一个 MANAGE_NETWORK_USAGE Intent Filter,如程序清单 16-11 所示。

程序清单 16-11　将应用程序的数据使用首选项添加到系统设置中

```
<activity android:name=".MyPreferences"
          android:label="@string/preference_title">
  <intent-filter>
    <action
```

```xml
    android:name="android.intent.action.MANAGE_NETWORK_USAGE"
 />
 <category android:name="android.intent.category.DEFAULT" />
</intent-filter>
</activity>
```

代码片段 PA4AD_Ch16_Data_Transfer/AndroidManifest.xml

设置好以后,系统设置中的 View Application Settings 按钮可启动你的 Preference Activity,让用户调整应用程序的数据使用方法,而不是限制或禁用它。

16.2.3 查找和监视网络连接

Connectivity Manager 提供了可用的网络连接的高级视图。GetActiveNetworkInfo 方法会返回一个 NetworkInfo 对象,其中包含了当前活动网络的详细信息。

```
//获得活动网络的信息.
NetworkInfo activeNetwork = connectivity.getActiveNetworkInfo();
```

也可以使用 getNetworkInfo 方法获得关于指定类型的非活动网络的详细信息。

使用返回的 NetworkInfo 了解所返回网络的连接状态、网络类型以及详细的状态信息。

在尝试传输数据之前,应该配置一个重复警报,或者调度一个执行数据传输的后台服务,并使用 Connectivity Manager 检查是否连接到了 Internet,如果是,则确认连接的类型,如程序清单 16-12 所示。

程序清单 16-12 访问网络信息

```java
NetworkInfo activeNetwork = connectivity.getActiveNetworkInfo();

boolean isConnected = ((activeNetwork != null) &&
                      (activeNetwork.isConnectedOrConnecting()));

boolean isWiFi = activeNetwork.getType() ==
                 ConnectivityManager.TYPE_WIFI;
```

代码片段 PA4AD_Ch16_Data_Transfer/src/MyActivity.java

通过查询连接状态和网络类型,可以根据可用的带宽暂时性地禁用下载和更新,修改刷新频率,或者推迟大文件的下载。

 移动数据的费用以及数据传输对电池电量的影响一般比 Wi-Fi 高得多,所以最好减小应用程序在移动连接上的更新率,并将大文件的下载推迟到可以使用 Wi-Fi 连接时。

为了监视网络连接,可以创建一个 Broadcast Receiver 来监听 ConnectivityManager.CONNECTIVITY_ACTION Broadcast Intent,如程序清单 16-13 所示。

程序清单 16-13 监视连接

```xml
<receiver android:name=".ConnectivityChangedReceiver" >
  <intent-filter >
    <action android:name="android.net.conn.CONNECTIVITY_CHANGE"/>
  </intent-filter>
</receiver>
```

代码片段 PA4AD_Ch16_Data_Transfer/AndroidManifest.xml

这些 Intent 包含了一些 extra，它们提供了关于连接状态变化的额外详细信息。可以使用 Connectivity-Manager 类中可用的静态常量访问每个 extra。EXTRA_NO_CONNECTIVITY 是最有用的 extra，它是一个布尔值，当设备未连接到任何网络时返回 true。当 EXTRA_NO_CONNECTIVITY 为 false 时(意味着有一个活动的连接)，使用 getActiveNetworkInfo 来获得新连接状态的更多详细信息并根据情况修改下载计划是一种很好的做法。

16.3 管理 Wi-Fi

WifiManager 代表 Android Wi-Fi 连接服务。它能够用于配置 Wi-Fi 网络连接、管理当前的 Wi-Fi 连接、扫描接入点以及监视 Wi-Fi 连接的变化。

为了使用 Wi-Fi Manager，应用程序必须在 manifest 文件中包含用于访问和更改 Wi-Fi 状态的 uses-permissions：

```xml
<uses-permission android:name="android.permission.ACCESS_WIFI_STATE"/>
<uses-permission android:name="android.permission.CHANGE_WIFI_STATE"/>
```

可以使用 getSystemService 方法访问 Wi-Fi Manager，并传入 Context.WIFI_SERVICE 常量，如程序清单 16-14 所示。

程序清单 16-14 访问 Wi-Fi Manager

```java
String service = Context.WIFI_SERVICE;
WifiManager wifi = (WifiManager)getSystemService(service);
```

代码片段 PA4AD_Ch16_WiFi/src/MyActivity.java

可以使用 Wi-Fi Manager 的 setWifiEnabled 方法启用或者禁用 Wi-Fi 硬件，或者使用 getWifiState 或者 isWifiEnabled 方法请求当前的 Wi-Fi 状态，如程序清单 16-15 所示。

程序清单 16-15 监视并更改 Wi-Fi 状态

```java
if (!wifi.isWifiEnabled())
  if (wifi.getWifiState() != WifiManager.WIFI_STATE_ENABLING)
    wifi.setWifiEnabled(true);
```

代码片段 PA4AD_Ch16_WiFi/src/MyActivity.java

下面的部分将介绍如何跟踪当前的 Wi-Fi 连接状态并监视信号强度的变化。稍后还将学习如何扫描并连接到指定的接入点。

16.3.1 监视 Wi-Fi 连接

大多数情况下，使用 Connectivity Manager 监视 Wi-Fi 连接的变化是一种最佳实践。不过，每当 Wi-Fi 网络连接状态发生变化时，Wi-Fi Manager 确实会广播 Intent，它会使用在 WifiManager 类中定义的下列任意一种常量：

- **WIFI_STATE_CHANGED_ACTION** 指示 Wi-Fi 硬件状态已经发生变化，包括 enabling、enabled、disabling、disabled 和 unknown 几种状态。它包含了 EXTRA_WIFI_STATE 和 EXTRA_PREVIOUS_STATE 这两个 extra，分别用于提供了新的和前一次的 Wi-Fi 状态。
- **SUPPLICANT_CONNECTION_CHANGE_ACTION** 每当与活动的请求方(接入点)之间的连接状态发生变化时广播该 Intent。当新连接建立或者现有连接丢失时就使用 EXTRA_NEW_STATE 触发它，并且在建立新连接时，该布尔值返回 true。
- **NETWORK_STATE_CHANGED_ACTION** 每当 Wi-Fi 连接状态发生变化时被触发。该 Intent 包含两个 extra——第一个是 EXTRA_NETWORK_INFO，其中包含详细描述了当前网络状态的 NetworkInfo 对象，第二个是 EXTRA_BSSID，其中包含所连接的接入点的 BSSID。
- **RSSI_CHANGED_ACTION** 可以通过监听 RSSI_CHANGED_ACTION Intent 来监视已连接 Wi-Fi 网络的当前信号强度。该 Broadcast Intent 包含一个整型 extra EXTRA_NEW_RSSI，其中保存了当前的信号强度。为了利用该信号强度，应当使用 Wi-Fi Manager 的 calculateSignalLevel 静态方法，以便按照你指定的范围将该信号强度转换成一个整型数值。

16.3.2 监视活动的 Wi-Fi 连接的详细信息

当建立了一个活动的 Wi-Fi 连接后，就可以使用 Wi-Fi Manager 的 getConnectionInfo 方法找出连接的状态信息。所返回的 WifiInfo 对象包含当前接入点的 SSID、BSSID、Mac 地址、IP 地址，以及当前的链路速度和信号强度，如程序清单 16-16 所示。

程序清单 16-16　查询活动的网络连接

```
WifiInfo info = wifi.getConnectionInfo();
if (info.getBSSID() != null) {
    int strength = WifiManager.calculateSignalLevel(info.getRssi(), 5);
    int speed = info.getLinkSpeed();
    String units = WifiInfo.LINK_SPEED_UNITS;
    String ssid = info.getSSID();

    String cSummary = String.format("Connected to %s at %s%s. " +
                                    "Strength %s/5",
                                    ssid, speed, units, strength);
    Log.d(TAG, cSummary);
}
```

代码片段 PA4AD_Ch16_WiFi/src/MyActivity.java

16.3.3 扫描热点

可以使用 Wi-Fi Manager 的 startScan 方法进行接入点扫描。一个带有 SCAN_RESULTS_AVAILABLE_

ACTION 动作的 Intent 将被广播以便异步宣布扫描完成并且结果可用。

调用 getScanResults 以获得这些结果，它们是 ScanResult 对象的列表。每个扫描结果包含了为每个检测到的接入点所检索到的详细信息，包括链路速度、信号强度、SSID 以及所支持的身份验证技术。

程序清单 16-17 展示了如何启动一个接入点扫描，它显示一个 Toast 来指示已发现接入点的总数和信号强度最强的接入点的名称。

程序清单 16-17　扫描 Wi-Fi 接入点

```java
//注册用于监听扫描结果的 Broadcast Receiver.
registerReceiver(new BroadcastReceiver() {
    @Override
    public void onReceive(Context context, Intent intent) {
      List<ScanResult> results = wifi.getScanResults();
      ScanResult bestSignal = null;
      for (ScanResult result : results) {
        if (bestSignal == null ||
          WifiManager.compareSignalLevel(
            bestSignal.level,result.level) < 0)
          bestSignal = result;
      }

      String connSummary = String.format("%s networks found. %s is
                                the strongest.",
                                results.size(),
                                bestSignal.SSID);

      Toast.makeText(MyActivity.this,
             connSummary, Toast.LENGTH_LONG).show();
    }
}, new IntentFilter(WifiManager.SCAN_RESULTS_AVAILABLE_ACTION));

//开始扫描.
wifi.startScan();
```

代码片段 PA4AD_Ch16_WiFi/src/MyActivity.java

16.3.4　管理 Wi-Fi 配置

可以使用 Wi-Fi Manager 管理已配置的网络设置并控制将要连接到哪个网络。一旦连接建立，就可以通过查询可用网络连接来获得其配置和设置的更多详细信息。

使用 getConfiguredNetworks 可以获得当前网络配置的列表。所返回的 WifiConfiguration 对象列表包含每个配置的网络 ID、SSID 和其他详细信息。

为了使用某个特定的网络配置，需要使用 enableNetwork 方法，并传入要使用的网络 ID，同时将 disableAllOthers 参数指定为 true。

```java
//获得可用配置的一个列表
List<WifiConfiguration> configurations = wifi.getConfiguredNetworks();
//获得第一个配置的网络 ID
if (configurations.size() > 0) {
```

```
int netID = configurations.get(0).networkId;
//启用该网络
boolean disableAllOthers = true;
wifi.enableNetwork(netID, disableAllOthers);
}
```

16.3.5 创建 Wi-Fi 网络配置

为了连接到一个 Wi-Fi 网络，需要创建并注册一个配置。正常情况下，用户将使用本机 Wi-Fi 配置设置进行该操作，但是也可以在自己的应用程序中提供相同的功能，甚至可以完全替换本机 Wi-Fi 配置 Activity。

网络配置作为 WifiConfiguration 对象进行存储。下面是每个 Wi-Fi 配置可用的公共域的不完全列表：

- **BSSID**　每个接入点的 BSSID。
- **SSID**　特定网络的 SSID。
- **networkId**　用于在当前设备上标识这个网络配置的唯一标识符。
- **priority**　当对要连接到的潜在接入点的列表进行排序时用到的网络配置优先级。
- **status**　该网络连接的当前状态，将会是下列结果其中之一：WifiConfiguration.Status.ENABLED、WifiConfiguration.Status.DISABLED 或者 WifiConfiguration.Status.CURRENT。

WifiConfiguration 对象还包含了所支持的验证技术，以及先前用来验证该接入点所用到的密钥。

addNetwork 方法可以指定一个新的配置并将其添加到当前列表中；与此类似，updateNetworks 方法可以通过传入只包含一个网络 ID 和想要更改的值的 WifiConfiguration 对象来更新网络配置。

也可以使用 removeNetwork 方法并传入一个网络 ID 以删除某个配置。

为了保存对网络配置所做的任何更改，必须调用 saveConfiguration 方法。

16.4　使用 Wi-Fi Direct 传输数据

Wi-Fi Direct 是一种通信协议，用于中等距离、高带宽的点对点通信。Android 4.0(API level 14) 中引入了对 Wi-Fi Direct 的支持。与蓝牙技术相比，Wi-Fi Direct 更加快速可靠，而且工作距离更远。

使用 Wi-Fi Direct API，可以在 Wi-Fi Direct 的工作范围内搜索并连接到其他 Wi-Fi Direct 设备。通过使用套接字建立通信链接，可以在支持的设备(包括一些打印机、扫描仪、摄像头和电视)之间以及在运行在不同设备上的你的应用程序的实例之间传输和接收数据流。

作为蓝牙的高带宽替代，Wi-Fi Direct 特别适合媒体共享和接收实时媒体流等操作。

16.4.1 初始化 Wi-Fi Direct 框架

为使用 Wi-Fi Direct，应用程序需要具有 ACCESS_WIFI_STATE、CHANGE_WIFI_STATE 和 INTERNET 权限：

```
<uses-permission android:name="android.permission.ACCESS_WIFI_STATE"/>
<uses-permission android:name="android.permission.CHANGE_WIFI_STATE"/>
<uses-permission android:name="android.permission.INTERNET"/>
```

Wi-Fi Direct 连接是使用 WifiP2pManager 系统服务建立和管理的。通过使用 getSystemService 方

法并传入 Context.WIFI_P2P_SERVICE 常量，可以访问 WifiP2pManager 系统服务：

```
wifiP2pManager =
  (WifiP2pManager)getSystemService(Context.WIFI_P2P_SERVICE);
```

在使用 WiFi P2P Manager 之前，必须使用 WifiP2pManager 的 initialize 方法创建连接到 Wi-Fi Direct 框架的一个通道。需要向该方法传入当前的 Context、Looper 用于接收 Wi-Fi Direct 事件和 ChannelListener 用于监听通道连接丢失情况，如程序清单 16-18 所示。

可从
wrox.com
下载源代码

程序清单 16-18 初始化 Wi-Fi Direct

```
private WifiP2pManager wifiP2pManager;
private Channel wifiDirectChannel;

private void initializeWiFiDirect() {
  wifiP2pManager =
    (WifiP2pManager)getSystemService(Context.WIFI_P2P_SERVICE);

  wifiDirectChannel = wifiP2pManager.initialize(this, getMainLooper(),
    new ChannelListener() {
      public void onChannelDisconnected() {
        initializeWiFiDirect();
      }
    }
  );
}
```

代码片段 PA4AD_Ch16_WiFiDirect/src/WiFiDirectActivity.java

将会使用这个通道与 Wi-Fi Direct 框架进行交互，因此 WiFi P2P Manager 的初始化操作通常是在 Activity 的 onCreate 处理程序内完成的。

使用 WiFi P2P Manager 执行的大多数动作(例如找到和连接对等设备的尝试)会使用一个 ActionListener 立即指出它们是否成功，如程序清单 16-19 所示。动作成功时，通过接收 Broadcast Intent 可以得到与这些动作关联的返回值，如下面的小节所示。

可从
wrox.com
下载源代码

程序清单 16-19 创建一个 WiFi P2P Manager 动作监听器

```
private ActionListener actionListener = new ActionListener() {
  public void onFailure(int reason) {
    String errorMessage = "WiFi Direct Failed: ";
    switch (reason) {
      case WifiP2pManager.BUSY :
        errorMessage += "Framework busy."; break;
      case WifiP2pManager.ERROR :
        errorMessage += "Internal error."; break;
      case WifiP2pManager.P2P_UNSUPPORTED :
        errorMessage += "Unsupported."; break;
      default:
        errorMessage += "Unknown error."; break;
    }
    Log.d(TAG, errorMessage);
  }
```

```
    public void onSuccess() {
      //成功!
      //返回值将通过一个 Broadcast Intent 返回
    }
};
```

代码片段 PA4AD_Ch16_WiFiDirect/src/WiFiDirectActivity.java

16.4.2 启用 Wi-Fi Direct 并监视其状态

为使一个 Android 设备能够发现其他 Wi-Fi Direct 设备或被其他 Wi-Fi Direct 设备发现,用户首先必须启用 Wi-Fi Direct。为此,可以使用 android.provider.Settings.ACTION_WIRELESS_SETTINGS 类启动一个新 Activity,从而启动设置屏幕,供用户修改此设置,如程序清单 16-20 所示。

程序清单 16-20　在设备上启用 Wi-Fi Direct

```
Intent intent = new Intent(
  android.provider.Settings.ACTION_WIRELESS_SETTINGS);

startActivity(intent);
```

代码片段 PA4AD_Ch16_WiFiDirect/src/WiFiDirectActivity.java

只有建立连接并传输数据时,Wi-Fi Direct 才会一直保持启用状态。如果短时间不用,它就会自动禁用。

只有设备上启用了 Wi-Fi Direct 时,才能够执行 Wi-Fi Direct 操作,因此,监听 Wi-Fi Direct 的状态变化,并通过修改 UI 来禁用不可行操作是非常重要的。

通过注册一个接收 WifiP2pManager.WIFI_P2P_STATE_CHANGED_ACTION 动作的 Broadcast Receiver,可以监视 Wi-Fi Direct 的状态:

```
IntentFilter p2pEnabledFilter = new
  IntentFilter(WifiP2pManager.WIFI_P2P_STATE_CHANGED_ACTION);

registerReceiver(p2pStatusReceiver, p2pEnabledFilter);
```

相关的 Broadcast Receiver 收到的 Intent(如程序清单 16-21 所示)包含一个被设置为 WIFI_P2P_STATE_ENABLED 或者 WIFI_P2P_STATE_DISABLED 的 WifiP2pManager.EXTRA_WIFI_STATE extra。

程序清单 16-21　接收 Wi-Fi Direct 的状态变化

```
BroadcastReceiver p2pStatusReceiver = new BroadcastReceiver() {
  @Override
  public void onReceive(Context context, Intent intent) {
    int state = intent.getIntExtra(
      WifiP2pManager.EXTRA_WIFI_STATE,
      WifiP2pManager.WIFI_P2P_STATE_DISABLED);

    switch (state) {
    case (WifiP2pManager.WIFI_P2P_STATE_ENABLED):
      buttonDiscover.setEnabled(true);
      break;
```

```
      default:
        buttonDiscover.setEnabled(false);
      }
    }
  };
```

代码片段 PA4AD_Ch16_WiFiDirect/src/WiFiDirectActivity.java

在 onReceive 处理程序内,可以根据 Wi-Fi Direct 的状态变化相应地修改 UI。

在创建了连接到 Wi-Fi Direct 框架的通道并启用设备及其对等设备上的 Wi-Fi Direct 后,就可以开始搜索和连接对等设备了。

16.4.3 发现对等设备

为扫描对等设备,需要调用 WiFi P2P Manager 的 discoverPeers 方法,并传入一个处于活动状态的通道和一个 Action Listener。对等设备列表的变化将作为一个 Intent,通过使用 WifiP2pManager.WIFI_P2P_PEERS_CHANGED_ACTION 动作广播出去。在建立一个连接或者创建一个组之前,对等设备的搜索过程会一直进行。

当收到通知你对等设备列表发生变化的 Intent 后,可以使用 WifiP2pManager.requestPeers 方法请求当前发现的对等设备的列表,如程序清单 16-22 所示。

可从
wrox.com
下载源代码

程序清单 16-22　发现 Wi-Fi Direct 对等设备

```
private void discoverPeers() {
  wifiP2pManager.discoverPeers(wifiDirectChannel, actionListener);
}

BroadcastReceiver peerDiscoveryReceiver = new BroadcastReceiver() {
  @Override
  public void onReceive(Context context, Intent intent) {
    wifiP2pManager.requestPeers(wifiDirectChannel,
      new PeerListListener() {
        public void onPeersAvailable(WifiP2pDeviceList peers) {
          deviceList.clear();
          deviceList.addAll(peers.getDeviceList());
          aa.notifyDataSetChanged();
        }
    });
  }
};
```

代码片段 PA4AD_Ch16_WiFiDirect/src/WiFiDirectActivity.java

requestPeers 方法接受一个 PeerListListener,当检索到对等设备列表时,就会执行 PeerListListener 的 onPeersAvailable 处理程序。对等设备列表可以通过 WifiP2pDeviceList 访问,你可以查询它来找出所有可用对等设备的名称和地址。

16.4.4 连接对等设备

为了与对等设备建立 Wi-Fi Direct 连接,需要使用 WiFi P2P Manager 的 connect 方法,并传入活动的通道、一个 Action Listener 以及一个指定了要连接的对等设备的地址的 WifiP2pConfig 对象，如程序清单 16-23 所示。

程序清单 16-23　请求连接到一个 Wi-Fi Direct 对等设备

```
private void connectTo(WifiP2pDevice device) {
  WifiP2pConfig config = new WifiP2pConfig();
  config.deviceAddress = device.deviceAddress;

  wifiP2pManager.connect(wifiDirectChannel, config, actionListener);
}
```

代码片段 PA4AD_Ch16_WiFiDirect/src/WiFiDirectActivity.java

当尝试建立一个连接时，远程设备就会被提示接受连接请求。在 Android 设备上，这需要用户使用如图 16-4 所示的对话框手动接受连接请求。

图　16-4

如果远程设备接受了建立连接的请求，成功的连接将使用 WifiP2pManager.WIFI_P2P_CONNECTION_CHANGED_ACTION Intent 动作在两个设备上广播。

Broadcast Intent 将包含一个打包在 WifiP2pManager.EXTRA_NETWORK_INFO extra 中的 NetworkInfo 对象。可以查询 Network Info 来确认连接状态的变化表示建立了一个新连接还是已有的连接断开了：

```
boolean connected = networkInfo.isConnected();
```

如果是建立了新连接，则可以使用 WifiP2pManager.requestConnectionInfo 方法查询连接的详细信息。需要向该方法传入活动的通道以及一个 ConnectionInfoListener，如程序清单 16-24 所示。

程序清单 16-24　连接到 Wi-Fi Direct 对等设备

```
BroadcastReceiver connectionChangedReceiver = new BroadcastReceiver() {
  @Override
  public void onReceive(Context context, Intent intent) {

    //提取 NetworkInfo
    String extraKey = WifiP2pManager.EXTRA_NETWORK_INFO;
    NetworkInfo networkInfo =
      (NetworkInfo)intent.getParcelableExtra(extraKey);

    //检查是否已经连接
    if (networkInfo.isConnected()) {
```

```
wifiP2pManager.requestConnectionInfo(wifiDirectChannel,
  new ConnectionInfoListener() {
    public void onConnectionInfoAvailable(WifiP2pInfo info) {
      //如果建立了连接
      if (info.groupFormed) {
        //如果这个设备是服务器
        if (info.isGroupOwner) {
          // TODO: 启动Server Socket.
        }
        // 如果这个设备是客户机
        else if (info.groupFormed) {
          // TODO: 启动Client Socket.
        }
      }
    }
  });
} else {
  Log.d(TAG, "Wi-Fi Direct Disconnected");
}
}
};
```

代码片段 PA4AD_Ch16_WiFiDirect/src/WiFiDirectActivity.java

当连接信息可用时，ConnectionInfoListener 会触发其 onConnectionInfoAvailable 处理程序，并传入一个包含这些详细信息的 WifiP2pInfo 对象。

建立连接后，所连接的对等设备会形成一个组。连接发起者将作为该组的所有者返回，并且通常(并非总是)承担服务器的角色以进行进一步的通信。

每个 P2P 连接都被视为一个组，即使该连接只是在两个对等设备之间建立的。如果需要与不支持 Wi-Fi Direct 的早期设备建立连接，可以手动创建组，从而创建那些设备可以连接的虚拟接入点。

建立连接后，可以使用标准的 TCP/IP 套接字在设备之间传输数据，如下一节所述。

16.4.5 在对等设备之间传输数据

对特定数据传输实现的细节的讨论不在本书的范围内，所以本节只是介绍使用标准的 Java 套接字在连接的设备之间传输数据的基本过程。

为建立套接字连接，一个设备必须创建一个监听连接请求的 ServerSocket；另一个设备必须创建一个发出连接请求的客户端 Socket。这种区别只是在建立连接时有用——连接建立后，数据可以从其中任何一个设备流向另一个设备。

使用 ServerSocket 类创建一个新的服务器端套接字时，需要指定在哪个端口上监听请求。调用该类的 accept 方法来监听传入的请求，如程序清单 16-25 所示。

程序清单 16-25　创建一个 Server Socket

```
ServerSocket serverSocket = new ServerSocket(8666);
Socket serverClient = serverSocket.accept();
```

代码片段 PA4AD_Ch16_WiFiDirect/src/WiFiDirectActivity.java

要从客户端发出建立连接的请求，需要创建一个新的 Socket 对象，然后使用其 connect 方法，并指定目标设备的主机地址、要连接的端口和连接请求的超时时间，如程序清单 16-26 所示。

程序清单 16-26　创建一个客户端 Socket

```
int timeout = 10000;
int port = 8666;

InetSocketAddress socketAddress
    = new InetSocketAddress(hostAddress, port);

try {
  Socket socket = new Socket();
  socket.bind(null);
  socket.connect(socketAddress, timeout);
} catch (IOException e) {
  Log.e(TAG, "IO Exception.", e);
}
```

代码片段 PA4AD_Ch16_WiFiDirect/src/WiFiDirectActivity.java

对 Server Socket 的 accept 方法的调用和对 connect 的调用都是阻塞式调用，只有建立了套接字连接后才会返回。

> 如本节所述的网络通信应该总是在后台线程上处理，以免阻塞 UI 线程。建立网络连接的操作是一种典型情况，因为服务器端和客户端逻辑都包含阻塞调用，如果不放到后台线程上，UI 就会受到干扰。

在建立套接字后，可以在服务器端或客户端套接字上创建 Input Stream 和 Output Stream，以进行双向的数据传输和接收。

16.5　近场通信

Android 2.3(API level 9)引入了近场通信(Near Field Communication，NFC) API。NFC 是一种非接触式的技术，用于在短距离(通常小于 4 厘米)内少量数据的传输。

NFC 传输可以在两个支持 NFC 的设备或者一个设备和一个 NFC"标签"之间进行。NFC 标签既包括在扫描时会传输 URL 的被动标签，也包括复杂的系统，例如 NFC 支付方案中使用的那些(如

Google Wallet)。

在 Android 中，NFC 消息是通过使用 NFC Data Exchange Format(NDEF)处理的。

为读取、写入或者广播 NFC 消息，应用程序需要具有 NFC manifest 权限：

```
<uses-permission android:name="android.permission.NFC" />
```

16.5.1 读取 NFC 标签

当一个 Android 设备用于扫描一个 NFC 标签时，其系统将使用自己的标签分派系统解码传入的有效载荷。这个标签分派系统会分析标签，将数据归类，并使用 Intent 启动一个应用程序来接收数据。

为使应用程序能够接收 NFC 数据，需要添加一个 Activity Intent Filter 来监听以下的某个 Intent 动作：

- **NfcAdapter.ACTION_NDEF_DISCOVERED**　这是优先级最高、也是最具体的 NFC 消息动作。使用这个动作的 Intent 包括 MEME 类型和/或 URI 数据。最好的做法是只要有可能，就监听这个广播，因为其 extra 数据允许更加具体地定义要响应的标签。
- **NfcAdapter.ACTION_TECH_DISCOVERED**　当 NFC 技术已知、但是标签不包含数据(或者包含的数据不能被映射为 MIME 类型或 URI)时广播这个动作。
- **NfcAdapter.ACTION_TAG_DISCOVERED**　如果从未知技术收到一个标签，则使用此 Intent 动作广播该标签。

程序清单 16-27 显示了如何注册一个 Activity，使其只响应对应于作者的博客的 URI 的 NFC 标签。

程序清单 16-27　监听 NFC 标签

```
<activity android:name=".BlogViewer">
    <intent-filter>
        <action android:name="android.nfc.action.NDEF_DISCOVERED"/>
        <category android:name="android.intent.category.DEFAULT"/>
        <data android:scheme="http"
            android:host="blog.radioactiveyak.com"/>
    </intent-filter>
</activity>
```

代码片段 PA4AD_Ch16_NFC/AndoridManifest.xml

NFC Intent Filter 尽可能地具体是一种很好的做法，这样可以将能够响应指定 NFC 标签的应用程序数减到最少，从而提供最好、最快的用户体验。

很多时候，应用程序使用 Intent 数据/URI 和 MIME 类型就足以做出合适的响应。但是，需要时，可以通过 Intent(启动 Activity 的 Intent)内的 extra 使用 NFC 消息提供的有效载荷。

NfcAdapter.EXTRA_TAG extra 包含一个代表扫描的标签的原始 Tag 对象。NfcAdapter.EXTRA_TNDEF_MESSAGES extra 中包含了一个 NDEF Messages 的数组，如程序清单 16-28 所示。

程序清单 16-28　提取 NFC 标签的有效载荷

```
String action = getIntent().getAction();
```

```java
if (NfcAdapter.ACTION_NDEF_DISCOVERED.equals(action)) {
  Parcelable[] messages =
    intent.getParcelableArrayExtra(NfcAdapter.EXTRA_NDEF_MESSAGES);

  for (int i = 0; i < messages.length; i++) {
    NdefMessage message = (NdefMessage)messages[i];
    NdefRecord[] records = message.getRecords();

    for (int j = 0; j < records.length; j++) {
      NdefRecord record = records[j];
      // TODO：处理单独的记录。
    }
  }
}
```

代码片段 PA4AD_Ch16_NFC/src/BeamerActivity.java

16.5.2 使用前台分派系统

默认情况下，标签分派系统会根据标准的 Intent 解析过程确定哪个应用程序应该收到特定的标签。在 Intent 解析过程中，位于前台的 Activity 并不比其他应用程序的优先级高；因此，如果几个应用程序都被注册为接收扫描类型的标签，用户就需要选择使用哪个应用程序，即使此时你的应用程序位于前台。

通过使用前台分派系统，可以指定特定的一个具有高优先级的 Activity 使得当它位于前台时，成为默认接收标签的应用程序。使用 NFC Adapter 的 enable/disableForegroundDispatch 方法可以切换前台分派系统。只有当一个 Activity 位于前台时才能使用前台分派系统，所以应该分别在 onResume 和 onPause 处理程序内启用和禁用该系统，如程序清单 16-29 所示。这个例子展示了 enableForegroundDispatch 的参数。

程序清单 16-29　使用前台分派系统

```java
public void onPause() {
  super.onPause();

  nfcAdapter.disableForegroundDispatch(this);
}

@Override
public void onResume() {
  super.onResume();
  nfcAdapter.enableForegroundDispatch(
    this,
    //用于打包 Tag Intent 的 Intent。
    nfcPendingIntent,
    //用于声明想要拦截的 Intent 的 Intent Filter 数组
    intentFiltersArray,
    //想要处理的标签技术的数组。
    techListsArray);

  String action = getIntent().getAction();
  if (NfcAdapter.ACTION_NDEF_DISCOVERED.equals(action)) {
```

```
        processIntent(getIntent());
    }
}
```

代码片段 PA4AD_Ch16_NFC/src/BeamerActivity.java

Intent Filter 数组应该声明想要拦截的 URI 或 MIME 类型——如果收到的任何标签的类型与这些条件不匹配，那么将会被使用标准的标签分派系统处理它们。为了确保良好的用户体验，只指定你的应用程序处理的标签内容是很重要的。

通过显式指定想要处理的技术(通常是添加 NfcF 类)，可以进一步细化收到的标签。

最后，NFC Adapter 会填充 Pending Intent，以便把收到的标签直接传输给你的应用程序。

程序清单 16-30 显示了为了启用程序清单 16-29 中的前台分派系统所需要使用的 Pending Intent、MIME 类型数组和技术数组。

程序清单 16-30　配置前台分派参数

```
PendingIntent nfcPendingIntent;
IntentFilter[] intentFiltersArray;
String[][] techListsArray;

@Override
public void onCreate(Bundle savedInstanceState) {
  super.onCreate(savedInstanceState);
  setContentView(R.layout.main);

  [... Existing onCreate logic ...]

  //创建 Pending Intent.
  int requestCode = 0;
  int flags = 0;

  Intent nfcIntent = new Intent(this, getClass());
  nfcIntent.addFlags(Intent.FLAG_ACTIVITY_SINGLE_TOP);

  nfcPendingIntent =
    PendingIntent.getActivity(this, requestCode, nfcIntent, flags);

  //创建局限为 URI 或 MIME 类型的 Intent Filter，以从中拦截 TAG 扫描
  IntentFilter tagIntentFilter =
    new IntentFilter(NfcAdapter.ACTION_NDEF_DISCOVERED);
  tagIntentFilter.addDataScheme("http");
  tagIntentFilter.addDataAuthority("blog.radioactiveyak.com", null);
  intentFiltersArray = new IntentFilter[] { tagIntentFilter };

  //创建要处理的技术数组
  techListsArray = new String[][] {
    new String[] {
      NfcF.class.getName()
    }
  };
}
```

代码片段 PA4AD_Ch16_NFC/src/BeamerActivity.java

16.5.3 Android Beam 简介

Android 4.0(API level 14)中引入的 Android Beam 提供了一个简单的 API。应用程序可以使用该 API 在使用 NFC 的两个设备之间传输数据,只要将这两个设备背靠背放在一起即可。例如,原生的联系人、浏览器和 YouTube 应用程序就使用 Android Beam 来与其他设备共享当前查看的联系人、网页和视频。

为使用 Android Beam 传输消息,你的应用程序必须位于前台,而且接收数据的设备不能处于锁住状态。

通过将两个支持 NFC 的 Android 设备放到一起,可以启动 Android Beam。用户会看到一个 "touch to beam"(触摸以传输)UI,此时他们可以选择把前台应用程序 "beam"(传输)到另外一个设备。

当设备被放到一起时,Android Beam 会使用 NFC 在设备之间推送 NDEF 消息。

通过在应用程序内启用 Android Beam,可以定义所传输的消息的有效载荷。如果没有自定义消息,应用程序的默认动作会在目标设备上启动它。如果目标设备上没有安装你的应用程序,那么 Google Play 就会启动,并显示你的应用程序的详细信息页面。

为定义应用程序传输的消息,需要在 manifest 文件中请求 NFC 权限:

```
<uses-permission android:name="android.permission.NFC"/>
```

定义自己的有效载荷的过程如下:
(1) 创建一个包含 NdefRecord 的 NdefMessage 对象,NdefRecord 中包含了消息的有效载荷。
(2) 将你的 Ndef Message 作为 Android Beam 的有效载荷分配给 NFC Adapter。
(3) 配置应用程序来监听传入的 Android Beam 消息。

1. 创建 Android Beam 消息

要创建一个新的 Ndef Message,需要创建一个 NdefMessage 对象,并在其中创建至少一个 NdefRecord,用于包含你想要传递给目标设备上的应用程序的有效载荷。

创建新的 Ndef Record 时,必须指定它表示的记录类型、一个 MIME 类型、一个 ID 和有效载荷。有几种公共的 Ndef Record 类型,可以用在 Android Beam 中来传递数据。要注意,它们总是应该作为第一条记录添加到要传输的消息中。

使用 NdefRecord.TNF_MIME_MEDIA 类型可以传输绝对 URI:

```
NdefRecord uriRecord = new NdefRecord(
  NdefRecord.TNF_ABSOLUTE_URI,
  "http://blog.radioactiveyak.com".getBytes(Charset.forName("US-ASCII")),
  new byte[0], new byte[0]);
```

这是使用 Android Beam 传输的最常见的 Ndef Record,因为收到的 Intent 和任何启动 Activity 的 Intent 具有一样的形式。用来确定特定的 Activity 应该接收哪些 NFC 消息的 Intent Filter 可以使用 scheme、host 和 path Prefix 属性。

如果需要传输的消息所包含的信息不容易被解释为 URI，NdefRecord.TNF_MIME_MEDIA 类型支持创建一个应用程序特定的 MIME 类型，并包含相关的有效载荷：

```
byte[]
mimeType = "application/com.paad.nfcbeam".getBytes(Charset.forName("US-ASCII"));
byte[] tagId = new byte[0];
byte[] payload = "Not a URI".getBytes(Charset.forName("US-ASCII"));

NdefRecord mimeRecord = new NdefRecord(
  NdefRecord.TNF_MIME_MEDIA,
  mimeType,
  tagId,
  payload);
```

在 Android Developer Guide(http://developer.android.com/guide/topics/nfc/nfc.html#creating-records) 中可以找到关于可用的 NDEF 记录类型和如何使用它们的详细信息。

包含 Android Application Record(AAR)形式的 Ndef Record 是一种很好的做法。这可以保证你的应用程序会在目标设备上启动；如果目标设备上没有安装你的应用程序，则会启动 Google Play Store，让用户可以安装它。

要创建一个 AAR Ndef Record，需要使用 Ndef Record 类的 createApplicationRecord 静态方法，并指定应用程序的包名，如程序清单 16-31 所示。

程序清单 16-31　创建一条 Android Beam NDEF 消息

```
String payload = "Two to beam across";

String mimeType = "application/com.paad.nfcbeam";
byte[] mimeBytes = mimeType.getBytes(Charset.forName("US-ASCII"));

NdefMessage nfcMessage = new NdefMessage(new NdefRecord[] {
  //创建NFC 有效载荷.
  new NdefRecord(
    NdefRecord.TNF_MIME_MEDIA,
    mimeBytes,
    new byte[0],
    payload.getBytes()),

  //添加AAR(Android Application Record)
  NdefRecord.createApplicationRecord("com.paad.nfcbeam")
});
```

代码片段 PA4AD_Ch16_NFCBeam/src/BeamerActivity.java

2. 分配 Android Beam 有效载荷

使用 NFC Adapter 可以指定 Android Beam 的有效载荷。通过使用 NfcAdapter 类的 getDefaultAdapter 静态方法，可以访问默认的 NFC Adapter：

```
NfcAdapter nfcAdapter = NfcAdapter.getDefaultAdapter(this);
```

有两种方法可以把程序清单 16-31 中创建的 NDEF Message 指定为应用程序的 Android Beam 有

效载荷。最简单的方法是使用 setNdefPushMessage 方法来分配当 Android Beam 启动时总是应该从当前 Activity 发送的消息。通常，这种分配只需要在 Activity 的 onResume 方法中完成一次：

```
nfcAdapter.setNdefPushMessage(nfcMessage, this);
```

更好的方法是使用 setNdefPushMessageCallback 方法。该处理程序在消息被传输之前立即触发，允许你根据应用程序当前的上下文——例如，正在看哪个视频，浏览哪个网页，或者哪个地图坐标居中——动态设置有效载荷的内容，如程序清单 16-32 所示。

程序清单 16-32　动态设置 Android Beam 消息

```
nfcAdapter.setNdefPushMessageCallback(new CreateNdefMessageCallback() {
    public NdefMessage createNdefMessage(NfcEvent event) {
        String payload = "Beam me up, Android!\n\n" +
            "Beam Time: " + System.currentTimeMillis();
        
        NdefMessage message = createMessage(payload);
        
        return message;
    }
}, this);
```

代码片段 PA4AD_Ch16_NFCBeam/src/BeamerActivity.java

如果使用回调处理程序同时设置了静态消息和动态消息，那么只有动态消息会被传输。

3. 接收 Android Beam 消息

Android Beam 消息的接收方式与本章前面介绍的 NFC 标签十分类似。为了接收在前一节打包的有效载荷，首先要在 Activity 中添加一个新的 Intent Filter，如程序清单 16-33 所示。

程序清单 16-33　Android Beam Intent Filter

```
<intent-filter>
    <action android:name="android.nfc.action.NDEF_DISCOVERED"/>
    <category android:name="android.intent.category.DEFAULT"/>
    <data android:mimeType="application/com.paad.nfcbeam"/>
</intent-filter>
```

代码片段 PA4AD_Ch16_NFCBeam/AndroidManifest.xml

Android Beam 启动后，接收设备上的 Activity 就会被启动；如果接收设备上没有安装你的应用程序，那么 Google Play Store 将会启动，以允许用户下载你的应用程序。

传输的数据会使用一个具有 NfcAdapter.ACTION_NDEF_DISCOVERED 动作的 Intent 传输给你的 Activity，其有效载荷可作为一个 NdfMessage 数组用于存储对应的 NfcAdapter.EXTRA_NDEF_MESSAGES extra，如程序清单 16-34 所示。

程序清单 16-34　提取 Android Beam 有效载荷

```
Parcelable[] messages = intent.getParcelableArrayExtra(
```

```
  NfcAdapter.EXTRA_NDEF_MESSAGES);

NdefMessage message = (NdefMessage)messages[0];
NdefRecord record = message.getRecords()[0];

String payload = new String(record.getPayload());
```

代码片段 PA4AD_Ch16_NFCBeam/src/BeamerActivity.java

通常，有效载荷字符串是一个 URI 的形式，可以像对待 Intent 内封装的数据一样提取和处理它，以显示合适的视频、网页或地图坐标。

第 17 章

电话服务和 SMS

本章内容
- 启动电话呼叫
- 读取电话、网络、数据连接以及 SIM 状态
- 监视电话、网络、数据连接以及 SIM 状态的变化
- 使用 Intent 发送 SMS 和 MMS 消息
- 使用 SMS Manager 发送 SMS 消息
- 处理传入的 SMS 消息

在本章中,将学习如何使用 Android 的电话服务 API 来监视移动语音、数据连接和传入及传出的呼叫,以及如何使用电话服务 API 来发送和接收 SMS(短消息服务)消息。

通过学习用于监视电话状态和电话呼叫的电话服务包、发起呼叫和监视来电的详细信息,你将了解通信用到的硬件。

Android 还提供了对 SMS 功能的完全访问,从而允许在应用程序中发送并接收 SMS 消息。使用 Android API,可以创建自己的 SMS 客户端应用程序来替换软件栈中的本机客户端。此外,还可以在自己的应用程序中加入消息传输功能。

17.1 电话服务的硬件支持

随着只支持 Wi-Fi 的 Android 设备出现,你不能再假定运行你的应用程序的所有硬件都支持电话服务。

17.1.1 将电话功能指定为必需的硬件功能

一些应用程序在不支持电话的设备上没有任何意义。提供反向电话号码查找或者替代 SMS 客户端的应用程序在只支持 Wi-Fi 的设备上是无法工作的。

为了指定应用程序需要设备支持电话服务,需要在应用程序的 manifest 文件中添加一个

uses-feature 节点:

```
<uses-feature android:name="android.hardware.telephony"
              android:required="true"/>
```

通过将电话服务标记为必需功能,可以防止应用程序出现在没有电话硬件的设备的 Google Play 中。同样,这样的设备也不能通过 Google Play 网站安装该应用程序。

17.1.2 检查电话硬件

如果应用程序使用了电话服务 API,但是它们并不是必需的,那么可以在试图使用相关 API 之前,检查设备是否有电话硬件。

为此,需要使用 PackageManager 的 hasSystemFeature 方法,并指定 FEATURE_TELEPHONY 功能。PackageManager 还包含用于查询特定于 CDMA 和 GSM 的硬件是否存在的常量。

```
PackageManager pm = getPackageManager();

boolean telephonySupported =
  pm.hasSystemFeature(PackageManager.FEATURE_TELEPHONY);
boolean gsmSupported =
  pm.hasSystemFeature(PackageManager.FEATURE_TELEPHONY_CDMA);
boolean cdmaSupported =
  pm.hasSystemFeature(PackageManager.FEATURE_TELEPHONY_GSM);
```

在应用程序生命周期的早期检查是否支持电话服务并相应地调整应用程序的 UI 和行为是一种很好的做法。

17.2 使用电话服务

Android 电话服务 API 使应用程序能够访问底层的电话硬件栈,从而允许创建自己的拨号程序——或者将呼叫处理程序和电话状态监视的功能集成到自己的应用程序中。

出于安全考虑,当前的 Android SDK 并不允许用户创建自己的 "in call" Activity ——当接到一个来电或者拨打电话时所显示的屏幕。

下面的小节将会集中研究如何在你的应用程序中监视并控制电话、服务以及蜂窝事件,从而增强并管理本机电话处理功能,也可以使用这一技术实现自己的拨号应用程序。

17.2.1 启动电话呼叫

启动电话呼叫的最佳实践是使用一个 Intent.ACTION_DIAL Intent,并通过使用 tel:模式设置 Intent 数据来指定要拨打的号码:

```
Intent whoyougonnacall = new Intent(Intent.ACTION_DIAL,
                                    Uri.parse("tel:555-2368"));
startActivity(whoyougonnacall);
```

这会启动一个拨号程序 Activity，它应该已经预先填充了你所指定的号码。默认的拨号程序 Activity 允许用户在显式发起呼叫之前修改要拨打的号码。因此，使用 ACTION_DIAL Intent 动作并不需要任何特殊权限。

通过使用一个 Intent 来说明想要拨号，可以使应用程序与用来启动呼叫的拨号程序的实现保持分离。例如，如果用户安装了一个支持 IP 电话的新拨号程序，那么在应用程序中使用 Intent 进行拨号就可以让用户使用这个新的拨号程序。

17.2.2 替换本机拨号程序

替换本机拨号应用程序包括以下两个步骤：
(1) 截获当前由本机拨号程序所服务的 Intent。
(2) 启动并管理拨打电话。

本机拨号应用程序响应与用户按下硬件呼叫按钮对应的 Intent 动作，它要求使用 tel:模式查看数据，或者使用 tel:模式发出一个 ACTION_DIAL 请求。

为了截获这些请求，需要在你的替换拨号程序 Activity 的 manifest 文件中包含 intent-filter 标签来监听下列动作：

- **Intent.ACTION_CALL_BUTTON** 当按下设备的硬件呼叫按钮时该动作将被广播。创建一个监听该动作的 Intent Filter 作为默认动作。
- **Intent.ACTION_DIAL** 前一节已描述过该 Intent 动作，它由想要启动电话呼叫的应用程序使用。用于捕获该动作的 Intent Filter 应当是默认并且可浏览的(以支持来自浏览器的拨号请求)，并且必须指定 tel:模式以替换现有的拨号功能(尽管它能够支持其他的机制)。
- **Intent.ACTION_VIEW** 该查看动作由想要查看某条数据的应用程序使用。确保 Intent Filter 指定了 tel:模式以允许新的 Activity 用于查看电话号码。

程序清单 17-1 中的 manifest 文件的代码段显示了一个 Activity，它使用的 Intent Filter 将捕获每个动作。

程序清单 17-1　替换拨号程序 Activity 的 manifest 文件条目

```xml
<activity
    android:name=".MyDialerActivity"
    android:label="@string/app_name">
  <intent-filter>
    <action android:name="android.intent.action.CALL_BUTTON" />
    <category android:name="android.intent.category.DEFAULT" />
  </intent-filter>
  <intent-filter>
    <action android:name="android.intent.action.VIEW" />
    <action android:name="android.intent.action.DIAL" />
    <category android:name="android.intent.category.DEFAULT" />
    <category android:name="android.intent.category.BROWSABLE" />
    <data android:scheme="tel" />
  </intent-filter>
```

```
</activity>
```

代码片段 PA3AD_Ch17_Replacement_Dialer/AndroidManifest.xml

在你的 Activity 启动后，它应该提供一个 UI，供用户用来输入或者修改要拨打的号码，以及启动传出呼叫。此时就需要使用现有的电话服务栈或者你的替换拨号程序来拨打电话了。

最简单的技术是通过 Intent.ACTION_CALL 动作使用现有的电话服务栈，如程序清单 17-2 所示。

可从
wrox.com
下载源代码

程序清单 17-2   使用系统电话服务栈启动呼叫

```
Intent whoyougonnacall = new Intent(Intent.ACTION_CALL,
                                    Uri.parse("tel:555-2368"));
startActivity(whoyougonnacall);
```

代码片段 PA3AD_Ch17_Replacement_Dialer/AndroidManifest.xml

这将使用系统的 in-call Activity 来启动呼叫，并让系统管理拨号、连接以及语音处理。

要使用该动作，应用程序必须请求 CALL_PHONE uses-permission：

```
<uses-permission android:name="android.permission.CALL_PHONE"/>
```

或者，还可以通过实现自己的拨号以及语音处理框架来完全替换传出的电话服务栈。如果你要实现一个 VOIP(voice over IP)应用程序，那么这是一种理想的替代方法。

还要注意，可以使用前面的技术来截获传出的呼叫 Intent 和修改拨打的号码，或者阻止传出的呼叫，作为完全替换拨号程序的一种方法。

17.2.3　访问电话服务的属性及状态

对电话服务 API 的访问是由 Telephony Manager 进行管理的，使用 getSystemService 方法可以访问 Telephony Manager。

```
String srvcName = Context.TELEPHONY_SERVICE;
TelephonyManager telephonyManager =
  (TelephonyManager)getSystemService(srvcName);
```

Telephony Manager 提供了对许多电话服务属性的直接访问，包括设备、网络、客户识别模块(SIM)以及数据状态的详细信息。你也可以使用它来访问一些连接状态信息，不过这一般是通过使用前一章介绍的 Connectivity Manager 完成的。

1. 读取电话设备的详细信息

使用 Telephony Manager 可以获得电话类型(GSM、CDMA 或 SIP)、唯一 ID(IMEI 或者 MEID)、软件版本和手机号码：

```
String phoneTypeStr = "unknown";

int phoneType = telephonyManager.getPhoneType();
switch (phoneType) {
```

```java
    case (TelephonyManager.PHONE_TYPE_CDMA):
      phoneTypeStr = "CDMA";
      break;
    case (TelephonyManager.PHONE_TYPE_GSM) :
      phoneTypeStr = "GSM";
      break;
    case (TelephonyManager.PHONE_TYPE_SIP) :
      phoneTypeStr = "SIP";
      break;
    case (TelephonyManager.PHONE_TYPE_NONE) :
      phoneTypeStr = "None";
      break;
    default: break;
}

// -- 需要 READ_PHONE_STATE 使用权限 --
//读取 GSM 手机的 IMEI 或 CDMA 手机的 MEID
String deviceId = telephonyManager.getDeviceId();
//读取手机上的软件版本(注意：不是 SDK 版本)
String softwareVersion = telephonyManager.getDeviceSoftwareVersion();
//获得手机号码
String phoneNumber = telephonyManager.getLine1Number();
```

需要注意的是，除了电话类型之外，读取其余每个属性都需要在应用程序的 manifest 文件中包含 READ_PHONE_STATE uses-permission。

```xml
<uses-permission android:name="android.permission.READ_PHONE_STATE"/>
```

你还可以确定手机连接到的网络的类型，以及 SIM 或所连接的运营商网络的名称和所在的国家。

2. 读取网络详细信息

当连接到网络时，可以分别使用 Telephony Manager 的 getNetworkOperator、getNetworkCountryIso、getNetworkOperatorName 和 getNetworkType 方法读取移动国家代码和移动网络代码(MCC+MNC)、国家 ISO 代码、网络运行时名称和你连接的网络类型：

```java
//获得连接网络所在国家的 ISO 代码
String networkCountry = telephonyManager.getNetworkCountryIso();
//获得连接网络的运营商 ID (MCC + MNC)
String networkOperatorId = telephonyManager.getNetworkOperator();
//获得连接网络的运营商名称
String networkName = telephonyManager.getNetworkOperatorName();

//获得所连接网络的类型
int networkType = telephonyManager.getNetworkType();
switch (networkType) {
  case (TelephonyManager.NETWORK_TYPE_1xRTT)  : [… do something …]
                                                break;
  case (TelephonyManager.NETWORK_TYPE_CDMA)   : [… do something …]
                                                break;
  case (TelephonyManager.NETWORK_TYPE_EDGE)   : [… do something …]
                                                break;
  case (TelephonyManager.NETWORK_TYPE_EHRPD)  : [… do something …]
                                                break;
```

```
case (TelephonyManager.NETWORK_TYPE_EVDO_0)   : [… do something …]
                                                break;
case (TelephonyManager.NETWORK_TYPE_EVDO_A)   : [… do something …]
                                                break;
case (TelephonyManager.NETWORK_TYPE_EVDO_B)   : [… do something …]
                                                break;
case (TelephonyManager.NETWORK_TYPE_GPRS)     : [… do something …]
                                                break;
case (TelephonyManager.NETWORK_TYPE_HSDPA)    : [… do something …]
                                                break;
case (TelephonyManager.NETWORK_TYPE_HSPA)     : [… do something …]
                                                break;
case (TelephonyManager.NETWORK_TYPE_HSPAP)    : [… do something …]
                                                break;
case (TelephonyManager.NETWORK_TYPE_HSUPA)    : [… do something …]
                                                break;
case (TelephonyManager.NETWORK_TYPE_IDEN)     : [… do something …]
                                                break;
case (TelephonyManager.NETWORK_TYPE_LTE)      : [… do something …]
                                                break;
case (TelephonyManager.NETWORK_TYPE_UMTS)     : [… do something …]
                                                break;
case (TelephonyManager.NETWORK_TYPE_UNKNOWN)  : [… do something …]
                                                break;
default: break;
}
```

这些命令将仅仅在连接到一个移动网络时有效,并且如果该网络是一个 CDMA 网络,那么这些命令就可能不可靠。使用前面代码段中的 getPhoneType 方法确定所使用的手机类型。

3. 读取 SIM 详细信息

如果应用程序运行在 GSM 设备上,那么它通常有一个 SIM。可以从 Telephony Manager 中查询 SIM 的详细信息以获得安装在当前设备中的 SIM 的 ISO 国家代码、运营商名称和运营商 MCC 以及 MNC。如果需要为某个特定的运营商提供专门的功能,那么这些详细信息将非常有用。

如果在应用程序的 manifest 文件中包含了 READ_PHONE_STATE uses-permission,那么当 SIM 处于就绪状态时,还可以使用 getSimSerialNumber 方法获得当前 SIM 的序列号。

在能够使用这些方法中的任何一种之前,必须确保 SIM 处于就绪状态。可以使用 getSimState 方法来确定这一点:

```
int simState = telephonyManager.getSimState();
switch (simState) {
  case (TelephonyManager.SIM_STATE_ABSENT): break;
  case (TelephonyManager.SIM_STATE_NETWORK_LOCKED): break;
  case (TelephonyManager.SIM_STATE_PIN_REQUIRED): break;
  case (TelephonyManager.SIM_STATE_PUK_REQUIRED): break;
  case (TelephonyManager.SIM_STATE_UNKNOWN): break;
  case (TelephonyManager.SIM_STATE_READY): {
    //获得 SIM 的 ISO 国家代码
    String simCountry = telephonyManager.getSimCountryIso();
    //获得活动 SIM 的运营商代码 (MCC + MNC)
    String simOperatorCode = telephonyManager.getSimOperator();
```

```
    //获得SIM运营商的名称
    String simOperatorName = telephonyManager.getSimOperatorName();
    // -- 需要 READ_PHONE_STATE uses-permission --
    //获得SIM的序列号
    String simSerial = telephonyManager.getSimSerialNumber();
    break;
  }
  default: break;
}
```

4. 读取数据连接和传输状态的详细信息

使用 getDataState 和 getDataActivity 方法分别可以查找当前的数据连接状态和数据传输 Activity：

```
int dataActivity = telephonyManager.getDataActivity();
int dataState = telephonyManager.getDataState();

switch (dataActivity) {
  case TelephonyManager.DATA_ACTIVITY_IN : break;
  case TelephonyManager.DATA_ACTIVITY_OUT : break;
  case TelephonyManager.DATA_ACTIVITY_INOUT : break;
  case TelephonyManager.DATA_ACTIVITY_NONE : break;
}

switch (dataState) {
  case TelephonyManager.DATA_CONNECTED : break;
  case TelephonyManager.DATA_CONNECTING : break;
  case TelephonyManager.DATA_DISCONNECTED : break;
  case TelephonyManager.DATA_SUSPENDED : break;
}
```

> Telephony Manager 只指示基于电话服务的数据连接(移动数据，而不是 Wi-Fi)。
> 因此，在大多数情况中，Connectivity Manager 是确定当前连接状态的更好的方法。

17.2.4 使用 PhoneStateListener 监视电话状态的变化

Android 电话服务 API 可以用来监视电话状态和相关信息(如来电)的变化。

使用 PhoneStateListener 类来监视电话状态的变化。有一些状态变化也作为 Intent 广播出去。本节将介绍如何使用 PhoneStateListener，下一节将介绍有哪些 Broadcast Intent 可用。

为了监视并管理电话状态，应用程序必须指定 READ_PHONE_STATE uses-permission：

```
<uses-permission android:name="android.permission.READ_PHONE_STATE"/>
```

创建一个实现了 PhoneStateListener 的新类以监听并响应电话状态变化事件，包括呼叫状态(响铃、摘机等)、蜂窝位置变化、语音邮件和呼叫转移状态、电话服务变化以及移动信号强度的变化。

在 PhoneStateListener 的实现中，重写想要响应的事件的事件处理程序。每个处理程序会接收指示新电话状态的参数，例如，当前的蜂窝位置、呼叫状态或者信号强度。

创建了自己的 Phone State Listener 以后，将它注册到 Telephony Manager 中，使用位掩码指示想要监听的事件。

```
telephonyManager.listen(phoneStateListener,
                        PhoneStateListener.LISTEN_CALL_FORWARDING_INDICATOR|
                        PhoneStateListener.LISTEN_CALL_STATE |
                        PhoneStateListener.LISTEN_CELL_LOCATION |
                        PhoneStateListener.LISTEN_DATA_ACTIVITY |
                        PhoneStateListener.LISTEN_DATA_CONNECTION_STATE |
                        PhoneStateListener.LISTEN_MESSAGE_WAITING_INDICATOR |
                        PhoneStateListener.LISTEN_SERVICE_STATE |
                        PhoneStateListener.LISTEN_SIGNAL_STRENGTHS);
```

为了注销一个监听器，需要调用 listen 方法并将 PhoneStateListener.LISTEN_NONE 作为位掩码参数传入，如下所示：

```
telephonyManager.listen(phoneStateListener,
                        PhoneStateListener.LISTEN_NONE);
```

 只有当应用程序运行时，Phone State Listener 才会收到电话状态变化通知。

1. 监视传入的电话呼叫

如果你的应用程序只应该在运行的时候响应传入的电话呼叫，就应该在 PhoneStateListener 的实现中重写 onCallStateChanged 方法并进行注册，以便在呼叫状态发生变化时接收通知。

```
PhoneStateListener callStateListener = new PhoneStateListener() {
  public void onCallStateChanged(int state, String incomingNumber) {
    String callStateStr = "Unknown";

    switch (state) {
      case TelephonyManager.CALL_STATE_IDLE :
        callStateStr = "idle"; break;
      case TelephonyManager.CALL_STATE_OFFHOOK :
        callStateStr = "offhook"; break;
      case TelephonyManager.CALL_STATE_RINGING :
        callStateStr = "ringing. Incoming number is: "
        + incomingNumber;
        break;
      default : break;
    }

    Toast.makeText(MyActivity.this,
                   callStateStr, Toast.LENGTH_LONG).show();
  }
};

telephonyManager.listen(callStateListener,
                        PhoneStateListener.LISTEN_CALL_STATE);
```

onCallStateChanged 处理程序接收与传入的呼叫相关的电话号码，而 state 参数则使用以下三个值之一代表当前呼叫状态：

- **TelephonyManager.CALL_STATE_IDLE** 当电话既不响铃也不在通话中时

- **TelephonyManager.CALL_STATE_RINGING**　当电话响铃时
- **TelephonyManager.CALL_STATE_OFFHOOK**　当电话当前正在通话中时

注意，一旦状态变为 CALL_STATE_RINGING，系统会显示来电屏幕，询问用户是否要接听电话。

应用程序必须处于运行状态才能接收这个回调。如果每当电话状态变化时，就应该启动应用程序，那么可以注册一个 Intent Receiver，用于监听表示电话状态发生变化的 Broadcast Intent。本章后面的"使用 Intent Receiver 监听传入的电话呼叫"一节将详细介绍这方面的内容。

2. 跟踪蜂窝位置变化

通过重写 PhoneStateListener 实现的 onCellLocationChanged 方法，每当当前的蜂窝位置发生变化时，可以得到通知。在可以注册以便监听蜂窝位置变化之前，需要将 ACCESS_COARSE_LOCATION 权限添加到应用程序的 manifest 文件中。

```
<uses-permission android:name="android.permission.ACCESS_COARSE_LOCATION"/>
```

onCellLocationChanged 处理程序接收一个 CellLocation 对象，其中包含了基于电话网络类型提取不同位置信息的方法。对于 GSM 网络，可以获得蜂窝 ID(getCid)和当前位置区域代码(getLac)。对于 CDMS 网络，可以获得当前基站的 ID(getBaseStationId)以及该基站的纬度(getBaseStationLatitude)和经度(getBaseStationLongitude)。

下面的代码段显示了如何实现 PhoneStateListener 以监视蜂窝位置的变化，其中显示了一个包含收到的网络位置详细信息的 Toast。

```
PhoneStateListener cellLocationListener = new PhoneStateListener() {
  public void onCellLocationChanged(CellLocation location) {
    if (location instanceof GsmCellLocation) {
      GsmCellLocation gsmLocation = (GsmCellLocation)location;
      Toast.makeText(getApplicationContext(),
              String.valueOf(gsmLocation.getCid()),
            Toast.LENGTH_LONG).show();
    }
    else if (location instanceof CdmaCellLocation) {
      CdmaCellLocation cdmaLocation = (CdmaCellLocation)location;
      StringBuilder sb = new StringBuilder();
      sb.append(cdmaLocation.getBaseStationId());
      sb.append("\n@");
      sb.append(cdmaLocation.getBaseStationLatitude());
      sb.append(cdmaLocation.getBaseStationLongitude());

      Toast.makeText(getApplicationContext(),
              sb.toString(),
              Toast.LENGTH_LONG).show();
    }
  }
};
telephonyManager.listen(cellLocationListener,
              PhoneStateListener.LISTEN_CELL_LOCATION);
```

3. 跟踪服务变化

onServiceStateChanged 处理程序跟踪设备的蜂窝服务的详细信息。使用 ServiceState 参数可查找当前服务状态的详细信息。

Service State 对象的 getState 方法将当前的服务状态作为下列任意一种 ServiceState 常量返回：

- **STATE_IN_SERVICE**　正常电话服务是可用的。
- **STATE_EMERGENCY_ONLY**　电话服务仅能用于紧急呼叫。
- **STATE_OUT_OF_SERVICE**　当前没有电话服务可用。
- **STATE_POWER_OFF**　电话无线传输功能被关闭(通常是在启用了飞行模式时)。

一系列 getOperator*方法可用于检索提供了移动电话服务的运营商的详细信息，而 getRoaming 则告诉我们设备当前是否使用了一种漫游模式。

```
PhoneStateListener serviceStateListener = new PhoneStateListener() {
  public void onServiceStateChanged(ServiceState serviceState) {
    if (serviceState.getState() == ServiceState.STATE_IN_SERVICE) {
      String toastText = "Operator: " + serviceState.getOperatorAlphaLong();
      Toast.makeText(MyActivity.this, toastText, Toast.LENGTH_SHORT);
    }
  }
};

telephonyManager.listen(serviceStateListener,
                        PhoneStateListener.LISTEN_SERVICE_STATE);
```

4. 监视数据连接和数据传输状态的变化

可以使用一个 PhoneStateListener 监视移动数据连接以及移动数据传输的变化。注意，这不包含使用 Wi-Fi 传输的数据。若要更全面地监视数据连接和数据传输，应该使用前一章介绍的 Connectivity Manager。

PhoneStateListener 包括两个事件处理程序，用于监视设备的数据连接。重写 onDataActivity 以跟踪数据传输 Activity，重写 onDataConnectionStateChanged 以请求通知数据连接状态的变化。

```
PhoneStateListener dataStateListener = new PhoneStateListener() {
  public void onDataActivity(int direction) {
    String dataActivityStr = "None";

    switch (direction) {
      case TelephonyManager.DATA_ACTIVITY_IN :
        dataActivityStr = "Downloading"; break;
      case TelephonyManager.DATA_ACTIVITY_OUT :
        dataActivityStr = "Uploading"; break;
      case TelephonyManager.DATA_ACTIVITY_INOUT :
        dataActivityStr = "Uploading/Downloading"; break;
      case TelephonyManager.DATA_ACTIVITY_NONE :
        dataActivityStr = "No Activity"; break;
    }

    Toast.makeText(MyActivity.this,
      "Data Activity is " + dataActivityStr,
      Toast.LENGTH_LONG).show();
```

```
    }

    public void onDataConnectionStateChanged(int state) {
      String dataStateStr = "Unknown";

      switch (state) {
        case TelephonyManager.DATA_CONNECTED :
          dataStateStr = "Connected"; break;
        case TelephonyManager.DATA_CONNECTING :
          dataStateStr = "Connecting"; break;
        case TelephonyManager.DATA_DISCONNECTED :
          dataStateStr = "Disconnected"; break;
        case TelephonyManager.DATA_SUSPENDED :
          dataStateStr = "Suspended"; break;
      }

      Toast.makeText(MyActivity.this,
        "Data Connectivity is " + dataStateStr,
        Toast.LENGTH_LONG).show();
    }
  };

  telephonyManager.listen(dataStateListener,
                  PhoneStateListener.LISTEN_DATA_ACTIVITY |
                  PhoneStateListener.LISTEN_DATA_CONNECTION_STATE);
```

17.2.5 使用 Intent Receiver 监视传入的电话呼叫

当电话状态由于来电、接听和挂断而发生变化时，Telephony Manager 会广播一个 ACTION_PHONE_STATE_CHANGED Intent。

通过在 manifest 文件中注册一个监听此 Broadcast Intent 的 Intent Receiver，如下面的代码段所示，你就可以在任何时候监听来电，即使你的应用程序没有运行。注意，你的应用程序需要请求一个 READ_PHONE_STATE 权限，然后才能接收电话状态变化的 Broadcast Intent。

```
<receiver android:name="PhoneStateChangedReceiver">
  <intent-filter>
    <action android:name="android.intent.action.PHONE_STATE"></action>
  </intent-filter>
</receiver>
```

电话状态变化的 Broadcast Intent 最多可以包含两个 extra。所有这类广播都会包含 EXTRA_STATE extra，其值为前面描述过的某个 TelephonyManager.CALL_STATE_*，用于指示新的电话状态。如果电话状态是响铃，则 Broadcast Intent 还会包含 EXTRA_INCOMING_NUMBER extra，其值代表来电号码。

下面的框架代码可以用来提取当前的电话状态和来电号码：

```
public class PhoneStateChangedReceiver extends BroadcastReceiver {
  @Override
  public void onReceive(Context context, Intent intent) {
    String phoneState = intent.getStringExtra(TelephonyManager.EXTRA_STATE);
    if (phoneState.equals(TelephonyManager.EXTRA_STATE_RINGING)) {
      String phoneNumber =
```

```
            intent.getStringExtra(TelephonyManager.EXTRA_INCOMING_NUMBER);
        Toast.makeText(context,
            "Incoming Call From: " + phoneNumber,
            Toast.LENGTH_LONG).show();
      }
    }
  }
```

17.3 SMS 和 MMS 简介

如果你的手机不是 20 年前的产品,那么你应该会熟悉 SMS 消息。SMS(短消息服务)是现代手机上最常用的功能之一。

SMS 技术用于在手机之间发送短文本消息。它为发送文本消息(由人来阅读)和数据消息(由应用程序使用)提供了支持。MMS(多媒体消息服务)消息允许用户发送和接收包含了多媒体附件(如照片、视频和音频)的消息。

SMS 和 MMS 都是成熟的移动技术,有许多资料介绍了如何创建 SMS 或者 MMS 消息以及如何通过无线信号对其进行传输。下面的小节不会重述那些信息,而是将集中研究在 Android 应用程序中发送和接收文本、数据以及多媒体消息的现实意义。

17.3.1 在应用程序中使用 SMS 和 MMS

Android 支持使用安装在设备上、监听 SEND 和 SEND_TO Broadcast Intent 的消息传递应用程序来发送 SMS 和 MMS 消息。

Android 通过 SMSManager 类在应用程序中提供了完整的 SMS 功能。使用 SMS Manager,你可以替换本机 SMS 应用程序以发送文本消息、处理接收到的文本,或者将 SMS 用作数据传输层。

目前,Android API 并不包含对在应用程序中创建 MMS 消息的简单支持。

本节将会说明如何使用 SMS Manager 和 Intent 在应用程序中发送消息。

SMS 消息传递不是很及时。与使用基于 IP 或者套接字的传输相比较,使用 SMS 在应用程序之间传递数据消息的速度很慢,而且花费可能较大、并且具有较高的延迟。因此 SMS 并不真正适合于要求实时响应的任何应用程序。虽然如此,SMS 网络的广泛采用和容错性使其成为一种向没有使用 Android 的用户传递内容的非常好的工具,同时减少了对第三方服务器的依赖性。

17.3.2 使用 Intent 从应用程序中发送 SMS 和 MMS

大多数情况下,与实现完整的 SMS 客户端相比,最佳实践是使用 Intent 让另一个应用程序(通常是本机 SMS 应用程序)发送 SMS 和 MMS 消息。

为此,需要使用 Intent.ACTION_SENDTO 动作 Intent 来调用 startActivity。使用 sms:模式指定一个目标号码作为 Intent 数据。使用一个 sms_body extra 在 Intent 有效载荷中包含想要发送的消息。

```
Intent smsIntent = new Intent(Intent.ACTION_SENDTO,
                              Uri.parse("sms:55512345"));
smsIntent.putExtra("sms_body", "Press send to send me");
startActivity(smsIntent);
```

为了附加文件(基本上就是创建了一条 MMS 消息)到消息中,需要添加一个带有要附加的资源

URI 的 Intent.EXTRA_STREAM，并将 Intent type 设置为所附加资源的 MIME 类型。

需要注意的是，本机 MMS 应用程序并不包含 ACTION_SENDTO 的一个已经设置了 type 的 Intent Receiver。相反，你需要使用 ACTION_SEND 并包含目标电话号码作为 address extra：

```
//获得要附加的一个媒体的 URI
Uri attached_Uri
  = Uri.parse("content://media/external/images/media/1");

//创建一个新的 MMS Intent
Intent mmsIntent = new Intent(Intent.ACTION_SEND, attached_Uri);
mmsIntent.putExtra("sms_body", "Please see the attached image");
mmsIntent.putExtra("address", "07912355432");
mmsIntent.putExtra(Intent.EXTRA_STREAM, attached_Uri);
mmsIntent.setType("image/jpeg");
startActivity(mmsIntent);
```

当运行上面的程序清单所示的 MMS 示例时，用户很可能被提示选择一种能够完成发送请求的应用程序，包括 Gmail、E-mail 和 SMS 应用程序。

17.3.3 使用 SMS Manager 发送 SMS 消息

Android 中的 SMS 消息是由 SmsManager 进行处理的。可以通过使用静态方法 SmsManager.getDefault 获得对 SMS Manager 的引用：

```
SmsManager smsManager = SmsManager.getDefault();
```

在 Android 1.6(SDK level 4)之前，SmsManager 和 SmsMessage 类由 android.telephony.gsm 包提供。现在这些方法已经被弃用，SMS 类已被移动到了 android.telephony 中以确保对 GSM 和 CDMA 设备提供通用支持。

为了发送 SMS 消息，应用程序必须指定 SEND_SMS uses-permission：

```
<uses-permission android:name="android.permission.SEND_SMS"/>
```

1. 发送文本消息

为了发送文本消息，可以使用 SMS Manager 的 sendTextMessage 方法，并传入接收人的地址(电话号码)和想要发送的文本消息。

```
SmsManager smsManager = SmsManager.getDefault();

String sendTo = "5551234";
String myMessage = "Android supports programmatic SMS messaging!";

smsManager.sendTextMessage(sendTo, null, myMessage, null, null);
```

第二个参数可以用于指定所要使用的 SMS 服务中心。如果输入了 null，那么将使用设备运营商默认的服务中心。

最后两个参数指定了用于跟踪传输和消息成功递送的 Intent。为了响应这些 Intent，创建并注册 Broadcast Receiver，如下一节"跟踪并确认 SMS 消息递送"所述。

  Android 调试桥支持在多个模拟器实例中发送 SMS 消息。为了从一个模拟器向另一个模拟器发送 SMS，需要在发送一条新消息时将目标模拟器的端口号指定为"to"地址。Android 将会自动将消息路由到目标模拟器实例中，在那里该消息将作为一个普通 SMS 来接收。

2. 跟踪并确认 SMS 消息递送

为了跟踪发出的 SMS 消息的传输过程并确认递送成功，需要实现并注册一些 Broadcast Receiver，用于监听我们在创建传入 sendTextMessage 方法中的 Pending Intent 时所指定的动作。

第一个 Pending Intent 参数会在消息发送成功或失败时被触发。接收到该 Intent 的 Broadcast Receiver 的结果代码将会是下列代码中的一种：

- **Activity.RESULT_OK** 表示一次成功的传输。
- **SmsManager.RESULT_ERROR_GENERIC_FAILURE** 表示普通的传输失败。
- **SmsManager.RESULT_ERROR_RADIO_OFF** 表示电话无线信号被关闭。
- **SmsManager.RESULT_ERROR_NULL_PDU** 表示一次 PDU(协议数据单元)错误。
- **SmsManager.RESULT_ERROR_NO_SERVICE** 表示没有可用的手机服务。

第二个 Pending Intent 参数仅在接收人接收到你的 SMS 消息之后被触发。

下面的代码段展示了发送 SMS 消息并监视其传输过程和确认发送成功的典型模式。

```
String SENT_SMS_ACTION = "com.paad.smssnippets.SENT_SMS_ACTION";
String DELIVERED_SMS_ACTION = "com.paad.smssnippets.DELIVERED_SMS_ACTION";

//创建 sentIntent 参数
Intent sentIntent = new Intent(SENT_SMS_ACTION);
PendingIntent sentPI = PendingIntent.getBroadcast(getApplicationContext(),
                                    0,
                                    sentIntent,
                                    PendingIntent.FLAG_UPDATE_CURRENT);

//创建 deliveryIntent 参数
Intent deliveryIntent = new Intent(DELIVERED_SMS_ACTION);
PendingIntent deliverPI =
  PendingIntent.getBroadcast(getApplicationContext(),
                   0,
                   deliveryIntent,
                   PendingIntent.FLAG_UPDATE_CURRENT);

//注册 Broadcast Receiver
registerReceiver(new BroadcastReceiver() {
            @Override
            public void onReceive(Context _context, Intent _intent)
            {
```

```
                    String resultText = "UNKNOWN";

                    switch (getResultCode()) {
                      case Activity.RESULT_OK:
                        resultText = "Transmission successful"; break;
                      case SmsManager.RESULT_ERROR_GENERIC_FAILURE:
                        resultText = "Transmission failed"; break;
                      case SmsManager.RESULT_ERROR_RADIO_OFF:
                        resultText = "Transmission failed: Radio is off";
                        break;
                      case SmsManager.RESULT_ERROR_NULL_PDU:
                        resultText = "Transmission Failed: No PDU specified";
                        break;
                      case SmsManager.RESULT_ERROR_NO_SERVICE:
                        resultText = "Transmission Failed: No service";
                        break;
                    }
                    Toast.makeText(_context, resultText,
                             Toast.LENGTH_LONG).show();
                  }
                },
                new IntentFilter(SENT_SMS_ACTION));

registerReceiver(new BroadcastReceiver() {
                  @Override
                  public void onReceive(Context _context, Intent _intent)
                  {
                    Toast.makeText(_context, "SMS Delivered",
                             Toast.LENGTH_LONG).show();
                  }
                },
                new IntentFilter(DELIVERED_SMS_ACTION));

//发送消息
SmsManager smsManager = SmsManager.getDefault();
String sendTo = "5551234";
String myMessage = "Android supports programmatic SMS messaging!";

smsManager.sendTextMessage(sendTo, null, myMessage, sentPI, deliverPI);
```

3. 遵守最大 SMS 消息尺寸

每个运营商规定的每条 SMS 文本消息的最大长度可能不同,但是它们通常被限制为 160 个字符,因此比此更长的消息需要被分解成一系列更小的部分。SMS Manager 包含 divideMessage 方法,它可以接收一个字符串作为输入,并将其分成一个消息数组列表,其中的每条消息都不超过最大允许的尺寸。

之后就可以使用 SMS Manager 的 sendMultipartTextMessage 方法传输消息数组:

```
ArrayList<String> messageArray = smsManager.divideMessage(myMessage);
ArrayList<PendingIntent> sentIntents = new ArrayList<PendingIntent>();
for (int i = 0; i < messageArray.size(); i++)
  sentIntents.add(sentPI);
```

```
smsManager.sendMultipartTextMessage(sendTo,
                                    null,
                                    messageArray,
                                    sentIntents, null);
```

sendMultipartTextMessage 方法中的 sentIntent 和 deliveryIntent 参数是数组列表，该数组列表能够用于为每个消息部分指定要触发的不同的 Pending Intent。

4．发送数据消息

可以使用 SMS Manager 的 sendDataMessage 方法通过 SMS 发送二进制数据。sendData Message 方法的使用方式与 sendTextMessage 类似，但是需要包含额外的参数，用于指定目标端口和构成了你想要发送的数据的字节数组。

```
String sendTo = "5551234";
short destinationPort = 80;
byte[] data = [ … your data … ];

smsManager.sendDataMessage(sendTo, null, destinationPort,
                           data, null, null);
```

17.3.4　监听传入的 SMS 消息

当设备接收到一条新的 SMS 消息时，就会使用 android.provider.Telephony.SMS_RECEIVED 动作触发一个新的 Broadcast Intent。需要注意的是，这是一个字符串字面量，当前的 SDK 并不包含对该字符串的引用，因此当在应用程序中使用它时必须显式地指定它。

> SMS 所接收到的动作字符串是隐藏的——所以是不受支持的 API。这意味着任何未来的平台发布中可能会改变它。使用不受支持的 API 不是一种好做法，因为这样承担了很大的风险。当使用不受支持的平台功能时需要格外小心，因为它们在未来的平台发布中可能发生变化。

一个监听 SMS Broadcast Intent 的应用程序来说，它需要在 manifest 文件中指定 RECEIVE_SMS 权限：

```
<uses-permission
 android:name="android.permission.RECEIVE_SMS"
/>
```

SMS Broadcast Intent 包括了传入的 SMS 的详细信息。为了提取打包在 SMS Broadcast Intent Bundle 中的 SmsMessage 对象数组，需要使用 pdu 键从 extra Bundle 中提取一个 SMS PDU(协议数据单元——用于封装一条 SMS 消息及其元数据)数组，每个 SMS PDU 都表示一条 SMS 消息。为了将每个 PDU 字节数组转换成一个 SMS 消息对象，需要调用 SmsMessage.createFromPdu，并传入每个字节数组：

```
Bundle bundle = intent.getExtras();
if (bundle != null) {
```

```java
    Object[] pdus = (Object[]) bundle.get("pdus");
    SmsMessage[] messages = new SmsMessage[pdus.length];
    for (int i = 0; i < pdus.length; i++)
      messages[i] = SmsMessage.createFromPdu((byte[]) pdus[i]);
}
```

每个 SmsMessage 都包含了 SMS 消息的详细信息,包括发送方地址(电话号码)、时间戳以及消息体,它们可以分别通过 getOriginatingAddress、getTimestampMillis 和 getMessageBody 方法提取:

```java
public class MySMSReceiver extends BroadcastReceiver {
  @Override
  public void onReceive(Context context, Intent intent) {
    Bundle bundle = intent.getExtras();
    if (bundle != null) {
      Object[] pdus = (Object[]) bundle.get("pdus");
      SmsMessage[] messages = new SmsMessage[pdus.length];
      for (int i = 0; i < pdus.length; i++)
        messages[i] = SmsMessage.createFromPdu((byte[]) pdus[i]);

      for (SmsMessage message : messages) {
        String msg = message.getMessageBody();
        long when = message.getTimestampMillis();
        String from = message.getOriginatingAddress();

        Toast.makeText(context, from + " : " + msg,
              Toast.LENGTH_LONG).show();
      }
    }
  }
}
```

为了监听传入的消息,使用一个监听 android.provider.Telephony.SMS_RECEIVED 动作字符串的 Intent Filter 注册你的 SMS Broadcast Receiver。大多数情况下,你要在应用程序的 manifest 文件中完成注册,以便应用程序始终能够响应传入的 SMS 消息。

```xml
<receiver android:name="MySMSReceiver">
  <intent-filter>
    <action android:name="android.provider.Telephony.SMS_RECEIVED"/>
  </intent-filter>
</receiver>
```

1. 在模拟器中模拟传入的 SMS 消息

有两种技术可用于在模拟器中模拟传入的 SMS 消息。第一种技术在本节前面已经描述过:可以将端口号作为电话号码使用,从而从一个模拟器向另一个模拟器发送 SMS 消息。

另一种方法是,可以使用第 2 章中介绍的 Android 调试工具来模拟来自任意号码的传入 SMS 消息,如图 17-1 所示。

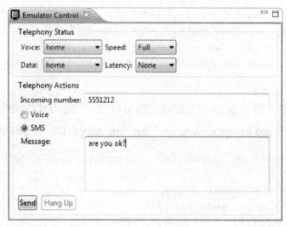

图 17-1

2. 处理数据 SMS 消息

数据消息的接收方式与普通 SMS 文本消息一样，并且可以按照前一节的方法对其进行提取。为了提取在数据 SMS 中传输的数据，可以使用 getUserData 方法：

```
byte[] data = msg.getUserData();
```

getUserData 方法会返回一个该消息中所包含数据的字节数组。

17.3.5 紧急响应程序 SMS 示例

在本示例中，将创建一个 SMS 应用程序，它将一个 Android 手机变成一个紧急响应信号。

这个例子完成之后，下一次如果你不幸地遭遇到了外星人入侵，或者发现自己处于机器人暴动的环境中，则可以将自己的手机设置为使用一条友好消息(或者一个绝望的呼救声)自动响应来自朋友和家庭成员的状态更新请求。

为了使他人的救助行动更加简单，可以使用基于位置的服务来准确告知救助者在何处能够找到该用户。SMS 网络基础设施的健壮性使得 SMS 成为这类可靠性和可访问性十分关键的应用程序的首选。

(1) 首先创建一个新的 EmergencyResponder 项目，其中包含一个 EmergencyResponder Activity。

```
package com.paad.emergencyresponder;

import java.io.IOException;
import java.util.ArrayList;
import java.util.List;
import java.util.Locale;
import java.util.concurrent.locks.ReentrantLock;

import android.app.Activity;
import android.app.PendingIntent;
import android.content.BroadcastReceiver;
import android.content.Context;
import android.content.Intent;
import android.content.IntentFilter;
import android.location.Address;
```

```
import android.location.Geocoder;
import android.location.Location;
import android.location.LocationManager;
import android.os.Bundle;
import android.telephony.SmsManager;
import android.telephony.SmsMessage;
import android.util.Log;
import android.view.View;
import android.widget.ArrayAdapter;
import android.widget.Button;
import android.widget.CheckBox;
import android.widget.ListView;

public class EmergencyResponder extends Activity {

  @Override
  public void onCreate(Bundle savedInstanceState) {
    super.onCreate(savedInstanceState);
    setContentView(R.layout.main);
  }

}
```

(2) 在 manifest 文件中，为查找用户位置以及发送和接收传入的 SMS 消息添加权限。

```
<?xml version="1.0" encoding="utf-8"?>
<manifest xmlns:android="http://schemas.android.com/apk/res/android"
  package="com.paad.emergencyresponder"
  android:versionCode="1"
  android:versionName="1.0" >

  <uses-permission android:name="android.permission.RECEIVE_SMS"/>
  <uses-permission android:name="android.permission.SEND_SMS"/>
  <uses-permission
    android:name="android.permission.ACCESS_FINE_LOCATION"/>

  <uses-sdk android:targetSdkVersion="15"/>

  <application
    android:icon="@drawable/ic_launcher"
    android:label="@string/app_name" >
    <activity
      android:name=".EmergencyResponder"
      android:label="@string/app_name" >
      <intent-filter>
        <action android:name="android.intent.action.MAIN" />
        <category android:name="android.intent.category.LAUNCHER" />
      </intent-filter>
    </activity>
  </application>

</manifest>
```

(3) 更新 res/values/strings.xml 资源以包含 "all clear" 和 "mayday" 按钮的文本，以及与它们关联的默认响应消息。还应当定义一条传入消息文本，应用程序将使用该文本来检测对状态响应的请求：

```xml
<?xml version="1.0" encoding="utf-8"?>
<resources>
  <string name="app_name">Emergency Responder</string>
  <string name="allClearButtonText">I am Safe and Well
  </string>
  <string name="maydayButtonText">MAYDAY! MAYDAY! MAYDAY!
  </string>
  <string name="setupautoresponderButtonText">Setup Auto Responder</string>
  <string name="allClearText">I am safe and well. Worry not!
  </string>
  <string name="maydayText">Tell my mother I love her.
  </string>
  <string name="querystring">are you OK?</string>
  <string name="querylistprompt">These people want to know if you\'re ok</string>
  <string name="includelocationprompt">Include Location in Reply</string>
</resources>
```

(4) 修改 main.xml 布局资源。包含一个用来显示请求进行状态更新的用户列表的 ListView，以及允许用户发送响应 SMS 消息的一系列按钮。

```xml
<?xml version="1.0" encoding="utf-8"?>
<RelativeLayout
  xmlns:android="http://schemas.android.com/apk/res/android"
  android:layout_width="match_parent"
  android:layout_height="match_parent">
  <TextView
    android:id="@+id/labelRequestList"
    android:layout_width="match_parent"
    android:layout_height="wrap_content"
    android:text="@string/querylistprompt"
    android:layout_alignParentTop="true"
  />
  <LinearLayout
    android:id="@+id/buttonLayout"
    android:orientation="vertical"
    android:layout_width="match_parent"
    android:layout_height="wrap_content"
    android:padding="5dp"
    android:layout_alignParentBottom="true">
    <CheckBox
      android:id="@+id/checkboxSendLocation"
      android:layout_width="match_parent"
      android:layout_height="wrap_content"
      android:text="@string/includelocationprompt"/>
    <Button
      android:id="@+id/okButton"
      android:layout_width="match_parent"
      android:layout_height="wrap_content"
      android:text="@string/allClearButtonText"/>
    <Button
      android:id="@+id/notOkButton"
      android:layout_width="match_parent"
      android:layout_height="wrap_content"
      android:text="@string/maydayButtonText"/>
    <Button
```

```xml
        android:id="@+id/autoResponder"
        android:layout_width="match_parent"
        android:layout_height="wrap_content"
        android:text="@string/setupautoresponderButtonText"/>
  </LinearLayout>
  <ListView
      android:id="@+id/myListView"
      android:layout_width="match_parent"
      android:layout_height="match_parent"
      android:layout_below="@id/labelRequestList"
      android:layout_above="@id/buttonLayout"/>
</RelativeLayout>
```

此时，GUI 就已经完成，启动该应用程序时应当显示如图 17-2 所示的屏幕。

(5) 现在在 EmergencyResponder Activity 中创建一个新的字符串数组列表，以存储请求状态更新的电话号码。使用 Activity 的 onCreate 方法的 ArrayAdapter(数组适配器)将 Array List(数组列表)与 ListView(列表视图)绑定。利用这一机会获得对复选框的引用，并为每个响应按钮添加单击监听器。每个按钮应当调用 respond 方法，同时 Setup Auto Responder 按钮应当调用 startAutoResponder stub。

图 17-2

```java
ReentrantLock lock;
CheckBox locationCheckBox;
ArrayList<String> requesters;
ArrayAdapter<String> aa;

@Override
public void onCreate(Bundle savedInstanceState) {
  super.onCreate(savedInstanceState);
  setContentView(R.layout.main);

  lock = new ReentrantLock();
  requesters = new ArrayList<String>();
  wireUpControls();
}

private void wireUpControls() {
  locationCheckBox = (CheckBox)findViewById(R.id.checkboxSendLocation);
  ListView myListView = (ListView)findViewById(R.id.myListView);

  int layoutID = android.R.layout.simple_list_item_1;
  aa = new ArrayAdapter<String>(this, layoutID, requesters);
  myListView.setAdapter(aa);

  Button okButton = (Button)findViewById(R.id.okButton);
  okButton.setOnClickListener(new View.OnClickListener() {
    public void onClick(View view) {
      respond(true, locationCheckBox.isChecked());
    }
  });
```

```java
  Button notOkButton = (Button)findViewById(R.id.notOkButton);
  notOkButton.setOnClickListener(new View.OnClickListener() {
    public void onClick(View view) {
      respond(false, locationCheckBox.isChecked());
    }
  });

  Button autoResponderButton =
    (Button)findViewById(R.id.autoResponder);
  autoResponderButton.setOnClickListener(new View.OnClickListener() {
    public void onClick(View view) {
      startAutoResponder();
    }
  });
}

public void respond(boolean ok, boolean includeLocation) {}

private void startAutoResponder() {}
```

(6) 创建一个 Broadcast Receiver 来监听传入的 SMS 消息。首先创建一个新的静态字符串变量以存储传入的 SMS 消息 Intent 动作,然后创建一个新的 Broadcast Receiver 作为 EmergencyResponder Activity 中的变量。该接收器应监听传入的 SMS 消息并在看到包含第(4)步定义的@string/querystring 资源的 SMS 消息时调用 request Received 方法。

```java
public static final String SMS_RECEIVED =
  "android.provider.Telephony.SMS_RECEIVED";

BroadcastReceiver emergencyResponseRequestReceiver =
  new BroadcastReceiver() {
    @Override
    public void onReceive(Context context, Intent intent) {
      if (intent.getAction().equals(SMS_RECEIVED)) {
        String queryString = getString(R.string.querystring).toLowerCase();

        Bundle bundle = intent.getExtras();
        if (bundle != null) {
          Object[] pdus = (Object[]) bundle.get("pdus");
          SmsMessage[] messages = new SmsMessage[pdus.length];
          for (int i = 0; i < pdus.length; i++)
            messages[i] =
              SmsMessage.createFromPdu((byte[]) pdus[i]);

          for (SmsMessage message : messages) {
            if (message.getMessageBody().toLowerCase().contains
               (queryString))
              requestReceived(message.getOriginatingAddress());
          }
        }
      }
    }
  };

public void requestReceived(String from) {}
```

(7) 重写 onResume 和 onPause 方法，分别用于在 Activity 恢复和暂停时注册和注销第(6)步创建的 Broadcast Receiver：

```
@Override
public void onResume() {
  super.onResume();
  IntentFilter filter = new IntentFilter(SMS_RECEIVED);
  registerReceiver(emergencyResponseRequestReceiver, filter);
}

@Override
public void onPause() {
  super.onPause();
  unregisterReceiver(emergencyResponseRequestReceiver);
}
```

(8) 更新 requestReceived stub，将最初发出每个状态请求的 SMS 的号码添加到 requesters 数组列表中。

```
public void requestReceived(String from) {
  if (!requesters.contains(from)) {
    lock.lock();
    requesters.add(from);
    aa.notifyDataSetChanged();
    lock.unlock();
  }
}
```

(9) Emergency Responder Activity 现在应当监听状态请求 SMS 消息，并在该请求到达时将其添加到列表视图中。启动应用程序并将 SMS 消息发送到正在运行该应用程序的设备或者模拟器中。一旦 SMS 消息到达之后就应当如图 17-3 所示的那样显示。

图 17-3

(10) 现在更新 Activity，使用户响应这些状态请求。首先完成第(5)步中创建的 respond stub。它应当遍历状态请求者的数组列表并为每个请求者发送一条新的 SMS 消息。SMS 消息文本应当基于第(4)步中定义为资源的响应字符串。使用重载的 respond 方法(在下一步中将完成其重载)触发 SMS。

```
public void respond(boolean ok, boolean includeLocation) {
  String okString = getString(R.string.allClearText);
  String notOkString = getString(R.string.maydayText);
  String outString = ok ? okString : notOkString;

  ArrayList<String> requestersCopy =
    (ArrayList<String>)requesters.clone();

  for (String to : requestersCopy)
    respond(to, outString, includeLocation);
}

private void respond(String to, String response,
                     boolean includeLocation) {}
```

(11) 完成 respond 方法，处理每个响应 SMS 的发送。在发送 SMS 之前首先删除 requesters 数组列表中的每个可能的接收人。如果要使用自己的当前位置进行响应，则需要使用 Location Manager 找到该位置，然后发送第二条 SMS，其中包含使用原始的经纬度和地理编码地址表示的当前位置。

```
public void respond(String to, String response,
                    boolean includeLocation) {
  //从需要响应的接收人列表中删除目标
  // need to respond to.
  lock.lock();
  requesters.remove(to);
  aa.notifyDataSetChanged();
  lock.unlock();

  SmsManager sms = SmsManager.getDefault();

  //发送消息
  sms.sendTextMessage(to, null, response, null, null);

  StringBuilder sb = new StringBuilder();

  //找到当前位置，并且如有必要，将它作为 SMS 消息发送出去
  if (includeLocation) {
    String ls = Context.LOCATION_SERVICE;
    LocationManager lm = (LocationManager)getSystemService(ls);
    Location l =
      lm.getLastKnownLocation(LocationManager.GPS_PROVIDER);

    if (l == null)
      sb.append("Location unknown.");
    else {
      sb.append("I'm @:\n");
      sb.append(l.toString() + "\n");

      List<Address> addresses;
      Geocoder g = new Geocoder(getApplicationContext(),
                    Locale.getDefault());
      try {
```

```
            addresses = g.getFromLocation(l.getLatitude(),
                                  l.getLongitude(), 1);
        if (addresses != null) {
          Address currentAddress = addresses.get(0);
          if (currentAddress.getMaxAddressLineIndex() > 0) {
            for (int i = 0;
                 i < currentAddress.getMaxAddressLineIndex();
                 i++) {
              sb.append(currentAddress.getAddressLine(i));
              sb.append("\n");
            }
          }
          else {
            if (currentAddress.getPostalCode() != null)
              sb.append(currentAddress.getPostalCode());
          }
        }
      } catch (IOException e) {
        Log.e("SMS_RESPONDER", "IO Exception.", e);
      }

      ArrayList<String> locationMsgs =
        sms.divideMessage(sb.toString());
      for (String locationMsg : locationMsgs)
        sms.sendTextMessage(to, null, locationMsg, null, null);
    }
  }
}
```

(12) 在紧急情况下，最重要的是消息能够成功发出。可以通过包含自动重试功能来改善应用程序的健壮性。还可以监视 SMS 传输是否成功，以便在该 SMS 没有成功发送时重新广播一条消息。

a. 首先在 Emergency Responder Activity 中创建一个新的公共静态字符串，它将用在 Broadcast Intent 中以指示 SMS 已被发送。

```
public static final String SENT_SMS =
  "com.paad.emergencyresponder.SMS_SENT";
```

b. 更新 respond 方法以包含一个新的 PendingIntent，该 PendingIntent 在 SMS 传输完成时广播前一步中所创建的动作。应当将目标接收人的号码作为一个 extra 包含在打包的 Intent 中。

```
Intent intent = new Intent(SENT_SMS);
  intent.putExtra("recipient", to);
  PendingIntent sentPI =
    PendingIntent.getBroadcast(getApplicationContext(),
                         0, intent, 0);
  //发送消息
  sms.sendTextMessage(to, null, response, sentPI, null);
```

c. 实现一个新的 Broadcast Receiver 以监听这一 Broadcast Intent。重写其 onReceive 处理程序以确认该 SMS 被成功发送；如果该 SMS 没有成功发送，那么就将该目标接收人放回请求者数组列表中。

```
private BroadcastReceiver attemptedDeliveryReceiver = new
```

```
BroadcastReceiver() {
  @Override
  public void onReceive(Context _context, Intent _intent) {
    if (_intent.getAction().equals(SENT_SMS)) {
      if (getResultCode() != Activity.RESULT_OK) {
        String recipient = _intent.getStringExtra("recipient");
        requestReceived(recipient);
      }
    }
  }
};
```

d. 最后,通过扩展 Emergency Responder Activity 的 onResume 和 onPause 处理程序来注册和注销新的 Broadcast Receiver。

```
@Override
public void onResume() {
  super.onResume();
  IntentFilter filter = new IntentFilter(SMS_RECEIVED);
  registerReceiver(emergencyResponseRequestReceiver, filter);
  IntentFilter attemptedDeliveryfilter = new IntentFilter(SENT_SMS);
  registerReceiver(attemptedDeliveryReceiver,
                   attemptedDeliveryfilter);
}
@Override
public void onPause() {
  super.onPause();
  unregisterReceiver(emergencyResponseRequestReceiver);
  unregisterReceiver(attemptedDeliveryReceiver);
}
```

本示例中所有的代码段都是第 12 章 Emergency Responder Part 1 项目的一部分,可以从 www.wrox.com 中下载得到。

该示例已经得到简化,以重点关注它要展示的基于 SMS 的功能。眼光敏锐的读者应当注意到它至少在三个方面可以得到改进:

- 更好的做法是将在第(6)和第(7)步中创建并注册的 Broadcast Receiver 注册到 manifest 文件中,这样做允许应用程序即使在自己没有运行时也能够响应传入的 SMS 消息。
- 第(6)和第(8)步中由 Broadcast Receiver 执行的对传入 SMS 消息的解析应当被移入一个 Service 中,并在一个后台线程上执行。与此类似,在第(12)步中,如果在 Service 中的一个后台线程上执行发送响应 SMS 消息的动作,效果将会更好。
- 应当在 Activity 中使用 Fragment 实现 UI,并针对平板电脑和智能手机布局优化 UI。

这些改进的实现留给读者作为练习。

17.3.6 自动紧急响应程序

在下面的示例中,将为上一个示例创建的 Setup Auto Responder 添加代码,以便使紧急响应程序能够自动响应状态更新请求。

(1) 首先更新应用程序的 string.xml 资源,为用来保存用户的自动响应首选项的 SharePreferences 定义一个名称,并为其每个视图定义要使用的字符串:

```xml
<?xml version="1.0" encoding="utf-8"?>
<resources>
  <string name="app_name">Emergency Responder</string>
  <string name="allClearButtonText">I am Safe and Well
  </string>
  <string name="maydayButtonText">MAYDAY! MAYDAY! MAYDAY!
  </string>
  <string name="setupautoresponderButtonText">Setup Auto Responder</string>
  <string name="allClearText">I am safe and well. Worry not!
  </string>
  <string name="maydayText">Tell my mother I love her.
  </string>
  <string name="querystring">are you OK?</string>
  <string name="querylistprompt">These people want to know if you\'re ok</string>
  <string name="includelocationprompt">Include Location in Reply</string>

  <string
    name="user_preferences">com.paad.emergencyresponder.preferences
  </string>
  <string name="respondWithPrompt">Respond with</string>
  <string name="transmitLocationPrompt">Transmit location</string>
  <string name="autoRespondDurationPrompt">Auto-respond for</string>
  <string name="enableButtonText">Enable</string>
  <string name="disableButtonText">Disable</string>
</resources>
```

(2) 创建一个新的 autoresponder.xml 布局资源,它将用于布局自动响应配置窗口。包含一个用于输入要发送的状态消息的 EditText,一个用于选择自动响应到期时间的 Spinner,以及一个允许用户决定是否想要在自动响应中包含其位置的 Checkbox。

```xml
<?xml version="1.0" encoding="utf-8"?>
<LinearLayout
  xmlns:android="http://schemas.android.com/apk/res/android"
  android:orientation="vertical"
  android:layout_width="fill_parent"
  android:layout_height="fill_parent">
  <TextView
    android:layout_width="fill_parent"
    android:layout_height="wrap_content"
    android:text="@string/respondWithPrompt"/>
  <EditText
    android:id="@+id/responseText"
    android:layout_width="fill_parent"
    android:layout_height="wrap_content"
    android:hint="@string/respondWithPrompt"/>
  <CheckBox
    android:id="@+id/checkboxLocation"
    android:layout_width="fill_parent"
    android:layout_height="wrap_content"
    android:text="@string/includelocationprompt"/>
  <TextView
```

```xml
      android:layout_width="fill_parent"
      android:layout_height="wrap_content"
      android:text="@string/autoRespondDurationPrompt"/>
  <Spinner
      android:id="@+id/spinnerRespondFor"
      android:layout_width="fill_parent"
      android:layout_height="wrap_content"
      android:drawSelectorOnTop="true"/>
  <LinearLayout
      xmlns:android="http://schemas.android.com/apk/res/android"
      android:orientation="horizontal"
      android:layout_width="fill_parent"
      android:layout_height="wrap_content">
    <Button
       android:id="@+id/okButton"
       android:layout_width="wrap_content"
       android:layout_height="wrap_content"
       android:text="@string/enableButtonText"/>
    <Button
       android:id="@+id/cancelButton"
       android:layout_width="wrap_content"
       android:layout_height="wrap_content"
       android:text="@string/disableButtonText"/>
  </LinearLayout>
</LinearLayout>
```

(3) 创建一个新的 res/values/arrays.xml 资源，以及用于填充 Spinner 的数组。

```xml
<?xml version="1.0" encoding="utf-8"?>
<resources>
  <string-array name="respondForDisplayItems">
    <item>- Disabled -</item>
    <item>Next 5 minutes</item>
    <item>Next 15 minutes</item>
    <item>Next 30 minutes</item>
    <item>Next hour</item>
    <item>Next 2 hours</item>
    <item>Next 8 hours</item>
  </string-array>

  <array name="respondForValues">
    <item>0</item>
    <item>5</item>
    <item>15</item>
    <item>30</item>
    <item>60</item>
    <item>120</item>
    <item>480</item>
  </array>
</resources>
```

(4) 创建一个新的 AutoResponder Activity，使用第(1)步中创建的布局对其进行填充。

```
package com.paad.emergencyresponder;
```

```java
import android.app.Activity;
import android.app.AlarmManager;
import android.app.PendingIntent;
import android.content.res.Resources;
import android.content.Context;
import android.content.Intent;
import android.content.IntentFilter;
import android.content.BroadcastReceiver;
import android.content.SharedPreferences;
import android.content.SharedPreferences.Editor;
import android.os.Bundle;
import android.view.View;
import android.widget.ArrayAdapter;
import android.widget.Button;
import android.widget.CheckBox;
import android.widget.EditText;
import android.widget.Spinner;

public class AutoResponder extends Activity {
  @Override
  public void onCreate(Bundle savedInstanceState) {
      super.onCreate(savedInstanceState);
      setContentView(R.layout.autoresponder);
  }
}
```

(5) 更新 onCreate 方法以获得对布局中每个控件的引用，并使用第(3)步中定义的数组填充 Spinner。创建两个新的 stub: savePreferences 和 updateUIFromPreferences，它们将得到更新以将自动响应程序设置保存到一个已命名的 SharedPreferences，以及将已保存的 SharedPreferences 应用于当前的 UI。

```java
Spinner respondForSpinner;
CheckBox locationCheckbox;
EditText responseTextBox;

@Override
public void onCreate(Bundle savedInstanceState) {
  super.onCreate(savedInstanceState);
  setContentView(R.layout.autoresponder);

  respondForSpinner = (Spinner)findViewById(R.id.spinnerRespondFor);
  locationCheckbox = (CheckBox)findViewById(R.id.checkboxLocation);
  responseTextBox = (EditText)findViewById(R.id.responseText);

  ArrayAdapter<CharSequence> adapter =
    ArrayAdapter.createFromResource(this,
      R.array.respondForDisplayItems,
      android.R.layout.simple_spinner_item);

  adapter.setDropDownViewResource(
    android.R.layout.simple_spinner_dropdown_item);
  respondForSpinner.setAdapter(adapter);

  Button okButton = (Button) findViewById(R.id.okButton);
```

```java
okButton.setOnClickListener(new View.OnClickListener() {
  public void onClick(View view) {
    savePreferences();
    setResult(RESULT_OK, null);
    finish();
  }
});

Button cancelButton = (Button) findViewById(R.id.cancelButton);
cancelButton.setOnClickListener(new View.OnClickListener() {
  public void onClick(View view) {
    respondForSpinner.setSelection(-1);
    savePreferences();
    setResult(RESULT_CANCELED, null);
    finish();
  }
});

//加载已保存的首选项并更新 UI
updateUIFromPreferences();
}

private void updateUIFromPreferences() {}
private void savePreferences() {}
```

(6) 完成第(5)步中创建的两个 stub。首先是 updateUIFromPreferences 方法,它应当读取当前已保存的 AutoResponder 首选项并将其应用于 UI。

```java
public static final String autoResponsePref = "autoResponsePref";
public static final String responseTextPref = "responseTextPref";
public static final String includeLocPref = "includeLocPref";
public static final String respondForPref = "respondForPref";
public static final String defaultResponseText = "All clear";

private void updateUIFromPreferences() {
  //获得保存设置
  String preferenceName = getString(R.string.user_preferences);
  SharedPreferences sp = getSharedPreferences(preferenceName, 0);

  boolean autoRespond = sp.getBoolean(autoResponsePref, false);
  String respondText = sp.getString(responseTextPref, defaultResponseText);
  boolean includeLoc = sp.getBoolean(includeLocPref, false);
  int respondForIndex = sp.getInt(respondForPref, 0);

  //对 UI 应用已保存的设置
  if (autoRespond)
    respondForSpinner.setSelection(respondForIndex);
  else
    respondForSpinner.setSelection(0);

  locationCheckbox.setChecked(includeLoc);
  responseTextBox.setText(respondText);
}
```

(7) 完成 savePreferences stub,将当前 UI 设置保存到一个共享首选项文件中。

```
private void savePreferences() {
  //从 UI 中获得当前设置
  boolean autoRespond =
    respondForSpinner.getSelectedItemPosition() > 0;
  int respondForIndex = respondForSpinner.getSelectedItemPosition();
  boolean includeLoc = locationCheckbox.isChecked();
  String respondText = responseTextBox.getText().toString();

  //保存到共享首选项文件
  String preferenceName = getString(R.string.user_preferences);
  SharedPreferences sp = getSharedPreferences(preferenceName, 0);

  Editor editor = sp.edit();
  editor.putBoolean(autoResponsePref,
                 autoRespond);
  editor.putString(responseTextPref,
                 respondText);
  editor.putBoolean(includeLocPref,
                 includeLoc);
  editor.putInt(respondForPref, respondForIndex);
  editor.commit();

  //设置警报以关闭自动响应程序
  setAlarm(respondForIndex);
}

private void setAlarm(int respondForIndex) {}
```

(8) 第(7)步中创建的 setAlarm stub 用于创建一个新的 Alarm,当自动响应程序到期时,它将触发一个 Intent,导致 auto responder 被禁用。你需要创建一个新的 Alarm 对象和一个监听它的 BroadcastReceiver,然后相应地禁用自动响应程序。

a. 首先创建表示该 Alarm Intent 的动作字符串。

```
public static final String alarmAction =
  "com.paad.emergencyresponder.AUTO_RESPONSE_EXPIRED";
```

b. 创建一个新的 Broadcast Receiver 实例,它用来监听包含了步骤 a.中所指定动作的 Intent。当接收到该 Intent 时,它应当修改自动响应程序设置以禁用自动响应。

```
private BroadcastReceiver stopAutoResponderReceiver
  = new BroadcastReceiver() {
  @Override
  public void onReceive(Context context, Intent intent) {
    if (intent.getAction().equals(alarmAction)) {
      String preferenceName = getString(R.string.user_preferences);
      SharedPreferences sp = getSharedPreferences(preferenceName, 0);

      Editor editor = sp.edit();
      editor.putBoolean(autoResponsePref, false);
      editor.commit();
    }
```

```
      }
    };
```

c. 然后完成 setAlarm 方法。如果自动响应程序关闭，那么它应当取消现有的警报；否则，应当使用最近的到期时间更新该警报。

```
PendingIntent intentToFire;

private void setAlarm(int respondForIndex) {
  //创建警报，并注册警报 Intent Receiver

  AlarmManager alarms =
    (AlarmManager)getSystemService(ALARM_SERVICE);

  if (intentToFire == null) {
    Intent intent = new Intent(alarmAction);
    intentToFire =
      PendingIntent.getBroadcast(getApplicationContext(),
                      0,intent,0);

    IntentFilter filter = new IntentFilter(alarmAction);

    registerReceiver(stopAutoResponderReceiver, filter);
  }

  if (respondForIndex < 1)
    //如果选择了 disabled, 则取消警报
    alarms.cancel(intentToFire);

  else {
    //否则找出选项所代表的时长，并将警报设置为在该段时间过去后触发
    // trigger after that time has passed.
    Resources r = getResources();
    int[] respondForValues =
      r.getIntArray(R.array.respondForValues);
    int respondFor = respondForValues [respondForIndex];

    long t = System.currentTimeMillis();
    t = t + respondFor*1000*60;

    //设置警报
    alarms.set(AlarmManager.RTC_WAKEUP, t, intentToFire);
  }
}
```

(9) 至此完成了 AutoResponder，但是在使用它之前，需要将其添加到应用程序的 manifest 文件中。

```
<?xml version="1.0" encoding="utf-8"?>
<manifest xmlns:android="http://schemas.android.com/apk/res/android"
  package="com.paad.emergencyresponder"
  android:versionCode="1"
  android:versionName="1.0" >

  <uses-permission android:name="android.permission.RECEIVE_SMS"/>
  <uses-permission android:name="android.permission.SEND_SMS"/>
```

```xml
<uses-permission
  android:name="android.permission.ACCESS_FINE_LOCATION"/>

<uses-sdk android:targetSdkVersion="15"/>

<application
  android:icon="@drawable/ic_launcher"
  android:label="@string/app_name" >
  <activity
    android:name=".EmergencyResponder"
    android:label="@string/app_name" >
    <intent-filter>
      <action android:name="android.intent.action.MAIN" />
      <category android:name="android.intent.category.LAUNCHER" />
    </intent-filter>
  </activity>
  <activity
    android:name=".AutoResponder"
    android:label="Auto Responder Setup"
  />
</application>

</manifest>
```

(10) 为了启用自动响应程序，需要返回到 Emergency Responder Activity 并更新前一示例中创建的 startAutoResponder stub。该操作应当打开刚才创建的 AutoResponder Activity。

```
private void startAutoResponder() {
    startActivityForResult(new Intent(EmergencyResponder.this,
                           AutoResponder.class), 0);
}
```

(11) 如果启动该项目，就应当能够显示 Auto Responder Setup 窗口以设置自动响应设置(如图 17-4 所示)。

(12) 最后一步是更新 Emergency Responder Activity 中的 requestReceived 方法，以检查是否启用了自动响应程序。

如果已经启用了自动响应程序，则 requestReceived 方法应当使用在应用程序共享首选项中定义的消息和位置设置来自动执行 respond 方法。

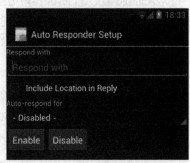

图 17-4

```
public void requestReceived(String from) {
  if (!requesters.contains(from)) {
    lock.lock();
    requesters.add(from);
    aa.notifyDataSetChanged();
    lock.unlock();

    //检查自动响应程序
    String preferenceName = getString(R.string.user_preferences);
    SharedPreferences prefs
      = getSharedPreferences(preferenceName, 0);
```

```
    boolean autoRespond = prefs.getBoolean(AutoResponder.autoResponsePref, false);

    if (autoRespond) {
      String respondText = prefs.getString(AutoResponder.responseTextPref,
                                   AutoResponder.defaultResponseText);
      boolean includeLoc = prefs.getBoolean(AutoResponder.includeLocPref, false);

      respond(from, respondText, includeLoc);
    }
  }
}
```

> 本示例中所有的代码段都是第 17 章 Emergency Responder Part 2 项目的一部分，可以从 www.wrox.com 中下载得到。

现在就拥有了一个功能完整的交互式自动紧急响应程序。

17.4　SIP 和 VOIP 简介

会话启动协议(Session Initiation Protocol，SIP)是一种信号协议，用于管理 IP 连接上进行的通信会话——通常是语音(VOIP)和视频会议。

SIP API 在 Android 2.3(API level 9)中引入，用于在应用程序中包含基于 Internet 的电话服务功能，而不需要管理附属的客户端媒体和通信栈。

Android 4.0(API level 14)中引入了让应用程序从其底层服务向系统添加语音邮件项的能力。如果你计划构建自己的 SIP 客户端，这些新的语音邮件 API 提供了一种把发起呼叫者留下的消息整合到设备的语音邮件的方法。

> 关于如何构建自己的 SIP 客户端的说明不在本书的讨论范围内。在 Android 开发人员站点可以找到如何创建 SIP 客户端的详细说明，包括一个完整的可运行示例。该站点的网址为：http://developer.android.com/guide/topics/network/sip.html。

第 18 章

Android 高级开发

本章内容

- 使用权限的 Android 安全机制
- 使用 Cloud to Device Messaging 发送服务器推送
- 利用 LVL(License Verification Library，许可验证库)添加数据防拷贝保护
- 在应用程序内收费
- 使用 Wake Lock
- 使用 AIDL 和 Parcelable 的进程间通信(Interprocess Communication，IPC)
- 使用 Strict Mode 提升应用程序性能
- 确保硬件和软件的向前和向后兼容性

本章将展开讨论前几章中简单提及的技术可能性，并介绍 Android 中的一些高级选项。

首先，本章会更进一步地阐述安全机制，特别是权限的工作原理，以及如何使用它们来保证应用程序及其数据的安全性。

接下来介绍 Android Cloud to Device Messaging(C2DM)服务，以及学习如何利用它避免在应用程序中进行轮询，并用服务器推送替代轮询。

还将介绍 LVL(License Verification Library，许可验证库)服务和应用服务内收费，这些服务可让你保护自己的应用程序免遭盗版以及从销售虚拟产品中获取利润。

然后，我们会详细地讲解 Wake Lock，以及 Android 的接口定义语言(Android Interface Definition Language，AIDL)。你将使用 AIDL 创建丰富的应用程序用户界面，使其支持在不同进程中运行的 Android 应用程序之间的完全基于对象的进程间通信(Interprocess Communication，IPC)。

最后将学习如何构建向后和向前兼容一系列硬件和软件平台的应用程序，以及如何利用 Strict Mode 找出应用程序中低效的地方。

18.1 Android 的安全性

关于 Android 安全性的很多内容都来源于底层的 Linux 内核。应用程序的文件和资源被放置在拥有它们的应用程序的沙盒中，从而使它们不能被其他的应用程序访问。Android 提供了 Intent、Service 和 Content Provider 来放宽这些严格的进程边界，并使用权限机制来维护应用程序级别的安全。

你已经学习了如何在 manifest 文件中使用<uses-permission>标签，通过权限系统来为应用程序请求对本地系统服务的访问——特别是访问基于位置的服务、联系人 Content Provider 和摄像头。

下面的部分更加详细地探讨了 Linux 安全模型和 Android 权限系统。为了有一个全面的概念，Android 文档提供了非常优秀的资源来深入地描述安全功能，其网址为 developer.android.com/guide/topics/security/security.html。

18.1.1 Linux 内核安全

每一个 Android 包在安装的时候，都会分配给它一个唯一的 Linux 用户 ID。这个 ID 具有隔离进程和它所创建的资源的作用，这样它就不会影响其他的应用程序(或者受其他应用程序的影响)了。

由于这种内核级安全性的存在，要想在应用程序间进行通信，就需要额外的步骤。可以使用 Cotent Provider、Intent、Service 和 AIDL 接口。这些机制中的任何一个都在应用程序之间打开了一个信息流的通道。为了确保信息不会在目标接收者处"漏出"，Android 权限在两端扮演了通道边界警卫的角色，它控制着是否允许数据通过这个通道。

18.1.2 权限简介

权限是一种应用程序级的安全机制，它可以限制对应用程序组件的访问。权限可以用来阻止恶意破坏应用程序的数据，限制对敏感信息的访问以及对硬件资源或者外部通信信道的过度(或未授权)使用。

正如在前面的章节所了解到的，很多 Android 本地组件都有对权限的要求。Android 本地 Activity 和 Service 所使用的本地权限字符串在 android.Manifest.permission 类定义为静态常量。

要使用受权限保护的组件，需要在应用程序的 manifest 文件中添加<uses-permission>标签，指定每一个应用程序所要求的权限字符串。

当安装一个应用程序包时，通过查看可信机构的评价和了解用户反馈，分析并授予(或拒绝)在应用程序的 manifest 文件中请求的权限。所有的 Android 权限检查都是在安装时进行的。一旦一个应用程序被安装了之后，就不会再提示用户重新评估它们的权限。

1. 声明和实施权限

在向一个应用程序组件分配权限之前，需要使用<permission>标签在应用程序的 manifest 文件中定义权限，如程序清单 18-1 所示。

可从 wrox.com 下载源代码

程序清单 18-1　声明一个新权限

```
<permission
  android:name="com.paad.DETONATE_DEVICE"
```

```xml
    android:protectionLevel="dangerous"
    android:label="Self Destruct"
    android:description="@string/detonate_description">
</permission>
```

代码片段 PA4AD_Ch18_Permissions/AndroidManifest.xml

在 permission 标签中，可以指定权限允许的访问级别(normal、dangerous、signature、signatureOrSystem)、一个标签以及一个包含了对授予这个权限的风险进行了说明的外部资源。

要为应用程序组件自定义权限要求，可以在应用程序的 manifest 文件中使用 permission 属性。可以在整个应用程序中实施权限限制，但是在应用程序接口边界处实施权限限制最有帮助，例如：

- **Activity** 添加一个权限来限制其他应用程序启动某个 Activity 的能力。
- **Broadcast Receiver** 控制哪个应用程序可以向你的接收器发送 Broadcast Intent。
- **Intent** 控制哪个 Broadcast Receiver 可以接受 Broadcast Intent。
- **Content Provider** 限制对 Content Provider 的读取访问和写入操作。
- **Service** 限制其他应用程序启动或者绑定到某个 Service 的能力。

在每一种情况中，都可以在应用程序的 manifest 文件的某个组件中添加一个 permission 属性，并指定访问每一个组件所要求的权限字符串。程序清单 18-2 显示了应用程序的 manifest 文件的一段摘录，它要求使用程序清单 18-1 中定义的权限来启动一个 Activity、Service 和 Broadcast Receiver。

程序清单 18-2 为 Activity 实施一个权限要求

```xml
<activity
    android:name=".MyActivity"
    android:label="@string/app_name"
    android:permission="com.paad.DETONATE_DEVICE">
</activity>

<service
    android:name=".MyService"
    android:permission="com.paad.DETONATE_DEVICE">
</service>

<receiver
    android:name=".MyReceiver"
    android:permission="com.paad.DETONATE_DEVICE">
    <intent-filter>
        <action android:name="com.paad.ACTION_DETONATE_DEVICE"/>
    </intent-filter>
</receiver>
```

代码片段 PA4AD_Ch18_Permissions/AndroidManifest.xml

Content Provider 可以通过设置 readPermission 和 writePermission 属性来提供一个粒度更细的读写访问控制。

```xml
<provider
    android:name=".HitListProvider"
    android:authorities="com.paad.hitlistprovider"
```

```
    android:writePermission="com.paad.ASSIGN_KILLER"
    android:readPermission="com.paad.LICENSED_TO_KILL"
/>
```

2. 在广播 Intent 时实施权限

除了可以要求 Broadcast Receiver 所接收的 Intent 具有某些权限之外，还可以为你广播的每一个 Intent 附加上一个权限要求，当广播包含敏感信息的 Intent(例如只能在你的应用程序中使用的位置更新)时，这就是一个很好的实践。

在这种情况下，最好是设置一个 signature 权限，以确保只有当某个应用程序的签名与发送广播的应用程序相同时才能接收广播。

```
<permission
  android:name="com.paad.LOCATION_DATA"
  android:protectionLevel="signature"
  android:label="Location Transfer"
  android:description="@string/location_data_description">
</permission>
```

当调用 sendIntent 的时候，可以提供一个权限字符串，Broadcast Receiver 只有拥有这个权限才能够接收 Intent。这个过程如下所示：

```
sendBroadcast(myIntent, "com.paad.LOCATION_DATA");
```

18.2 Cloud to Device Messaging 简介

使用 Cloud to Device Messaging(C2DM)服务为定期轮询服务器来获取更新提供了一种选择；相反的，服务器也可以把消息"推送"到特定的客户端。

应用程序后台查询的频率对设备的电量有很大的影响，所以经常需要在数据的崭新度和电源消耗之间做出权衡。

Android 2.2(API level 8)中引入的 C2DM 可以不再使用后台轮询，反之让服务器来通知特定的设备有新数据可以使用。

在客户端，C2DM 是使用 Intent 和 Broadcast Receiver 来实现的。因此，应用程序处于非活动状态也可以接收 C2DM 消息。在服务器端，C2DM 消息内容则是通过 C2DM 服务从服务器传输给每个目标设备的。

C2DM 服务与每个设备保持一种 TCP/IP 连接的打开状态，从而在需要的时候能够立即传输信息。它还负责维护和恢复连接状态、将消息排队以及重试失败的推送。

在下面的几个小节中，你将学到：

- 如何将运行应用程序的每个设备注册到 Android C2DM 服务器上。
- 如何将运行在特定设备上的应用程序的 C2DM 地址通知给服务器。
- 如何将消息从服务器传送给 C2DM 服务。
- 一旦服务器消息通过 C2DM 服务推送后，如何在应用程序中接收它们。

C2DM 是一个 Google 服务,因此可以在以下地址找到它的文档: http://code.google.com/android/c2dm/。

18.2.1 C2DM 的局限性

C2DM 并没有被设计为能够完全取代后台轮询,它最适合任意时刻只有一个设备(或很小的一组不同的设备)需要更新的情况——例如电子邮件或语音邮件服务。

每次推送的实时性使 C2DM 特别适合更新时间间隔无法预测的场景;然而,它不能保证消息能够成功传送、无延迟和正确的传送顺序。因此,对于消息很关键或者及时性很重要的场合,不应该依赖 C2DM。为了安全起见,在出现故障的时候最好针对长时间间隔来实现一种传统的轮询机制。

传送的消息应该是轻量级的,并且限制在 1024 字节。它们应该携带很少的有效载荷,而只包含客户端应用程序所需要的信息,该信息可以在服务器上有效地直接查询数据。

C2DM 基于现有的 Google 服务,并要求设备上安装了 Google Play,以及用户有一个配置好了的 Google 账户。

在撰写本书时,新的 C2DM 账户的开发限额为每天 200 000 条消息。如果你的产品需求需要更多的消息数,可以请求提高限额——在注册 C2DM 账户后收到的邮件中会详细介绍这个过程。

18.2.2 注册使用 C2DM

第一步是阅读并同意 C2DM 服务的条款,其地址为: http://code.google.com/android/c2dm/signup.html。

在注册过程中需要提供应用程序的包名、每天要发送的消息总数的估值,以及每秒查询数(queries per second,QPS)估计的峰值。C2DM 团队使用这些信息来帮助确定是否需要为应用程序授予更大的限额。

你还要提供三个邮件地址:联系信息邮件地址、用于紧急事件的其他邮件地址,和一个用来认证 C2DM 服务和从服务器发送邮件的角色账户。

角色账户应该是一个专门用于 C2DM 服务的 Google 账户。因为需要向服务器提供一些这个账户的身份验证细节,所以最好创建一个新账户,而不是使用私人的 Gmail 或 Google Play 账户。

在收到账户已经生效、可以发送 C2DM 消息的确认邮件后,可以更新应用程序,为它以及运行它的每个设备注册 C2DM 服务。

18.2.3 在 C2DM 服务器上注册设备

应用程序要想接收 C2DM 消息,首先必须把自己已安装的实例注册到 C2DM 服务中。为此,首先在 manifest 文件中添加一个 com.google.android.c2dm.permission.RECEIVE uses-permission 节点:

```
<uses-permission android:name="com.google.android.c2dm.permission.RECEIVE" />
```

还应该定义(并请求)一个签名级别的权限,用来限制只有具有与你的应用程序相同的 key 的应用程序才能够接收发送给你的应用程序的 C2DM 消息:

```
<permission android:name="com.example.myapp.permission.C2D_MESSAGE"
        android:protectionLevel="signature" />

<uses-permission android:name="com.example.myapp.permission.C2D_MESSAGE" />
```

为应用程序注册 C2DM 的过程分为三个步骤，如图 18-1 所示。

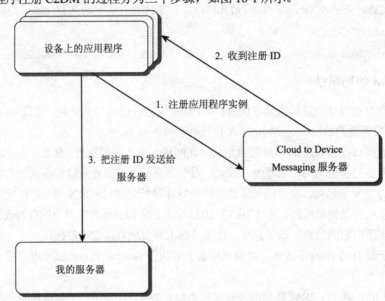

图 18-1

在每个设备上把你的应用程序注册到 C2DM 服务中的过程会把该应用程序的每个已安装实例与它安装到的设备关联起来。完成注册后，C2DM 服务会返回一个注册 ID，它唯一标识了那个安装。应用程序应该将该 ID 和该安装的标识(通常是一个用户名或者匿名的 UUID)发送给服务器。

首先使用一个包含 com.google.android.c2dm.intent.REGISTER 动作的 Intent 启动一个 Service。该 Intent 必须包含用于标识应用程序和指定发送账户的 extra 信息，如程序清单 18-3 所示。

程序清单 18-3　将一个应用程序实例注册到 C2DM 服务器

可从
wrox.com
下载源代码

```
Intent registrationIntent =
  new Intent("com.google.android.c2dm.intent.REGISTER");

registrationIntent.putExtra("app",
  PendingIntent.getBroadcast(this, 0, new Intent(), 0));

registrationIntent.putExtra("sender",
                "myC2DMaccount@gmail.com");

startService(registrationIntent);
```

代码片段 PA4AD_Ch18_C2DM/src/MyActivity.java

你的应用程序由 app extra 信息和一个 Pending Broadcast Intent 标识。当 C2DM 服务收到你的应用程序的消息后，会构建该 Pending Broadcast Intent 来发送这些消息。

sender extra 信息用来指定在注册 C2DM 服务时使用的角色账户，服务器将使用它来传输消息。

平台把这些信息传递给 C2DM 服务器后，后者会返回一个注册 ID。为了能够收到这个注册 ID，需要注册一个监听 com.google.android.c2dm.intent.REGISTRATION 动作的 Broadcast Receiver，请求 com.google.android.c2dm.permission.SEND 权限，并把 category 设为应用程序的包名，如程序清单 18-4

所示。

程序清单 18-4　监听 C2DM 注册 ID

```xml
<receiver
    android:name=".MyC2DMReceiver"
    android:permission="com.google.android.c2dm.permission.SEND">

    <intent-filter>
      <action
        android:name="com.google.android.c2dm.intent.REGISTRATION"
      />
      <category android:name="com.mypackage.myc2dmAppName"/>
    </intent-filter>
</receiver>
```

代码片段 PA4AD_Ch18_C2DM/AndroidManifest.xml

每个应用程序/设备对的注册 ID 随时可能改变，所以应用程序继续监听新的 REGISTRATION Broadcast Intent 是很重要的。

注册 ID 本身包含在 registration_id extra 中，如程序清单 18-5 所示。如果注册过程失败，error extra 中会包含错误代码，并且成功地取消注册请求也会通过 unregistered extra 标识出来。

程序清单 18-5　提取 C2DM 注册 ID

```java
public void onReceive(Context context, Intent intent) {
  if (intent.getAction().equals(
      "com.google.android.c2dm.intent.REGISTRATION")) {

    String registrationId = intent.getStringExtra("registration_id");
    String error = intent.getStringExtra("error");
    String unregistered = intent.getStringExtra("unregistered");

    if (error != null) {
     //注册失败
     if (error.equals("SERVICE_NOT_AVAILABLE")) {
       Log.e(TAG, "Service not available.");
       //使用指数退避算法进行重试
     }
     else if (error.equals("ACCOUNT_MISSING")) {
       Log.e(TAG, "No Google account on device.");
       //要求用户创建/添加一个 Google 账户
     }
     else if (error.equals("AUTHENTICATION_FAILED")) {
       Log.e(TAG, "Incorrect password.");
       //要求用户重新输入 Google 账户的密码
     }
     else if (error.equals("TOO_MANY_REGISTRATIONS")) {
       Log.e(TAG, "Too many applications registered.");
       //要求用户注销/卸载一些应用程序
     }
```

```java
    else if (error.equals("INVALID_SENDER")) {
      Log.e(TAG, "Invalid sender account.");
      //指定的 sender 账户没有在 C2DM 服务器上注册
    }
    else if (error.equals("PHONE_REGISTRATION_ERROR")) {
      Log.e(TAG, "Phone registration failed.");
      //手机还不支持 C2DM
    }
  } else if (unregistered != null) {
    //完成注销。应用程序应该停止处理继续收到的消息
    Log.d(TAG, "Phone deregistration completed successfully.");
  } else if (registrationId != null) {
    Log.d(TAG, "C2DM registration ID received.");
    //将注册 ID 发送给服务器
  }
 }
}
```

代码片段 PA4AD_Ch18_C2DM/src/MyC2DMReceiver.java

收到的注册 ID 就是服务器向这个特定的设备/应用程序实例发送消息时使用的地址。因此，需要把这个 ID 发送给服务器，还要发送一个标识符，以便服务器用来标识与该安装关联的用户。这样就可以根据用户查找设备地址，进而向该用户发送传输数据。就电子邮件而言，这个标识符就是用户名；对于语音邮件而言，是电话号码；对于游戏，则是生成的 UUID。

最好创建一个服务器端的哈希表来简化查找。记住，一个用户可能有多个设备，所以可能需要使用一个冲突算法来确定哪个设备应该收到消息(或者是否让多个设备接收消息)。

还要记住注册 ID 在以后是可能发生变化的，所以发生那种情况时，一定要重新发送标识符/ID 对。

想要取消注册设备，可以调用 startService，传入一个使用 com.google.android.c2dm.intent.UNREGISTER 动作的 Intent，并在该 Intent 中包含一个 app extra，它使用一个 Pending Intent 来标识应用程序：

```
    PendingIntent pi =     PendingIntent.getBroadcast(this, 0, new Intent(), 0);
    Intent unregister =    new
Intent("com.google.android.c2dm.intent.UNREGISTER");

    unregister.putExtra("app", pi);

    startService(unregister);
```

18.2.4 向设备发送 C2DM 消息

一旦在服务器上记录了特定设备的注册 ID 后，就可以向该设备发送消息了。发送消息的过程分为两个步骤，如图 18-2 所示。

第 18 章 Android 高级开发

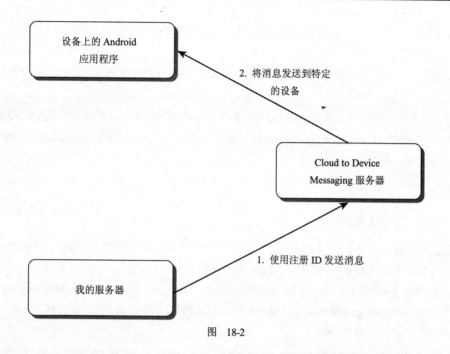

图 18-2

> 创建 C2DM 的服务器端实现不在本书的讨论范围内。如果服务器是一个 AppEngine 应用程序，可以使用 Chrome 2 Phone 项目(http://code.google.com/p/chrometophone/)中包含的服务器端实现，它可以极大地简化身份验证和向 C2DM 服务传递消息的过程。

你的服务器是使用指向 https://android.apis.google.com/c2dm/send 的 POST 请求，向 C2DM 服务传输消息的。该 POST 请求包含以下参数：

- **registration_id**　目标设备/应用程序对的地址。
- **collapse_key**　当目标设备离线时，发送给该设备的消息将会放到一个队列中。通过指定一个 collapse key，可以有效地重置该队列，使得两个消息的键相同时，后面的消息会覆盖前面的消息。这样，只有最新的消息会发送到目标设备。
- **data.[key]**　键/值对形式的有效载荷数据。它们将使用你指定的 key，作为 C2DM 消息 Intent 中的 extra 传递给应用程序。每条 C2DM 消息都被限制为 1024 字节，所以有效载荷数据应该被保持在最少的程度——通常只是一个让客户端能够执行有效查找所需的信息。
- **delay_while_idle**　默认情况下，传输给设备的消息会被尽可能快地发送。通过把这个参数设为 true，可以将消息推迟到只有当设备进入活动状态时才会传输。这与非唤醒 alarm 类似，当消息不需要立即收到时，通过此方法可以延长电池使用时间。你指定的 collapse key 将被用来重置待处理消息的队列，以便当设备进入活动状态时，只会传输/接收一条消息。

671

除了POST参数，还必须包含Google ClientLogin验证令牌的头，该令牌的cookie必须与Android C2DM服务相关联。

验证令牌应该是为客户端应用程序在注册C2DM服务时使用的C2DM Google账户生成的。

关于实现服务器端ClientLogin过程的详细讨论不在本书范围内。以下地址详细介绍了如何生成一个Google验证令牌：http://code.google.com/apis/accounts/docs/AuthForInstalledApps.html。

18.2.5 接收C2DM消息

服务器把消息传输给C2DM服务后，这些消息会被发送到相应的设备。然后，目标设备会把每条消息作为Broadcast Intent投递给接收消息的应用程序。

为了接收这些Intent，必须注册一个Broadcast Receiver，它具有com.google.android.c2dm.permission.SEND权限，并包含一个com.google.android.c2dm.intent.RECEIVE动作的过滤器，并且将category设为应用程序的包名，如程序清单18-6所示。

程序清单18-6　注册接收C2DM消息

```xml
<receiver
  android:name=".C2DMMessageReceiver"
  android:permission="com.google.android.c2dm.permission.SEND">

  <intent-filter>
    <action
      android:name="com.google.android.c2dm.intent.RECEIVE"
    />
    <category android:name="com.mypackage.myc2dmAppName"/>
  </intent-filter>
</receiver>
```

代码片段 PA4AD_Ch18_C2DM/AndroidManifest.xml

在关联的Broadcast Receiver的实现内，可以使用在发送关联的服务器消息时指定的key来提取任意extra，如程序清单18-7所示。

程序清单18-7　提取C2DM消息的详细信息

```java
public void onReceive(Context context, Intent intent) {
  if (intent.getAction().equals(
      "com.google.android.c2dm.intent.RECEIVE")) {
    Bundle extras = intent.getExtras();

    //提取服务器消息中包含的任意extra
    int newVoicemailCount = extras.getInt("VOICEMAIL_COUNT", 0);
  }
}
```

代码片段 PA4AD_Ch18_C2DM/src/C2DMMessageReceiver.xml

由于有效载荷数据的大小存在限制，通常最好考虑包含尽可能少的有效载荷数据，并使用传入的 C2DM 消息作为一个信号来指示应用程序应该进行服务器更新。

18.3　使用 License Verification Library 实现版权保护

Android 1.5(API level 3)中引入了一个基于网络的解决方案来实现应用程序的版权保护。License Verification Library(LVL)是一个 Google 服务，把它与 Google Play 结合使用，可以让应用程序查询使用它的某一特定用户的许可情况。

> 关于实现一个 LVL 解决方案来进行版权保护的详细信息不在本书范围内。本节只是简要介绍 LVL，并简述其概念和最佳实践实现模式。
> 　　Android Developer Guide 详细说明了 LVL 的使用，并提供了一个示例实现。该指南的地址为：http://developer.android.com/guide/publishing/licensing.html。

18.3.1　安装 License Verification Library

LVL 提供了一系列处理与许可服务进行交互的 API，用于请求确认许可和将结果返回给应用程序。它还简化并封装了定义缓存策略和离线许可验证的过程。LVL 还包含封装了最佳实践策略设置的 ServerManagedPolicy 实现。

LVL 作为一个"额外的" SDK 包发布，即"Google Market Licensing 包"，可以使用第 2 章中介绍的 Android SDK Manager 下载。

下载了 LVL 后，把它作为一个库项目添加到 Eclipse 中，然后导入到现有的应用程序中。关于使用 ADT 插件创建和使用 Eclipse 库包的详细介绍，请参考以下网址：http://developer.android.com/guide/developing/projects/projects-eclipse.html。

想要使用 LVL，需要在应用程序的 manifest 文件中添加 com.android.vending.CHECK_LICENSE 权限：

```
<uses-permission android:name="com.android.vending.CHECK_LICENSE"/>
```

18.3.2　获得 License Verification 公钥

为了执行 LVL 检查，需要在验证请求中包含一个公钥。首先必须创建 Android Developer Console 的登录信息。

在 https://play.google.com/apps/publish/中选择 Edit Profile 链接，然后滚动到 Licensing & In-app Billing 标题部分，如图 18-3 所示。

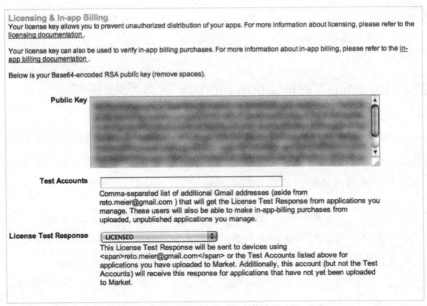

图 18-3

在这里还可以指定一些测试账户,用于接收你指定的静态响应。

18.3.3 配置 License Validation Policy

许可验证策略指定了用于执行许可检查和确定它们的效果的配置选项。该策略应该管理请求的缓存、错误代码的处理、重试操作和离线验证检查。

虽然可以创建自己的 Policy 类的实现,但是 LVL 还是包含了一个最佳实践策略,其设置由 Licensing Service(ServerManagedPolicy)管理。

为了支持缓存和离线验证,Server Managed Policy 需要一个模糊器来对缓存的值进行模糊化处理。LVL 包含 AESObfuscator,用于使用下面的参数为加密算法生成种子:

- **salt** 一个随机字节数组。
- **包名** 应用程序的完整(且唯一)的包名。
- **唯一设备标识符** 通常是应用程序第一次运行时创建的 UUID。

18.3.4 执行许可验证检查

首先在 Activity 的 onCreate 处理程序中创建一个新的 LicenseChecker 对象,需要指定 Context、一个 Policy 实例和你的公钥,如程序清单 18-8 所示。

程序清单 18-8 创建新的 License Checker

```
//生成 20 个随机字节,放到此数组中。
private static final byte[] SALT = new byte[] {
    -56, 42, 12, -18, -10, -34, 78, -75, 54, 88,
    -13, -12, 36, 17, -34, 114, 77, 12, -23, -20};

@Override
public void onCreate(Bundle savedInstanceState) {
  super.onCreate(savedInstanceState);
```

```
//使用一个 Policy 构建 LicenseChecker
licenseChecker =
  new LicenseChecker(this, new ServerManagedPolicy(this,
    new AESObfuscator(SALT, getPackageName(), deviceID)),
  PUBLIC_KEY);
}
```

代码片段 PA4AD_Ch18_LVS/src/MyActivity.xml

想要执行许可检查,需要调用 License Checker 对象的 checkAccess 方法,并传入一个 License-CheckerCallback 接口的实现,如程序清单 18-9 所示。验证成功会触发 allow 处理程序,而验证失败则会触发 dontAllow 方法。

程序清单 18-9 执行一个许可检查

可从
wrox.com
下载源代码

```
licenseChecker.checkAccess(new LicenseCheckerCallback(){
  public void allow() {
    //许可验证成功
  }

  public void dontAllow() {
    //许可验证失败
  }

  public void applicationError(ApplicationErrorCode errorCode) {
    //处理相关的错误码
  }
});
```

代码片段 PA4AD_Ch18_LVS/src/MyActivity.xml

 这两个 License Checker 处理程序总是会在一个后台线程上返回。如果你想基于许可验证回调更新 UI,就需要首先与主应用程序线程进行同步。

在应用程序的什么地方进行许可验证检查?频率如何?如何响应失败情况?这些决定由你自己来做。通常考虑最好尽量让这些检查尽量难以预测。这样,黑客就更难确定你的应用程序在什么地方执行检查,以及他们绕开你的检查的尝试是否成功。

许多开发人员发现在许可检查失败时,仅禁用应用程序的部分功能会是一种很有帮助的做法——例如,限制可用的关卡数,提高使用难度,或者提供功能受限的产品。这样,他们就可以在以后把用户引导到 Google Play 来购买完整版本。

18.4 应用程序内收费

Android 1.6(API level 4)中引入的应用程序内收费(In-App Billing,IAB)是一个 Google Play 服务,可以用来代替(或补充)预先收费的方法。

使用 IAB 时，可以在应用程序内向用户收取数字内容的费用，包括虚拟的游戏内容，例如升级到"完整"版本，购买额外的关卡，或者购买武器、盔甲或其他游戏物品。在对可下载内容(例如音乐、视频、图书或图像)收费时，也可以使用 IAB(不过并不是一定要这么做)。

IAB 服务通过 Google Play Store 来操作。Google Play Store 采用与付费应用程序相同的收入分享模型处理所有的交易——收取 30%的手续费。

IAB 已经证明了是应用程序开发人员获取收入的一种强大的新方式。虽然移动游戏和应用程序的价格相对较低，但是消费者还是十分谨慎，不想为劣质应用程序付费。通过实现一个 IAB 解决方案，可以为潜在用户提供一种体验应用程序的质量和实用性的无风险方式，一旦他们感到满意，认为值得为额外的功能付费时，可以提供有一种简单的方式来升级用户体验。

类似地，IAB 并不是收取一次性的访问费用，而是提供持续的或者可更新的资源(特别是在游戏中，例如跳过关卡，或者通过购买原本需要投入大量时间获得的虚拟物品来简化他们的游戏体验)为开发人员提供收益。

> 关于实现 IAB 解决方案的详细信息不在本书讨论范围内。本节只是简要介绍如何使用 IAB，并概述其概念和最佳方案实现模式。
>
> Android Developer Guide 详细说明了如何集成 IAB，并提供了一个示例实现。该指南的地址为：http://developer.android.com/guide/market/billing/index.html。

18.4.1 应用程序内收费的局限性

IAB 是使用 Google Play Store 客户端实现的一个 Google 服务。因此，在应用程序内使用 IAB 之前，必须有一个 Google Checkout Merchant 账户，并且你的 IAB 应用程序必须发布到 Google Play 上。

作为一个基于服务器的解决方案，IAB 只能在有网络连接的设备上使用。

IAB 只能用于销售虚拟商品，包括游戏装备或可下载的数字内容，而不能用于销售真实的商品或服务。

18.4.2 安装 IAB 库

IAB 库和示例源代码作为"额外的"SDK 包发布，可以使用第 2 章介绍的 Android SDK Manager 下载。

想要使用 IAB，需要在应用程序 manifest 文件中指定 com.android.vending.BILLING 权限：

```
<uses-permission android:name="com.android.vending.BILLING" />
```

18.4.3 获得公钥和定义可购买的物品

与许可验证检查类似，为了进行 IAB 交易，需要包含一个公钥。

公钥可从 Google Play 发布者账户获得。登录该账户后，从 https://play.google.com/apps/publish 选择 Edit Profile 链接，然后滚动到 Licensing & In-app Billing 标题部分(如图 18-3 所示)。

为了指定可在应用程序中购买的物品，在 Android Developer Console 中单击应用程序列表下的 In-App Products 链接。如果你有一个 Google Checkout Merchant 账户，该链接就可用，但是只能用于在 manifest 文件中包含 com.android.vending.BILLING 权限的应用程序。

产品列表用于存储描述你销售的每个产品的元数据，包括它的唯一 ID 和价格。内容本身必须存储在应用程序中，或者存储在你自己的服务器上。当在应用程序内开始购买产品时，应用程序会用到产品 ID。

18.4.4 开始 IAB 交易

想要使用 IAB，应用程序会把特定的应用程序内产品的收费请求发送给 IAB 服务，然后 IAB 服务会处理交易，再向应用程序发送一个包含购买信息的 Intent。

为了执行收费请求，应用程序必须绑定到一个 MarketBillingService 类。IAB 库包中的示例应用程序包含一个定义了这个服务的接口的 AIDL 文件，所以在尝试绑定到 MarketBillingService 之前，应该把这个 AIDL 定义复制到你的项目中。

最好在一个 Service 内进行所有的 IAB 交易，这样可以确保 Activity 的关闭和重启不会影响 IAB 交易。

你可以在自己的 Service 中绑定到 MarketBillingService。为此，需要实现一个新的 ServiceConnection 来获得对 IMarketBillingService 的引用，如程序清单 18-10 所示。

程序清单 18-10　绑定到 MarketBillingService

可从
wrox.com
下载源代码

```
IMarketBillingService billingService;

private void bindService() {
  try {
    String bindString =
      "com.android.vending.billing.MarketBillingService.BIND";

    boolean result = context.bindService(new Intent(bindString),
      serviceConnection, Context.BIND_AUTO_CREATE);

  } catch (SecurityException e) {
    Log.e(TAG, "Security Exception.", e);
  }
}

private ServiceConnection serviceConnection = new ServiceConnection() {
  public void onServiceConnected(ComponentName className,
                                 IBinder service) {
    billingService = IMarketBillingService.Stub.asInterface(service);
  }

  public void onServiceDisconnected(ComponentName className) {
    billingService = null;
  }
};
```

代码片段 PA4AD_Ch18_IAB/src/MyService.xml

现在调用 sendBillingRequest 方法并使用这个 MarketBillingService 引用来发出收费请求。注意，此操作必须在主应用程序线程上执行。

677

想要创建一个收费请求，必须传入一个 Bundle 参数，用于指定想要进行的交易类型、使用的 IAB API 的版本、包名和要被购买的产品 ID，如程序清单 18-11 所示。

可从
wrox.com
下载源代码

程序清单 18-11   创建一个收费请求

```
protected Bundle makeRequestBundle(String transactionType,
                                   String itemId) {
  Bundle request = new Bundle();
  request.putString("BILLING_REQUEST", transactionType);
  request.putInt("API_VERSION", 1);
  request.putString("PACKAGE_NAME", getPackageName());
  if (itemId != null)
    request.putString("ITEM_ID", itemId);
  return request;
}
```

代码片段 PA4AD_Ch18_IAB/src/MyService.xml

下面列出了 5 个支持的收费请求类型：

- **REQUEST_PURCHASE**   发出购买请求。
- **CHECK_BILLING_SUPPORTED**   验证设备支持 IAB。
- **GET_PURCHASE_INFORMATION**   请求以前完成的购买的交易信息或者请求退款。
- **CONFIRM_NOTIFICATIONS**   确认收到了与一次购买或退款相关的交易信息。
- **RESTORE_TRANSACTIONS**   检索用户的 managed purchase 的交易历史。

想要发出收费请求，需要调用 MarketBillingService 的 sendBillingRequest 方法，并传入一个 Bundle：

```
Buondle response = billingService.sendBillingRequest(request);
```

sendBillingRequest 方法会返回一个响应 Bundle，其中包含一个响应代码、请求 ID 和一个用来启动支付 UI 的 Pending Intent。

18.4.5 处理 IAB 购买请求的响应

当收费请求的类型是 REQUEST_PURCHASE 时，应用程序必须监听两个 Broadcast Intent 来确定交易是否成功：其中一个包含响应代码；另一个包含一个 IAB 通知：

```xml
<receiver android:name="IABReceiver">
  <intent-filter>
    <action android:name="com.android.vending.billing.IN_APP_NOTIFY" />
    <action android:name="com.android.vending.billing.RESPONSE_CODE" />
    <action android:name="com.android.vending.billing.PURCHASE_STATE_CHANGED"/>
  </intent-filter>
</receiver>
```

MarketBillingService 在成功地收到收费请求后，会广播一个 RESPONSE_CODE Intent，其结果被设为 RESULT_OK。

当交易本身执行后，MarketBillingService 会广播一个 IN_APP_NOTIFY Intent。这个 Broadcast Intent 包含一个通知 ID，再结合一个随机数使用时，该通知 ID 可以用在 GET_PURCHASE_INFORMATION 请求类型中来获取给定购买请求的购买信息。

发出购买信息请求会返回一个包含了响应代码和请求 ID 的 Bundle，还会触发另外两个异步 Broadcast Intent。第一个是 RESPONSE_CODE Intent，它会使用你在请求中指定的随机数作为标识符，返回购买请求的成功或错误状态。

如果购买成功，还会广播一个 PURCHASE_STATE_CHANGED，它以一个签名 JSON 字符串的形式包含了详细的交易信息。

18.5 使用 Wake Lock

为了延长电池的使用寿命，Android 设备会在闲置一段时间后使屏幕变暗，然后关闭屏幕显示，最后停止 CPU。

WakeLock 是一个电源管理系统服务功能，应用程序可以使用它来控制主机设备的电源状态。Wake Lock 可以用来保持 CPU 运行、避免屏幕变暗和关闭，以及避免键盘背光灯熄灭。

> 创建和使用 Wake Lock 会对设备的电池电量消耗产生显著的影响。因此，最好只在确实有必要时使用 Wake Lock，并且使用它们的时间越少越好，只要有可能就释放它们。

因为 Wake Lock 会显著影响电池寿命，所以在创建它们之前，应用程序需要请求一个 WAKE_LOCK 权限。

```
<uses-permission android:name="android.permission.WAKE_LOCK"/>
```

为创建一个 Wake Lock，需要调用 Power Manager 的 newWakeLock 方法，并指定下面的一种 Wake Lock 类型。

- **FULL_WAKE_LOCK**　保持屏幕最大亮度、键盘背光灯点亮以及 CPU 运行。
- **SCREEN_BRIGHT_WAKE_LOCK**　保持屏幕最大亮度和 CPU 运行。
- **SCREEN_DIM_WAKE_LOCK**　保持屏幕亮起(但是变暗)和 CPU 运行。
- **PARTIAL_WAKE_LOCK**　保持 CPU 运行。

SCREEN_DIM_WAKE_LOCK 通常用于在用户观看屏幕但是很少与屏幕进行交互期间(例如，播放视频)防止屏幕变暗。

PARTIAL_WAKE_LOCK(也叫 CPU Wake Lock)用于防止设备在操作完成前进入休眠状态。当 Service 从 Intent Receiver 内启动时常常出现这种情况，因为 Intent Receiver 可能在设备休眠期间接收 Intent。值得注意的是，在这种情况下，系统将在 Broadcast Receiver 的整个 onReceive 处理程序中使用 CPU Wake Lock。

> 如果在 Broadcast Receiver 的 onReceive 处理程序中启动一个 Service 或广播一个 Intent，那么有可能在 Service 启动或者收到 Intent 以前，所使用的 Wake Lock 就会被释放。为了确保 Service 能够完成执行，需要放置一个独立的 Wake Lock 策略。

创建 Wake Lock 后,可以通过调用 acquire 来获取它。

可以有选择地指定一个超时值来确保将在尽可能长的时间内保持使用 Wake Lock。当为某个动作使用 Wake Lock,而该动作完成时,需要调用 release 来让系统管理电源状态。

程序清单 18-12 显示了创建、获取和释放 Wake Lock 的一个典型的使用模式。

可从
wrox.com
下载源代码

程序清单 18-12　使用一个 Wake Lock

```
WakeLock wakeLock;

private class MyAsyncTask extends AsyncTask<Void, Void, Void> {
  @Override
  protected Void doInBackground(Void... parameters) {
    PowerManager pm =
      (PowerManager)getSystemService(Context.POWER_SERVICE);

    wakeLock =
      pm.newWakeLock(PowerManager.PARTIAL_WAKE_LOCK, "MyWakeLock");

    wakeLock.acquire();

    // TODO Do things in the background

    return null;
  }

  @Override
  protected void onPostExecute(Void parameters) {
    wakeLock.release();
  }
}
```

代码片段 PA4AD_Ch18_Wakelocks/src/MyActivity.xml

18.6　使用 AIDL 支持 Service 的 IPC

在第 9 章中已经学习了如何为应用程序创建 Service。这里将学习如何使用 Android 接口定义语言(AIDL)来支持 Service 和应用程序组件之间的进程间通信(IPC),包括运行在不同应用程序或者单独进程中的组件。这将会使 Service 具有跨进程边界来支持多个应用程序的能力。

要在进程间传递对象,需要把它们析构为 OS 级别的原语,这样底层操作系统才能跨应用程序边界封送它们。这是通过让它们实现 Parcelable 接口完成的。

AIDL 可以用来简化在进程之间交换对象的代码。它和 COM、Corba 这样的接口类似,让你可以在 Service 中创建公共方法,这些方法可以接受和返回对象参数,并在进程之间返回值。

实现 AIDL 接口

AIDL 支持下面的数据类型:

- Java 语言的基本类型(int、boolean、float、char 等)
- String 和 CharSequence 值。

- List(包含泛型)对象,其中每一个元素都是支持的类型。接收类将总是接收实例化为 ArrayList 的 List 对象。
- Map(不包含泛型)对象,其中每一个键和元素都是支持的类型。接收对象将总是接收实例化为 HashMap 的 Map 对象。
- AIDL 生成的接口(稍后解释)。这些类型总是需要 import 语句。
- 实现 Parcelable 接口(稍后解释)的类。这些类型总是需要 import 语句。

下面的部分说明了如何让类实现 Parcelable 接口,如何创建一个 AIDL Service 定义,以及如何实现和公开该 Service 的定义供其他应用程序组件使用。

1. 让类实现 Parcelable

要在进程间传递非本地对象,则它们必须实现 Parcelable 接口。这会把类内的属性分解为存储在 Parcel 中的基本类型,而这些类型可以跨进程边界封送。

可以实现 writeToParcel 方法来分解你的类对象,并使用 write*方法将对象的属性保存到传递出去的 Parcel 对象:

```
public void writeToParcel(Parcel out, int flags) {
  out.writeLong(myLong);
  out.writeString(myString);
  out.writeDouble(myDouble);
}
```

为了重新创建保存为 Parcel 的对象,需要实现公共静态 Creator 域(它实现了一个新的 Parcelable.Creator 类),它将会以传入的 Parcel 为基础,通过使用 read*方法读取传入的 Parcel 来创建一个新的对象。

```
private MyClass(Parcel in) {
  myLong = in.readLong();
  myString = in.readString();
  myDouble = in.readDouble();
}
```

程序清单 18-13 展示了使用 Earthquake 例子中的 Quake 类的 Parcelable 接口的基本例子。

程序清单 18-13 为 Quake 类实现 Parcelable

```
package com.paad.earthquake;

import java.text.SimpleDateFormat;
import java.util.Date;

import android.location.Location;
import android.os.Parcel;
import android.os.Parcelable;

public class Quake implements Parcelable {
  private Date date;
  private String details;
  private Location location;
```

```java
    private double magnitude;
    private String link;
    public Date getDate() { return date; }
    public String getDetails() { return details; }
    public Location getLocation() { return location; }
    public double getMagnitude() { return magnitude; }
    public String getLink() { return link; }

    public Quake(Date _d, String _det, Location _loc,
                 double _mag, String _link) {
      date = _d;
      details = _det;
      location = _loc;
      magnitude = _mag;
      link = _link;
    }

    @Override
    public String toString(){
      SimpleDateFormat sdf = new SimpleDateFormat("HH.mm");
      String dateString = sdf.format(date);
      return dateString + ":" + magnitude + " " + details;
    }

    private Quake(Parcel in) {
      date.setTime(in.readLong());
      details = in.readString();
      magnitude = in.readDouble();
      Location location = new Location("generated");
      location.setLatitude(in.readDouble());
      location.setLongitude(in.readDouble());
      link = in.readString();
    }

    public void writeToParcel(Parcel out, int flags) {
      out.writeLong(date.getTime());
      out.writeString(details);
      out.writeDouble(magnitude);
      out.writeDouble(location.getLatitude());
      out.writeDouble(location.getLongitude());
      out.writeString(link);
    }

    public static final Parcelable.Creator<Quake> CREATOR =
      new Parcelable.Creator<Quake>() {
        public Quake createFromParcel(Parcel in) {
          return new Quake(in);
        }

        public Quake[] newArray(int size) {
          return new Quake[size];
        }
      };

    public int describeContents() {
```

```
        return 0;
    }
}
```

代码片段 PA4AD_Ch18_Earthquake/src/Quake.java

现在已经有了一个 Parcelable 类,接下来需要创建对应的 AIDL 定义,并在定义 Service 的 AIDL 接口时使用它。

程序清单 18-14 展示了需要为程序清单 18-13 中定义的 Quake Parcelable 创建的 Quake.aidl 文件的内容。

程序清单 18-14　Quake 类的 AIDL 定义

```
package com.paad.earthquake;

parcelable Quake;
```

记住,当你在进程间传递类对象时,由于 AIDL 对象不是自描述性的,因此客户端进程必须能够理解传递的对象的定义。

2. 创建 AIDL Service 定义

在这一部分中,将会为希望跨进程使用的 Service 定义一个新的 AIDL 接口。

首先,在项目中创建一个新的.aidl 文件。这个文件将会定义包含在 Service 将会实现的接口中的方法和域。

创建 AIDL 定义的语法与创建标准的 Java 接口定义的语法相似。

首先指定一个完全限定的包名,然后导入所有要求的包。与普通的 Java 接口不同,AIDL 定义需要导入所有非 Java 本身的类或接口的包,即使该类或接口是在同一个项目中定义的也是如此。

定义一个新的 interface,并添加你希望提供的属性和方法。方法可以接收零个或者多个参数,并返回 void 或者一个支持的类型。如果你要定义一个包含 1 个或者多个参数的方法,那么你需要使用一个指示标签(in、out 和 inout 之一)来说明参数是一个值还是引用类型。

在可能的地方,应该限制每一个参数的范围,因为封送参数的花费很大。

程序清单 18-15 展示了在程序清单 18-14 中修改过的 Earthquake 示例项目的基本 AIDL 定义。应该在 IEarthquakeService.aidl 文件中实现它。

程序清单 18-15　一个 Earthquake Service 的 AIDL 接口定义

```
package com.paad.earthquake;

import com.paad.earthquake.Quake;

interface IEarthquakeService {
  List<Quake> getEarthquakes();
  void refreshEarthquakes();
```

}

代码片段 PA4AD_Ch18_IPC/src/IEarthquakeService.aidl

3. 实现和公开 AIDL Service 定义

如果正在使用 ADT 插件，那么保存 AIDL 文件将会自动地生成一个 Java 接口文件。这个接口将包含一个内部 Stub 类，而该类会把接口作为抽象类实现。

让 Service 扩展 Stub 并实现要求的功能。典型地，这将会使用 Service 中的一个私有域变量来完成，而你将会提供这个私有域变量的功能。

程序清单 18-16 展示了程序清单 18-15 中创建的 IEarthquakeService AIDL 定义的一个实现。

程序清单 18-16　在 Service 内实现 AIDL 接口定义

```
IBinder myEarthquakeServiceStub = new IEarthquakeService.Stub() {
  public void refreshEarthquakes() throws RemoteException {
    EarthquakeUpdateService.this.refreshEarthquakes();
  }

  public List<Quake> getEarthquakes() throws RemoteException {
    ArrayList<Quake> result = new ArrayList<Quake>();

    ContentResolver cr
      = EarthquakeUpdateService.this.getContentResolver();
    Cursor c = cr.query(EarthquakeProvider.CONTENT_URI,
                        null, null, null, null);

    if (c != null)
      if (c.moveToFirst()) {
        int latColumn = c.getColumnIndexOrThrow(
          EarthquakeProvider.KEY_LOCATION_LAT);
        int lngColumn = c.getColumnIndexOrThrow(
          EarthquakeProvider.KEY_LOCATION_LNG);
        int detailsColumn = c.getColumnIndexOrThrow(
          EarthquakeProvider.KEY_DETAILS);
        int dateColumn = c.getColumnIndexOrThrow(
          EarthquakeProvider.KEY_DATE);
        int linkColumn = c.getColumnIndexOrThrow(
          EarthquakeProvider.KEY_LINK);
        int magColumn = c.getColumnIndexOrThrow(
          EarthquakeProvider.KEY_MAGNITUDE);

        do {
          Double lat = c.getDouble(latColumn);
          Double lng = c.getDouble(lngColumn);
          Location location = new Location("dummy");
          location.setLatitude(lat);
          location.setLongitude(lng);

          String details =
            c.getString(detailsColumn);
```

第 18 章 Android 高级开发

```
                String link = c.getString(linkColumn);

                double magnitude =
                  c.getDouble(magColumn);

                long datems = c.getLong(dateColumn);
                Date date = new Date(datems);

                result.add(new Quake(date, details,
                             location, magnitude, link));
            } while(c.moveToNext());
        }
        c.close();
     return result;
   }
};
```

代码片段 PA4AD_Ch18_Earthquake/src/EarthquakeUpdateService.java

实现这些方法时有以下几点注意事项：
- 所有的异常都会保留在实现进程的内部，它们不会被传递给调用应用程序。
- 所有的 IPC 调用都是同步的。如果知道处理过程可能会花费很长时间，那么你应该考虑把同步的调用封装为异步的，或者把接收端的处理移到一个后台线程中。

在实现了这些功能之后，需要把这个接口提供给客户端应用程序。可以在 Service 实现中重写 onBind 方法，让它返回这个接口的实例，这样就可以向客户端应用程序提供具有 IPC 功能的 Service 接口了。

程序清单 18-17 说明了 EarthquakeUpdateService 的 onBind 实现。

程序清单 18-17　向 Service 的客户端提供 AIDL 接口实现

```
@Override
public IBinder onBind(Intent intent) {
    return myEarthquakeServiceStub;
}
```

代码片段 PA4AD_Ch18_IPC/src/EarthquakeUpdateService.java

要在一个 Activity 中使用支持 AIDL 的 IPC Service，就必须绑定它，如程序清单 18-18 所示。

程序清单 18-18　绑定到一个 AIDL Service

```
IEarthquakeService earthquakeService = null;

private void bindService() {
  bindService(new Intent(IEarthquakeService.class.getName()),
        serviceConnection, Context.BIND_AUTO_CREATE);
}

private ServiceConnection serviceConnection = new ServiceConnection() {
  public void onServiceConnected(ComponentName className,
                   IBinder service) {
    earthquakeService = IEarthquakeService.Stub.asInterface(service);
```

```
    }
    public void onServiceDisconnected(ComponentName className) {
      earthquakeService = null;
    }
};
```

代码片段 PA4AD_Ch18_IPC/src/BoundEarthquakeActivity.java

18.7 处理不同硬件和软件的可用性

从智能手机到平板电脑,再到电视,Android 已经被用到了越来越广泛的硬件上。每一种新设备都可能代表不同的硬件配置或软件平台。这种灵活性是 Android 得以成功的重要因素,但是其结果就是你不能假设设备具有特定的硬件或运行了特定的软件。

为了减轻这种问题,Android 平台版本都是向前兼容的,这意味着在特定的硬件或软件创新出现前设计的应用程序能够在不做修改的情况下利用这些创新。

第 13 章的基于位置的 Service 就是这种向前兼容的一个例子。使用这种 Service 时,可以不指定具体的硬件 provider,而是提供一组条件,让系统使用一个通用接口来选择一种最佳的方案。如果将来的硬件和软件提供了更好的方法,应用程序不用更新就可以使用它。

Android 平台版本也是向后兼容的,意味着应用程序可以继续在较新的硬件和平台版本上运行——同样不需要每次升级它。

通过结合使用向前兼容性和向后兼容性,Android 应用程序可以在平台演化过程中持续工作,甚至利用新的硬件和软件功能,而不需要进行更新。

也就是说,每个平台版本会包含一些新的 API 和平台特性。同样的,新的硬件可能出现(例如 NFC 技术)。这两种发展都会提供可以改进应用程序的特性和用户体验的功能。

尝试使用在某一特定平台上不可用的 API 会导致运行时异常。为了在利用新功能的同时,仍然能够支持运行早期平台的硬件,还需要确保应用程序是向后兼容的。

同样,由于存在大量不同的 Android 设备硬件平台,意味着你不能假设特定的硬件可能是可用的。

下面的小节将解释如何指定特定的硬件要求,如何在运行时检查硬件的可用性,以及如何构建向后兼容的应用程序。

18.7.1 指定硬件的要求

应用程序的硬件要求通常分为两类:必须具有的硬件,应用程序要靠它们来提供功能;并非一定要有的硬件,但如果有的话可能会有些用处。前者对应于针对特定硬件开发的应用程序。例如,一个代替原生 Camera 应用程序的摄像头应用程序在没有摄像头的设备上就没有什么用处。

想要指定一个在安装你的应用程序时必须具有的特定硬件特性要求,需要在应用程序的 manifest 文件中添加一个 uses-feature 节点:

```
<uses-feature android:name="android.hardware.sensor.compass"/>
<uses-feature android:name="android.hardware.camera"/>
```

有些应用程序并不一定需要特定的硬件，但一定不支持某些硬件配置(应用程序是这么设置的)，这种方法也是适合这样的应用程序的。例如，需要倾斜传感器或触摸屏来进行控制的游戏。

对应用程序设置的硬件限制越多，潜在的目标用户群就越小，所以最好只将必需硬件限制为支持核心功能所需的硬件。

18.7.2 确认硬件可用性

对于可能有用但并非必需的硬件，需要在运行时查询硬件平台来确定有哪些硬件可用。Package Manager 包含一个 hasSystemFeature 方法，它接受一个 FEATURE_*静态常量作为参数。

```
PackageManager pm = getPackageManager();
pm.hasSystemFeature(PackageManager.FEATURE_SENSOR_COMPASS);
```

Package Manager 包含每个可选硬件的一个常量，从而允许根据可用的硬件自定义应用程序的 UI 和功能。

18.7.3 构建向后兼容的应用程序

每个新的 Android SDK 版本都提供许多新的硬件支持、API、bug 修复和性能改进。最好在新 SDK 发布后就立即更新应用程序，目的是在应用程序中利用这些新的功能，并确保新的 Android 用户能够获得最佳的用户体验。

与此同时，确保应用程序的向后兼容性对于让运行早期 Android 平台版本的设备的用户能够继续使用它们十分关键——尤其是考虑到这些设备的市场份额要比新设备多得多。

许多便捷的类和 UI 改进(例如 Cursor 和 Fragment)是作为独立的支持库发布的。当支持库中没有包含某些功能时，就需要自己添加新功能，并使用这里描述的技术在同一个包中支持多个平台版本。

在所运行的平台中导入不可用的类或调用不可用的方法时，会导致类被实例化或方法被调用时抛出一个运行时异常。

对于这里介绍的每种方法，重要的是要知道它所运行的平台的 API level。使用 android.os.Build.VERSION.SDK_INT 常量可以在运行时获得这个 level。

```
private static boolean nfc_beam_supported =
  android.os.Build.VERSION.SDK_INT > 14;
```

然后，就可以在下面介绍的技术中使用该 level 来决定启动哪个组件或实现哪个接口。

另外，也可以使用反射或使用异常(如下面的代码段所示)来检查当前设备是否支持特定的类或方法：

```
private static boolean fragmentsSupported = true;

private static void checkFragmentsSupported()throws NoClassDefFoundError {
  fragmentsSupported = android.app.Fragment.class != null;
}
```

```
static {
  try {
    checkFragmentsSupported();
  } catch (NoClassDefFoundError e) {
    fragmentsSupported = false;
  }
}
```

反射和异常在 Android 中都是很慢的操作,所以最好是使用 SDK 版本来确定哪些是可用的类。想要确定特定类或方法所需的 API level,最简单的方法是逐步降低构建项目所需的平台版本,注意哪些类导致构建失败。

1. 并行 Activity

最简单、也是最低效的方法是根据与你支持的最小 Android 平台版本相兼容的基类,创建单独的并行 Activity、Service 和 Broadcast Receiver 集合。

当使用显式的 Intent 来启动 Service 或 Activity 时,通过检查平台版本并相应地将启动目标确定为相应的 Service 和 Activity,可以在运行时选择正确的组件集合:

```
private static boolean nfc_beam_supported =
  android.os.Build.VERSION.SDK_INT > 14;

Intent startActivityIntent = null;

if (nfc_beam_supported)
  startActivityIntent = new Intent(this, NFCBeamActivity.class);
else
  startActivityIntent = new Intent(this, NonNFCBeamActivity.class);

startActivity(startActivityIntent);
```

对于隐式 Intent 和 Broadcast Receiver 的情况,可以在它们的 manifest 的相关声明中添加一个引用自 Boolean 资源的 android:enabled 标签:

```
<receiver
  android:name=".MediaControlReceiver"
  android:enabled="@bool/supports_remote_media_controller">
  <intent-filter>
    <action android:name="android.intent.action.MEDIA_BUTTON"/>
  </intent-filter>
</receiver>
```

然后可以根据 API level 创建其他的资源条目:

```
res/values/bool.xml
  <bool name="supports_remote_media_controller">false</bool>

res/values-v14/bool.xml
  <bool name="supports_remote_media_controller">true</bool>
```

2. 接口和 Fragment

接口是支持相同功能的多种实现的传统方法。对于那种想要基于最新可用的 API 以不同方式实现的功能，可以创建一个接口来定义要执行的操作，然后创建特定于 API level 的实现。

在运行时，检查当前的平台版本，实例化适当的类，并使用其方法：

```
IP2PDataXfer dataTransfer;

if (android.os.Build.VERSION.SDK_INT > 14)
  dataTransfer = new NFCBeamP2PDataXfer();
else
  dataTransfer = new NonNFCBeamP2PDataXfer();

dataTransfer.initiateP2PDataXfer();
```

现在，Android 支持库中提供了 Fragment。与并行化组件相比，它是一种封装程度更好的选择。你要做的不是复制 Activity，而是使用 Fragment(结合资源层次结构)创建针对不同平台版本和硬件配置进行优化了的一致的 UI。

Activity 的大部分 UI 逻辑应该包含到单独的 Fragment 中，而不是 Activity 本身中。因此，你只需要创建替代的 Fragment 来显示和利用不同的功能，并填充不用版本上的相同的布局，它们存储在单独的 res/layout-v[API level]文件夹下。

Fragment 之间和内部的交互通常是在每个 Fragment 内维护的，所以在 Activity 内只需要修改与缺少的 API 相关的代码。如果 Fragment 的每个变体实现了相同的接口定义和 ID，你不需要创建多个 Activity 来支持多个布局和 Fragment 定义。

18.8 利用 STRICT 模式优化 UI 性能

移动设备资源有限这一事实使得在主应用程序线程上执行耗时较长的操作所存在的问题变得更加严峻。在访问网络资源、读/写文件或访问数据库时阻塞 UI 线程会对用户体验产生显著影响，使你的应用程序运行地不够流畅，并且经常出现延迟，在极端的情况下还可能完全停止响应。

在第 9 章已经学习如何将这类耗时较长的操作转移到后台线程上。Strict Mode(在 Android 2.3(API level 9)中引入)是一个可以帮助你发现自己漏掉的问题的工具。

使用 Strict Mode API 时，可以分配一组监视应用程序内发生的动作的策略，并定义通知你的方式。可以定义与当前应用程序线程或是与应用程序虚拟机器 (virtual machine，VM) 进程相关的策略，前者适用于检测在 UI 线程中执行的缓慢操作，而后者有助于检测内存和 Context 泄漏。

要使用 Strict Mode，需要创建一个新的 ThreadPolicy 类和一个新的 VmPolicy 类，这个过程需要用到它们的静态 builder 类，并使用 detect*方法来定义要监视的操作，相应的 penalty*方法控制着在检测到这些动作时系统如何应对。

线程策略可以用来检测磁盘读/写操作和网络访问，而 Vm 策略可以监视应用程序中的 Activity、SQLite 和可关闭对象的泄露。

两种策略都可以采取的处罚措施包括日志记录或终止应用程序，同时 Thread Policy 还支持在屏幕上显示对话框和或者使屏幕边界闪烁。

两个 builder 类还包含一个 detectAll 方法,该方法包含平台支持的所有可能的监视选项。同样可以使用 StrictMode.enableDefaults 方法应用默认的监视和处罚选项。

为在整个应用程序内启用 Strict Mode,应该扩展 Application 类,如程序清单 18-19 所示。

程序清单 18-19　在应用程序内启用 Strict Mode

可从
wrox.com
下载源代码

```java
public class MyApplication extends Application {

    public static final boolean DEVELOPER_MODE = true;

    @Override
    public final void onCreate() {
      super.onCreate();

      if (DEVELOPER_MODE) {
        StrictMode.enableDefaults();
      }
    }
}
```

代码片段 PA4AD_Ch18_StrictMode/src/MyApplication.java

为一个特定的 Activity、Service 或其他应用程序组件使用 Strict Mode(或定制其设置),只需要在组件的 onCreate 方法内采用相同的做法即可。

第 19 章

推广和发布应用程序并从中获利

本章内容
- 创建签名证书
- 为您要发布的应用程序签名
- 在 Google Play 上发布
- 赚钱的策略
- 应用程序推广策略
- 使用 Google Analytics

开发出一个新的迷人的 Android 应用程序后,接下来就是和全世界的人来分享它。在最后一章,将学习如何创建和使用签名证书为应用程序签名并且发布应用程序。

本章将介绍应用程序的发布过程以及了解如何让您的应用程序能够赚钱和推广,并确保能够成功发布。

还将介绍 Google Play(扩展并代替了 Android Market),学习如何创建 Android Developer Profile,以及如何创建应用程序列表。而后将展示该如何访问 Android Developer 控制台上的发布报告数据、用户评论和错误报告。

了解了发布和推广的一些好的方法之后,您将学习如何使用 Google Analytics 去了解用户的统计数据以及他们是如何使用应用程序的。

19.1 签名和发布应用程序

Android 应用程序都是以 Android 打包文件(.apk)的形式发布的。为了能够将.apk 文件安装在设备或者模拟器上,Android 包必须要签名。

在开发过程中,应用程序是通过 debug key 进行签名的,这个 debug key 是由 ADT 工具自动生成的。在脱离测试环境发布应用程序之前,必须把它编译成一个发布版本并且通过一个私有的 key——通常使用自签名的证书来为它签名。

JDK 提供了 Keytool 和 Jarsigner 两个命令行工具分别用来创建一个新的 keystore/签名证书以及为您的 APK 签名。另外，还可以使用下节要介绍的 Android 应用程序导出向导。

> 保持您的签名证书安全的重要性是不言而喻的。Android 使用这个证书作为辨别应用程序更新的真实性和已安装应用程序之间进程通信的凭证。
>
> 使用盗来的 key，其他人可以签名和发布应用程序进而恶意地取代您原来真正的应用程序。
>
> 同样的，您的证书是您升级应用程序的唯一凭证。如果您弄丢了证书，想在您的设备或者是 Google Play 上无缝更新您的应用程序是不可能的。对于后一种情况，您可能需要重新创建一张上架资料清单，并且会损失掉您之前应用程序的所有相关评论、评分、排名情况，同时所有您的应用程序的用户将无法更新您的应用程序。

使用 Android 应用程序导出向导签名程序

Android 应用程序的导出向导简化了创建和签名一个发布版本的应用程序包的流程。一旦导出向导完成后，签名后的包就可以准备发布了。

要启动向导，打开 Package Explorer 并且选择 File | Export，打开 Android 文件夹，选择 Export Android Application，单击 Next。另外，也可以在 manifest GUI 界面选择使用 Use the Export Wizard，如图 19-1 所示。该向导会提示您去选择一个新的 keystore 或者创建一个，如图 19-2 所示。

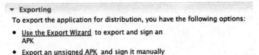

图 19-1

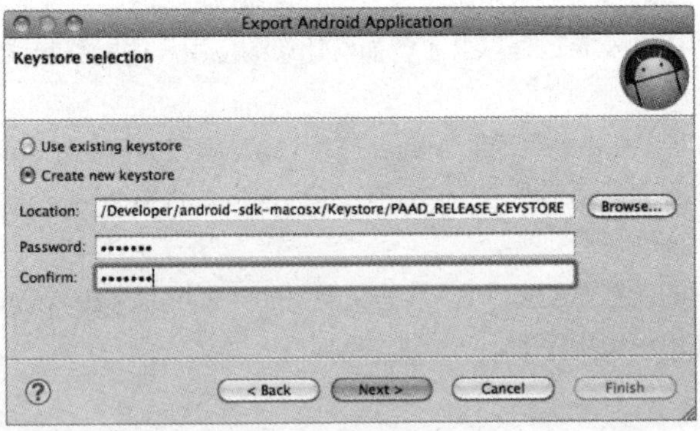

图 19-2

想要为一个已安装的应用程序升级，新程序必须和已安装的应用程序使用相同的 key 签名。因此，必须总是使用同一个发布 key 给您的应用程序签名。

Android 指南进一步建议要对您所有的应用程序包使用相同的证书，因为使用了相同证书签名的应用程序可以通过配置使它们运行在相同的进程中，而且一些基于签名的权限所提供的功能可以在具有相同签名的应用程序间使用。

就像之前提到过的，保证 keystore 的安全是极其重要的，因此请确保使用一个强大的密码来保证它的安全。

当创建或者选择了您的 keystore 后,您将被要求创建或者选择一个签名证书。如果是创建了一个新的 keystore,将需要再创建一个新的签名证书。如图 19-3 所示。

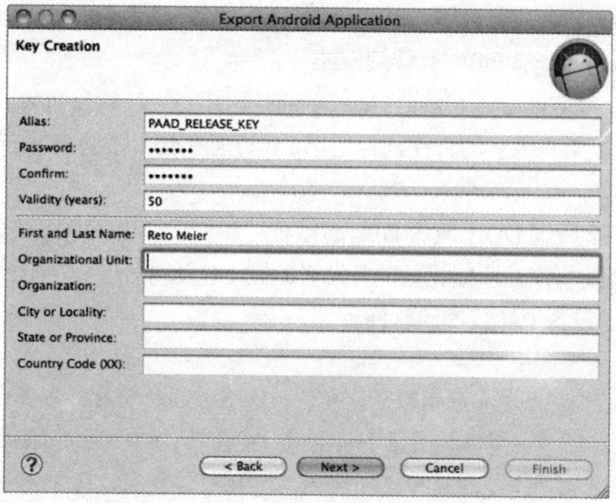

图 19-3

在 Google Play 上发布的应用程序,其证书的截止有效期为 2033 年 10 月 22 日。通常情况下,这个证书会在您的应用程序的整个生命周期中使用,例如应用程序的升级,因此需要保证证书的有效期要长于应用程序的生命周期。

选择好了一个签名证书后,下一步就是选择应用程序包的输出位置。之后向导会对应用程序进行编译、签名和 zip-align。

您的应用程序包现在可以准备发布了,在做其他工作之前,请先备份您的 keystore。

19.2 发布应用程序

Android 开放平台的一个优点就是您可以选择以任何方式、任何地点自由地发布您的应用程序。最常用的发布平台就是 Google Play;然而,您也可以自由地选择其他的应用市场、您自己的网站、社会媒体或者任何其他的发布渠道来发布您的应用程序。

除了 Google Play,还有一些其他不同的方式,包括 OEM 提供商、应用程序预置、Amazon 应用商店以及特殊载体的商店。

在发布应用程序时,注意每个应用程序的包名要使用唯一的标识符。也就是说,每个应用程序——包括您要单独发布的变种应用程序,必须有一个唯一标识的包名。注意,APK 的文件名不需要一定要唯一,这个名字在应用程序的安装过程中会被忽略掉(只会使用包名)。

19.2.1 Google Play 简介

Google Play Store 是最大和最流行的 Android 应用程序发布平台。在写本书的时候,据报道,Google Play 上已经有超过 450 000 款应用,有来自 130 个国家的超过 100 亿次的应用程序下载量,并且以每月 10 亿次的下载量递增。

Google Play Store 就是市场，作为一种机制在出售和分发您的应用程序，而不是作为一个商人来代表您去转售它。这也就意味着 Google Play 很少限制您发布什么、如何推广、如何赚钱以及如何发布。相关的限制细则在 Google Play Developer Distribution Agreement(DDA) (www.android.com/us/developer-distribution-agreement.html)和 Google Play Developer Program Policies(DPP)(www.android.com/us/developer-content-policy.html)中有详细叙述。

与 Apple App store 和 Windows Phone Marketplace 不同，在 Google Play 上架的应用程序没有审核过程。这个规则对新上架和更新的程序同样适用，允许您在任何时间去发布和更新您的应用程序，而不需要等待批准。

所有的应用程序都会经过 DDA 或者 DPP 的检查，如果发现违反了协议和规定的有关内容，这个应用程序的发布就会被暂停并通知相关的开发者。在一些极端情况下，对于恶意软件，Google Play Store 可以远程从用户的设备上卸载掉该软件。

> 在 Google Play 上发布应用程序，审查和批准过程的缺乏并不意味着全权委托。发布您的应用程序之前，重要的是要仔细检查 DDA 和 DPP 中的相关规定，以确保您的应用程序是兼容的。违反这些规定的应用，将被暂停发布。情节严重的，可能导致您的开发者账号被暂停或者封掉。
>
> 如果应用程序不能在 Google Play 上发布，您仍然可以在其他发布平台上重新发布它。

Google Play 提供很多工具和机制用来处理应用程序发布、更新、销售(国内和国外)以及推广等事宜。一旦上架，您的应用就会出现在搜索结果和分类列表中，当然也可能出现在推广分类中，这将在本章后面讲述。

19.2.2 开始使用 Google Play

要在 Google Play 上发布应用程序，需要在 https://play.google.com/apps/publish/signup 上创建一个开发者账号，如图 19-4 所示。

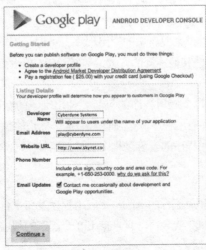

图 19-4

第 19 章 推广和发布应用程序并从中获利

您的 Android Developer Profile 将和您当前注册的账号(如果有的话)进行绑定。多人同时访问同一个账号也是常有的事，特别是您代表公司发布应用程序时。

最好的方式就是为您的 Android Developer Profile 创建一个新的 Google 账号。

您将被要求提供一个"开发者名字"，通常是您公司的名字，这个名字在 Google Play 上用于标识应用程序的开发者。注意，Google Play 并不要求这个名字要代表实际写代码的公司或者个人，这个名字只是标识了发布了该应用程序的公司或者个人。

支付了 25 美元和同意了 Android DDA 的条款后，注册工作就完成了。

19.2.3 发布应用程序

创建好了 Android Developer Profile 后，您将准备上传您的应用程序。在 Android Developer 控制台上选择 Upload Application 按钮。会提示您上传签名的发布包。

包名(不是文件名)必须是唯一的。Google Play 使用应用程序的包名作为唯一标识符，不允许上传重复包名的应用程序。

当应用程序上传完成后，您需要填写应用程序的资料和上架详细信息。如图 19-5 和图 19-6 所示。

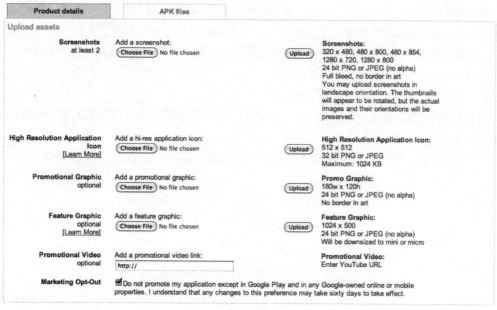

图 19-5

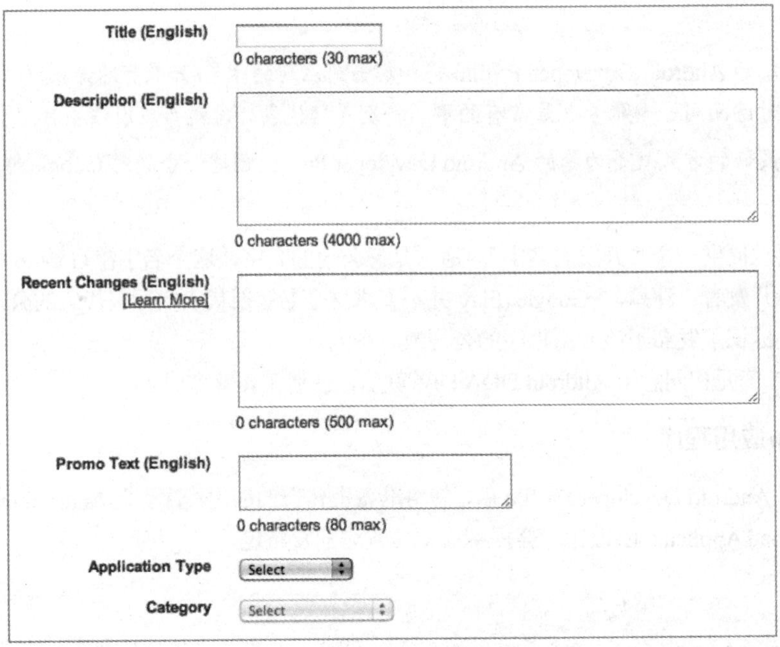

图 19-6

提供所有的有用的资料是非常重要的——即使是列表中的可选项。每项资料在 Google Play 中都会被使用到，包括它的网站：Google Play Store 客户端和促销活动。部分资料不全可能导致您的应用程序无法定为特色应用或无法促销。

标题、描述、分类的信息决定了您的应用程序将在 Google Play 上以何种方式和何种位置呈现出来。给您的应用程序提供一个高质量的、描述性强的标题和描述，将有助于用户更容易地找到您的应用程序并且根据应用程序的使用性做出一个明智的选择。

不要在应用程序的标题和描述中做关键字的堆砌或者采用作弊的方式提高搜索引擎排名，如果这么做的话，可能导致您的应用程序被暂停。

对于应用程序的标题和描述是可以使用多语言的。

本列表页面还可以让您指定您的应用程序的可用性，它提供了一种机制来设置您的应用程序的成熟度以及在哪个国家可用。

最后，您可以为您的应用程序的用户提供应用程序特定的联系方式信息。如图 19-7 所示。

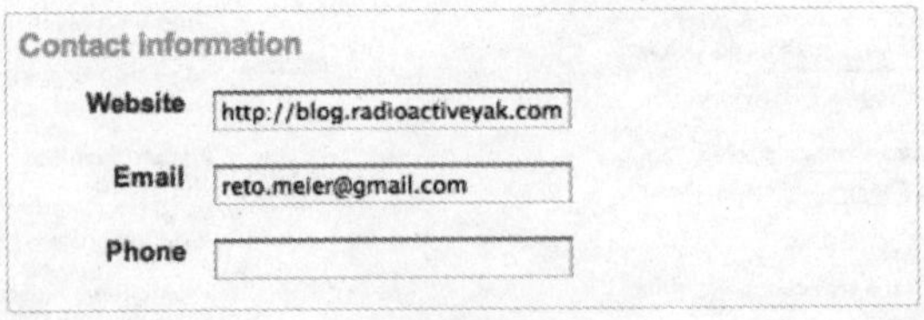

图 19-7

这些联系方式将随同您的应用程序列表一起发布在 Google Play 上，因此，您提供的 email 和电话号码应该是应用程序的管理支持团队的，而不是您个人的 email 地址。

当列表中的选项填写完毕后，单击 Publish 按钮，您的应用程序就会立刻直接变成可供其他人下载的应用程序。

19.2.4 开发者控制台上的应用程序报告

一旦您的应用程序上架，您的发布页面将列出每个应用程序，以及应用程序的用户和安装的数量、平均评级和评级的总数，如图 19-8 所示。

图 19-8

您的发布页面还提供了用户评论的链接。用户的直接反馈是非常有用的，但这种反馈可能是靠不住和反面的。最好就是使用分析平台(本章后面介绍)来调和用户评论和统计分析。

统计链接可以访问您的应用程序的安装情况的更详细的数据，包括应用程序处于激活安装状态的基于图形的时间线。

统计页面还提供了一些分析了解您的用户的数据，以及他们是如何比较同一类应用的平均情况的。这包括用户的百分比，这些用户运行在或者使用：

- 发布平台
- 硬件设备
- 国家或者语言

这项信息是非常有用的，它将决定如何分配您的资源、您该支持的 Android 平台的版本，以及您的应用在哪些领域中表现不佳。例如，您可能会发现，尽管日本是您的应用程序类所属类别中的前 3 名的国家，但它没有出现在您的应用程序使用量前 5 名。这表明，将您的应用程序翻译成日文版本是一件值得去做的事情。

19.2.5 查看应用程序错误报告

Android 开发者控制台提供匿名的错误报告和从运行您应用程序的用户那里得到的程序崩溃或者 ANR 的堆栈追踪信息。

当 Android 系统检测到程序 ANR 或崩溃情况后，用户可以选择以匿名方式上传错误和相关的堆栈信息。这些新的错误信息将在您的发布页面的应用程序列表中显示。

单击 Errors 链接，将出现已收到错误的概况，如图 19-9 所示，显示了 ANR 和崩溃错误的数量，以及每周收到的新的错误信息报告。

图 19-9

您可以进一步查看每一个新的或者旧的 ANR/崩溃错误来获得更加详细的信息，如图 19-10 所示。每一个错误包含有栈头的异常信息和抛出这个异常的类信息以及符合那些规则的报告的数量/频率。

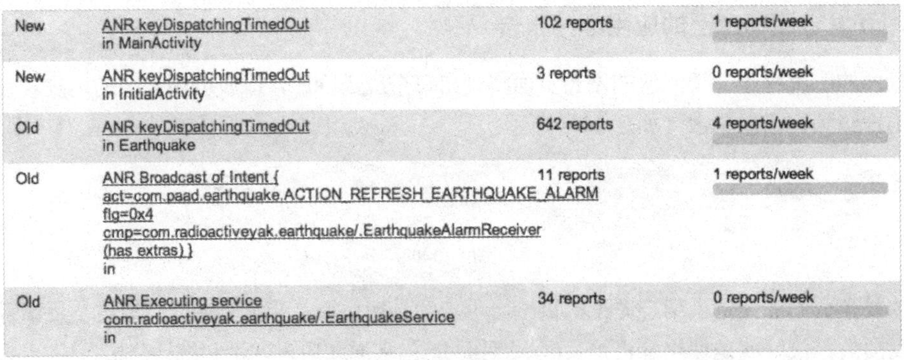

New	ANR keyDispatchingTimedOut in MainActivity	102 reports	1 reports/week
New	ANR keyDispatchingTimedOut in InitialActivity	3 reports	0 reports/week
Old	ANR keyDispatchingTimedOut in Earthquake	642 reports	4 reports/week
Old	ANR Broadcast of Intent { act=com.paad.earthquake.ACTION_REFRESH_EARTHQUAKE_ALARM flg=0x4 cmp=com.radioactiveyak.earthquake/.EarthquakeAlarmReceiver (has extras) } in	11 reports	1 reports/week
Old	ANR Executing service com.radioactiveyak.earthquake/.EarthquakeService in	34 reports	0 reports/week

图 19-10

详细查看到每一个错误，您将可以看到用户在提交错误时填写的信息、发生错误的设备和每个错误全部的堆栈跟踪信息。

这些错误报告在正常环境下对于您的应用程序的调试是非常有用的。随着您的应用程序在数百个不同的 Android 设备、几十个不同的国家和语言环境下的使用，想测试到每种可能情况是不可能的。因此这些测试报告让您能够确定一些欠考虑的边界情况并且使您能尽快地修复好这些错误。

19.3 如何通过应用程序赚钱

作为一个开放的生态系统，无论您选择了哪种方式，Android 都能让您通过您的应用程序赚钱。如何您选择了通过 Google Play 发布并赚钱，通常需要 3 个条件：

- **付费应用程序** 用户下载并安装您的应用程序之前需要交纳前期费用。
- **程序内部支付(IAB)的免费应用程序** 下载和安装应用程序是免费的，但应用程序中的虚拟物品、升级和其他的增值服务是收费的。
- **带广告的应用程序** 发布免费的应用程序，通过播放程序中的广告赚钱。

虽然付费应用程序和带广告的应用程序是移动应用程序赚钱的传统方式，然而 IAB 的已经渐渐成为一个非常有效的替代方式。2012 年 3 月，排名 Google Play 前 20 位中的 19 个应用程序都是靠 IAB 盈利的。

如果您选择在 Google Play 上对您的应用程序进行收费，不管是以前期付费应用程序还是 IAB 的方式，您都需要以交易费的形式和 Google Play 进行收益分成。在写这本书时，开发者占所有收益的 70%。

无论使用两种方式中的哪一种，都必须首先创建一个 Google Checkout Merchant Account——您可以在您的 Android 发布账户界面完成这个操作。您的应用程序列表之后就会包含有设置应用程序付费价格和 IAB 的(第 18 章中所述)出售的物品的价格的选项。

在任意一种情况下，您都是应用程序的发布者和受益者，所以根据 DDA 的相关条款，您需要对您出售的应用程序承担相关的所有的法律或税收义务。

您还可以通过在应用程序中内置广告赚钱。根据您选择的广告商的不同，在应用程序中内置广告的具体过程也会有所不同。

具体如何安装一些特殊的广告 API 的过程已经超出了本书的范围；然而，常见的过程如下：

(1) 创建一个发布账户。

(2) 下载并安装相关的广告 SDK。

(3) 更新您的 Fragment 或者 Activity 布局使其增加一个广告条。

有一点很重要，请确保在您的应用程序中包含的广告要尽可能是不显眼的，对用户体验不会影响太大。还有重要的一点就是，确保您的用户交互操作尽量不会意外单击到广告横幅。

在许多情况下，开发者都选择提供付费应用程序(提前付费应用程序或 IAB)，使用户能够去除他们应用程序中的广告横幅。

19.4 应用程序销售、推广和分发的策略

有效销售和推广您的应用程序的第一步是确保您为您在 Google Play 上出售的应用程序提供了全面的高质量的资料。

Google Play 也有一些宣传机会(将在下一节介绍)。然而，Google Play 有超过 45 万的其他应用程序，因此，考虑一些营销和推广的替代途径是很重要的，而不是仅仅简单地启动您的应用程序。

根据您的目标和预算的不同您的营销和推广策略也会有很大的不同，下面的列表是您可以考虑的一些非常有效的方法：

- **离线交叉推广** 如果您有一个很好的离线平台(如商店或分支机构)，或一个大的媒体(如报纸、杂志或电视)，通过这些渠道交叉推广您的应用程序是一个特别有效的方式，它可以增强用户的认识和确保用户可以信任地下载。传统的广告技术，如电视和报纸上刊登广告，也可以非常有效地提高您的应用程序的知名度。
- **网络交叉推广** 如果您有一个很好的网络平台，一种有效的推动下载的方式就是使您的应用程序直接链接到 Google Play 上。如果您的应用程序提供了比您的手机网站更好的用户体验，您可以从 Android 设备检测浏览器网站的访问者，并引导他们到 Google Play 下载您的应用程序。
- **第三方推广** 在 YouTube 上发布宣传视频以及利用社交网络、博客、新闻稿和在线评论网站，也可以帮助提供正面的口碑。
- **在线广告** 在线广告可以采用应用程序内置广告网络(如 AdMob)或传统的基于搜索的广告(如 Google AdWords)方式，在线广告是您的应用程序展示和下载的重要推动力。

19.4.1 应用程序的起步策略

评分和评论，可以对您的应用程序在 Google Play 的类别排名和搜索结果的排名产生重大影响。因此，一个糟糕的起步是很难再恢复的。以下列表描述了一些您可以使用的策略，以确保可以起步成功：

- **注重质量而非功能** 一个功能丰富但实现糟糕的程序将比一个功能单一但精致的应用程序更容易得到不好的评价。如果您正在使用敏捷开发方法来发布应用程序，请确保每一个发布版本添加的新功能具有相同的高品质并且比上一个版本更加优美稳定。
- **创建高质量的 Google Play 资料** 人们对您的应用程序的第一印象是通过 Google Play 的描述而得到的。所以通过提供更好的资料来提升应用程序的品质可以使用户的印象更好，从而提高应用程序的装机量。

- **诚实并且描述性强** 发现您的应用程序和它的描述所不符的失望用户可能会卸载它、认为它很糟糕并留下负面评论。

19.4.2 在 Google Play 上推广

除了评论、下载和安装会对您在 Google Play 上上架的应用程序产生影响。Google Play 的编辑团队为了突出高质量的应用程序，也会自动生成一些上架应用程序的列表。

此外，少数的应用程序评为"特色"的应用程序，获得 Google Play 的优先显示位置。这种特色应用程序通常下载量会得到显着提升，达到具有突出特色的目的。

虽然用于确定哪些应用程序成为特色应用程序的标准是不公开的，不过还是会有一些成为特色应用程序的通用准则，包括：

- **高质量、创新** Google Play 上的特色应用程序是作为一个平台的产品来展示的。因此，成为特色应用程序的最简单方法就是创建一个有用的和创新的高品质的应用程序。
- **高度适合和完整的应用程序** 上架的特色应用程序要包含所有必要的宣传资料、本身缺陷很少以及要有高品质的用户界面。
- **广泛的硬件和平台支持** 特色应用程序通常支持广泛的设备类型和平台版本，包括手机和平板电脑。
- **使用新发布的特性** 使用 Android 平台新的硬件特性和 API 的应用程序通常能得到 Google Play 团队的关注，以向评论家展示这些新特性。
- **平台用户体验的一致性** 特色应用程序提供了一个出色的用户体验，这种体验和 Android 平台所提供的用户界面和交互模型是一致的。

19.4.3 国际化

在写本书时，Google Play 已经在 190 多个国家使用。虽然确切的故障会因为应用程序类别不同而不同，但在大多数情况下，超过 50%的应用程序安装下载到美国以外的语言设置为非英语的设备上。

日本和韩国代表了美国以外的应用程序的两个最大的消费国，而按人均计算，韩国则代表了 Android 应用程序的最渴求的消费者。

将应用程序的所有字符串(在适当情况下，图像)资源单独提取出来，如第 2 章中所述，通过提供其他的翻译资源可以很容易本地化您的应用程序。

除了应用程序本身，Google Play 还为您的应用程序的标题和描述增加当地语言的支持。如图 19-11 所示。

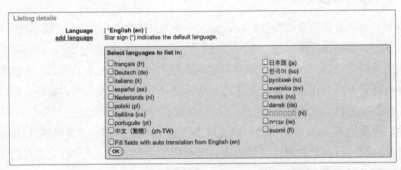

图 19-11

当非母语用户要使用您的应用程序,有一个非常好的机会,就是他们可能将在 Google Play 使用他们的母语进行浏览和搜索。为了最大限度地提高应用程序被发现的几率,至少将应用程序的标题和描述进行相应的翻译将是很好的做法。

> 应用程序完全本地化的翻译过程的代价可能会很高而且费时,因此通过 Android Developer 控制台的统计数据分析要优于本地化的翻译。
>
> 有趣的是,很多开发者发现,翻译不好还不如不翻译。

19.5 分析数据和跟踪推荐人

移动应用程序分析软件包,如 Google Analytics 和 Flurry,将成为有效的工具让您更好地了解谁在使用您的应用程序,以及它们是如何使用它的。了解这些信息可以帮助您做出客观的决定从而集中您的开发资源。

Android Developer 控制台(在本章前面所述)提供了很有用的统计数据,如用户的语言、国家和手机,利用更加详细的分析数据可以提供更丰富的信息,从中您可以发现一些 bug,调整功能列表的优先级,并确定开发资源的最佳分配方式。

广义上讲,您可以跟踪您的应用程序内的三种数据:

- **用户分析** 了解用户的地理位置(语言设置),以及他们的互联网连接的速度,他们的屏幕尺寸和分辨率,屏幕显示的方向。通过此信息,确定您需要优先翻译的工作,并为不同的屏幕尺寸和分辨率的设备优化布局和资源。
- **应用程序的使用模式** 整合分析数据的第一步是记录每个 Activity,就像您的网站一样。这将帮助您了解您的应用程序如何被使用的,将像和您的网站一样的方式来帮助您优化您的工作流程。

  更进一步,您还可以记录一些行为,如哪个选项改变了,哪个菜单项或者 Action Bar 的 action 被选择了,哪个弹出菜单被显示了,是否添加了 Widget,哪个按钮被按下了。使用此信息,可以准确地知道您的应用程序是如何被使用的,让您更好地了解应用程序的设计初衷与实际使用情况间的匹配情况。

  开发游戏时,您可以使用相同的方式获得玩家在比赛中的进展。您可以跟踪玩家在退出前有多大的进步,从而确定游戏的难度比您预想的难还是简单了,然后相应地修改您的游戏。
- **异常跟踪** 除了打印错误到输出日志,还要使用分析数据平台发布每一个抛出的异常。这不仅提醒您有异常抛出了,您还将知道异常出现的上下文。具体来说,您可以知道是否是特殊的设备、地点或使用模式,导致了特殊的异常。

虽然尽可能多的跟踪分析信息是很重要的,但将分析信息上传到分析服务器的时候还需要小心。每次创建一个新的数据连接的时候,无线网络都可能会被激活——在常见的 3G 无线网络上会持续耗电 20 秒以上。因此,重要的是要将收集的信息集中在一起,放到传输队列中,在应用程序下一次传输数据的时候再发送出去,而不是收集完分析信息就开始传送。

19.5.1 使用移动应用程序的 Google Analytics

Google 提供了一套 SDK 用来对移动设备使用 Google Analytics。您可以在 http://code.google.com/apis/analytics/docs/mobile/download.html#Google_Analytics_SDK_for_Android 上下载相应的 SDK。

在您的 Android 应用程序中使用什么样的分析软件包是没有任何限制的。虽然本节介绍的是 Google Analytics(分析)的配置和使用，但大多数的其他选择也可以实现相同的功能。

下载了 SDK 后，您需要将 libGoogleAnalytics.jar 复制到您的应用程序的/lib 文件夹下，并把它加入到您的项目的构建路径下。

Google Analytics 库需要访问 Internet 和网络复制状态，因此需要在 manifest 文件中添加 INTERNET 和 ACCESS_NETWORK_STATE 的权限。

```
<uses-permission android:name="android.permission.INTERNET" />
<uses-permission android:name="android.permission.ACCESS_NETWORK_STATE" />
```

Google Analytics 的使用是由它的服务条款来监督的，详见 www.google.com/analytics/tos.html。还需要注意的是要告诉用户，无论是在应用程序内部或者在服务条款下，您有权在您的应用程序中以匿名方式追踪和报告他们的行为。

在 Google Analytics 中每一个应用程序在追踪的时候要使用一个 Web 属性 ID(UA 串号)。通常最好使用维护 Google Play 上上架应用程序的账户来控制相关的 Google Analytics 账户。

要为您的应用程序创建一个新 UA 串号，先在 google.com/analytics 创建一个新的 Web 属性，使用一个伪网站 URL 来代表您的应用程序。使用您的应用程序的包名的倒序(例如，http://earthquake.paad.com)命名网站是一个很好的方法。当您创建好了一个新的属性后，注意相应的 UA 串号。

在您的应用程序中使用的 Google Analytics 是通过 GoogleAnalyticsTracker 类来处理的。您可以使用它的 getInstance 方法获取一个它的实例。

```
GoogleAnalyticsTracker tracker = GoogleAnalyticsTracker.getInstance();
```

要开始追踪，使用 start 方法，以 UA-MY_CODE-[UA Code](无方括号)的格式传入 UA 串号并传入当前的上下文：

```
tracker.start("UA-MY_CODE-XX", this);
```

对于您要追踪的每一个动作，使用 trackPageView 方法，传入能代表该动作的相关字符串参数：

```
tracker.trackPageView("/list_activity");
```

注意您要追踪的页面的名字完全是任意的，您可以为您要追踪的动作创建一个新的页面。

每个更新都记录在一个私人的 SQLite 数据库中，所以要尽量减少激活无线网络和传输分析数据对电池的影响，最好的做法是批量更新，并在下一次应用程序访问互联网的时候发送到服务器。想要把您的更新发送到 Google Analytics 服务器，可以使用 dispatch 方法：

```
tracker.dispatch();
```

Google Analytics 还支持追踪电子商务和事件。它们的详细使用情况可以查看 http://code.google.com/apis/analytics/docs/mobile/android.html#trackingModes。

19.5.2　使用 Google Analytics 追踪推荐

可以使用链接到 Google Play 的推荐 URL 参数的 Android 的 Google Analytics(分析)来跟踪应用程序的安装推荐。您可以跟踪每个安装的来源和它未来的行为。这对特定营销技术有效性的评估特别有用。

要想在您的应用程序中添加一个推荐的追踪，需要在您的 manifest 文件中创建一个新的 receiver 标签：

```
<receiver
  android:name="com.google.android.apps.analytics.AnalyticsReceiver"
  android:exported="true">
  <intent-filter>
    <action android:name="com.android.vending.INSTALL_REFERRER" />
  </intent-filter>
</receiver>
```

可以在 http://code.google.com/apis/analytics/docs/mobile/android.html#android-market-tracking 为 Google Analytics 广告追踪生成一个推荐链接。